国家科技支撑计划项目（2012BAD29B01）
国家科技基础性工作专项（2015FY111200）

中国市售水果蔬菜
农药残留报告（2015～2019）
（华东卷二）

庞国芳　梁淑轩　主编

科学出版社

内 容 简 介

《中国市售水果蔬菜农药残留报告》共分8卷：华北卷（北京市、天津市、石家庄市、太原市、呼和浩特市），东北卷（沈阳市、长春市、哈尔滨市），华东卷一（上海市、南京市、杭州市、合肥市），华东卷二（福州市、南昌市、山东蔬菜产区、济南市），华中卷（郑州市、武汉市、长沙市），华南卷（广州市、深圳市、南宁市、海口市、海南蔬菜产区），西南卷（重庆市、成都市、贵阳市、昆明市、拉萨市）和西北卷（西安市、兰州市、西宁市、银川市、乌鲁木齐市）。

每卷包括2015~2019年市售20类135种水果蔬菜农药残留侦测报告和膳食暴露风险与预警风险评估报告。分别介绍了市售水果蔬菜样品采集情况，液相色谱-四极杆飞行时间质谱（LC-Q-TOF/MS）和气相色谱-四极杆飞行时间质谱（GC-Q-TOF/MS）农药残留检测结果，农药残留分布情况，农药残留检出水平与最大残留限量（MRL）标准对比分析，以及农药残留膳食暴露风险评估与预警风险评估结果。

本书对从事农产品安全生产、农药科学管理与施用、食品安全研究与管理的相关人员具有重要参考价值，同时可供高等院校食品安全与质量检测等相关专业的师生参考，广大消费者也可从中获取健康饮食的裨益。

图书在版编目（CIP）数据

中国市售水果蔬菜农药残留报告. 2015～2019. 华东卷. 二 / 庞国芳，梁淑轩主编. —北京：科学出版社，2019.12

ISBN 978-7-03-063320-0

Ⅰ. ①中⋯　Ⅱ. ①庞⋯　②梁⋯　Ⅲ. ①水果-农药残留物-研究报告-华东地区-2015-2019　②蔬菜-农药残留物-研究报告-华东地区-2015-2019

Ⅳ. ①X592

中国版本图书馆 CIP 数据核字（2019）第 252137 号

责任编辑：杨　震　刘　冉　杨新改/责任校对：杨　赛
责任印制：肖　兴/封面设计：北京图阅盛世

科学出版社 出版

北京东黄城根北街 16 号
邮政编码：100717
http://www.sciencep.com

北京九天鸿程印刷有限公司 印刷
科学出版社发行　各地新华书店经销

*

2019 年 12 月第 一 版　开本：787×1092　1/16
2019 年 12 月第一次印刷　印张：38 1/4
字数：910 000

定价：298.00 元

（如有印装质量问题，我社负责调换）

中国市售水果蔬菜农药残留报告（2015～2019）
（华东卷二）
编　委　会

序

据世界卫生组织统计，全世界每年至少发生 50 万例农药中毒事件，死亡 11.5 万人，数十种疾病与农药残留有关。为此，世界各国均制定了严格的食品标准，对不同农产品设置了农药最大残留限量（MRL）标准。我国将于 2020 年 2 月实施《食品安全国家标准　食品中农药最大残留限量》（GB 2763—2019），规定食品中 483 种农药的 7107 项最大残留限量标准；欧盟、美国和日本等发达国家和地区分别制定了 162248 项、39147 项和 51600 项农药最大残留限量标准。作为农业大国，我国是世界上农药生产和使用最多的国家。据中国统计年鉴数据统计，2000～2015 年我国化学农药原药产量从 60 万吨/年增加到 374 万吨/年，农药化学污染物已经是当前食品安全源头污染的主要来源之一。

因此，深受广大消费者及政府相关部门关注的各种问题也随之而来：我国"菜篮子"的农药残留污染状况和风险水平到底如何？我国农产品农药残留水平是否影响我国农产品走向国际市场？这些看似简单实则难度相当大的问题，涉及农药的科学管理与施用，食品农产品的安全监管，农药残留检测技术标准以及资源保障等多方面因素。

可喜的是，此次由庞国芳院士科研团队承担完成的国家科技支撑计划项目（2012BAD29B01）和国家科技基础性工作专项（2015FY111200）研究成果之一《中国市售水果蔬菜农药残留报告》（以下简称《报告》），对上述问题给出了全面、深入、直观的答案，为形成我国农药残留监控体系提供了海量的科学数据支撑。

该《报告》包括水果蔬菜农药残留侦测报告和水果蔬菜农药残留膳食暴露风险与预警风险评估报告两大重点内容。其中，"水果蔬菜农药残留侦测报告"是庞国芳院士科研团队利用他们所取得的具有国际领先水平的多元融合技术，包括高通量非靶向农药残留侦测技术、农药残留侦测数据智能分析及残留侦测结果可视化等研究成果，对我国 46 个城市 1443 个采样点的 40151 例 135 种市售水果蔬菜进行非靶向农药残留侦测的结果汇总；同时，解决了数据维度多、数据关系复杂、数据分析要求高等技术难题，运用自主研发的海量数据智能分析软件，深入比较分析了农药残留侦测数据结果，初步普查了我国主要城市水果蔬菜农药残留的"家底"。而"水果蔬菜农药残留膳食暴露风险与预警风险评估报告"是在上述农药残留侦测数据的基础上，利用食品安全指数模型和风险系数模型，结合农药残留水平、特性、致害效应，进行系统的农药残留风险评价，最终给出了我国主要城市市售水果蔬菜农药残留的膳食暴露风险和预警风险结论。

该《报告》包含了海量的农药残留侦测结果和相关信息，数据准确、真实可靠，具有以下几个特点：

一、样品采集具有代表性。侦测地域范围覆盖全国除港澳台以外省级行政区的 46 个城市（包括 4 个直辖市，27 个省会城市，15 个水果蔬菜主产区城市的 288 个区县）的 1443 个采样点。随机从超市或农贸市场采集样品 22000 多批。样品采集地覆盖全国 25% 人口的生活区域，具有代表性。

二、紧扣国家标准反映市场真实情况。侦测所涉及的水果蔬菜样品种类覆盖范围达到 20 类 135 种，其中 85%属于国家农药最大残留限量标准列明品种，彰显了方法的普遍适用性，反映了市场的真实情况。

三、检测过程遵循统一性和科学性原则。所有侦测数据均来源于 10 个网络联盟实验室，按"五统一"规范操作（统一采样标准、统一制样技术、统一检测方法、统一格式数据上传、统一模式统计分析报告）全封闭运行，保障数据的准确性、统一性、完整性、安全性和可靠性。

四、农残数据分析与评价的自动化。充分运用互联网的智能化技术，实现从农产品、农药残留、地域、农药残留最高限量标准等多维度的自动统计和综合评价与预警。

总之，该《报告》数据庞大，信息丰富，内容翔实，图文并茂，直观易懂。它的出版，将有助于广大读者全面了解我国主要城市市售水果蔬菜农药残留的现状、动态变化及风险水平。这对于全面认识我国水果蔬菜食用安全水平、掌握各种农药残留对人体健康的影响，具有十分重要的理论价值和实用意义。

该书适合政府监管部门、食品安全专家、农产品生产和经营者以及广大消费者等各类人员阅读参考，其受众之广、影响之大是该领域内前所未有的，值得大家高度关注。

魏复盛

2019 年 11 月

前　言

　　食品是人类生存和发展的基本物质基础。食品安全是全球的重大民生问题，也是世界各国目前所面临的共同难题，而食品中农药残留问题是引发食品安全事件的重要因素，尤其受到关注。目前，世界上常用的农药种类超过 1000 种，而且不断地有新的农药被研发和应用，在关注农药残留对人类身体健康和生存环境造成新的潜在危害的同时，也对农药残留的检测技术、监控手段和风险评估能力提出了更高的要求和全新的挑战。

　　为解决上述难题，作者团队此前一直围绕世界常用的 1200 多种农药和化学污染物展开多学科合作研究，例如，采用高分辨质谱技术开展无需实物标准品作参比的高通量非靶向农药残留检测技术研究；运用互联网技术与数据科学理论对海量农药残留检测数据的自动采集和智能分析研究；引入网络地理信息系统（Web-GIS）技术用于农药残留检测结果的空间可视化研究等等。与此同时，对这些前沿及主流技术进行多元融合研究，在农药残留检测技术、农药残留数据智能分析及结果可视化等多个方面取得了原创性突破，实现了农药残留检测技术信息化、检测结果大数据处理智能化、风险溯源可视化。这些创新研究成果已整理成《食用农产品农药残留监测与风险评估溯源技术研究》一书另行出版。

　　《中国市售水果蔬菜农药残留报告》（以下简称《报告》）是上述多项研究成果综合应用于我国农产品农药残留检测与风险评估的科学报告。为了真实反映我国百姓餐桌上水果蔬菜中农药残留污染状况以及残留农药的相关风险，2015～2019 年期间，作者团队采用液相色谱-四极杆飞行时间质谱（LC-Q-TOF/MS）及气相色谱-四极杆飞行时间质谱（GC-Q-TOF/MS）两种高分辨质谱技术，从全国 46 个城市（包括 27 个省会城市、4 个直辖市及 15 个水果蔬菜主产区城市）的 1443 个采样点（包括超市及农贸市场等），随机采集了 20 类 135 种市售水果蔬菜（其中 85% 属于国家农药最大残留限量标准列明品种）40151 例进行了非靶向农药残留筛查，初步摸清了这些城市市售水果蔬菜农药残留的"家底"，形成了 2015～2019 年全国重点城市市售水果蔬菜农药残留检测报告。在这基础上，运用食品安全指数模型和风险系数模型，开发了风险评价应用程序，对上述水果蔬菜农药残留分别开展膳食暴露风险评估和预警风险评估，形成了 2015～2019 年全国重点城市市售水果蔬菜农药残留膳食暴露风险与预警风险评估报告。现将这两大报告整理成书，以飨读者。

　　为了便于查阅，本次出版的《报告》按我国自然地理区域共分为八卷：华北卷（北京市、天津市、石家庄市、太原市、呼和浩特市），东北卷（沈阳市、长春市、哈尔滨市），华东卷一（上海市、南京市、杭州市、合肥市），华东卷二（福州市、南昌市、山东蔬菜产区、济南市），华中卷（郑州市、武汉市、长沙市），华南卷（广州市、深圳市、南宁市、海口市、海南蔬菜产区），西南卷（重庆市、成都市、贵阳市、昆明市、拉萨市）和西北卷（西安市、兰州市、西宁市、银川市、乌鲁木齐市）。

　　《报告》的每一卷内容均采用统一的结构和方式进行叙述，对每个城市的市售水果蔬菜农药残留状况和风险评估结果均按照 LC-Q-TOF/MS 及 GC-Q-TOF/MS 两种技术分别阐述。主要包括以下几方面内容：①每个城市的样品采集情况与农药残留检测结果；②每个城市的农药残留检出水平与最大残留限量（MRL）标准对比分析；③每个城市的水果（蔬菜）中农药残留分布情况；④每个城市水果蔬菜农药残留报告的初步结论；⑤农药残留风险评估方法及风险评价应用程序的开发；⑥每个城市的水果蔬菜农药残留膳食暴露风险评估；⑦每个城市的水果蔬菜农药残留预警风险评估；⑧每个城市水果蔬菜农药残留风险评估结论与建议。

　　本《报告》是我国"十二五"国家科技支撑计划项目（2012BAD29B01）和"十三五"国家科技基础性工作专项（2015FY111200）的研究成果之一。该项研究成果紧扣国家"十三五"规划纲要"增强农产品安全保障能力"和"推进健康中国建设"的主题，可在这些领域的发展中发挥重要的技术支撑作用。本《报告》的出版得到河北大学高层次人才科研启动经费项目（5210009812737）的支持。

　　由于作者水平有限，书中不妥之处在所难免，恳请广大读者批评指正。

2019 年 11 月

缩略语表

ADI	allowable daily intake	每日允许最大摄入量
CAC	Codex Alimentarius Commission	国际食品法典委员会
CCPR	Codex Committee on Pesticide Residues	农药残留法典委员会
FAO	Food and Agriculture Organization	联合国粮食及农业组织
GAP	Good Agricultural Practices	农业良好管理规范
GC-Q-TOF/MS	gas chromatograph/quadrupole time-of-flight mass spectrometry	气相色谱-四极杆飞行时间质谱
GEMS	Global Environmental Monitoring System	全球环境监测系统
IFS	index of food safety	食品安全指数
JECFA	Joint FAO/WHO Expert Committee on Food and Additives	FAO、WHO 食品添加剂联合专家委员会
JMPR	Joint FAO/WHO Meeting on Pesticide Residues	FAO、WHO 农药残留联合会议
LC-Q-TOF/MS	liquid chromatograph/quadrupole time-of-flight mass spectrometry	液相色谱-四极杆飞行时间质谱
MRL	maximum residue limit	最大残留限量
R	risk index	风险系数
WHO	World Health Organization	世界卫生组织

凡　　例

- 采样城市包括 31 个直辖市及省会城市（未含台北市、香港特别行政区和澳门特别行政区）及山东蔬菜产区、深圳市和海南蔬菜产区，分成华北卷（北京市、天津市、石家庄市、太原市、呼和浩特市）、东北卷（沈阳市、长春市、哈尔滨市）、华东卷一（上海市、南京市、杭州市、合肥市）、华东卷二（福州市、南昌市、山东蔬菜产区、济南市）、华中卷（郑州市、武汉市、长沙市）、华南卷（广州市、深圳市、南宁市、海口市、海南蔬菜产区）、西南卷（重庆市、成都市、贵阳市、昆明市、拉萨市）、西北卷（西安市、兰州市、西宁市、银川市、乌鲁木齐市）共 8 卷。

- 表中标注*表示剧毒农药；标注◇表示高毒农药；标注▲表示禁用农药；标注 a 表示超标。

- 书中提及的附表（侦测原始数据），请扫描封底二维码，按对应城市获取。

目 录

福 州 市

南 昌 市

山东蔬菜产区

济 南 市

福州市

第1章 LC-Q-TOF/MS 侦测福州市 673 例市售水果蔬菜样品农药残留报告

从福州市所属 5 个区，随机采集了 673 例水果蔬菜样品，使用液相色谱-四极杆飞行时间质谱（LC-Q-TOF/MS）对 565 种农药化学污染物进行示范侦测（7 种负离子模式 ESI 未涉及）。

1.1 样品种类、数量与来源

1.1.1 样品采集与检测

为了真实反映百姓餐桌上水果蔬菜中农药残留污染状况，本次所有检测样品均由检验人员于 2015 年 7 月至 2016 年 1 月期间，从福州市所属 11 个采样点，均为超市，以随机购买方式采集，总计 27 批 673 例样品，从中检出农药 62 种，922 频次。采样及监测概况见表 1-1 及图 1-1，样品及采样点明细见表 1-2 及表 1-3（侦测原始数据见附表 1）。

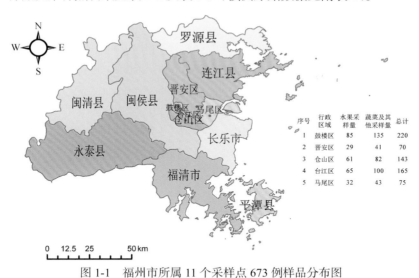

序号	行政区域	水果采样量	蔬菜及其他采样量	总计
1	鼓楼区	85	135	220
2	晋安区	29	41	70
3	仓山区	61	82	143
4	台江区	65	100	165
5	马尾区	32	43	75

图 1-1 福州市所属 11 个采样点 673 例样品分布图

表 1-1 农药残留监测总体概况

采样地区	福州市所属 5 个区
采样点（超市）	11
样本总数	673
检出农药品种/频次	62/922
各采样点样本农药残留检出率范围	47.9%~63.9%

表 1-2 样品分类及数量

样品分类	样品名称（数量）	数量小计
1. 谷物		4
1）旱粮类谷物	鲜食玉米（4）	4
2. 水果		271
1）仁果类水果	苹果（27），梨（26）	53
2）核果类水果	桃（15），杏（2），枣（17），李子（12）	46
3）浆果和其他小型水果	猕猴桃（24），草莓（5），葡萄（20）	49
4）瓜果类水果	西瓜（8），哈密瓜（3），香瓜（5），甜瓜（4）	20
5）热带和亚热带水果	山竹（2），香蕉（25），木瓜（4），荔枝（8），芒果（5），火龙果（26），杨桃（2），菠萝（1）	73
6）柑橘类水果	橘（11），橙（14），柠檬（5）	30
3. 食用菌		4
1）蘑菇类	香菇（3），金针菇（1）	4
4. 蔬菜		394
1）豆类蔬菜	菜豆（5）	5
2）鳞茎类蔬菜	韭菜（6），洋葱（3），葱（5）	14
3）叶菜类蔬菜	芹菜（4），菠菜（2），苋菜（5），小白菜（1），油麦菜（2），大白菜（19），娃娃菜（3），生菜（6），茼蒿（1），甘薯叶（1）	44
4）芸薹属类蔬菜	结球甘蓝（1），花椰菜（14），青花菜（19），紫甘蓝（3）	37
5）瓜类蔬菜	黄瓜（27），西葫芦（3），南瓜（22），苦瓜（21），冬瓜（22），丝瓜（16）	111
6）茄果类蔬菜	番茄（23），樱桃番茄（19），辣椒（11），人参果（1），茄子（23）	77
7）根茎类和薯芋类蔬菜	甘薯（17），紫薯（9），山药（12），胡萝卜（26），芋（1），萝卜（23），马铃薯（18）	106
合计	1.谷物 1 种 2.水果 24 种 3.食用菌 2 种 4.蔬菜 36 种	673

表 1-3 福州市采样点信息

采样点序号	行政区域	采样点
超市（11）		
1	仓山区	***超市（浦上店）
2	仓山区	***购物广场（金山大道店）
3	台江区	***超市（福州万象店）

续表

采样点序号	行政区域	采样点
4	台江区	***超市（宝龙广场店）
5	晋安区	***超市（长乐路店）
6	马尾区	***超市
7	鼓楼区	***超市
8	鼓楼区	***超市（国棉店）
9	鼓楼区	***超市（黎明店）
10	鼓楼区	***超市（东大路店）
11	鼓楼区	***超市（顺峰社区店）

1.1.2　检测结果

这次使用的检测方法是庞国芳院士团队最新研发的不需使用标准品对照，而以高分辨精确质量数（0.0001 m/z）为基准的 LC-Q-TOF/MS 检测技术，对于 673 例样品，每个样品均侦测了 565 种农药化学污染物的残留现状。通过本次侦测，在 673 例样品中共计检出农药化学污染物 62 种，检出 922 频次。

1.1.2.1　各采样点样品检出情况

统计分析发现 11 个采样点中，被测样品的农药检出率范围为 47.9%~63.9%。其中，***超市（浦上店）的检出率最高，为 63.9%。***超市（宝龙广场店）的检出率最低，为 47.9%，见图 1-2。

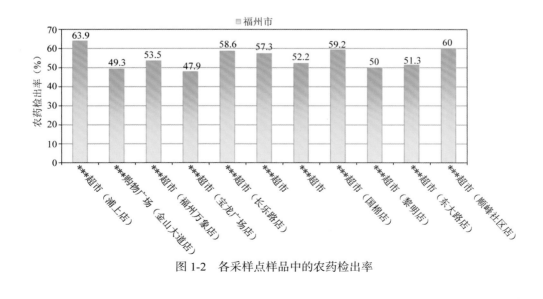

图 1-2　各采样点样品中的农药检出率

1.1.2.2　检出农药的品种总数与频次

统计分析发现，对于 673 例样品中 565 种农药化学污染物的侦测，共检出农药 922 频次，涉及农药 62 种，结果如图 1-3 所示。其中多菌灵检出频次最高，共检出 129 次。检出频次排名前 10 的农药如下：①多菌灵（129）；②啶虫脒（85）；③吡虫啉（82）；④马拉硫磷（73）；⑤烯酰吗啉（68）；⑥苯醚甲环唑（41）；⑦霜霉威（41）；⑧噻虫嗪（38）；⑨甲霜灵（36）；⑩咪鲜胺（35）。

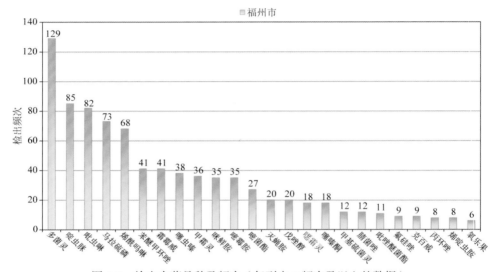

图 1-3　检出农药品种及频次（仅列出 6 频次及以上的数据）

由图 1-4 可见，葡萄、番茄、茄子、黄瓜、樱桃番茄和苦瓜这 6 种果蔬样品中检出的农药品种数较高，均超过 15 种，其中，葡萄检出农药品种最多，为 29 种。由图 1-5 可见，葡萄、樱桃番茄和黄瓜这 3 种果蔬样品中的农药检出频次较高，均超过 70 次，其中，葡萄检出农药频次最高，为 105 次。

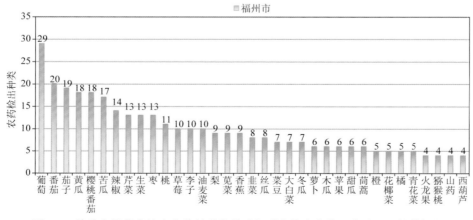

图 1-4　单种水果蔬菜检出农药的种类数（仅列出检出农药 4 种及以上的数据）

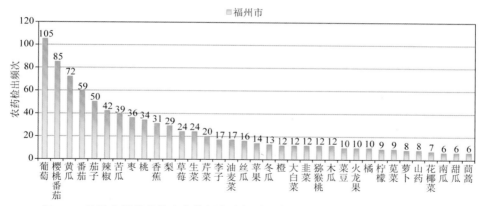

图 1-5　单种水果蔬菜检出农药频次（仅列出检出农药 6 频次及以上的数据）

1.1.2.3　单例样品农药检出种类与占比

对单例样品检出农药种类和频次进行统计发现，未检出农药的样品占总样品数的 45.5%，检出 1 种农药的样品占总样品数的 23.2%，检出 2~5 种农药的样品占总样品数的 26.7%，检出 6~10 种农药的样品占总样品数的 4.5%，检出大于 10 种农药的样品占总样品数的 0.1%。每例样品中平均检出农药为 1.4 种，数据见表 1-4 及图 1-6。

表 1-4　单例样品检出农药品种占比

检出农药品种数	样品数量/占比（%）
未检出	306/45.5
1 种	156/23.2
2~5 种	180/26.7
6~10 种	30/4.5
大于 10 种	1/0.1
单例样品平均检出农药品种	1.4 种

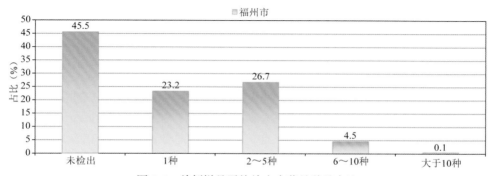

图 1-6　单例样品平均检出农药品种及占比

1.1.2.4　检出农药类别与占比

所有检出农药按功能分类，包括杀菌剂、杀虫剂、植物生长调节剂、驱避剂、增塑剂和其他共 6 类。其中杀菌剂与杀虫剂为主要检出的农药类别，分别占总数的 50.0%和 40.3%，见表 1-5 及图 1-7。

表 1-5　检出农药所属类别/占比

农药类别	数量/占比（%）
杀菌剂	31/50.0
杀虫剂	25/40.3
植物生长调节剂	3/4.8
驱避剂	1/1.6
增塑剂	1/1.6
其他	1/1.6

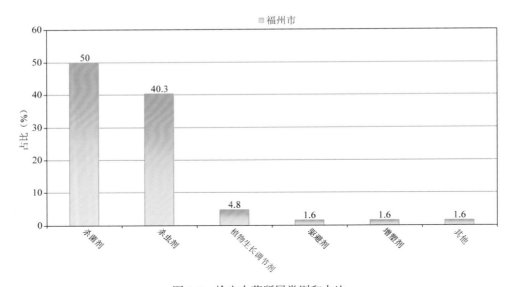

图 1-7　检出农药所属类别和占比

1.1.2.5　检出农药的残留水平

按检出农药残留水平进行统计，残留水平在 1~5 μg/kg（含）的农药占总数的 53.7%，在 5~10 μg/kg（含）的农药占总数的 15.6%，在 10~100 μg/kg（含）的农药占总数的 25.4%，在 100~1000 μg/kg（含）的农药占总数的 5.2%，在 >1000 μg/kg 的农药占总数的 0.1%。

由此可见，这次检测的 27 批 673 例水果蔬菜样品中农药多数处于较低残留水平。结果见表 1-6 及图 1-8，数据见附表 2。

表 1-6　农药残留水平/占比

残留水平（μg/kg）	检出频次数/占比（%）
1~5（含）	495/53.7
5~10（含）	144/15.6
10~100（含）	234/25.4
100~1000（含）	48/5.2
>1000	1/0.1

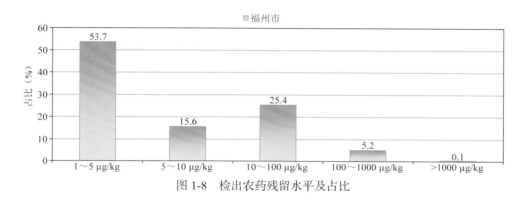

图 1-8　检出农药残留水平及占比

1.1.2.6　检出农药的毒性类别、检出频次和超标频次及占比

对这次检出的 62 种 922 频次的农药，按剧毒、高毒、中毒、低毒和微毒这五个毒性类别进行分类，从中可以看出，福州市目前普遍使用的农药为中低微毒农药，品种占93.5%，频次占97.8%。结果见表 1-7 及图 1-9。

表 1-7　检出农药毒性类别/占比

毒性分类	农药品种/占比（%）	检出频次/占比（%）	超标频次/超标率（%）
剧毒农药	1/1.6	2/0.2	1/50.0
高毒农药	3/4.8	18/2.0	0/0.0
中毒农药	30/48.4	428/46.4	0/0.0
低毒农药	17/27.4	242/26.2	2/0.8
微毒农药	11/17.7	232/25.2	0/0.0

1.1.2.7　检出剧毒/高毒类农药的品种和频次

值得特别关注的是，在此次侦测的 673 例样品中有 7 种蔬菜 5 种水果的 18 例样品检出了 4 种 20 频次的剧毒和高毒农药，占样品总量的 2.7%，详见图 1-10、表 1-8及表 1-9。

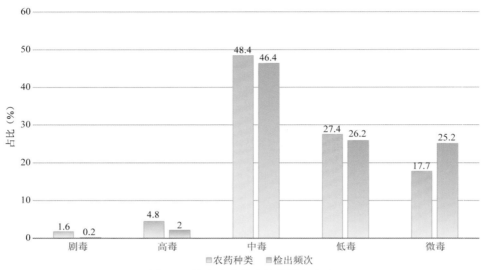

图 1-9　检出农药的毒性分类和占比

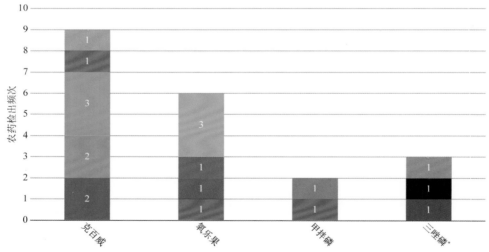

图 1-10　检出剧毒/高毒农药的样品情况

*表示允许在水果和蔬菜上使用的农药

表 1-8　剧毒农药检出情况

序号	农药名称	检出频次	超标频次	超标率
水果中未检出剧毒农药				
	小计	0	0	超标率：0.0%
从 2 种蔬菜中检出 1 种剧毒农药，共计检出 2 次				
1	甲拌磷*	2	1	50.0%
	小计	2	1	超标率：50.0%
	合计	2	1	超标率：50.0%

表 1-9　高毒农药检出情况

序号	农药名称	检出频次	超标频次	超标率
从 5 种水果中检出 2 种高毒农药，共计检出 7 次				
1	氧乐果	5	0	0.0%
2	三唑磷	2	0	0.0%
	小计	7	0	超标率：0.0%
从 6 种蔬菜中检出 3 种高毒农药，共计检出 11 次				
1	克百威	9	0	0.0%
2	三唑磷	1	0	0.0%
3	氧乐果	1	0	0.0%
	小计	11	0	超标率：0.0%
	合计	18	0	超标率：0.0%

　　在检出的剧毒和高毒农药中，有 3 种是我国早已禁止在果树和蔬菜上使用的，分别是：克百威、甲拌磷和氧乐果。禁用农药的检出情况见表 1-10。

表 1-10　禁用农药检出情况

序号	农药名称	检出频次	超标频次	超标率
从 3 种水果中检出 1 种禁用农药，共计检出 5 次				
1	氧乐果	5	0	0.0%
	小计	5	0	超标率：0.0%
从 6 种蔬菜中检出 3 种禁用农药，共计检出 12 次				
1	克百威	9	0	0.0%
2	甲拌磷[*]	2	1	50.0%
3	氧乐果	1	0	0.0%
	小计	12	1	超标率：8.3%
	合计	17	1	超标率：5.9%

　　注：超标结果参考 MRL 中国国家标准计算

　　此次抽检的果蔬样品中，有 2 种蔬菜检出了剧毒农药，分别是：甘薯中检出甲拌磷 1 次；芹菜中检出甲拌磷 1 次。

　　样品中检出剧毒和高毒农药残留水平超过 MRL 中国国家标准的频次为 1 次，其中：甘薯检出甲拌磷超标 1 次。本次检出结果表明，高毒、剧毒农药的使用现象依旧存在。详见表 1-11。

表 1-11 各样本中检出剧毒/高毒农药情况

样品名称	农药名称	检出频次	超标频次	检出浓度（μg/kg）
水果 5 种				
李子	三唑磷	1	0	60.3
桃	三唑磷	1	0	1.1
橘	氧乐果▲	1	0	1.5
芒果	氧乐果▲	1	0	2.8
香蕉	氧乐果▲	3	0	2.1, 1.9, 12.7
小计		7	0	超标率：0.0%
蔬菜 7 种				
樱桃番茄	克百威▲	1	0	5.5
甘薯	甲拌磷*▲	1	1	27.8[a]
芹菜	克百威▲	1	0	1.3
芹菜	氧乐果▲	1	0	4.6
芹菜	甲拌磷*▲	1	0	3.6
苋菜	三唑磷	1	0	157.9
茄子	克百威▲	3	0	8.4, 4.0, 3.1
辣椒	克百威▲	2	0	4.7, 3.0
黄瓜	克百威▲	2	0	5.7, 7.3
小计		13	1	超标率：7.7%
合计		20	1	超标率：5.0%

1.2 农药残留检出水平与最大残留限量标准对比分析

我国于 2014 年 3 月 20 日正式颁布并于 2014 年 8 月 1 日正式实施食品农药残留限量国家标准《食品中农药最大残留限量》（GB 2763—2014）。该标准包括 371 个农药条目，涉及最大残留限量（MRL）标准 3653 项。将 922 频次检出农药的浓度水平与 3653 项 MRL 中国国家标准进行核对，其中只有 429 频次的农药找到了对应的 MRL 标准，占 46.5%，还有 493 频次的侦测数据则无相关 MRL 标准供参考，占 53.5%。

将此次侦测结果与国际上现行 MRL 标准对比发现，在 922 频次的检出结果中有 922 频次的结果找到了对应的 MRL 欧盟标准，占 100.0%，其中，884 频次的结果有明确对应的 MRL 标准，占 95.9%，其余 38 频次按照欧盟一律标准判定，占 4.1%；有 922 频次的结果找到了对应的 MRL 日本标准，占 100.0%，其中，761 频次的结果有明确对应的 MRL 标准，占 82.5%，其余 161 频次按照日本一律标准判定，占 17.5%；有 656 频次的结果找到了对应的 MRL 中国香港标准，占 71.1%；有 551 频次的结果找到了对应的 MRL

美国标准，占 59.8%；有 481 频次的结果找到了对应的 MRL CAC 标准，占 52.2%（见图 1-11 和图 1-12，数据见附表 3 至附表 8）。

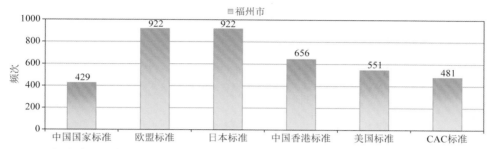

图 1-11　922 频次检出农药可用 MRL 中国国家标准、欧盟标准、日本标准、中国香港标准、美国标准、CAC 标准判定衡量的数量

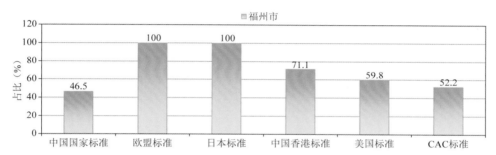

图 1-12　922 频次检出农药可用 MRL 中国国家标准、欧盟标准、日本标准、中国香港标准、美国标准、CAC 标准衡量的占比

1.2.1　超标农药样品分析

本次侦测的 673 例样品中，306 例样品未检出任何残留农药，占样品总量的 45.5%，367 例样品检出不同水平、不同种类的残留农药，占样品总量的 54.5%。在此，我们将本次侦测的农残检出情况与 MRL 中国国家标准、欧盟标准、日本标准、中国香港标准、美国标准和 CAC 标准这 6 大国际主流标准进行对比分析，样品农残检出与超标情况见表 1-12、图 1-13 和图 1-14，详细数据见附表 9 至附表 14。

表 1-12　各 MRL 标准下样本农残检出与超标数量及占比

	中国国家标准 数量/占比（%）	欧盟标准 数量/占比（%）	日本标准 数量/占比（%）	中国香港标准 数量/占比（%）	美国标准 数量/占比（%）	CAC 标准 数量/占比（%）
未检出	306/45.5	306/45.5	306/45.5	306/45.5	306/45.5	306/45.5
检出未超标	364/54.1	335/49.8	322/47.8	360/53.5	365/54.2	360/53.5
检出超标	3/0.4	32/4.8	45/6.7	7/1.0	2/0.3	7/1.0

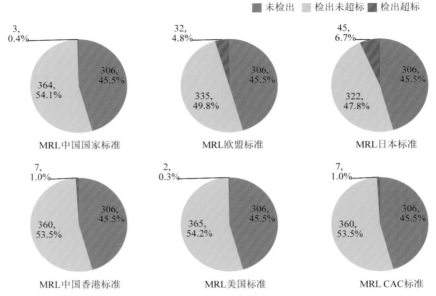

图 1-13　检出和超标样品比例情况

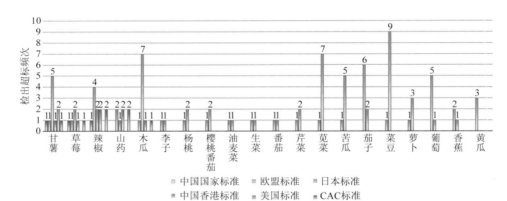

图 1-14　超过 MRL 中国国家标准、欧盟标准、日本标准、中国香港标准、美国标准和 CAC 标准结果
在水果蔬菜中的分布

1.2.2　超标农药种类分析

按照 MRL 中国国家标准、欧盟标准、日本标准、中国香港标准、美国标准和 CAC
标准这 6 大国际主流标准衡量，本次侦测检出的农药超标品种及频次情况见表 1-13。

表 1-13　各 MRL 标准下超标农药品种及频次

	中国国家标准	欧盟标准	日本标准	中国香港标准	美国标准	CAC 标准
超标农药品种	2	21	22	3	1	3
超标农药频次	3	36	55	7	2	7

1.2.2.1　按 MRL 中国国家标准衡量

按 MRL 中国国家标准衡量，共有 2 种农药超标，检出 3 频次，分别为剧毒农药甲拌磷，低毒农药烯酰吗啉。

按超标程度比较，草莓中烯酰吗啉超标 2.1 倍，甘薯中甲拌磷超标 1.8 倍，辣椒中烯酰吗啉超标 0.1 倍。检测结果见图 1-15 和附表 15。

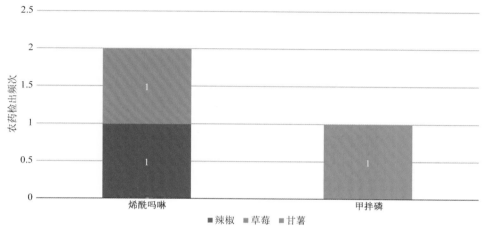

图 1-15　超过 MRL 中国国家标准农药品种及频次

1.2.2.2　按 MRL 欧盟标准衡量

按 MRL 欧盟标准衡量，共有 21 种农药超标，检出 36 频次，分别为剧毒农药甲拌磷，高毒农药克百威、三唑磷和氧乐果，中毒农药咪鲜胺、甲哌、噻虫嗪、三唑醇、噁霜灵、辛硫磷、丙环唑、啶虫脒、氟硅唑和吡虫啉，低毒农药烯酰吗啉、烯啶虫胺、乙虫腈和马拉硫磷，微毒农药多菌灵、吡唑醚菌酯和霜霉威。

按超标程度比较，葡萄中霜霉威超标 41.8 倍，苋菜中三唑磷超标 14.8 倍，山药中咪鲜胺超标 9.7 倍，李子中三唑磷超标 5.0 倍，香蕉中吡虫啉超标 3.8 倍。检测结果见图 1-16 和附表 16。

1.2.2.3　按 MRL 日本标准衡量

按 MRL 日本标准衡量，共有 22 种农药超标，检出 55 频次，分别为高毒农药三唑磷，中毒农药咪鲜胺、甲哌、戊唑醇、甲霜灵、噻虫嗪、苯醚甲环唑、噁霜灵、辛硫磷、丙环唑、啶虫脒、氟硅唑和吡虫啉，低毒农药烯酰吗啉、氟环唑、乙虫腈、乙嘧酚磺酸酯和噻嗪酮，微毒农药多菌灵、嘧菌酯、甲基硫菌灵和霜霉威。

按超标程度比较，葡萄中霜霉威超标 41.8 倍，茼蒿中烯酰吗啉超标 32.6 倍，柠檬中甲基硫菌灵超标 22.5 倍，李子中甲基硫菌灵超标 21.3 倍，苋菜中三唑磷超标 14.8 倍。检测结果见图 1-17 和附表 17。

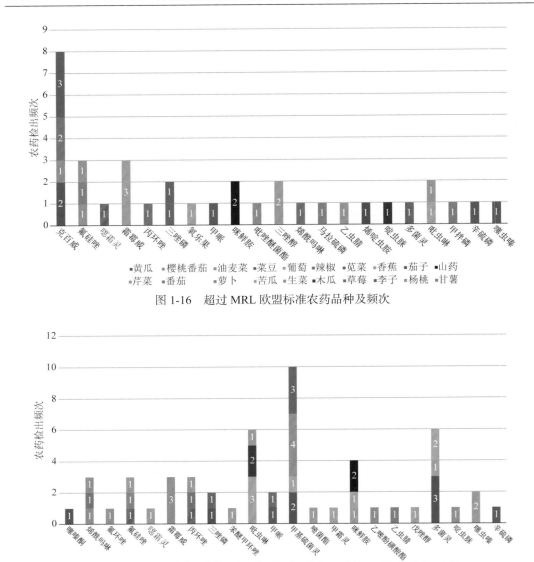

图 1-16　超过 MRL 欧盟标准农药品种及频次

图 1-17　超过 MRL 日本标准农药品种及频次

1.2.2.4　按 MRL 中国香港标准衡量

按 MRL 中国香港标准衡量，共有 3 种农药超标，检出 7 频次，分别为中毒农药噻虫嗪和吡虫啉，低毒农药烯酰吗啉。

按超标程度比较，菜豆中噻虫嗪超标 6.7 倍，香蕉中吡虫啉超标 3.8 倍，草莓中烯酰吗啉超标 2.1 倍，茄子中吡虫啉超标 0.2 倍，辣椒中烯酰吗啉超标 0.1 倍。检测结果见图 1-18 和附表 18。

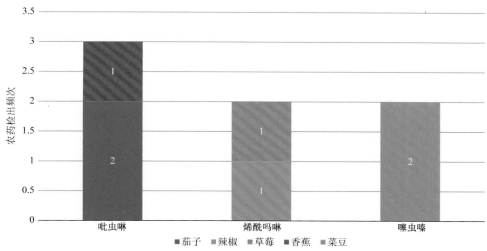

图 1-18　超过 MRL 中国香港标准农药品种及频次

1.2.2.5　按 MRL 美国标准衡量

按 MRL 美国标准衡量，有 1 种农药超标，检出 2 频次，为中毒农药噻虫嗪。按超标程度比较，菜豆中噻虫嗪超标 2.9 倍。检测结果见图 1-19 和附表 19。

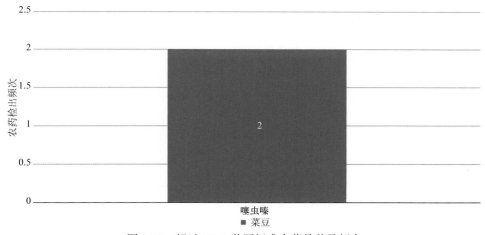

图 1-19　超过 MRL 美国标准农药品种及频次

1.2.2.6　按 MRL CAC 标准衡量

按 MRL CAC 标准衡量，共有 3 种农药超标，检出 7 频次，分别为中毒农药噻虫嗪和吡虫啉，低毒农药烯酰吗啉。

按超标程度比较，菜豆中噻虫嗪超标 6.7 倍，香蕉中吡虫啉超标 3.8 倍，草莓中烯酰吗啉超标 2.1 倍，茄子中吡虫啉超标 0.2 倍，辣椒中烯酰吗啉超标 0.1 倍。检测结果见图 1-20 和附表 20。

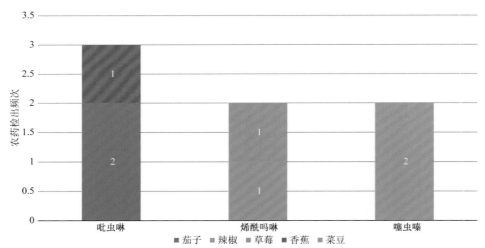

图 1-20　超过 MRL CAC 标准农药品种及频次

1.2.3　11 个采样点超标情况分析

1.2.3.1　按 MRL 中国国家标准衡量

按 MRL 中国国家标准衡量，有 3 个采样点的样品存在不同程度的超标农药检出，其中***超市（长乐路店）的超标率最高，为 1.4%，如表 1-14 和图 1-21 所示。

表 1-14　超过 MRL 中国国家标准水果蔬菜在不同采样点分布

序号	采样点	样品总数	超标数量	超标率（%）	行政区域
1	***超市（东大路店）	78	1	1.3	鼓楼区
2	***超市	75	1	1.3	马尾区
3	***超市（长乐路店）	70	1	1.4	晋安区

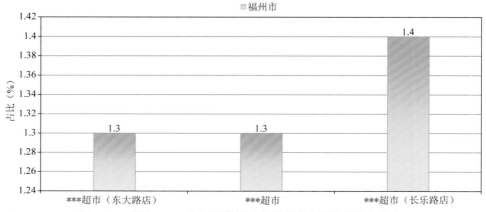

图 1-21　超过 MRL 中国国家标准水果蔬菜在不同采样点分布

1.2.3.2　按 MRL 欧盟标准衡量

按 MRL 欧盟标准衡量，有 10 个采样点的样品存在不同程度的超标农药检出，其中 ***购物广场（金山大道店）的超标率最高，为 7.0%，如表 1-15 和图 1-22 所示。

表 1-15　超过 MRL 欧盟标准水果蔬菜在不同采样点分布

序号	采样点	样品总数	超标数量	超标率（%）	行政区域
1	***超市（宝龙广场店）	94	5	5.3	台江区
2	***超市（东大路店）	78	2	2.6	鼓楼区
3	***超市	75	2	2.7	马尾区
4	***超市（浦上店）	72	4	5.6	仓山区
5	***超市（福州万象店）	71	4	5.6	台江区
6	***购物广场（金山大道店）	71	5	7.0	仓山区
7	***超市（长乐路店）	70	4	5.7	晋安区
8	***超市（国棉店）	49	2	4.1	鼓楼区
9	***超市	46	3	6.5	鼓楼区
10	***超市（顺峰社区店）	25	1	4.0	鼓楼区

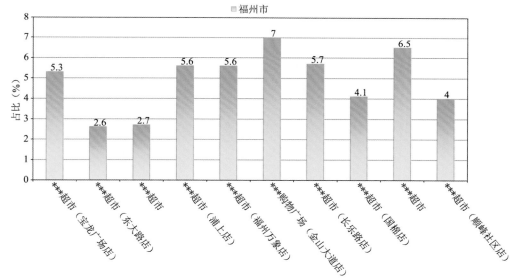

图 1-22　超过 MRL 欧盟标准水果蔬菜在不同采样点分布

1.2.3.3　按 MRL 日本标准衡量

按 MRL 日本标准衡量，所有采样点的样品均存在不同程度的超标农药检出，其中 ***超市的超标率最高，为 10.9%，如表 1-16 和图 1-23 所示。

表 1-16　超过 MRL 日本标准水果蔬菜在不同采样点分布

序号	采样点	样品总数	超标数量	超标率（%）	行政区域
1	***超市（宝龙广场店）	94	7	7.4	台江区
2	***超市（东大路店）	78	4	5.1	鼓楼区
3	***超市	75	6	8.0	马尾区
4	***超市（浦上店）	72	5	6.9	仓山区
5	***超市（福州万象店）	71	5	7.0	台江区
6	***购物广场（金山大道店）	71	6	8.5	仓山区
7	***超市（长乐路店）	70	2	2.9	晋安区
8	***超市（国棉店）	49	3	6.1	鼓楼区
9	***超市	46	5	10.9	鼓楼区
10	***超市（顺峰社区店）	25	1	4.0	鼓楼区
11	***超市（黎明店）	22	1	4.5	鼓楼区

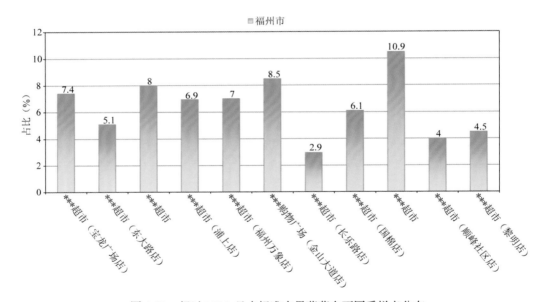

图 1-23　超过 MRL 日本标准水果蔬菜在不同采样点分布

1.2.3.4　按 MRL 中国香港标准衡量

按 MRL 中国香港标准衡量，有 7 个采样点的样品存在不同程度的超标农药检出，其中***超市（黎明店）的超标率最高，为 4.5%，如表 1-17 和图 1-24 所示。

表 1-17　超过 MRL 中国香港标准水果蔬菜在不同采样点分布

序号	采样点	样品总数	超标数量	超标率（%）	行政区域
1	***超市（宝龙广场店）	94	1	1.1	台江区

续表

序号	采样点	样品总数	超标数量	超标率（%）	行政区域
2	***超市（东大路店）	78	1	1.3	鼓楼区
3	***超市	75	1	1.3	马尾区
4	***购物广场（金山大道店）	71	1	1.4	仓山区
5	***超市（长乐路店）	70	1	1.4	晋安区
6	***超市（国棉店）	49	1	2.0	鼓楼区
7	***超市（黎明店）	22	1	4.5	鼓楼区

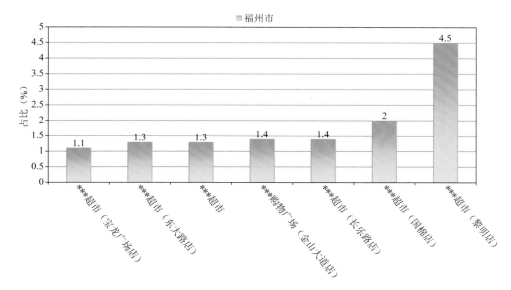

图 1-24　超过 MRL 中国香港标准水果蔬菜在不同采样点分布

1.2.3.5　按 MRL 美国标准衡量

按 MRL 美国标准衡量，有 2 个采样点的样品存在不同程度的超标农药检出，其中 ***超市（黎明店）的超标率最高，为 4.5%，如表 1-18 和图 1-25 所示。

表 1-18　超过 MRL 美国标准水果蔬菜在不同采样点分布

序号	采样点	样品总数	超标数量	超标率（%）	行政区域
1	***超市（宝龙广场店）	94	1	1.1	台江区
2	***超市（黎明店）	22	1	4.5	鼓楼区

1.2.3.6　按 MRL CAC 标准衡量

按 MRL CAC 标准衡量，有 7 个采样点的样品存在不同程度的超标农药检出，其中 ***超市（黎明店）的超标率最高，为 4.5%，如表 1-19 和图 1-26 所示。

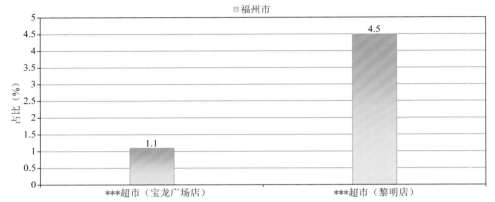

图 1-25　超过 MRL 美国标准水果蔬菜在不同采样点分布

表 1-19　超过 MRL CAC 标准水果蔬菜在不同采样点分布

序号	采样点	样品总数	超标数量	超标率（%）	行政区域
1	***超市（宝龙广场店）	94	1	1.1	台江区
2	***超市（东大路店）	78	1	1.3	鼓楼区
3	***超市	75	1	1.3	马尾区
4	***购物广场（金山大道店）	71	1	1.4	仓山区
5	***超市（长乐路店）	70	1	1.4	晋安区
6	***超市（国棉店）	49	1	2.0	鼓楼区
7	***超市（黎明店）	22	1	4.5	鼓楼区

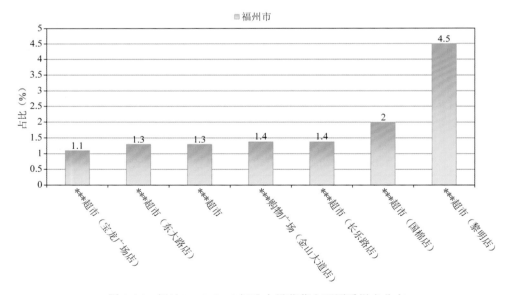

图 1-26　超过 MRL CAC 标准水果蔬菜在不同采样点分布

1.3　水果中农药残留分布

1.3.1　检出农药品种和频次排前 10 的水果

本次残留侦测的水果共 24 种，包括猕猴桃、桃、西瓜、山竹、香蕉、哈密瓜、木瓜、苹果、杏、香瓜、草莓、葡萄、梨、枣、李子、荔枝、芒果、橘、火龙果、橙、甜瓜、杨桃、柠檬和菠萝。

根据检出农药品种及频次进行排名，将各项排名前 10 位的水果样品检出情况列表说明，详见表 1-20。

表 1-20　检出农药品种和频次排名前 10 的水果

检出农药品种排名前 10（品种）	①葡萄（29），②枣（13），③桃（11），④草莓（10），⑤李子（10），⑥梨（9），⑦香蕉（9），⑧木瓜（6），⑨苹果（6），⑩甜瓜（6）
检出农药频次排名前 10（频次）	①葡萄（105），②枣（36），③桃（34），④香蕉（31），⑤梨（29），⑥草莓（24），⑦李子（17），⑧苹果（14），⑨橙（12），⑩猕猴桃（12）
检出禁用、高毒及剧毒农药品种排名前 10（品种）	①橘（1），②李子（1），③芒果（1），④桃（1），⑤香蕉（1）
检出禁用、高毒及剧毒农药频次排名前 10（频次）	①香蕉（3），②橘（1），③李子（1），④芒果（1），⑤桃（1）

1.3.2　超标农药品种和频次排前 10 的水果

鉴于 MRL 欧盟标准和日本标准制定比较全面且覆盖率较高，我们参照 MRL 中国国家标准、欧盟标准和日本标准衡量水果样品中农残检出情况，将超标农药品种及频次排名前 10 的水果列表说明，详见表 1-21。

表 1-21　超标农药品种和频次排名前 10 的水果

超标农药品种排名前 10（农药品种数）	MRL 中国国家标准	①草莓（1）
	MRL 欧盟标准	①葡萄（2），②香蕉（2），③草莓（1），④李子（1），⑤木瓜（1），⑥杨桃（1）
	MRL 日本标准	①枣（6），②李子（4），③葡萄（3），④草莓（2），⑤木瓜（1），⑥柠檬（1），⑦香蕉（1），⑧杨桃（1）
超标农药频次排名前 10（农药频次数）	MRL 中国国家标准	①草莓（1）
	MRL 欧盟标准	①葡萄（5），②香蕉（2），③草莓（1），④李子（1），⑤木瓜（1），⑥杨桃（1）
	MRL 日本标准	①枣（9），②李子（7），③草莓（5），④葡萄（5），⑤柠檬（3），⑥香蕉（2），⑦木瓜（1），⑧杨桃（1）

通过对各品种水果样本总数及检出率进行综合分析发现，葡萄、枣和桃的残留污染

最为严重，在此，我们参照 MRL 中国国家标准、欧盟标准和日本标准对这 3 种水果的农残检出情况进行进一步分析。

1.3.3　农药残留检出率较高的水果样品分析

1.3.3.1　葡　萄

这次共检测 20 例葡萄样品，全部检出了农药残留，检出率为 100.0%，检出农药共计 29 种。其中烯酰吗啉、嘧霉胺、嘧菌酯、苯醚甲环唑和多菌灵检出频次较高，分别检出了 15、13、10、8 和 6 次。葡萄中农药检出品种和频次见图 1-27，超标农药见图 1-28 和表 1-22。

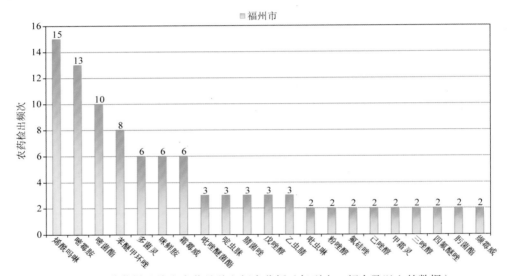

图 1-27　葡萄样品检出农药品种和频次分析（仅列出 2 频次及以上的数据）

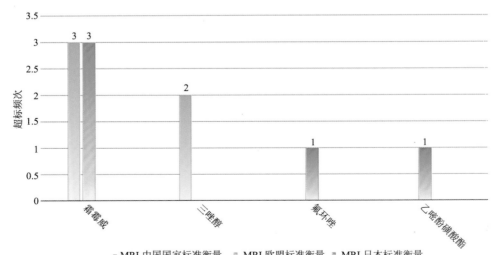

图 1-28　葡萄样品中超标农药分析

表 1-22　葡萄中农药残留超标情况明细表

样品总数		检出农药样品数	样品检出率（%）	检出农药品种总数
20		20	100	29
	超标农药品种	超标农药频次	按照 MRL 中国国家标准、欧盟标准和日本标准衡量超标农药名称及频次	
中国国家标准	0	0		
欧盟标准	2	5	霜霉威（3）、三唑醇（2）	
日本标准	3	5	霜霉威（3）、氟环唑（1）、乙嘧酚磺酸酯（1）	

1.3.3.2　枣

这次共检测 17 例枣样品，13 例样品中检出了农药残留，检出率为 76.5%，检出农药共计 13 种。其中多菌灵、吡虫啉、啶虫脒、戊唑醇和甲霜灵检出频次较高，分别检出了 10、7、4、4 和 2 次。枣中农药检出品种和频次见图 1-29，超标农药见图 1-30 和表 1-23。

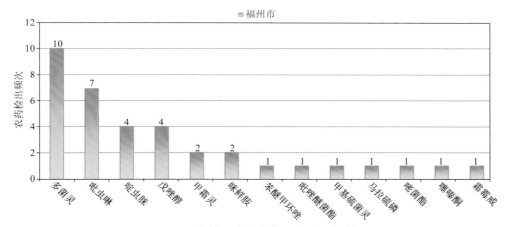

图 1-29　枣样品检出农药品种和频次分析

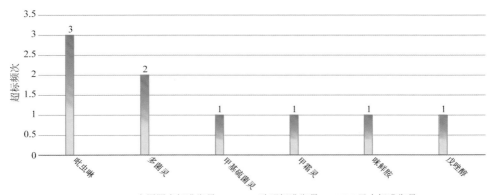

图 1-30　枣样品中超标农药分析

表 1-23 枣中农药残留超标情况明细表

样品总数			检出农药样品数	样品检出率（%）	检出农药品种总数
17			13	76.5	13
	超标农药品种	超标农药频次	按照 MRL 中国国家标准、欧盟标准和日本标准衡量超标农药名称及频次		
中国国家标准	0	0			
欧盟标准	0	0			
日本标准	6	9	吡虫啉（3），多菌灵（2），甲基硫菌灵（1），甲霜灵（1），咪鲜胺（1），戊唑醇（1）		

1.3.3.3 桃

这次共检测 15 例桃样品，14 例样品中检出了农药残留，检出率为 93.3%，检出农药共计 11 种。其中多菌灵、吡虫啉、马拉硫磷、苯醚甲环唑和戊唑醇检出频次较高，分别检出了 11、7、5、3 和 2 次。桃中农药检出品种和频次见图 1-31，无超标农药检出。

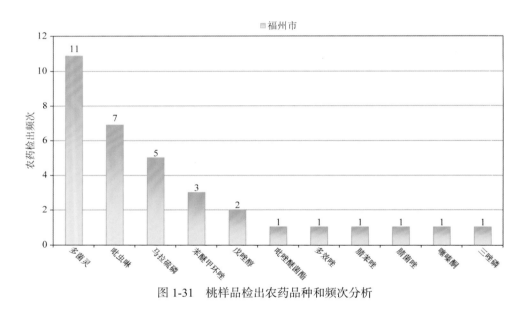

图 1-31 桃样品检出农药品种和频次分析

1.4 蔬菜中农药残留分布

1.4.1 检出农药品种和频次排前 10 的蔬菜

本次残留侦测的蔬菜共 36 种，包括韭菜、甘薯、黄瓜、芹菜、紫薯、洋葱、结球甘蓝、番茄、菠菜、山药、花椰菜、西葫芦、樱桃番茄、辣椒、葱、苋菜、人参果、小白菜、胡萝卜、青花菜、南瓜、紫甘蓝、油麦菜、芋、萝卜、茄子、马铃薯、大白菜、娃娃菜、生菜、苦瓜、冬瓜、菜豆、茼蒿、丝瓜和甘薯叶。

根据检出农药品种及频次进行排名，将各项排名前 10 位的蔬菜样品检出情况列表说明，详见表 1-24。

表 1-24　检出农药品种和频次排名前 10 的蔬菜

检出农药品种排名前 10（品种）	①番茄（20），②茄子（19），③黄瓜（18），④樱桃番茄（18），⑤苦瓜（17），⑥辣椒（14），⑦芹菜（13），⑧生菜（13），⑨油麦菜（10），⑩苋菜（9）
检出农药频次排名前 10（频次）	①樱桃番茄（85），②黄瓜（72），③番茄（59），④茄子（50），⑤辣椒（42），⑥苦瓜（39），⑦生菜（24），⑧芹菜（20），⑨油麦菜（17），⑩丝瓜（16）
检出禁用、高毒及剧毒农药品种排名前 10（品种）	①芹菜（3），②甘薯（1），③黄瓜（1），④辣椒（1），⑤茄子（1），⑥苋菜（1），⑦樱桃番茄（1）
检出禁用、高毒及剧毒农药频次排名前 10（频次）	①茄子（3），②芹菜（3），③黄瓜（2），④辣椒（2），⑤甘薯（1），⑥苋菜（1），⑦樱桃番茄（1）

1.4.2　超标农药品种和频次排前 10 的蔬菜

鉴于 MRL 欧盟标准和日本标准制定比较全面且覆盖率较高，我们参照 MRL 中国国家标准、欧盟标准和日本标准衡量蔬菜样品中农残检出情况，将超标农药品种及频次排名前 10 的蔬菜列表说明，详见表 1-25。

表 1-25　超标农药品种和频次排名前 10 的蔬菜

超标农药品种排名前 10（农药品种数）	MRL 中国国家标准	①甘薯（1），②辣椒（1）
	MRL 欧盟标准	①茄子（4），②辣椒（3），③黄瓜（2），④菜豆（1），⑤番茄（1），⑥甘薯（1），⑦苦瓜（1），⑧萝卜（1），⑨芹菜（1），⑩山药（1）
	MRL 日本标准	①菜豆（6），②辣椒（2），③茄子（2），④生菜（2），⑤油麦菜（2），⑥番茄（1），⑦苦瓜（1），⑧青花菜（1），⑨山药（1），⑩茼蒿（1）
超标农药频次排名前 10（农药频次数）	MRL 中国国家标准	①甘薯（1），②辣椒（1）
	MRL 欧盟标准	①茄子（6），②辣椒（4），③黄瓜（3），④山药（2），⑤菜豆（1），⑥番茄（1），⑦甘薯（1），⑧苦瓜（1），⑨萝卜（1），⑩芹菜（1）
	MRL 日本标准	①菜豆（7），②辣椒（2），③茄子（2），④山药（2），⑤生菜（2），⑥油麦菜（2），⑦番茄（1），⑧苦瓜（1），⑨青花菜（1），⑩茼蒿（1）

通过对各品种蔬菜样本总数及检出率进行综合分析发现，番茄、茄子和樱桃番茄的残留污染最为严重，在此，我们参照 MRL 中国国家标准、欧盟标准和日本标准对这 3 种蔬菜的农残检出情况进行进一步分析。

1.4.3　农药残留检出率较高的蔬菜样品分析

1.4.3.1　番茄

这次共检测 23 例番茄样品，17 例样品中检出了农药残留，检出率为 73.9%，检出农药共计 20 种。其中烯酰吗啉、啶虫脒、苯醚甲环唑、多菌灵和噁霜灵检出频次较高，分别检出了 8、7、6、6 和 4 次。番茄中农药检出品种和频次见图 1-32，超标农药见图 1-33 和表 1-26。

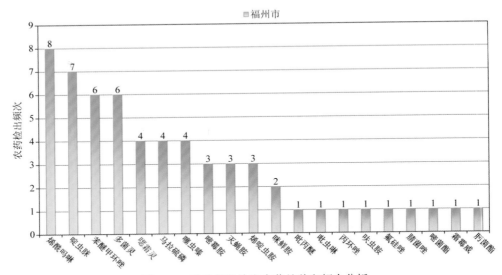

图 1-32　番茄样品检出农药品种和频次分析

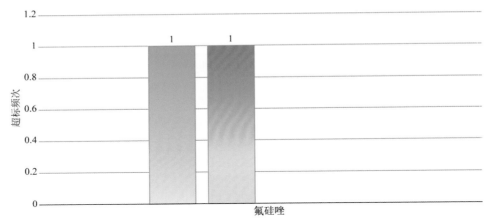

图 1-33　番茄样品中超标农药分析

表 1-26　番茄中农药残留超标情况明细表

样品总数		检出农药样品数	样品检出率（%）	检出农药品种总数
23		17	73.9	20
	超标农药品种	超标农药频次	按照 MRL 中国国家标准、欧盟标准和日本标准衡量超标农药名称及频次	
中国国家标准	0	0		
欧盟标准	1	1	氟硅唑（1）	
日本标准	1	1	氟硅唑（1）	

1.4.3.2　茄子

这次共检测 23 例茄子样品，20 例样品中检出了农药残留，检出率为 87.0%，检出农药共计 19 种。其中啶虫脒、马拉硫磷、吡虫啉、霜霉威和克百威检出频次较高，分别检出了 12、6、5、5 和 3 次。茄子中农药检出品种和频次见图 1-34，超标农药见图 1-35 和表 1-27。

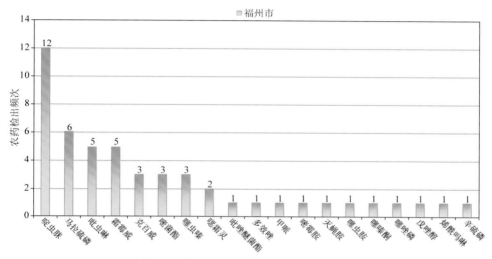

图 1-34　茄子样品检出农药品种和频次分析

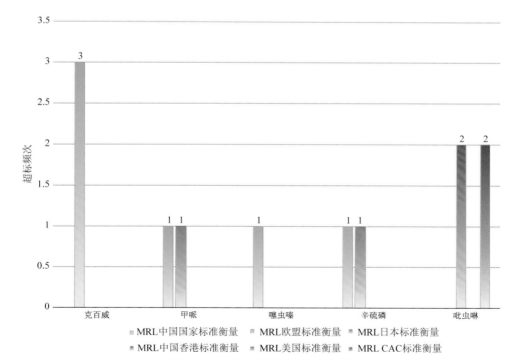

图 1-35　茄子样品中超标农药分析

表 1-27　茄子中农药残留超标情况明细表

样品总数		检出农药样品数	样品检出率（%）	检出农药品种总数
23		20	87	19
	超标农药品种	超标农药频次	按照 MRL 中国国家标准、欧盟标准和日本标准衡量超标农药名称及频次	
中国国家标准	0	0		
欧盟标准	4	6	克百威（3），甲哌（1），噻虫嗪（1），辛硫磷（1）	
日本标准	2	2	甲哌（1），辛硫磷（1）	

1.4.3.3　樱桃番茄

这次共检测 19 例樱桃番茄样品，全部检出了农药残留，检出率为 100.0%，检出农药共计 18 种。其中吡虫啉、多菌灵、烯酰吗啉、啶虫脒和噻嗪酮检出频次较高，分别检出了 14、14、9、8 和 7 次。樱桃番茄中农药检出品种和频次见图 1-36，超标农药见图 1-37 和表 1-28。

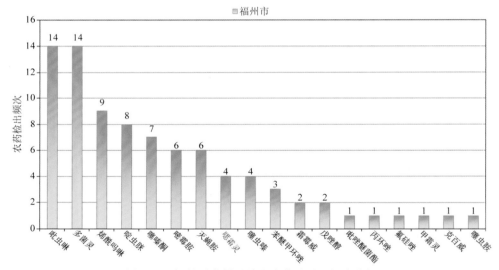

图 1-36　樱桃番茄样品检出农药品种和频次分析

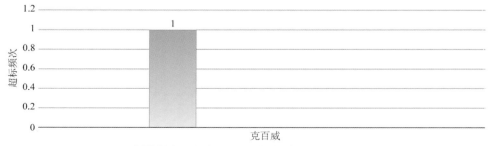

图 1-37　樱桃番茄样品中超标农药分析

表 1-28　樱桃番茄中农药残留超标情况明细表

样品总数		检出农药样品数	样品检出率（%）	检出农药品种总数
19		19	100	18
	超标农药品种	超标农药频次	按照 MRL 中国国家标准、欧盟标准和日本标准衡量超标农药名称及频次	
中国国家标准	0	0		
欧盟标准	1	1	克百威（1）	
日本标准	0	0		

1.5　初 步 结 论

1.5.1　福州市市售水果蔬菜按 MRL 中国国家标准和国际主要 MRL 标准衡量的合格率

本次侦测的 673 例样品中，306 例样品未检出任何残留农药，占样品总量的 45.5%，367 例样品检出不同水平、不同种类的残留农药，占样品总量的 54.5%。在这 367 例检出农药残留的样品中：

按 MRL 中国国家标准衡量，有 364 例样品检出残留农药但含量没有超标，占样品总数的 54.1%，有 3 例样品检出了超标农药，占样品总数的 0.4%。

按 MRL 欧盟标准衡量，有 335 例样品检出残留农药但含量没有超标，占样品总数的 49.8%，有 32 例样品检出了超标农药，占样品总数的 4.8%。

按 MRL 日本标准衡量，有 322 例样品检出残留农药但含量没有超标，占样品总数的 47.8%，有 45 例样品检出了超标农药，占样品总数的 6.7%。

按 MRL 中国香港标准衡量，有 360 例样品检出残留农药但含量没有超标，占样品总数的 53.5%，有 7 例样品检出了超标农药，占样品总数的 1.0%。

按 MRL 美国标准衡量，有 365 例样品检出残留农药但含量没有超标，占样品总数的 54.2%，有 2 例样品检出了超标农药，占样品总数的 0.3%。

按 MRL CAC 标准衡量，有 360 例样品检出残留农药但含量没有超标，占样品总数的 53.5%，有 7 例样品检出了超标农药，占样品总数的 1.0%。

1.5.2　福州市市售水果蔬菜中检出农药以中低微毒农药为主，占市场主体的 93.5%

这次侦测的 673 例样品包括谷物 1 种 4 例，水果 24 种 271 例，食用菌 2 种 4 例，蔬菜 36 种 394 例，共检出了 62 种农药，检出农药的毒性以中低微毒为主，详见表 1-29。

表 1-29　市场主体农药毒性分布

毒性	检出品种	占比	检出频次	占比
剧毒农药	1	1.6%	2	0.2%
高毒农药	3	4.8%	18	2.0%
中毒农药	30	48.4%	428	46.4%
低毒农药	17	27.4%	242	26.2%
微毒农药	11	17.7%	232	25.2%
中低微毒农药，品种占比 93.5%，频次占比 97.8%				

1.5.3　检出剧毒、高毒和禁用农药现象应该警醒

在此次侦测的 673 例样品中有 7 种蔬菜和 5 种水果的 18 例样品检出了 4 种 20 频次的剧毒和高毒或禁用农药，占样品总量的 2.7%。其中剧毒农药甲拌磷以及高毒农药克百威、氧乐果和三唑磷检出频次较高。

按 MRL 中国国家标准衡量，剧毒农药甲拌磷，检出 2 次，超标 1 次；高毒农药按超标程度比较，甘薯中甲拌磷超标 1.8 倍。

剧毒、高毒或禁用农药的检出情况及按照 MRL 中国国家标准衡量的超标情况见表 1-30。

表 1-30　剧毒、高毒或禁用农药的检出及超标明细

序号	农药名称	样品名称	检出频次	超标频次	最大超标倍数	超标率
1.1	甲拌磷*▲	甘薯	1	1	1.78	100.0%
1.2	甲拌磷*▲	芹菜	1	0	0	0.0%
2.1	三唑磷◊	李子	1	0	0	0.0%
2.2	三唑磷◊	桃	1	0	0	0.0%
2.3	三唑磷◊	苋菜	1	0	0	0.0%
3.1	克百威◊▲	茄子	3	0	0	0.0%
3.2	克百威◊▲	辣椒	2	0	0	0.0%
3.3	克百威◊▲	黄瓜	2	0	0	0.0%
3.4	克百威◊▲	樱桃番茄	1	0	0	0.0%
3.5	克百威◊▲	芹菜	1	0	0	0.0%
4.1	氧乐果◊▲	香蕉	3	0	0	0.0%
4.2	氧乐果◊▲	橘	1	0	0	0.0%
4.3	氧乐果◊▲	芒果	1	0	0	0.0%
4.4	氧乐果◊▲	芹菜	1	0	0	0.0%
合计			20	1		5.0%

注：超标倍数参照 MRL 中国国家标准衡量

这些超标的剧毒和高毒农药都是中国政府早有规定禁止在水果蔬菜中使用的，为什么还屡次被检出，应该引起警惕。

1.5.4　残留限量标准与先进国家或地区标准差距较大

922 频次的检出结果与我国公布的《食品中农药最大残留限量》（GB 2763—2014）对比，有 429 频次能找到对应的 MRL 中国国家标准，占 46.5%；还有 493 频次的侦测数据无相关 MRL 标准供参考，占 53.5%。

与国际上现行 MRL 标准对比发现：

有 922 频次能找到对应的 MRL 欧盟标准，占 100.0%；

有 922 频次能找到对应的 MRL 日本标准，占 100.0%；

有 656 频次能找到对应的 MRL 中国香港标准，占 71.1%；

有 551 频次能找到对应的 MRL 美国标准，占 59.8%；

有 481 频次能找到对应的 MRL CAC 标准，占 52.2%。

由上可见，MRL 中国国家标准与先进国家或地区标准还有很大差距，我们无标准，境外有标准，这就会导致我们在国际贸易中，处于受制于人的被动地位。

1.5.5　水果蔬菜单种样品检出 11~29 种农药残留，拷问农药使用的科学性

通过此次监测发现，葡萄、枣和桃是检出农药品种最多的 3 种水果，番茄、茄子和黄瓜是检出农药品种最多的 3 种蔬菜，从中检出农药品种及频次详见表 1-31。

表 1-31　单种样品检出农药品种及频次

样品名称	样品总数	检出农药样品数	检出率	检出农药品种数	检出农药（频次）
番茄	23	17	73.9%	20	烯酰吗啉（8），啶虫脒（7），苯醚甲环唑（6），多菌灵（6），噁霜灵（4），马拉硫磷（4），噻虫嗪（4），嘧霉胺（3），灭蝇胺（3），烯啶虫胺（3），咪鲜胺（2），吡丙醚（1），吡虫啉（1），丙环唑（1），呋虫胺（1），氟硅唑（1），腈菌唑（1），嘧菌酯（1），霜霉威（1），肟菌酯（1）
茄子	23	20	87.0%	19	啶虫脒（12），马拉硫磷（6），吡虫啉（5），霜霉威（5），克百威（3），嘧菌酯（3），噻虫嗪（3），噁霜灵（2），吡唑醚菌酯（1），多效唑（1），甲哌（1），嘧霉胺（1），灭蝇胺（1），噻虫胺（1），噻嗪酮（1），噻唑磷（1），戊唑醇（1），烯酰吗啉（1），辛硫磷（1）
黄瓜	27	26	96.3%	18	甲霜灵（14），霜霉威（12），多菌灵（10），啶虫脒（7），吡虫啉（6），烯啶虫胺（5），马拉硫磷（3），克百威（2），嘧霉胺（2），噻虫嗪（2），烯酰吗啉（2），敌百虫（1），抗蚜威（1），嘧菌酯（1），去甲基抗蚜威（1），噻嗪酮（1），三唑醇（1），异丙威（1）

续表

样品名称	样品总数	检出农药样品数	检出率	检出农药品种数	检出农药（频次）
葡萄	20	20	100.0%	29	烯酰吗啉（15），嘧霉胺（13），嘧菌酯（10），苯醚甲环唑（8），多菌灵（6），咪鲜胺（6），霜霉威（6），吡唑醚菌酯（3），啶虫脒（3），腈菌唑（3），戊唑醇（3），乙虫腈（3），吡虫啉（2），粉唑醇（2），氟硅唑（2），己唑醇（2），甲霜灵（2），三唑醇（2），四氟醚唑（2），肟菌酯（2），缬霉威（2），2，6-二氯苯甲酰胺（1），敌百虫（1），氟环唑（1），马拉硫磷（1），醚菌酯（1），嘧菌环胺（1），三唑酮（1），乙嘧酚磺酸酯（1）
枣	17	13	76.5%	13	多菌灵（10），吡虫啉（7），啶虫脒（4），戊唑醇（4），甲霜灵（2），咪鲜胺（2），苯醚甲环唑（1），吡唑醚菌酯（1），甲基硫菌灵（1），马拉硫磷（1），嘧菌酯（1），噻嗪酮（1），霜霉威（1）
桃	15	14	93.3%	11	多菌灵（11），吡虫啉（7），马拉硫磷（5），苯醚甲环唑（3），戊唑醇（2），吡唑醚菌酯（1），多效唑（1），腈苯唑（1），腈菌唑（1），噻嗪酮（1），三唑磷（1）

　　上述 6 种水果蔬菜，检出农药 11~29 种，是多种农药综合防治，还是未严格实施农业良好管理规范（GAP），抑或根本就是乱施药，值得我们思考。

第 2 章　LC-Q-TOF/MS 侦测福州市市售水果蔬菜农药残留膳食暴露风险与预警风险评估

2.1　农药残留风险评估方法

2.1.1　福州市农药残留侦测数据分析与统计

庞国芳院士科研团队建立的农药残留高通量侦测技术以高分辨精确质量数（0.0001 m/z 为基准）为识别标准，采用 LC-Q-TOF/MS 技术对 565 种农药化学污染物进行侦测。

科研团队于 2015 年 7 月~2016 年 1 月在福州市所属 5 个区的 11 个采样点，随机采集了 673 例水果蔬菜样品，采样点均为超市，具体位置如图 2-1 所示，各月内水果蔬菜样品采集数量如表 2-1 所示。

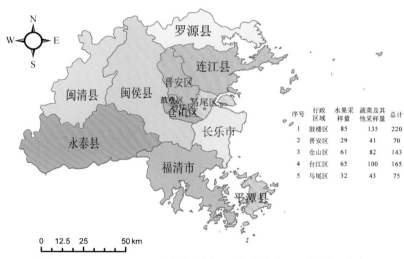

序号	行政区域	水果采样量	蔬菜及其他采样量	总计
1	鼓楼区	85	135	220
2	晋安区	29	41	70
3	仓山区	61	82	143
4	台江区	65	100	165
5	马尾区	32	43	75

图 2-1　LC-Q-TOF/MS 侦测福州市 11 个采样点 673 例样品分布示意图

表 2-1　福州市各月内采集水果蔬菜样品数列表

时间	样品数（例）
2015 年 7 月	247
2015 年 9 月	158
2015 年 10 月	47
2016 年 1 月	221

利用 LC-Q-TOF/MS 技术对 673 例样品中的农药进行侦测，检出残留农药 62 种，922 频次。检出农药残留水平如表 2-2 和图 2-2 所示。检出频次最高的前 10 种农药如表 2-3 所示。从检测结果中可以看出，在水果蔬菜中农药残留普遍存在，且有些水果蔬菜存在高浓度的农药残留，这些可能存在膳食暴露风险，对人体健康产生危害，因此，为了定量地评价水果蔬菜中农药残留的风险程度，有必要对其进行风险评价。

表 2-2　检出农药的不同残留水平及其所占比例列表

残留水平（µg/kg）	检出频次	占比（%）
1~5（含）	495	53.7
5~10（含）	144	15.6
10~100（含）	234	25.4
100~1000（含）	48	5.2
>1000	1	0.1
合计	922	100

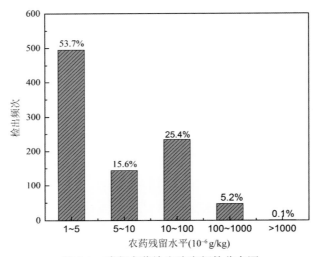

图 2-2　残留农药检出浓度频数分布图

表 2-3　检出频次最高的前十种农药列表

序号	农药	检出频次
1	多菌灵	129
2	啶虫脒	85
3	吡虫啉	82
4	马拉硫磷	73
5	烯酰吗啉	68
6	苯醚甲环唑	41

续表

序号	农药	检出频次
7	霜霉威	41
8	噻虫嗪	38
9	甲霜灵	36
10	咪鲜胺	35

2.1.2　农药残留风险评价模型

对福州市水果蔬菜中农药残留分别开展暴露风险评估和预警风险评估。膳食暴露风险评估利用食品安全指数模型对水果蔬菜中的残留农药对人体可能产生的危害程度进行评价，该模型结合残留监测和膳食暴露评估评价化学污染物的危害；预警风险评价模型运用风险系数（risk index，R），风险系数综合考虑了危害物的超标率、施检频率及其本身敏感性的影响，能直观而全面地反映出危害物在一段时间内的风险程度。

2.1.2.1　食品安全指数模型

为了加强食品安全管理，《中华人民共和国食品安全法》第二章第十七条规定"国家建立食品安全风险评估制度，运用科学方法，根据食品安全风险监测信息、科学数据以及有关信息，对食品、食品添加剂、食品相关产品中生物性、化学性和物理性危害因素进行风险评估"[1]，膳食暴露评估是食品危险度评估的重要组成部分，也是膳食安全性的衡量标准[2]。国际上最早研究膳食暴露风险评估的机构主要是 JMPR（FAO、WHO 农药残留联合会议），该组织自 1995 年就已制定了急性毒性物质的风险评估急性毒性农药残留摄入量的预测。1960 年美国规定食品中不得加入致癌物质进而提出零阈值理论，渐渐零阈值理论发展成在一定概率条件下可接受风险的概念[3]，后衍变为食品中每日允许最大摄入量（ADI），而国际食品农药残留法典委员会（CCPR）认为 ADI 不是独立风险评估的唯一标准[4]，1995 年 JMPR 开始研究农药急性膳食暴露风险评估，并对食品国际短期摄入量的计算方法进行了修正，亦对膳食暴露评估准则及评估方法进行了修正[5]，2002 年，在对世界上现行的食品安全评价方法，尤其是国际公认的 CAC 评价方法、全球环境监测系统/食品污染监测和评估规划（WHO GEMS/Food）及 FAO、WHO 食品添加剂联合专家委员会（JECFA）和 JMPR 对食品安全风险评估工作研究的基础之上，检验检疫食品安全管理的研究人员提出了结合残留监控和膳食暴露评估，以食品安全指数 IFS 计算食品中各种化学污染物对消费者的健康危害程度[6]。IFS 是表示食品安全状态的新方法，可有效地评价某种农药的安全性，进而评价食品中各种农药化学污染物对消费者健康的整体危害程度[7, 8]。从理论上分析，IFS$_c$ 可指出食品中的污染物 c 对消费者健康是否存在危害及危害的程度[9]。其优点在于操作简单且结果容易被接受和理解，不需要大量的数据来对结果进行验证，使用默认的标准假设或者模型即可[10, 11]。

1）IFS$_c$ 的计算

IFS$_c$ 计算公式如下：

$$IFS_c = \frac{EDI_c \times f}{SI_c \times bw}$$ 　　　　　（2-1）

式中，c 为所研究的农药；EDI$_c$ 为农药 c 的实际日摄入量估算值，等于 $\sum\left(R_i \times F_i \times E_i \times P_i\right)$（ i 为食品种类；R_i 为食品 i 中农药 c 的残留水平，mg/kg；F_i 为食品 i 的估计日消费量，g/（人·天）；E_i 为食品 i 的可食用部分因子；P_i 为食品 i 的加工处理因子）；SI$_c$ 为安全摄入量，可采用每日允许最大摄入量 ADI；bw 为人平均体重，kg；f 为校正因子，如果安全摄入量采用 ADI，则 f 取 1。

IFS$_c$≪1，农药 c 对食品安全没有影响；IFS$_c$≤1，农药 c 对食品安全的影响可以接受；IFS$_c$>1，农药 c 对食品安全的影响不可接受。

本次评价中：

IFS$_c$≤0.1，农药 c 对水果蔬菜安全没有影响；

0.1<IFS$_c$≤1，农药 c 对水果蔬菜安全的影响可以接受；

IFS$_c$>1，农药 c 对水果蔬菜安全的影响不可接受。

本次评价中残留水平 R_i 取值为中国检验检疫科学研究院庞国芳院士课题组利用以高分辨精确质量数（0.0001 m/z）为基准的 LC-Q-TOF/MS 侦测技术于 2015～2017 年对福州市水果蔬菜农药残留的侦测结果，估计日消费量 F_i 取值 0.38 kg/（人·天），E_i=1，P_i=1，f=1，SI$_c$ 采用《食品安全国家标准　食品中农药最大残留限量》（GB 2763—2016）中 ADI 值（具体数值见表 2-4），人平均体重（bw）取值 60 kg。

表 2-4　福州市水果蔬菜中检出农药的 ADI 值

序号	农药	ADI	序号	农药	ADI	序号	农药	ADI
1	烯啶虫胺	0.53	13	噻菌灵	0.1	25	腈苯唑	0.03
2	醚菌酯	0.4	14	甲基硫菌灵	0.08	26	腈菌唑	0.03
3	霜霉威	0.4	15	甲霜灵	0.08	27	嘧菌环胺	0.03
4	马拉硫磷	0.3	16	噻虫嗪	0.08	28	三唑醇	0.03
5	呋虫胺	0.2	17	丙环唑	0.07	29	三唑酮	0.03
6	嘧菌酯	0.2	18	啶虫脒	0.07	30	戊唑醇	0.03
7	嘧霉胺	0.2	19	吡虫啉	0.06	31	氟环唑	0.02
8	烯酰吗啉	0.2	20	灭蝇胺	0.06	32	抗蚜威	0.02
9	吡丙醚	0.1	21	肟菌酯	0.04	33	苯醚甲环唑	0.01
10	多效唑	0.1	22	吡唑醚菌酯	0.03	34	毒死蜱	0.01
11	甲氧虫酰肼	0.1	23	丙溴磷	0.03	35	噁霜灵	0.01
12	噻虫胺	0.1	24	多菌灵	0.03	36	粉唑醇	0.01

续表

序号	农药	ADI	序号	农药	ADI	序号	农药	ADI
37	咪鲜胺	0.01	46	乙霉威	0.004	55	甲哌	—
38	茚虫威	0.01	47	敌百虫	0.002	56	磷酸三苯酯	—
39	噻嗪酮	0.009	48	异丙威	0.002	57	麦穗宁	—
40	氟硅唑	0.007	49	克百威	0.001	58	去甲基抗蚜威	—
41	己唑醇	0.005	50	三唑磷	0.001	59	双苯基脲	—
42	烯唑醇	0.005	51	甲拌磷	0.0007	60	四氟醚唑	—
43	乙虫腈	0.005	52	氧乐果	0.0003	61	缬霉威	—
44	噻唑磷	0.004	53	2,6-二氯苯甲酰胺	—	62	乙嘧酚磺酸酯	—
45	辛硫磷	0.004	54	避蚊胺	—			

注："—"表示为国家标准中无 ADI 值规定；ADI 值单位为 mg/kg bw

2）计算 IFS_c 的平均值 $\overline{IFS}$，评价农药对食品安全的影响程度

以 $\overline{IFS}$ 评价各种农药对人体健康危害的总程度，评价模型见公式（2-2）。

$$\overline{IFS} = \frac{\sum_{i=1}^{n} IFS_c}{n} \tag{2-2}$$

$\overline{IFS} \ll 1$，所研究消费者人群的食品安全状态很好；$\overline{IFS} \leqslant 1$，所研究消费者人群的食品安全状态可以接受；$\overline{IFS} > 1$，所研究消费者人群的食品安全状态不可接受。

本次评价中：

$\overline{IFS} \leqslant 0.1$，所研究消费者人群的水果蔬菜安全状态很好；

$0.1 < \overline{IFS} \leqslant 1$，所研究消费者人群的水果蔬菜安全状态可以接受；

$\overline{IFS} > 1$，所研究消费者人群的水果蔬菜安全状态不可接受。

2.1.2.2　预警风险评估模型

2003 年，我国检验检疫食品安全管理的研究人员根据 WTO 的有关原则和我国的具体规定，结合危害物本身的敏感性、风险程度及其相应的施检频率，首次提出了食品中危害物风险系数 R 的概念[12]。R 是衡量一个危害物的风险程度大小最直观的参数，即在一定时期内其超标率或阳性检出率的高低，但受其施检测率的高低及其本身的敏感性（受关注程度）影响。该模型综合考察了农药在蔬菜中的超标率、施检频率及其本身敏感性，能直观而全面地反映出农药在一段时间内的风险程度[13]。

1）R 计算方法

危害物的风险系数综合考虑了危害物的超标率或阳性检出率、施检频率和其本身的敏感性影响，并能直观而全面地反映出危害物在一段时间内的风险程度。风险系数 R 的

计算公式如式（2-3）：

$$R = aP + \frac{b}{F} + S \qquad (2\text{-}3)$$

式中，P 为该种危害物的超标率；F 为危害物的施检频率；S 为危害物的敏感因子；a，b 分别为相应的权重系数。

本次评价中 $F=1$；$S=1$；$a=100$；$b=0.1$，对参数 P 进行计算，计算时首先判断是否为禁用农药，如果为非禁用农药，$P=$超标的样品数（侦测出的含量高于食品最大残留限量标准值，即 MRL）除以总样品数（包括超标、不超标、未检出）；如果为禁用农药，则检出即为超标，$P=$能检出的样品数除以总样品数。判断福州市水果蔬菜农药残留是否超标的标准限值 MRL 分别以 MRL 中国国家标准[14]和 MRL 欧盟标准作为对照，具体值列于本报告附表一中。

2）评价风险程度

$R \leqslant 1.5$，受检农药处于低度风险；

$1.5 < R \leqslant 2.5$，受检农药处于中度风险；

$R > 2.5$，受检农药处于高度风险。

2.1.2.3 食品膳食暴露风险和预警风险评估应用程序的开发

1）应用程序开发的步骤

为成功开发膳食暴露风险和预警风险评估应用程序，与软件工程师多次沟通讨论，逐步提出并描述清楚计算需求，开发了初步应用程序。为明确出不同水果蔬菜、不同农药、不同地域和不同季节的风险水平，向软件工程师提出不同的计算需求，软件工程师对计算需求进行逐一地分析，经过反复的细节沟通，需求分析得到明确后，开始进行解决方案的设计，在保证需求的完整性、一致性的前提下，编写出程序代码，最后设计出满足需求的风险评估专用计算软件，并通过一系列的软件测试和改进，完成专用程序的开发。软件开发基本步骤见图 2-3。

图 2-3 专用程序开发总体步骤

2）膳食暴露风险评估专业程序开发的基本要求

首先直接利用公式（2-1），分别计算 LC-Q-TOF/MS 和 GC-Q-TOF/MS 仪器检出的各水果蔬菜样品中每种农药 IFS_c，将结果列出。为考察超标农药和禁用农药的使用安全性，分别以我国《食品安全国家标准 食品中农药最大残留限量》（GB 2763—2016）和欧盟食品中农药最大残留限量（以下简称 MRL 中国国家标准和 MRL 欧盟标准）为标准，对侦测出的禁用农药和超标的非禁用农药 IFS_c 单独进行评价；按 IFS_c 大小列表，并找出 IFS_c 值排名前 20 的样本重点关注。

对不同水果蔬菜 i 中每一种检出的农药 c 的安全指数进行计算，多个样品时求平均值。若监测数据为该市多个月的数据，则逐月、逐季度分别列出每个月、每个季度内每一种水果蔬菜 i 对应的每一种农药 c 的 IFS_c。

按农药种类，计算整个监测时间段内每种农药的 IFS_c，不区分水果蔬菜。若检测数据为该市多个月的数据，则需分别计算每个月、每个季度内每种农药的 IFS_c。

3）预警风险评估专业程序开发的基本要求

分别以 MRL 中国国家标准和 MRL 欧盟标准，按公式（2-3）逐个计算不同水果蔬菜、不同农药的风险系数，禁用农药和非禁用农药分别列表。

为清楚了解各种农药的预警风险，不分时间，不分水果蔬菜，按禁用农药和非禁用农药分类，分别计算各种检出农药全部检测时段内风险系数。由于有 MRL 中国国家标准的农药种类太少，无法计算超标数，非禁用农药的风险系数只以 MRL 欧盟标准为标准，进行计算。若检测数据为多个月的，则按月计算每个月、每个季度内每种禁用农药残留的风险系数和以 MRL 欧盟标准为标准的非禁用农药残留的风险系数。

4）风险程度评价专业应用程序的开发方法

采用 Python 计算机程序设计语言，Python 是一个高层次地结合了解释性、编译性、互动性和面向对象的脚本语言。风险评价专用程序主要功能包括：分别读入每例样品 LC-Q-TOF/MS 和 GC-Q-TOF/MS 农药残留检测数据，根据风险评价工作要求，依次对不同农药、不同食品、不同时间、不同采样点的 IFS_c 值和 R 值分别进行数据计算，筛选出禁用农药、超标农药（分别与 MRL 中国国家标准、MRL 欧盟标准限值进行对比）单独重点分析，再分别对各农药、各水果蔬菜种类分类处理，设计出计算和排序程序，编写计算机代码，最后将生成的膳食暴露风险评估和超标风险评估定量计算结果列入设计好的各个表格中，并定性判断风险对目标的影响程度，直接用文字描述风险发生的高低，如"不可接受"、"可以接受"、"没有影响"、"高度风险"、"中度风险"、"低度风险"。

2.2　LC-Q-TOF/MS 侦测福州市市售水果蔬菜农药残留膳食暴露风险评估

2.2.1　每例水果蔬菜样品中农药残留安全指数分析

基于农药残留侦测数据，发现在 673 例样品中检出农药 922 频次，计算样品中每种残留农药的安全指数 IFS_c，并分析农药对样品安全的影响程度，结果详见附表二，农药残留对水果蔬菜样品安全的影响程度频次分布情况如图 2-4 所示。

由图 2-4 可以看出，农药残留对样品安全的影响不可接受的频次为 1，占 0.11%；农药残留对样品安全的影响可以接受的频次为 6，占 0.65%；农药残留对样品安全的没有影响的频次为 896，占 97.18%。分析发现，在 4 个月份内只有 2015 年 7 月内有一种农药对样品安全影响不可接受，其他月份内，农药对样品安全的影响均在可以接受和没有影响的范围内。表 2-5 为对水果蔬菜样品中安全指数不可接受的农药残留列表。

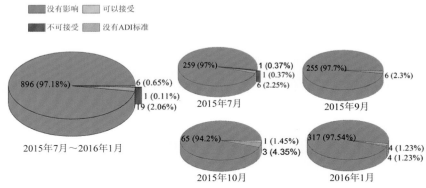

图 2-4　农药残留对水果蔬菜样品安全的影响程度频次分布图

表 2-5　水果蔬菜样品中安全影响不可接受的农药残留列表

序号	样品编号	采样点	基质	农药	含量（mg/kg）	IFS_c
1	20150714-350100-FJCIQ-AM-08A	***超市（浦上店）	苋菜	三唑磷	0.1579	1.0000

部分样品侦测出禁用农药 3 种 17 频次，为了明确残留的禁用农药对样品安全的影响，分析检出禁用农药残留的样品安全指数，禁用农药残留对水果蔬菜样品安全的影响程度频次分布情况如图 2-5 所示，农药残留对样品安全的影响可以接受的频次为 2，占 11.76%；农药残留对样品安全没有影响的频次为 15，占 88.24%。每个月份的水果蔬菜样品中均侦测出禁用农药残留，分析发现，各个月份内，禁用农药对样品安全的影响均在可以接受和没有影响的范围内。表 2-6 列出水果蔬菜样品中侦测出的残留禁用农药的安全指数表。

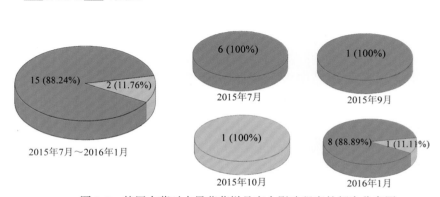

图 2-5　禁用农药对水果蔬菜样品安全影响程度的频次分布图

表 2-6　列出水果蔬菜样品中侦测出的残留禁用农药的安全指数表

序号	样品编号	采样点	基质	农药	含量（mg/kg）	IFS$_c$	影响程度
1	20151026-350100-FJCIQ-XJ-08A	***超市（福州万象店）	香蕉	氧乐果	0.0127	0.2681	可以接受
2	20160108-350100-FJCIQ-SP-04A	***超市（长乐路店）	甘薯	甲拌磷	0.0278	0.2515	可以接受
3	20150709-350100-FJCIQ-CE-04A	***超市（福州万象店）	芹菜	氧乐果	0.0046	0.0971	没有影响
4	20150710-350100-FJCIQ-MG-06A	***购物广场（金山大道店）	芒果	氧乐果	0.0028	0.0591	没有影响
5	20160110-350100-FJCIQ-EP-05A	***超市（福州万象店）	茄子	克百威	0.0084	0.0532	没有影响
6	20150714-350100-FJCIQ-CU-08A	***超市（浦上店）	黄瓜	克百威	0.0073	0.0462	没有影响
7	20160118-350100-FJCIQ-XJ-09A	***超市（国棉店）	香蕉	氧乐果	0.0021	0.0443	没有影响
8	20160117-350100-FJCIQ-XJ-08A	***超市	香蕉	氧乐果	0.0019	0.0401	没有影响
9	20160107-350100-FJCIQ-CU-03A	***购物广场（金山大道店）	黄瓜	克百威	0.0057	0.0361	没有影响
10	20160106-350100-FJCIQ-SN-02A	***超市（浦上店）	樱桃番茄	克百威	0.0055	0.0348	没有影响
11	20150709-350100-FJCIQ-CE-04A	***超市（福州万象店）	芹菜	甲拌磷	0.0036	0.0326	没有影响
12	20160117-350100-FJCIQ-OR-08A	***超市	橘	氧乐果	0.0015	0.0317	没有影响
13	20150710-350100-FJCIQ-LJ-06A	***购物广场（金山大道店）	辣椒	克百威	0.0047	0.0298	没有影响
14	20160117-350100-FJCIQ-EP-08A	***超市	茄子	克百威	0.004	0.0253	没有影响
15	20150924-350100-FJCIQ-EP-04A	***超市	茄子	克百威	0.0031	0.0196	没有影响
16	20160110-350100-FJCIQ-LJ-05A	***超市（福州万象店）	辣椒	克百威	0.003	0.0190	没有影响
17	20150709-350100-FJCIQ-CE-04A	***超市（福州万象店）	芹菜	克百威	0.0013	0.0082	没有影响

　　此外，本次侦测发现部分样品中非禁用农药残留量超过了 MRL 中国国家标准和欧盟标准，为了明确超标的非禁用农药对样品安全的影响，分析了非禁用农药残留超标的样品安全指数。

　　水果蔬菜残留量超过 MRL 中国国家标准的非禁用农药共 2 频次，农药残留对样品安全均没有影响。残留量超过 MRL 欧盟标准的非禁用农药对水果蔬菜样品安全的影响程度频次分布情况如图 2-6 所示。可以看出超过 MRL 欧盟标准的非禁用农药共 26 频次，其中农药残留对样品安全的影响不可接受的频次为 1，占 3.85%；农药残留对样品安全的影响可以接受的频次为 3，占 11.54%；农药残留对样品安全没有影响的频次为 21，占

80.77%。表 2-7 为水果蔬菜样品中不可接受的残留超标非禁用农药安全指数列表（MRL 欧盟标准）。

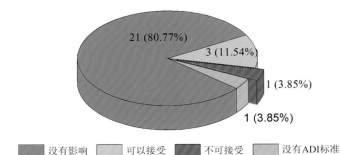

图 2-6　残留超标的非禁用农药对水果蔬菜样品安全的影响程度频次分布图（MRL 欧盟标准）

表 2-7　对水果蔬菜样品中不可接受的残留超标非禁用农药安全指数列表（MRL 欧盟标准）

序号	样品编号	采样点	基质	农药	含量（mg/kg）	欧盟标准	IFS$_c$
1	20150714-350100-FJCIQ-AM-08A	***超市（浦上店）	苋菜	三唑磷	0.1579	0.01	1.0001

在 673 例样品中，306 例样品未侦测出农药残留，367 例样品中侦测出农药残留，计算每例有农药检出样品的 $\overline{\text{IFS}}$ 值，进而分析样品的安全状态，结果如图 2-7 所示（未检出农药的样品安全状态视为很好）。可以看出，0.15% 的样品安全状态不可接受；0.59% 的样品安全状态可以接受；98.66% 的样品安全状态很好。此外，可以看出只有 2015 年 7 月有一例样品安全状态不可接受，其他月份内的样品安全状态均在很好和可以接受的范围内。表 2-8 列出了安全状态不可接受的水果蔬菜样品。

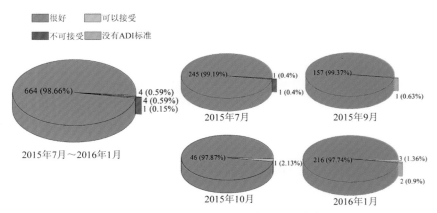

图 2-7　水果蔬菜样品安全状态分布图

表 2-8　水果蔬菜安全状态不可接受的样品列表

序号	样品编号	采样点	基质	$\overline{IFS}$
1	20150714-350100-FJCIQ-AM-08A	***超市（浦上店）	苋菜	1.0000

2.2.2　单种水果蔬菜中农药残留安全指数分析

本次 63 种水果蔬菜侦测 62 种农药，检出频次为 922 次，其中 10 种农药没有 ADI 标准，52 种农药存在 ADI 标准。紫薯、香菇、结球甘蓝、菠萝、洋葱、金针菇、鲜食玉米、菠菜、人参果、芋、山竹等 11 种水果蔬菜未侦测出任何农药，其余 52 种水果蔬菜侦测出农药残留均有 ADI 标准，对其他的 52 种水果蔬菜按不同种类分别计算检出的具有 ADI 标准的各种农药的 IFS_c 值，农药残留对水果蔬菜的安全指数分布图如图 2-8 所示。

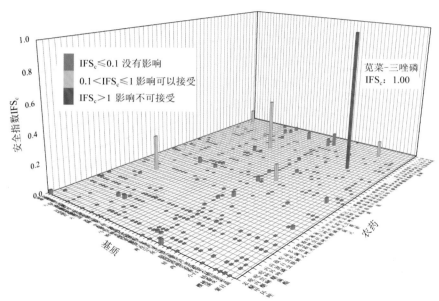

图 2-8　52 种水果蔬菜中 52 种残留农药的安全指数分布图

分析发现 1 种水果蔬菜（苋菜）中的三唑磷残留对食品安全影响不可接受，如表 2-9 所示。

表 2-9　单种水果蔬菜中安全影响不可接受的残留农药安全指数表

序号	基质	农药	检出频次	检出率	IFS>1 的频次	IFS>1 的比例（%）	IFS_c
1	苋菜	三唑磷	1	14.29%	1	14.29	1.0000

本次侦测中，52 种水果蔬菜和 62 种残留农药（包括没有 ADI 标准）共涉及 378 个分析样本，农药对单种水果蔬菜安全的影响程度分布情况如图 2-9 所示。可以看出，

93.92%的样本中农药对水果蔬菜安全没有影响，1.32%的样本中农药对水果蔬菜安全的影响可以接受，0.26%的样本中农药对水果蔬菜安全的影响不可接受。

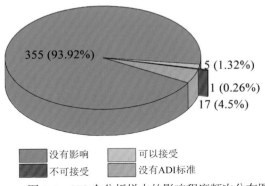

没有影响　　　可以接受

不可接受　　　没有ADI标准

图 2-9　378 个分析样本的影响程度频次分布图

此外，分别计算 52 种水果蔬菜中所有检出农药 IFS_c 的平均值 $\overline{IFS}$，分析每种水果蔬菜的安全状态，结果如图 2-10 所示，分析发现，2 种水果蔬菜（3.85%）的安全状态可以接受，50 种（96.15%）水果蔬菜的安全状态很好。

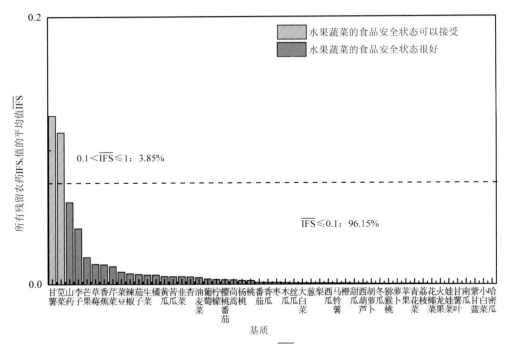

图 2-10　52 种水果蔬菜的 $\overline{IFS}$ 值和安全状态统计图

对每个月内每种水果蔬菜中农药的 IFS_c 进行分析，并计算每月内每种水果蔬菜的 $\overline{IFS}$ 值，以评价每种水果蔬菜的安全状态，结果如图 2-11 所示，可以看出，各个月份水果蔬菜和其他月份的所有水果蔬菜的安全状态均处于很好和可以接受的范围内，各月份内单种水果蔬菜安全状态统计情况如图 2-12 所示。

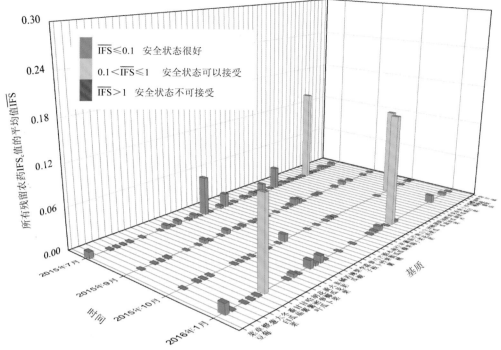

图 2-11　各月内每种水果蔬菜的 $\overline{\text{IFS}}$ 值与安全状态分布图

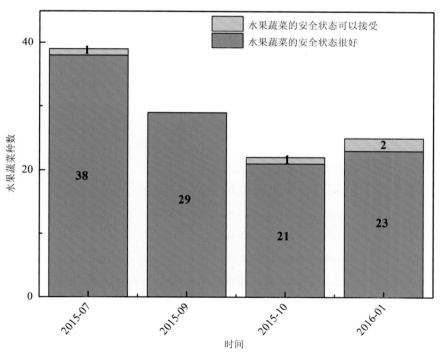

图 2-12　各月份内单种水果蔬菜安全状态统计图

2.2.3　所有水果蔬菜中农药残留安全指数分析

计算所有水果蔬菜中 52 种农药的 $\overline{\text{IFS}_c}$ 值，结果如图 2-13 及表 2-10 所示。

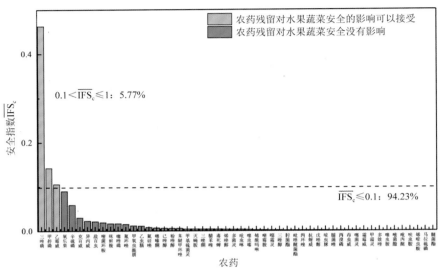

图 2-13　52 种残留农药对水果蔬菜的安全影响程度统计图

分析发现，每种农药的 $\overline{\text{IFS}_c}$ 均小于 1，每种农药对水果蔬菜安全的影响均在没有影响和可以接受的范围内，其中 5.77% 的农药对水果蔬菜安全的影响可以接受，94.23% 的农药对水果蔬菜安全没有影响。

表 2-10　水果蔬菜中 52 种农药残留的安全指数表

序号	农药	检出频次	检出率（%）	$\overline{\text{IFS}_c}$	影响程度	序号	农药	检出频次	检出率（%）	$\overline{\text{IFS}_c}$	影响程度
1	三唑磷	3	0.33	0.4630	可以接受	13	甲氧虫酰肼	1	0.11	0.0119	没有影响
2	甲拌磷	2	0.22	0.1420	可以接受	14	乙虫腈	4	0.43	0.0113	没有影响
3	乙霉威	2	0.22	0.1057	可以接受	15	氟硅唑	9	0.98	0.0082	没有影响
4	氧乐果	6	0.65	0.0901	没有影响	16	噻嗪酮	18	1.95	0.0070	没有影响
5	辛硫磷	1	0.11	0.0591	没有影响	17	己唑醇	2	0.22	0.0062	没有影响
6	克百威	9	0.98	0.0303	没有影响	18	粉唑醇	3	0.33	0.0061	没有影响
7	异丙威	2	0.22	0.0228	没有影响	19	苯醚甲环唑	41	4.45	0.0061	没有影响
8	敌百虫	4	0.43	0.0214	没有影响	20	甲基硫菌灵	12	1.30	0.0044	没有影响
9	嘧菌环胺	1	0.11	0.0193	没有影响	21	灭蝇胺	20	2.17	0.0044	没有影响
10	咪鲜胺	35	3.80	0.0171	没有影响	22	三唑酮	1	0.11	0.0041	没有影响
11	噻唑磷	3	0.33	0.0170	没有影响	23	腈苯唑	1	0.11	0.0039	没有影响
12	氟环唑	1	0.11	0.0152	没有影响	24	毒死蜱	1	0.11	0.0037	没有影响

续表

序号	农药	检出频次	检出率（%）	$\overline{IFS_c}$	影响程度	序号	农药	检出频次	检出率（%）	$\overline{IFS_c}$	影响程度
25	烯唑醇	2	0.22	0.0036	没有影响	39	腈菌唑	12	1.30	0.0010	没有影响
26	多菌灵	129	13.99	0.0033	没有影响	40	丙溴磷	3	0.33	0.0009	没有影响
27	吡虫啉	82	8.89	0.0033	没有影响	41	茚虫威	1	0.11	0.0009	没有影响
28	噻虫嗪	38	4.12	0.0029	没有影响	42	噻菌灵	3	0.33	0.0008	没有影响
29	烯酰吗啉	68	7.38	0.0022	没有影响	43	霜霉威	41	4.45	0.0007	没有影响
30	嘧霉胺	35	3.80	0.0022	没有影响	44	甲霜灵	36	3.90	0.0004	没有影响
31	噁霜灵	18	1.95	0.0018	没有影响	45	多效唑	4	0.43	0.0004	没有影响
32	三唑醇	4	0.43	0.0018	没有影响	46	噻虫胺	4	0.43	0.0003	没有影响
33	肟菌酯	3	0.33	0.0013	没有影响	47	嘧菌酯	27	2.93	0.0003	没有影响
34	吡唑醚菌酯	11	1.19	0.0013	没有影响	48	吡丙醚	2	0.22	0.0001	没有影响
35	丙环唑	8	0.87	0.0012	没有影响	49	呋虫胺	2	0.22	0.0001	没有影响
36	抗蚜威	1	0.11	0.0011	没有影响	50	烯啶虫胺	8	0.87	0.0001	没有影响
37	戊唑醇	20	2.17	0.0011	没有影响	51	马拉硫磷	73	7.92	0.0001	没有影响
38	啶虫脒	85	9.22	0.0011	没有影响	52	醚菌酯	1	0.11	0.0000	没有影响

对每个月内所有水果蔬菜中残留农药的 $\overline{IFS_c}$ 进行分析，结果如图 2-14 所示。分析发现，每个月份的所有农药对水果蔬菜安全的影响均处于可以接受和没有影响的范围内。每月内不同农药对水果蔬菜安全影响程度的统计如图 2-15 所示。

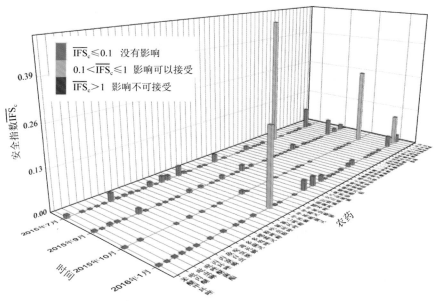

图 2-14　各月份内水果蔬菜中每种残留农药的安全指数分布图

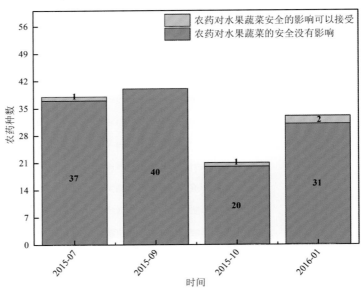

图 2-15　各月份内农药对水果蔬菜安全影响程度的统计图

计算每个月内水果蔬菜的$\overline{\text{IFS}}$，以分析每月内水果蔬菜的安全状态，结果如图 2-16 所示，可以看出，每个月份的水果蔬菜安全状态均处于很好的范围内。分析发现，在 100% 的月份内水果蔬菜的安全状态很好。

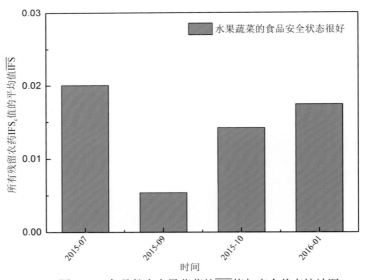

图 2-16　各月份内水果蔬菜的$\overline{\text{IFS}}$值与安全状态统计图

2.3　LC-Q-TOF/MS 侦测福州市市售水果蔬菜农药残留预警风险评估

基于福州市水果蔬菜样品中农药残留 LC-Q-TOF/MS 侦测数据，分析禁用农药的检出率，同时参照中华人民共和国国家标准 GB 2763—2016 和欧盟农药最大残留限量（MRL）标准分析非禁用农药残留的超标率，并计算农药残留风险系数。分析单种水果蔬菜中农药残留以及所有水果蔬菜中农药残留的风险程度。

2.3.1　单种水果蔬菜中农药残留风险系数分析

2.3.1.1　单种水果蔬菜中禁用农药残留风险系数分析

侦测出的 62 种残留农药中有 3 种为禁用农药，且它们分布在 9 种水果蔬菜中，计算 9 种水果蔬菜中禁用农药的超标率，根据超标率计算风险系数 R，进而分析水果蔬菜中禁用农药的风险程度，结果如图 2-17 与表 2-11 所示。分析发现 3 种禁用农药在 9 种水果蔬菜中的残留处均于高度风险。

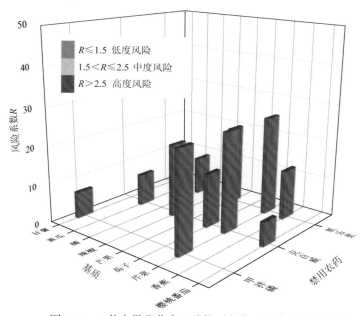

图 2-17　9 种水果蔬菜中 3 种禁用农药的风险系数分布图

表 2-11　9 种水果蔬菜中 3 种禁用农药的风险系数列表

序号	基质	农药	检出频次	检出率（%）	风险系数 R	风险程度
1	芹菜	克百威	1	25.00	26.10	高度风险
2	芹菜	氧乐果	1	25.00	26.10	高度风险
3	芹菜	甲拌磷	1	25.00	26.10	高度风险
4	芒果	氧乐果	1	20.00	21.10	高度风险
5	辣椒	克百威	2	18.18	19.28	高度风险
6	茄子	克百威	3	13.04	14.14	高度风险

续表

序号	基质	农药	检出频次	检出率（%）	风险系数 R	风险程度
7	香蕉	氧乐果	3	12.00	13.10	高度风险
8	橘	氧乐果	1	9.09	10.19	高度风险
9	黄瓜	克百威	2	7.41	8.51	高度风险
10	甘薯	甲拌磷	1	5.88	6.98	高度风险
11	樱桃番茄	克百威	1	5.26	6.36	高度风险

2.3.1.2　基于 MRL 中国国家标准的单种水果蔬菜中非禁用农药残留风险系数分析

参照中华人民共和国国家标准 GB 2763—2016 中农药残留限量计算每种水果蔬菜中每种非禁用农药的超标率，进而计算其风险系数，根据风险系数大小判断残留农药的预警风险程度，水果蔬菜中非禁用农药残留风险程度分布情况如图 2-18 所示。

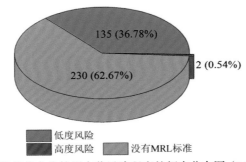

图 2-18　水果蔬菜中非禁用农药风险程度的频次分布图（MRL 中国国家标准）

本次分析中，发现在 52 种水果蔬菜检出 59 种残留非禁用农药，涉及样本 367 个，在 367 个样本中，0.54% 处于高度风险，36.78% 处于低度风险，此外发现有 230 个样本没有 MRL 中国国家标准值，无法判断其风险程度，有 MRL 中国国家标准值的 137 个样本涉及 38 种水果蔬菜中的 30 种非禁用农药，其风险系数 R 值如图 2-19 所示。表 2-12 为非禁用农药残留处于高度风险的水果蔬菜列表。

表 2-12　单种水果蔬菜中处于高度风险的非禁用农药风险系数表（MRL 中国国家标准）

序号	基质	农药	超标频次	超标率 P（%）	风险系数 R
1	草莓	烯酰吗啉	1	20	21.10
2	辣椒	烯酰吗啉	1	9.1	10.19

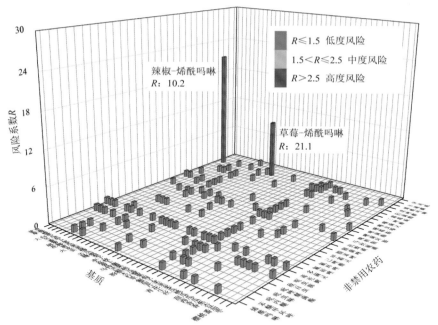

图 2-19　38 种水果蔬菜中 30 种非禁用农药的风险系数分布图（MRL 中国国家标准）

2.3.1.3　基于 MRL 欧盟标准的单种水果蔬菜中非禁用农药残留风险系数分析

参照 MRL 欧盟标准计算每种水果蔬菜中每种非禁用农药的超标率，进而计算其风险系数，根据风险系数大小判断农药残留的预警风险程度，水果蔬菜中非禁用农药残留风险程度分布情况如图 2-20 所示。

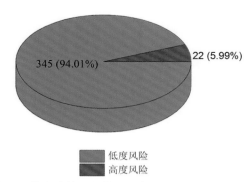

图 2-20　水果蔬菜中非禁用农药的风险程度的频次分布图（MRL 欧盟标准）

本次分析中，发现在 52 种水果蔬菜中共侦测出 59 种非禁用农药，涉及样本 367 个，其中，5.99%处于高度风险，涉及 18 种水果蔬菜和 18 种农药；94.01%处于低度风险，涉及 52 种水果蔬菜和 58 种农药。单种水果蔬菜中的非禁用农药风险系数分布图如图 2-21 所示。单种水果蔬菜中处于高度风险的非禁用农药风险系数如图 2-22 和表 2-13 所示。

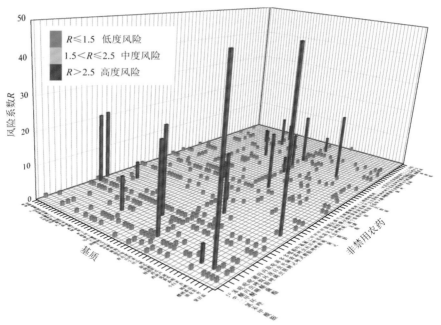

图 2-21　52 种水果蔬菜中 59 种非禁用农药的风险系数分布图（MRL 欧盟标准）

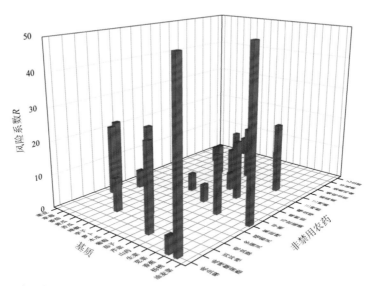

图 2-22　单种水果蔬菜中处于高度风险的非禁用农药的风险系数分布图（MRL 欧盟标准）

表 2-13　单种水果蔬菜中处于高度风险的非禁用农药的风险系数表（MRL 欧盟标准）

序号	基质	农药	超标频次	超标率 P（%）	风险系数 R
1	杨桃	吡虫啉	1	50.00	51.10
2	油麦菜	氟硅唑	1	50.00	51.10
3	木瓜	啶虫脒	1	25.00	26.10

续表

序号	基质	农药	超标频次	超标率 P（%）	风险系数 R
4	芹菜	吡唑醚菌酯	1	25.00	26.10
5	菜豆	噁霜灵	1	20.00	21.10
6	草莓	多菌灵	1	20.00	21.10
7	苋菜	三唑磷	1	20.00	21.10
8	山药	咪鲜胺	2	16.67	17.77
9	生菜	氟硅唑	1	16.67	17.77
10	葡萄	霜霉威	3	15.00	16.10
11	葡萄	三唑醇	2	10.00	11.10
12	辣椒	丙环唑	1	9.09	10.19
13	辣椒	烯酰吗啉	1	9.09	10.19
14	李子	三唑磷	1	8.33	9.43
15	苦瓜	乙虫腈	1	4.76	5.86
16	番茄	氟硅唑	1	4.35	5.45
17	萝卜	马拉硫磷	1	4.35	5.45
18	茄子	噻虫嗪	1	4.35	5.45
19	茄子	甲哌	1	4.35	5.45
20	茄子	辛硫磷	1	4.35	5.45
21	香蕉	吡虫啉	1	4.00	5.10
22	黄瓜	烯啶虫胺	1	3.70	4.80

2.3.2　所有水果蔬菜中农药残留风险系数分析

2.3.2.1　所有水果蔬菜中禁用农药残留风险系数分析

在侦测出的 62 种农药中有 3 种为禁用农药，计算所有水果蔬菜中禁用农药的风险系数，结果如表 2-14 所示。禁用农药克百威、氧乐果 2 种禁用农药处于中度风险，剩余 1 种禁用农药处于低度风险。

表 2-14　水果蔬菜中 3 种禁用农药的风险系数表

序号	农药	检出频次	检出率 P（%）	风险系数 R	风险程度
1	克百威	9	1.34	2.44	中度风险
2	氧乐果	6	0.89	1.99	中度风险
3	甲拌磷	2	0.30	1.40	低度风险

对每个月内的禁用农药的风险系数进行分析，结果如图 2-23 和表 2-15 所示。

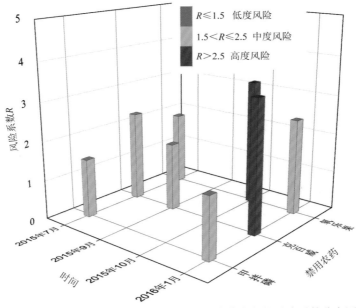

图 2-23　各月份内水果蔬菜中禁用农药残留的风险系数分布图

表 2-15　各月份内水果蔬菜中禁用农药的风险系数表

序号	年月	农药	检出频次	检出率 P（%）	风险系数 R	风险程度
1	2015 年 7 月	克百威	3	1.21	2.31	中度风险
2	2015 年 7 月	氧乐果	2	0.81	1.91	中度风险
3	2015 年 7 月	甲拌磷	1	0.40	1.50	中度风险
4	2015 年 9 月	克百威	1	0.63	1.73	中度风险
5	2015 年 10 月	氧乐果	1	2.13	3.23	高度风险
6	2016 年 1 月	克百威	5	2.26	3.36	高度风险
7	2016 年 1 月	氧乐果	3	1.36	2.46	中度风险
8	2016 年 1 月	甲拌磷	1	0.45	1.55	中度风险

2.3.2.2　所有水果蔬菜中非禁用农药残留风险系数分析

参照 MRL 欧盟标准计算所有水果蔬菜中每种非禁用农药残留的风险系数，如图 2-24 与表 2-16 所示。在侦测出的 59 种非禁用农药中，2 种农药（3.4%）残留处于中度风险，57 种农药（96.6%）残留处于低度风险。

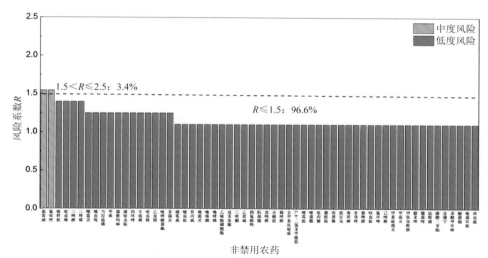

图 2-24　水果蔬菜中 59 种非禁用农药的风险程度统计图

表 2-16　水果蔬菜中 59 种非禁用农药的风险系数表

序号	农药	超标频次	超标率 P（%）	风险系数 R	风险程度
1	霜霉威	3	0.45	1.55	中度风险
2	氟硅唑	3	0.45	1.55	中度风险
3	咪鲜胺	2	0.30	1.40	低度风险
4	吡虫啉	2	0.30	1.40	低度风险
5	三唑醇	2	0.30	1.40	低度风险
6	三唑磷	2	0.30	1.40	低度风险
7	噁霜灵	1	0.15	1.25	低度风险
8	噻虫嗪	1	0.15	1.25	低度风险
9	马拉硫磷	1	0.15	1.25	低度风险
10	甲哌	1	0.15	1.25	低度风险
11	烯酰吗啉	1	0.15	1.25	低度风险
12	烯啶虫胺	1	0.15	1.25	低度风险
13	丙环唑	1	0.15	1.25	低度风险
14	辛硫磷	1	0.15	1.25	低度风险
15	啶虫脒	1	0.15	1.25	低度风险
16	乙虫腈	1	0.15	1.25	低度风险
17	吡唑醚菌酯	1	0.15	1.25	低度风险
18	多菌灵	1	0.15	1.25	低度风险
19	缬霉威	0	0.40	1.10	低度风险
20	噻虫胺	0	0.40	1.10	低度风险

序号	农药	超标频次	超标率 P（%）	风险系数 R	风险程度
21	异丙威	0	0.40	1.10	低度风险
22	噻菌灵	0	0.40	1.10	低度风险
23	噻嗪酮	0	0.40	1.10	低度风险
24	噻唑磷	0	0.40	1.10	低度风险
25	乙嘧酚磺酸酯	0	0	1.10	低度风险
26	双苯基脲	0	0	1.10	低度风险
27	三唑酮	0	0	1.10	低度风险
28	乙霉威	0	0	1.10	低度风险
29	四氟醚唑	0	0	1.10	低度风险
30	肟菌酯	0	0	1.10	低度风险
31	戊唑醇	0	0	1.10	低度风险
32	灭蝇胺	0	0	1.10	低度风险
33	烯唑醇	0	0	1.10	低度风险
34	去甲基抗蚜威	0	0	1.10	低度风险
35	2,6-二氯苯甲酰胺	0	0	1.10	低度风险
36	嘧霉胺	0	0	1.10	低度风险
37	嘧菌酯	0	0	1.10	低度风险
38	吡丙醚	0	0	1.10	低度风险
39	避蚊胺	0	0	1.10	低度风险
40	丙溴磷	0	0	1.10	低度风险
41	敌百虫	0	0	1.10	低度风险
42	毒死蜱	0	0	1.10	低度风险
43	多效唑	0	0	1.10	低度风险
44	粉唑醇	0	0	1.10	低度风险
45	呋虫胺	0	0	1.10	低度风险
46	氟环唑	0	0	1.10	低度风险
47	己唑醇	0	0	1.10	低度风险
48	甲基硫菌灵	0	0	1.10	低度风险
49	甲霜灵	0	0	1.10	低度风险
50	甲氧虫酰肼	0	0	1.10	低度风险
51	腈苯唑	0	0	1.10	低度风险
52	腈菌唑	0	0	1.10	低度风险
53	抗蚜威	0	0	1.10	低度风险

续表

序号	农药	超标频次	超标率 P（%）	风险系数 R	风险程度
54	磷酸三苯酯	0	0	1.10	低度风险
55	麦穗宁	0	0	1.10	低度风险
56	苯醚甲环唑	0	0	1.10	低度风险
57	醚菌酯	0	0	1.10	低度风险
58	嘧菌环胺	0	0	1.10	低度风险
59	茚虫威	0	0	1.10	低度风险

　　对每个月份内的非禁用农药的风险系数分析，每月内非禁用农药风险程度分布图如图 2-25 所示。4 个月份内仅 2015 年 10 月有 1 种农药处于高度风险。

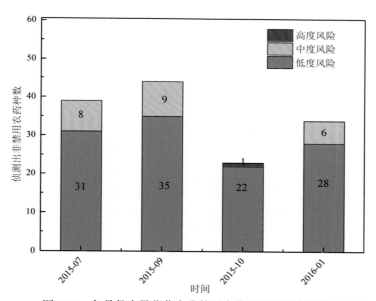

图 2-25　各月份水果蔬菜中非禁用农药残留的风险程度分布图

　　4 个月份内水果蔬菜中非禁用农药处于中度风险和高度风险的风险系数如图 2-26 和表 2-17 所示。

表 2-17　各月份水果蔬菜中非禁用农药处于中度风险和高度风险的风险系数表

序号	年月	农药	超标频次	超标率 P（%）	风险系数 R	风险程度
1	2015 年 7 月	三唑磷	2	0.81	1.91	中度风险
2	2015 年 7 月	吡虫啉	1	0.40	1.50	中度风险
3	2015 年 7 月	啶虫脒	1	0.40	1.50	中度风险
4	2015 年 7 月	噁霜灵	1	0.40	1.50	中度风险
5	2015 年 7 月	氟硅唑	1	0.40	1.50	中度风险

续表

序号	年月	农药	超标频次	超标率 P（%）	风险系数 R	风险程度
6	2015 年 7 月	甲哌	1	0.40	1.50	中度风险
7	2015 年 7 月	噻虫嗪	1	0.40	1.50	中度风险
8	2015 年 7 月	三唑醇	1	0.40	1.50	中度风险
9	2015 年 9 月	吡虫啉	1	0.63	1.73	中度风险
10	2015 年 9 月	吡唑醚菌酯	1	0.63	1.73	中度风险
11	2015 年 9 月	氟硅唑	1	0.63	1.73	中度风险
12	2015 年 9 月	马拉硫磷	1	0.63	1.73	中度风险
13	2015 年 9 月	三唑醇	1	0.63	1.73	中度风险
14	2015 年 9 月	霜霉威	1	0.63	1.73	中度风险
15	2015 年 9 月	烯啶虫胺	1	0.63	1.73	中度风险
16	2015 年 9 月	辛硫磷	1	0.63	1.73	中度风险
17	2015 年 9 月	乙虫腈	1	0.63	1.73	中度风险
18	2015 年 10 月	霜霉威	1	2.13	3.23	高度风险
19	2016 年 1 月	咪鲜胺	2	0.90	2.00	中度风险
20	2016 年 1 月	丙环唑	1	0.45	1.55	中度风险
21	2016 年 1 月	多菌灵	1	0.45	1.55	中度风险
22	2016 年 1 月	氟硅唑	1	0.45	1.55	中度风险
23	2016 年 1 月	霜霉威	1	0.45	1.55	中度风险
24	2016 年 1 月	烯酰吗啉	1	0.45	1.55	中度风险

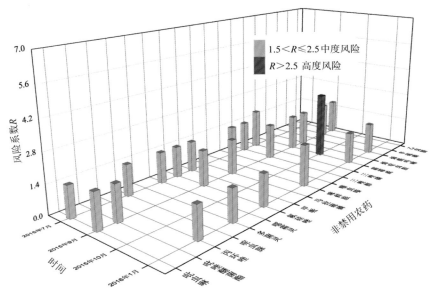

图 2-26　各月份水果蔬菜中非禁用农药处于中度风险和高度风险的风险系数分布图

2.4　LC-Q-TOF/MS 侦测福州市市售水果蔬菜农药残留风险评估结论与建议

农药残留是影响水果蔬菜安全和质量的主要因素，也是我国食品安全领域备受关注的敏感话题和亟待解决的重大问题之一[15,16]。各种水果蔬菜均存在不同程度的农药残留现象，本研究主要针对福州市各类水果蔬菜存在的农药残留问题，基于 2015 年 7 月~2016 年 1 月对福州市 673 例水果蔬菜样品中农药残留侦测得出的 922 个侦测结果，分别采用食品安全指数模型和风险系数模型，开展水果蔬菜中农药残留的膳食暴露风险和预警风险评估。水果蔬菜样品均取自超市，符合大众的膳食来源，风险评价时更具有代表性和可信度。

本研究力求通用简单地反映食品安全中的主要问题，且为管理部门和大众容易接受，为政府及相关管理机构建立科学的食品安全信息发布和预警体系提供科学的规律与方法，加强对农药残留的预警和食品安全重大事件的预防，控制食品风险。

2.4.1　福州市水果蔬菜中农药残留膳食暴露风险评价结论

1）水果蔬菜样品中农药残留安全状态评价结论

采用食品安全指数模型，对 2015 年 7 月~2016 年 1 月期间福州市水果蔬菜食品农药残留膳食暴露风险进行评价，根据 IFS_c 的计算结果发现，水果蔬菜中农药的 $\overline{IFS}$ 为 0.0214，说明福州市水果蔬菜总体处于很好的安全状态，但部分禁用农药、高残留农药在蔬菜、水果中仍有检出，导致膳食暴露风险的存在，成为不安全因素。

2）单种水果蔬菜中农药膳食暴露风险不可接受情况评价结论

单种水果蔬菜中农药残留安全指数分析结果显示，农药对单种水果蔬菜安全影响不可接受（$IFS_c > 1$）的样本数共 1 个，占总样本数的 0.26%，为苋菜中的三唑磷，说明苋菜中的三唑磷会对消费者身体健康造成较大的膳食暴露风险。三唑磷属于禁用的剧毒农药，且苋菜为较常见的蔬菜，百姓日常食用量较大，长期食用大量残留三唑磷的苋菜会对人体造成不可接受的影响，本次检测发现三唑磷在苋菜样品中多次并大量检出，是未严格实施农业良好管理规范（GAP），抑或是农药滥用，这应该引起相关管理部门的警惕，应加强对苋菜中三唑磷的严格管控。

3）禁用农药膳食暴露风险评价

本次检测发现部分水果蔬菜样品中有禁用农药检出，检出禁用农药 3 种，检出频次为 17，水果蔬菜样品中的禁用农药 IFS_c 计算结果表明，禁用农药残留膳食暴露风险可以接受的频次为 2，占 11.76%；没有影响的频次为 15，占 88.24%。对于水果蔬菜样品中所有农药而言，膳食暴露风险不可接受的频次为 1，仅占总体频次的 0.11%。可以看出，禁用农药的膳食暴露风险不可接受的比例远高于总体水平，这在一定程度上说明禁用农药更容易导致严重的膳食暴露风险。此外，膳食暴露风险不可接受的残留禁用农药均为三唑磷，因此，应该加强对禁用农药三唑磷的管控力度。为何在国家明令禁止禁用农药喷洒的情况下，还能在多种水果蔬菜中多次检出禁用农药残留并造成不可接受的膳食暴露风险，这应该引起相关部门的高度警惕，应该在禁止禁用农药喷洒的同时，严格管控禁用农药的生产和售卖，从根本上杜绝安全隐患。

2.4.2　福州市水果蔬菜中农药残留预警风险评价结论

1）单种水果蔬菜中禁用农药残留的预警风险评价结论

本次检测过程中，在 9 种水果蔬菜中检测超出 3 种禁用农药，禁用农药为：克百威、甲拌磷、氧乐果，水果蔬菜为：芹菜、芒果、辣椒、茄子、香蕉、橘、黄瓜、甘薯、樱桃番茄，水果蔬菜中禁用农药的风险系数分析结果显示，3 种禁用农药在 9 种水果蔬菜中的残留均处于高度风险，说明在单种水果蔬菜中禁用农药的残留会导致较高的预警风险。

2）单种水果蔬菜中非禁用农药残留的预警风险评价结论

以 MRL 中国国家标准为标准，计算水果蔬菜中非禁用农药风险系数情况下，367个样本中，2 个处于高度风险（0.54%），135 个处于低度风险（36.78%），230 个样本没有 MRL 中国国家标准（62.67%）。以 MRL 欧盟标准为标准，计算水果蔬菜中非禁用农药风险系数情况下，发现有 345 个处于低度风险（94.01%），22 个处于高度风险（5.99%）。基于两种 MRL 标准，评价的结果差异显著，可以看出 MRL 欧盟标准比中国国家标准更加严格和完善，过于宽松的 MRL 中国国家标准值能否有效保障人体的健康有待研究。

2.4.3　加强福州市水果蔬菜食品安全建议

我国食品安全风险评价体系仍不够健全，相关制度不够完善，多年来，由于农药用药次数多、用药量大或用药间隔时间短，产品残留量大，农药残留所造成的食品安全问题日益严峻，给人体健康带来了直接或间接的危害。据估计，美国与农药有关的癌症患者数约占全国癌症患者总数的 50%，中国更高。同样，农药对其他生物也会形成直接杀伤和慢性危害，植物中的农药可经过食物链逐级传递并不断蓄积，对人和动物构成潜在威胁，并影响生态系统。

基于本次农药残留侦测数据的风险评价结果，提出以下几点建议：

1）加快食品安全标准制定步伐

我国食品标准中对农药每日允许最大摄入量 ADI 的数据严重缺乏，在本次评价所涉及的 62 种农药中，仅有 83.9% 的农药具有 ADI 值，而 16.1% 的农药中国尚未规定相应的ADI 值，亟待完善。

我国食品中农药最大残留限量值的规定严重缺乏，对评估涉及的不同水果蔬菜中不同农药 378 个 MRL 限值进行统计来看，我国仅制定出 149 个标准，我国标准完整率仅为 39.4%，欧盟的完整率达到 100%（表 2-18）。因此，中国更应加快 MRL 标准的制定步伐。

表 2-18 我国国家食品标准农药的 ADI、MRL 值与欧盟标准的数量差异

分类		中国 ADI	MRL 中国国家标准	MRL 欧盟标准
标准限值（个）	有	52	149	378
	无	10	229	0
总数（个）		62	378	378
无标准限值比例		16.1%	60.6%	0

此外，MRL 中国国家标准限值普遍高于欧盟标准限值，这些标准中共有 88 个高于欧盟。过高的 MRL 值难以保障人体健康，建议继续加强对限值基准和标准的科学研究，将农产品中的危险性减少到尽可能低的水平。

2）加强农药的源头控制和分类监管

在福州市某些水果蔬菜中仍有禁用农药残留，利用 LC-Q-TOF/MS 技术侦测出 3 种禁用农药，检出频次为 17 次，残留禁用农药均存在较大的膳食暴露风险和预警风险。早已列入黑名单的禁用农药在我国并未真正退出，有些药物由于价格便宜、工艺简单，此类高毒农药一直生产和使用。建议在我国采取严格有效的控制措施，从源头控制禁用农药。

对于非禁用农药，在我国作为"田间地头"最典型单位的县级蔬果产地中，农药残留的检测几乎缺失。建议根据农药的毒性，对高毒、剧毒、中毒农药实现分类管理，减少使用高毒和剧毒高残留农药，进行分类监管。

3）加强残留农药的生物修复及降解新技术

市售果蔬中残留农药的品种多、频次高、禁用农药多次检出这一现状，说明了我国的田间土壤和水体因农药长期、频繁、不合理的使用而遭到严重污染。为此，建议中国相关部门出台相关政策，鼓励高校及科研院所积极开展分子生物学、酶学等研究，加强土壤、水体中残留农药的生物修复及降解新技术研究，切实加大农药监管力度，以控制农药的面源污染问题。

综上所述，在本工作基础上，根据蔬菜残留危害，可进一步针对其成因提出和采取严格管理、大力推广无公害蔬菜种植与生产、健全食品安全控制技术体系、加强蔬菜食品质量检测体系建设和积极推行蔬菜食品质量追溯制度等相应对策。建立和完善食品安全综合评价指数与风险监测预警系统，对食品安全进行实时、全面的监控与分析，为我国的食品安全科学监管与决策提供新的技术支持，可实现各类检验数据的信息化系统管理，降低食品安全事故的发生。

第 3 章 GC-Q-TOF/MS 侦测福州市 678 例市售水果蔬菜样品农药残留报告

从福州市所属 5 个区，随机采集了 678 例水果蔬菜样品，使用气相色谱-四极杆飞行时间质谱（GC-Q-TOF/MS）对 507 种农药化学污染物进行示范侦测。

3.1 样品种类、数量与来源

3.1.1 样品采集与检测

为了真实反映百姓餐桌上水果蔬菜中农药残留污染状况，本次所有检测样品均由检验人员于 2015 年 7 月至 2016 年 1 月期间，从福州市所属 11 个采样点，均为超市，以随机购买方式采集，总计 27 批 678 例样品，从中检出农药 112 种，1116 频次。采样及监测概况见表 3-1 及图 3-1，样品及采样点明细见表 3-2 及表 3-3（侦测原始数据见附表 1）。

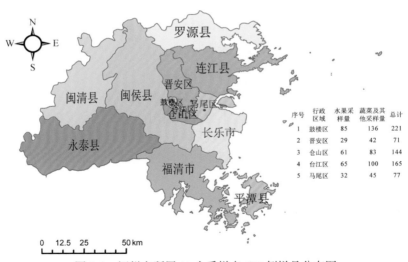

序号	行政区域	水果采样量	蔬菜及其他采样量	总计
1	鼓楼区	85	136	221
2	晋安区	29	42	71
3	仓山区	61	83	144
4	台江区	65	100	165
5	马尾区	32	45	77

图 3-1 福州市所属 11 个采样点 678 例样品分布图

表 3-1 农药残留监测总体概况

采样地区	福州市所属 5 个区
采样点（超市）	11
样本总数	678
检出农药品种/频次	112/1116
各采样点样本农药残留检出率范围	60.9%~74.4%

表 3-2　样品分类及数量

样品分类	样品名称（数量）	数量小计
1. 谷物		4
1）旱粮类谷物	鲜食玉米（4）	4
2. 水果		271
1）仁果类水果	苹果（27），梨（26）	53
2）核果类水果	桃（15），杏（2），枣（17），李子（12）	46
3）浆果和其他小型水果	猕猴桃（24），草莓（5），葡萄（20）	49
4）瓜果类水果	西瓜（8），哈密瓜（3），香瓜（5），甜瓜（4）	20
5）热带和亚热带水果	山竹（2），香蕉（25），木瓜（4），荔枝（8），芒果（5），火龙果（26），杨桃（2），菠萝（1）	73
6）柑橘类水果	橘（11），橙（14），柠檬（5）	30
3. 食用菌		4
1）蘑菇类	香菇（3），金针菇（1）	4
4. 蔬菜		399
1）豆类蔬菜	菜豆（5）	5
2）鳞茎类蔬菜	韭菜（6），洋葱（3），葱（5）	14
3）叶菜类蔬菜	芹菜（4），菠菜（2），苋菜（5），小白菜（1），油麦菜（2），大白菜（19），娃娃菜（3），生菜（6），茼蒿（1），甘薯叶（1）	44
4）芸薹属类蔬菜	结球甘蓝（1），花椰菜（14），青花菜（19），紫甘蓝（3）	37
5）瓜类蔬菜	黄瓜（27），西葫芦（3），南瓜（22），苦瓜（21），冬瓜（23），丝瓜（16）	112
6）茄果类蔬菜	番茄（24），樱桃番茄（19），辣椒（11），人参果（1），茄子（23）	78
7）根茎类和薯芋类蔬菜	甘薯（17），紫薯（9），山药（12），胡萝卜（27），芋（1），萝卜（24），马铃薯（19）	109
合计	1.谷物 1 种 2.水果 24 种 3.食用菌 2 种 4.蔬菜 36 种	678

表 3-3　福州市采样点信息

采样点序号	行政区域	采样点
超市（11）		
1	仓山区	***超市（浦上店）
2	仓山区	***购物广场（金山大道店）
3	台江区	***超市（福州万象店）
4	台江区	***超市（宝龙广场店）
5	晋安区	***超市（长乐路店）

续表

采样点序号	行政区域	采样点
6	马尾区	***超市
7	鼓楼区	***超市
8	鼓楼区	***超市（国棉店）
9	鼓楼区	***超市（黎明店）
10	鼓楼区	***超市（东大路店）
11	鼓楼区	***超市（顺峰社区店）

3.1.2　检测结果

这次使用的检测方法是庞国芳院士团队最新研发的不需使用标准品对照，而以高分辨精确质量数（0.0001 m/z）为基准的 GC-Q-TOF/MS 检测技术，对于 678 例样品，每个样品均侦测了 507 种农药化学污染物的残留现状。通过本次侦测，在 678 例样品中共计检出农药化学污染物 112 种，检出 1116 频次。

3.1.2.1　各采样点样品检出情况

统计分析发现 11 个采样点中，被测样品的农药检出率范围为 60.9%~74.4%。其中，***超市（东大路店）的检出率最高，为 74.4%。***超市的检出率最低，为 60.9%，见图 3-2。

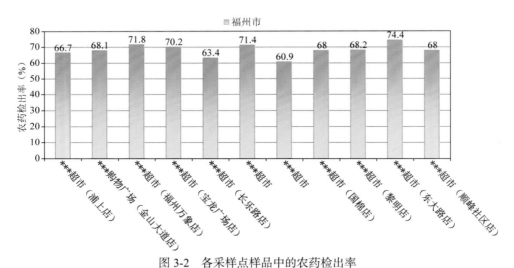

图 3-2　各采样点样品中的农药检出率

3.1.2.2　检出农药的品种总数与频次

统计分析发现，对于 678 例样品中 507 种农药化学污染物的侦测，共检出农药 1116 频次，涉及农药 112 种，结果如图 3-3 所示。其中毒死蜱检出频次最高，共检出 83 次。检出频次排名前 10 的农药如下：①毒死蜱（83）；②腐霉利（76）；③新燕灵（54）；

④甲霜灵（53）；⑤仲丁威（50）；⑥戊唑醇（42）；⑦哒螨灵（36）；⑧解草腈（36）；
⑨嘧霉胺（35）；⑩γ-氟氯氰菌酯（32）。

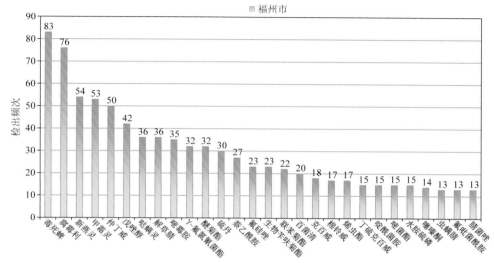

图 3-3　检出农药品种及频次（仅列出 13 频次及以上的数据）

由图 3-4 可见，葡萄、黄瓜和茄子这 3 种果蔬样品中检出的农药品种数较高，均超过 24
种，其中，葡萄检出农药品种最多，为 34 种。由图 3-5 可见，葡萄、黄瓜和胡萝卜这 3 种果
蔬样品中的农药检出频次较高，均超过 60 次，其中，葡萄检出农药频次最高，为 96 次。

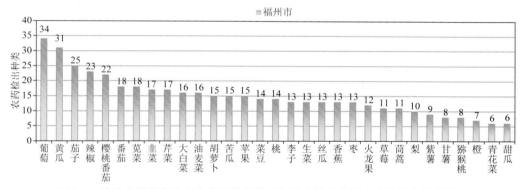

图 3-4　单种水果蔬菜检出农药的种类数（仅列出检出农药 6 种及以上的数据）

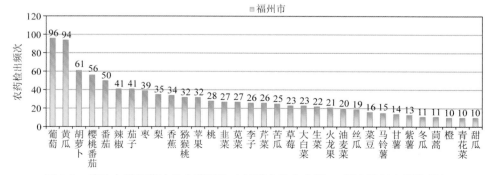

图 3-5　单种水果蔬菜检出农药频次（仅列出检出农药 10 频次及以上的数据）

3.1.2.3　单例样品农药检出种类与占比

对单例样品检出农药种类和频次进行统计发现，未检出农药的样品占总样品数的31.3%，检出 1 种农药的样品占总样品数的27.6%，检出 2~5 种农药的样品占总样品数的36.4%，检出 6~10 种农药的样品占总样品数的4.4%，检出大于 10 种农药的样品占总样品数的0.3%。每例样品中平均检出农药为 1.6 种，数据见表 3-4 及图 3-6。

表 3-4　单例样品检出农药品种占比

检出农药品种数	样品数量/占比（%）
未检出	212/31.3
1 种	187/27.6
2~5 种	247/36.4
6~10 种	30/4.4
大于 10 种	2/0.3
单例样品平均检出农药品种	1.6 种

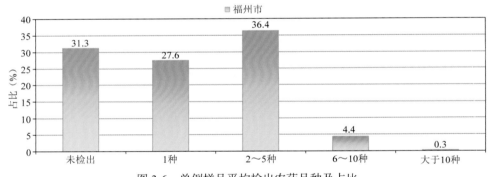

图 3-6　单例样品平均检出农药品种及占比

3.1.2.4　检出农药类别与占比

所有检出农药按功能分类，包括杀虫剂、杀菌剂、除草剂、植物生长调节剂、增塑剂、增效剂共 6 类。其中杀虫剂与杀菌剂为主要检出的农药类别，分别占总数的45.5%和30.4%，见表 3-5 及图 3-7。

表 3-5　检出农药所属类别/占比

农药类别	数量/占比（%）
杀虫剂	51/45.5
杀菌剂	34/30.4
除草剂	21/18.8
植物生长调节剂	4/3.6
增塑剂	1/0.9
增效剂	1/0.9

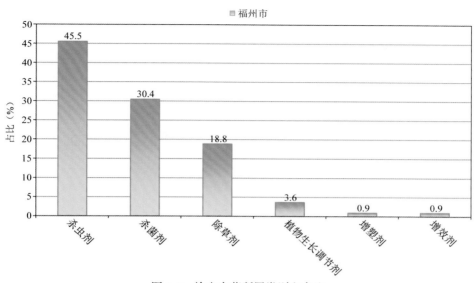

图 3-7　检出农药所属类别和占比

3.1.2.5　检出农药的残留水平

按检出农药残留水平进行统计，残留水平在 1~5 μg/kg（含）的农药占总数的 31.1%，在 5~10 μg/kg（含）的农药占总数的 16.2%，在 10~100 μg/kg（含）的农药占总数的 43.6%，在 100~1000 μg/kg（含）的农药占总数的 9.1%。

由此可见，这次检测的 27 批 678 例水果蔬菜样品中农药多数处于中高残留水平。结果见表 3-6 及图 3-8，数据见附表 2。

表 3-6　农药残留水平/占比

残留水平（μg/kg）	检出频次数/占比（%）
1~5（含）	347/31.1
5~10（含）	181/16.2
10~100（含）	486/43.6
100~1000（含）	102/9.1

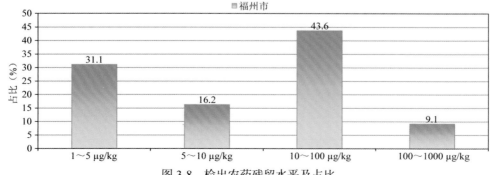

图 3-8　检出农药残留水平及占比

3.1.2.6　检出农药的毒性类别、检出频次和超标频次及占比

对这次检出的 112 种 1116 频次的农药，按剧毒、高毒、中毒、低毒和微毒这五个毒性类别进行分类，从中可以看出，福州市目前普遍使用的农药为中低微毒农药，品种占 92.9%，频次占 94.6%。结果见表 3-7 及图 3-9。

表 3-7　检出农药毒性类别/占比

毒性分类	农药品种/占比（%）	检出频次/占比（%）	超标频次/超标率（%）
剧毒农药	1/0.9	6/0.5	1/16.7
高毒农药	7/6.3	54/4.8	5/9.3
中毒农药	44/39.3	536/48.1	2/0.4
低毒农药	39/34.8	221/19.8	0/0.0
微毒农药	21/18.8	299/26.8	0/0.0

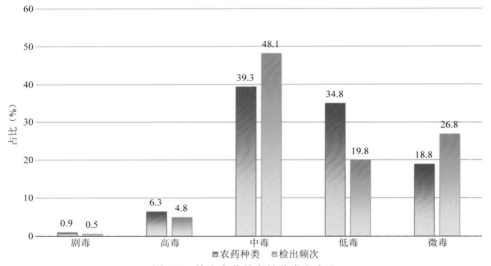

图 3-9　检出农药的毒性分类和占比

3.1.2.7　检出剧毒/高毒类农药的品种和频次

值得特别关注的是，在此次侦测的 678 例样品中有 14 种蔬菜 10 种水果的 58 例样品检出了 8 种 60 频次的剧毒和高毒农药，占样品总量的 8.6%，详见表 3-8、表 3-9 及图 3-10。

表 3-8　剧毒农药检出情况

序号	农药名称	检出频次	超标频次	超标率
		水果中未检出剧毒农药		
	小计	0	0	超标率：0.0%
		从 4 种蔬菜中检出 1 种剧毒农药，共计检出 6 次		

续表

序号	农药名称	检出频次	超标频次	超标率
1	甲拌磷*	6	1	16.7%
	小计	6	1	超标率：16.7%
	合计	6	1	超标率：16.7%

表 3-9 高毒农药检出情况

序号	农药名称	检出频次	超标频次	超标率
从 10 种水果中检出 4 种高毒农药，共计检出 16 次				
1	水胺硫磷	7	0	0.0%
2	猛杀威	5	0	0.0%
3	三唑磷	3	0	0.0%
4	呋线威	1	0	0.0%
	小计	16	0	超标率：0.0%
从 13 种蔬菜中检出 6 种高毒农药，共计检出 38 次				
1	克百威	18	5	27.8%
2	水胺硫磷	8	0	0.0%
3	猛杀威	5	0	0.0%
4	三唑磷	3	0	0.0%
5	敌敌畏	2	0	0.0%
6	灭害威	2	0	0.0%
	小计	38	5	超标率：13.2%
	合计	54	5	超标率：9.3%

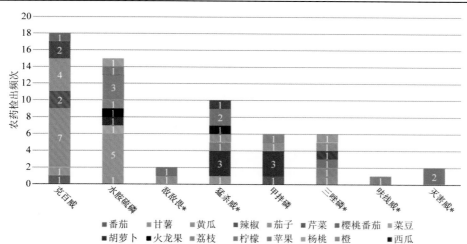

图 3-10 检出剧毒/高毒农药的样品情况

*表示允许在水果和蔬菜上使用的农药

在检出的剧毒和高毒农药中，有 3 种是我国早已禁止在果树和蔬菜上使用的，分别是：克百威、甲拌磷和水胺硫磷。禁用农药的检出情况见表 3-10。

表 3-10　禁用农药检出情况

序号	农药名称	检出频次	超标频次	超标率
从 9 种水果中检出 3 种禁用农药，共计检出 14 次				
1	水胺硫磷	7	0	0.0%
2	硫丹	4	0	0.0%
3	氰戊菊酯	3	0	0.0%
	小计	14	0	超标率：0.0%
从 17 种蔬菜中检出 6 种禁用农药，共计检出 64 次				
1	硫丹	26	0	0.0%
2	克百威	18	5	27.8%
3	水胺硫磷	8	0	0.0%
4	甲拌磷*	6	1	16.7%
5	氟虫腈	5	1	20.0%
6	除草醚	1	0	0.0%
	小计	64	7	超标率：10.9%
	合计	78	7	超标率：9.0%

注：超标结果参考 MRL 中国国家标准计算

此次抽检的果蔬样品中，有 4 种蔬菜检出了剧毒农药，分别是：胡萝卜中检出甲拌磷 3 次；芹菜中检出甲拌磷 1 次；苋菜中检出甲拌磷 1 次；青花菜中检出甲拌磷 1 次。

样品中检出剧毒和高毒农药残留水平超过 MRL 中国国家标准的频次为 6 次，其中：茄子检出克百威超标 2 次；青花菜检出甲拌磷超标 1 次；黄瓜检出克百威超标 3 次。本次检出结果表明，高毒、剧毒农药的使用现象依旧存在，详见表 3-11。

表 3-11　各样本中检出剧毒/高毒农药情况

样品名称	农药名称	检出频次	超标频次	检出浓度（μg/kg）
水果 10 种				
李子	三唑磷	1	0	409.9
杨桃	水胺硫磷▲	1	0	4.0
柠檬	水胺硫磷▲	3	0	5.5，11.5，180.8
桃	三唑磷	1	0	8.9
橙	猛杀威	1	0	194.3
火龙果	水胺硫磷▲	1	0	1.5
苹果	呋线威	1	0	36.3
苹果	水胺硫磷▲	1	0	1.0

续表

样品名称	农药名称	检出频次	超标频次	检出浓度（μg/kg）
苹果	猛杀威	1	0	1.3
荔枝	三唑磷	1	0	2.1
荔枝	水胺硫磷▲	1	0	1.1
西瓜	猛杀威	1	0	17.8
香蕉	猛杀威	2	0	28.5，10.3
	小计	16	0	超标率：0.0%
蔬菜 14 种				
樱桃番茄	克百威▲	1	0	15.9
油麦菜	三唑磷	1	0	1.4
甘薯	克百威▲	1	0	11.9
甘薯	水胺硫磷▲	1	0	2.1
番茄	克百威▲	1	0	18.7
紫薯	猛杀威	1	0	93.8
胡萝卜	猛杀威	3	0	13.2，51.6，153.7
胡萝卜	水胺硫磷▲	1	0	2.0
胡萝卜	甲拌磷*▲	3	0	1.0，2.4，1.4
芹菜	克百威▲	2	0	3.7，5.0
芹菜	甲拌磷*▲	1	0	8.0
苋菜	三唑磷	1	0	103.4
苋菜	甲拌磷*▲	1	0	3.1
茄子	水胺硫磷▲	5	0	1.8，4.5，8.0，4.8，3.8
茄子	克百威▲	4	2	76.5[a]，35.7[a]，11.1，7.2
茄子	猛杀威	1	0	511.6
菜豆	水胺硫磷▲	1	0	19.3
辣椒	克百威▲	2	0	9.4，17.6
青花菜	甲拌磷*▲	1	1	11.9[a]
韭菜	灭害威	2	0	2.0，2.5
韭菜	三唑磷	1	0	1.9
韭菜	敌敌畏	1	0	8.8
黄瓜	克百威▲	7	3	47.4[a]，3.1，21.0[a]，18.9，18.0，49.4[a]，18.9
黄瓜	敌敌畏	1	0	4.4
	小计	44	6	超标率：13.6%
	合计	60	6	超标率：10.0%

3.2　农药残留检出水平与最大残留限量标准对比分析

我国于 2014 年 3 月 20 日正式颁布并于 2014 年 8 月 1 日正式实施食品农药残留限量国家标准《食品中农药最大残留限量》（GB 2763—2014）。该标准包括 371 个农药条目，涉及最大残留限量（MRL）标准 3653 项。将 1116 频次检出农药的浓度水平与 3653 项 MRL 中国国家标准进行核对，其中只有 283 频次的农药找到了对应的 MRL 标准，占 25.3%，还有 834 频次的侦测数据则无相关 MRL 标准供参考，占 74.7%。

将此次侦测结果与国际上现行 MRL 标准对比发现，在 1116 频次的检出结果中有 1116 频次的结果找到了对应的 MRL 欧盟标准，占 100.0%，其中，764 频次的结果有明确对应的 MRL 标准，占 68.4%，其余 353 频次按照欧盟一律标准判定，占 31.6%；有 1116 频次的结果找到了对应的 MRL 日本标准，占 100.0%，其中，644 频次的结果有明确对应的 MRL 标准，占 57.7%，其余 473 频次按照日本一律标准判定，占 42.3%；有 414 频次的结果找到了对应的 MRL 中国香港标准，占 37.1%；有 376 频次的结果找到了对应的 MRL 美国标准，占 33.7%；有 229 频次的结果找到了对应的 MRL CAC 标准，占 20.5%（见图 3-11 和图 3-12，数据见附表 3 至附表 8）。

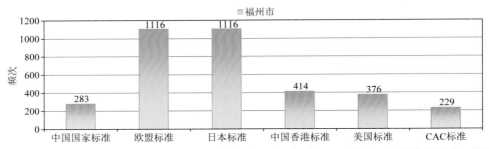

图 3-11　1116 频次检出农药可用 MRL 中国国家标准、欧盟标准、日本标准、中国香港标准、美国标准、CAC 标准判定衡量的数量

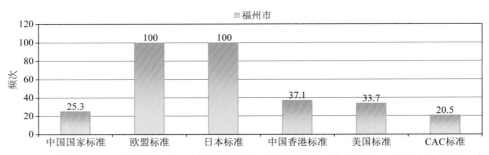

图 3-12　1116 频次检出农药可用 MRL 中国国家标准、欧盟标准、日本标准、中国香港标准、美国标准、CAC 标准衡量的占比

3.2.1　超标农药样品分析

本次侦测的 678 例样品中，212 例样品未检出任何残留农药，占样品总量的 31.3%，

466 例样品检出不同水平、不同种类的残留农药，占样品总量的 68.7%。在此，我们将本次侦测的农残检出情况与 MRL 中国国家标准、欧盟标准、日本标准、中国香港标准、美国标准和 CAC 标准这 6 大国际主流标准进行对比分析，样品农残检出与超标情况见表 3-12、图 3-13 和图 3-14，详细数据见附表 9 至附表 14。

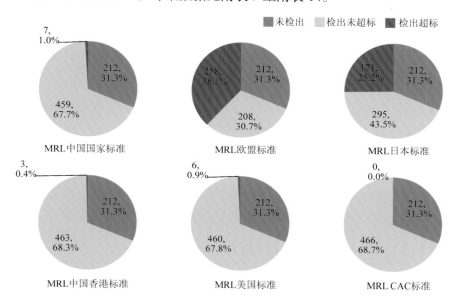

图 3-13　检出和超标样品比例情况

表 3-12　各 MRL 标准下样本农残检出与超标数量及占比

| | 中国国家标准 | 欧盟标准 | 日本标准 | 中国香港标准 | 美国标准 | CAC 标准 |
	数量/占比（%）	数量/占比（%）	数量/占比（%）	数量/占比（%）	数量/占比（%）	数量/占比（%）
未检出	212/31.3	212/31.3	212/31.3	212/31.3	212/31.3	212/31.3
检出未超标	459/67.7	208/30.7	295/43.5	463/68.3	460/67.8	466/68.7
检出超标	7/1.0	258/38.1	171/25.2	3/0.4	6/0.9	0/0.0

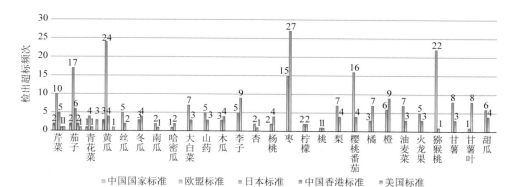

图 3-14-1　超过 MRL 中国国家标准、欧盟标准、日本标准、中国香港标准、美国标准和 CAC 标准结果在水果蔬菜中的分布

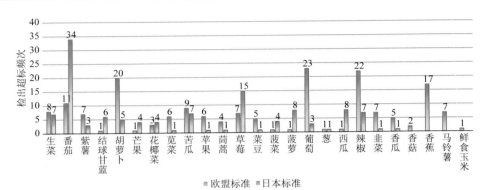

图 3-14-2　超过 MRL 中国国家标准、欧盟标准、日本标准、中国香港标准、美国标准和 CAC 标准结果在水果蔬菜中的分布

3.2.2　超标农药种类分析

按照 MRL 中国国家标准、欧盟标准、日本标准、中国香港标准、美国标准和 CAC 标准这 6 大国际主流标准衡量，本次侦测检出的农药超标品种及频次情况见表 3-13。

表 3-13　各 MRL 标准下超标农药品种及频次

	中国国家标准	欧盟标准	日本标准	中国香港标准	美国标准	CAC 标准
超标农药品种	4	63	64	2	3	0
超标农药频次	8	365	247	3	6	0

3.2.2.1　按 MRL 中国国家标准衡量

按 MRL 中国国家标准衡量，共有 4 种农药超标，检出 8 频次，分别为剧毒农药甲拌磷，高毒农药克百威，中毒农药氟虫腈和毒死蜱。

按超标程度比较，茄子中克百威超标 2.8 倍，芹菜中毒死蜱超标 2.6 倍，黄瓜中克百威超标 1.5 倍，青花菜中甲拌磷超标 0.2 倍，芹菜中氟虫腈超标 0.1 倍。检测结果见图 3-15 和附表 15。

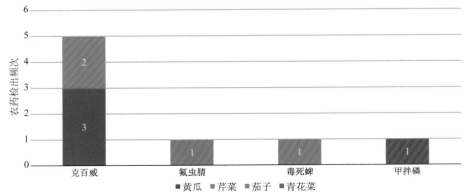

图 3-15　超过 MRL 中国国家标准农药品种及频次

3.2.2.2　按 MRL 欧盟标准衡量

按 MRL 欧盟标准衡量，共有 63 种农药超标，检出 365 频次，分别为剧毒农药甲拌磷，高毒农药猛杀威、克百威、三唑磷、水胺硫磷和呋线威，中毒农药氟虫腈、多效唑、仲丁威、辛酰溴苯腈、毒死蜱、烯唑醇、硫丹、甲氰菊酯、炔丙菊酯、三唑醇、γ-氟氯氰菌酯、杀螺吗啉、虫螨腈、噁霜灵、速灭威、唑虫酰胺、丁硫克百威、氟硅唑、哒螨灵、丙溴磷、异丙威、苯醚氰菊酯、棉铃威、三氯杀螨醇和烯丙菊酯，低毒农药牧草胺、茚草酮、磷酸三苯酯、灭除威、螺螨酯、呋菌胺、己唑醇、西玛通、烯虫炔酯、环酯草醚、扑灭通、莠去通、新燕灵、氟唑菌酰胺、甲醚菊酯、抑芽唑、杀螨酯、特草灵、芬螨酯、炔螨特和间羟基联苯，微毒农药萘乙酰胺、醚菊酯、腐霉利、溴丁酰草胺、解草腈、啶氧菌酯、百菌清、氟乐灵、生物苄呋菊酯、烯虫酯和霜霉威。

按超标程度比较，生菜中百菌清超标 94.1 倍，香蕉中茚草酮超标 74.6 倍，葡萄中 γ-氟氯氰菌酯超标 70.8 倍，山药中莠去通超标 69.2 倍，甘薯中仲丁威超标 63.1 倍。检测结果见图 3-16 和附表 16。

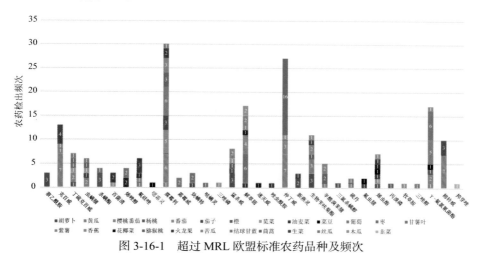

图 3-16-1　超过 MRL 欧盟标准农药品种及频次

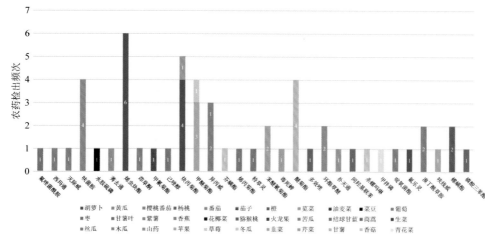

图 3-16-2　超过 MRL 欧盟标准农药品种及频次

3.2.2.3　按 MRL 日本标准衡量

按 MRL 日本标准衡量，共有 64 种农药超标，检出 247 频次，分别为高毒农药猛杀威、三唑磷和水胺硫磷，中毒农药仲丁威、氟虫腈、多效唑、戊唑醇、辛酰溴苯腈、毒死蜱、甲霜灵、烯唑醇、甲氰菊酯、氟吡禾灵、炔丙菊酯、γ-氟氯氰菌酯、杀螺吗啉、茚虫威、噁霜灵、唑虫酰胺、速灭威、丁硫克百威、氟硅唑、腈菌唑、二甲戊灵、哒螨灵、棉铃威、氯氰菊酯、异丙威、苯醚氰菊酯、烯丙菊酯和三氯杀螨醇，低毒农药茚草酮、牧草胺、磷酸三苯酯、灭除威、氟吡菌酰胺、螺螨酯、呋菌胺、己唑醇、西玛通、烯虫炔酯、环酯草醚、扑灭通、莠去通、新燕灵、甲醚菊酯、抑芽唑、特草灵、芬螨酯、杀螨酯、乙嘧酚磺酸酯、噻嗪酮、炔螨特和间羟基联苯，微毒农药萘乙酰胺、溴丁酰草胺、异噁唑草酮、嘧菌酯、解草腈、啶氧菌酯、百菌清、生物苄呋菊酯、烯虫酯和霜霉威。

按超标程度比较，香蕉中茚草酮超标 74.6 倍，葡萄中 γ-氟氯氰菌酯超标 70.8 倍，山药中莠去通超标 69.2 倍，甘薯中仲丁威超标 63.1 倍，茄子中猛杀威超标 50.2 倍。检测结果见图 3-17 和附表 17。

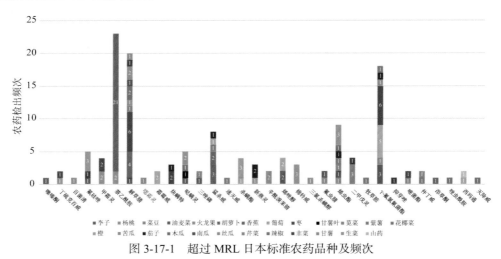

图 3-17-1　超过 MRL 日本标准农药品种及频次

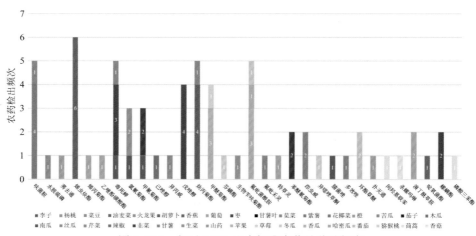

图 3-17-2　超过 MRL 日本标准农药品种及频次

3.2.2.4　按 MRL 中国香港标准衡量

按 MRL 中国香港标准衡量，共有 2 种农药超标，检出 3 频次，分别为中毒农药毒死蜱，微毒农药百菌清。

按超标程度比较，香蕉中百菌清超标 4.6 倍，芹菜中毒死蜱超标 2.6 倍。检测结果见图 3-18 和附表 18。

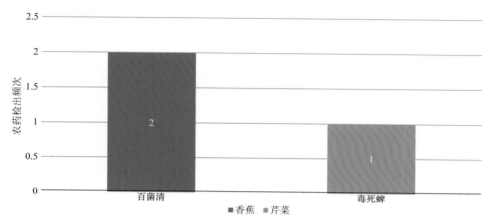

图 3-18　超过 MRL 中国香港标准农药品种及频次

3.2.2.5　按 MRL 美国标准衡量

按 MRL 美国标准衡量，共有 3 种农药超标，检出 6 频次，分别为中毒农药毒死蜱和四氟醚唑，微毒农药百菌清。

按超标程度比较，苹果中毒死蜱超标 14.5 倍，葡萄中毒死蜱超标 4.9 倍，桃中毒死蜱超标 0.6 倍，葡萄中四氟醚唑超标 0.1 倍，香蕉中百菌清超标 0.1 倍。检测结果见图 3-19 和附表 19。

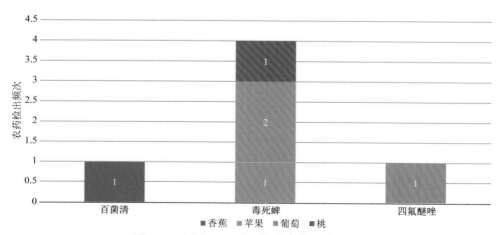

图 3-19　超过 MRL 美国标准农药品种及频次

3.2.2.6　按 MRL CAC 标准衡量

按 MRL CAC 标准衡量，无样品检出超标农药残留。

3.2.3　11 个采样点超标情况分析

3.2.3.1　按 MRL 中国国家标准衡量

按 MRL 中国国家标准衡量，有 5 个采样点的样品存在不同程度的超标农药检出，其中***超市（福州万象店）的超标率最高，为 4.2%，如图 3-20 和表 3-14 所示。

表 3-14　超过 MRL 中国国家标准水果蔬菜在不同采样点分布

序号	采样点	样品总数	超标数量	超标率（%）	行政区域
1	***超市（宝龙广场店）	94	1	1.1	台江区
2	***超市（东大路店）	78	1	1.3	鼓楼区
3	***超市	77	1	1.3	马尾区
4	***购物广场（金山大道店）	72	1	1.4	仓山区
5	***超市（福州万象店）	71	3	4.2	台江区

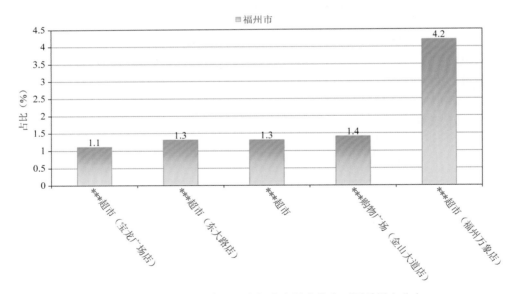

图 3-20　超过 MRL 中国国家标准水果蔬菜在不同采样点分布

3.2.3.2　按 MRL 欧盟标准衡量

按 MRL 欧盟标准衡量，所有采样点的样品均存在不同程度的超标农药检出，其中***超市（东大路店）的超标率最高，为 44.9%，如图 3-21 和表 3-15 所示。

表 3-15　超过 MRL 欧盟标准水果蔬菜在不同采样点分布

序号	采样点	样品总数	超标数量	超标率（%）	行政区域
1	***超市（宝龙广场店）	94	39	41.5	台江区
2	***超市（东大路店）	78	35	44.9	鼓楼区
3	***超市	77	28	36.4	马尾区
4	***超市（浦上店）	72	21	29.2	仓山区
5	***购物广场（金山大道店）	72	25	34.7	仓山区
6	***超市（长乐路店）	71	28	39.4	晋安区
7	***超市（福州万象店）	71	30	42.3	台江区
8	***超市（国棉店）	50	15	30.0	鼓楼区
9	***超市	46	18	39.1	鼓楼区
10	***超市（顺峰社区店）	25	10	40.0	鼓楼区
11	***超市（黎明店）	22	9	40.9	鼓楼区

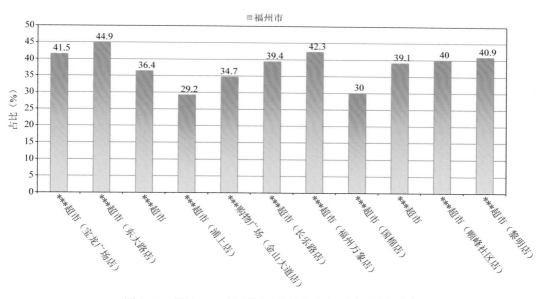

图 3-21　超过 MRL 欧盟标准水果蔬菜在不同采样点分布

3.2.3.3　按 MRL 日本标准衡量

按 MRL 日本标准衡量，所有采样点的样品均存在不同程度的超标农药检出，其中 ***超市（顺峰社区店）的超标率最高，为 28.0%，如图 3-22 和表 3-16 所示。

表 3-16　超过 MRL 日本标准水果蔬菜在不同采样点分布

序号	采样点	样品总数	超标数量	超标率（%）	行政区域
1	***超市（宝龙广场店）	94	25	26.6	台江区

序号	采样点	样品总数	超标数量	超标率（%）	行政区域
2	***超市（东大路店）	78	20	25.6	鼓楼区
3	***超市	77	19	24.7	马尾区
4	***超市（浦上店）	72	15	20.8	仓山区
5	***购物广场（金山大道店）	72	20	27.8	仓山区
6	***超市（长乐路店）	71	19	26.8	晋安区
7	***超市（福州万象店）	71	18	25.4	台江区
8	***超市（国棉店）	50	12	24.0	鼓楼区
9	***超市	46	11	23.9	鼓楼区
10	***超市（顺峰社区店）	25	7	28.0	鼓楼区
11	***超市（黎明店）	22	5	22.7	鼓楼区

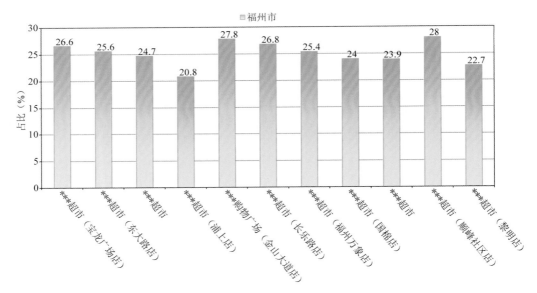

图 3-22　超过 MRL 日本标准水果蔬菜在不同采样点分布

3.2.3.4　按 MRL 中国香港标准衡量

按 MRL 中国香港标准衡量，有 3 个采样点的样品存在不同程度的超标农药检出，其中***超市（国棉店）的超标率最高，为 2.0%，如图 3-23 和表 3-17 所示。

表 3-17　超过 MRL 中国香港标准水果蔬菜在不同采样点分布

序号	采样点	样品总数	超标数量	超标率（%）	行政区域
1	***超市	77	1	1.3	马尾区
2	***超市（福州万象店）	71	1	1.4	台江区
3	***超市（国棉店）	50	1	2.0	鼓楼区

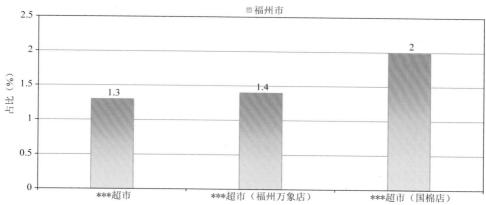

图 3-23　超过 MRL 中国香港标准水果蔬菜在不同采样点分布

3.2.3.5　按 MRL 美国标准衡量

按 MRL 美国标准衡量，有 5 个采样点的样品存在不同程度的超标农药检出，其中 ***超市（浦上店）的超标率最高，为 2.8%，如图 3-24 和表 3-18 所示。

表 3-18　超过 MRL 美国标准水果蔬菜在不同采样点分布

序号	采样点	样品总数	超标数量	超标率（%）	行政区域
1	***超市	77	1	1.3	马尾区
2	***超市（浦上店）	72	2	2.8	仓山区
3	***购物广场（金山大道店）	72	1	1.4	仓山区
4	***超市（长乐路店）	71	1	1.4	晋安区
5	***超市（福州万象店）	71	1	1.4	台江区

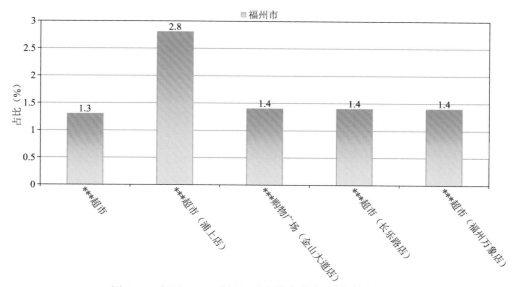

图 3-24　超过 MRL 美国标准水果蔬菜在不同采样点分布

3.2.3.6 按 MRL CAC 标准衡量

按 MRL CAC 标准衡量，所有采样点的样品均未检出超标农药残留。

3.3 水果中农药残留分布

3.3.1 检出农药品种和频次排前 10 的水果

本次残留侦测的水果共 24 种，包括猕猴桃、桃、西瓜、山竹、香蕉、哈密瓜、木瓜、苹果、杏、香瓜、草莓、葡萄、梨、枣、李子、荔枝、芒果、橘、火龙果、橙、甜瓜、杨桃、柠檬和菠萝。

根据检出农药品种及频次进行排名，将各项排名前 10 位的水果样品检出情况列表说明，详见表 3-19。

表 3-19　检出农药品种和频次排名前 10 的水果

检出农药品种排名前 10（品种）	①葡萄（34），②苹果（15），③桃（14），④李子（13），⑤香蕉（13），⑥枣（13），⑦火龙果（12），⑧草莓（11），⑨梨（10），⑩猕猴桃（8）
检出农药频次排名前 10（频次）	①葡萄（96），②枣（39），③梨（35），④香蕉（34），⑤猕猴桃（32），⑥苹果（32），⑦桃（28），⑧李子（26），⑨草莓（23），⑩火龙果（21）
检出禁用、高毒及剧毒农药品种排名前 10（品种）	①苹果（5），②李子（2），③荔枝（2），④桃（2），⑤草莓（1），⑥橙（1），⑦火龙果（1），⑧梨（1），⑨柠檬（1），⑩西瓜（1）
检出禁用、高毒及剧毒农药频次排名前 10（频次）	①苹果（5），②柠檬（3），③草莓（2），④李子（2），⑤荔枝（2），⑥桃（2），⑦香蕉（2），⑧橙（1），⑨火龙果（1），⑩梨（1）

3.3.2 超标农药品种和频次排前 10 的水果

鉴于 MRL 欧盟标准和日本标准制定比较全面且覆盖率较高，我们参照 MRL 中国国家标准、欧盟标准和日本标准衡量水果样品中农残检出情况，将超标农药品种及频次排名前 10 的水果列表说明，详见表 3-20。

表 3-20　超标农药品种和频次排名前 10 的水果

超标农药品种排名前 10（农药品种数）	MRL 中国国家标准	
	MRL 欧盟标准	①葡萄（11），②香蕉（6），③橙（4），④猕猴桃（4），⑤苹果（4），⑥枣（4），⑦草莓（3），⑧火龙果（3），⑨李子（3），⑩甜瓜（3）
	MRL 日本标准	①枣（9），②葡萄（8），③李子（7），④火龙果（5），⑤香蕉（4），⑥木瓜（3），⑦杨桃（3），⑧橙（2），⑨哈密瓜（2），⑩猕猴桃（2）
超标农药频次排名前 10（农药频次数）	MRL 中国国家标准	
	MRL 欧盟标准	①葡萄（23），②猕猴桃（22），③香蕉（17），④枣（15），⑤草莓（7），⑥梨（7），⑦橙（6），⑧苹果（6），⑨甜瓜（6），⑩火龙果（5）
	MRL 日本标准	①枣（27），②葡萄（15），③火龙果（9），④李子（9），⑤香蕉（8），⑥橙（4），⑦木瓜（4），⑧苹果（4），⑨杨桃（4），⑩猕猴桃（3）

通过对各品种水果样本总数及检出率进行综合分析发现，葡萄、苹果和桃的残留污染最为严重，在此，我们参照 MRL 中国国家标准、欧盟标准和日本标准对这 3 种水果的农残检出情况进行进一步分析。

3.3.3　农药残留检出率较高的水果样品分析

3.3.3.1　葡　萄

这次共检测 20 例葡萄样品，全部检出了农药残留，检出率为 100.0%，检出农药共计 34 种。其中嘧霉胺、腐霉利、嘧菌酯、γ-氟氯氰菌酯和毒死蜱检出频次较高，分别检出了 14、8、8、5 和 5 次。葡萄中农药检出品种和频次见图 3-25，超标农药见图 3-26 和表 3-21。

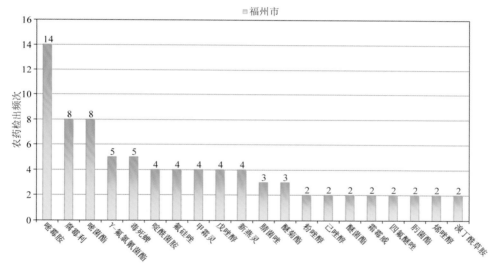

图 3-25　葡萄样品检出农药品种和频次分析（仅列出 2 频次及以上的数据）

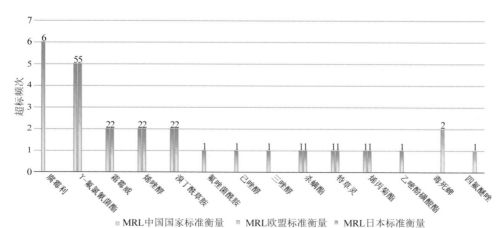

图 3-26　葡萄样品中超标农药分析

表 3-21　　葡萄中农药残留超标情况明细表

样品总数		检出农药样品数	样品检出率（%）	检出农药品种总数
20		20	100	34

	超标农药品种	超标农药频次	按照 MRL 中国国家标准、欧盟标准和日本标准衡量超标农药名称及频次
中国国家标准	0	0	
欧盟标准	11	23	腐霉利（6），γ-氟氯氰菌酯（5），霜霉威（2），烯唑醇（2），溴丁酰草胺（2），氟唑菌酰胺（1），己唑醇（1），三唑醇（1），杀螨酯（1），特草灵（1），烯丙菊酯（1）
日本标准	8	15	γ-氟氯氰菌酯（5），霜霉威（2），烯唑醇（2），溴丁酰草胺（2），杀螨酯（1），特草灵（1），烯丙菊酯（1），乙嘧酚磺酸酯（1）

3.3.3.2　苹果

这次共检测 27 例苹果样品，19 例样品中检出了农药残留，检出率为 70.4%，检出农药共计 15 种。其中毒死蜱、新燕灵、甲醚菊酯、戊唑醇和 γ-氟氯氰菌酯检出频次较高，分别检出了 8、6、4、3 和 1 次。苹果中农药检出品种和频次见图 3-27，超标农药见表 3-22 和图 3-28。

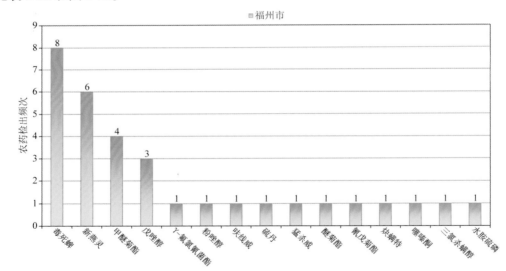

图 3-27　苹果样品检出农药品种和频次分析

表 3-22　　苹果中农药残留超标情况明细表

样品总数		检出农药样品数	样品检出率（%）	检出农药品种总数
27		19	70.4	15

	超标农药品种	超标农药频次	按照 MRL 中国国家标准、欧盟标准和日本标准衡量超标农药名称及频次
中国国家标准	0	0	
欧盟标准	4	6	甲醚菊酯（3），γ-氟氯氰菌酯（1），呋线威（1），炔螨特（1）
日本标准	2	4	甲醚菊酯（3），γ-氟氯氰菌酯（1）

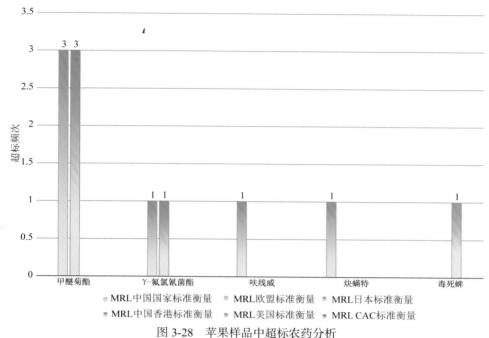

图 3-28　苹果样品中超标农药分析

3.3.3.3　桃

这次共检测 15 例桃样品，12 例样品中检出了农药残留，检出率为 80.0%，检出农药共计 14 种。其中毒死蜱、新燕灵、腈菌唑、戊唑醇和百菌清检出频次较高，分别检出了 8、6、2、2 和 1 次。桃中农药检出品种和频次见图 3-29，超标农药见图 3-30 和表 3-23。

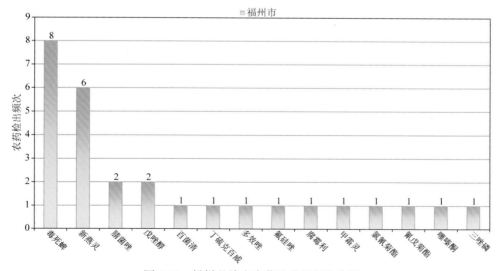

图 3-29　桃样品检出农药品种和频次分析

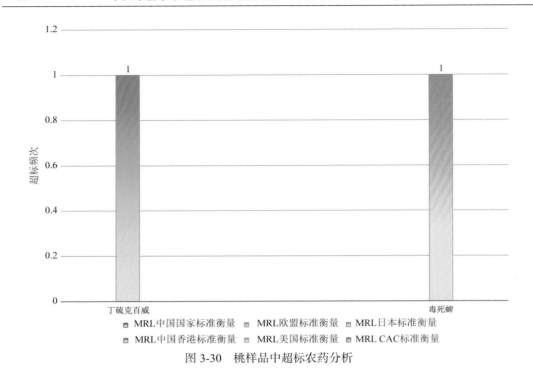

图 3-30　桃样品中超标农药分析

表 3-23　桃中农药残留超标情况明细表

样品总数	检出农药样品数	样品检出率（%）	检出农药品种总数
15	12	80	14

	超标农药品种	超标农药频次	按照 MRL 中国国家标准、欧盟标准和日本标准衡量超标农药名称及频次
中国国家标准	0	0	
欧盟标准	1	1	丁硫克百威（1）
日本标准	0	0	

3.4　蔬菜中农药残留分布

3.4.1　检出农药品种和频次排前 10 的蔬菜

　　本次残留侦测的蔬菜共 36 种，包括韭菜、甘薯、黄瓜、芹菜、紫薯、洋葱、结球甘蓝、番茄、菠菜、山药、花椰菜、西葫芦、樱桃番茄、辣椒、葱、苋菜、人参果、小白菜、胡萝卜、青花菜、南瓜、紫甘蓝、油麦菜、芋、萝卜、茄子、马铃薯、大白菜、娃娃菜、生菜、苦瓜、冬瓜、菜豆、茼蒿、丝瓜和甘薯叶。

　　根据检出农药品种及频次进行排名，将各项排名前 10 位的蔬菜样品检出情况列表说明，详见表 3-24。

表 3-24　检出农药品种和频次排名前 10 的蔬菜

检出农药品种排名前 10（品种）	①黄瓜（31），②茄子（25），③辣椒（23），④樱桃番茄（22），⑤番茄（18），⑥苋菜（18），⑦韭菜（17），⑧芹菜（17），⑨大白菜（16），⑩油麦菜（16）
检出农药频次排名前 10（频次）	①黄瓜（94），②胡萝卜（61），③樱桃番茄（56），④番茄（50），⑤辣椒（41），⑥茄子（41），⑦韭菜（27），⑧苋菜（27），⑨芹菜（26），⑩苦瓜（25）
检出禁用、高毒及剧毒农药品种排名前 10（品种）	①韭菜（4），②茄子（4），③芹菜（4），④胡萝卜（3），⑤黄瓜（3），⑥苋菜（3），⑦菜豆（2），⑧甘薯（2），⑨辣椒（2），⑩茼蒿（2）
检出禁用、高毒及剧毒农药频次排名前 10（频次）	①黄瓜（14），②茄子（11），③胡萝卜（7），④韭菜（7），⑤芹菜（7），⑥樱桃番茄（6），⑦苦瓜（4），⑧辣椒（4），⑨苋菜（3），⑩菜豆（2）

3.4.2　超标农药品种和频次排前 10 的蔬菜

　　鉴于 MRL 欧盟标准和日本标准制定比较全面且覆盖率较高，我们参照 MRL 中国国家标准、欧盟标准和日本标准衡量蔬菜样品中农残检出情况，将超标农药品种及频次排名前 10 的蔬菜列表说明，详见表 3-25。

表 3-25　超标农药品种和频次排名前 10 的蔬菜

超标农药品种排名前 10（农药品种数）	MRL 中国国家标准	①芹菜（2），②黄瓜（1），③茄子（1），④青花菜（1）
	MRL 欧盟标准	①辣椒（12），②茄子（10），③黄瓜（8），④樱桃番茄（8），⑤芹菜（7），⑥胡萝卜（6），⑦苦瓜（6），⑧苋菜（6），⑨油麦菜（6），⑩菜豆（5）
	MRL 日本标准	①菜豆（7），②韭菜（6），③油麦菜（6），④茄子（5），⑤苋菜（5），⑥胡萝卜（4），⑦苦瓜（4），⑧辣椒（4），⑨茼蒿（4），⑩紫薯（4）
超标农药频次排名前 10（农药频次数）	MRL 中国国家标准	①黄瓜（3），②茄子（2），③芹菜（2），④青花菜（1）
	MRL 欧盟标准	①黄瓜（24），②辣椒（22），③胡萝卜（20），④茄子（17），⑤樱桃番茄（16），⑥番茄（11），⑦芹菜（10），⑧苦瓜（9），⑨甘薯（8），⑩生菜（8）
	MRL 日本标准	①胡萝卜（34），②韭菜（8），③生菜（8），④菜豆（7），⑤马铃薯（7），⑥油麦菜（7），⑦紫薯（7），⑧茄子（6），⑨苋菜（6），⑩苦瓜（5）

　　通过对各品种蔬菜样本总数及检出率进行综合分析发现，黄瓜、茄子和辣椒的残留污染最为严重，在此，我们参照 MRL 中国国家标准、欧盟标准和日本标准对这 3 种蔬菜的农残检出情况进行进一步分析。

3.4.3　农药残留检出率较高的蔬菜样品分析

3.4.3.1　黄瓜

　　这次共检测 27 例黄瓜样品，全部检出了农药残留，检出率为 100.0%，检出农药共计 31 种。其中甲霜灵、哒螨灵、仲丁威、克百威和硫丹检出频次较高，分别检出

了 16、13、8、7 和 6 次。黄瓜中农药检出品种和频次见图 3-31，超标农药见图 3-32
和表 3-26。

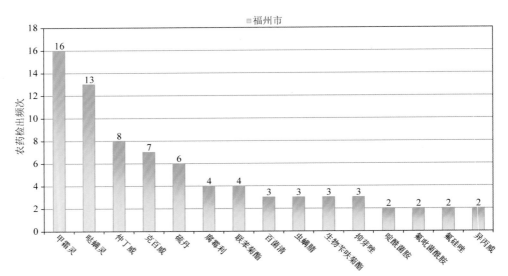

图 3-31　黄瓜样品检出农药品种和频次分析（仅列出 2 频次及以上的数据）

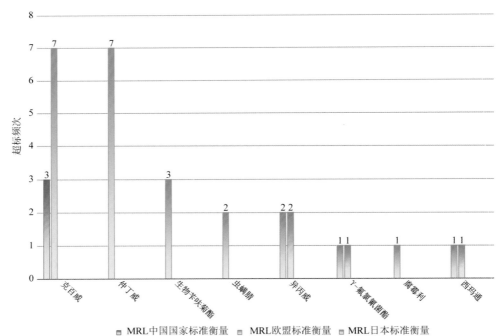

图 3-32　黄瓜样品中超标农药分析

表 3-26　黄瓜中农药残留超标情况明细表

样品总数		检出农药样品数	样品检出率（%）	检出农药品种总数
27		27	100	31
	超标农药品种	超标农药频次	按照 MRL 中国国家标准、欧盟标准和日本标准衡量超标农药名称及频次	
中国国家标准	1	3	克百威（3）	
欧盟标准	8	24	克百威（7），仲丁威（7），生物苄呋菊酯（3），虫螨腈（2），异丙威（2），γ-氟氯氰菌酯（1），腐霉利（1），西玛通（1）	
日本标准	3	4	异丙威（2），γ-氟氯氰菌酯（1），西玛通（1）	

3.4.3.2　茄子

这次共检测 23 例茄子样品，18 例样品中检出了农药残留，检出率为 78.3%，检出农药共计 25 种。其中腐霉利、水胺硫磷、克百威、螺螨酯和醚菊酯检出频次较高，分别检出了 5、5、4、3 和 2 次。茄子中农药检出品种和频次见图 3-33，超标农药见图 3-34 和表 3-27。

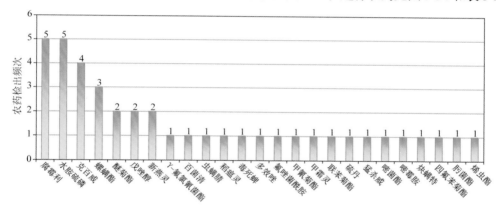

图 3-33　茄子样品检出农药品种和频次分析

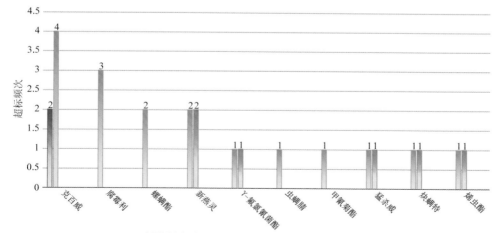

图 3-34　茄子样品中超标农药分析

表 3-27　茄子中农药残留超标情况明细表

样品总数			检出农药样品数	样品检出率（%）	检出农药品种总数
23			18	78.3	25
	超标农药品种	超标农药频次	按照 MRL 中国国家标准、欧盟标准和日本标准衡量超标农药名称及频次		
中国国家标准	1	2	克百威（2）		
欧盟标准	10	17	克百威（4），腐霉利（3），螺螨酯（2），新燕灵（2），γ-氟氯氰菌酯（1），虫螨腈（1），甲氰菊酯（1），猛杀威（1），炔螨特（1），烯虫酯（1）		
日本标准	5	6	新燕灵（2），γ-氟氯氰菌酯（1），猛杀威（1），炔螨特（1），烯虫酯（1）		

3.4.3.3　辣椒

　　这次共检测 11 例辣椒样品，10 例样品中检出了农药残留，检出率为 90.9%，检出农药共计 23 种。其中腐霉利、哒螨灵、仲丁威、百菌清和虫螨腈检出频次较高，分别检出了 5、4、4、2 和 2 次。辣椒中农药检出品种和频次见图 3-35，超标农药见表 3-28 和图 3-36。

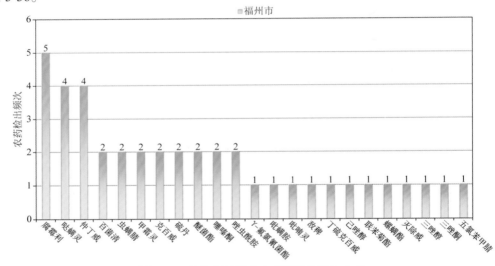

图 3-35　辣椒样品检出农药品种和频次分析

表 3-28　辣椒中农药残留超标情况明细表

样品总数			检出农药样品数	样品检出率（%）	检出农药品种总数
11			10	90.9	23
	超标农药品种	超标农药频次	按照 MRL 中国国家标准、欧盟标准和日本标准衡量超标农药名称及频次		
中国国家标准	0	0			
欧盟标准	12	22	腐霉利（4），仲丁威（4），百菌清（2），虫螨腈（2），克百威（2），硫丹（2），γ-氟氯氰菌酯（1），丁硫克百威（1），己唑醇（1），灭除威（1），三唑醇（1），唑虫酰胺（1）		
日本标准	4	4	γ-氟氯氰菌酯（1），己唑醇（1），灭除威（1），唑虫酰胺（1）		

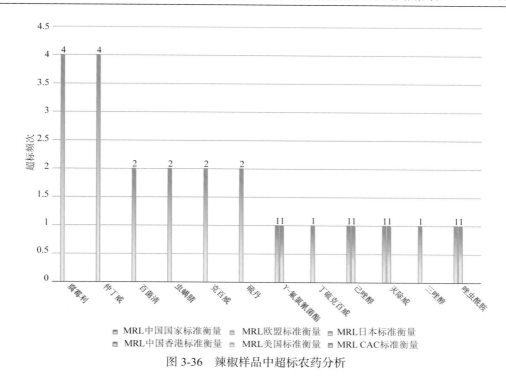

图 3-36　辣椒样品中超标农药分析

3.5　初　步　结　论

3.5.1　福州市市售水果蔬菜按 MRL 中国国家标准和国际主要 MRL 标准衡量的合格率

本次侦测的 678 例样品中，212 例样品未检出任何残留农药，占样品总量的 31.3%，466 例样品检出不同水平、不同种类的残留农药，占样品总量的 68.7%。在这 466 例检出农药残留的样品中：

按 MRL 中国国家标准衡量，有 459 例样品检出残留农药但含量没有超标，占样品总数的 67.7%，有 7 例样品检出了超标农药，占样品总数的 1.0%。

按 MRL 欧盟标准衡量，有 208 例样品检出残留农药但含量没有超标，占样品总数的 30.7%，有 258 例样品检出了超标农药，占样品总数的 38.1%。

按 MRL 日本标准衡量，有 295 例样品检出残留农药但含量没有超标，占样品总数的 43.5%，有 171 例样品检出了超标农药，占样品总数的 25.2%。

按 MRL 中国香港标准衡量，有 463 例样品检出残留农药但含量没有超标，占样品总数的 68.3%，有 3 例样品检出了超标农药，占样品总数的 0.4%。

按 MRL 美国标准衡量，有 460 例样品检出残留农药但含量没有超标，占样品总数的 67.8%，有 6 例样品检出了超标农药，占样品总数的 0.9%。

按 MRL CAC 标准衡量，有 466 例样品检出残留农药但含量没有超标，占样品总数的 68.7%，未检出超标农药。

3.5.2　福州市市售水果蔬菜中检出农药以中低微毒农药为主，占市场主体的 92.9%

这次侦测的 678 例样品包括谷物 1 种 4 例，水果 24 种 271 例，食用菌 2 种 4 例，蔬菜 36 种 399 例，共检出了 112 种农药，检出农药的毒性以中低微毒为主，详见表 3-29。

表 3-29　市场主体农药毒性分布

毒性	检出品种	占比	检出频次	占比
剧毒农药	1	0.9%	6	0.5%
高毒农药	7	6.2%	54	4.8%
中毒农药	44	39.3%	536	48.1%
低毒农药	39	34.8%	221	19.8%
微毒农药	21	18.8%	299	26.8%

中低微毒农药，品种占比 92.9%，频次占比 94.6%

3.5.3　检出剧毒、高毒和禁用农药现象应该警醒

在此次侦测的 678 例样品中有 18 种蔬菜和 12 种水果的 83 例样品检出了 12 种 99 频次的剧毒和高毒或禁用农药，占样品总量的 12.2%。其中剧毒农药甲拌磷以及高毒农药克百威、水胺硫磷和猛杀威检出频次较高。

按 MRL 中国国家标准衡量，剧毒农药甲拌磷，检出 6 次，超标 1 次；高毒农药克百威，检出 18 次，超标 5 次；按超标程度比较，茄子中克百威超标 2.8 倍，黄瓜中克百威超标 1.5 倍，青花菜中甲拌磷超标 0.2 倍。

剧毒、高毒或禁用农药的检出情况及按照 MRL 中国国家标准衡量的超标情况见表 3-30。

表 3-30　剧毒、高毒或禁用农药的检出及超标明细

序号	农药名称	样品名称	检出频次	超标频次	最大超标倍数	超标率
1.1	甲拌磷*▲	胡萝卜	3	0	0	0.0%
1.2	甲拌磷*▲	青花菜	1	1	0.19	100.0%
1.3	甲拌磷*▲	芹菜	1	0	0	0.0%
1.4	甲拌磷*▲	苋菜	1	0	0	0.0%
2.1	三唑磷◇	李子	1	0	0	0.0%
2.2	三唑磷◇	桃	1	0	0	0.0%
2.3	三唑磷◇	油麦菜	1	0	0	0.0%
2.4	三唑磷◇	苋菜	1	0	0	0.0%

续表

序号	农药名称	样品名称	检出频次	超标频次	最大超标倍数	超标率
2.5	三唑磷◇	荔枝	1	0	0	0.0%
2.6	三唑磷◇	韭菜	1	0	0	0.0%
3.1	克百威◇▲	黄瓜	7	3	1.47	42.9%
3.2	克百威◇▲	茄子	4	2	2.825	50.0%
3.3	克百威◇▲	芹菜	2	0	0	0.0%
3.4	克百威◇▲	辣椒	2	0	0	0.0%
3.5	克百威◇▲	樱桃番茄	1	0	0	0.0%
3.6	克百威◇▲	甘薯	1	0	0	0.0%
3.7	克百威◇▲	番茄	1	0	0	0.0%
4.1	呋线威◇	苹果	1	0	0	0.0%
5.1	敌敌畏◇	韭菜	1	0	0	0.0%
5.2	敌敌畏◇	黄瓜	1	0	0	0.0%
6.1	水胺硫磷◇▲	茄子	5	0	0	0.0%
6.2	水胺硫磷◇▲	柠檬	3	0	0	0.0%
6.3	水胺硫磷◇▲	杨桃	1	0	0	0.0%
6.4	水胺硫磷◇▲	火龙果	1	0	0	0.0%
6.5	水胺硫磷◇▲	甘薯	1	0	0	0.0%
6.6	水胺硫磷◇▲	胡萝卜	1	0	0	0.0%
6.7	水胺硫磷◇▲	苹果	1	0	0	0.0%
6.8	水胺硫磷◇▲	荔枝	1	0	0	0.0%
6.9	水胺硫磷◇▲	菜豆	1	0	0	0.0%
7.1	灭害威◇	韭菜	2	0	0	0.0%
8.1	猛杀威◇	胡萝卜	3	0	0	0.0%
8.2	猛杀威◇	香蕉	2	0	0	0.0%
8.3	猛杀威◇	橙	1	0	0	0.0%
8.4	猛杀威◇	紫薯	1	0	0	0.0%
8.5	猛杀威◇	苹果	1	0	0	0.0%
8.6	猛杀威◇	茄子	1	0	0	0.0%
8.7	猛杀威◇	西瓜	1	0	0	0.0%
9.1	氟虫腈▲	芹菜	1	1	0.135	100.0%
9.2	氟虫腈▲	油麦菜	1	0	0	0.0%
9.3	氟虫腈▲	苋菜	1	0	0	0.0%
9.4	氟虫腈▲	茼蒿	1	0	0	0.0%

续表

序号	农药名称	样品名称	检出频次	超标频次	最大超标倍数	超标率
9.5	氟虫腈▲	菜豆	1	0	0	0.0%
10.1	氰戊菊酯▲	李子	1	0	0	0.0%
10.2	氰戊菊酯▲	桃	1	0	0	0.0%
10.3	氰戊菊酯▲	苹果	1	0	0	0.0%
11.1	硫丹▲	黄瓜	6	0	0	0.0%
11.2	硫丹▲	樱桃番茄	5	0	0	0.0%
11.3	硫丹▲	苦瓜	4	0	0	0.0%
11.4	硫丹▲	芹菜	3	0	0	0.0%
11.5	硫丹▲	韭菜	3	0	0	0.0%
11.6	硫丹▲	草莓	2	0	0	0.0%
11.7	硫丹▲	辣椒	2	0	0	0.0%
11.8	硫丹▲	丝瓜	1	0	0	0.0%
11.9	硫丹▲	梨	1	0	0	0.0%
11.10	硫丹▲	苹果	1	0	0	0.0%
11.11	硫丹▲	茄子	1	0	0	0.0%
11.12	硫丹▲	西葫芦	1	0	0	0.0%
12.1	除草醚▲	茼蒿	1	0	0	0.0%
合计			99	7		7.1%

注：超标倍数参照 MRL 中国国家标准衡量

　　这些超标的剧毒和高毒农药都是中国政府早有规定禁止在水果蔬菜中使用的，为什么还屡次被检出，应该引起警惕。

3.5.4　残留限量标准与先进国家或地区标准差距较大

　　1116 频次的检出结果与我国公布的《食品中农药最大残留限量》（GB 2763—2014）对比，有 283 频次能找到对应的 MRL 中国国家标准，占 25.3%；还有 834 频次的侦测数据无相关 MRL 标准供参考，占 74.7%。

　　与国际上现行 MRL 标准对比发现：

　　有 1116 频次能找到对应的 MRL 欧盟标准，占 100.0%；

　　有 1116 频次能找到对应的 MRL 日本标准，占 100.0%；

　　有 414 频次能找到对应的 MRL 中国香港标准，占 37.1%；

　　有 376 频次能找到对应的 MRL 美国标准，占 33.7%；

　　有 229 频次能找到对应的 MRL CAC 标准，占 20.5%。

　　由上可见，MRL 中国国家标准与先进国家或地区标准还有很大差距，我们无标准，境外有标准，这就会导致我们在国际贸易中，处于受制于人的被动地位。

3.5.5　水果蔬菜单种样品检出 14~34 种农药残留，拷问农药使用的科学性

通过此次监测发现，葡萄、苹果和桃是检出农药品种最多的 3 种水果，黄瓜、茄子和辣椒是检出农药品种最多的 3 种蔬菜，从中检出农药品种及频次详见表 3-31。

表 3-31　单种样品检出农药品种及频次

样品名称	样品总数	检出农药样品数	检出率	检出农药品种数	检出农药（频次）
黄瓜	27	27	100.0%	31	甲霜灵（16），哒螨灵（13），仲丁威（8），克百威（7），硫丹（6），腐霉利（4），联苯菊酯（4），百菌清（3），虫螨腈（3），生物苄呋菊酯（3），抑芽唑（3），啶酰菌胺（2），氟吡菌酰胺（2），氟硅唑（2），异丙威（2），γ-氟氯氰菊酯（1），敌敌畏（1），毒死蜱（1），腈菌唑（1），抗蚜威（1），醚菊酯（1），嘧霉胺（1），噻嗪酮（1），霜霉威（1），肟菌酯（1），五氯苯胺（1），五氯苯甲腈（1），戊唑醇（1），西玛通（1），乙霉威（1），唑虫酰胺（1）
茄子	23	18	78.3%	25	腐霉利（5），水胺硫磷（5），克百威（4），螺螨酯（3），醚菊酯（2），戊唑醇（2），新燕灵（2），γ-氟氯氰菊酯（1），百菌清（1），虫螨腈（1），稻瘟灵（1），毒死蜱（1），多效唑（1），氟唑菌酰胺（1），甲氰菊酯（1），甲霜灵（1），联苯菊酯（1），硫丹（1），猛杀威（1），嘧菌酯（1），嘧霉胺（1），炔螨特（1），四氟苯菊酯（1），肟菌酯（1），烯虫酯（1）
辣椒	11	10	90.9%	23	腐霉利（5），哒螨灵（4），仲丁威（4），百菌清（2），虫螨腈（2），甲霜灵（2），克百威（2），硫丹（2），醚菌酯（2），噻嗪酮（2），唑虫酰胺（2），γ-氟氯氰菊酯（1），吡螨胺（1），吡喃灵（1），敌稗（1），丁硫克百威（1），己唑醇（1），联苯菊酯（1），螺螨酯（1），灭除威（1），三唑醇（1），三唑酮（1），五氯苯甲腈（1）
葡萄	20	20	100.0%	34	嘧霉胺（14），腐霉利（8），嘧菌酯（8），γ-氟氯氰菌酯（5），毒死蜱（5），啶酰菌胺（4），氟硅唑（4），甲霜灵（4），戊唑醇（4），新燕灵（4），腈菌唑（3），醚菊酯（3），粉唑醇（2），己唑醇（2），醚菌酯（2），霜霉威（2），四氟醚唑（2），肟菌酯（2），烯唑醇（2），溴丁酰草胺（2），百菌清（1），氟吡菌酰胺（1），氟丙菊酯（1），氟唑菌酰胺（1），联苯菊酯（1），螺螨酯（1），嘧菌环胺（1），三唑醇（1），三唑酮（1），杀螨酯（1），特草灵（1），戊菌唑（1），烯丙菊酯（1），乙嘧酚磺酸酯（1）
苹果	27	19	70.4%	15	毒死蜱（8），新燕灵（6），甲醚菊酯（4），戊唑醇（3），γ-氟氯氰菊酯（1），粉唑醇（1），呋线威（1），硫丹（1），猛杀威（1），醚菊酯（1），氰戊菊酯（1），炔螨特（1），噻嗪酮（1），三氯杀螨醇（1），水胺硫磷（1）

续表

样品名称	样品总数	检出农药样品数	检出率	检出农药品种数	检出农药（频次）
桃	15	12	80.0%	14	毒死蜱（8），新燕灵（6），腈菌唑（2），戊唑醇（2），百菌清（1），丁硫克百威（1），多效唑（1），氟硅唑（1），腐霉利（1），甲霜灵（1），氯氰菊酯（1），氰戊菊酯（1），噻嗪酮（1），三唑磷（1）

上述 6 种水果蔬菜，检出农药 14~34 种，是多种农药综合防治，还是未严格实施农业良好管理规范（GAP），抑或根本就是乱施药，值得我们思考。

第 4 章　GC-Q-TOF/MS 侦测福州市市售水果蔬菜农药残留膳食暴露风险与预警风险评估

4.1　农药残留风险评估方法

4.1.1　福州市农药残留侦测数据分析与统计

庞国芳院士科研团队建立的农药残留高通量侦测技术以高分辨精确质量数（0.0001 m/z 为基准）为识别标准，采用 GC-Q-TOF/MS 技术对 507 种农药化学污染物进行侦测。

科研团队于 2015 年 7 月~2016 年 1 月在福州市所属 5 个区的 11 个采样点，随机采集了 678 例水果蔬菜样品，采样点分布在超市，具体位置如图 4-1 所示，各月内水果蔬菜样品采集数量如表 4-1 所示。

序号	行政区域	水果采样量	蔬菜及其他采样量	总计
1	鼓楼区	85	136	221
2	晋安区	29	42	71
3	仓山区	61	83	144
4	台江区	65	100	165
5	马尾区	32	45	77

图 4-1　GC-Q-TOF/MS 侦测福州市 11 个采样点 678 例样品分布示意图

表 4-1　福州市各月内采集水果蔬菜样品数列表

时间	样品数（例）
2015 年 7 月	248
2015 年 9 月	158
2015 年 10 月	47
2016 年 1 月	225

利用 GC-Q-TOF/MS 技术对 678 例样品中的农药进行侦测，检出残留农药 112 种，1116 频次。检出农药残留水平如表 4-2 和图 4-2 所示。检出频次最高的前 10 种农药如表 4-3 所示。从检测结果中可以看出，在水果蔬菜中农药残留普遍存在，且有些水果蔬菜存在高浓度的农药残留，这些可能存在膳食暴露风险，对人体健康产生危害，因此，为了定量地评价水果蔬菜中农药残留的风险程度，有必要对其进行风险评价。

表 4-2　检出农药的不同残留水平及其所占比例列表

残留水平（μg/kg）	检出频次	占比（%）
1~5（含）	347	31.1
5~10（含）	181	16.2
10~100（含）	486	43.6
100~1000（含）	102	9.1
合计	1116	100

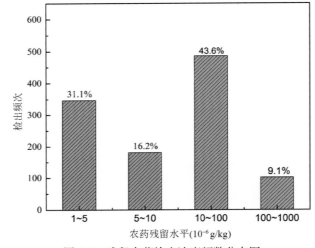

图 4-2　残留农药检出浓度频数分布图

表 4-3　检出频次最高的前 10 种农药列表

序号	农药	检出频次
1	毒死蜱	83
2	腐霉利	76
3	新燕灵	54
4	甲霜灵	53
5	仲丁威	50
6	戊唑醇	42
7	哒螨灵	36
8	解草腈	36
9	嘧霉胺	35
10	γ-氟氯氰菌酯	32

4.1.2　农药残留风险评价模型

对福州市水果蔬菜中农药残留分别开展暴露风险评估和预警风险评估。膳食暴露风险评估利用食品安全指数模型对水果蔬菜中的残留农药对人体可能产生的危害程度进行评价，该模型结合残留监测和膳食暴露评估评价化学污染物的危害；预警风险评价模型运用风险系数（risk index，R），风险系数综合考虑了危害物的超标率、施检频率及其本身敏感性的影响，能直观而全面地反映出危害物在一段时间内的风险程度。

4.1.2.1　食品安全指数模型

为了加强食品安全管理，《中华人民共和国食品安全法》第二章第十七条规定"国家建立食品安全风险评估制度，运用科学方法，根据食品安全风险监测信息、科学数据以及有关信息，对食品、食品添加剂、食品相关产品中生物性、化学性和物理性危害因素进行风险评估"[1]，膳食暴露评估是食品危险度评估的重要组成部分，也是膳食安全性的衡量标准[2]。国际上最早研究膳食暴露风险评估的机构主要是 JMPR（FAO、WHO 农药残留联合会议），该组织自 1995 年就已制定了急性毒性物质的风险评估急性毒性农药残留摄入量的预测。1960 年美国规定食品中不得加入致癌物质进而提出零阈值理论，渐渐零阈值理论发展成在一定概率条件下可接受风险的概念[3]，后衍变为食品中每日允许最大摄入量（ADI），而国际食品农药残留法典委员会（CCPR）认为 ADI 不是独立风险评估的唯一标准[4]，1995 年 JMPR 开始研究农药急性膳食暴露风险评估，并对食品国际短期摄入量的计算方法进行了修正，亦对膳食暴露评估准则及评估方法进行了修正[5]，2002 年，在对世界上现行的食品安全评价方法，尤其是国际公认的 CAC 的评价方法、全球环境监测系统/食品污染监测和评估规划（WHO GEMS/Food）及 FAO、WHO 食品添加剂联合专家委员会（JECFA）和 JMPR 对食品安全风险评估工作研究的基础之上，检验检疫食品安全管理的研究人员提出了结合残留监控和膳食暴露评估，以食品安全指数 IFS 计算食品中各种化学污染物对消费者的健康危害程度[6]。IFS 是表示食品安全状态的新方法，可有效地评价某种农药的安全性，进而评价食品中各种农药化学污染物对消费者健康的整体危害程度[7,8]。从理论上分析，IFS_c 可指出食品中的污染物 c 对消费者健康是否存在危害及危害的程度[9]。其优点在于操作简单且结果容易被接受和理解，不需要大量的数据来对结果进行验证，使用默认的标准假设或者模型即可[10,11]。

1）IFS_c 的计算

IFS_c 计算公式如下：

$$IFS_c = \frac{EDI_c \times f}{SI_c \times bw} \tag{4-1}$$

式中，c 为所研究的农药；EDI_c 为农药 c 的实际日摄入量估算值，等于 $\sum(R_i \times F_i \times E_i \times P_i)$（$i$ 为食品种类；R_i 为食品 i 中农药 c 的残留水平，mg/kg；F_i 为食品 i 的估计日消费量，g/（人·天）；E_i 为食品 i 的可食用部分因子；P_i 为食品 i 的加工处理因子）；SI_c 为安全摄入量，可采用每日允许最大摄入量 ADI；bw 为人平均体重，kg；f 为校正因子，如果安全摄入量采用 ADI，则 f 取 1。

IFS$_c$≪1，农药 c 对食品安全没有影响；IFS$_c$≤1，农药 c 对食品安全的影响可以接受；IFS$_c$＞1，农药 c 对食品安全的影响不可接受。

本次评价中：

IFS$_c$≤0.1，农药 c 对水果蔬菜安全没有影响；

0.1＜IFS$_c$≤1，农药 c 对水果蔬菜安全的影响可以接受；

IFS$_c$＞1，农药 c 对水果蔬菜安全的影响不可接受。

本次评价中残留水平 R_i 取值为中国检验检疫科学研究院庞国芳院士课题组利用以高分辨精确质量数（0.0001 m/z）为基准的 GC-Q-TOF/MS 侦测技术于 2015~2017 年对福州市水果蔬菜农药残留的侦测结果，估计日消费量 F_i 取值 0.38 kg/（人·天），E_i=1，P_i=1，f=1，SI$_c$ 采用《食品安全国家标准　食品中农药最大残留限量》（GB 2763—2016）中 ADI 值（具体数值见表 4-4），人平均体重（bw）取值 60 kg。

表 4-4　福州市水果蔬菜中检出农药的 ADI 值

序号	农药	ADI	序号	农药	ADI	序号	农药	ADI
1	氟虫腈	0.0002	21	毒死蜱	0.01	41	二甲戊灵	0.03
2	氟吡禾灵	0.0007	22	噁霜灵	0.01	42	甲氰菊酯	0.03
3	甲拌磷	0.0007	23	粉唑醇	0.01	43	腈菌唑	0.03
4	克百威	0.001	24	氟吡菌酰胺	0.01	44	醚菊酯	0.03
5	三唑磷	0.001	25	甲基毒死蜱	0.01	45	嘧菌环胺	0.03
6	三氯杀螨醇	0.002	26	联苯菊酯	0.01	46	三唑醇	0.03
7	异丙威	0.002	27	螺螨酯	0.01	47	三唑酮	0.03
8	水胺硫磷	0.003	28	炔螨特	0.01	48	生物苄呋菊酯	0.03
9	敌敌畏	0.004	29	茚虫威	0.01	49	戊菌唑	0.03
10	乙霉威	0.004	30	辛酰溴苯腈	0.015	50	戊唑醇	0.03
11	己唑醇	0.005	31	稻瘟灵	0.016	51	啶酰菌胺	0.04
12	烯唑醇	0.005	32	西玛津	0.018	52	肟菌酯	0.04
13	环酯草醚	0.0056	33	百菌清	0.02	53	氯菊酯	0.05
14	硫丹	0.006	34	抗蚜威	0.02	54	仲丁威	0.06
15	唑虫酰胺	0.006	35	氯氰菊酯	0.02	55	二苯胺	0.08
16	氟硅唑	0.007	36	氰戊菊酯	0.02	56	甲霜灵	0.08
17	萎锈灵	0.008	37	莠去津	0.02	57	啶氧菌酯	0.09
18	噻嗪酮	0.009	38	氟乐灵	0.025	58	吡丙醚	0.1
19	哒螨灵	0.01	39	丙溴磷	0.03	59	多效唑	0.1
20	丁硫克百威	0.01	40	虫螨腈	0.03	60	腐霉利	0.1

续表

序号	农药	ADI	序号	农药	ADI	序号	农药	ADI
61	敌稗	0.2	79	甲基苯噻隆	—	97	四氟醚唑	—
62	嘧菌酯	0.2	80	甲醚菊酯	—	98	速灭威	—
63	嘧霉胺	0.2	81	间羟基联苯	—	99	特草灵	—
64	增效醚	0.2	82	解草腈	—	100	五氯苯胺	—
65	醚菌酯	0.4	83	磷酸三苯酯	—	101	五氯苯甲腈	—
66	霜霉威	0.4	84	猛杀威	—	102	西玛通	—
67	3,5-二氯苯胺	—	85	棉铃威	—	103	烯丙菊酯	—
68	γ-氟氯氰菌酯	—	86	灭除威	—	104	烯虫炔酯	—
69	苯醚氰菊酯	—	87	灭害威	—	105	烯虫酯	—
70	吡螨胺	—	88	牧草胺	—	106	新燕灵	—
71	吡喃灵	—	89	萘乙酰胺	—	107	溴丁酰草胺	—
72	除草醚	—	90	扑灭通	—	108	乙嘧酚磺酸酯	—
73	敌草胺	—	91	去乙基阿特拉津	—	109	异噁唑草酮	—
74	芬螨酯	—	92	炔丙菊酯	—	110	抑芽唑	—
75	呋菌胺	—	93	杀螺吗啉	—	111	茚草酮	—
76	呋线威	—	94	杀螨酯	—	112	莠去通	—
77	氟丙菊酯	—	95	双苯酰草胺	—			
78	氟唑菌酰胺	—	96	四氟苯菊酯	—			

注:"—"表示为国家标准中无 ADI 值规定;ADI 值单位为 mg/kg bw

2)计算 IFS_c 的平均值 $\overline{IFS}$,评价农药对食品安全的影响程度

以 $\overline{IFS}$ 评价各种农药对人体健康危害的总程度,评价模型见公式(4-2)。

$$\overline{IFS} = \frac{\sum_{i=1}^{n} IFS_c}{n} \tag{4-2}$$

$\overline{IFS} \ll 1$,所研究消费者人群的食品安全状态很好;$\overline{IFS} \leqslant 1$,所研究消费者人群的食品安全状态可以接受;$\overline{IFS} > 1$,所研究消费者人群的食品安全状态不可接受。

本次评价中:

$\overline{IFS} \leqslant 0.1$,所研究消费者人群的水果蔬菜安全状态很好;

$0.1 < \overline{IFS} \leqslant 1$,所研究消费者人群的水果蔬菜安全状态可以接受;

$\overline{IFS} > 1$,所研究消费者人群的水果蔬菜安全状态不可接受。

4.1.2.2 预警风险评估模型

2003 年,我国检验检疫食品安全管理的研究人员根据 WTO 的有关原则和我国的具

体规定，结合危害物本身的敏感性、风险程度及其相应的施检频率，首次提出了食品中危害物风险系数 R 的概念[12]。R 是衡量一个危害物的风险程度大小最直观的参数，即在一定时期内其超标率或阳性检出率的高低，但受其施检测率的高低及其本身的敏感性（受关注程度）影响。该模型综合考察了农药在蔬菜中的超标率、施检频率及其本身敏感性，能直观而全面地反映出农药在一段时间内的风险程度[13]。

1）R 计算方法

危害物的风险系数综合考虑了危害物的超标率或阳性检出率、施检频率和其本身的敏感性影响，并能直观而全面地反映出危害物在一段时间内的风险程度。风险系数 R 的计算公式如式（4-3）：

$$R = aP + \frac{b}{F} + S \qquad (4\text{-}3)$$

式中，P 为该种危害物的超标率；F 为危害物的施检频率；S 为危害物的敏感因子；a，b 分别为相应的权重系数。

本次评价中 $F=1$；$S=1$；$a=100$；$b=0.1$，对参数 P 进行计算，计算时首先判断是否为禁用农药，如果为非禁用农药，P=超标的样品数（侦测出的含量高于食品最大残留限量标准值，即 MRL）除以总样品数（包括超标、不超标、未侦测出）；如果为禁用农药，则侦测出即为超标，P=能侦测出的样品数除以总样品数。判断福州市水果蔬菜农药残留是否超标的标准限值 MRL 分别以 MRL 中国国家标准[14]和 MRL 欧盟标准作为对照，具体值列于本报告附表一中。

2）评价风险程度

$R \leqslant 1.5$，受检农药处于低度风险；

$1.5 < R \leqslant 2.5$，受检农药处于中度风险；

$R > 2.5$，受检农药处于高度风险。

4.1.2.3　食品膳食暴露风险和预警风险评估应用程序的开发

1）应用程序开发的步骤

为成功开发膳食暴露风险和预警风险评估应用程序，与软件工程师多次沟通讨论，逐步提出并描述清楚计算需求，开发了初步应用程序。为明确出不同水果蔬菜、不同农药、不同地域和不同季节的风险水平，向软件工程师提出不同的计算需求，软件工程师对计算需求进行逐一地分析，经过反复的细节沟通，需求分析得到明确后，开始进行解决方案的设计，在保证需求的完整性、一致性的前提下，编写出程序代码，最后设计出满足需求的风险评估专用计算软件，并通过一系列的软件测试和改进，完成专用程序的开发。软件开发基本步骤见图 4-3。

图 4-3　专用程序开发总体步骤

2）膳食暴露风险评估专业程序开发的基本要求

首先直接利用公式（4-1），分别计算 GC-Q-TOF/MS 和 GC-Q-TOF/MS 仪器检出的各水果蔬菜样品中每种农药 IFS_c，将结果列出。为考察超标农药和禁用农药的使用安全性，分别以我国《食品安全国家标准　食品中农药最大残留限量》（GB 2763—2016）和欧盟食品中农药最大残留限量（以下简称 MRL 中国国家标准和 MRL 欧盟标准）为标准，对侦测出的禁用农药和超标的非禁用农药 IFS_c 单独进行评价；按 IFS_c 大小列表，并找出 IFS_c 值排名前 20 的样本重点关注。

对不同水果蔬菜 i 中每一种检出的农药 c 的安全指数进行计算，多个样品时求平均值。若监测数据为该市多个月的数据，则逐月、逐季度分别列出每个月、每个季度内每一种水果蔬菜 i 对应的每一种农药 c 的 IFS_c。

按农药种类，计算整个监测时间段内每种农药的 IFS_c，不区分水果蔬菜。若检测数据为该市多个月的数据，则需分别计算每个月、每个季度内每种农药的 IFS_c。

3）预警风险评估专业程序开发的基本要求

分别以 MRL 中国国家标准和 MRL 欧盟标准，按公式（4-3）逐个计算不同水果蔬菜、不同农药的风险系数，禁用农药和非禁用农药分别列表。

为清楚了解各种农药的预警风险，不分时间，不分水果蔬菜，按禁用农药和非禁用农药分类，分别计算各种检出农药全部检测时段内风险系数。由于有 MRL 中国国家标准的农药种类太少，无法计算超标数，非禁用农药的风险系数只以 MRL 欧盟标准为标准，进行计算。若检测数据为多个月的，则按月计算每个月、每个季度内每种禁用农药残留的风险系数和以 MRL 欧盟标准为标准的非禁用农药残留的风险系数。

4）风险程度评价专业应用程序的开发方法

采用 Python 计算机程序设计语言，Python 是一个高层次地结合了解释性、编译性、互动性和面向对象的脚本语言。风险评价专用程序主要功能包括：分别读入每例样品 LC-Q-TOF/MS 和 GC-Q-TOF/MS 农药残留检测数据，根据风险评价工作要求，依次对不同农药、不同食品、不同时间、不同采样点的 IFS_c 值和 R 值分别进行数据计算，筛选出禁用农药、超标农药（分别与 MRL 中国国家标准、MRL 欧盟标准限值进行对比）单独重点分析，再分别对各农药、各水果蔬菜种类分类处理，设计出计算和排序程序，编写计算机代码，最后将生成的膳食暴露风险评估和超标风险评估定量计算结果列入设计好的各个表格中，并定性判断风险对目标的影响程度，直接用文字描述风险发生的高低，如"不可接受"、"可以接受"、"没有影响"、"高度风险"、"中度风险"、"低度风险"。

4.2　GC-Q-TOF/MS 侦测福州市市售水果蔬菜农药残留膳食暴露风险评估

4.2.1　每例水果蔬菜样品中农药残留安全指数分析

基于农药残留侦测数据，发现在 678 例样品中检出农药 1116 频次，计算样品中每种残留农药的安全指数 IFS$_c$，并分析农药对样品安全的影响程度，结果详见附表二，农药残留对水果蔬菜样品安全的影响程度频次分布情况如图 4-4 所示。

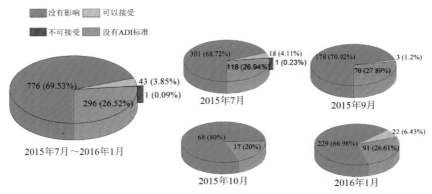

图 4-4　农药残留对水果蔬菜样品安全的影响程度频次分布图

由图 4-4 可以看出，农药残留对样品安全的影响不可接受的频次为 1，占 0.09%；农药残留对样品安全的影响可以接受的频次为 43，占 3.85%；农药残留对样品安全的没有影响的频次为 776，占 69.53%。分析发现，在 4 个月份内只有 2015 年 7 月有一种农药对样品安全影响不可接受，其他月份内，农药对样品安全的影响均在可以接受和没有影响的范围内。表 4-5 为对水果蔬菜样品中安全指数不可接受的农药残留列表。

表 4-5　水果蔬菜样品中安全影响不可接受的农药残留列表

序号	样品编号	采样点	基质	农药	含量（mg/kg）	IFS$_c$
1	20150709-350100-FJCIQ-LZ-03A	***超市（宝龙广场店）	李子	三唑磷	0.4099	2.5960

部分样品侦测出禁用农药 7 种 78 频次，为了明确残留的禁用农药对样品安全的影响，分析检出禁用农药残留的样品安全指数，禁用农药残留对水果蔬菜样品安全的影响程度频次分布情况如图 4-5 所示，农药残留对样品安全的影响可以接受的频次为 24，占 30.77%；农药残留对样品安全没有影响的频次为 53，占 67.95%。4 个月份的水果蔬菜样品中均侦测出禁用农药残留，每个月份内，禁用农药对样品安全的影响均在可以接受和没有影响的范围内。表 4-6 列出水果蔬菜样品中侦测出的残留禁用农药的安全指数表。

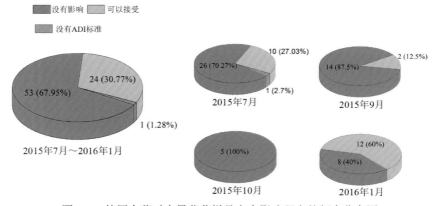

图 4-5　禁用农药对水果蔬菜样品安全影响程度的频次分布图

表 4-6　水果蔬菜样品中侦测出的残留禁用农药的安全指数表

序号	样品编号	采样点	基质	农药	含量（mg/kg）	IFS_c	影响程度
1	20150709-350100-FJCIQ-CE-04A	***超市（福州万象店）	芹菜	硫丹	0.8815	0.9305	可以接受
2	20150709-350100-FJCIQ-CE-04A	***超市（福州万象店）	芹菜	氟虫腈	0.0227	0.7188	可以接受
3	20160110-350100-FJCIQ-EP-05A	***超市（福州万象店）	茄子	克百威	0.0765	0.4845	可以接受
4	20150710-350100-FJCIQ-LJ-06A	***购物广场（金山大道店）	辣椒	硫丹	0.4493	0.4743	可以接受
5	20150709-350100-FJCIQ-NM-03A	***超市（宝龙广场店）	柠檬	水胺硫磷	0.1808	0.3817	可以接受
6	20150708-350100-FJCIQ-DJ-02A	***超市（东大路店）	菜豆	氟虫腈	0.0106	0.3357	可以接受
7	20160107-350100-FJCIQ-CU-03A	***购物广场（金山大道店）	黄瓜	克百威	0.0494	0.3129	可以接受
8	20160114-350100-FJCIQ-CU-06A	***超市（宝龙广场店）	黄瓜	克百威	0.0474	0.3002	可以接受
9	20150715-350100-FJCIQ-YM-09A	***超市	油麦菜	氟虫腈	0.0078	0.2470	可以接受
10	20160117-350100-FJCIQ-EP-08A	***超市	茄子	克百威	0.0357	0.2261	可以接受
11	20160110-350100-FJCIQ-LJ-05A	***超市（福州万象店）	辣椒	硫丹	0.1978	0.2088	可以接受
12	20160118-350100-FJCIQ-ST-09A	***超市（国棉店）	草莓	硫丹	0.1938	0.2046	可以接受
13	20150916-350100-FJCIQ-CE-01A	***超市（国棉店）	芹菜	硫丹	0.1727	0.1823	可以接受
14	20150709-350100-FJCIQ-CE-05A	***超市（黎明店）	芹菜	硫丹	0.1514	0.1598	可以接受
15	20160110-350100-FJCIQ-CU-05A	***超市（福州万象店）	黄瓜	克百威	0.021	0.1330	可以接受
16	20150708-350100-FJCIQ-TH-02A	***超市（东大路店）	茼蒿	氟虫腈	0.004	0.1267	可以接受
17	20150714-350100-FJCIQ-AM-08A	***超市（浦上店）	苋菜	氟虫腈	0.0038	0.1203	可以接受
18	20150714-350100-FJCIQ-CU-08A	***超市（浦上店）	黄瓜	克百威	0.0189	0.1197	可以接受
19	20160108-350100-FJCIQ-CU-04A	***超市（长乐路店）	黄瓜	克百威	0.0189	0.1197	可以接受
20	20160115-350100-FJCIQ-TO-07A	***超市（顺峰社区店）	番茄	克百威	0.0187	0.1184	可以接受
21	20160105-350100-FJCIQ-CU-01A	***超市（东大路店）	黄瓜	克百威	0.018	0.1140	可以接受
22	20160110-350100-FJCIQ-LJ-05A	***超市（福州万象店）	辣椒	克百威	0.0176	0.1115	可以接受
23	20150921-350100-FJCIQ-XL-02A	***超市（东大路店）	青花菜	甲拌磷	0.0119	0.1077	可以接受
24	20160106-350100-FJCIQ-SN-02A	***超市（浦上店）	樱桃番茄	克百威	0.0159	0.1007	可以接受

续表

序号	样品编号	采样点	基质	农药	含量（mg/kg）	IFS$_c$	影响程度
25	20160118-350100-FJCIQ-SN-09A	***超市（国棉店）	樱桃番茄	硫丹	0.0744	0.0785	没有影响
26	20160114-350100-FJCIQ-SP-06A	***超市（宝龙广场店）	甘薯	克百威	0.0119	0.0754	没有影响
27	20150709-350100-FJCIQ-CE-04A	***超市（福州万象店）	芹菜	甲拌磷	0.008	0.0724	没有影响
28	20160108-350100-FJCIQ-EP-04A	***超市（长乐路店）	茄子	克百威	0.0111	0.0703	没有影响
29	20150709-350100-FJCIQ-SG-05A	***超市（黎明店）	丝瓜	硫丹	0.0603	0.0637	没有影响
30	20150710-350100-FJCIQ-LJ-06A	***购物广场（金山大道店）	辣椒	克百威	0.0094	0.0595	没有影响
31	20150709-350100-FJCIQ-PE-04A	***超市（福州万象店）	梨	硫丹	0.0456	0.0481	没有影响
32	20150924-350100-FJCIQ-EP-04A	***超市	茄子	克百威	0.0072	0.0456	没有影响
33	20160110-350100-FJCIQ-SN-05A	***超市（福州万象店）	樱桃番茄	硫丹	0.0419	0.0442	没有影响
34	20150708-350100-FJCIQ-DJ-02A	***超市（东大路店）	菜豆	水胺硫磷	0.0193	0.0407	没有影响
35	20160105-350100-FJCIQ-SN-01A	***超市（东大路店）	樱桃番茄	硫丹	0.036	0.0380	没有影响
36	20160106-350100-FJCIQ-ST-02A	***超市（浦上店）	草莓	硫丹	0.0338	0.0357	没有影响
37	20150916-350100-FJCIQ-CE-01A	***超市（国棉店）	芹菜	克百威	0.005	0.0317	没有影响
38	20150714-350100-FJCIQ-EP-08A	***超市（浦上店）	茄子	硫丹	0.0273	0.0288	没有影响
39	20150708-350100-FJCIQ-AM-02A	***超市（东大路店）	苋菜	甲拌磷	0.0031	0.0280	没有影响
40	20150713-350100-FJCIQ-NM-07A	***超市（长乐路店）	柠檬	水胺硫磷	0.0115	0.0243	没有影响
41	20150708-350100-FJCIQ-CE-02A	***超市（东大路店）	芹菜	克百威	0.0037	0.0234	没有影响
42	20150708-350100-FJCIQ-HU-02A	***超市（东大路店）	胡萝卜	甲拌磷	0.0024	0.0217	没有影响
43	20150929-350100-FJCIQ-CU-07A	***超市（宝龙广场店）	黄瓜	克百威	0.0031	0.0196	没有影响
44	20150921-350100-FJCIQ-EP-02A	***超市（东大路店）	茄子	水胺硫磷	0.008	0.0169	没有影响
45	20150709-350100-FJCIQ-KG-05A	***超市（黎明店）	苦瓜	硫丹	0.0126	0.0133	没有影响
46	20150709-350100-FJCIQ-HU-03A	***超市（宝龙广场店）	胡萝卜	甲拌磷	0.0014	0.0127	没有影响
47	20160114-350100-FJCIQ-SN-06A	***超市（宝龙广场店）	樱桃番茄	硫丹	0.0114	0.0120	没有影响
48	20150709-350100-FJCIQ-NM-05A	***超市（黎明店）	柠檬	水胺硫磷	0.0055	0.0116	没有影响

续表

序号	样品编号	采样点	基质	农药	含量（mg/kg）	IFS$_c$	影响程度
49	20160107-350100-FJCIQ-SN-03A	***购物广场（金山大道店）	樱桃番茄	硫丹	0.0098	0.0103	没有影响
50	20150929-350100-FJCIQ-EP-07A	***超市（宝龙广场店）	茄子	水胺硫磷	0.0048	0.0101	没有影响
51	20150924-350100-FJCIQ-EP-04A	***超市	茄子	水胺硫磷	0.0045	0.0095	没有影响
52	20150710-350100-FJCIQ-HU-06A	***购物广场（金山大道店）	胡萝卜	甲拌磷	0.001	0.0090	没有影响
53	20150709-350100-FJCIQ-YT-03A	***超市（宝龙广场店）	杨桃	水胺硫磷	0.004	0.0084	没有影响
54	20151026-350100-FJCIQ-EP-08A	***超市（福州万象店）	茄子	水胺硫磷	0.0038	0.0080	没有影响
55	20150916-350100-FJCIQ-CU-01A	***超市（国棉店）	黄瓜	硫丹	0.0057	0.0060	没有影响
56	20150709-350100-FJCIQ-PH-05A	***超市（黎明店）	桃	氰戊菊酯	0.0187	0.0059	没有影响
57	20150928-350100-FJCIQ-KG-06A	***超市（浦上店）	苦瓜	硫丹	0.0053	0.0056	没有影响
58	20150709-350100-FJCIQ-JC-04A	***超市（福州万象店）	韭菜	硫丹	0.0044	0.0046	没有影响
59	20151026-350100-FJCIQ-SP-08A	***超市（福州万象店）	甘薯	水胺硫磷	0.0021	0.0044	没有影响
60	20150916-350100-FJCIQ-HU-01A	***超市（国棉店）	胡萝卜	水胺硫磷	0.002	0.0042	没有影响
61	20150928-350100-FJCIQ-EP-06A	***超市（浦上店）	茄子	水胺硫磷	0.0018	0.0038	没有影响
62	20150713-350100-FJCIQ-CU-07A	***超市（长乐路店）	黄瓜	硫丹	0.0035	0.0037	没有影响
63	20151026-350100-FJCIQ-XH-08A	***超市（福州万象店）	西葫芦	硫丹	0.0034	0.0036	没有影响
64	20151027-350100-FJCIQ-HL-09A	***超市	火龙果	水胺硫磷	0.0015	0.0032	没有影响
65	20150714-350100-FJCIQ-CU-08A	***超市（浦上店）	黄瓜	硫丹	0.0029	0.0031	没有影响
66	20150709-350100-FJCIQ-CU-05A	***超市（黎明店）	黄瓜	硫丹	0.0026	0.0027	没有影响
67	20151027-350100-FJCIQ-LZ-09A	***超市	李子	氰戊菊酯	0.0083	0.0026	没有影响
68	20150929-350100-FJCIQ-KG-07A	***超市（宝龙广场店）	苦瓜	硫丹	0.0024	0.0025	没有影响
69	20150709-350100-FJCIQ-LI-03A	***超市（宝龙广场店）	荔枝	水胺硫磷	0.0011	0.0023	没有影响
70	20150714-350100-FJCIQ-AP-08A	***超市（浦上店）	苹果	硫丹	0.0022	0.0023	没有影响
71	20150928-350100-FJCIQ-CU-06A	***超市（浦上店）	黄瓜	硫丹	0.0021	0.0022	没有影响
72	20150929-350100-FJCIQ-CU-07A	***超市（宝龙广场店）	黄瓜	硫丹	0.0021	0.0022	没有影响

续表

序号	样品编号	采样点	基质	农药	含量（mg/kg）	IFS$_c$	影响程度
73	20150709-350100-FJCIQ-AP-05A	***超市（黎明店）	苹果	水胺硫磷	0.001	0.0021	没有影响
74	20150709-350100-FJCIQ-JC-03A	***超市（宝龙广场店）	韭菜	硫丹	0.0016	0.0017	没有影响
75	20150715-350100-FJCIQ-KG-09A	***超市	苦瓜	硫丹	0.0016	0.0017	没有影响
76	20150714-350100-FJCIQ-JC-08A	***超市（浦上店）	韭菜	硫丹	0.0015	0.0016	没有影响
77	20150923-350100-FJCIQ-AP-03A	***超市（长乐路店）	苹果	氰戊菊酯	0.0031	0.0010	没有影响
78	20150708-350100-FJCIQ-TH-02A	***超市（东大路店）	茼蒿	除草醚	0.002	—	—

此外，本次侦测发现部分样品中非禁用农药残留量超过了 MRL 中国国家标准和欧盟标准，为了明确超标的非禁用农药对样品安全的影响，分析了非禁用农药残留超标的样品安全指数。

水果蔬菜残留量超过 MRL 中国国家标准的非禁用农药对水果蔬菜样品安全的影响程度频次分布情况如图 4-6 所示。可以看出检出超过 MRL 中国国家标准的非禁用农药共 2 频次，其中农药残留对样品安全的影响可以接受的频次为 1，占 50%；农药残留对样品安全没有影响的频次为 1，占 50%。表 4-7 为水果蔬菜样品中侦测出的非禁用农药残留安全指数表。

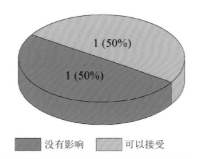

■ 没有影响　　□ 可以接受

图 4-6　残留超标的非禁用农药对水果蔬菜样品安全的影响程度频次分布图（MRL 中国国家标准）

表 4-7　水果蔬菜样品中侦测出的非禁用农药残留安全指数表（MRL 中国国家标准）

序号	样品编号	采样点	基质	农药	含量（mg/kg）	中国国家标准	IFS$_c$	影响程度
1	20150709-350100-FJCIQ-CU-03A	***超市（宝龙广场店）	黄瓜	哒螨灵	0.14	0.1	0.0887	没有影响
2	20150709-350100-FJCIQ-CE-04A	***超市（福州万象店）	芹菜	毒死蜱	0.1788	0.05	0.1132	可以接受

残留量超过 MRL 欧盟标准的非禁用农药对水果蔬菜样品安全的影响程度频次分布

情况如图 4-7 所示。可以看出超过 MRL 欧盟标准的非禁用农药共 332 频次，其中农药没有 ADI 标准的频次为 137，占 41.27%；农药残留对样品安全不可接受的频次为 1，占 0.30%；农药残留对样品安全的影响可以接受的频次为 11，占 3.31%；农药残留对样品安全没有影响的频次为 183，占 55.12%。表 4-8 为水果蔬菜样品中不可接受的残留超标非禁用农药安全指数列表。

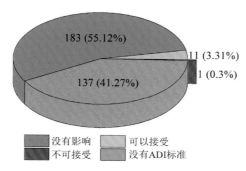

图 4-7　残留超标的非禁用农药对水果蔬菜样品安全的影响程度频次分布图（MRL 欧盟标准）

表 4-8　对水果蔬菜样品中不可接受的残留超标非禁用农药安全指数列表（**MRL 欧盟标准**）

序号	样品编号	采样点	基质	农药	含量（mg/kg）	欧盟标准	IFS$_c$
1	20150709-350100-FJCIQ-LZ-03A	***超市（宝龙广场店）	李子	三唑磷	0.4099	0.01	2.5960

　　在 678 例样品中，212 例样品未侦测出农药残留，466 例样品中侦测出农药残留，计算每例有农药检出样品的 $\overline{IFS}$ 值，进而分析样品的安全状态，结果如图 4-8 所示（未侦测农药的样品安全状态视为很好）。可以看出，2.36% 的样品安全状态可以接受；83.92% 的样品安全状态很好。每个月份内的样品安全状态均在很好和可以接受的范围内。表 4-9 为水果蔬菜安全指数排名前 10 的样品列表。

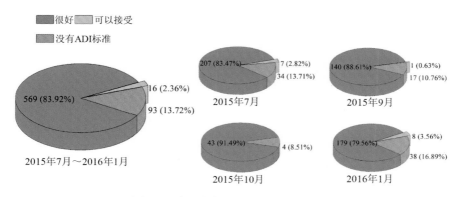

图 4-8　水果蔬菜样品安全状态分布图

表 4-9　水果蔬菜安全指数排名前 10 的样品列表

序号	样品编号	采样点	基质	$\overline{IFS}$	安全状态
1	20150709-350100-FJCIQ-LZ-03A	***超市（宝龙广场店）	李子	0.5433	可以接受
2	20160110-350100-FJCIQ-EP-05A	***超市（福州万象店）	茄子	0.4845	可以接受
3	20150709-350100-FJCIQ-NM-03A	***超市（宝龙广场店）	柠檬	0.3817	可以接受
4	20150709-350100-FJCIQ-CE-04A	***超市（福州万象店）	芹菜	0.2322	可以接受
5	20160117-350100-FJCIQ-EP-08A	***超市	茄子	0.2261	可以接受
6	20160118-350100-FJCIQ-LE-09A	***超市（国棉店）	生菜	0.1712	可以接受
7	20160107-350100-FJCIQ-ST-03A	***购物广场（金山大道店）	草莓	0.1489	可以接受
8	20150708-350100-FJCIQ-DJ-02A	***超市（东大路店）	菜豆	0.1470	可以接受
9	20160108-350100-FJCIQ-LJ-04A	***超市（长乐路店）	辣椒	0.1359	可以接受
10	20150714-350100-FJCIQ-AM-08A	***超市（浦上店）	苋菜	0.1326	可以接受

4.2.2　单种水果蔬菜中农药残留安全指数分析

本次 63 种水果蔬菜侦测 112 种农药，检出频次为 1116 次，其中 46 种农药没有 ADI 标准，66 种农药存在 ADI 标准。洋葱、金针菇、山竹 3 种水果蔬菜未侦测出任何农药，4 种水果蔬菜侦测出农药残留全部没有 ADI 标准，对其他的 56 种水果蔬菜按不同种类分别计算检出的具有 ADI 标准的各种农药的 IFS_c 值，农药残留对水果蔬菜的安全指数分布图如图 4-9 所示。

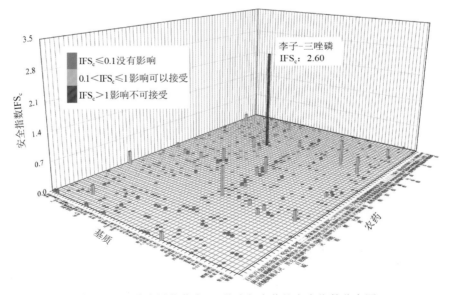

图 4-9　56 种水果蔬菜中 66 种残留农药的安全指数分布图

分析发现 1 种水果蔬菜（李子）中的三唑磷残留对食品安全影响不可接受，如表 4-10 所示。

表 4-10　单种水果蔬菜中安全影响不可接受的残留农药安全指数表

序号	基质	农药	检出频次	检出率（%）	IFS>1 的频次	IFS>1 的比例（%）	IFS$_c$
1	李子	三唑磷	1	3.85	1	3.85	2.5960

本次侦测中，60 种水果蔬菜和 112 种农药残留（包括没有 ADI 标准）共涉及 553 个分析样本，农药对单种水果蔬菜安全的影响程度分布情况如图 4-10 所示。可以看出，68.54%的样本中农药对水果蔬菜安全没有影响，4.52%的样本中农药对水果蔬菜安全的影响可以接受，0.18%的样本中农药对水果蔬菜安全的影响不可接受。

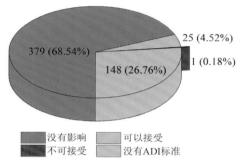

图 4-10　553 个分析样本的影响程度频次分布图

此外，分别计算 56 种水果蔬菜中所有检出农药 IFS$_c$ 的平均值 $\overline{\text{IFS}}$，分析每种水果蔬菜的安全状态，结果如图 4-11 所示，分析发现，2 种水果蔬菜（3.57%）的安全状态可以接受，54 种（96.43%）水果蔬菜的安全状态很好。

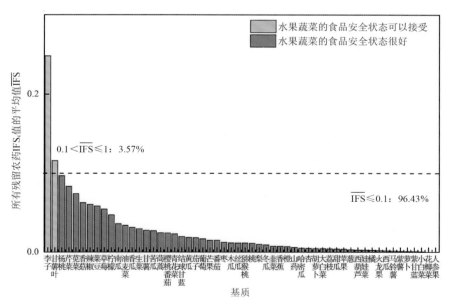

图 4-11　56 种水果蔬菜的 IFS 值和安全状态统计图

　　对每个月内每种水果蔬菜中农药的 IFS$_c$ 进行分析，并计算每月内每种水果蔬菜的 $\overline{\text{IFS}}$ 值，以评价每种水果蔬菜的安全状态，结果如图 4-12 所示，可以看出，该月份每种其他各个月份的所有水果蔬菜的安全状态均处于很好和可以接受的范围内，各月份内单种水果蔬菜安全状态统计情况如图 4-13 所示。

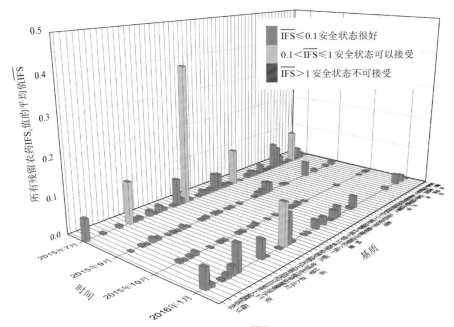

图 4-12　各月内每种水果蔬菜的 $\overline{\text{IFS}}$ 值与安全状态分布图

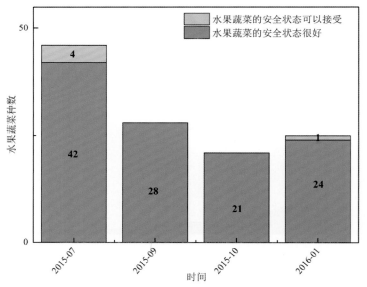

图 4-13　各月份内单种水果蔬菜安全状态统计图

4.2.3　所有水果蔬菜中农药残留安全指数分析

计算所有水果蔬菜中 66 种农药的 $\overline{IFS_c}$ 值，结果如图 4-14 及表 4-11 所示。

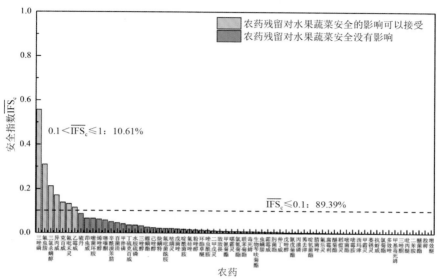

图 4-14　66 种残留农药对水果蔬菜的安全影响程度统计图

分析发现，所有农药的 $\overline{IFS_c}$ 均小于 1，说明所有农药对水果蔬菜安全的影响均在没有影响和可以接受的范围内，其中 10.61%的农药对水果蔬菜安全的影响可以接受，89.39%的农药对水果蔬菜安全没有影响。

表 4-11　水果蔬菜中 66 种农药残留的安全指数表

序号	农药	检出频次	检出率（%）	$\overline{IFS_c}$	影响程度	序号	农药	检出频次	检出率（%）	$\overline{IFS_c}$	影响程度
1	三唑磷	6	0.54	0.5569	可以接受	15	甲拌磷	6	0.54	0.0419	没有影响
2	氟虫腈	5	0.45	0.3097	可以接受	16	丁硫克百威	15	1.34	0.0359	没有影响
3	三氯杀螨醇	2	0.18	0.2128	可以接受	17	水胺硫磷	15	1.34	0.0354	没有影响
4	异丙威	3	0.27	0.1697	可以接受	18	三唑醇	2	0.18	0.0322	没有影响
5	克百威	18	1.61	0.1370	可以接受	19	螺螨酯	7	0.63	0.0274	没有影响
6	氟吡禾灵	2	0.18	0.1312	可以接受	20	己唑醇	4	0.36	0.0242	没有影响
7	乙霉威	6	0.54	0.1150	可以接受	21	炔螨特	5	0.45	0.0219	没有影响
8	硫丹	30	2.69	0.0859	没有影响	22	氟吡菌酰胺	13	1.16	0.0217	没有影响
9	茚虫威	2	0.18	0.0660	没有影响	23	哒螨灵	36	3.23	0.0213	没有影响
10	嘧菌环胺	1	0.09	0.0659	没有影响	24	戊菌唑	2	0.18	0.0196	没有影响
11	烯唑醇	4	0.36	0.0618	没有影响	25	啶酰菌胺	15	1.34	0.0183	没有影响
12	噻嗪酮	14	1.25	0.0579	没有影响	26	氟硅唑	23	2.06	0.0167	没有影响
13	辛酰溴苯腈	9	0.81	0.0509	没有影响	27	粉唑醇	3	0.27	0.0160	没有影响
14	百菌清	20	1.79	0.0464	没有影响	28	环酯草醚	7	0.63	0.0145	没有影响

续表

序号	农药	检出频次	检出率（%）	$\overline{IFS_c}$	影响程度	序号	农药	检出频次	检出率（%）	$\overline{IFS_c}$	影响程度
29	唑虫酰胺	9	0.81	0.0139	没有影响	48	腐霉利	76	0.45	0.0020	没有影响
30	二甲戊灵	4	0.36	0.0115	没有影响	49	醚菊酯	32	6.81	0.0019	没有影响
31	敌敌畏	2	0.18	0.0105	没有影响	50	稻瘟灵	3	2.87	0.0018	没有影响
32	甲氰菊酯	5	0.45	0.0095	没有影响	51	嘧菌酯	15	0.27	0.0015	没有影响
33	噁霜灵	3	0.27	0.0094	没有影响	52	嘧霉胺	35	1.34	0.0015	没有影响
34	联苯菊酯	22	0.54	0.0080	没有影响	53	西玛津	1	3.14	0.0013	没有影响
35	毒死蜱	83	1.97	0.0078	没有影响	54	甲霜灵	53	0.09	0.0012	没有影响
36	生物苄呋菊酯	23	7.44	0.0076	没有影响	55	萎锈灵	2	4.75	0.0012	没有影响
37	虫螨腈	13	2.06	0.0069	没有影响	56	抗蚜威	1	0.18	0.0011	没有影响
38	霜霉威	7	1.16	0.0061	没有影响	57	氯菊酯	1	0.09	0.0009	没有影响
39	肟菌酯	5	0.63	0.0057	没有影响	58	多效唑	6	0.09	0.0009	没有影响
40	仲丁威	50	0.45	0.0050	没有影响	59	甲基毒死蜱	1	0.54	0.0007	没有影响
41	戊唑醇	42	4.48	0.0036	没有影响	60	三唑酮	4	0.09	0.0006	没有影响
42	氰戊菊酯	3	3.76	0.0032	没有影响	61	吡丙醚	2	0.36	0.0004	没有影响
43	丙溴磷	7	0.27	0.0031	没有影响	62	二苯胺	1	0.18	0.0003	没有影响
44	莠去津	2	0.63	0.0029	没有影响	63	醚菌酯	5	0.09	0.0001	没有影响
45	啶氧菌酯	1	0.18	0.0028	没有影响	64	敌稗	1	0.45	0.0001	没有影响
46	腈菌唑	13	0.09	0.0027	没有影响	65	增效醚	1	0.09	0.0001	没有影响
47	氟乐灵	5	1.16	0.0027	没有影响	66	氯氰菊酯	6	0.09	0.0093	没有影响

　　对每个月内所有水果蔬菜中残留农药的$\overline{IFS_c}$进行分析，结果如图 4-15 所示。分析发现，各个月所有农药对水果蔬菜安全的影响均处于没有影响和可以接受的范围内，每月内不同农药对水果蔬菜安全影响程度的统计如图 4-16 所示。

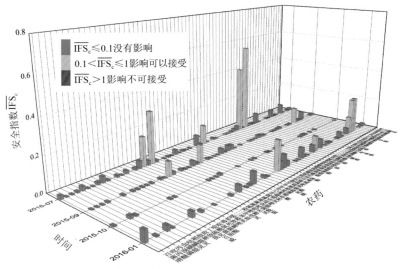

图 4-15　各月份内水果蔬菜中每种残留农药的安全指数分布图

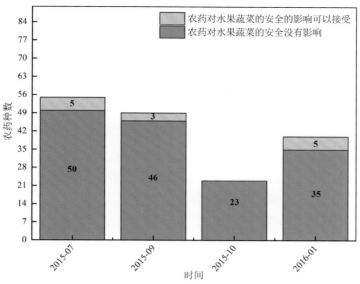

图 4-16　各月份内农药对水果蔬菜安全影响程度的统计图

计算每个月内水果蔬菜的 $\overline{IFS}$，以分析每月内水果蔬菜的安全状态，结果如图 4-17 所示，可以看出，每个月份的水果蔬菜安全状态均处于很好的范围内。

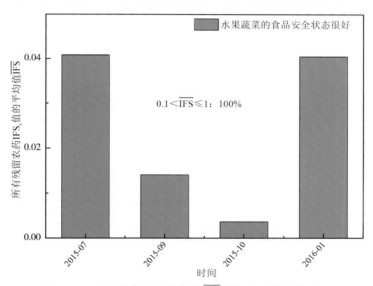

图 4-17　各月份内水果蔬菜的 $\overline{IFS}$ 值与安全状态统计图

4.3　GC-Q-TOF/MS 侦测福州市市售水果蔬菜农药残留预警风险评估

基于福州市水果蔬菜样品中农药残留 GC-Q-TOF/MS 侦测数据，分析禁用农药的检出率，同时参照中华人民共和国国家标准 GB 2763—2016 和欧盟农药最大残留限量（MRL）标准分析非禁用农药残留的超标率，并计算农药残留风险系数。分析单种水果蔬菜中农药残留以及所有水果蔬菜中农药残留的风险程度。

4.3.1　单种水果蔬菜中农药残留风险系数分析

4.3.1.1　单种水果蔬菜中禁用农药残留风险系数分析

侦测出的 112 种残留农药中有 7 种为禁用农药，且它们分布在 14 种水果蔬菜中，计算 14 种水果蔬菜中禁用农药的超标率，根据超标率计算风险系数 R，进而分析水果蔬菜中禁用农药的风险程度，结果如图 4-18 与表 4-12 所示。分析发现 7 种禁用农药在 14 种水果蔬菜中的残留处均于高度风险。

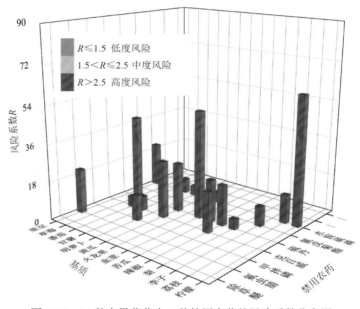

图 4-18　14 种水果蔬菜中 7 种禁用农药的风险系数分布图

表 4-12　14 种水果蔬菜中 7 种禁用农药的风险系数列表

序号	基质	农药	检出频次	检出率（%）	风险系数 R	风险程度
1	茼蒿	氟虫腈	1	100	101.10	高度风险
2	茼蒿	除草醚	1	100	101.10	高度风险
3	芹菜	硫丹	3	75.00	76.10	高度风险
4	柠檬	水胺硫磷	3	60.00	61.10	高度风险
5	韭菜	硫丹	3	50.00	51.10	高度风险
6	芹菜	克百威	2	50.00	51.10	高度风险
7	杨桃	水胺硫磷	1	50.00	51.10	高度风险
8	油麦菜	氟虫腈	1	50.00	51.10	高度风险

续表

序号	基质	农药	检出频次	检出率（%）	风险系数 R	风险程度
9	草莓	硫丹	2	40.00	41.10	高度风险
10	西葫芦	硫丹	1	33.33	34.43	高度风险
11	樱桃番茄	硫丹	5	26.32	27.42	高度风险
12	黄瓜	克百威	7	25.93	27.03	高度风险
13	芹菜	氟虫腈	1	25.00	26.10	高度风险
14	芹菜	甲拌磷	1	25.00	26.10	高度风险
15	黄瓜	硫丹	6	22.22	23.32	高度风险
16	茄子	水胺硫磷	5	21.74	22.84	高度风险
17	菜豆	氟虫腈	1	20.00	21.10	高度风险
18	菜豆	水胺硫磷	1	20.00	21.10	高度风险
19	苋菜	氟虫腈	1	20.00	21.10	高度风险
20	苋菜	甲拌磷	1	20.00	21.10	高度风险
21	苦瓜	硫丹	4	19.05	20.15	高度风险
22	辣椒	克百威	2	18.18	19.28	高度风险
23	辣椒	硫丹	2	18.18	19.28	高度风险
24	茄子	克百威	4	17.39	18.49	高度风险
25	荔枝	水胺硫磷	1	12.50	13.60	高度风险
26	胡萝卜	甲拌磷	3	11.11	12.21	高度风险
27	李子	氰戊菊酯	1	8.33	9.43	高度风险
28	桃	氰戊菊酯	1	6.67	7.77	高度风险
29	丝瓜	硫丹	1	6.25	7.35	高度风险
30	甘薯	克百威	1	5.88	6.98	高度风险
31	甘薯	水胺硫磷	1	5.88	6.98	高度风险
32	青花菜	甲拌磷	1	5.26	6.36	高度风险
33	樱桃番茄	克百威	1	5.26	6.36	高度风险
34	茄子	硫丹	1	4.35	5.45	高度风险
35	番茄	克百威	1	4.17	5.27	高度风险
36	火龙果	水胺硫磷	1	3.85	4.95	高度风险
37	梨	硫丹	1	3.85	4.95	高度风险
38	胡萝卜	水胺硫磷	1	3.70	4.80	高度风险
39	苹果	氰戊菊酯	1	3.70	4.80	高度风险
40	苹果	水胺硫磷	1	3.70	4.80	高度风险
41	苹果	硫丹	1	3.70	4.80	高度风险

4.3.1.2　基于 MRL 中国国家标准的单种水果蔬菜中非禁用农药残留风险系数分析

参照中华人民共和国国家标准 GB 2763—2016 中农药残留限量计算每种水果蔬菜中每种非禁用农药的超标率，进而计算其风险系数，根据风险系数大小判断残留农药的预警风险程度，水果蔬菜中非禁用农药残留风险程度分布情况如图 4-19 所示。

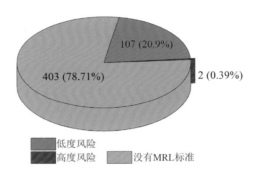

图 4-19　水果蔬菜中非禁用农药风险程度的频次分布图（MRL 中国国家标准）

本次分析中，发现在 60 种水果蔬菜检出 105 种残留非禁用农药，涉及样本 512 个，在 512 个样本中，0.39% 处于高度风险，20.9% 处于低度风险，此外发现有 403 个样本没有 MRL 中国国家标准值，无法判断其风险程度，有 MRL 中国国家标准值的 109 个样本涉及 29 种水果蔬菜中的 38 种非禁用农药，其风险系数 R 值如图 4-20 所示。表 4-13 为非禁用农药残留处于高度风险的水果蔬菜列表。

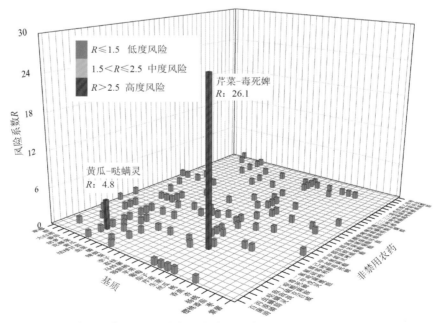

图 4-20　29 种水果蔬菜中 38 种非禁用农药的风险系数分布图（MRL 中国国家标准）

表 4-13　单种水果蔬菜中处于高度风险的非禁用农药风险系数表（MRL 中国国家标准）

序号	基质	农药	超标频次	超标率 P（%）	风险系数 R
1	芹菜	毒死蜱	1	25.00	26.10
2	黄瓜	哒螨灵	1	3.70	4.80

4.3.1.3　基于 MRL 欧盟标准的单种水果蔬菜中非禁用农药残留风险系数分析

参照 MRL 欧盟标准计算每种水果蔬菜中每种非禁用农药的超标率，进而计算其风险系数，根据风险系数大小判断农药残留的预警风险程度，水果蔬菜中非禁用农药残留风险程度分布情况如图 4-21 所示。

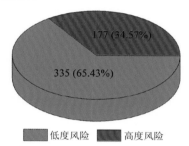

图 4-21　水果蔬菜中非禁用农药的风险程度的频次分布图（MRL 欧盟标准）

本次分析中，发现在 60 种水果蔬菜中共侦测出 105 种非禁用农药，涉及样本 512 个，其中，34.57% 处于高度风险，涉及 51 种水果蔬菜和 58 种农药；65.43% 处于低度风险，涉及 56 种水果蔬菜和 80 种农药。单种水果蔬菜中的非禁用农药风险系数分布图如图 4-22 所示。单种水果蔬菜中处于高度风险的非禁用农药风险系数如图 4-23 和表 4-14 所示。

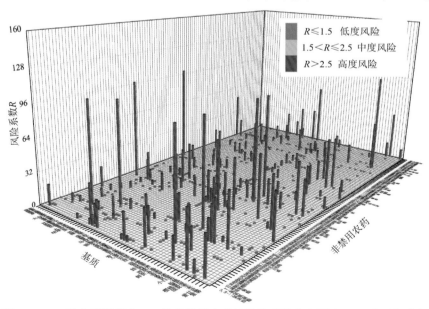

图 4-22　60 种水果蔬菜中 105 种非禁用农药的风险系数分布图（MRL 欧盟标准）

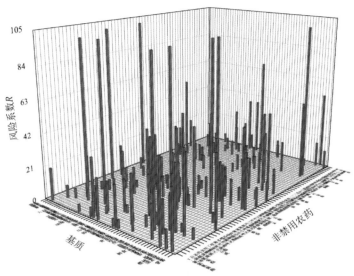

图 4-23　单种水果蔬菜中处于高度风险的非禁用农药的风险系数分布图（MRL 欧盟标准）

表 4-14　单种水果蔬菜中处于高度风险的非禁用农药的风险系数表（**MRL 欧盟标准**）

序号	基质	农药	超标频次	超标率 P（%）	风险系数 R
1	菠萝	灭除威	1	100	101.10
2	草莓	腐霉利	5	100	101.10
3	甘薯叶	哒螨灵	1	100	101.10
4	结球甘蓝	丁硫克百威	1	100	101.10
5	茼蒿	多效唑	1	100	101.10
6	茼蒿	磷酸三苯酯	1	100	101.10
7	茼蒿	虫螨腈	1	100	101.10
8	茼蒿	间羟基联苯	1	100	101.10
9	油麦菜	烯唑醇	2	100	101.10
10	甜瓜	解草腈	3	75.00	76.10
11	猕猴桃	仲丁威	16	66.67	67.77
12	香瓜	腐霉利	3	60.00	61.10
13	菠菜	烯虫酯	1	50.00	51.10
14	木瓜	解草腈	2	50.00	51.10
15	生菜	氟硅唑	3	50.00	51.10
16	甜瓜	腐霉利	2	50.00	51.10
17	杏	γ-氟氯氰菌酯	1	50.00	51.10
18	杏	炔螨特	1	50.00	51.10
19	杨桃	丁硫克百威	1	50.00	51.10

序号	基质	农药	超标频次	超标率 P（%）	风险系数 R
20	杨桃	三氯杀螨醇	1	50.00	51.10
21	油麦菜	唑虫酰胺	1	50.00	51.10
22	油麦菜	氟硅唑	1	50.00	51.10
23	油麦菜	烯虫酯	1	50.00	51.10
24	油麦菜	解草腈	1	50.00	51.10
25	紫薯	呋菌胺	4	44.44	45.54
26	香瓜	丁硫克百威	2	40.00	41.10
27	马铃薯	仲丁威	7	36.84	37.94
28	辣椒	仲丁威	4	36.36	37.46
29	辣椒	腐霉利	4	36.36	37.46
30	枣	γ-氟氯氰菌酯	6	35.29	36.39
31	枣	解草腈	6	35.29	36.39
32	哈密瓜	解草腈	1	33.33	34.43
33	韭菜	甲氰菊酯	2	33.33	34.43
34	韭菜	苯醚氰菊酯	2	33.33	34.43
35	生菜	百菌清	2	33.33	34.43
36	生菜	腐霉利	2	33.33	34.43
37	香菇	丁硫克百威	1	33.33	34.43
38	香菇	杀螺吗啉	1	33.33	34.43
39	樱桃番茄	腐霉利	6	31.58	32.68
40	葡萄	腐霉利	6	30.00	31.10
41	香蕉	棉铃威	7	28.00	29.10
42	黄瓜	仲丁威	7	25.93	27.03
43	李子	γ-氟氯氰菌酯	3	25.00	26.10
44	木瓜	烯虫酯	1	25.00	26.10
45	葡萄	γ-氟氯氰菌酯	5	25.00	26.10
46	芹菜	丙溴磷	1	25.00	26.10
47	芹菜	多效唑	1	25.00	26.10
48	芹菜	毒死蜱	1	25.00	26.10
49	芹菜	腐霉利	1	25.00	26.10
50	甜瓜	丁硫克百威	1	25.00	26.10
51	鲜食玉米	解草腈	1	25.00	26.10
52	甘薯	醚菊酯	4	23.53	24.63

续表

序号	基质	农药	超标频次	超标率 P（%）	风险系数 R
53	梨	生物苄呋菊酯	6	23.08	24.18
54	胡萝卜	烯虫炔酯	6	22.22	23.32
55	橙	杀螨酯	3	21.43	22.53
56	番茄	腐霉利	5	20.83	21.93
57	菜豆	γ-氟氯氰菌酯	1	20.00	21.10
58	菜豆	噁霜灵	1	20.00	21.10
59	菜豆	烯虫酯	1	20.00	21.10
60	草莓	甲醚菊酯	1	20.00	21.10
61	葱	生物苄呋菊酯	1	20.00	21.10
62	芒果	丁硫克百威	1	20.00	21.10
63	苋菜	丁硫克百威	1	20.00	21.10
64	苋菜	三唑磷	1	20.00	21.10
65	苋菜	炔丙菊酯	1	20.00	21.10
66	苋菜	烯虫酯	1	20.00	21.10
67	苋菜	百菌清	1	20.00	21.10
68	苋菜	虫螨腈	1	20.00	21.10
69	橘	仲丁威	2	18.18	19.28
70	辣椒	百菌清	2	18.18	19.28
71	辣椒	虫螨腈	2	18.18	19.28
72	韭菜	抑芽唑	1	16.67	17.77
73	韭菜	氟硅唑	1	16.67	17.77
74	韭菜	解草腈	1	16.67	17.77
75	山药	生物苄呋菊酯	2	16.67	17.77
76	生菜	烯虫酯	1	16.67	17.77
77	香蕉	解草腈	4	16.00	17.10
78	大白菜	棉铃威	3	15.79	16.89
79	樱桃番茄	仲丁威	3	15.79	16.89
80	胡萝卜	炔丙菊酯	4	14.81	15.91
81	苦瓜	腐霉利	3	14.29	15.39
82	茄子	腐霉利	3	13.04	14.14
83	猕猴桃	腐霉利	3	12.50	13.60
84	丝瓜	解草腈	2	12.50	13.60
85	西瓜	猛杀威	1	12.50	13.60

续表

序号	基质	农药	超标频次	超标率 P（%）	风险系数 R
86	枣	炔螨特	2	11.76	12.86
87	火龙果	棉铃威	3	11.54	12.64
88	胡萝卜	猛杀威	3	11.11	12.21
89	胡萝卜	生物苄呋菊酯	3	11.11	12.21
90	胡萝卜	萘乙酰胺	3	11.11	12.21
91	黄瓜	生物苄呋菊酯	3	11.11	12.21
92	苹果	甲醚菊酯	3	11.11	12.21
93	紫薯	仲丁威	1	11.11	12.21
94	紫薯	牧草胺	1	11.11	12.21
95	紫薯	猛杀威	1	11.11	12.21
96	青花菜	仲丁威	2	10.53	11.63
97	樱桃番茄	γ-氟氯氰菌酯	2	10.53	11.63
98	葡萄	溴丁酰草胺	2	10.00	11.10
99	葡萄	烯唑醇	2	10.00	11.10
100	葡萄	霜霉威	2	10.00	11.10
101	苦瓜	辛酰溴苯腈	2	9.52	10.62
102	橘	棉铃威	1	9.09	10.19
103	辣椒	γ-氟氯氰菌酯	1	9.09	10.19
104	辣椒	丁硫克百威	1	9.09	10.19
105	辣椒	三唑醇	1	9.09	10.19
106	辣椒	唑虫酰胺	1	9.09	10.19
107	辣椒	己唑醇	1	9.09	10.19
108	辣椒	灭除威	1	9.09	10.19
109	冬瓜	新燕灵	2	8.70	9.80
110	茄子	新燕灵	2	8.70	9.80
111	茄子	螺螨酯	2	8.70	9.80
112	番茄	丁硫克百威	2	8.33	9.43
113	番茄	环酯草醚	2	8.33	9.43
114	李子	三唑磷	1	8.33	9.43
115	李子	甲氰菊酯	1	8.33	9.43
116	猕猴桃	辛酰溴苯腈	2	8.33	9.43
117	山药	扑灭通	1	8.33	9.43
118	山药	莠去通	1	8.33	9.43

续表

序号	基质	农药	超标频次	超标率 P（%）	风险系数 R
119	山药	西玛通	1	8.33	9.43
120	香蕉	猛杀威	2	8.00	9.10
121	香蕉	生物苄呋菊酯	2	8.00	9.10
122	黄瓜	异丙威	2	7.41	8.51
123	黄瓜	虫螨腈	2	7.41	8.51
124	橙	丙溴磷	1	7.14	8.24
125	橙	猛杀威	1	7.14	8.24
126	橙	生物苄呋菊酯	1	7.14	8.24
127	花椰菜	烯虫酯	1	7.14	8.24
128	花椰菜	解草腈	1	7.14	8.24
129	花椰菜	速灭威	1	7.14	8.24
130	桃	丁硫克百威	1	6.67	7.77
131	丝瓜	腐霉利	1	6.25	7.35
132	丝瓜	虫螨腈	1	6.25	7.35
133	甘薯	仲丁威	1	5.88	6.98
134	甘薯	呋菌胺	1	5.88	6.98
135	甘薯	解草腈	1	5.88	6.98
136	枣	丁硫克百威	1	5.88	6.98
137	大白菜	噁霜灵	1	5.26	6.36
138	大白菜	烯丙菊酯	1	5.26	6.36
139	大白菜	虫螨腈	1	5.26	6.36
140	大白菜	速灭威	1	5.26	6.36
141	青花菜	解草腈	1	5.26	6.36
142	樱桃番茄	氟硅唑	1	5.26	6.36
143	樱桃番茄	灭除威	1	5.26	6.36
144	樱桃番茄	辛酰溴苯腈	1	5.26	6.36
145	葡萄	三唑醇	1	5.00	6.10
146	葡萄	己唑醇	1	5.00	6.10
147	葡萄	杀螨酯	1	5.00	6.10
148	葡萄	氟唑菌酰胺	1	5.00	6.10
149	葡萄	烯丙菊酯	1	5.00	6.10
150	葡萄	特草灵	1	5.00	6.10
151	苦瓜	γ-氟氯氰菌酯	1	4.76	5.86

续表

序号	基质	农药	超标频次	超标率 P（%）	风险系数 R
152	苦瓜	异丙威	1	4.76	5.86
153	苦瓜	生物苄呋菊酯	1	4.76	5.86
154	苦瓜	解草腈	1	4.76	5.86
155	南瓜	丁硫克百威	1	4.55	5.65
156	南瓜	解草腈	1	4.55	5.65
157	冬瓜	芬螨酯	1	4.35	5.45
158	茄子	γ-氟氯氰菌酯	1	4.35	5.45
159	茄子	炔螨特	1	4.35	5.45
160	茄子	烯虫酯	1	4.35	5.45
161	茄子	猛杀威	1	4.35	5.45
162	茄子	甲氰菊酯	1	4.35	5.45
163	茄子	虫螨腈	1	4.35	5.45
164	番茄	氟硅唑	1	4.17	5.27
165	猕猴桃	丁硫克百威	1	4.17	5.27
166	香蕉	啶氧菌酯	1	4.00	5.10
167	香蕉	茚草酮	1	4.00	5.10
168	火龙果	新燕灵	1	3.85	4.95
169	火龙果	生物苄呋菊酯	1	3.85	4.95
170	梨	丙溴磷	1	3.85	4.95
171	胡萝卜	氟乐灵	1	3.70	4.80
172	黄瓜	γ-氟氯氰菌酯	1	3.70	4.80
173	黄瓜	腐霉利	1	3.70	4.80
174	黄瓜	西玛通	1	3.70	4.80
175	苹果	γ-氟氯氰菌酯	1	3.70	4.80
176	苹果	呋线威	1	3.70	4.80
177	苹果	炔螨特	1	3.70	4.80

4.3.2　所有水果蔬菜中农药残留风险系数分析

4.3.2.1　所有水果蔬菜中禁用农药残留风险系数分析

在侦测出的 112 种农药中有 7 种为禁用农药，计算所有水果蔬菜中禁用农药的风险系数，结果如表 4-15 所示。禁用农药硫丹、克百威、水胺硫磷 3 种禁用农药处于高度风险，甲拌磷、氟虫腈和氰戊菊酯 3 种禁用农药处于中度风险，剩余 1 种禁用农药处于低度风险。

表 4-15　水果蔬菜中 7 种禁用农药的风险系数表

序号	农药	检出频次	检出率 P（%）	风险系数 R	风险程度
1	硫丹	30	4.42	5.52	高度风险
2	克百威	18	2.65	3.75	高度风险
3	水胺硫磷	15	2.21	3.31	高度风险
4	甲拌磷	6	0.88	1.98	中度风险
5	氟虫腈	5	0.74	1.84	中度风险
6	氰戊菊酯	3	0.44	1.54	中度风险
7	除草醚	1	0.15	1.25	低度风险

对每个月内的禁用农药的风险系数进行分析，结果如图 4-24 和表 4-16 所示。

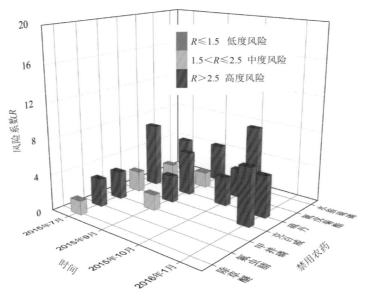

图 4-24　各月份内水果蔬菜中禁用农药残留的风险系数分布图

表 4-16　各月份内水果蔬菜中禁用农药的风险系数表

序号	年月	农药	检出频次	检出率 P（%）	风险系数 R	风险程度
1	2015 年 7 月	硫丹	15	6.05	7.15	高度风险
2	2015 年 7 月	水胺硫磷	7	2.82	3.92	高度风险
3	2015 年 7 月	氟虫腈	5	2.02	3.12	高度风险
4	2015 年 7 月	甲拌磷	5	2.02	3.12	高度风险
5	2015 年 7 月	克百威	3	1.21	2.31	中度风险
6	2015 年 7 月	除草醚	1	0.40	1.50	中度风险
7	2015 年 7 月	氰戊菊酯	1	0.40	1.50	中度风险

续表

序号	年月	农药	检出频次	检出率 P（%）	风险系数 R	风险程度
8	2015 年 9 月	硫丹	6	3.80	4.90	高度风险
9	2015 年 9 月	水胺硫磷	5	3.16	4.26	高度风险
10	2015 年 9 月	克百威	3	1.90	3.00	高度风险
11	2015 年 9 月	甲拌磷	1	0.63	1.73	中度风险
12	2015 年 9 月	氰戊菊酯	1	0.63	1.73	中度风险
13	2015 年 10 月	水胺硫磷	3	6.38	7.48	高度风险
14	2015 年 10 月	硫丹	1	2.13	3.23	高度风险
15	2015 年 10 月	氰戊菊酯	1	2.13	3.23	高度风险
16	2016 年 1 月	克百威	12	5.33	6.43	高度风险
17	2016 年 1 月	硫丹	8	3.56	4.66	高度风险

4.3.2.2 所有水果蔬菜中非禁用农药残留风险系数分析

参照 MRL 欧盟标准计算所有水果蔬菜中每种非禁用农药残留的风险系数，如图 4-25 与表 4-17 所示。在侦测出的 105 种非禁用农药中，7 种农药（6.7%）残留处于高度风险，20 种农药（19.0%）残留处于中度风险，78 种农药（74.3%）残留处于低度风险。

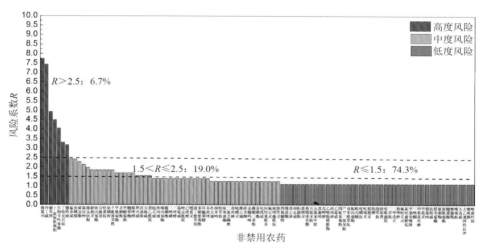

图 4-25　水果蔬菜中 105 种非禁用农药的风险程度统计图

表 4-17　水果蔬菜中 105 种非禁用农药的风险系数表

序号	农药	超标频次	超标率 P（%）	风险系数 R	风险程度
1	腐霉利	45	6.64	7.74	高度风险
2	仲丁威	43	6.34	7.44	高度风险
3	解草腈	26	3.83	4.93	高度风险

续表

序号	农药	超标频次	超标率 P（%）	风险系数 R	风险程度
4	γ-氟氯氰菌酯	23	3.39	4.49	高度风险
5	生物苄呋菊酯	20	2.95	4.05	高度风险
6	丁硫克百威	15	2.21	3.31	高度风险
7	棉铃威	14	2.06	3.16	高度风险
8	猛杀威	9	1.33	2.43	中度风险
9	虫螨腈	9	1.33	2.43	中度风险
10	烯虫酯	8	1.18	2.28	中度风险
11	氟硅唑	7	1.03	2.13	中度风险
12	烯虫炔酯	6	0.88	1.98	中度风险
13	新燕灵	5	0.74	1.84	中度风险
14	炔丙菊酯	5	0.74	1.84	中度风险
15	百菌清	5	0.74	1.84	中度风险
16	呋菌胺	5	0.74	1.84	中度风险
17	炔螨特	5	0.74	1.84	中度风险
18	辛酰溴苯腈	5	0.74	1.84	中度风险
19	甲氰菊酯	4	0.59	1.69	中度风险
20	杀螨酯	4	0.59	1.69	中度风险
21	甲醚菊酯	4	0.59	1.69	中度风险
22	醚菊酯	4	0.59	1.69	中度风险
23	烯唑醇	4	0.59	1.69	中度风险
24	异丙威	3	0.44	1.54	中度风险
25	丙溴磷	3	0.44	1.54	中度风险
26	灭除威	3	0.44	1.54	中度风险
27	萘乙酰胺	3	0.44	1.54	中度风险
28	速灭威	2	0.29	1.39	低度风险
29	西玛通	2	0.29	1.39	低度风险
30	烯丙菊酯	2	0.29	1.39	低度风险
31	螺螨酯	2	0.29	1.39	低度风险
32	三唑磷	2	0.29	1.39	低度风险
33	三唑醇	2	0.29	1.39	低度风险
34	霜霉威	2	0.29	1.39	低度风险
35	唑虫酰胺	2	0.29	1.39	低度风险
36	己唑醇	2	0.29	1.39	低度风险
37	噁霜灵	2	0.29	1.39	低度风险

续表

序号	农药	超标频次	超标率 P（%）	风险系数 R	风险程度
38	溴丁酰草胺	2	0.29	1.39	低度风险
39	苯醚氰菊酯	2	0.29	1.39	低度风险
40	环酯草醚	2	0.29	1.39	低度风险
41	多效唑	2	0.29	1.39	低度风险
42	扑灭通	1	0.15	1.25	低度风险
43	抑芽唑	1	0.15	1.25	低度风险
44	牧草胺	1	0.15	1.25	低度风险
45	啶氧菌酯	1	0.15	1.25	低度风险
46	三氯杀螨醇	1	0.15	1.25	低度风险
47	毒死蜱	1	0.15	1.25	低度风险
48	哒螨灵	1	0.15	1.25	低度风险
49	莠去通	1	0.15	1.25	低度风险
50	茚草酮	1	0.15	1.25	低度风险
51	杀螺吗啉	1	0.15	1.25	低度风险
52	磷酸三苯酯	1	0.15	1.25	低度风险
53	芬螨酯	1	0.15	1.25	低度风险
54	呋线威	1	0.15	1.25	低度风险
55	间羟基联苯	1	0.15	1.25	低度风险
56	氟乐灵	1	0.15	1.25	低度风险
57	氟唑菌酰胺	1	0.15	1.25	低度风险
58	特草灵	1	0.15	1.25	低度风险
59	四氟醚唑	0	0	1.10	低度风险
60	增效醚	0	0	1.10	低度风险
61	莠去津	0	0	1.10	低度风险
62	茚虫威	0	0	1.10	低度风险
63	肟菌酯	0	0	1.10	低度风险
64	萎锈灵	0	0	1.10	低度风险
65	异噁唑草酮	0	0	1.10	低度风险
66	五氯苯胺	0	0	1.10	低度风险
67	五氯苯甲腈	0	0	1.10	低度风险
68	戊菌唑	0	0	1.10	低度风险
69	戊唑醇	0	0	1.10	低度风险
70	乙嘧酚磺酸酯	0	0	1.10	低度风险
71	西玛津	0	0	1.10	低度风险

序号	农药	超标频次	超标率 P（%）	风险系数 R	风险程度
72	乙霉威	0	0	1.10	低度风险
73	四氟苯菊酯	0	0	1.10	低度风险
74	3,5-二氯苯胺	0	0	1.10	低度风险
75	双苯酰草胺	0	0	1.10	低度风险
76	氟丙菊酯	0	0	1.10	低度风险
77	吡丙醚	0	0	1.10	低度风险
78	吡螨胺	0	0	1.10	低度风险
79	吡喃灵	0	0	1.10	低度风险
80	稻瘟灵	0	0	1.10	低度风险
81	敌稗	0	0	1.10	低度风险
82	敌草胺	0	0	1.10	低度风险
83	敌敌畏	0	0	1.10	低度风险
84	啶酰菌胺	0	0	1.10	低度风险
85	二苯胺	0	0	1.10	低度风险
86	二甲戊灵	0	0	1.10	低度风险
87	粉唑醇	0	0	1.10	低度风险
88	氟吡禾灵	0	0	1.10	低度风险
89	氟吡菌酰胺	0	0	1.10	低度风险
90	甲基苯噻隆	0	0	1.10	低度风险
91	三唑酮	0	0	1.10	低度风险
92	甲基毒死蜱	0	0	1.10	低度风险
93	甲霜灵	0	0	1.10	低度风险
94	腈菌唑	0	0	1.10	低度风险
95	抗蚜威	0	0	1.10	低度风险
96	联苯菊酯	0	0	1.10	低度风险
97	氯菊酯	0	0	1.10	低度风险
98	氯氰菊酯	0	0	1.10	低度风险
99	醚菌酯	0	0	1.10	低度风险
100	嘧菌酯	0	0	1.10	低度风险
101	嘧霉胺	0	0	1.10	低度风险
102	灭害威	0	0	1.10	低度风险
103	去乙基阿特拉津	0	0	1.10	低度风险
104	噻嗪酮	0	0	1.10	低度风险
105	嘧菌环胺	0	0	1.10	低度风险

　　对每个月份内的非禁用农药的风险系数分析，每月内非禁用农药风险程度分布图如图 4-26 所示。4 个月份内处于高度风险的农药数排序为 2015 年 10 月（11）＞2015 年 7 月（10）=2016 年 1 月（10）＞2015 年 9 月（7）。

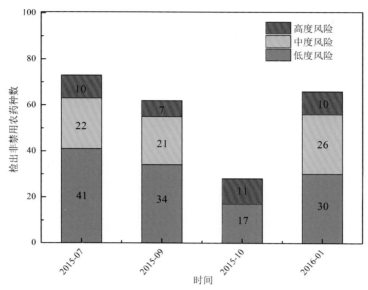

图 4-26　各月份水果蔬菜中非禁用农药残留的风险程度分布图

　　4 个月份内水果蔬菜中非禁用农药处于中度风险和高度风险的风险系数如图 4-27 和表 4-18 所示。

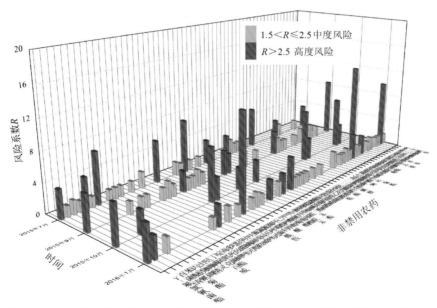

图 4-27　各月份水果蔬菜中非禁用农药处于中度风险和高度风险的风险系数分布图

表 4-18　各月份水果蔬菜中非禁用农药处于中度风险和高度风险的风险系数表

序号	年月	农药	超标频次	超标率 P（%）	风险系数 R	风险程度
1	2015 年 7 月	解草腈	16	6.45	7.55	高度风险
2	2015 年 7 月	丁硫克百威	15	6.05	7.15	高度风险
3	2015 年 7 月	腐霉利	12	4.84	5.94	高度风险
4	2015 年 7 月	生物苄呋菊酯	12	4.84	5.94	高度风险
5	2015 年 7 月	虫螨腈	8	3.23	4.33	高度风险
6	2015 年 7 月	γ-氟氯氰菌酯	7	2.82	3.92	高度风险
7	2015 年 7 月	棉铃威	6	2.42	3.52	高度风险
8	2015 年 7 月	仲丁威	6	2.42	3.52	高度风险
9	2015 年 7 月	炔丙菊酯	5	2.02	3.12	高度风险
10	2015 年 7 月	烯虫酯	4	1.61	2.71	高度风险
11	2015 年 7 月	氟硅唑	3	1.21	2.31	中度风险
12	2015 年 7 月	炔螨特	3	1.21	2.31	中度风险
13	2015 年 7 月	苯醚氰菊酯	2	0.81	1.91	中度风险
14	2015 年 7 月	甲氰菊酯	2	0.81	1.91	中度风险
15	2015 年 7 月	灭除威	2	0.81	1.91	中度风险
16	2015 年 7 月	三唑磷	2	0.81	1.91	中度风险
17	2015 年 7 月	烯唑醇	2	0.81	1.91	中度风险
18	2015 年 7 月	百菌清	1	0.40	1.50	中度风险
19	2015 年 7 月	丙溴磷	1	0.40	1.50	中度风险
20	2015 年 7 月	哒螨灵	1	0.40	1.50	中度风险
21	2015 年 7 月	毒死蜱	1	0.40	1.50	中度风险
22	2015 年 7 月	多效唑	1	0.40	1.50	中度风险
23	2015 年 7 月	噁霜灵	1	0.40	1.50	中度风险
24	2015 年 7 月	呋菌胺	1	0.40	1.50	中度风险
25	2015 年 7 月	间羟基联苯	1	0.40	1.50	中度风险
26	2015 年 7 月	磷酸三苯酯	1	0.40	1.50	中度风险
27	2015 年 7 月	猛杀威	1	0.40	1.50	中度风险
28	2015 年 7 月	三氯杀螨醇	1	0.40	1.50	中度风险
29	2015 年 7 月	三唑醇	1	0.40	1.50	中度风险
30	2015 年 7 月	杀螺吗啉	1	0.40	1.50	中度风险
31	2015 年 7 月	抑芽唑	1	0.40	1.50	中度风险
32	2015 年 7 月	唑虫酰胺	1	0.40	1.50	中度风险
33	2015 年 9 月	仲丁威	12	7.59	8.69	高度风险

续表

序号	年月	农药	超标频次	超标率 P（%）	风险系数 R	风险程度
34	2015 年 9 月	γ-氟氯氰菌酯	6	3.80	4.90	高度风险
35	2015 年 9 月	解草腈	5	3.16	4.26	高度风险
36	2015 年 9 月	猛杀威	4	2.53	3.63	高度风险
37	2015 年 9 月	杀螨酯	4	2.53	3.63	高度风险
38	2015 年 9 月	腐霉利	3	1.90	3.00	高度风险
39	2015 年 9 月	醚菊酯	3	1.90	3.00	高度风险
40	2015 年 9 月	氟硅唑	2	1.27	2.37	中度风险
41	2015 年 9 月	甲醚菊酯	2	1.27	2.37	中度风险
42	2015 年 9 月	萘乙酰胺	2	1.27	2.37	中度风险
43	2015 年 9 月	生物苄呋菊酯	2	1.27	2.37	中度风险
44	2015 年 9 月	烯虫酯	2	1.27	2.37	中度风险
45	2015 年 9 月	新燕灵	2	1.27	2.37	中度风险
46	2015 年 9 月	啶氧菌酯	1	0.63	1.73	中度风险
47	2015 年 9 月	多效唑	1	0.63	1.73	中度风险
48	2015 年 9 月	噁霜灵	1	0.63	1.73	中度风险
49	2015 年 9 月	呋线威	1	0.63	1.73	中度风险
50	2015 年 9 月	氟乐灵	1	0.63	1.73	中度风险
51	2015 年 9 月	环酯草醚	1	0.63	1.73	中度风险
52	2015 年 9 月	己唑醇	1	0.63	1.73	中度风险
53	2015 年 9 月	甲氰菊酯	1	0.63	1.73	中度风险
54	2015 年 9 月	炔螨特	1	0.63	1.73	中度风险
55	2015 年 9 月	霜霉威	1	0.63	1.73	中度风险
56	2015 年 9 月	速灭威	1	0.63	1.73	中度风险
57	2015 年 9 月	烯丙菊酯	1	0.63	1.73	中度风险
58	2015 年 9 月	烯唑醇	1	0.63	1.73	中度风险
59	2015 年 9 月	辛酰溴苯腈	1	0.63	1.73	中度风险
60	2015 年 9 月	异丙威	1	0.63	1.73	中度风险
61	2015 年 10 月	仲丁威	5	10.64	11.74	高度风险
62	2015 年 10 月	腐霉利	3	6.38	7.48	高度风险
63	2015 年 10 月	生物苄呋菊酯	3	6.38	7.48	高度风险
64	2015 年 10 月	新燕灵	3	6.38	7.48	高度风险
65	2015 年 10 月	γ-氟氯氰菌酯	2	4.26	5.36	高度风险
66	2015 年 10 月	虫螨腈	1	2.13	3.23	高度风险

续表

序号	年月	农药	超标频次	超标率 P（%）	风险系数 R	风险程度
67	2015 年 10 月	环酯草醚	1	2.13	3.23	高度风险
68	2015 年 10 月	解草腈	1	2.13	3.23	高度风险
69	2015 年 10 月	醚菊酯	1	2.13	3.23	高度风险
70	2015 年 10 月	霜霉威	1	2.13	3.23	高度风险
71	2015 年 10 月	溴丁酰草胺	1	2.13	3.23	高度风险
72	2016 年 1 月	腐霉利	27	12.00	13.10	高度风险
73	2016 年 1 月	仲丁威	20	8.89	9.99	高度风险
74	2016 年 1 月	γ-氟氯氰菌酯	8	3.56	4.66	高度风险
75	2016 年 1 月	棉铃威	8	3.56	4.66	高度风险
76	2016 年 1 月	烯虫炔酯	6	2.67	3.77	高度风险
77	2016 年 1 月	百菌清	4	1.78	2.88	高度风险
78	2016 年 1 月	呋菌胺	4	1.78	2.88	高度风险
79	2016 年 1 月	解草腈	4	1.78	2.88	高度风险
80	2016 年 1 月	猛杀威	4	1.78	2.88	高度风险
81	2016 年 1 月	辛酰溴苯腈	4	1.78	2.88	高度风险
82	2016 年 1 月	生物苄呋菊酯	3	1.33	2.43	中度风险
83	2016 年 1 月	丙溴磷	2	0.89	1.99	中度风险
84	2016 年 1 月	氟硅唑	2	0.89	1.99	中度风险
85	2016 年 1 月	甲醚菊酯	2	0.89	1.99	中度风险
86	2016 年 1 月	螺螨酯	2	0.89	1.99	中度风险
87	2016 年 1 月	西玛通	2	0.89	1.99	中度风险
88	2016 年 1 月	烯虫酯	2	0.89	1.99	中度风险
89	2016 年 1 月	异丙威	2	0.89	1.99	中度风险
90	2016 年 1 月	芬螨酯	1	0.44	1.54	中度风险
91	2016 年 1 月	氟唑菌酰胺	1	0.44	1.54	中度风险
92	2016 年 1 月	己唑醇	1	0.44	1.54	中度风险
93	2016 年 1 月	甲氰菊酯	1	0.44	1.54	中度风险
94	2016 年 1 月	灭除威	1	0.44	1.54	中度风险
95	2016 年 1 月	牧草胺	1	0.44	1.54	中度风险
96	2016 年 1 月	萘乙酰胺	1	0.44	1.54	中度风险
97	2016 年 1 月	扑灭通	1	0.44	1.54	中度风险
98	2016 年 1 月	炔螨特	1	0.44	1.54	中度风险
99	2016 年 1 月	三唑醇	1	0.44	1.54	中度风险

续表

序号	年月	农药	超标频次	超标率 P（%）	风险系数 R	风险程度
100	2016 年 1 月	速灭威	1	0.44	1.54	中度风险
101	2016 年 1 月	特草灵	1	0.44	1.54	中度风险
102	2016 年 1 月	烯丙菊酯	1	0.44	1.54	中度风险
103	2016 年 1 月	烯唑醇	1	0.44	1.54	中度风险
104	2016 年 1 月	溴丁酰草胺	1	0.44	1.54	中度风险
105	2016 年 1 月	苗草酮	1	0.44	1.54	中度风险
106	2016 年 1 月	莠去通	1	0.44	1.54	中度风险
107	2016 年 1 月	唑虫酰胺	1	0.44	1.54	中度风险

4.4　GC-Q-TOF/MS 侦测福州市市售水果蔬菜农药残留风险评估结论与建议

农药残留是影响水果蔬菜安全和质量的主要因素，也是我国食品安全领域备受关注的敏感话题和亟待解决的重大问题之一[15,16]。各种水果蔬菜均存在不同程度的农药残留现象，本研究主要针对福州市各类水果蔬菜存在的农药残留问题，基于 2015 年 7 月~2016 年 1 月对福州市 678 例水果蔬菜样品中农药残留侦测得出的 1116 个侦测结果，分别采用食品安全指数模型和风险系数模型，开展水果蔬菜中农药残留的膳食暴露风险和预警风险评估。水果蔬菜样品均取自超市，符合大众的膳食来源，风险评价时更具有代表性和可信度。

本研究力求通用简单地反映食品安全中的主要问题，且为管理部门和大众容易接受，为政府及相关管理机构建立科学的食品安全信息发布和预警体系提供科学的规律与方法，加强对农药残留的预警和食品安全重大事件的预防，控制食品风险。

4.4.1　福州市水果蔬菜中农药残留膳食暴露风险评价结论

1）水果蔬菜样品中农药残留安全状态评价结论

采用食品安全指数模型，对 2015 年 7 月~2016 年 1 月期间福州市水果蔬菜食品农药残留膳食暴露风险进行评价，根据 $\mathrm{IFS_c}$ 的计算结果发现，水果蔬菜中农药的 $\overline{\mathrm{IFS}}$ 为 0.0388，说明福州市水果蔬菜总体处于很好的安全状态，但部分禁用农药、高残留农药在蔬菜、水果中仍有检出，导致膳食暴露风险的存在，成为不安全因素。

2）单种水果蔬菜中农药膳食暴露风险不可接受情况评价结论

单种水果蔬菜中农药残留安全指数分析结果显示，农药对单种水果蔬菜安全影响不可接受（$\mathrm{IFS_c} > 1$）的样本数共 1 个，占总样本数的 0.18%，为李子中的三唑磷，说明李子中的三唑磷会对消费者身体健康造成较大的膳食暴露风险。三唑磷属于禁用的剧毒农药，且李子为较常见的水果，百姓日常食用量较大，长期食用大量残留三唑磷的李子会对人体造成不可接受的影响，本次检测发现三唑磷在李子样品中多次并大量检出，是未严格实施农业良好管理规范（GAP），抑或是农药滥用，这应该引起相关管理部门的警惕，应加强对李子中三唑磷的严格管控。

3）禁用农药膳食暴露风险评价

本次检测发现部分水果蔬菜样品中有禁用农药检出，检出禁用农药7种，检出频次为78，水果蔬菜样品中的禁用农药IFS$_c$计算结果表明，禁用农药残留的膳食暴露风险均在可以接受和没有风险的范围内，可以接受的频次为24，占30.77%；没有影响的频次为53，占67.95%。对于水果蔬菜样品中所有农药而言，膳食暴露风险不可接受的频次为1，仅占总体频次的0.09%。虽然残留禁用农药没有造成不可接受的膳食暴露风险，但为何在国家明令禁止禁用农药喷洒的情况下，还能在多种果蔬中多次检出禁用农药残留，这应该引起相关部门的高度警惕，应该在禁止禁用农药喷洒的同时，严格管控禁用农药的生产和售卖，从根本上杜绝安全隐患。

4.4.2　福州市水果蔬菜中农药残留预警风险评价结论

1）单种水果蔬菜中禁用农药残留的预警风险评价结论

本次检测过程中，在14种水果蔬菜中检测超出7种禁用农药，禁用农药为：氟虫腈、水胺硫磷、克百威、硫丹、甲拌磷、氰戊菊酯和除草醚，水果蔬菜为：菜豆、草莓、番茄、甘薯、胡萝卜、黄瓜、火龙果、韭菜、苦瓜、辣椒、梨、李子、荔枝、柠檬，水果蔬菜中禁用农药的风险系数分析结果显示，7种禁用农药在14种水果蔬菜中的残留处于高度风险和中度风险，说明在单种水果蔬菜中禁用农药的残留会导致较高的预警风险。

2）单种水果蔬菜中非禁用农药残留的预警风险评价结论

以MRL中国国家标准为标准，计算水果蔬菜中非禁用农药风险系数情况下，512个样本中，2个处于高度风险（0.39%），107个处于低度风险（20.90%），403个样本没有MRL中国国家标准（78.71%）。以MRL欧盟标准为标准，计算水果蔬菜中非禁用农药风险系数情况下，发现有177个处于高度风险（34.57%），355个处于低度风险（65.43%）。基于两种MRL标准，评价的结果差异显著，可以看出MRL欧盟标准比中国国家标准更加严格和完善，过于宽松的MRL中国国家标准值能否有效保障人体的健康有待研究。

4.4.3　加强福州市水果蔬菜食品安全建议

我国食品安全风险评价体系仍不够健全，相关制度不够完善，多年来，由于农药用药次数多、用药量大或用药间隔时间短，产品残留量大，农药残留所造成的食品安全问题日益严峻，给人体健康带来了直接或间接的危害。据估计，美国与农药有关的癌症患者数约占全国癌症患者总数的50%，中国更高。同样，农药对其他生物也会形成直接杀伤和慢性危害，植物中的农药可经过食物链逐级传递并不断蓄积，对人和动物构成潜在威胁，并影响生态系统。

基于本次农药残留侦测数据的风险评价结果，提出以下几点建议：

1）加快食品安全标准制定步伐

我国食品标准中农药每日允许最大摄入量 ADI 的数据严重缺乏，在本次评价所涉及的 112 种农药中，仅有 58.93% 的农药具有 ADI 值，而 41.07% 的农药中国尚未规定相应的 ADI 值，亟待完善。

我国食品中农药最大残留限量值的规定严重缺乏，对评估涉及的不同水果蔬菜中不同农药 553 个 MRL 限值进行统计来看，我国仅制定出 140 个标准，我国标准完整率仅为 25.3%，欧盟的完整率达到 100%（表 4-19）。因此，中国更应加快 MRL 标准的制定步伐。

表 4-19　我国国家食品标准农药的 ADI、MRL 值与欧盟标准的数量差异

分类		中国 ADI	MRL 中国国家标准	MRL 欧盟标准
标准限值（个）	有	66	140	553
	无	46	413	0
总数（个）		112	553	553
无标准限值比例		41.07%	74.68%	0

此外，MRL 中国国家标准限值普遍高于欧盟标准限值，这些标准中共有 91 个高于欧盟。过高的 MRL 值难以保障人体健康，建议继续加强对限值基准和标准的科学研究，将农产品中的危险性减少到尽可能低的水平。

2）加强农药的源头控制和分类监管

在福州市某些水果蔬菜中仍有禁用农药残留，利用 GC-Q-TOF/MS 技术侦测出 7 种禁用农药，检出频次为 78 次，残留禁用农药均存在较大的膳食暴露风险和预警风险。早已列入黑名单的禁用农药在我国并未真正退出，有些药物由于价格便宜、工艺简单，此类高毒农药一直生产和使用。建议在我国采取严格有效的控制措施，从源头控制禁用农药。

对于非禁用农药，在我国作为"田间地头"最典型单位的县级蔬果产地中，农药残留的检测几乎缺失。建议根据农药的毒性，对高毒、剧毒、中毒农药实现分类管理，减少使用高毒和剧毒高残留农药，进行分类监管。

3）加强残留农药的生物修复及降解新技术

市售果蔬中残留农药的品种多、频次高、禁用农药多次检出这一现状，说明了我国的田间土壤和水体因农药长期、频繁、不合理的使用而遭到严重污染。为此，建议中国相关部门出台相关政策，鼓励高校及科研院所积极开展分子生物学、酶学等研究，加强土壤、水体中残留农药的生物修复及降解新技术研究，切实加大农药监管力度，以控制农药的面源污染问题。

综上所述，在本工作基础上，根据蔬菜残留危害，可进一步针对其成因提出和采取

严格管理、大力推广无公害蔬菜种植与生产、健全食品安全控制技术体系、加强蔬菜食品质量检测体系建设和积极推行蔬菜食品质量追溯制度等相应对策。建立和完善食品安全综合评价指数与风险监测预警系统，对食品安全进行实时、全面的监控与分析，为我国的食品安全科学监管与决策提供新的技术支持，可实现各类检验数据的信息化系统管理，降低食品安全事故的发生。

南 昌 市

第5章 LC-Q-TOF/MS 侦测南昌市 329 例市售水果蔬菜样品农药残留报告

从南昌市所属 6 个区,随机采集了 329 例水果蔬菜样品,使用液相色谱-四极杆飞行时间质谱(LC-Q-TOF/MS)对 565 种农药化学污染物进行示范侦测(7 种负离子模式 ESI⁻ 未涉及)。

5.1 样品种类、数量与来源

5.1.1 样品采集与检测

为了真实反映百姓餐桌上水果蔬菜中农药残留污染状况,本次所有检测样品均由检验人员于 2015 年 7 月至 2016 年 6 月期间,从南昌市所属 15 个采样点,包括 1 个农贸市场和 14 个超市,以随机购买方式采集,总计 19 批 329 例样品,从中检出农药 66 种,675 频次。采样及监测概况见表 5-1 及图 5-1,样品及采样点明细见表 5-2 及表 5-3(侦测原始数据见附表 1)。

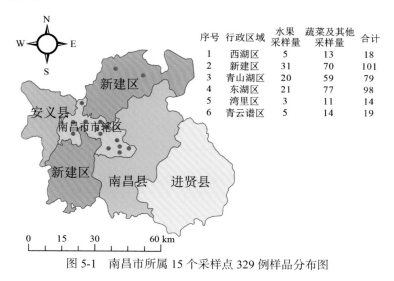

序号	行政区域	水果采样量	蔬菜及其他采样量	合计
1	西湖区	5	13	18
2	新建区	31	70	101
3	青山湖区	20	59	79
4	东湖区	21	77	98
5	湾里区	3	11	14
6	青云谱区	5	14	19

图 5-1 南昌市所属 15 个采样点 329 例样品分布图

表 5-1 农药残留监测总体概况

采样地区	南昌市所属 6 个区
采样点(超市+农贸市场)	15
样本总数	329
检出农药品种/频次	66/675
各采样点样本农药残留检出率范围	55.6%~84.8%

表 5-2　样品分类及数量

样品分类	样品名称（数量）	数量小计
1. 水果		85
1）仁果类水果	苹果（19），梨（19）	38
2）核果类水果	桃（8），李子（7）	15
3）浆果和其他小型水果	葡萄（2）	2
4）热带和亚热带水果	香蕉（15），火龙果（9）	24
5）柑橘类水果	橘（5），橙（1）	6
2. 食用菌		14
1）蘑菇类	香菇（4），蘑菇（2），杏鲍菇（5），金针菇（3）	14
3. 蔬菜		230
1）豆类蔬菜	菜豆（20）	20
2）鳞茎类蔬菜	韭菜（5）	5
3）水生类蔬菜	莲藕（1）	1
4）叶菜类蔬菜	蕹菜（9），苦苣（1），芹菜（12），菠菜（4），苋菜（6），奶白菜（1），油麦菜（7），小白菜（6），生菜（11），大白菜（4），茼蒿（1），青菜（11），莴笋（1）	74
5）芸薹属类蔬菜	结球甘蓝（8），花椰菜（1），紫甘蓝（1），青花菜（1），菜薹（5）	16
6）瓜类蔬菜	黄瓜（17），西葫芦（4），南瓜（2），冬瓜（8），苦瓜（7），丝瓜（3）	41
7）茄果类蔬菜	番茄（16），甜椒（12），辣椒（8），茄子（14）	50
8）芽菜类蔬菜	萝卜芽（1）	1
9）根茎类和薯芋类蔬菜	胡萝卜（13），马铃薯（4），萝卜（3），姜（2）	22
合计	1. 水果 9 种 2. 食用菌 4 种 3. 蔬菜 36 种	329

表 5-3　南昌市采样点信息

采样点序号	行政区域	采样点
农贸市场（1）		
1	湾里区	***市场
超市（14）		
1	东湖区	***超市（世贸广场）
2	东湖区	***超市（解放店）
3	东湖区	***超市（八一广场店）
4	东湖区	***超市（八一大道店）
5	新建区	***超市（地中海店）

续表

采样点序号	行政区域	采样点
6	新建区	***超市（红谷丽景店）
7	西湖区	***超市（八一店）
8	青云谱区	***超市（解放西路）
9	青山湖区	***超市（红谷滩万达广场店）
10	青山湖区	***超市（青山湖店）
11	青山湖区	***超市（江大南路店）
12	青山湖区	***超市（联发店）
13	青山湖区	***超市（上海路店）
14	青山湖区	***大楼（城东店）

5.1.2　检测结果

这次使用的检测方法是庞国芳院士团队最新研发的不需使用标准品对照，而以高分辨精确质量数（0.0001 *m/z*）为基准的 LC-Q-TOF/MS 检测技术，对于 329 例样品，每个样品均侦测了 565 种农药化学污染物的残留现状。通过本次侦测，在 329 例样品中共计检出农药化学污染物 66 种，检出 675 频次。

5.1.2.1　各采样点样品检出情况

统计分析发现 15 个采样点中，被测样品的农药检出率范围为 55.6%~84.8%。其中，***超市（联发店）的检出率最高，为 84.8%。***超市（八一店）的检出率最低，为 55.6%，见图 5-2。

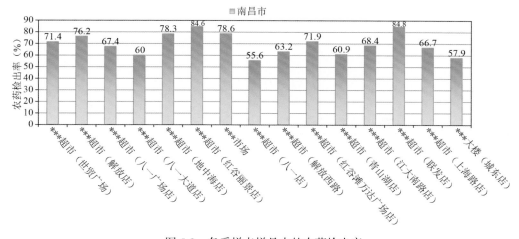

图 5-2　各采样点样品中的农药检出率

5.1.2.2　检出农药的品种总数与频次

统计分析发现，对于 329 例样品中 565 种农药化学污染物的侦测，共检出农药 675 频次，涉及农药 66 种，结果如图 5-3 所示。其中多菌灵检出频次最高，共检出 106 次。检出频次排名前 10 的农药如下：①多菌灵（106）；②啶虫脒（66）；③烯酰吗啉（61）；④吡虫啉（36）；⑤霜霉威（36）；⑥甲霜灵（26）；⑦马拉硫磷（26）；⑧苯醚甲环唑（22）；⑨咪鲜胺（17）；⑩嘧霉胺（17）。

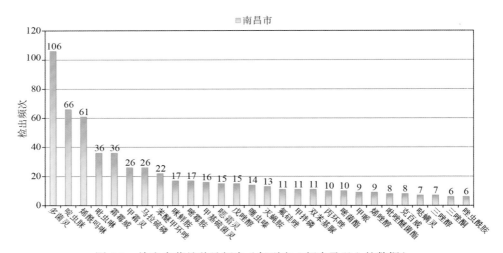

图 5-3　检出农药品种及频次（仅列出 6 频次及以上的数据）

由图 5-4 可见，油麦菜、菜豆、番茄和芹菜这 4 种果蔬样品中检出的农药品种数较高，均超过 20 种，其中，油麦菜检出农药品种最多，为 27 种。由图 5-5 可见，菜豆、油麦菜、梨和青菜这 4 种果蔬样品中的农药检出频次较高，均超过 50 次，其中，菜豆检出农药频次最高，为 56 次。

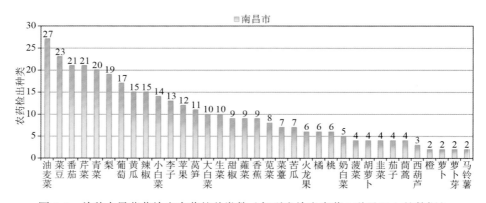

图 5-4　单种水果蔬菜检出农药的种类数（仅列出检出农药 2 种及以上的数据）

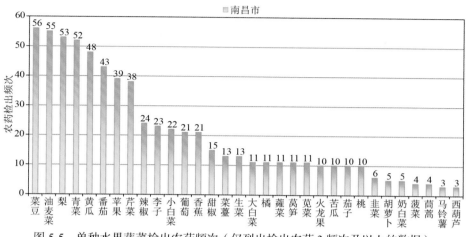

图 5-5　单种水果蔬菜检出农药频次（仅列出检出农药 3 频次及以上的数据）

5.1.2.3　单例样品农药检出种类与占比

对单例样品检出农药种类和频次进行统计发现，未检出农药的样品占总样品数的 30.1%，检出 1 种农药的样品占总样品数的 24.0%，检出 2~5 种农药的样品占总样品数的 37.7%，检出 6~10 种农药的样品占总样品数的 7.3%，检出大于 10 种农药的样品占总样品数的 0.9%。每例样品中平均检出农药为 2.1 种，数据见表 5-4 及图 5-6。

表 5-4　单例样品检出农药品种占比

检出农药品种数	样品数量/占比（%）
未检出	99/30.1
1 种	79/24.0
2~5 种	124/37.7
6~10 种	24/7.3
大于 10 种	3/0.9
单例样品平均检出农药品种	2.1 种

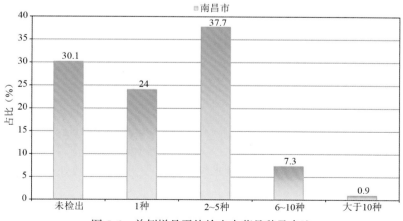

图 5-6　单例样品平均检出农药品种及占比

5.1.2.4　检出农药类别与占比

所有检出农药按功能分类，包括杀虫剂、杀菌剂、除草剂、植物生长调节剂、驱避剂、增塑剂共 6 类。其中杀虫剂与杀菌剂为主要检出的农药类别，分别占总数的 45.5%和 39.4%，见表 5-5 及图 5-7。

表 5-5　检出农药所属类别/占比

农药类别	数量/占比（%）
杀虫剂	30/45.5
杀菌剂	26/39.4
除草剂	4/6.1
植物生长调节剂	4/6.1
驱避剂	1/1.5
增塑剂	1/1.5

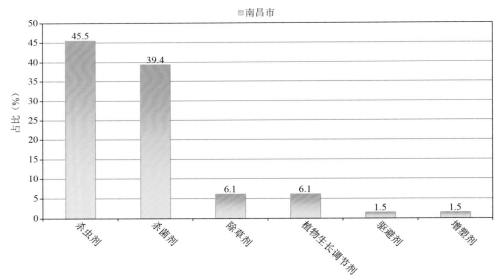

图 5-7　检出农药所属类别和占比

5.1.2.5　检出农药的残留水平

按检出农药残留水平进行统计，残留水平在 1~5 μg/kg（含）的农药占总数的 43.3%，在 5~10 μg/kg（含）的农药占总数的 16.7%，在 10~100 μg/kg（含）的农药占总数的 30.5%，在 100~1000 μg/kg（含）的农药占总数的 8.6%，在＞1000 μg/kg 的农药占总数的 0.9%。

由此可见，这次检测的 19 批 329 例水果蔬菜样品中农药多数处于较低 残留水平。结果见表 5-6 及图 5-8，数据见附表 2。

表 5-6　农药残留水平/占比

残留水平（μg/kg）	检出频次数/占比（%）
1~5（含）	292/43.3
5~10（含）	113/16.7
10~100（含）	206/30.5
100~1000（含）	58/8.6
>1000	6/0.9

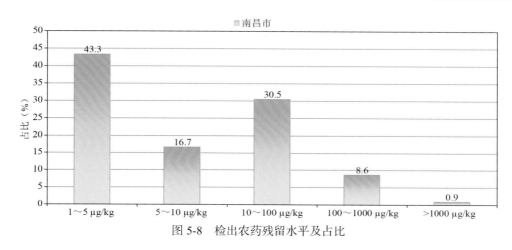

图 5-8　检出农药残留水平及占比

5.1.2.6　检出农药的毒性类别、检出频次和超标频次及占比

对这次检出的 66 种 675 频次的农药，按剧毒、高毒、中毒、低毒和微毒这五个毒性类别进行分类，从中可以看出，南昌市目前普遍使用的农药为中低微毒农药，品种占90.9%，频次占96.1%。结果见表 5-7 及图 5-9。

表 5-7　检出农药毒性类别/占比

毒性分类	农药品种/占比（%）	检出频次/占比（%）	超标频次/超标率（%）
剧毒农药	1/1.5	11/1.6	2/18.2
高毒农药	5/7.6	15/2.2	4/26.7
中毒农药	31/47.0	308/45.6	0/0.0
低毒农药	18/27.3	151/22.4	0/0.0
微毒农药	11/16.7	190/28.1	0/0.0

5.1.2.7　检出剧毒/高毒类农药的品种和频次

值得特别关注的是，在此次侦测的 329 例样品中有 8 种蔬菜 3 种水果的 25 例样品检出了 6 种 26 频次的剧毒和高毒农药，占样品总量的 7.6%，详见图 5-10、表 5-8 及表 5-9。

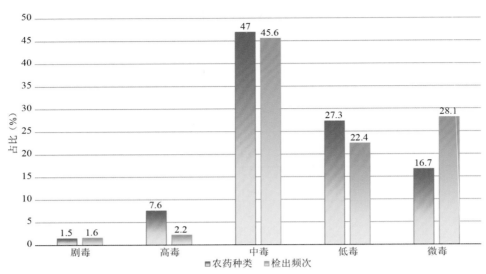

图 5-9　检出农药的毒性分类和占比

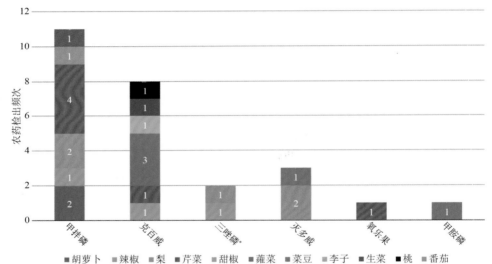

图 5-10　检出剧毒/高毒农药的样品情况

*表示允许在水果和蔬菜上使用的农药

表 5-8　剧毒农药检出情况

序号	农药名称	检出频次	超标频次	超标率
		从 1 种水果中检出 1 种剧毒农药，共计检出 2 次		
1	甲拌磷*	2	0	0.0%
	小计	2	0	超标率：0.0%
		从 5 种蔬菜中检出 1 种剧毒农药，共计检出 9 次		
1	甲拌磷*	9	2	22.2%
	小计	9	2	超标率：22.2%
	合计	11	2	超标率：18.2%

表 5-9　高毒农药检出情况

序号	农药名称	检出频次	超标频次	超标率
从 3 种水果中检出 2 种高毒农药，共计检出 4 次				
1	克百威	2	1	50.0%
2	灭多威	2	0	0.0%
	小计	4	1	超标率：25.0%
从 5 种蔬菜中检出 5 种高毒农药，共计检出 11 次				
1	克百威	6	2	33.3%
2	三唑磷	2	0	0.0%
3	甲胺磷	1	0	0.0%
4	灭多威	1	0	0.0%
5	氧乐果	1	1	100.0%
	小计	11	3	超标率：27.3%
	合计	15	4	超标率：26.7%

在检出的剧毒和高毒农药中，有 5 种是我国早已禁止在果树和蔬菜上使用的，分别是：克百威、甲拌磷、甲胺磷、氧乐果和灭多威。禁用农药的检出情况见表 5-10。

表 5-10　禁用农药检出情况

序号	农药名称	检出频次	超标频次	超标率
从 3 种水果中检出 3 种禁用农药，共计检出 6 次				
1	甲拌磷*	2	0	0.0%
2	克百威	2	1	50.0%
3	灭多威	2	0	0.0%
	小计	6	1	超标率：16.7%
从 8 种蔬菜中检出 6 种禁用农药，共计检出 21 次				
1	甲拌磷*	9	2	22.2%
2	克百威	6	2	33.3%
3	丁酰肼	3	0	0.0%
4	甲胺磷	1	0	0.0%
5	灭多威	1	0	0.0%
6	氧乐果	1	1	100.0%
	小计	21	5	超标率：23.8%
	合计	27	6	超标率：22.2%

注：超标结果参考 MRL 中国国家标准计算

　　此次抽检的果蔬样品中，有 1 种水果 5 种蔬菜检出了剧毒农药，分别是：梨中检出甲拌磷 2 次；甜椒中检出甲拌磷 1 次；胡萝卜中检出甲拌磷 2 次；芹菜中检出甲拌磷 4 次；蕹菜中检出甲拌磷 1 次；辣椒中检出甲拌磷 1 次。

　　样品中检出剧毒和高毒农药残留水平超过 MRL 中国国家标准的频次为 6 次，其中：桃检出克百威超标 1 次；芹菜检出氧乐果超标 1 次，检出甲拌磷超标 2 次；菜豆检出克百威超标 1 次；辣椒检出克百威超标 1 次。本次检出结果表明，高毒、剧毒农药的使用现象依旧存在。详见表 5-11。

表 5-11　各样本中检出剧毒/高毒农药情况

样品名称	农药名称	检出频次	超标频次	检出浓度（μg/kg）
		水果 3 种		
李子	克百威▲	1	0	2.3
桃	克百威▲	1	1	58.9[a]
梨	灭多威▲	2	0	1.4，17.1
梨	甲拌磷*▲	2	0	1.4，2.3
	小计	6	1	超标率：16.7%
		蔬菜 8 种		
甜椒	甲拌磷*▲	1	0	3.8
生菜	克百威▲	1	0	3.7
番茄	三唑磷	1	0	1.1
胡萝卜	甲拌磷*▲	2	0	1.4，1.0
芹菜	氧乐果▲	1	1	25.4[a]
芹菜	克百威▲	1	0	18.8
芹菜	甲拌磷*▲	4	2	236.7[a]，3.7，211.6[a]，5.2
菜豆	克百威▲	3	1	14.7，9.9，21.1[a]
菜豆	灭多威▲	1	0	10.1
菜豆	甲胺磷▲	1	0	5.1
蕹菜	甲拌磷*▲	1	0	9.1
辣椒	克百威▲	1	1	20.5[a]
辣椒	三唑磷	1	0	19.5
辣椒	甲拌磷*▲	1	0	1.5
	小计	20	5	超标率：25.0%
	合计	26	6	超标率：23.1%

5.2　农药残留检出水平与最大残留限量标准对比分析

　　我国于 2014 年 3 月 20 日正式颁布并于 2014 年 8 月 1 日正式实施食品农药残留限

量国家标准《食品中农药最大残留限量》（GB 2763—2014）。该标准包括 371 个农药条目，涉及最大残留限量（MRL）标准 3653 项。将 675 频次检出农药的浓度水平与 3653 项 MRL 中国国家标准进行核对，其中只有 270 频次的农药找到了对应的 MRL 标准，占 40.0%，还有 405 频次的侦测数据则无相关 MRL 标准供参考，占 60.0%。

将此次侦测结果与国际上现行 MRL 标准对比发现，在 675 频次的检出结果中有 675 频次的结果找到了对应的 MRL 欧盟标准，占 100.0%，其中，635 频次的结果有明确对应的 MRL 标准，占 94.1%，其余 40 频次按照欧盟一律标准判定，占 5.9%；有 675 频次的结果找到了对应的 MRL 日本标准，占 100.0%，其中，486 频次的结果有明确对应的 MRL 标准，占 72.0%，其余 186 频次按照日本一律标准判定，占 28.0%；有 392 频次的结果找到了对应的 MRL 中国香港标准，占 58.1%；有 332 频次的结果找到了对应的美国 MRL，占 49.2%；有 284 频次的结果找到了对应的 MRL CAC 标准，占 42.1%（见图 5-11 和图 5-12，数据见附表 3 至附表 8）。

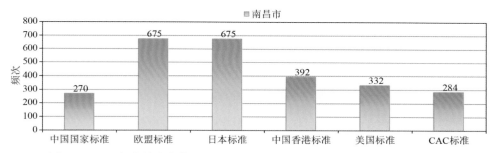

图 5-11　675 频次检出农药可用 MRL 中国国家标准、欧盟标准、日本标准、中国香港标准、美国标准和 CAC 标准判定衡量的数量

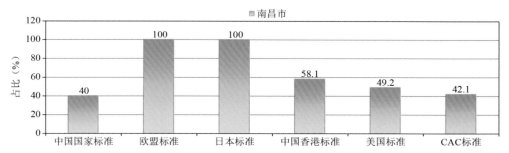

图 5-12　675 频次检出农药可用 MRL 中国国家标准、欧盟标准、日本标准、中国香港标准、美国标准和 CAC 标准衡量的占比

5.2.1　超标农药样品分析

本次侦测的 329 例样品中，99 例样品未检出任何残留农药，占样品总量的 30.1%，230 例样品检出不同水平、不同种类的残留农药，占样品总量的 69.9%。在此，我们将本次侦测的农残检出情况与 MRL 中国国家标准、欧盟标准、日本标准、中国香港标准、

美国标准和 CAC 标准这 6 大国际主流标准进行对比分析，样品农残检出与超标情况见表 5-12、图 5-13 和图 5-14，详细数据见附表 9 至附表 14。

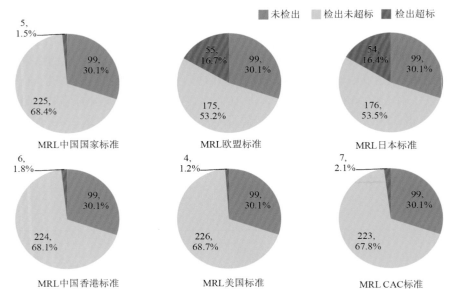

图 5-13　检出和超标样品比例情况

表 5-12　各 MRL 标准下样本农残检出与超标数量及占比

	中国国家标准 数量/占比（%）	欧盟标准 数量/占比（%）	日本标准 数量/占比（%）	中国香港标准 数量/占比（%）	美国标准 数量/占比（%）	CAC 标准 数量/占比（%）
未检出	99/30.1	99/30.1	99/30.1	99/30.1	99/30.1	99/30.1
检出未超标	225/68.4	175/53.2	176/53.5	224/68.1	226/68.7	223/67.8
检出超标	5/1.5	55/16.7	54/16.4	6/1.8	4/1.2	7/2.1

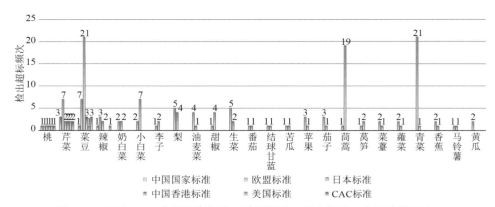

图 5-14　超过 MRL 中国国家标准、欧盟标准、日本标准、中国香港标准、
美国标准和 CAC 标准结果在水果蔬菜中的分布

5.2.2 超标农药种类分析

按照 MRL 中国国家标准、欧盟标准、日本标准、中国香港标准、美国标准和 CAC 标准这 6 大国际主流标准衡量，本次侦测检出的农药超标品种及频次情况见表 5-13。

表 5-13 各 MRL 标准下超标农药品种及频次

	中国国家标准	欧盟标准	日本标准	中国香港标准	美国标准	CAC 标准
超标农药品种	3	32	26	3	2	4
超标农药频次	6	79	79	6	4	7

5.2.2.1 按 MRL 中国国家标准衡量

按 MRL 中国国家标准衡量，共有 3 种农药超标，检出 6 频次，分别为剧毒农药甲拌磷，高毒农药克百威和氧乐果。

按超标程度比较，芹菜中甲拌磷超标 22.7 倍，桃中克百威超标 1.9 倍，芹菜中氧乐果超标 0.3 倍，菜豆中克百威超标 0.1 倍。检测结果见图 5-15 和附表 15。

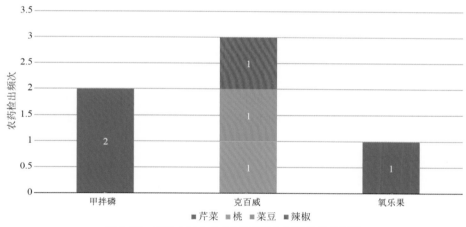

图 5-15 超过 MRL 中国国家标准农药品种及频次

5.2.2.2 按 MRL 欧盟标准衡量

按 MRL 欧盟标准衡量，共有 32 种农药超标，检出 79 频次，分别为剧毒农药甲拌磷、高毒农药克百威、三唑磷和氧乐果，中毒农药咪鲜胺、甲哌、烯唑醇、甲萘威、三唑酮、三唑醇、噁霜灵、丙环唑、速灭威、唑虫酰胺、啶虫脒、氟硅唑、哒螨灵、吡虫啉和丙溴磷，低毒农药灭蝇胺、烯酰吗啉、嘧霉胺、己唑醇、烯啶虫胺、丁醚脲、双苯基脲和马拉硫磷，微毒农药多菌灵、丁酰肼、嘧菌酯、甲氧虫酰肼和甲基硫菌灵。

按超标程度比较，青菜中烯唑醇超标 65.6 倍，桃中克百威超标 28.4 倍，芹菜中甲拌磷超标 22.7 倍，青菜中氟硅唑超标 20.9 倍，青菜中三唑醇超标 17.0 倍。检测结果见图 5-16 和附表 16。

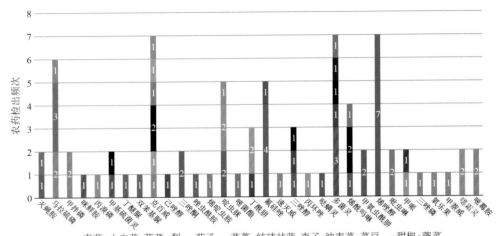

图 5-16　超过 MRL 欧盟标准农药品种及频次

5.2.2.3　按 MRL 日本标准衡量

按 MRL 日本标准衡量，共有 26 种农药超标，检出 79 频次，分别为高毒农药灭多威、克百威和三唑磷，中毒农药咪鲜胺、甲哌、戊唑醇、烯唑醇、三唑酮、三唑醇、丙环唑、唑虫酰胺、速灭威、啶虫脒、氟硅唑、哒螨灵和吡虫啉，低毒农药灭蝇胺、烯酰吗啉、嘧霉胺、己唑醇、双苯基脲和噻嗪酮，微毒农药多菌灵、乙嘧酚、丁酰肼和甲基硫菌灵。

按超标程度比较，梨中甲基硫菌灵超标 128.1 倍，奶白菜中灭蝇胺超标 69.3 倍，青菜中烯唑醇超标 65.6 倍，橘中甲基硫菌灵超标 43.0 倍，菜豆中多菌灵超标 41.3 倍。检测结果见图 5-17 和附表 17。

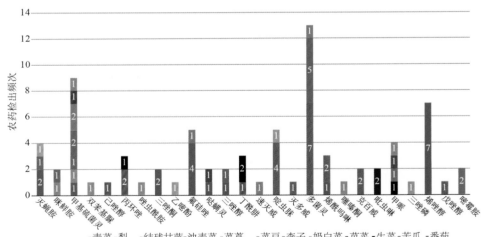

图 5-17　超过 MRL 日本标准农药品种及频次

5.2.2.4　按 MRL 中国香港标准衡量

按 MRL 中国香港标准衡量，共有 3 种农药超标，检出 6 频次，分别为中毒农药噻虫嗪、啶虫脒和吡虫啉。

按超标程度比较，辣椒中啶虫脒超标 12.4 倍，茄子中啶虫脒超标 0.9 倍，香蕉中噻虫嗪超标 0.6 倍，香蕉中吡虫啉超标 0.4 倍。检测结果见图 5-18 和附表 18。

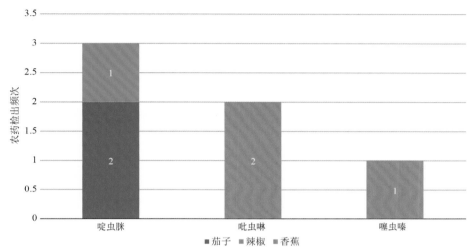

图 5-18　超过 MRL 中国香港标准农药品种及频次

5.2.2.5　按 MRL 美国标准衡量

按 MRL 美国标准衡量，共有 2 种农药超标，检出 4 频次，分别为中毒农药噻虫嗪和啶虫脒。

按超标程度比较，辣椒中啶虫脒超标 12.4 倍，茄子中啶虫脒超标 0.9 倍，黄瓜中噻虫嗪超标 0.4 倍。检测结果见图 5-19 和附表 19。

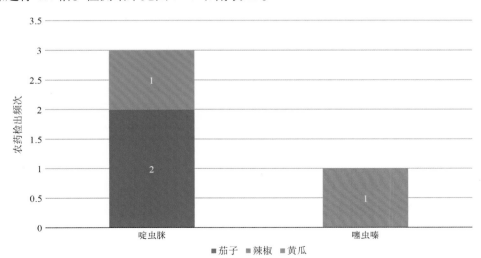

图 5-19　超过 MRL 美国标准农药品种及频次

5.2.2.6　按 MRL CAC 标准衡量

按 MRL CAC 标准衡量，共有 4 种农药超标，检出 7 频次，分别为中毒农药噻虫嗪、啶虫脒和吡虫啉，微毒农药多菌灵。

按超标程度比较，辣椒中啶虫脒超标 12.4 倍，茄子中啶虫脒超标 0.9 倍，香蕉中噻虫嗪超标 0.6 倍，香蕉中吡虫啉超标 0.4 倍，黄瓜中多菌灵超标 0.1 倍。检测结果见图 5-20 和附表 20。

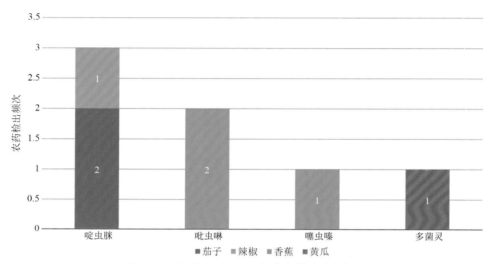

图 5-20　超过 MRL CAC 标准农药品种及频次

5.2.3　15 个采样点超标情况分析

5.2.3.1　按 MRL 中国国家标准衡量

按 MRL 中国国家标准衡量，有 5 个采样点的样品存在不同程度的超标农药检出，其中***市场的超标率最高，为 7.1%，如图 5-21 和表 5-14 所示。

表 5-14　超过 MRL 中国国家标准水果蔬菜在不同采样点分布

序号	采样点	样品总数	超标数量	超标率（%）	行政区域
1	***超市（联发店）	33	1	3.0	青山湖区
2	***超市（红谷滩万达广场店）	32	1	3.1	青山湖区
3	***超市（青山湖店）	23	1	4.3	青山湖区
4	***超市（上海路店）	18	1	5.6	青山湖区
5	***市场	14	1	7.1	湾里区

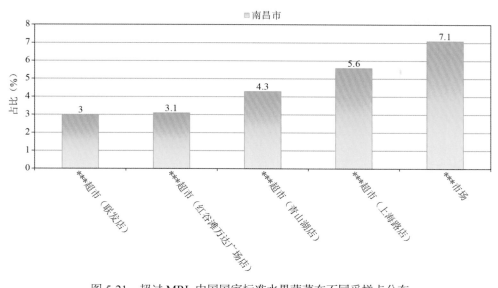

图 5-21　超过 MRL 中国国家标准水果蔬菜在不同采样点分布

5.2.3.2　按 MRL 欧盟标准衡量

按 MRL 欧盟标准衡量，有 13 个采样点的样品存在不同程度的超标农药检出，其中 ***超市（红谷丽景店）的超标率最高，为 46.2%，如图 5-22 和表 5-15 所示。

表 5-15　超过 MRL 欧盟标准水果蔬菜在不同采样点分布

序号	采样点	样品总数	超标数量	超标率（%）	行政区域
1	***超市（八一广场店）	43	2	4.7	东湖区
2	***超市（联发店）	33	13	39.4	青山湖区
3	***超市（红谷滩万达广场店）	32	8	25.0	青山湖区
4	***超市（青山湖店）	23	6	26.1	青山湖区
5	***超市（地中海店）	23	5	21.7	新建区
6	***超市（解放店）	21	3	14.3	东湖区
7	***超市（八一大道店）	20	2	10.0	东湖区
8	***超市（江大南路店）	19	2	10.5	青山湖区
9	***超市（八一店）	18	1	5.6	西湖区
10	***超市（上海路店）	18	1	5.6	青山湖区
11	***超市（世贸广场）	14	2	14.3	东湖区
12	***市场	14	4	28.6	湾里区
13	***超市（红谷丽景店）	13	6	46.2	新建区

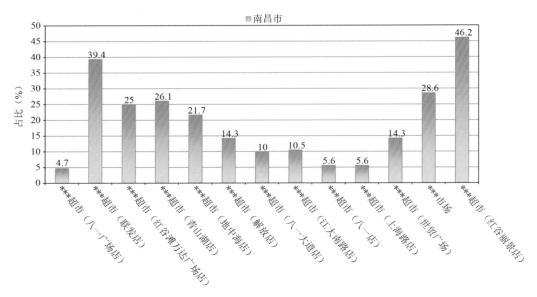

图 5-22　超过 MRL 欧盟标准水果蔬菜在不同采样点分布

5.2.3.3　按 MRL 日本标准衡量

按 MRL 日本标准衡量，所有采样点的样品均存在不同程度的超标农药检出，其中 ***超市（联发店）的超标率最高，为 36.4%，如图 5-23 和表 5-16 所示。

表 5-16　超过 MRL 日本标准水果蔬菜在不同采样点分布

序号	采样点	样品总数	超标数量	超标率（%）	行政区域
1	***超市（八一广场店）	43	4	9.3	东湖区
2	***超市（联发店）	33	12	36.4	青山湖区
3	***超市（红谷滩万达广场店）	32	9	28.1	青山湖区
4	***超市（青山湖店）	23	4	17.4	青山湖区
5	***超市（地中海店）	23	4	17.4	新建区
6	***超市（解放店）	21	3	14.3	东湖区
7	***超市（八一大道店）	20	2	10.0	东湖区
8	***大楼（城东店）	19	2	10.5	青山湖区
9	***超市（江大南路店）	19	4	21.1	青山湖区
10	***超市（解放西路）	19	2	10.5	青云谱区
11	***超市（八一店）	18	1	5.6	西湖区
12	***超市（上海路店）	18	1	5.6	青山湖区
13	***超市（世贸广场）	14	2	14.3	东湖区
14	***市场	14	1	7.1	湾里区
15	***超市（红谷丽景店）	13	3	23.1	新建区

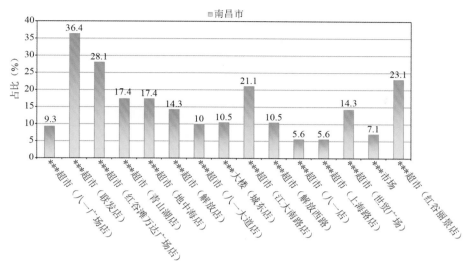

图 5-23　超过 MRL 日本标准水果蔬菜在不同采样点分布

5.2.3.4　按 MRL 中国香港标准衡量

按 MRL 中国香港标准衡量，有 4 个采样点的样品存在不同程度的超标农药检出，其中***超市（红谷丽景店）的超标率最高，为 15.4%，如图 5-24 和表 5-17 所示。

表 5-17　超过 MRL 中国香港标准水果蔬菜在不同采样点分布

序号	采样点	样品总数	超标数量	超标率（%）	行政区域
1	***超市（联发店）	33	2	6.1	青山湖区
2	***超市（红谷滩万达广场店）	32	1	3.1	青山湖区
3	***超市（世贸广场）	14	1	7.1	东湖区
4	***超市（红谷丽景店）	13	2	15.4	新建区

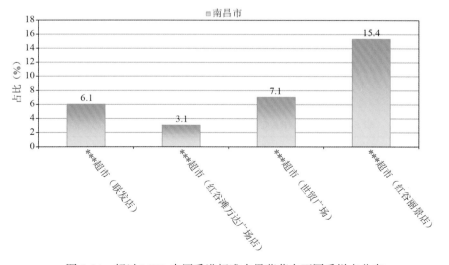

图 5-24　超过 MRL 中国香港标准水果蔬菜在不同采样点分布

5.2.3.5　按 MRL 美国标准衡量

按 MRL 美国标准衡量，有 3 个采样点的样品存在不同程度的超标农药检出，其中***超市（世贸广场）的超标率最高，为 14.3%，如图 5-25 和表 5-18 所示。

表 5-18　超过 MRL 美国标准水果蔬菜在不同采样点分布

序号	采样点	样品总数	超标数量	超标率（%）	行政区域
1	***超市（红谷滩万达广场店）	32	1	3.1	青山湖区
2	***超市（世贸广场）	14	2	14.3	东湖区
3	***超市（红谷丽景店）	13	1	7.7	新建区

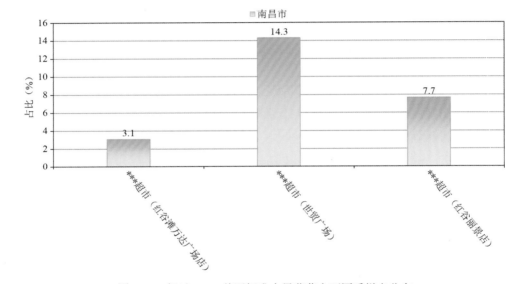

图 5-25　超过 MRL 美国标准水果蔬菜在不同采样点分布

5.2.3.6　按 MRL CAC 标准衡量

按 MRL CAC 标准衡量，有 5 个采样点的样品存在不同程度的超标农药检出，其中***超市（红谷丽景店）的超标率最高，为 15.4%，如图 5-26 和表 5-19 所示。

表 5-19　超过 MRL CAC 标准水果蔬菜在不同采样点分布

序号	采样点	样品总数	超标数量	超标率（%）	行政区域
1	***超市（联发店）	33	2	6.1	青山湖区
2	***超市（红谷滩万达广场店）	32	1	3.1	青山湖区
3	***超市（上海路店）	18	1	5.6	青山湖区
4	***超市（世贸广场）	14	1	7.1	东湖区
5	***超市（红谷丽景店）	13	2	15.4	新建区

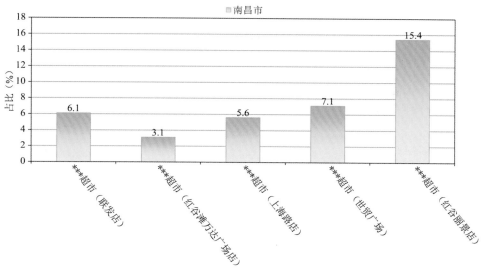

图 5-26　超过 MRL CAC 标准水果蔬菜在不同采样点分布

5.3　水果中农药残留分布

5.3.1　检出农药品种和频次排前 10 的水果

本次残留侦测的水果共 9 种，包括桃、香蕉、苹果、葡萄、梨、李子、橘、火龙果和橙。

根据检出农药品种及频次进行排名，将各项排名前 10 位的水果样品检出情况列表说明，详见表 5-20。

表 5-20　检出农药品种和频次排名前 10 的水果

检出农药品种排名前 10（品种）	①梨（19），②葡萄（17），③李子（13），④苹果（12），⑤香蕉（9），⑥火龙果（6），⑦橘（6），⑧桃（6），⑨橙（2）
检出农药频次排名前 10（频次）	①梨（53），②苹果（39），③李子（23），④葡萄（21），⑤香蕉（21），⑥橘（11），⑦火龙果（10），⑧桃（10），⑨橙（2）
检出禁用、高毒及剧毒农药品种排名前 10（品种）	①梨（2），②李子（1），③桃（1）
检出禁用、高毒及剧毒农药频次排名前 10（频次）	①梨（4），②李子（1），③桃（1）

5.3.2　超标农药品种和频次排前 10 的水果

鉴于 MRL 欧盟标准和日本标准制定比较全面且覆盖率较高，我们参照 MRL 中国国家标准、欧盟标准和日本标准衡量水果样品中农残检出情况，将超标农药品种及频次排名前 10 的水果列表说明，详见表 5-21。

表 5-21　超标农药品种和频次排名前 10 的水果

	MRL 中国国家标准	①桃（1）
超标农药品种排名前 10 （农药品种数）	MRL 欧盟标准	①梨（3），②李子（1），③苹果（1），④桃（1），⑤香蕉（1）
	MRL 日本标准	①梨（2），②李子（2），③火龙果（1），④橘（1），⑤桃（1）， ⑥香蕉（1）
	MRL 中国国家标准	①桃（1）
超标农药频次排名前 10 （农药频次数）	MRL 欧盟标准	①梨（5），②苹果（3），③香蕉（2），④李子（1），⑤桃（1）
	MRL 日本标准	①李子（7），②梨（2），③香蕉（2），④火龙果（1），⑤橘（1）， ⑥桃（1）

　　通过对各品种水果样本总数及检出率进行综合分析发现，梨、苹果和香蕉的残留污染最为严重，在此，我们参照 MRL 中国国家标准、欧盟标准和日本标准对这 3 种水果的农残检出情况进行进一步分析。

5.3.3　农药残留检出率较高的水果样品分析

5.3.3.1　梨

　　这次共检测 19 例梨样品，18 例样品中检出了农药残留，检出率为 94.7%，检出农药共计 19 种。其中啶虫脒、吡虫啉、多菌灵、双苯基脲和戊唑醇检出频次较高，分别检出了 9、8、7、3 和 3 次。梨中农药检出品种和频次见图 5-27，超标农药见图 5-28 和表 5-22。

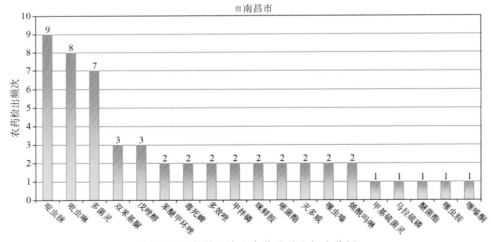

图 5-27　梨样品检出农药品种和频次分析

5.3.3.2　苹果

　　这次共检测 19 例苹果样品，全部检出了农药残留，检出率为 100.0%，检出农药共计 12 种。其中多菌灵、啶虫脒、马拉硫磷、咪鲜胺和戊唑醇检出频次较高，分别检出了 18、3、3、3 和 3 次。苹果中农药检出品种和频次见图 5-29，超标农药见图 5-30 和表 5-23。

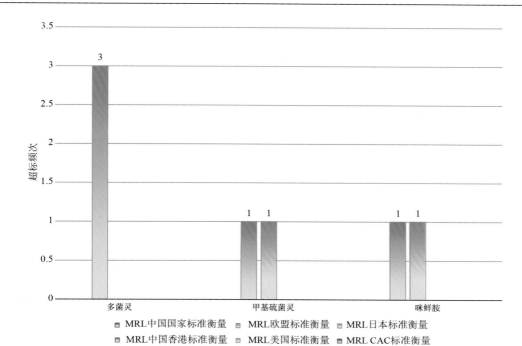

图 5-28　梨样品中超标农药分析

表 5-22　梨中农药残留超标情况明细表

样品总数	检出农药样品数	样品检出率（%）	检出农药品种总数
19	18	94.7	19

	超标农药品种	超标农药频次	按照 MRL 中国国家标准、欧盟标准和日本标准衡量超标农药名称及频次
中国国家标准	0	0	
欧盟标准	3	5	多菌灵（3），甲基硫菌灵（1），咪鲜胺（1）
日本标准	2	2	甲基硫菌灵（1），咪鲜胺（1）

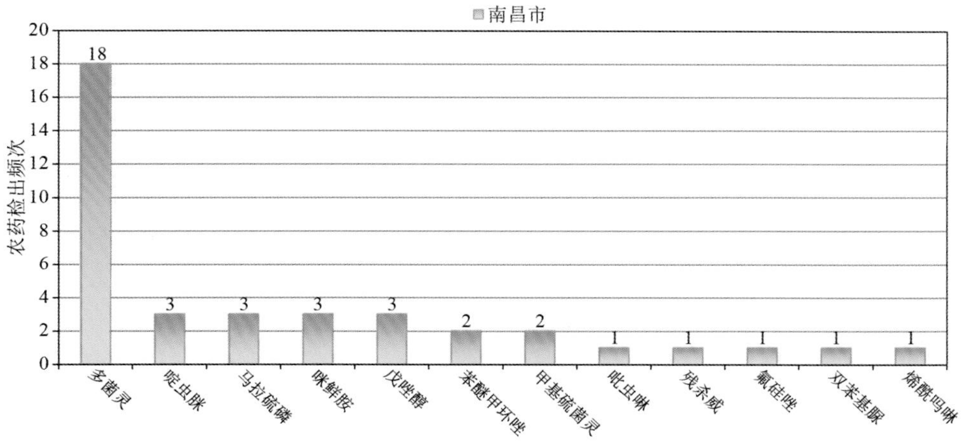

图 5-29　苹果样品检出农药品种和频次分析

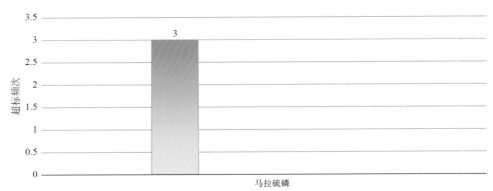

图 5-30　苹果样品中超标农药分析

表 5-23　苹果中农药残留超标情况明细表

样品总数		检出农药样品数	样品检出率（%）	检出农药品种总数
19		19	100	12
	超标农药品种	超标农药频次	按照 MRL 中国国家标准、欧盟标准和日本标准衡量超标农药名称及频次	
中国国家标准	0	0		
欧盟标准	1	3	马拉硫磷（3）	
日本标准	0	0		

5.3.3.3　香蕉

　　这次共检测 15 例香蕉样品，10 例样品中检出了农药残留，检出率为 66.7%，检出农药共计 9 种。其中多菌灵、吡虫啉、咪鲜胺、噻虫嗪和啶虫脒检出频次较高，分别检出了 8、4、2、2 和 1 次。香蕉中农药检出品种和频次见图 5-31，超标农药见图 5-32 和表 5-24。

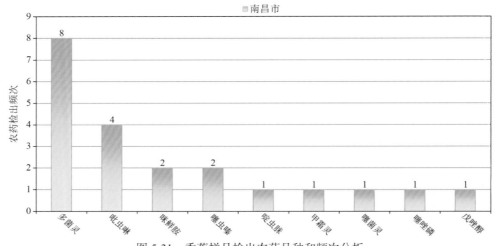

图 5-31　香蕉样品检出农药品种和频次分析

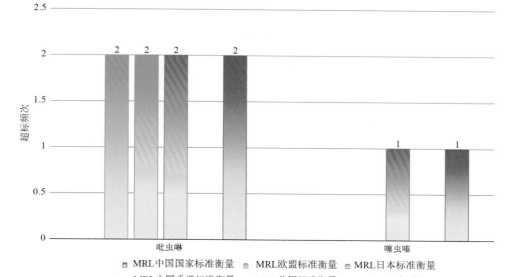

图 5-32　香蕉样品中超标农药分析

表 5-24　香蕉中农药残留超标情况明细表

样品总数		检出农药样品数	样品检出率（%）	检出农药品种总数
15		10	66.7	9
	超标农药品种	超标农药频次	按照 MRL 中国国家标准、欧盟标准和日本标准衡量超标农药名称及频次	
中国国家标准	0	0		
欧盟标准	1	2	吡虫啉（2）	
日本标准	1	2	吡虫啉（2）	

5.4　蔬菜中农药残留分布

5.4.1　检出农药品种和频次排前 10 的蔬菜

　　本次残留侦测的蔬菜共 36 种，包括黄瓜、蕹菜、结球甘蓝、苦苣、芹菜、韭菜、莲藕、菠菜、花椰菜、番茄、西葫芦、甜椒、苋菜、奶白菜、辣椒、胡萝卜、油麦菜、南瓜、紫甘蓝、小白菜、青花菜、茄子、马铃薯、萝卜、姜、冬瓜、生菜、菜豆、苦瓜、菜薹、大白菜、茼蒿、丝瓜、青菜、萝卜芽和莴笋。

　　根据检出农药品种及频次进行排名，将各项排名前 10 位的蔬菜样品检出情况列表说明，详见表 5-25。

表 5-25 检出农药品种和频次排名前 10 的蔬菜

检出农药品种排名前 10（品种）	①油麦菜（27），②菜豆（23），③番茄（21），④芹菜（21），⑤青菜（20），⑥黄瓜（15），⑦辣椒（15），⑧小白菜（14），⑨莴笋（11），⑩大白菜（10）
检出农药频次排名前 10（频次）	①菜豆（56），②油麦菜（55），③青菜（52），④黄瓜（48），⑤番茄（43），⑥芹菜（38），⑦辣椒（24），⑧小白菜（22），⑨甜椒（15），⑩菜薹（13）
检出禁用、高毒及剧毒农药品种排名前 10（品种）	①菜豆（3），②辣椒（3），③芹菜（3），④生菜（2），⑤番茄（1），⑥胡萝卜（1），⑦甜椒（1），⑧蕹菜（1），⑨油麦菜（1）
检出禁用、高毒及剧毒农药频次排名前 10（频次）	①芹菜（6），②菜豆（5），③辣椒（3），④生菜（3），⑤胡萝卜（2），⑥番茄（1），⑦甜椒（1），⑧蕹菜（1），⑨油麦菜（1）

5.4.2 超标农药品种和频次排前 10 的蔬菜

鉴于 MRL 欧盟标准和日本标准制定比较全面且覆盖率较高，我们参照 MRL 中国国家标准、欧盟标准和日本标准衡量蔬菜样品中农残检出情况，将超标农药品种及频次排名前 10 的蔬菜列表说明，详见表 5-26。

表 5-26 超标农药品种和频次排名前 10 的蔬菜

超标农药品种排名前 10（农药品种数）	MRL 中国国家标准	①芹菜（2），②菜豆（1），③辣椒（1）
	MRL 欧盟标准	①青菜（9），②菜豆（5），③芹菜（5），④生菜（4），⑤油麦菜（4），⑥辣椒（3），⑦菜薹（2），⑧奶白菜（2），⑨茄子（2），⑩蕹菜（2）
	MRL 日本标准	①菜豆（10），②青菜（8），③生菜（3），④油麦菜（3），⑤辣椒（2），⑥奶白菜（2），⑦菜薹（1），⑧番茄（1），⑨结球甘蓝（1），⑩苦瓜（1）
超标农药频次排名前 10（农药频次数）	MRL 中国国家标准	①芹菜（3），②菜豆（1），③辣椒（1）
	MRL 欧盟标准	①青菜（21），②菜豆（7），③芹菜（7），④生菜（5），⑤油麦菜（4），⑥辣椒（3），⑦茄子（3），⑧菜薹（2），⑨黄瓜（2），⑩奶白菜（2）
	MRL 日本标准	①菜豆（21），②青菜（19），③生菜（4），④油麦菜（4），⑤番茄（2），⑥辣椒（2），⑦奶白菜（2），⑧芹菜（2），⑨菜薹（1），⑩结球甘蓝（1）

通过对各品种蔬菜样本总数及检出率进行综合分析发现，菜豆、番茄和芹菜的残留污染最为严重，在此，我们参照 MRL 中国国家标准、欧盟标准和日本标准对这 3 种蔬菜的农残检出情况进行进一步分析。

5.4.3 农药残留检出率较高的蔬菜样品分析

5.4.3.1 菜豆

这次共检测 20 例菜豆样品，17 例样品中检出了农药残留，检出率为 85.0%，检出农药共计 23 种。其中多菌灵、啶虫脒、甲霜灵、克百威和嘧霉胺检出频次较高，分别检出了 11、9、3、3 和 3 次。菜豆中农药检出品种和频次见图 5-33，超标农药见图 5-34和表 5-27。

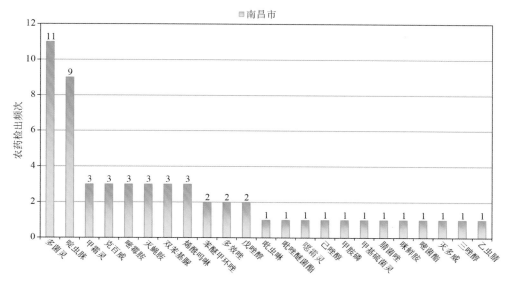

图 5-33　菜豆样品检出农药品种和频次分析

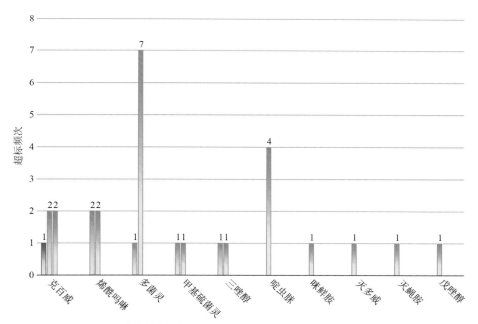

图 5-34　菜豆样品中超标农药分析

表 5-27　菜豆中农药残留超标情况明细表

样品总数		检出农药样品数	样品检出率（%）	检出农药品种总数
20		17	85	23
超标农药品种	超标农药频次	按照 MRL 中国国家标准、欧盟标准和日本标准衡量超标农药名称及频次		
中国国家标准	1	1	克百威（1）	
欧盟标准	5	7	克百威（2），烯酰吗啉（2），多菌灵（1），甲基硫菌灵（1），三唑醇（1）	
日本标准	10	21	多菌灵（7），啶虫脒（4），克百威（2），烯酰吗啉（2），甲基硫菌灵（1），咪鲜胺（1），灭多威（1），灭蝇胺（1），三唑醇（1），戊唑醇（1）	

5.4.3.2　番茄

这次共检测 16 例番茄样品，15 例样品中检出了农药残留，检出率为 93.8%，检出农药共计 21 种。其中啶虫脒、烯酰吗啉、多菌灵、吡丙醚和甲基硫菌灵检出频次较高，分别检出了 8、6、5、2 和 2 次。番茄中农药检出品种和频次见图 5-35，超标农药见图 5-36 和表 5-28。

5.4.3.3　芹菜

这次共检测 12 例芹菜样品，11 例样品中检出了农药残留，检出率为 91.7%，检出农药共计 21 种。其中苯醚甲环唑、甲拌磷、烯酰吗啉、丙环唑和多菌灵检出频次较高，分别检出了 4、4、4、3 和 3 次。芹菜中农药检出品种和频次见图 5-37，超标农药见图 5-38 和表 5-29。

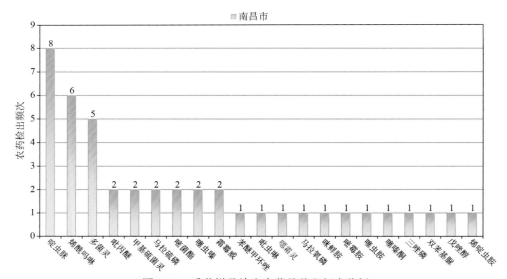

图 5-35　番茄样品检出农药品种和频次分析

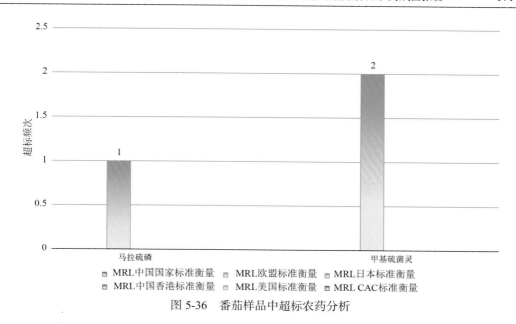

图 5-36　番茄样品中超标农药分析

表 5-28　番茄中农药残留超标情况明细表

样品总数		检出农药样品数	样品检出率（%）	检出农药品种总数
16		15	93.8	21
超标农药品种	超标农药频次	按照 MRL 中国国家标准、欧盟标准和日本标准衡量超标农药名称及频次		
中国国家标准　0	0			
欧盟标准　1	1	马拉硫磷（1）		
日本标准　1	2	甲基硫菌灵（2）		

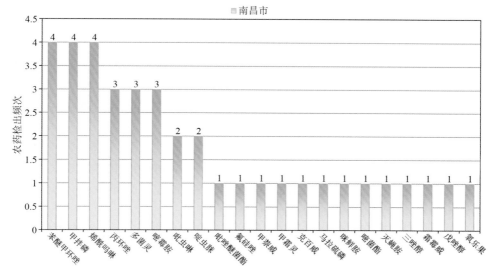

图 5-37　芹菜样品检出农药品种和频次分析

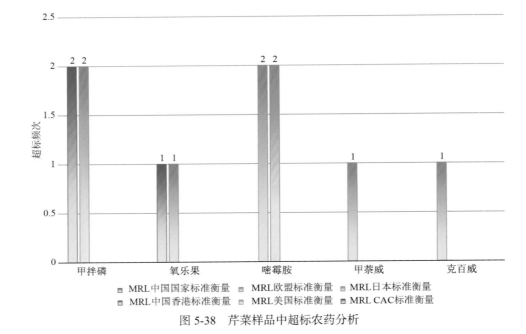

图 5-38　芹菜样品中超标农药分析

表 5-29　芹菜中农药残留超标情况明细表

样品总数		检出农药样品数	样品检出率（%）	检出农药品种总数
12		11	91.7	21
	超标农药 品种	超标农药 频次	按照 MRL 中国国家标准、欧盟标准和日本标准衡量超标农药名称及频次	
中国国家标准	2	3	甲拌磷（2），氧乐果（1）	
欧盟标准	5	7	甲拌磷（2），嘧霉胺（2），甲萘威（1），克百威（1），氧乐果（1）	
日本标准	1	2	嘧霉胺（2）	

5.5　初 步 结 论

5.5.1　南昌市市售水果蔬菜按 MRL 中国国家标准和国际主要 MRL 标准衡量的合格率

　　本次侦测的 329 例样品中，99 例样品未检出任何残留农药，占样品总量的 30.1%，230 例样品检出不同水平、不同种类的残留农药，占样品总量的 69.9%。在这 230 例检出农药残留的样品中：

　　按 MRL 中国国家标准衡量，有 225 例样品检出残留农药但含量没有超标，占样品总数的 68.4%，有 5 例样品检出了超标农药，占样品总数的 1.5%。

　　按 MRL 欧盟标准衡量，有 175 例样品检出残留农药但含量没有超标，占样品总数的 53.2%，有 55 例样品检出了超标农药，占样品总数的 16.7%。

按 MRL 日本标准衡量，有 176 例样品检出残留农药但含量没有超标，占样品总数的 53.5%，有 54 例样品检出了超标农药，占样品总数的 16.4%。

按 MRL 中国香港标准衡量，有 224 例样品检出残留农药但含量没有超标，占样品总数的 68.1%，有 6 例样品检出了超标农药，占样品总数的 1.8%。

按 MRL 美国标准衡量，有 226 例样品检出残留农药但含量没有超标，占样品总数的 68.7%，有 4 例样品检出了超标农药，占样品总数的 1.2%。

按 MRL CAC 标准衡量，有 223 例样品检出残留农药但含量没有超标，占样品总数的 67.8%，有 7 例样品检出了超标农药，占样品总数的 2.1%。

5.5.2　南昌市市售水果蔬菜中检出农药以中低微毒农药为主，占市场主体的 90.9%

这次侦测的 329 例样品包括食用菌 4 种 85 例，水果 9 种 14 例，蔬菜 36 种 230 例，共检出了 66 种农药，检出农药的毒性以中低微毒为主，详见表 5-30。

表 5-30　市场主体农药毒性分布

毒性	检出品种	占比	检出频次	占比
剧毒农药	1	1.5%	11	1.6%
高毒农药	5	7.6%	15	2.2%
中毒农药	31	47.0%	308	45.6%
低毒农药	18	27.3%	151	22.4%
微毒农药	11	16.7%	190	28.1%

中低微毒农药，品种占比 90.9%，频次占比 96.1%

5.5.3　检出剧毒、高毒和禁用农药现象应该警醒

在此次侦测的 329 例样品中有 9 种蔬菜和 3 种水果的 27 例样品检出了 7 种 29 频次的剧毒和高毒或禁用农药，占样品总量的 8.2%。其中剧毒农药甲拌磷以及高毒农药克百威、灭多威和三唑磷检出频次较高。

按 MRL 中国国家标准衡量，剧毒农药甲拌磷，检出 11 次，超标 2 次；高毒农药克百威，检出 8 次，超标 3 次；按超标程度比较，芹菜中甲拌磷超标 22.7 倍，桃中克百威超标 1.9 倍，芹菜中氧乐果超标 0.3 倍，菜豆中克百威超标 0.1 倍。

剧毒、高毒或禁用农药的检出情况及按照 MRL 中国国家标准衡量的超标情况见表 5-31。

表 5-31　剧毒、高毒或禁用农药的检出及超标明细

序号	农药名称	样品名称	检出频次	超标频次	最大超标倍数	超标率
1.1	甲拌磷*▲	芹菜	4	2	22.67	50.0%
1.2	甲拌磷*▲	梨	2	0	0	0.0%
1.3	甲拌磷*▲	胡萝卜	2	0	0	0.0%

续表

序号	农药名称	样品名称	检出频次	超标频次	最大超标倍数	超标率
1.4	甲拌磷*▲	甜椒	1	0	0	0.0%
1.5	甲拌磷*▲	蕹菜	1	0	0	0.0%
1.6	甲拌磷*▲	辣椒	1	0	0	0.0%
2.1	三唑磷◇	番茄	1	0	0	0.0%
2.2	三唑磷◇	辣椒	1	0	0	0.0%
3.1	克百威◇▲	菜豆	3	1	0.055	33.3%
3.2	克百威◇▲	桃	1	1	1.945	100.0%
3.3	克百威◇▲	辣椒	1	1	0.025	100.0%
3.4	克百威◇▲	李子	1	0	0	0.0%
3.5	克百威◇▲	生菜	1	0	0	0.0%
3.6	克百威◇▲	芹菜	1	0	0	0.0%
4.1	氧乐果◇▲	芹菜	1	1	0.27	100.0%
5.1	灭多威◇▲	梨	2	0	0	0.0%
5.2	灭多威◇▲	菜豆	1	0	0	0.0%
6.1	甲胺磷◇▲	菜豆	1	0	0	0.0%
7.1	丁酰肼▲	生菜	2	0	0	0.0%
7.2	丁酰肼▲	油麦菜	1	0	0	0.0%
合计			29	6		20.7%

注：超标倍数参照 MRL 中国国家标准衡量

这些超标的剧毒和高毒农药都是中国政府早有规定禁止在水果蔬菜中使用的，为什么还屡次被检出，应该引起警惕。

5.5.4　残留限量标准与先进国家或地区标准差距较大

675 频次的检出结果与我国公布的《食品中农药最大残留限量》（GB 2763—2014）对比，有 270 频次能找到对应的 MRL 中国国家标准，占 40.0%；还有 405 频次的侦测数据无相关 MRL 标准供参考，占 60.0%。

与国际上现行 MRL 标准对比发现：

有 675 频次能找到对应的 MRL 欧盟标准，占 100.0%；

有 675 频次能找到对应的 MRL 日本标准，占 100.0%；

有 392 频次能找到对应的 MRL 中国香港标准，占 58.1%；

有 332 频次能找到对应的 MRL 美国标准，占 49.2%；

有 284 频次能找到对应的 MRL CAC 标准，占 42.1%。

由上可见，MRL 中国国家标准与先进国家或地区标准还有很大差距，我们无标准，境外有标准，这就会导致我们在国际贸易中，处于受制于人的被动地位。

5.5.5　水果蔬菜单种样品检出 13~27 种农药残留，拷问农药使用的科学性

通过此次监测发现，梨、葡萄和李子是检出农药品种最多的 3 种水果，油麦菜、菜豆和番茄是检出农药品种最多的 3 种蔬菜，从中检出农药品种及频次详见表 5-32。

表 5-32　单种样品检出农药品种及频次

样品名称	样品总数	检出农药样品数	检出率	检出农药品种数	检出农药（频次）
油麦菜	7	7	100.0%	27	烯酰吗啉（7）、多菌灵（5）、霜霉威（5）、啶虫脒（4）、吡虫啉（3）、甲霜灵（3）、马拉硫磷（3）、苯醚甲环唑（2）、丙环唑（2）、噁霜灵（2）、嘧霉胺（2）、灭蝇胺（2）、吡唑醚菌酯（1）、避蚊胺（1）、丁酰肼（1）、非草隆（1）、氟硅唑（1）、己唑醇（1）、马拉氧磷（1）、噻虫胺（1）、噻虫嗪（1）、三唑醇（1）、三唑酮（1）、双苯基脲（1）、萎锈灵（1）、戊唑醇（1）、烯唑醇（1）
菜豆	20	17	85.0%	23	多菌灵（11）、啶虫脒（9）、甲霜灵（3）、克百威（3）、嘧霉胺（3）、灭蝇胺（3）、双苯基脲（3）、烯酰吗啉（3）、苯醚甲环唑（2）、多效唑（2）、戊唑醇（2）、吡虫啉（1）、吡唑醚菌酯（1）、噁霜灵（1）、己唑醇（1）、甲胺磷（1）、甲基硫菌灵（1）、腈菌唑（1）、咪鲜胺（1）、嘧菌酯（1）、灭多威（1）、三唑醇（1）、乙虫腈（1）
番茄	16	15	93.8%	21	啶虫脒（8）、烯酰吗啉（6）、多菌灵（5）、吡丙醚（2）、甲基硫菌灵（2）、马拉硫磷（2）、嘧菌酯（2）、噻虫嗪（2）、霜霉威（2）、苯醚甲环唑（1）、吡虫啉（1）、噁霜灵（1）、马拉氧磷（1）、咪鲜胺（1）、嘧霉胺（1）、噻虫胺（1）、噻嗪酮（1）、三唑磷（1）、双苯基脲（1）、戊唑醇（1）、烯啶虫胺（1）
梨	19	18	94.7%	19	啶虫脒（9）、吡虫啉（8）、多菌灵（7）、双苯基脲（3）、戊唑醇（3）、苯醚甲环唑（2）、毒死蜱（2）、多效唑（2）、甲拌磷（2）、咪鲜胺（2）、嘧菌酯（2）、灭多威（2）、噻虫嗪（2）、烯酰吗啉（2）、甲基硫菌灵（1）、马拉硫磷（1）、醚菌酯（1）、噻虫胺（1）、噻嗪酮（1）
葡萄	2	2	100.0%	17	苯醚甲环唑（2）、多菌灵（2）、嘧菌酯（2）、烯酰吗啉（2）、吡虫啉（1）、吡唑醚菌酯（1）、残杀威（1）、粉唑醇（1）、甲霜灵（1）、腈菌唑（1）、咪鲜胺（1）、嘧霉胺（1）、噻虫嗪（1）、双苯基脲（1）、霜霉威（1）、戊唑醇（1）、缬霉威（1）
李子	7	7	100.0%	13	多菌灵（7）、甲基硫菌灵（5）、吡唑醚菌酯（1）、虫酰肼（1）、毒死蜱（1）、克百威（1）、磷酸三苯酯（1）、马拉硫磷（1）、咪鲜胺（1）、嘧霉胺（1）、霜霉威（1）、戊唑醇（1）、烯酰吗啉（1）

上述 6 种水果蔬菜，检出农药 13~27 种，是多种农药综合防治，还是未严格实施农业良好管理规范（GAP），抑或根本就是乱施药，值得我们思考。

第 6 章 LC-Q-TOF/MS 侦测南昌市市售水果蔬菜农药残留膳食暴露风险与预警风险评估

6.1 农药残留风险评估方法

6.1.1 南昌市农药残留侦测数据分析与统计

庞国芳院士科研团队建立的农药残留高通量侦测技术以高分辨精确质量数（0.0001 *m/z* 为基准）为识别标准，采用 LC-Q-TOF/MS 技术对 565 种农药化学污染物进行侦测。

科研团队于 2015 年 7 月~2016 年 6 月在南昌市所属 6 个区的 15 个采样点，随机采集了 329 例水果蔬菜样品，采样点分布在超市和农贸市场，具体位置如图 6-1 所示，各月内水果蔬菜样品采集数量如表 6-1 所示。

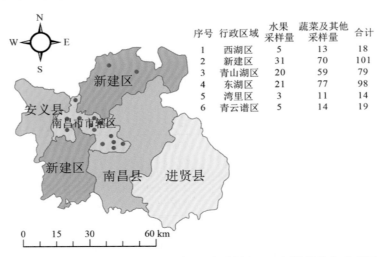

序号	行政区域	水果采样量	蔬菜及其他采样量	合计
1	西湖区	5	13	18
2	新建区	31	70	101
3	青山湖区	20	59	79
4	东湖区	21	77	98
5	湾里区	3	11	14
6	青云谱区	5	14	19

图 6-1 LC-Q-TOF/MS 侦测南昌市 15 个采样点 329 例样品分布示意图

表 6-1 南昌市各月内采集水果蔬菜样品数列表

时间	样品数（例）
2015 年 7 月	53
2015 年 8 月	143
2015 年 10 月	51
2016 年 5 月	39
2016 年 6 月	43

利用 LC-Q-TOF/MS 技术对 329 例样品中的农药进行侦测，侦测出残留农药 66 种，675 频次。检出农药残留水平如表 6-2 和图 6-2 所示。检出频次最高的前 10 种农药如表 6-3 所示。从检测结果中可以看出，在水果蔬菜中农药残留普遍存在，且有些水果蔬菜存在高浓度的农药残留，这些可能存在膳食暴露风险，对人体健康产生危害，因此，为了定量地评价水果蔬菜中农药残留的风险程度，有必要对其进行风险评价。

表 6-2　检出农药的不同残留水平及其所占比例列表

残留水平（μg/kg）	检出频次	占比（%）
1~5（含）	292	43.3
5~10（含）	113	16.7
10~100（含）	206	30.5
100~1000（含）	58	8.6
>1000	6	0.9
合计	675	100

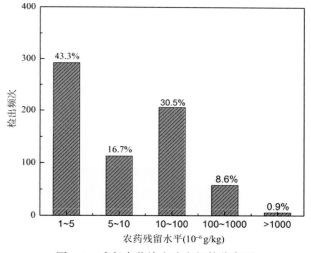

图 6-2　残留农药检出浓度频数分布图

表 6-3　检出频次最高的前 10 种农药列表

序号	农药	检出频次
1	多菌灵	106
2	啶虫脒	66
3	烯酰吗啉	61
4	吡虫啉	36
5	霜霉威	36
6	甲霜灵	26

续表

序号	农药	检出频次
7	马拉硫磷	26
8	苯醚甲环唑	22
9	咪鲜胺	17
10	嘧霉胺	17

6.1.2　农药残留风险评价模型

对南昌市水果蔬菜中农药残留分别开展暴露风险评估和预警风险评估。膳食暴露风险评估利用食品安全指数模型对水果蔬菜中的残留农药对人体可能产生的危害程度进行评价，该模型结合残留监测和膳食暴露评估评价化学污染物的危害；预警风险评价模型运用风险系数（risk index，R），风险系数综合考虑了危害物的超标率、施检频率及其本身敏感性的影响，能直观而全面地反映出危害物在一段时间内的风险程度。

6.1.2.1　食品安全指数模型

为了加强食品安全管理，《中华人民共和国食品安全法》第二章第十七条规定"国家建立食品安全风险评估制度，运用科学方法，根据食品安全风险监测信息、科学数据以及有关信息，对食品、食品添加剂、食品相关产品中生物性、化学性和物理性危害因素进行风险评估"[1]，膳食暴露评估是食品危险度评估的重要组成部分，也是膳食安全性的衡量标准[2]。国际上最早研究膳食暴露风险评估的机构主要是JMPR（FAO、WHO农药残留联合会议），该组织自1995年就已制定了急性毒性物质的风险评估急性毒性农药残摄入量的预测。1960年美国规定食品中不得加入致癌物质进而提出零阈值理论，渐渐零阈值理论发展成在一定概率条件下可接受风险的概念[3]，后衍变为食品中每日允许最大摄入量（ADI），而国际食品农药残留法典委员会（CCPR）认为ADI不是独立风险评估的唯一标准[4]，1995年JMPR开始研究农药急性膳食暴露风险评估，并对食品国际短期摄入量的计算方法进行了修正，亦对膳食暴露评估准则及评估方法进行了修正[5]，2002年，在对世界上现行的食品安全评价方法，尤其是国际公认的CAC评价方法、全球环境监测系统/食品污染监测和评估规划（WHO GEMS/Food）及FAO、WHO食品添加剂联合专家委员会（JECFA）和JMPR对食品安全风险评估工作研究的基础之上，检验检疫食品安全管理的研究人员提出了结合残留监控和膳食暴露评估，以食品安全指数IFS计算食品中各种化学污染物对消费者的健康危害程度[6]。IFS是表示食品安全状态的新方法，可有效地评价某种农药的安全性，进而评价食品中各种农药化学污染物对消费者健康的整体危害程度[7,8]。从理论上分析，IFS_c可指出食品中的污染物c对消费者健康是否存在危害及危害的程度[9]。其优点在于操作简单且结果容易被接受和理解，不需要大量的数据来对结果进行验证，使用默认的标准假设或者模型即可[10,11]。

1）IFS$_c$ 的计算

IFS$_c$ 计算公式如下：

$$\text{IFS}_c = \frac{\text{EDI}_c \times f}{\text{SI}_c \times \text{bw}} \qquad (6\text{-}1)$$

式中, c 为所研究的农药; EDI$_c$ 为农药 c 的实际日摄入量估算值, 等于 $\sum(R_i \times F_i \times E_i \times P_i)$（$i$ 为食品种类; R_i 为食品 i 中农药 c 的残留水平, mg/kg; F_i 为食品 i 的估计日消费量, g/（人·天）; E_i 为食品 i 的可食用部分因子; P_i 为食品 i 的加工处理因子）; SI$_c$ 为安全摄入量, 可采用每日允许最大摄入量 ADI; bw 为人平均体重, kg; f 为校正因子, 如果安全摄入量采用 ADI, 则 f 取 1。

IFS$_c$≪1, 农药 c 对食品安全没有影响; IFS$_c$≤1, 农药 c 对食品安全的影响可以接受; IFS$_c$>1, 农药 c 对食品安全的影响不可接受。

本次评价中:

IFS$_c$≤0.1, 农药 c 对水果蔬菜安全没有影响;

0.1<IFS$_c$≤1, 农药 c 对水果蔬菜安全的影响可以接受;

IFS$_c$>1, 农药 c 对水果蔬菜安全的影响不可接受。

本次评价中残留水平 R_i 取值为中国检验检疫科学研究院庞国芳院士课题组利用以高分辨精确质量数（0.0001 m/z）为基准的 LC-Q-TOF/MS 侦测技术于 2015 年 7 月~2016 年 6 月对南昌市水果蔬菜农药残留的侦测结果, 估计日消费量 F_i 取值 0.38 kg/(人·天), E_i=1, P_i=1, f=1, SI$_c$ 采用《食品安全国家标准　食品中农药最大残留限量》（GB 2763—2016）中 ADI 值（具体数值见表 6-4）, 人平均体重（bw）取值 60 kg。

表 6-4　南昌市水果蔬菜中检出农药的 ADI 值

序号	农药	ADI	序号	农药	ADI	序号	农药	ADI
1	氧乐果	0.0003	13	氟硅唑	0.007	25	虫酰肼	0.02
2	氟吡禾灵	0.0007	14	甲萘威	0.008	26	灭多威	0.02
3	甲拌磷	0.0007	15	萎锈灵	0.008	27	莠去津	0.02
4	克百威	0.001	16	噻嗪酮	0.009	28	吡唑醚菌酯	0.03
5	三唑磷	0.001	17	苯醚甲环唑	0.01	29	丙溴磷	0.03
6	异丙威	0.002	18	哒螨灵	0.01	30	多菌灵	0.03
7	甲胺磷	0.004	19	毒死蜱	0.01	31	腈菌唑	0.03
8	噻唑磷	0.004	20	噁霜灵	0.01	32	三唑醇	0.03
9	己唑醇	0.005	21	粉唑醇	0.01	33	三唑酮	0.03
10	烯唑醇	0.005	22	咪鲜胺	0.01	34	戊唑醇	0.03
11	乙虫腈	0.005	23	乙羧氟草醚	0.01	35	乙嘧酚	0.035
12	唑虫酰胺	0.006	24	茚虫威	0.01	36	三环唑	0.04

序号	农药	ADI	序号	农药	ADI	序号	农药	ADI
37	吡虫啉	0.06	47	噻虫胺	0.1	57	避蚊胺	—
38	灭蝇胺	0.06	48	噻菌灵	0.1	58	残杀威	—
39	丙环唑	0.07	49	嘧菌酯	0.2	59	丁醚脲	—
40	啶虫脒	0.07	50	嘧霉胺	0.2	60	非草隆	—
41	甲基硫菌灵	0.08	51	烯酰吗啉	0.2	61	甲哌	—
42	甲霜灵	0.08	52	马拉硫磷	0.3	62	磷酸三苯酯	—
43	噻虫嗪	0.08	53	醚菌酯	0.4	63	马拉氧磷	—
44	吡丙醚	0.1	54	霜霉威	0.4	64	双苯基脲	—
45	多效唑	0.1	55	丁酰肼	0.5	65	速灭威	—
46	甲氧虫酰肼	0.1	56	烯啶虫胺	0.53	66	缬霉威	—

注："—"表示为国家标准中无 ADI 值规定；ADI 值单位为 mg/kg bw

2）计算 IFS_c 的平均值 $\overline{IFS}$，评价农药对食品安全的影响程度

以 $\overline{IFS}$ 评价各种农药对人体健康危害的总程度，评价模型见公式（6-2）。

$$\overline{IFS} = \frac{\sum_{i=1}^{n} IFS_c}{n} \tag{6-2}$$

$\overline{IFS} \ll 1$，所研究消费者人群的食品安全状态很好；$\overline{IFS} \leqslant 1$，所研究消费者人群的食品安全状态可以接受；$\overline{IFS} > 1$，所研究消费者人群的食品安全状态不可接受。

本次评价中：

$\overline{IFS} \leqslant 0.1$，所研究消费者人群的水果蔬菜安全状态很好；

$0.1 < \overline{IFS} \leqslant 1$，所研究消费者人群的水果蔬菜安全状态可以接受；

$\overline{IFS} > 1$，所研究消费者人群的水果蔬菜安全状态不可接受。

6.1.2.2 预警风险评估模型

2003 年，我国检验检疫食品安全管理的研究人员根据 WTO 的有关原则和我国的具体规定，结合危害物本身的敏感性、风险程度及其相应的施检频率，首次提出了食品中危害物风险系数 R 的概念[12]。R 是衡量一个危害物的风险程度大小最直观的参数，即在一定时期内其超标率或阳性检出率的高低，但受其施检测率的高低及其本身的敏感性（受关注程度）影响。该模型综合考察了农药在蔬菜中的超标率、施检频率及其本身敏感性，能直观而全面地反映出农药在一段时间内的风险程度[13]。

1）R 计算方法

危害物的风险系数综合考虑了危害物的超标率或阳性检出率、施检频率和其本身的敏感性影响，并能直观而全面地反映出危害物在一段时间内的风险程度。风险系数 R 的计算公式如式（6-3）：

$$R = aP + \frac{b}{F} + S \qquad\qquad （6\text{-}3）$$

式中，P 为该种危害物的超标率；F 为危害物的施检频率；S 为危害物的敏感因子；a，b 分别为相应的权重系数。

　　本次评价中 $F = 1$；$S = 1$；$a = 100$；$b = 0.1$，对参数 P 进行计算，计算时首先判断是否为禁用农药，如果为非禁用农药，P=超标的样品数（侦测出的含量高于食品最大残留限量标准值，即 MRL）除以总样品数（包括超标、不超标、未检出）；如果为禁用农药，则检出即为超标，P=能检出的样品数除以总样品数。判断南昌市水果蔬菜农药残留是否超标的标准限值 MRL 分别以 MRL 中国国家标准[14]和 MRL 欧盟标准作为对照，具体值列于本报告附表一中。

　　2）评价风险程度

$R \leqslant 1.5$，受检农药处于低度风险；

$1.5 < R \leqslant 2.5$，受检农药处于中度风险；

$R > 2.5$，受检农药处于高度风险。

6.1.2.3　食品膳食暴露风险和预警风险评估应用程序的开发

1）应用程序开发的步骤

　　为成功开发膳食暴露风险和预警风险评估应用程序，与软件工程师多次沟通讨论，逐步提出并描述清楚计算需求，开发了初步应用程序。为明确出不同水果蔬菜、不同农药、不同地域和不同季节的风险水平，向软件工程师提出不同的计算需求，软件工程师对计算需求进行逐一地分析，经过反复的细节沟通，需求分析得到明确后，开始进行解决方案的设计，在保证需求的完整性、一致性的前提下，编写出程序代码，最后设计出满足需求的风险评估专用计算软件，并通过一系列的软件测试和改进，完成专用程序的开发。软件开发基本步骤见图 6-3。

图 6-3　专用程序开发总体步骤

2）膳食暴露风险评估专业程序开发的基本要求

　　首先直接利用公式（6-1），分别计算 LC-Q-TOF/MS 和 GC-Q-TOF/MS 仪器检出的各水果蔬菜样品中每种农药 IFS_c，将结果列出。为考察超标农药和禁用农药的使用安全性，分别以我国《食品安全国家标准　食品中农药最大残留限量》（GB 2763—2016）和欧盟食品中农药最大残留限量（以下简称 MRL 中国国家标准和 MRL 欧盟标准）为标准，对侦测出的禁用农药和超标的非禁用农药 IFS_c 单独进行评价；按 IFS_c 大小列表，并找出 IFS_c 值排名前 20 的样本重点关注。

　　对不同水果蔬菜 i 中每一种检出的农药 c 的安全指数进行计算，多个样品时求平均值。若监测数据为该市多个月的数据，则逐月、逐季度分别列出每个月、每个季度内每

一种水果蔬菜 i 对应的每一种农药 c 的 IFS_c。

按农药种类，计算整个监测时间段内每种农药的 IFS_c，不区分水果蔬菜。若检测数据为该市多个月的数据，则需分别计算每个月、每个季度内每种农药的 IFS_c。

3）预警风险评估专业程序开发的基本要求

分别以 MRL 中国国家标准和 MRL 欧盟标准，按公式（6-3）逐个计算不同水果蔬菜、不同农药的风险系数，禁用农药和非禁用农药分别列表。

为清楚了解各种农药的预警风险，不分时间，不分水果蔬菜，按禁用农药和非禁用农药分类，分别计算各种检出农药全部检测时段内风险系数。由于有 MRL 中国国家标准的农药种类太少，无法计算超标数，非禁用农药的风险系数只以 MRL 欧盟标准为标准，进行计算。若检测数据为多个月的，则按月计算每个月、每个季度内每种禁用农药残留的风险系数和以 MRL 欧盟标准为标准的非禁用农药残留的风险系数。

4）风险程度评价专业应用程序的开发方法

采用 Python 计算机程序设计语言，Python 是一个高层次地结合了解释性、编译性、互动性和面向对象的脚本语言。风险评价专用程序主要功能包括：分别读入每例样品 LC-Q-TOF/MS 和 GC-Q-TOF/MS 农药残留检测数据，根据风险评价工作要求，依次对不同农药、不同食品、不同时间、不同采样点的 IFS_c 值和 R 值分别进行数据计算，筛选出禁用农药、超标农药（分别与 MRL 中国国家标准、MRL 欧盟标准限值进行对比）单独重点分析，再分别对各农药、各水果蔬菜种类分类处理，设计出计算和排序程序，编写计算机代码，最后将生成的膳食暴露风险评估和超标风险评估定量计算结果列入设计好的各个表格中，并定性判断风险对目标的影响程度，直接用文字描述风险发生的高低，如"不可接受"、"可以接受"、"没有影响"、"高度风险"、"中度风险"、"低度风险"。

6.2　LC-Q-TOF/MS 侦测南昌市市售水果蔬菜
农药残留膳食暴露风险评估

6.2.1　每例水果蔬菜样品中农药残留安全指数分析

基于农药残留侦测数据，发现在 329 例样品中检出农药 675 频次，计算样品中每种残留农药的安全指数 IFS_c，并分析农药对样品安全的影响程度，结果详见附表二，农药残留对水果蔬菜样品安全的影响程度频次分布情况如图 6-4 所示。

由图 6-4 可以看出，农药残留对样品安全的影响不可接受的频次为 2，占 0.3%；农药残留对样品安全的影响可以接受的频次为 16，占 2.37%；农药残留对样品安全没有影响的频次为 626，占 92.74%。分析发现，在 5 个月份内只有 2015 年 8 月、2016 年 5 月内分别有一种农药对样品安全影响不可接受，其他月份内，农药对样品安全的影响均在可以接受和没有影响的范围内。表 6-5 为对水果蔬菜样品中安全指数不可接受的农药残留列表。

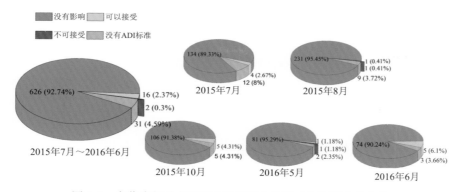

图 6-4　农药残留对水果蔬菜样品安全的影响程度频次分布图

表 6-5　水果蔬菜样品中安全影响不可接受的农药残留列表

序号	样品编号	采样点	基质	农药	含量（mg/kg）	IFSc
1	20160524-360100-JXCIQ-CE-01B	***市场	芹菜	甲拌磷	0.2367	2.1415
2	20150815-360100-JXCIQ-CE-06A	***超市（上海路店）	芹菜	甲拌磷	0.2116	1.9144

部分样品侦测出禁用农药 6 种 27 频次，为了明确残留的禁用农药对样品安全的影响，分析检出禁用农药残留的样品安全指数，禁用农药残留对水果蔬菜样品安全的影响程度频次分布情况如图 6-5 所示，农药残留对样品安全的影响不可接受的频次为 2，占 7.41%；农药残留对样品安全的影响可以接受的频次为 5，占 18.52%；农药残留对样品安全没有影响的频次为 20，占 74.07%。5 个月份的水果蔬菜样品中均侦测出禁用农药残留，分析发现，在该 5 个月份内只有 2015 年 8 月、2016 年 5 月内分别有一种禁用农药对样品安全影响不可接受，其他月份内，禁用农药对样品安全的影响均在可以接受和没有影响的范围内。表 6-6 列出了水果蔬菜样品中侦测出的禁用农药残留不可接受的安全指数表。

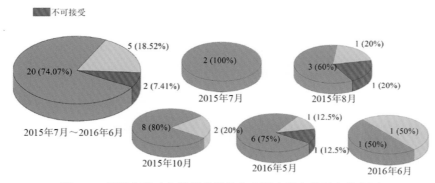

图 6-5　禁用农药对水果蔬菜样品安全影响程度的频次分布图

表 6-6　水果蔬菜样品中侦测出的禁用农药残留不可接受的安全指数表

序号	样品编号	采样点	基质	农药	含量（mg/kg）	IFSc
1	20160524-360100-JXCIQ-CE-01B	***市场	芹菜	甲拌磷	0.2367	2.1423
2	20150815-360100-JXCIQ-CE-06A	***超市（上海路店）	芹菜	甲拌磷	0.2116	1.9144

中国市售水果蔬菜农药残留报告（2015～2019）（华东卷二）

　　此外，本次侦测发现部分样品中非禁用农药残留量超过了欧盟标准，没有发现非禁用农药残留量超过 MRL 中国国家标准的样品，为了明确超标的非禁用农药对样品安全的影响，分析了非禁用农药残留超标的样品安全指数。

　　残留量超过 MRL 欧盟标准的非禁用农药对水果蔬菜样品安全的影响程度频次分布情况如图 6-6 所示。可以看出超过 MRL 欧盟标准的非禁用农药共 66 频次，其中农药没有 ADI 标准的频次为 5，占 7.58%；农药残留对样品安全的影响可以接受的频次为 10，占 15.15%；农药残留对样品安全没有影响的频次为 51，占 77.27%。表 6-7 为水果蔬菜样品中安全指数排名前 10 的残留超标非禁用农药列表（MRL 欧盟标准）。

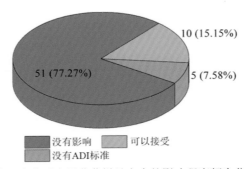

图 6-6　残留超标的非禁用农药对水果蔬菜样品安全的影响程度频次分布图（MRL 欧盟标准）

表 6-7　水果蔬菜样品中安全指数排名前 **10** 的残留超标非禁用农药列表（**MRL 欧盟标准**）

序号	样品编号	采样点	基质	农药	含量（mg/kg）	欧盟标准	IFS$_c$	影响程度
1	20150709-360100-JXCIQ-QC-12A	***超市（红谷滩万达广场店）	青菜	烯唑醇	0.666	0.01	0.8436	可以接受
2	20150709-360100-JXCIQ-QC-09A	***超市（红谷丽景店）	青菜	烯唑醇	0.2215	0.01	0.2806	可以接受
3	20151030-360100-JXCIQ-LJ-01A	***超市（红谷滩万达广场店）	辣椒	啶虫脒	2.6852	0.3	0.2429	可以接受
4	20160629-360100-JXCIQ-QC-03A	***超市（青山湖店）	青菜	氟硅唑	0.2191	0.01	0.1982	可以接受
5	20160630-360100-JXCIQ-QC-02A	***超市（八一大道店）	青菜	烯酰吗啉	5.0816	3	0.1609	可以接受
6	20150709-360100-JXCIQ-QC-10A	***超市（联发店）	青菜	烯唑醇	0.1124	0.01	0.1424	可以接受
7	20160629-360100-JXCIQ-LJ-03A	***超市（青山湖店）	辣椒	三唑磷	0.0195	0.01	0.1235	可以接受
8	20150709-360100-JXCIQ-QC-12A	***超市（红谷滩万达广场店）	青菜	氟硅唑	0.1267	0.01	0.1146	可以接受
9	20160630-360100-JXCIQ-QC-02A	***超市（八一大道店）	青菜	三唑酮	0.5319	0.1	0.1123	可以接受
10	20151030-360100-JXCIQ-PE-01A	***超市（红谷滩万达广场店）	梨	甲基硫菌灵	1.2911	0.5	0.1022	可以接受

　　在 329 例样品中，51 例样品未侦测出农药残留，278 例样品中侦测出农药残留，计算每例有农药检出样品的 $\overline{IFS}$ 值，进而分析样品的安全状态，结果如图 6-7 所示（未检出农药的样品安全状态视为很好）。可以看出，0.3% 的样品安全状态不可接受；0.61% 的样品安全状态可以接受；97.87% 的样品安全状态很好。此外，可以看出只有 2015 年 8 月

有 1 例样品安全状态不可接受,其他月份内的样品安全状态均在很好和可以接受的范围内。表 6-8 列出了安全状态不可接受的水果蔬菜样品。

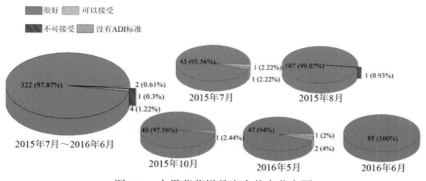

图 6-7 水果蔬菜样品安全状态分布图

表 6-8 水果蔬菜安全状态不可接受的样品列表

序号	样品编号	采样点	基质	IFS
1	20150815-360100-JXCIQ-CE-06A	***超市(上海路店)	芹菜	1.9145

6.2.2 单种水果蔬菜中农药残留安全指数分析

本次 49 种水果蔬菜侦测 66 种农药,检出频次为 675 次,其中 10 种农药没有 ADI 标准,56 种农药存在 ADI 标准。8 种水果蔬菜未侦测出任何农药,2 种水果蔬菜侦测出农药残留全部没有 ADI 标准,对其他的 39 种水果蔬菜按不同种类分别计算检出的具有 ADI 标准的各种农药的 IFS_c 值,农药残留对水果蔬菜的安全指数分布图如图 6-8 所示。

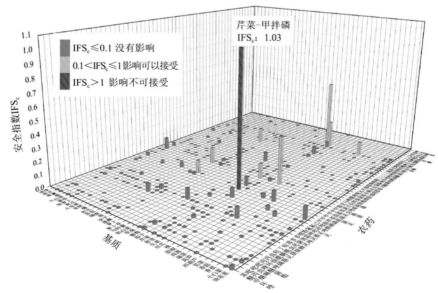

图 6-8 39 种水果蔬菜中 56 种残留农药的安全指数分布图

分析发现 1 种水果蔬菜（芹菜）中的甲拌磷残留对食品安全影响不可接受，如表 6-9 所示。

表 6-9　单种水果蔬菜中安全影响不可接受的残留农药安全指数表

序号	基质	农药	检出频次	检出率（%）	IFS>1 的频次	IFS>1 的比例（%）	IFS$_c$
1	芹菜	甲拌磷	4	10.53	2	5.26	1.0341

本次侦测中，41 种水果蔬菜和 66 种残留农药（包括没有 ADI 标准）共涉及 357 个分析样本，农药对单种水果蔬菜安全的影响程度分布情况如图 6-9 所示。可以看出，90.48%的样本中农药对水果蔬菜安全没有影响，2.24%的样本中农药对水果蔬菜安全的影响可以接受，0.28%的样本中农药对水果蔬菜安全的影响不可接受。

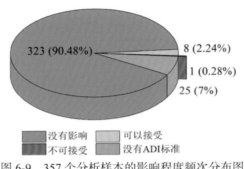

图 6-9　357 个分析样本的影响程度频次分布图

此外，分别计算 39 种水果蔬菜中所有检出农药 IFS$_c$ 的平均值$\overline{\text{IFS}}$，分析每种水果蔬菜的安全状态，结果如图 6-10 所示，分析发现，所有水果蔬菜的安全状态均为很好。

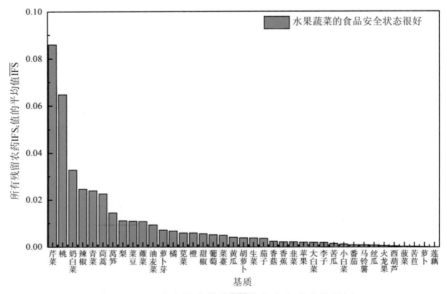

图 6-10　39 种水果蔬菜的$\overline{\text{IFS}}$值和安全状态统计图

对每个月内每种水果蔬菜中农药的 IFS_c 进行分析，并计算每月内每种水果蔬菜的 $\overline{IFS}$ 值，以评价每种水果蔬菜的安全状态，结果如图 6-11 所示，可以看出，所有月份的水果蔬菜的安全状态均处于很好和可以接受的范围内，各月份内单种水果蔬菜安全状态统计情况如图 6-12 所示。

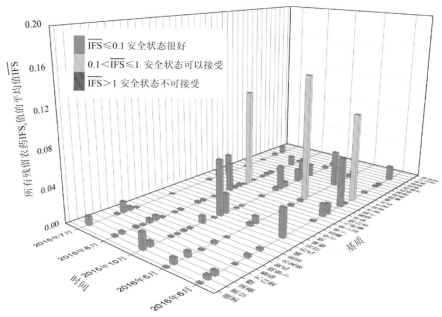

图 6-11　各月内每种水果蔬菜的 $\overline{IFS}$ 值与安全状态分布图

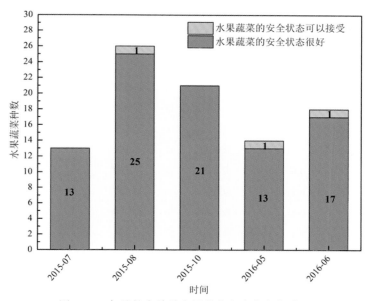

图 6-12　各月份内单种水果蔬菜安全状态统计图

6.2.3　所有水果蔬菜中农药残留安全指数分析

计算所有水果蔬菜中 56 种农药的 $\overline{IFS_c}$ 值，结果如图 6-13 及表 6-10 所示。

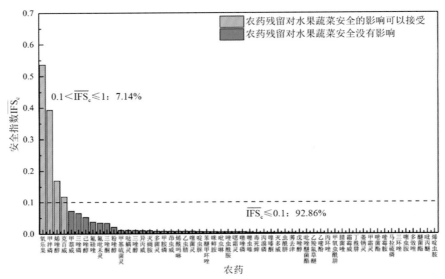

图 6-13　56 种残留农药对水果蔬菜的安全影响程度统计图

分析发现，所有农药的 $\overline{IFS_c}$ 均小于 1，所有农药对水果蔬菜安全的影响均在没有影响和可接受的范围内，其中 7.14% 的农药对水果蔬菜安全的影响可以接受，92.86% 的农药对水果蔬菜安全没有影响。

表 6-10　水果蔬菜中 56 种农药残留的安全指数表

序号	农药	检出频次	检出率（%）	$\overline{IFS_c}$	影响程度	序号	农药	检出频次	检出率（%）	$\overline{IFS_c}$	影响程度
1	氧乐果	1	0.15	0.5362	可以接受	14	三唑醇	7	1.04	0.0108	没有影响
2	甲拌磷	11	1.63	0.3929	可以接受	15	异丙威	2	0.30	0.0100	没有影响
3	烯唑醇	9	1.33	0.1692	可以接受	16	灭蝇胺	13	1.93	0.0098	没有影响
4	克百威	8	1.19	0.1187	可以接受	17	多菌灵	106	15.70	0.0083	没有影响
5	甲萘威	1	0.15	0.0724	没有影响	18	甲胺磷	1	0.15	0.0081	没有影响
6	三唑磷	2	0.30	0.0652	没有影响	19	茚虫威	1	0.15	0.0080	没有影响
7	己唑醇	2	0.30	0.0524	没有影响	20	烯酰吗啉	61	9.04	0.0080	没有影响
8	氟硅唑	11	1.63	0.0374	没有影响	21	乙虫腈	1	0.15	0.0079	没有影响
9	氟吡禾灵	1	0.15	0.0344	没有影响	22	噻菌灵	2	0.30	0.0078	没有影响
10	三唑酮	6	0.89	0.0335	没有影响	23	啶虫脒	66	9.78	0.0062	没有影响
11	粉唑醇	1	0.15	0.0209	没有影响	24	苯醚甲环唑	22	3.26	0.0061	没有影响
12	甲基硫菌灵	16	2.37	0.0113	没有影响	25	咪鲜胺	17	2.52	0.0058	没有影响
13	哒螨灵	7	1.04	0.0112	没有影响	26	吡虫啉	36	5.33	0.0053	没有影响

续表

序号	农药	检出频次	检出率（%）	$\overline{IFS_c}$	影响程度	序号	农药	检出频次	检出率（%）	$\overline{IFS_c}$	影响程度
27	唑虫酰胺	6	0.89	0.0052	没有影响	42	甲氧虫酰肼	4	0.59	0.0013	没有影响
28	噁霜灵	15	2.22	0.0051	没有影响	43	腈菌唑	3	0.44	0.0010	没有影响
29	噻唑磷	1	0.15	0.0051	没有影响	44	霜霉威	36	5.33	0.0010	没有影响
30	噻虫嗪	14	2.07	0.0043	没有影响	45	丁酰肼	3	0.44	0.0009	没有影响
31	毒死蜱	4	0.59	0.0034	没有影响	46	萎锈灵	1	0.15	0.0008	没有影响
32	丙溴磷	1	0.15	0.0032	没有影响	47	甲霜灵	26	3.85	0.0008	没有影响
33	噻嗪酮	3	0.44	0.0032	没有影响	48	嘧菌酯	10	1.48	0.0006	没有影响
34	灭多威	3	0.44	0.0030	没有影响	49	嘧霉胺	17	2.52	0.0005	没有影响
35	虫酰肼	3	0.44	0.0030	没有影响	50	马拉硫磷	26	3.85	0.0004	没有影响
36	莠去津	2	0.30	0.0028	没有影响	51	三环唑	2	0.30	0.0004	没有影响
37	戊唑醇	15	2.22	0.0023	没有影响	52	噻虫胺	4	0.59	0.0003	没有影响
38	吡唑醚菌酯	8	1.19	0.0022	没有影响	53	多效唑	5	0.74	0.0002	没有影响
39	乙羧氟草醚	1	0.15	0.0022	没有影响	54	醚菌酯	1	0.15	0.0002	没有影响
40	乙嘧酚	1	0.15	0.0020	没有影响	55	吡丙醚	4	0.59	0.0002	没有影响
41	丙环唑	10	1.48	0.0014	没有影响	56	烯啶虫胺	4	0.59	0.0001	没有影响

对每个月内所有水果蔬菜中残留农药的 $\overline{IFS_c}$ 进行分析，结果如图 6-14 所示。分析发现，所有农药对水果蔬菜安全的影响均处于可以接受和没有影响的范围内。每月内不同农药对水果蔬菜安全影响程度的统计如图 6-15 所示。

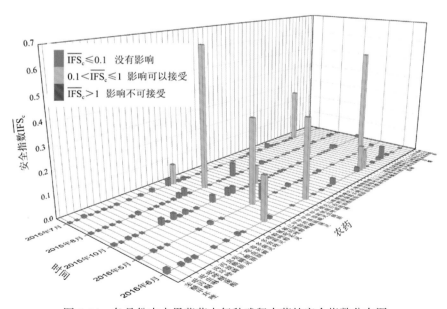

图 6-14　各月份内水果蔬菜中每种残留农药的安全指数分布图

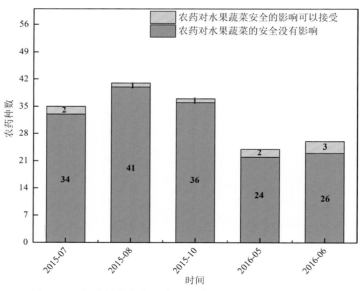

图 6-15　各月份内农药对水果蔬菜安全影响程度的统计图

　　计算每个月内水果蔬菜的$\overline{\text{IFS}}$，以分析每月内水果蔬菜的安全状态，结果如图 6-16 所示，可以看出，各个月份的水果蔬菜安全状态均处于很好的范围内。

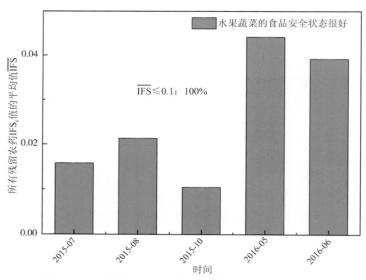

图 6-16　各月份内水果蔬菜的$\overline{\text{IFS}}$值与安全状态统计图

6.3　LC-Q-TOF/MS 侦测南昌市市售水果蔬菜农药残留预警风险评估

　　基于南昌市水果蔬菜样品中农药残留 LC-Q-TOF/MS 侦测数据，分析禁用农药的检出率，同时参照中华人民共和国国家标准 GB 2763—2016 和欧盟农药最大残留限量（MRL）标准分析非禁用农药残留的超标率，并计算农药残留风险系数。分析单种水果蔬菜中农药残留以及所有水果蔬菜中农药残留的风险程度。

6.3.1　单种水果蔬菜中农药残留风险系数分析

6.3.1.1　单种水果蔬菜中禁用农药残留风险系数分析

侦测出的 66 种残留农药中有 6 种为禁用农药，且它们分布在 11 种水果蔬菜中，计算 11 种水果蔬菜中禁用农药的超标率，根据超标率计算风险系数 R，进而分析水果蔬菜中禁用农药的风险程度，结果如图 6-17 与表 6-11 所示。分析发现 6 种禁用农药在 11 种水果蔬菜中的残留处均于高度风险。

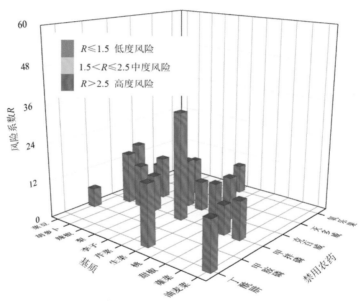

图 6-17　11 种水果蔬菜中 6 种禁用农药的风险系数分布图

表 6-11　11 种水果蔬菜中 6 种禁用农药的风险系数列表

序号	基质	农药	检出频次	检出率（%）	风险系数 R	风险程度
1	芹菜	甲拌磷	4	33.33	34.43	高度风险
2	生菜	丁酰肼	2	18.18	19.28	高度风险
3	胡萝卜	甲拌磷	2	15.38	16.48	高度风险
4	菜豆	克百威	3	15.00	16.10	高度风险
5	李子	克百威	1	14.29	15.39	高度风险
6	油麦菜	丁酰肼	1	14.29	15.39	高度风险

续表

序号	基质	农药	检出频次	检出率（%）	风险系数 R	风险程度
7	辣椒	克百威	1	12.50	13.60	高度风险
8	辣椒	甲拌磷	1	12.50	13.60	高度风险
9	桃	克百威	1	12.50	13.60	高度风险
10	蕹菜	甲拌磷	1	11.11	12.21	高度风险
11	梨	灭多威	2	10.53	11.63	高度风险
12	梨	甲拌磷	2	10.53	11.63	高度风险
13	生菜	克百威	1	9.09	10.19	高度风险
14	芹菜	克百威	1	8.33	9.43	高度风险
15	芹菜	氧乐果	1	8.33	9.43	高度风险
16	甜椒	甲拌磷	1	8.33	9.43	高度风险
17	菜豆	灭多威	1	5.00	6.10	高度风险
18	菜豆	甲胺磷	1	5.00	6.10	高度风险

6.3.1.2　基于 MRL 中国国家标准的单种水果蔬菜中非禁用农药残留风险 系数分析

参照中华人民共和国国家标准 GB 2763—2016 中农药残留限量计算每种水果蔬菜中每种非禁用农药的超标率，进而计算其风险系数，根据风险系数大小判断残留农药的预警风险程度，水果蔬菜中非禁用农药残留风险程度分布情况如图 6-18 所示。

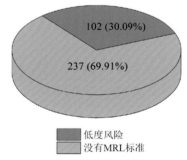

图 6-18　水果蔬菜中非禁用农药风险程度的频次分布图（MRL 中国国家标准）

本次分析中，发现在 41 种水果蔬菜检出 60 种残留非禁用农药，涉及样本 339 个，在 339 个样本中，30.09%处于低度风险，此外发现有 237 个样本没有 MRL 中国国家标准值，无法判断其风险程度，有 MRL 中国国家标准值的 102 个样本涉及 25 种水果蔬菜中的 29 种非禁用农药，其风险系数 R 值如图 6-19 所示。

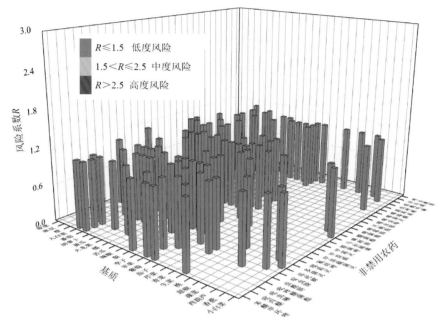

图 6-19　25 种水果蔬菜中 29 种非禁用农药的风险系数分布图（MRL 中国国家标准）

6.3.1.3　基于 MRL 欧盟标准的单种水果蔬菜中非禁用农药残留风险系数分析

参照 MRL 欧盟标准计算每种水果蔬菜中每种非禁用农药的超标率，进而计算其风险系数，根据风险系数大小判断农药残留的预警风险程度，水果蔬菜中非禁用农药残留风险程度分布情况如图 6-20 所示。

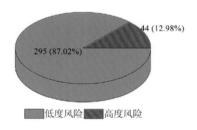

图 6-20　水果蔬菜中非禁用农药的风险程度的频次分布图（MRL 欧盟标准）

本次分析中，发现在 41 种水果蔬菜中共侦测出 60 种非禁用农药，涉及样本 339 个，其中，12.98% 处于高度风险，涉及 22 种水果蔬菜和 28 种农药；87.02% 处于低度风险，涉及 40 种水果蔬菜和 56 种农药。单种水果蔬菜中的非禁用农药风险系数分布图如图 6-21 所示。单种水果蔬菜中处于高度风险的非禁用农药风险系数如图 6-22 和表 6-12 所示。

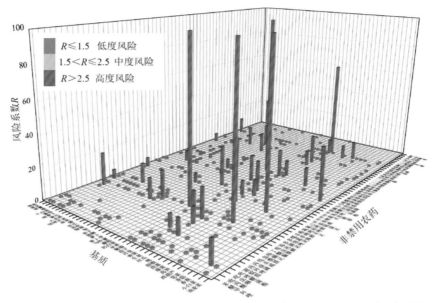

图 6-21　41 种水果蔬菜中 60 种非禁用农药的风险系数分布图（MRL 欧盟标准）

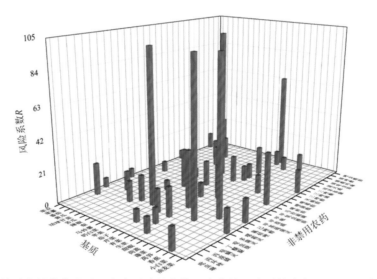

图 6-22　单种水果蔬菜中处于高度风险的非禁用农药的风险系数分布图（MRL 欧盟标准）

表 6-12　单种水果蔬菜中处于高度风险的非禁用农药的风险系数表（MRL 欧盟标准）

序号	基质	农药	超标频次	超标率 P（%）	风险系数 R
1	奶白菜	多菌灵	1	100	101.10
2	奶白菜	灭蝇胺	1	100	101.10
3	茼蒿	多菌灵	1	100	101.10
4	莴笋	氟硅唑	1	100	101.10
5	青菜	烯唑醇	7	63.64	64.74

续表

序号	基质	农药	超标频次	超标率 P（%）	风险系数 R
6	青菜	氟硅唑	4	36.36	37.46
7	小白菜	马拉硫磷	2	33.33	34.43
8	马铃薯	甲哌	1	25.00	26.10
9	菜薹	丁醚脲	1	20.00	21.10
10	菜薹	唑虫酰胺	1	20.00	21.10
11	青菜	三唑酮	2	18.18	19.28
12	青菜	啶虫脒	2	18.18	19.28
13	青菜	甲氧虫酰肼	2	18.18	19.28
14	芹菜	嘧霉胺	2	16.67	17.77
15	梨	多菌灵	3	15.79	16.89
16	苹果	马拉硫磷	3	15.79	16.89
17	苦瓜	速灭威	1	14.29	15.39
18	茄子	啶虫脒	2	14.29	15.39
19	油麦菜	三唑醇	1	14.29	15.39
20	油麦菜	多菌灵	1	14.29	15.39
21	油麦菜	己唑醇	1	14.29	15.39
22	香蕉	吡虫啉	2	13.33	14.43
23	结球甘蓝	双苯基脲	1	12.50	13.60
24	辣椒	三唑磷	1	12.50	13.60
25	辣椒	啶虫脒	1	12.50	13.60
26	黄瓜	噁霜灵	2	11.76	12.86
27	蕹菜	嘧菌酯	1	11.11	12.21
28	蕹菜	烯酰吗啉	1	11.11	12.21
29	菜豆	烯酰吗啉	2	10.00	11.10
30	青菜	三唑醇	1	9.09	10.19
31	青菜	哒螨灵	1	9.09	10.19
32	青菜	灭蝇胺	1	9.09	10.19
33	青菜	烯酰吗啉	1	9.09	10.19
34	生菜	丙环唑	1	9.09	10.19
35	生菜	甲哌	1	9.09	10.19
36	芹菜	甲萘威	1	8.33	9.43
37	甜椒	烯啶虫胺	1	8.33	9.43
38	茄子	丙溴磷	1	7.14	8.24
39	番茄	马拉硫磷	1	6.25	7.35
40	梨	咪鲜胺	1	5.26	6.36
41	梨	甲基硫菌灵	1	5.26	6.36
42	菜豆	三唑醇	1	5.00	6.10

续表

序号	基质	农药	超标频次	超标率 P（%）	风险系数 R
43	菜豆	多菌灵	1	5.00	6.10
44	菜豆	甲基硫菌灵	1	5.00	6.10

6.3.2　所有水果蔬菜中农药残留风险系数分析

6.3.2.1　所有水果蔬菜中禁用农药残留风险系数分析

在侦测出的 66 种农药中有 6 种为禁用农药，计算所有水果蔬菜中禁用农药的风险系数，结果如表 6-13 所示。禁用农药甲拌磷、克百威处于高度风险，丁酰肼和灭多威 2 种禁用农药处于中度风险，剩余 2 种禁用农药处于低度风险。

表 6-13　水果蔬菜中 6 种禁用农药的风险系数表

序号	农药	检出频次	检出率（%）	风险系数 R	风险程度
1	甲拌磷	11	3.34	4.44	高度风险
2	克百威	8	2.43	3.53	高度风险
3	丁酰肼	3	0.91	2.01	中度风险
4	灭多威	3	0.91	2.01	中度风险
5	甲胺磷	1	0.30	1.40	低度风险
6	氧乐果	1	0.30	1.40	低度风险

对每个月内的禁用农药的风险系数进行分析，结果如图 6-23 和表 6-14 所示。

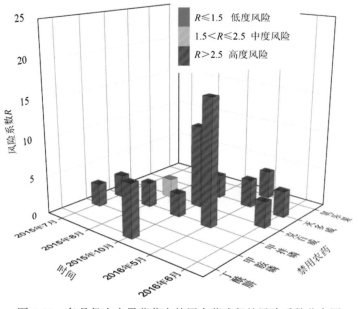

图 6-23　各月份内水果蔬菜中禁用农药残留的风险系数分布图

表 6-14　各月份内水果蔬菜中禁用农药的风险系数表

序号	年月	农药	检出频次	检出率 P（%）	风险系数 R	风险程度
1	2015 年 7 月	甲胺磷	1	1.89	2.99	高度风险
2	2015 年 7 月	甲拌磷	1	1.89	2.99	高度风险
3	2015 年 8 月	甲拌磷	3	2.10	3.20	高度风险
4	2015 年 8 月	克百威	2	1.40	2.50	中度风险
5	2015 年 10 月	克百威	5	9.80	10.90	高度风险
6	2015 年 10 月	丁酰肼	3	5.88	6.98	高度风险
7	2015 年 10 月	甲拌磷	1	1.96	3.06	高度风险
8	2015 年 10 月	灭多威	1	1.96	3.06	高度风险
9	2016 年 5 月	甲拌磷	6	15.38	16.48	高度风险
10	2016 年 5 月	灭多威	1	2.56	3.66	高度风险
11	2016 年 5 月	氧乐果	1	2.56	3.66	高度风险
12	2016 年 6 月	克百威	1	2.33	3.43	高度风险
13	2016 年 6 月	灭多威	1	2.33	3.43	高度风险

6.3.2.2　所有水果蔬菜中非禁用农药残留风险系数分析

参照 MRL 欧盟标准计算所有水果蔬菜中每种非禁用农药残留的风险系数，如图 6-24 与表 6-15 所示。在侦测出的 60 种非禁用农药中，5 种农药（7.6%）残留处于高度风险，10 种农药（15.2%）残留处于中度风险，45 种农药（77.2%）残留处于低度风险。

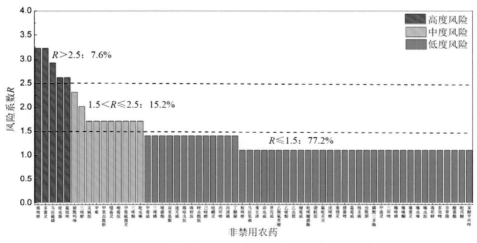

图 6-24　水果蔬菜中 60 种非禁用农药的风险程度统计图

表 6-15　水果蔬菜中 60 种非禁用农药的风险系数表

序号	农药	超标频次	超标率 P（%）	风险系数 R	风险程度
1	烯唑醇	7	2.13	3.23	高度风险
2	多菌灵	7	2.13	3.23	高度风险
3	马拉硫磷	6	1.82	2.92	高度风险
4	啶虫脒	5	1.52	2.62	高度风险
5	氟硅唑	5	1.52	2.62	高度风险
6	烯酰吗啉	4	1.22	2.32	中度风险
7	三唑醇	3	0.91	2.01	中度风险
8	灭蝇胺	2	0.61	1.71	中度风险
9	甲哌	2	0.61	1.71	中度风险
10	甲氧虫酰肼	2	0.61	1.71	中度风险
11	噁霜灵	2	0.61	1.71	中度风险
12	嘧霉胺	2	0.61	1.71	中度风险
13	甲基硫菌灵	2	0.61	1.71	中度风险
14	三唑酮	2	0.61	1.71	中度风险
15	吡虫啉	2	0.61	1.71	中度风险
16	甲萘威	1	0.30	1.40	低度风险
17	三唑磷	1	0.30	1.40	低度风险
18	嘧菌酯	1	0.30	1.40	低度风险
19	双苯基脲	1	0.30	1.40	低度风险
20	速灭威	1	0.30	1.40	低度风险
21	烯啶虫胺	1	0.30	1.40	低度风险
22	咪鲜胺	1	0.30	1.40	低度风险
23	唑虫酰胺	1	0.30	1.40	低度风险
24	己唑醇	1	0.30	1.40	低度风险
25	哒螨灵	1	0.30	1.40	低度风险
26	丙环唑	1	0.30	1.40	低度风险
27	丙溴磷	1	0.30	1.40	低度风险
28	丁醚脲	1	0.30	1.40	低度风险
29	粉唑醇	0	1.96	1.10	低度风险
30	马拉氧磷	0	1.96	1.10	低度风险
31	莠去津	0	1.89	1.10	低度风险
32	茚虫威	0	1.89	1.10	低度风险
33	异丙威	0	1.89	1.10	低度风险

续表

序号	农药	超标频次	超标率 P（%）	风险系数 R	风险程度
34	乙羧氟草醚	0	1.89	1.10	低度风险
35	乙嘧酚	0	1.89	1.10	低度风险
36	乙虫腈	0	1.89	1.10	低度风险
37	缬霉威	0	1.89	1.10	低度风险
38	吡唑醚菌酯	0	1.89	1.10	低度风险
39	避蚊胺	0	1.89	1.10	低度风险
40	氟吡禾灵	0	1.40	1.10	低度风险
41	戊唑醇	0	0.70	1.10	低度风险
42	萎锈灵	0	0.70	1.10	低度风险
43	腈菌唑	0	0.70	1.10	低度风险
44	霜霉威	0	0.70	1.10	低度风险
45	残杀威	0	0.70	1.10	低度风险
46	虫酰肼	0	0.70	1.10	低度风险
47	磷酸三苯酯	0	0	1.10	低度风险
48	甲霜灵	0	0	1.10	低度风险
49	三环唑	0	0	1.10	低度风险
50	噻唑磷	0	0	1.10	低度风险
51	噻嗪酮	0	0	1.10	低度风险
52	噻菌灵	0	0	1.10	低度风险
53	噻虫嗪	0	0	1.10	低度风险
54	噻虫胺	0	0	1.10	低度风险
55	毒死蜱	0	0	1.10	低度风险
56	多效唑	0	0	1.10	低度风险
57	非草隆	0	0	1.10	低度风险
58	醚菌酯	0	0	1.10	低度风险
59	吡丙醚	0	0	1.10	低度风险
60	苯醚甲环唑	0	0	1.10	低度风险

　　对每个月份内的非禁用农药的风险系数分析，每月内非禁用农药风险程度分布图如图 6-25 所示。5 个月份内处于高度风险的农药数排序为 2015 年 7 月（14）＞2015 年 10 月（11）=2016 年 6 月（11）＞2016 年 5 月（3）。

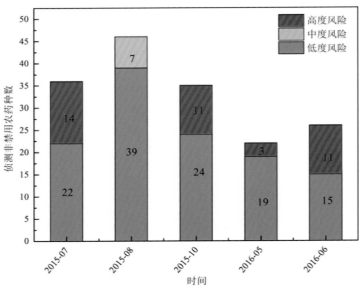

图 6-25　各月份水果蔬菜中非禁用农药残留的风险程度分布图

5 个月份内水果蔬菜中非禁用农药处于中度风险和高度风险的风险系数如图 6-26 和表 6-16 所示。

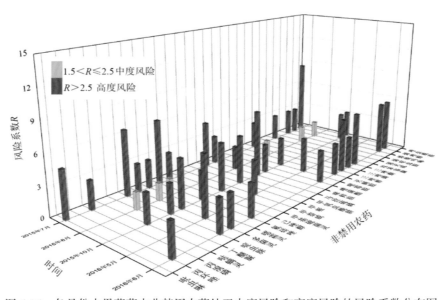

图 6-26　各月份水果蔬菜中非禁用农药处于中度风险和高度风险的风险系数分布图

表 6-16　各月份水果蔬菜中非禁用农药处于中度风险和高度风险的风险系数表

序号	年月	农药	超标频次	超标率 P（%）	风险系数 R	风险程度
1	2015 年 7 月	烯唑醇	4	7.55	8.65	高度风险
2	2015 年 7 月	啶虫脒	3	5.66	6.76	高度风险

续表

序号	年月	农药	超标频次	超标率 P（%）	风险系数 R	风险程度
3	2015 年 7 月	氟硅唑	3	5.66	6.76	高度风险
4	2015 年 7 月	吡虫啉	2	3.77	4.87	高度风险
5	2015 年 7 月	甲氧虫酰肼	2	3.77	4.87	高度风险
6	2015 年 7 月	丙溴磷	1	1.89	2.99	高度风险
7	2015 年 7 月	多菌灵	1	1.89	2.99	高度风险
8	2015 年 7 月	噁霜灵	1	1.89	2.99	高度风险
9	2015 年 7 月	己唑醇	1	1.89	2.99	高度风险
10	2015 年 7 月	马拉硫磷	1	1.89	2.99	高度风险
11	2015 年 7 月	三唑醇	1	1.89	2.99	高度风险
12	2015 年 7 月	双苯基脲	1	1.89	2.99	高度风险
13	2015 年 7 月	烯啶虫胺	1	1.89	2.99	高度风险
14	2015 年 7 月	烯酰吗啉	1	1.89	2.99	高度风险
15	2015 年 8 月	马拉硫磷	2	1.40	2.50	中度风险
16	2015 年 8 月	丁醚脲	1	0.70	1.80	中度风险
17	2015 年 8 月	多菌灵	1	0.70	1.80	中度风险
18	2015 年 8 月	噁霜灵	1	0.70	1.80	中度风险
19	2015 年 8 月	灭蝇胺	1	0.70	1.80	中度风险
20	2015 年 8 月	速灭威	1	0.70	1.80	中度风险
21	2015 年 8 月	烯酰吗啉	1	0.70	1.80	中度风险
22	2015 年 10 月	马拉硫磷	3	5.88	6.98	高度风险
23	2015 年 10 月	多菌灵	2	3.92	5.02	高度风险
24	2015 年 10 月	甲基硫菌灵	2	3.92	5.02	高度风险
25	2015 年 10 月	甲哌	2	3.92	5.02	高度风险
26	2015 年 10 月	哒螨灵	1	1.96	3.06	高度风险
27	2015 年 10 月	啶虫脒	1	1.96	3.06	高度风险
28	2015 年 10 月	氟硅唑	1	1.96	3.06	高度风险
29	2015 年 10 月	咪鲜胺	1	1.96	3.06	高度风险
30	2015 年 10 月	嘧霉胺	1	1.96	3.06	高度风险
31	2015 年 10 月	烯唑醇	1	1.96	3.06	高度风险
32	2015 年 10 月	唑虫酰胺	1	1.96	3.06	高度风险
33	2016 年 5 月	多菌灵	2	5.13	6.23	高度风险
34	2016 年 5 月	甲萘威	1	2.56	3.66	高度风险
35	2016 年 5 月	嘧霉胺	1	2.56	3.66	高度风险

续表

序号	年月	农药	超标频次	超标率 P（%）	风险系数 R	风险程度
36	2016 年 6 月	三唑醇	2	4.65	5.75	高度风险
37	2016 年 6 月	三唑酮	2	4.65	5.75	高度风险
38	2016 年 6 月	烯酰吗啉	2	4.65	5.75	高度风险
39	2016 年 6 月	烯唑醇	2	4.65	5.75	高度风险
40	2016 年 6 月	丙环唑	1	2.33	3.43	高度风险
41	2016 年 6 月	啶虫脒	1	2.33	3.43	高度风险
42	2016 年 6 月	多菌灵	1	2.33	3.43	高度风险
43	2016 年 6 月	氟硅唑	1	2.33	3.43	高度风险
44	2016 年 6 月	嘧菌酯	1	2.33	3.43	高度风险
45	2016 年 6 月	灭蝇胺	1	2.33	3.43	高度风险
46	2016 年 6 月	三唑磷	1	2.33	3.43	高度风险

6.4　LC-Q-TOF/MS 侦测南昌市市售水果蔬菜农药残留风险评估结论与建议

农药残留是影响水果蔬菜安全和质量的主要因素，也是我国食品安全领域备受关注的敏感话题和亟待解决的重大问题之一[15,16]。各种水果蔬菜均存在不同程度的农药残留现象，本研究主要针对南昌市各类水果蔬菜存在的农药残留问题，基于 2015 年 7 月~2016 年 6 月对南昌市 329 例水果蔬菜样品中农药残留侦测得出的 675 个侦测结果，分别采用食品安全指数模型和风险系数模型，开展水果蔬菜中农药残留的膳食暴露风险和预警风险评估。水果蔬菜样品取自超市和农贸市场，符合大众的膳食来源，风险评价时更具有代表性和可信度。

本研究力求通用简单地反映食品安全中的主要问题，且为管理部门和大众容易接受，为政府及相关管理机构建立科学的食品安全信息发布和预警体系提供科学的规律与方法，加强对农药残留的预警和食品安全重大事件的预防，控制食品风险。

6.4.1　南昌市水果蔬菜中农药残留膳食暴露风险评价结论

1）水果蔬菜样品中农药残留安全状态评价结论

采用食品安全指数模型，对 2015 年 7 月~2016 年 6 月期间南昌市水果蔬菜食品农药残留膳食暴露风险进行评价，根据 IFS_c 的计算结果发现，水果蔬菜中农药的 $\overline{IFS}$ 为 0.0306，说明南昌市水果蔬菜总体处于很好的安全状态，但部分禁用农药、高残留农药在蔬菜、水果中仍有检出，导致膳食暴露风险的存在，成为不安全因素。

2）单种水果蔬菜中农药膳食暴露风险不可接受情况评价结论

单种水果蔬菜中农药残留安全指数分析结果显示，农药对单种水果蔬菜安全影响不可接受（$IFS_c > 1$）的样本数共 1 个，占总样本数的 0.28%，1 个样本为芹菜中的甲拌磷，说明芹菜中的甲拌磷会对消费者身体健康造成较大的膳食暴露风险。甲拌磷属于禁用的剧毒农药，且芹菜为较常见的蔬菜，百姓日常食用量较大，长期食用大量残留甲拌磷的芹菜会对人体造成不可接受的影响，本次检测发现甲拌磷在芹菜样品中多次并大量检出，是未严格实施农业良好管理规范（GAP），抑或是农药滥用，这应该引起相关管理部门的警惕，应加强对芹菜中甲拌磷的严格管控。

3）禁用农药膳食暴露风险评价

本次检测发现部分水果蔬菜样品中有禁用农药检出，检出禁用农药 6 种，检出频次为 27，水果蔬菜样品中的禁用农药 IFS_c 计算结果表明，禁用农药残留膳食暴露风险不可接受的频次为 2，占 7.41%；可以接受的频次为 5，占 18.52%；没有影响的频次为 20，占 74.07%。对于水果蔬菜样品中所有农药而言，膳食暴露风险不可接受的频次为 2，仅占总体频次的 0.3%。可以看出，禁用农药的膳食暴露风险不可接受的比例远高于总体水平，这在一定程度上说明禁用农药更容易导致严重的膳食暴露风险。此外，膳食暴露风险不可接受的残留禁用农药均为甲拌磷，因此，应该加强对禁用农药甲拌磷的管控力度。为何在国家明令禁止禁用农药喷洒的情况下，还能在多种水果蔬菜中多次检出禁用农药残留并造成不可接受的膳食暴露风险，这应该引起相关部门的高度警惕，应该在禁止禁用农药喷洒的同时，严格管控禁用农药的生产和售卖，从根本上杜绝安全隐患。

6.4.2　南昌市水果蔬菜中农药残留预警风险评价结论

1）单种水果蔬菜中禁用农药残留的预警风险评价结论

本次检测过程中，在 11 种水果蔬菜中检测超出 6 种禁用农药，禁用农药为：灭多威、甲胺磷、克百威、甲拌磷、氧乐果、丁酰肼，水果蔬菜为：菜豆、胡萝卜、辣椒、梨、李子、生菜、芹菜、桃、甜椒、蕹菜、油麦菜，水果蔬菜中禁用农药的风险系数分析结果显示，6 种禁用农药在 11 种水果蔬菜中的残留均处于高度风险，说明在单种水果蔬菜中禁用农药的残留会导致较高的预警风险。

2）单种水果蔬菜中非禁用农药残留的预警风险评价结论

以 MRL 中国国家标准为标准，计算水果蔬菜中非禁用农药风险系数情况下，339 个样本中，无处于高度风险，102 个处于低度风险（30.09%），237 个样本没有 MRL 中国国家标准（69.91%）。以 MRL 欧盟标准为标准，计算水果蔬菜中非禁用农药风险系数情况下，发现有 44 个处于高度风险（12.98%），295 个处于低度风险（87.02%）。基于两种 MRL 标准，评价的结果差异显著，可以看出 MRL 欧盟标准比中国国家标准更加严格和完善，过于宽松的 MRL 中国国家标准值能否有效保障人体的健康有待研究。

6.4.3　加强南昌市水果蔬菜食品安全建议

我国食品安全风险评价体系仍不够健全，相关制度不够完善，多年来，由于农药用药次数多、用药量大或用药间隔时间短，产品残留量大，农药残留所造成的食品安全问题日益严峻，给人体健康带来了直接或间接的危害。据估计，美国与农药有关的癌症患者数约占全国癌症患者总数的 50%，中国更高。同样，农药对其他生物也会形成直接杀伤和慢性危害，植物中的农药可经过食物链逐级传递并不断蓄积，对人和动物构成潜在威胁，并影响生态系统。

基于本次农药残留侦测数据的风险评价结果，提出以下几点建议：

1）加快食品安全标准制定步伐

我国食品标准中对农药每日允许最大摄入量 ADI 的数据严重缺乏，在本次评价所涉及的 66 种农药中，仅有 84.8% 的农药具有 ADI 值，而 15.2% 的农药中国尚未规定相应的 ADI 值，亟待完善。

我国食品中农药最大残留限量值的规定严重缺乏，对评估涉及的不同水果蔬菜中不同农药 357 个 MRL 限值进行统计来看，我国仅制定出 118 个标准，我国标准完整率仅为 33.1%，欧盟的完整率达到 100%（表 6-17）。因此，中国更应加快 MRL 标准的制定步伐。

表 6-17　我国国家食品标准农药的 ADI、MRL 值与欧盟标准的数量差异

分类		中国 ADI	MRL 中国国家标准	MRL 欧盟标准
标准限值（个）	有	56	118	357
	无	10	239	0
总数（个）		66	357	357
无标准限值比例（%）		15.2	66.9	0

此外，MRL 中国国家标准限值普遍高于欧盟标准限值，这些标准中共有 66 个高于欧盟。过高的 MRL 值难以保障人体健康，建议继续加强对限值基准和标准的科学研究，将农产品中的危险性减少到尽可能低的水平。

2）加强农药的源头控制和分类监管

在南昌市某些水果蔬菜中仍有禁用农药残留，利用 LC-Q-TOF/MS 技术侦测出 6 种禁用农药，检出频次为 27 次，残留禁用农药均存在较大的膳食暴露风险和预警风险。早已列入黑名单的禁用农药在我国并未真正退出，有些药物由于价格便宜、工艺简单，此类高毒农药一直生产和使用。建议在我国采取严格有效的控制措施，从源头控制禁用农药。

对于非禁用农药，在我国作为"田间地头"最典型单位的县级蔬果产地中，农药残留的检测几乎缺失。建议根据农药的毒性，对高毒、剧毒、中毒农药实现分类管理，减少使用高毒和剧毒高残留农药，进行分类监管。

3）加强残留农药的生物修复及降解新技术

市售果蔬中残留农药的品种多、频次高、禁用农药多次检出这一现状，说明了我国的田间土壤和水体因农药长期、频繁、不合理的使用而遭到严重污染。为此，建议中国

相关部门出台相关政策，鼓励高校及科研院所积极开展分子生物学、酶学等研究，加强土壤、水体中残留农药的生物修复及降解新技术研究，切实加大农药监管力度，以控制农药的面源污染问题。

综上所述，在本工作基础上，根据蔬菜残留危害，可进一步针对其成因提出和采取严格管理、大力推广无公害蔬菜种植与生产、健全食品安全控制技术体系、加强蔬菜食品质量检测体系建设和积极推行蔬菜食品质量追溯制度等相应对策。建立和完善食品安全综合评价指数与风险监测预警系统，对食品安全进行实时、全面的监控与分析，为我国的食品安全科学监管与决策提供新的技术支持，可实现各类检验数据的信息化系统管理，降低食品安全事故的发生。

第7章　GC-Q-TOF/MS 侦测南昌市 329 例市售水果蔬菜样品农药残留报告

从南昌市所属 6 个区，随机采集了 329 例水果蔬菜样品，使用气相色谱-四极杆飞行时间质谱（GC-Q-TOF/MS）对 507 种农药化学污染物进行示范侦测。

7.1　样品种类、数量与来源

7.1.1　样品采集与检测

为了真实反映百姓餐桌上水果蔬菜中农药残留污染状况，本次所有检测样品均由检验人员于 2015 年 7 月至 2016 年 6 月期间，从南昌市所属 15 个采样点，包括 1 个农贸市场和 14 个超市，以随机购买方式采集，总计 19 批 329 例样品，从中检出农药 115 种，849 频次。采样及监测概况见表 7-1 及图 7-1，样品及采样点明细见表 7-2 及表 7-3（侦测原始数据见附表 1）。

序号	行政区域	水果采样量	蔬菜及其他采样量	合计
1	西湖区	5	13	18
2	新建区	31	70	101
3	青山湖区	20	59	79
4	东湖区	21	77	98
5	湾里区	3	11	14
6	青云谱区	5	14	19

图 7-1　南昌市所属 15 个采样点 329 例样品分布图

表 7-1　农药残留监测总体概况

采样地区	南昌市所属 6 个区
采样点（超市+农贸市场）	15
样本总数	329
检出农药品种/频次	115/849
各采样点样本农药残留检出率范围	58.1%~100.0%

表 7-2　样品分类及数量

样品分类	样品名称（数量）	数量小计
1. 水果		85
1）仁果类水果	苹果（19），梨（19）	38
2）核果类水果	桃（8），李子（7）	15
3）浆果和其他小型水果	葡萄（2）	2
4）热带和亚热带水果	香蕉（15），火龙果（9）	24
5）柑橘类水果	橘（5），橙（1）	6
2. 食用菌		14
1）蘑菇类	香菇（4），蘑菇（2），杏鲍菇（5），金针菇（3）	14
3. 蔬菜		230
1）豆类蔬菜	菜豆（20）	20
2）鳞茎类蔬菜	韭菜（5）	5
3）水生类蔬菜	莲藕（1）	1
4）叶菜类蔬菜	蕹菜（9），苦苣（1），芹菜（12），菠菜（4），苋菜（6），奶白菜（1），油麦菜（7），小白菜（6），生菜（11），大白菜（4），茼蒿（1），青菜（11），莴笋（1）	74
5）芸薹属类蔬菜	结球甘蓝（8），花椰菜（1），紫甘蓝（1），青花菜（1），菜薹（5）	16
6）茄果类蔬菜	番茄（16），甜椒（12），辣椒（8），茄子（14）	50
7）瓜类蔬菜	黄瓜（17），西葫芦（4），南瓜（2），冬瓜（8），苦瓜（7），丝瓜（3）	41
8）芽菜类蔬菜	萝卜芽（1）	1
9）根茎类和薯芋类蔬菜	胡萝卜（13），马铃薯（4），萝卜（3），姜（2）	22
合计	1.水果 9 种 2.食用菌 4 种 3.蔬菜 36 种	329

表 7-3　南昌市采样点信息

采样点序号	行政区域	采样点
农贸市场（1）		
1	湾里区	***市场
超市（14）		
1	东湖区	***超市（世贸广场）
2	东湖区	***超市（解放店）
3	东湖区	***超市（八一广场店）
4	东湖区	***超市（八一大道店）

续表

采样点序号	行政区域	采样点
5	新建区	***超市（地中海店）
6	新建区	***超市（红谷丽景店）
7	西湖区	***超市（八一店）
8	青云谱区	***超市（解放西路）
9	青山湖区	***超市（红谷滩万达广场店）
10	青山湖区	***超市（青山湖店）
11	青山湖区	***超市（江大南路店）
12	青山湖区	***超市（联发店）
13	青山湖区	***超市（上海路店）
14	青山湖区	***大楼（城东店）

7.1.2　检测结果

这次使用的检测方法是庞国芳院士团队最新研发的不需使用标准品对照，而以高分辨精确质量数（0.0001 m/z）为基准的 GC-Q-TOF/MS 检测技术，对于 329 例样品，每个样品均侦测了 507 种农药化学污染物的残留现状。通过本次侦测，在 329 例样品中共计检出农药化学污染物 115 种，检出 849 频次。

7.1.2.1　各采样点样品检出情况

统计分析发现 15 个采样点中，被测样品的农药检出率范围为 58.1%~100.0%。其中，***超市（世贸广场）和***超市（联发店）的检出率最高，均为 100.0%。***超市（八一广场店）的检出率最低，为 58.1%，见图 7-2。

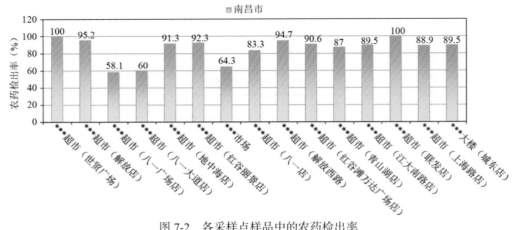

图 7-2　各采样点样品中的农药检出率

7.1.2.2　检出农药的品种总数与频次

统计分析发现，对于 329 例样品中 507 种农药化学污染物的侦测，共检出农药 849 频次，涉及农药 115 种，结果如图 7-3 所示。其中除虫菊酯检出频次最高，共检出 86 次。检出频次排名前 10 的农药如下：①除虫菊酯（86）；②毒死蜱（74）；③烯虫酯（35）；④仲丁威（30）；⑤腐霉利（27）；⑥哒螨灵（25）；⑦嘧霉胺（24）；⑧戊唑醇（24）；⑨烯唑醇（23）；⑩新燕灵（21）。

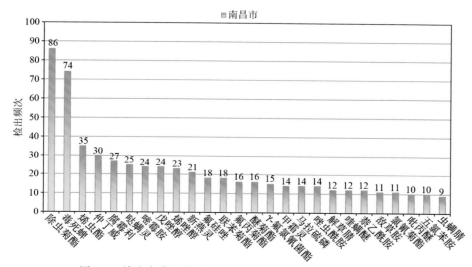

图 7-3　检出农药品种及频次（仅列出 9 频次及以上的数据）

由图 7-4 可见，菜豆、青菜、芹菜和梨这 4 种果蔬样品中检出的农药品种数较高，均超过 25 种，其中，菜豆检出农药品种最多，为 33 种。由图 7-5 可见，青菜、菜豆、番茄、梨和芹菜这 5 种果蔬样品中的农药检出频次较高，均超过 50 次，其中，青菜检出农药频次最高，为 78 次。

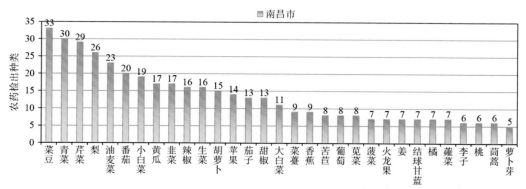

图 7-4　单种水果蔬菜检出农药的种类数（仅列出检出农药 5 种及以上的数据）

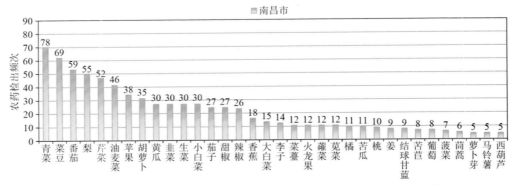

图 7-5　单种水果蔬菜检出农药频次（仅列出检出农药 5 频次及以上的数据）

7.1.2.3　单例样品农药检出种类与占比

对单例样品检出农药种类和频次进行统计发现，未检出农药的样品占总样品数的 15.5%，检出 1 种农药的样品占总样品数的 25.5%，检出 2~5 种农药的样品占总样品数的 47.4%，检出 6~10 种农药的样品占总样品数的 9.7%，检出大于 10 种农药的样品占总样品数的 1.8%。每例样品中平均检出农药为 2.6 种，数据见表 7-4 及图 7-6。

表 7-4　单例样品检出农药品种占比

检出农药品种数	样品数量/占比（%）
未检出	51/15.5
1 种	84/25.5
2~5 种	156/47.4
6~10 种	32/9.7
大于 10 种	6/1.8
单例样品平均检出农药品种	2.6 种

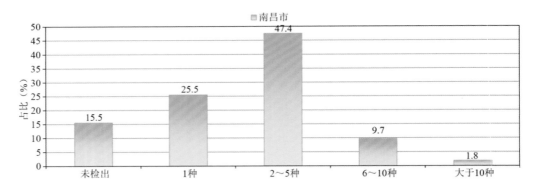

图 7-6　单例样品平均检出农药品种及占比

7.1.2.4　检出农药类别与占比

所有检出农药按功能分类，包括杀虫剂、杀菌剂、除草剂、植物生长调节剂、驱避剂、增效剂和其他共 7 类。其中杀虫剂与杀菌剂为主要检出的农药类别，分别占总数的 43.5% 和 33.9%，见表 7-5 及图 7-7。

表 7-5　检出农药所属类别/占比

农药类别	数量/占比（%）
杀虫剂	50/43.5
杀菌剂	39/33.9
除草剂	18/15.7
植物生长调节剂	5/4.3
驱避剂	1/0.9
增效剂	1/0.9
其他	1/0.9

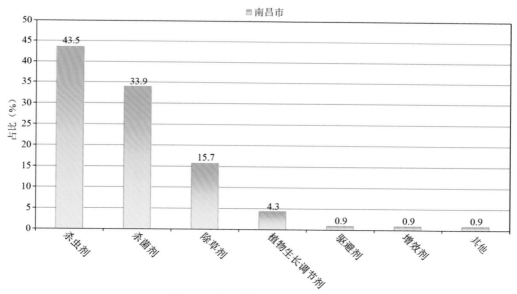

图 7-7　检出农药所属类别和占比

7.1.2.5　检出农药的残留水平

按检出农药残留水平进行统计，残留水平在 1~5 μg/kg（含）的农药占总数的 24.4%，在 5~10 μg/kg（含）的农药占总数的 12.2%，在 10~100 μg/kg（含）的农药占总数的 48.8%，在 100~1000 μg/kg（含）的农药占总数的 14.4%，在 >1000 μg/kg 的农药占总数的 0.2%。

由此可见，这次检测的 19 批 329 例水果蔬菜样品中农药多数处于中高残留水平。结果见表 7-6 及图 7-8，数据见附表 2。

表 7-6　农药残留水平/占比

残留水平（μg/kg）	检出频次数/占比（%）
1~5（含）	207/24.4
5~10（含）	104/12.2
10~100（含）	414/48.8
100~1000（含）	122/14.4
>1000	2/0.2

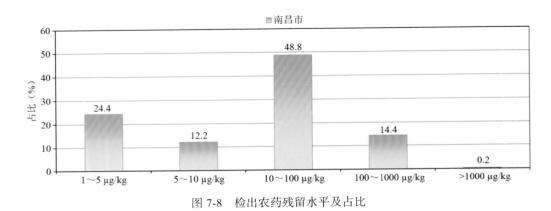

图 7-8　检出农药残留水平及占比

7.1.2.6　检出农药的毒性类别、检出频次和超标频次及占比

对这次检出的 115 种 849 频次的农药，按剧毒、高毒、中毒、低毒和微毒这五个毒性类别进行分类，从中可以看出，南昌市目前普遍使用的农药为中低微毒农药，品种占91.3%，频次占 95.6%。结果见表 7-7 及图 7-9。

表 7-7　检出农药毒性类别/占比

毒性分类	农药品种/占比（%）	检出频次/占比（%）	超标频次/超标率（%）
剧毒农药	3/2.6	8/0.9	5/62.5
高毒农药	7/6.1	29/3.4	5/17.2
中毒农药	44/38.3	455/53.6	3/0.7
低毒农药	38/33.0	184/21.7	0/0.0
微毒农药	23/20.0	173/20.4	0/0.0

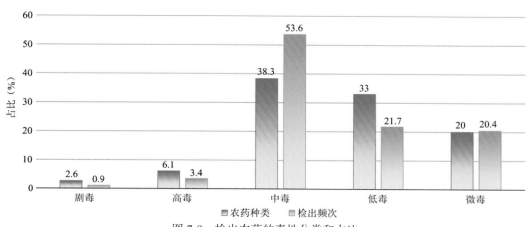

图 7-9　检出农药的毒性分类和占比

7.1.2.7　检出剧毒/高毒类农药的品种和频次

值得特别关注的是，在此次侦测的 329 例样品中有 14 种蔬菜 2 种水果的 34 例样品检出了 10 种 37 频次的剧毒和高毒农药，占样品总量的 10.3%，详见图 7-10、表 7-8 及表 7-9。

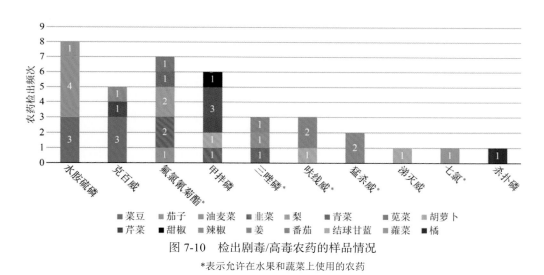

图 7-10　检出剧毒/高毒农药的样品情况

*表示允许在水果和蔬菜上使用的农药

表 7-8　剧毒农药检出情况

序号	农药名称	检出频次	超标频次	超标率
		水果中未检出剧毒农药		
	小计	0	0	超标率：0.0%
		从 6 种蔬菜中检出 3 种剧毒农药，共计检出 8 次		
1	甲拌磷*	6	5	83.3%
2	七氯*	1	0	0.0%
3	涕灭威*	1	0	0.0%

续表

序号	农药名称	检出频次	超标频次	超标率
	小计	8	5	超标率：62.5%
	合计	8	5	超标率：62.5%

表 7-9　高毒农药检出情况

序号	农药名称	检出频次	超标频次	超标率
从 2 种水果中检出 2 种高毒农药，共计检出 3 次				
1	氟氯氰菊酯	2	0	0.0%
2	杀扑磷	1	0	0.0%
	小计	3	0	超标率：0.0%
从 11 种蔬菜中检出 6 种高毒农药，共计检出 26 次				
1	水胺硫磷	8	0	0.0%
2	氟氯氰菊酯	5	0	0.0%
3	克百威	5	5	100.0%
4	呋线威	3	0	0.0%
5	三唑磷	3	0	0.0%
6	猛杀威	2	0	0.0%
	小计	26	5	超标率：19.2%
	合计	29	5	超标率：17.2%

在检出的剧毒和高毒农药中，有 5 种是我国早已禁止在果树和蔬菜上使用的，分别是：克百威、甲拌磷、杀扑磷、水胺硫磷和涕灭威。禁用农药的检出情况见表 7-10。

表 7-10　禁用农药检出情况

序号	农药名称	检出频次	超标频次	超标率
从 3 种水果中检出 3 种禁用农药，共计检出 5 次				
1	硫丹	3	0	0.0%
2	氰戊菊酯	1	0	0.0%
3	杀扑磷	1	0	0.0%
	小计	5	0	超标率：0.0%
从 12 种蔬菜中检出 6 种禁用农药，共计检出 32 次				
1	水胺硫磷	8	0	0.0%
2	氟虫腈	7	1	14.3%
3	甲拌磷[*]	6	5	83.3%
4	克百威	5	5	100.0%

续表

序号	农药名称	检出频次	超标频次	超标率
5	硫丹	5	0	0.0%
6	涕灭威*	1	0	0.0%
	小计	32	11	超标率：34.4%
	合计	37	11	超标率：29.7%

注：超标结果参考 MRL 中国国家标准计算

此次抽检的果蔬样品中，有 6 种蔬菜检出了剧毒农药，分别是：甜椒中检出甲拌磷 1 次；结球甘蓝中检出涕灭威 1 次；胡萝卜中检出甲拌磷 1 次；芹菜中检出甲拌磷 3 次；苋菜中检出七氯 1 次；韭菜中检出甲拌磷 1 次。

样品中检出剧毒和高毒农药残留水平超过 MRL 中国国家标准的频次为 10 次，其中：甜椒检出甲拌磷超标 1 次；芹菜检出克百威超标 1 次，检出甲拌磷超标 3 次；菜豆检出克百威超标 3 次；辣椒检出克百威超标 1 次；韭菜检出甲拌磷超标 1 次。本次检出结果表明，高毒、剧毒农药的使用现象依旧存在。详见表 7-11。

表 7-11　各样本中检出剧毒/高毒农药情况

样品名称	农药名称	检出频次	超标频次	检出浓度（μg/kg）
水果 2 种				
梨	氟氯氰菊酯	2	0	6.7，22.2
橘	杀扑磷▲	1	0	19.2
	小计	3	0	超标率：0.0%
蔬菜 14 种				
姜	呋线威	2	0	3.5，33.5
油麦菜	氟氯氰菊酯	1	0	7.5
油麦菜	水胺硫磷▲	1	0	3.6
甜椒	甲拌磷*▲	1	1	141.2[a]
番茄	猛杀威	2	0	1.8，2.0
番茄	三唑磷	1	0	9.6
结球甘蓝	涕灭威*▲	1	0	8.1
胡萝卜	呋线威	1	0	4.1
胡萝卜	甲拌磷*▲	1	0	6.1
芹菜	克百威▲	1	1	39.4[a]
芹菜	甲拌磷*▲	3	3	36.4[a]，495.7[a]，481.6[a]
苋菜	氟氯氰菊酯	1	0	172.2
茄子	水胺硫磷▲	4	0	26.4，20.9，38.3，21.9
菜豆	克百威▲	3	3	40.8[a]，23.9[a]，68.1[a]
菜豆	水胺硫磷▲	3	0	17.2，228.9，3.4
苋菜	七氯*	1	0	10.2

续表

样品名称	农药名称	检出频次	超标频次	检出浓度（μg/kg）
辣椒	克百威▲	1	1	35.0ᵃ
辣椒	三唑磷	1	0	16.1
青菜	三唑磷	1	0	2.0
青菜	氟氯氰菊酯	1	0	72.1
韭菜	氟氯氰菊酯	2	0	29.4，19.6
韭菜	甲拌磷*▲	1	1	47.2ᵃ
	小计	34	10	超标率：29.4%
	合计	37	10	超标率：27.0%

7.2　农药残留检出水平与最大残留限量标准对比分析

我国于 2014 年 3 月 20 日正式颁布并于 2014 年 8 月 1 日正式实施食品农药残留限量国家标准《食品中农药最大残留限量》（GB 2763—2014）。该标准包括 371 个农药条目，涉及最大残留限量（MRL）标准 3653 项。将 849 频次检出农药的浓度水平与 3653 项 MRL 中国国家标准进行核对，其中只有 183 频次的农药找到了对应的 MRL 标准，占 21.6%，还有 666 频次的侦测数据则无相关 MRL 标准供参考，占 78.4%。

将此次侦测结果与国际上现行 MRL 标准对比发现，在 849 频次的检出结果中有 849 频次的结果找到了对应的 MRL 欧盟标准，占 100.0%，其中，632 频次的结果有明确对应的 MRL 标准，占 74.4%，其余 217 频次按照欧盟一律标准判定，占 25.6%；有 849 频次的结果找到了对应的 MRL 日本标准，占 100.0%，其中，446 频次的结果有明确对应的 MRL 标准，占 52.5%，其余 403 频次按照日本一律标准判定，占 47.5%；有 298 频次的结果找到了对应的 MRL 中国香港标准，占 35.1%；有 231 频次的结果找到了对应的 MRL 美国标准，占 27.2%；有 143 频次的结果找到了对应的 MRL CAC 标准，占 16.8%（见图 7-11 和图 7-12，数据见附表 3 至附表 8）。

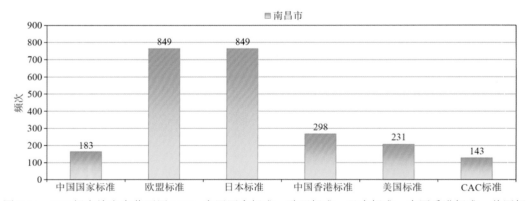

图 7-11　849 频次检出农药可用 MRL 中国国家标准、欧盟标准、日本标准、中国香港标准、美国标准和 CAC 标准判定衡量的数量

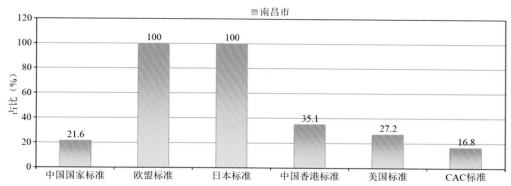

图 7-12　849 频次检出农药可用 MRL 中国国家标准、欧盟标准、日本标准、中国香港标准、美国标准和 CAC 标准衡量的占比

7.2.1　超标农药样品分析

本次侦测的 329 例样品中，51 例样品未检出任何残留农药，占样品总量的 15.5%，278 例样品检出不同水平、不同种类的残留农药，占样品总量的 84.5%。在此，我们将本次侦测的农残检出情况与 MRL 中国国家标准、欧盟标准、日本标准、中国香港标准、美国标准和 CAC 标准这 6 大国际主流标准进行对比分析，样品农残检出与超标情况见图 7-13、表 7-12 和图 7-14，详细数据见附表 9 至附表 14。

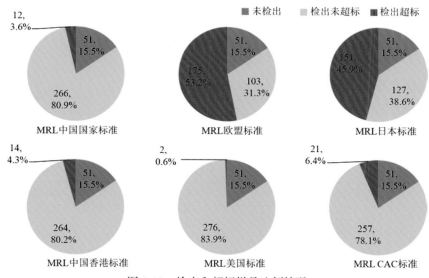

图 7-13　检出和超标样品比例情况

表 7-12　各 MRL 标准下样本农残检出与超标数量及占比

	中国国家标准 数量/占比（%）	欧盟标准 数量/占比（%）	日本标准 数量/占比（%）	中国香港标准 数量/占比（%）	美国标准 数量/占比（%）	CAC 标准 数量/占比（%）
未检出	51/15.5	51/15.5	51/15.5	51/15.5	51/15.5	51/15.5

续表

	中国国家标准 数量/占比（%）	欧盟标准 数量/占比（%）	日本标准 数量/占比（%）	中国香港标准 数量/占比（%）	美国标准 数量/占比（%）	CAC 标准 数量/占比（%）
检出未超标	266/80.9	103/31.3	127/38.6	264/80.2	276/83.9	257/78.1
检出超标	12/3.6	175/53.2	151/45.9	14/4.3	2/0.6	21/6.4

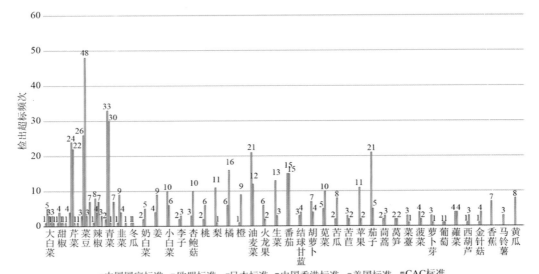

图 7-14　超过 MRL 中国国家标准、欧盟标准、日本标准、中国香港标准、美国标准和 CAC 标准结果
在水果蔬菜中的分布

7.2.2　超标农药种类分析

　　按照 MRL 中国国家标准、欧盟标准、日本标准、中国香港标准、美国标准和 CAC 标准这 6 大国际主流标准衡量，本次侦测检出的农药超标品种及频次情况见表 7-13。

表 7-13　各 MRL 标准下超标农药品种及频次

	中国国家标准	欧盟标准	日本标准	中国香港标准	美国标准	CAC 标准
超标农药品种	5	71	69	2	2	3
超标农药频次	13	297	266	14	3	21

7.2.2.1　按 MRL 中国国家标准衡量

　　按 MRL 中国国家标准衡量，共有 5 种农药超标，检出 13 频次，分别为剧毒农药甲拌磷，高毒农药克百威，中毒农药氟虫腈、毒死蜱和唑虫酰胺。

　　按超标程度比较，芹菜中甲拌磷超标 48.6 倍，甜椒中甲拌磷超标 13.1 倍，韭菜中甲拌磷超标 3.7 倍，青菜中毒死蜱超标 3.7 倍，菜豆中克百威超标 2.4 倍。检测结果见图 7-15 和附表 15。

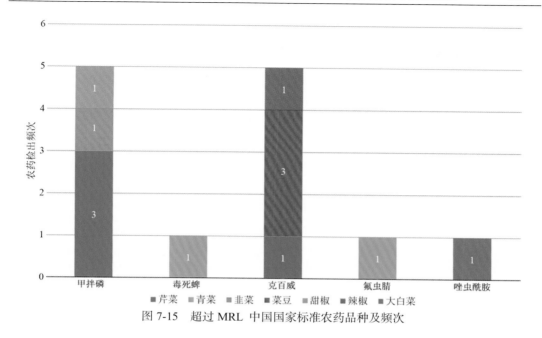

图 7-15 超过 MRL 中国国家标准农药品种及频次

7.2.2.2 按 MRL 欧盟标准衡量

按 MRL 欧盟标准衡量，共有 71 种农药超标，检出 297 频次，分别为剧毒农药甲拌磷和七氯，高毒农药克百威、三唑磷、水胺硫磷和氟氯氰菊酯，中毒农药除虫菊素 I、氟虫腈、多效唑、仲丁威、辛酰溴苯腈、毒死蜱、烯唑醇、硫丹、甲霜灵、甲萘威、二甲草胺、喹螨醚、甲氰菊酯、三唑酮、三唑醇、γ-氟氯氰菌酯、3,4,5-混杀威、杀螺吗啉、虫螨腈、噁霜灵、唑虫酰胺、仲丁灵、氟硅唑、腈菌唑、哒螨灵、丙溴磷、异丙威和棉铃威，低毒农药嘧霉胺、避蚊胺、吡螨灵、乙草胺、己唑醇、烯虫炔酯、戊草丹、环酯草醚、四氢吩胺、新燕灵、甲醚菊酯、威杀灵、抑芽唑、杀螨酯、马拉硫磷、芬螨酯、炔螨特、啶斑肟、3,5-二氯苯胺、间羟基联苯和五氯苯胺，微毒农药萘乙酰胺、醚菊酯、缬霉威、氟丙菊酯、腐霉利、溴丁酰草胺、嘧菌酯、五氯硝基苯、增效醚、解草腈、百菌清、四氯硝基苯、醚菌酯、烯虫酯、霜霉威和仲草丹。

按超标程度比较，菠菜中腐霉利超标 121.3 倍，火龙果中四氢吩胺超标 93.7 倍，青菜中烯唑醇超标 84.1 倍，油麦菜中百菌清超标 60.2 倍，茄子中虫螨腈超标 58.8 倍。检测结果见图 7-16 和附表 16。

7.2.2.3 按 MRL 日本标准衡量

按 MRL 日本标准衡量，共有 69 种农药超标，检出 266 频次，分别为剧毒农药甲拌磷，高毒农药克百威、三唑磷和水胺硫磷，中毒农药联苯菊酯、除虫菊素 I、仲丁威、氟虫腈、多效唑、辛酰溴苯腈、毒死蜱、甲霜灵、烯唑醇、三唑酮、三唑醇、γ-氟氯氰菌酯、3,4,5-混杀威、喹螨醚、杀螺吗啉、二甲草胺、虫螨腈、氟噻草胺、除虫菊酯、唑虫酰胺、氟硅唑、腈菌唑、二甲戊灵、哒螨灵、仲丁灵、异丙威和丙溴磷，低毒农药嘧霉胺、氟吡菌酰胺、避蚊胺、吡螨灵、乙草胺、戊草丹、己唑醇、烯虫炔酯、环酯草

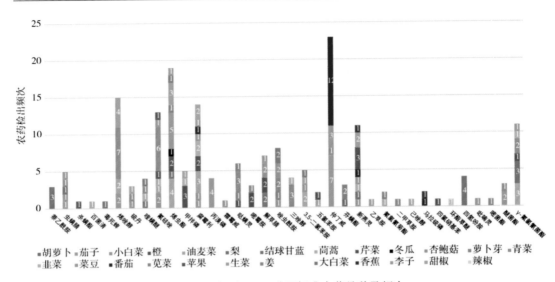

图 7-16-1　超过 MRL 欧盟标准农药品种及频次

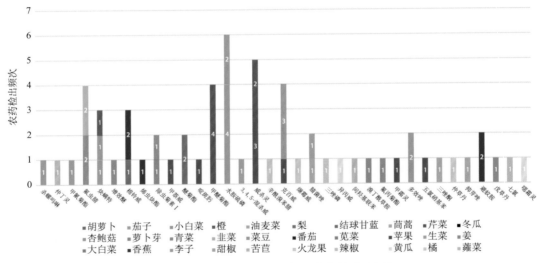

图 7-16-2　超过 MRL 欧盟标准农药品种及频次

醚、四氢吩胺、新燕灵、氟唑菌酰胺、甲醚菊酯、威杀灵、抑芽唑、马拉硫磷、异丙草胺、芬螨酯、杀螨酯、炔螨特、啶斑肟、3,5-二氯苯胺、间羟基联苯和五氯苯胺，微毒农药醚菊酯、萘乙酰胺、缬霉威、氟丙菊酯、溴丁酰草胺、腐霉利、解草腈、增效醚、五氯硝基苯、吡丙醚、肟菌酯、烯虫酯、霜霉威和仲草丹。

　　按超标程度比较，火龙果中四氢吩胺超标 93.7 倍，青菜中烯唑醇超标 84.1 倍，火龙果中缬霉威超标 57.7 倍，菠菜中炔螨特超标 56.8 倍，菜豆中仲丁威超标 51.3 倍。检测结果见图 7-17 和附表 17。

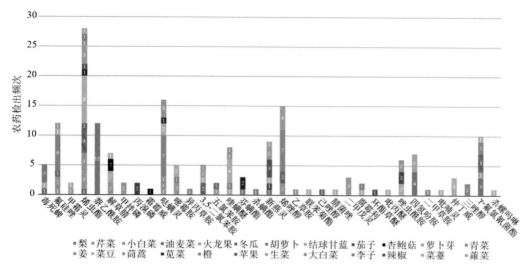

图 7-17-1 超过 MRL 日本标准农药品种及频次

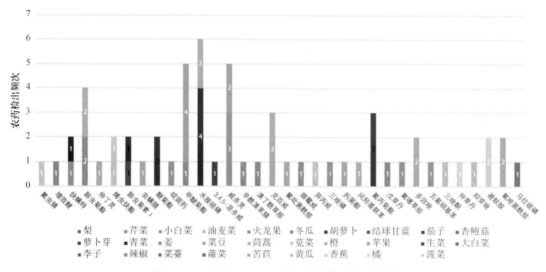

图 7-17-2 超过 MRL 日本标准农药品种及频次

7.2.2.4 按 MRL 中国香港标准衡量

按 MRL 中国香港标准衡量，共有 2 种农药超标，检出 14 频次，分别为中毒农药毒死蜱和除虫菊酯。

按超标程度比较，冬瓜中除虫菊酯超标 12.8 倍，苦瓜中除虫菊酯超标 10.5 倍，青菜中毒死蜱超标 3.7 倍，萝卜中除虫菊酯超标 2.1 倍，胡萝卜中除虫菊酯超标 1.3 倍。检测结果见图 7-18 和附表 18。

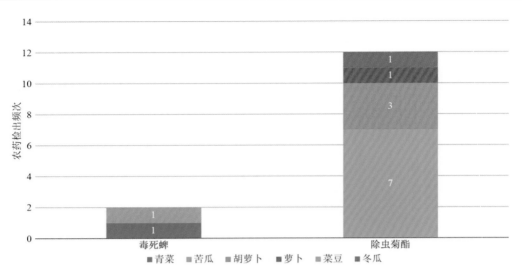

图 7-18　超过 MRL 中国香港标准农药品种及频次

7.2.2.5　按 MRL 美国标准衡量

按 MRL 美国标准衡量，共有 2 种农药超标，检出 3 频次，分别为中毒农药戊唑醇和毒死蜱。

按超标程度比较，梨中毒死蜱超标 9.5 倍，梨中戊唑醇超标 2.5 倍。检测结果见图 7-19 和附表 19。

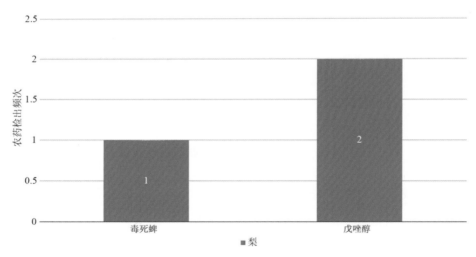

图 7-19　超过 MRL 美国标准农药品种及频次

7.2.2.6　按 MRL CAC 标准衡量

按 MRL CAC 标准衡量，共有 3 种农药超标，检出 21 频次，分别为中毒农药毒死蜱、除虫菊酯和氯氰菊酯。

　　按超标程度比较，冬瓜中除虫菊酯超标 12.8 倍，苦瓜中除虫菊酯超标 10.5 倍，番茄中除虫菊酯超标 5.6 倍，萝卜中除虫菊酯超标 2.1 倍，胡萝卜中除虫菊酯超标 1.3 倍。检测结果见图 7-20 和附表 20。

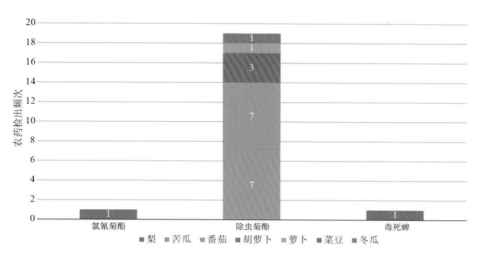

图 7-20　超过 MRL CAC 标准农药品种及频次

7.2.3　15 个采样点超标情况分析

7.2.3.1　按 MRL 中国国家标准衡量

　　按 MRL 中国国家标准衡量，有 8 个采样点的样品存在不同程度的超标农药检出，其中***超市（红谷滩万达广场店）的超标率最高，为 9.4%，如图 7-21 和表 7-14 所示。

表 7-14　超过 MRL 中国国家标准水果蔬菜在不同采样点分布

序号	采样点	样品总数	超标数量	超标率（%）	行政区域
1	***超市（八一广场店）	43	1	2.3	东湖区
2	***超市（联发店）	33	2	6.1	青山湖区
3	***超市（红谷滩万达广场店）	32	3	9.4	青山湖区
4	***超市（青山湖店）	23	2	8.7	青山湖区
5	***超市（地中海店）	23	1	4.3	新建区
6	***超市（解放店）	21	1	4.8	东湖区
7	***超市（上海路店）	18	1	5.6	青山湖区
8	***市场	14	1	7.1	湾里区

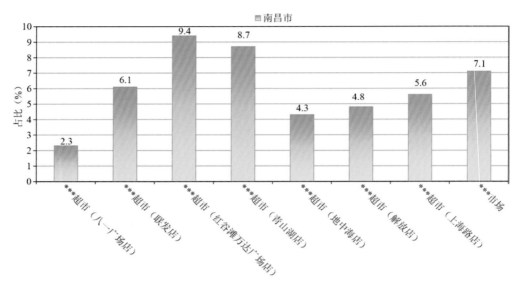

图 7-21　超过 MRL 中国国家标准水果蔬菜在不同采样点分布

7.2.3.2　按 MRL 欧盟标准衡量

按 MRL 欧盟标准衡量，所有采样点的样品均存在不同程度的超标农药检出，其中 ***超市（联发店）的超标率最高，为 81.8%，如图 7-22 和表 7-15 所示。

表 7-15　超过 MRL 欧盟标准水果蔬菜在不同采样点分布

序号	采样点	样品总数	超标数量	超标率（%）	行政区域
1	***超市（八一广场店）	43	15	34.9	东湖区
2	***超市（联发店）	33	27	81.8	青山湖区
3	***超市（红谷滩万达广场店）	32	25	78.1	青山湖区
4	***超市（青山湖店）	23	12	52.2	青山湖区
5	***超市（地中海店）	23	13	56.5	新建区
6	***超市（解放店）	21	8	38.1	东湖区
7	***超市（八一大道店）	20	9	45.0	东湖区
8	***大楼（城东店）	19	7	36.8	青山湖区
9	***超市（江大南路店）	19	9	47.4	青山湖区
10	***超市（解放西路）	19	9	47.4	青云谱区
11	***超市（八一店）	18	6	33.3	西湖区
12	***超市（上海路店）	18	10	55.6	青山湖区
13	***超市（世贸广场）	14	7	50.0	东湖区
14	***市场	14	8	57.1	湾里区
15	***超市（红谷丽景店）	13	10	76.9	新建区

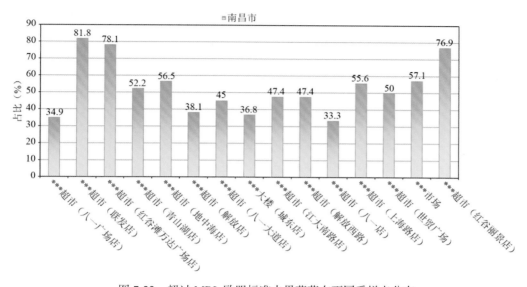

图 7-22 超过 MRL 欧盟标准水果蔬菜在不同采样点分布

7.2.3.3 按 MRL 日本标准衡量

按 MRL 日本标准衡量，所有采样点的样品均存在不同程度的超标农药检出，其中***超市（联发店）的超标率最高，为 78.8%，如图 7-23 和表 7-16 所示。

表 7-16 超过 MRL 日本标准水果蔬菜在不同采样点分布

序号	采样点	样品总数	超标数量	超标率（%）	行政区域
1	***超市（八一广场店）	43	13	30.2	东湖区
2	***超市（联发店）	33	26	78.8	青山湖区
3	***超市（红谷滩万达广场店）	32	20	62.5	青山湖区
4	***超市（青山湖店）	23	12	52.2	青山湖区
5	***超市（地中海店）	23	11	47.8	新建区
6	***超市（解放店）	21	10	47.6	东湖区
7	***超市（八一大道店）	20	8	40.0	东湖区
8	***大楼（城东店）	19	5	26.3	青山湖区
9	***超市（江大南路店）	19	8	42.1	青山湖区
10	***超市（解放西路）	19	7	36.8	青云谱区
11	***超市（八一店）	18	4	22.2	西湖区
12	***超市（上海路店）	18	8	44.4	青山湖区
13	***超市（世贸广场）	14	7	50.0	东湖区
14	***市场	14	6	42.9	湾里区
15	***超市（红谷丽景店）	13	6	46.2	新建区

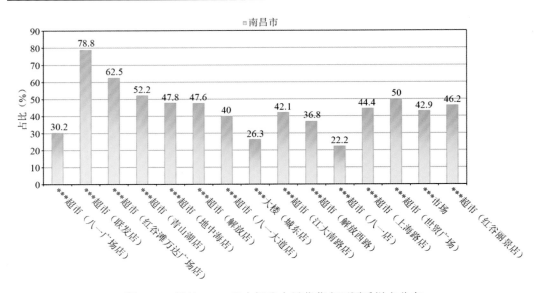

图 7-23　超过 MRL 日本标准水果蔬菜在不同采样点分布

7.2.3.4　按 MRL 中国香港标准衡量

按 MRL 中国香港标准衡量，有 9 个采样点的样品存在不同程度的超标农药检出，其中***大楼（城东店）的超标率最高，为 15.8%，如图 7-24 和表 7-17 所示。

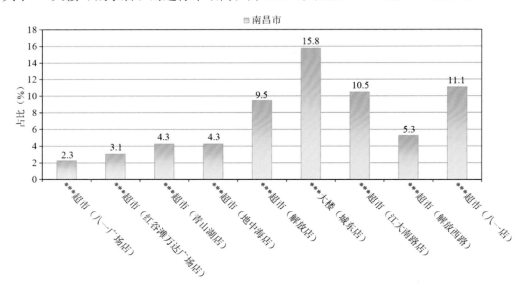

图 7-24　超过 MRL 中国香港标准水果蔬菜在不同采样点分布

表 7-17　超过 MRL 中国香港标准水果蔬菜在不同采样点分布

序号	采样点	样品总数	超标数量	超标率（%）	行政区域
1	***超市（八一广场店）	43	1	2.3	东湖区
2	***超市（红谷滩万达广场店）	32	1	3.1	青山湖区

续表

序号	采样点	样品总数	超标数量	超标率（%）	行政区域
3	***超市（青山湖店）	23	1	4.3	青山湖区
4	***超市（地中海店）	23	1	4.3	新建区
5	***超市（解放店）	21	2	9.5	东湖区
6	***大楼（城东店）	19	3	15.8	青山湖区
7	***超市（江大南路店）	19	2	10.5	青山湖区
8	***超市（解放西路）	19	1	5.3	青云谱区
9	***超市（八一店）	18	2	11.1	西湖区

7.2.3.5　按 MRL 美国标准衡量

按 MRL 美国标准衡量，有 2 个采样点的样品存在不同程度的超标农药检出，其中 ***超市（江大南路店）的超标率最高，为 5.3%，如图 7-25 和表 7-18 所示。

表 7-18　超过 MRL 美国标准水果蔬菜在不同采样点分布

序号	采样点	样品总数	超标数量	超标率（%）	行政区域
1	***超市（红谷滩万达广场店）	32	1	3.1	青山湖区
2	***超市（江大南路店）	19	1	5.3	青山湖区

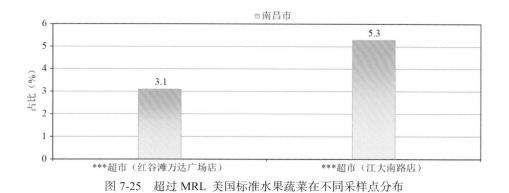

图 7-25　超过 MRL 美国标准水果蔬菜在不同采样点分布

7.2.3.6　按 MRL CAC 标准衡量

按 MRL CAC 标准衡量，有 9 个采样点的样品存在不同程度的超标农药检出，其中 ***大楼（城东店）的超标率最高，为 21.1%，如图 7-26 和表 7-19 所示。

表 7-19　超过 MRL CAC 标准水果蔬菜在不同采样点分布

序号	采样点	样品总数	超标数量	超标率（%）	行政区域
1	***超市（八一广场店）	43	2	4.7	东湖区

续表

序号	采样点	样品总数	超标数量	超标率（%）	行政区域
2	***超市（红谷滩万达广场店）	32	2	6.2	青山湖区
3	***超市（地中海店）	23	2	8.7	新建区
4	***超市（解放店）	21	3	14.3	东湖区
5	***大楼（城东店）	19	4	21.1	青山湖区
6	***超市（江大南路店）	19	3	15.8	青山湖区
7	***超市（解放西路）	19	2	10.5	青云谱区
8	***超市（八一店）	18	2	11.1	西湖区
9	***超市（上海路店）	18	1	5.6	青山湖区

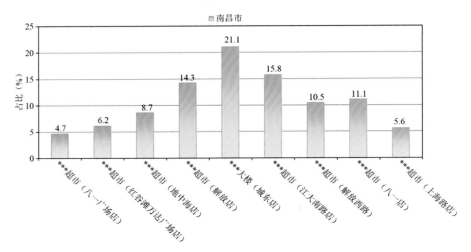

图 7-26　超过 MRL CAC 标准水果蔬菜在不同采样点分布

7.3　水果中农药残留分布

7.3.1　检出农药品种和频次排前 10 的水果

本次残留侦测的水果共 9 种，包括桃、香蕉、苹果、葡萄、梨、李子、橘、火龙果和橙。

根据检出农药品种及频次进行排名，将各项排名前 10 位的水果样品检出情况列表说明，详见表 7-20。

表 7-20　检出农药品种和频次排名前 10 的水果

检出农药品种排名前 10（品种）	①梨（26），②苹果（14），③香蕉（9），④葡萄（8），⑤火龙果（7），⑥橘（7），⑦李子（6），⑧桃（6），⑨橙（4）

续表

检出农药频次排名前 10（频次）	①梨（55），②苹果（38），③香蕉（18），④李子（14），⑤火龙果（12），⑥橘（11），⑦桃（10），⑧葡萄（8），⑨橙（4）
检出禁用、高毒及剧毒农药品种排名前 10（品种）	①梨（3），②橘（2），③桃（1）
检出禁用、高毒及剧毒农药频次排名前 10（频次）	①梨（4），②橘（2），③桃（1）

7.3.2　超标农药品种和频次排前 10 的水果

鉴于 MRL 欧盟标准和日本标准制定比较全面且覆盖率较高，我们参照 MRL 中国国家标准、欧盟标准和日本标准衡量水果样品中农残检出情况，将超标农药品种及频次排名前 10 的水果列表说明，详见表 7-21。

表 7-21　超标农药品种和频次排名前 10 的水果

超标农药品种排名前10（农药品种数）	MRL 中国国家标准	
	MRL 欧盟标准	①梨（6），②苹果（5），③香蕉（5），④火龙果（4），⑤橘（3），⑥李子（2），⑦桃（2），⑧橙（1），⑨葡萄（1）
	MRL 日本标准	①火龙果（6），②梨（5），③李子（4），④苹果（4），⑤橘（3），⑥香蕉（3），⑦橙（1），⑧葡萄（1）
超标农药频次排名前10（农药频次数）	MRL 中国国家标准	
	MRL 欧盟标准	①梨（11），②苹果（11），③香蕉（7），④火龙果（6），⑤橘（6），⑥李子（2），⑦桃（2），⑧橙（1），⑨葡萄（1）
	MRL 日本标准	①梨（10），②苹果（10），③火龙果（9），④橘（6），⑤李子（6），⑥香蕉（4），⑦橙（1），⑧葡萄（1）

通过对各品种水果样本总数及检出率进行综合分析发现，梨、苹果和香蕉的残留污染最为严重，在此，我们参照 MRL 中国国家标准、欧盟标准和日本标准对这 3 种水果的农残检出情况进行进一步分析。

7.3.3　农药残留检出率较高的水果样品分析

7.3.3.1　梨

这次共检测 19 例梨样品，15 例样品中检出了农药残留，检出率为 78.9%，检出农药共计 26 种。其中毒死蜱、除虫菊酯、四氢吩胺、戊唑醇和 γ-氟氯氰菌酯检出频次较高，分别检出了 11、6、4、4 和 3 次。梨中农药检出品种和频次见图 7-27，超标农药见图 7-28 和表 7-22。

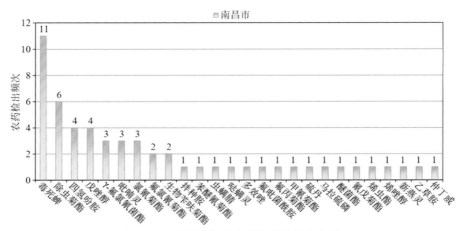

图 7-27　梨样品检出农药品种和频次分析

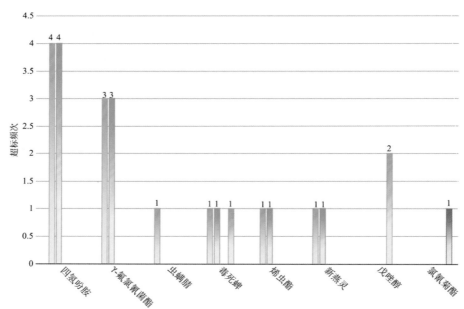

图 7-28　梨样品中超标农药分析

表 7-22　梨中农药残留超标情况明细表

样品总数		检出农药样品数	样品检出率（%）	检出农药品种总数
19		15	78.9	26
	超标农药品种	超标农药频次	按照 MRL 中国国家标准、欧盟标准和日本标准衡量超标农药名称及频次	
中国国家标准	0	0		
欧盟标准	6	11	四氢吩胺（4），γ-氟氯氰菌酯（3），虫螨腈（1），毒死蜱（1），烯虫酯（1），新燕灵（1）	
日本标准	5	10	四氢吩胺（4），γ-氟氯氰菌酯（3），毒死蜱（1），烯虫酯（1），新燕灵（1）	

7.3.3.2　苹果

这次共检测 19 例苹果样品，16 例样品中检出了农药残留，检出率为 84.2%，检出农药共计 14 种。其中除虫菊酯、甲醚菊酯、毒死蜱、新燕灵和戊唑醇检出频次较高，分别检出了 8、6、5、5 和 3 次。苹果中农药检出品种和频次见图 7-29，超标农药见图 7-30 和表 7-23。

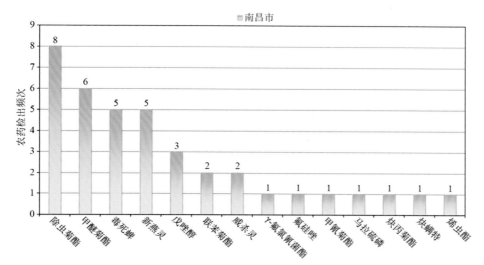

图 7-29　苹果样品检出农药品种和频次分析

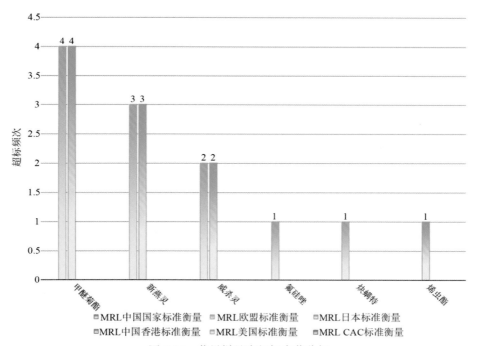

图 7-30　苹果样品中超标农药分析

表 7-23　苹果中农药残留超标情况明细表

样品总数		检出农药样品数	样品检出率（%）	检出农药品种总数
19		16	84.2	14
超标农药品种	超标农药频次	按照 MRL 中国国家标准、欧盟标准和日本标准衡量超标农药名称及频次		
中国国家标准	0	0		
欧盟标准	5	11	甲醚菊酯（4），新燕灵（3），威杀灵（2），氟硅唑（1），炔螨特（1）	
日本标准	4	10	甲醚菊酯（4），新燕灵（3），威杀灵（2），烯虫酯（1）	

7.3.3.3　香蕉

这次共检测 15 例香蕉样品，11 例样品中检出了农药残留，检出率为 73.3%，检出农药共计 9 种。其中棉铃威、除虫菊酯、避蚊胺、甲霜灵和马拉硫磷检出频次较高，分别检出了 5、4、3、1 和 1 次。香蕉中农药检出品种和频次见图 7-31，超标农药见图 7-32 和表 7-24。

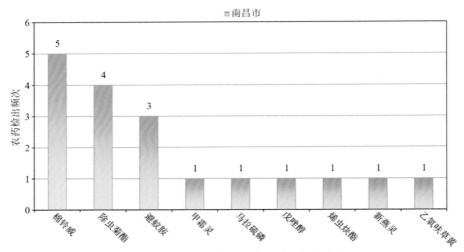

图 7-31　香蕉样品检出农药品种和频次分析

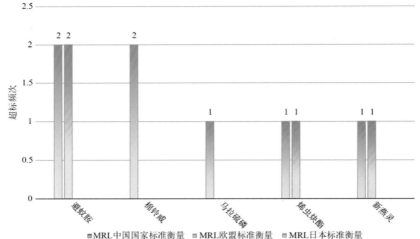

图 7-32　香蕉样品中超标农药分析

表 7-24　香蕉中农药残留超标情况明细表

样品总数	检出农药样品数	样品检出率（%）	检出农药品种总数
15	11	73.3	9

	超标农药品种	超标农药频次	按照 MRL 中国国家标准、欧盟标准和日本标准衡量超标农药名称及频次
中国国家标准	0	0	
欧盟标准	5	7	避蚊胺（2），棉铃威（2），马拉硫磷（1），烯虫炔酯（1），新燕灵（1）
日本标准	3	4	避蚊胺（2），烯虫炔酯（1），新燕灵（1）

7.4　蔬菜中农药残留分布

7.4.1　检出农药品种和频次排前 10 的蔬菜

本次残留侦测的蔬菜共 36 种，包括黄瓜、蕹菜、结球甘蓝、苦苣、芹菜、韭菜、莲藕、菠菜、花椰菜、番茄、西葫芦、甜椒、苋菜、奶白菜、辣椒、胡萝卜、油麦菜、南瓜、紫甘蓝、小白菜、青花菜、茄子、马铃薯、萝卜、姜、冬瓜、生菜、菜豆、苦瓜、菜薹、大白菜、茼蒿、丝瓜、青菜、萝卜芽和莴笋。

根据检出农药品种及频次进行排名，将各项排名前 10 位的蔬菜样品检出情况列表说明，详见表 7-25。

表 7-25　检出农药品种和频次排名前 10 的蔬菜

检出农药品种排名前 10（品种）	①菜豆（33），②青菜（30），③芹菜（29），④油麦菜（23），⑤番茄（20），⑥小白菜（19），⑦黄瓜（17），⑧韭菜（17），⑨辣椒（16），⑩生菜（16）
检出农药频次排名前 10（频次）	①青菜（78），②菜豆（69），③番茄（59），④芹菜（52），⑤油麦菜（46），⑥胡萝卜（35），⑦黄瓜（30），⑧韭菜（30），⑨生菜（30），⑩小白菜（30）
检出禁用、高毒及剧毒农药品种排名前 10（品种）	①青菜（4），②韭菜（3），③菠菜（2），④菜豆（2），⑤番茄（2），⑥胡萝卜（2），⑦结球甘蓝（2），⑧辣椒（2），⑨芹菜（2），⑩甜椒（2）
检出禁用、高毒及剧毒农药频次排名前 10（频次）	①青菜（7），②菜豆（6），③韭菜（5），④茄子（4），⑤芹菜（4），⑥番茄（3），⑦菠菜（2），⑧胡萝卜（2），⑨姜（2），⑩结球甘蓝（2）

7.4.2　超标农药品种和频次排前 10 的蔬菜

鉴于 MRL 欧盟标准和日本标准制定比较全面且覆盖率较高，我们参照 MRL 中国国家标准、欧盟标准和日本标准衡量蔬菜样品中农残检出情况，将超标农药品种及频次排名前 10 的蔬菜列表说明，详见表 7-26。

表 7-26　超标农药品种和频次排名前 10 的蔬菜

	MRL 中国国家标准	①芹菜（2），②青菜（2），③菜豆（1），④大白菜（1），⑤韭菜（1），⑥辣椒（1），⑦甜椒（1）
超标农药品种排名前 10（农药品种数）	MRL 欧盟标准	①芹菜（16），②菜豆（15），③青菜（15），④油麦菜（12），⑤茄子（9），⑥黄瓜（7），⑦韭菜（7），⑧生菜（7），⑨小白菜（7），⑩辣椒（6）
	MRL 日本标准	①菜豆（27），②芹菜（13），③青菜（9），④油麦菜（9），⑤生菜（6），⑥姜（5），⑦小白菜（5），⑧苦苣（4），⑨茄子（4），⑩菠菜（3）
	MRL 中国国家标准	①芹菜（4），②菜豆（3），③青菜（2），④大白菜（1），⑤韭菜（1），⑥辣椒（1），⑦甜椒（1）
超标农药频次排名前 10（农药频次数）	MRL 欧盟标准	①青菜（33），②菜豆（26），③芹菜（24），④茄子（21），⑤油麦菜（21），⑥番茄（15），⑦生菜（13），⑧小白菜（10），⑨韭菜（9），⑩黄瓜（8）
	MRL 日本标准	①菜豆（48），②青菜（30），③芹菜（22），④油麦菜（16），⑤胡萝卜（15），⑥生菜（12），⑦小白菜（9），⑧茄子（8），⑨菜薹（5），⑩姜（5）

通过对各品种蔬菜样本总数及检出率进行综合分析发现，菜豆、青菜和芹菜的残留污染最为严重，在此，我们参照 MRL 中国国家标准、欧盟标准和日本标准对这 3 种蔬菜的农残检出情况进行进一步分析。

7.4.3　农药残留检出率较高的蔬菜样品分析

7.4.3.1　菜豆

这次共检测 20 例菜豆样品，18 例样品中检出了农药残留，检出率为 90.0%，检出农药共计 33 种。其中烯虫酯、喹螨醚、毒死蜱、仲丁威和克百威检出频次较高，分别检出了 8、6、5、5 和 3 次。菜豆中农药检出品种和频次见图 7-33，超标农药见图 7-34 和表 7-27。

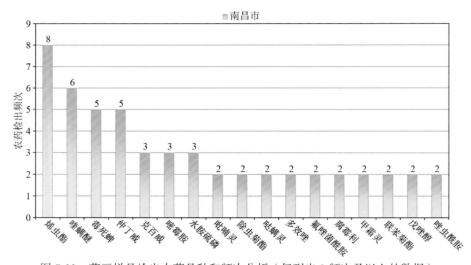

图 7-33　菜豆样品检出农药品种和频次分析（仅列出 2 频次及以上的数据）

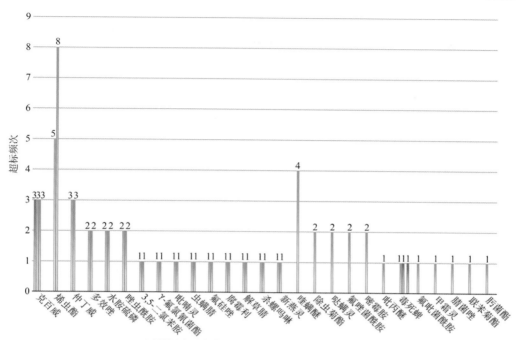

图 7-34　菜豆样品中超标农药分析

表 7-27　菜豆中农药残留超标情况明细表

样品总数	检出农药样品数	样品检出率（%）	检出农药品种总数
20	18	90	33

	超标农药品种	超标农药频次	按照 MRL 中国国家标准、欧盟标准和日本标准衡量超标农药名称及频次
中国国家标准	1	3	克百威（3）
欧盟标准	15	26	烯虫酯（5），克百威（3），仲丁威（3），多效唑（2），水胺硫磷（2），唑虫酰胺（2），3，5-二氯苯胺（1），γ-氟氯氰菊酯（1），吡喃灵（1），虫螨腈（1），氟硅唑（1），腐霉利（1），解草腈（1），杀螺吗啉（1），新燕灵（1）
日本标准	27	48	烯虫酯（8），喹螨醚（4），克百威（3），仲丁威（3），除虫菊酯（2），哒螨灵（2），多效唑（2），氟唑菌酰胺（2），嘧霉胺（2），水胺硫磷（2），唑虫酰胺（2），3，5-二氯苯胺（1），γ-氟氯氰菊酯（1），吡丙醚（1），吡喃灵（1），虫螨腈（1），毒死蜱（1），氟唑菌酰胺（1），氟硅唑（1），腐霉利（1），甲霜灵（1），解草腈（1），腈菌唑（1），联苯菊酯（1），杀螺吗啉（1），肟菌酯（1），新燕灵（1）

7.4.3.2　青菜

　　这次共检测 11 例青菜样品，全部检出了农药残留，检出率为 100.0%，检出农药共计 30 种。其中哒螨灵、烯唑醇、氟丙菊酯、氟硅唑和毒死蜱检出频次较高，分别检出了 8、8、6、6 和 5 次。青菜中农药检出品种和频次见图 7-35，超标农药见图 7-36 和表 7-28。

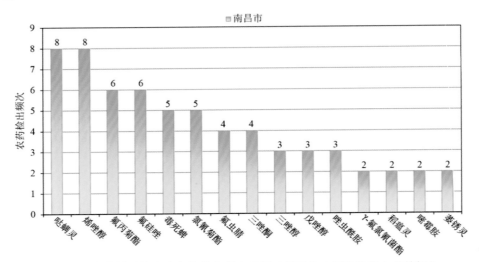

图 7-35　青菜样品检出农药品种和频次分析（仅列出 2 频次及以上的数据）

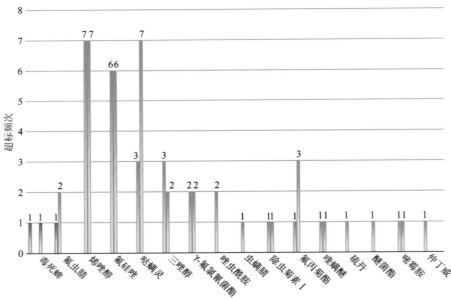

图 7-36　青菜样品中超标农药分析

表 7-28　青菜中农药残留超标情况明细表

样品总数		检出农药样品数	样品检出率（%）	检出农药品种总数
11		11	100	30
超标农药品种	超标农药频次	按照 MRL 中国国家标准、欧盟标准和日本标准衡量超标农药名称及频次		
中国国家标准	2	2	毒死蜱（1），氟虫腈（1）	

续表

	样品总数		检出农药样品数	样品检出率（%）	检出农药品种总数
	11		11	100	30
	超标农药品种	超标农药频次	按照 MRL 中国国家标准、欧盟标准和日本标准衡量超标农药名称及频次		
欧盟标准	15	33	烯唑醇（7）、氟硅唑（6）、哒螨灵（3）、三唑醇（3）、γ-氟氯氰菌酯（2）、氟虫腈（2）、唑虫酰胺（2）、虫螨腈（1）、除虫菊素 I（1）、氟丙菊酯（1）、喹螨醚（1）、硫丹（1）、醚菌酯（1）、嘧霉胺（1）、仲丁威（1）		
日本标准	9	30	哒螨灵（7）、烯唑醇（7）、氟硅唑（6）、氟丙菊酯（3）、γ-氟氯氰菌酯（2）、三唑醇（2）、除虫菊素 I（1）、喹螨醚（1）、嘧霉胺（1）		

7.4.3.3　芹菜

这次共检测 12 例芹菜样品，全部检出了农药残留，检出率为 100.0%，检出农药共计 29 种。其中毒死蜱、二甲戊灵、腐霉利、甲拌磷和威杀灵检出频次较高，分别检出了 6、3、3、3 和 3 次。芹菜中农药检出品种和频次见图 7-37，超标农药见图 7-38 和表 7-29。

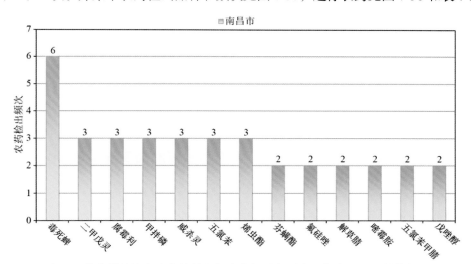

图 7-37 芹菜样品检出农药品种和频次分析（仅列出 2 频次及以上的数据）

表 7-29　芹菜中农药残留超标情况明细表

	样品总数		检出农药样品数	样品检出率（%）	检出农药品种总数
	12		12	100	29
	超标农药品种	超标农药频次	按照 MRL 中国国家标准、欧盟标准和日本标准衡量超标农药名称及频次		
中国国家标准	2	4	甲拌磷（3）、克百威（1）		
欧盟标准	16	24	甲拌磷（3）、威杀灵（3）、腐霉利（2）、解草腈（2）、嘧霉胺（2）、烯虫酯（2）、γ-氟氯氰菌酯（1）、哒螨灵（1）、啶斑肟（1）、氟硅唑（1）、甲萘威（1）、甲霜灵（1）、克百威（1）、四氯硝基苯（1）、五氯苯胺（1）、五氯硝基苯（1）		
日本标准	13	22	二甲戊灵（3）、威杀灵（3）、烯虫酯（3）、甲拌磷（2）、解草腈（2）、嘧霉胺（2）、γ-氟氯氰菌酯（1）、哒螨灵（1）、啶斑肟（1）、氟硅唑（1）、氟噻草胺（1）、五氯苯胺（1）、五氯硝基苯（1）		

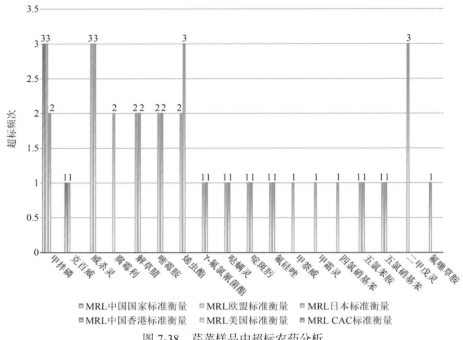

图 7-38　芹菜样品中超标农药分析

7.5　初　步　结　论

7.5.1　南昌市市售水果蔬菜按 MRL 中国国家标准和国际主要 MRL 标准衡

量的合格率

本次侦测的 329 例样品中，51 例样品未检出任何残留农药，占样品总量的 15.5%，278 例样品检出不同水平、不同种类的残留农药，占样品总量的 84.5%。在这 278 例检出农药残留的样品中：

按 MRL 中国国家标准衡量，有 266 例样品检出残留农药但含量没有超标，占样品总数的 80.9%，有 12 例样品检出了超标农药，占样品总数的 3.6%。

按 MRL 欧盟标准衡量，有 103 例样品检出残留农药但含量没有超标，占样品总数的 31.3%，有 175 例样品检出了超标农药，占样品总数的 53.2%。

按 MRL 日本标准衡量，有 127 例样品检出残留农药但含量没有超标，占样品总数的 38.6%，有 151 例样品检出了超标农药，占样品总数的 45.9%。

按 MRL 中国香港标准衡量，有 264 例样品检出残留农药但含量没有超标，占样品总数的 80.2%，有 14 例样品检出了超标农药，占样品总数的 4.3%。

按 MRL 美国标准衡量，有 276 例样品检出残留农药但含量没有超标，占样品总数的 83.9%，有 2 例样品检出了超标农药，占样品总数的 0.6%。

按照 MRL CAC 标准衡量，有 257 例样品检出残留农药但含量没有超标，占样品总数的 78.1%，有 21 例样品检出了超标农药，占样品总数的 6.4%。

7.5.2　南昌市市售水果蔬菜中检出农药以中低微毒农药为主，占市场主体的 91.3%

这次侦测的 329 例样品包括食用菌 4 种 85 例，水果 9 种 14 例，蔬菜 36 种 230 例，共检出了 115 种农药，检出农药的毒性以中低微毒为主，详见表 7-30。

表 7-30　市场主体农药毒性分布

毒性	检出品种	占比	检出频次	占比
剧毒农药	3	2.6%	8	0.9%
高毒农药	7	6.1%	29	3.4%
中毒农药	44	38.3%	455	53.6%
低毒农药	38	33.0%	184	21.7%
微毒农药	23	20.0%	173	20.4%

中低微毒农药，品种占比 91.3%，频次占比 95.6%

7.5.3　检出剧毒、高毒和禁用农药现象应该警醒

在此次侦测的 329 例样品中有 16 种蔬菜和 3 种水果的 45 例样品检出了 13 种 53 频次的剧毒和高毒或禁用农药，占样品总量的 13.7%。其中剧毒农药甲拌磷、七氯和涕灭威以及高毒农药水胺硫磷、氟氯氰菊酯和克百威检出频次较高。

按 MRL 中国国家标准衡量，剧毒农药甲拌磷，检出 6 次，超标 5 次；高毒农药克百威，检出 5 次，超标 5 次；按超标程度比较，芹菜中甲拌磷超标 48.6 倍，甜椒中甲拌磷超标 13.1 倍，韭菜中甲拌磷超标 3.7 倍，菜豆中克百威超标 2.4 倍，芹菜中克百威超标 1.0 倍。

剧毒、高毒或禁用农药的检出情况及按照 MRL 中国国家标准衡量的超标情况见表 7-31。

表 7-31　剧毒、高毒或禁用农药的检出及超标明细

序号	农药名称	样品名称	检出频次	超标频次	最大超标倍数	超标率
1.1	七氯*	蕹菜	1	0	0	0.0%
2.1	涕灭威*▲	结球甘蓝	1	0	0	0.0%
3.1	甲拌磷*▲	芹菜	3	3	48.57	100.0%
3.2	甲拌磷*▲	甜椒	1	1	13.12	100.0%
3.3	甲拌磷*▲	韭菜	1	1	3.72	100.0%
3.4	甲拌磷*▲	胡萝卜	1	0	0	0.0%
4.1	三唑磷◇	番茄	1	0	0	0.0%
4.2	三唑磷◇	辣椒	1	0	0	0.0%
4.3	三唑磷◇	青菜	1	0	0	0.0%

续表

序号	农药名称	样品名称	检出频次	超标频次	最大超标倍数	超标率
5.1	克百威◊▲	菜豆	3	3	2.405	100.0%
5.2	克百威◊▲	芹菜	1	1	0.97	100.0%
5.3	克百威◊▲	辣椒	1	1	0.75	100.0%
6.1	呋线威◊	姜	2	0	0	0.0%
6.2	呋线威◊	胡萝卜	1	0	0	0.0%
7.1	杀扑磷◊▲	橘	1	0	0	0.0%
8.1	氟氯氰菊酯◊	梨	2	0	0	0.0%
8.2	氟氯氰菊酯◊	韭菜	2	0	0	0.0%
8.3	氟氯氰菊酯◊	油麦菜	1	0	0	0.0%
8.4	氟氯氰菊酯◊	苋菜	1	0	0	0.0%
8.5	氟氯氰菊酯◊	青菜	1	0	0	0.0%
9.1	水胺硫磷◊▲	茄子	4	0	0	0.0%
9.2	水胺硫磷◊▲	菜豆	3	0	0	0.0%
9.3	水胺硫磷◊▲	油麦菜	1	0	0	0.0%
10.1	猛杀威◊	番茄	2	0	0	0.0%
11.1	氟虫腈▲	青菜	4	1	0.45	25.0%
11.2	氟虫腈▲	韭菜	2	0	0	0.0%
11.3	氟虫腈▲	菠菜	1	0	0	0.0%
12.1	氰戊菊酯▲	梨	1	0	0	0.0%
13.1	硫丹▲	小白菜	1	0	0	0.0%
13.2	硫丹▲	桃	1	0	0	0.0%
13.3	硫丹▲	梨	1	0	0	0.0%
13.4	硫丹▲	橘	1	0	0	0.0%
13.5	硫丹▲	甜椒	1	0	0	0.0%
13.6	硫丹▲	结球甘蓝	1	0	0	0.0%
13.7	硫丹▲	菠菜	1	0	0	0.0%
13.8	硫丹▲	青菜	1	0	0	0.0%
合计			53	11		20.8%

注：超标倍数参照 MRL 中国国家标准衡量

　　这些超标的剧毒和高毒农药都是中国政府早有规定禁止在水果蔬菜中使用的，为什么还屡次被检出，应该引起警惕。

7.5.4　残留限量标准与先进国家或地区标准差距较大

　　849 频次的检出结果与我国公布的《食品中农药最大残留限量》（GB 2763—2014）对比，有 183 频次能找到对应的 MRL 中国国家标准，占 21.6%；还有 666 频次的侦测数据无相关 MRL 标准供参考，占 78.4%。

与国际上现行 MRL 标准对比发现：

有 849 频次能找到对应的 MRL 欧盟标准，占 100.0%；

有 849 频次能找到对应的 MRL 日本标准，占 100.0%；

有 298 频次能找到对应的 MRL 中国香港标准，占 35.1%；

有 231 频次能找到对应的 MRL 美国标准，占 27.2%；

有 143 频次能找到对应的 MRL CAC 标准，占 16.8%。

由上可见，MRL 中国国家标准与先进国家或地区标准还有很大差距，我们无标准，境外有标准，这就会导致我们在国际贸易中，处于受制于人的被动地位。

7.5.5 水果蔬菜单种样品检出 9~33 种农药残留，拷问农药使用的科学性

通过此次监测发现，梨、苹果和香蕉是检出农药品种最多的 3 种水果，菜豆、青菜和芹菜是检出农药品种最多的 3 种蔬菜，从中检出农药品种及频次详见表 7-32。

表 7-32 单种样品检出农药品种及频次

样品名称	样品总数	检出农药样品数	检出率	检出农药品种数	检出农药（频次）
菜豆	20	18	90.0%	33	烯虫酯（8）、喹螨醚（6）、毒死蜱（5）、仲丁威（5）、克百威（3）、嘧霉胺（3）、水胺硫磷（3）、吡喃灵（2）、除虫菊酯（2）、哒螨灵（2）、多效唑（2）、氟唑菌酰胺（2）、腐霉利（2）、甲霜灵（2）、联苯菊酯（2）、戊唑醇（2）、唑虫酰胺（2）、3,5-二氯苯胺（1）、γ-氟氯氰菊酯（1）、吡丙醚（1）、虫螨腈（1）、敌草胺（1）、二苯胺（1）、氟吡菌酰胺（1）、氟硅唑（1）、解草腈（1）、腈菌唑（1）、嘧菌环胺（1）、噻菌灵（1）、杀螺吗啉（1）、肟菌酯（1）、五氯苯甲腈（1）、新燕灵（1）
青菜	11	11	100.0%	30	哒螨灵（8）、烯唑醇（8）、氟丙菊酯（6）、氟硅唑（6）、毒死蜱（5）、氯氰菊酯（5）、氟虫腈（4）、三唑酮（4）、三唑醇（3）、戊唑醇（3）、唑虫酰胺（3）、γ-氟氯氰菊酯（2）、稻瘟灵（2）、嘧霉胺（2）、萎锈灵（2）、3,5-二氯苯胺（1）、苯醚氰菊酯（1）、虫螨腈（1）、除虫菊素 I（1）、氟氯氰菊酯（1）、甲霜灵（1）、解草腈（1）、喹螨醚（1）、硫丹（1）、醚菌酯（1）、嘧菌酯（1）、三氯杀螨砜（1）、三唑磷（1）、五氯苯胺（1）、仲丁威（1）
芹菜	12	12	100.0%	29	毒死蜱（6）、二甲戊灵（3）、腐霉利（3）、甲拌磷（3）、威杀灵（3）、五氯苯（3）、烯虫酯（3）、芬螨酯（2）、氟硅唑（2）、解草腈（2）、嘧霉胺（2）、五氯苯甲腈（2）、戊唑醇（2）、2,3,5,6-四氯苯胺（1）、γ-氟氯氰菊酯（1）、除虫菊酯（1）、哒螨灵（1）、啶斑肟（1）、多效唑（1）、氟噻草胺（1）、甲萘威（1）、甲霜灵（1）、克百威（1）、马拉硫磷（1）、嘧菌酯（1）、四氯硝基苯（1）、五氯苯胺（1）、五氯硝基苯（1）、乙草胺（1）
梨	19	15	78.9%	26	毒死蜱（11）、除虫菊酯（6）、四氢吩肽（4）、戊唑醇（4）、γ-氟氯氰菊酯（3）、吡喃灵（3）、氯氰菊酯（3）、氟氯氰菊酯（2）、生物苄呋菊酯（2）、拌种胺（1）、苯醚氰菊酯（1）、虫螨腈（1）、哒螨灵（1）、多效唑（1）、氟吡菌酰胺（1）、氟丙菊酯（1）、甲氰菊酯（1）、硫丹（1）、马拉硫磷（1）、醚菌酯（1）、氰戊菊酯（1）、烯虫酯（1）、烯唑醇（1）、新燕灵（1）、乙草胺（1）、仲丁威（1）

样品名称	样品总数	检出农药样品数	检出率	检出农药品种数	检出农药（频次）
苹果	19	16	84.2%	14	除虫菊酯（8），甲醚菊酯（6），毒死蜱（5），新燕灵（5），戊唑醇（3），联苯菊酯（2），威杀灵（2），γ-氟氯氰菌酯（1），氟硅唑（1），甲氰菊酯（1），马拉硫磷（1），炔丙菊酯（1），炔螨特（1），烯虫酯（1）
香蕉	15	11	73.3%	9	棉铃威（5），除虫菊酯（4），避蚊胺（3），甲霜灵（1），马拉硫磷（1），戊唑醇（1），烯虫炔酯（1），新燕灵（1），乙氧呋草黄（1）

　　上述 6 种水果蔬菜，检出农药 9~33 种，是多种农药综合防治，还是未严格实施农业良好管理规范（GAP），抑或根本就是乱施药，值得我们思考。

第 8 章　GC-Q-TOF/MS 侦测南昌市市售水果蔬菜农药残留膳食暴露风险与预警风险评估

8.1　农药残留风险评估方法

8.1.1　南昌市农药残留侦测数据分析与统计

庞国芳院士科研团队建立的农药残留高通量侦测技术以高分辨精确质量数（0.0001 *m/z* 为基准）为识别标准，采用 GC-Q-TOF/MS 技术对 507 种农药化学污染物进行侦测。

科研团队于 2015 年 7 月~2016 年 6 月在南昌市所属 6 个区的 15 个采样点，随机采集了 329 例水果蔬菜样品，采样点分布在超市和农贸市场，具体位置如图 8-1 所示，各月内水果蔬菜样品采集数量如表 8-1 所示。

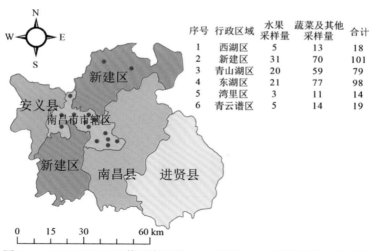

序号	行政区域	水果采样量	蔬菜及其他采样量	合计
1	西湖区	5	13	18
2	新建区	31	70	101
3	青山湖区	20	59	79
4	东湖区	21	77	98
5	湾里区	3	11	14
6	青云谱区	5	14	19

图 8-1　GC-Q-TOF/MS 侦测南昌市 15 个采样点 329 例样品分布示意图

表 8-1　南昌市各月内采集水果蔬菜样品数列表

时间	样品数（例）
2015 年 7 月	53
2015 年 8 月	143
2015 年 10 月	51
2016 年 5 月	39
2016 年 6 月	43

利用 GC-Q-TOF/MS 技术对 329 例样品中的农药进行侦测，检出残留农药 115 种，849 频次。检出农药残留水平如表 8-2 和图 8-2 所示。侦测出频次最高的前 10 种农药如表 8-3 所示。从侦测结果中可以看出，在水果蔬菜中农药残留普遍存在，且有些水果蔬菜存在高浓度的农药残留，这些可能存在膳食暴露风险，对人体健康产生危害，因此，为了定量地评价水果蔬菜中农药残留的风险程度，有必要对其进行风险评价。

表 8-2　检出农药的不同残留水平及其所占比例列表

残留水平（μg/kg）	检出频次	占比（%）
1~5（含）	207	24.4
5~10（含）	104	12.2
10~100（含）	414	48.8
100~1000（含）	122	14.4
>1000	2	0.2
合计	849	100

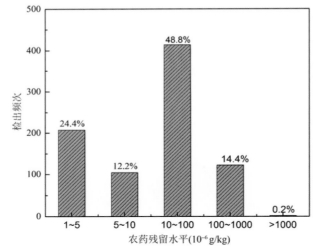

图 8-2　残留农药检出浓度频数分布图

表 8-3　检出频次最高的前 10 种农药列表

序号	农药	检出频次
1	除虫菊酯	86
2	毒死蜱	74
3	烯虫酯	35
4	仲丁威	30
5	腐霉利	27
6	哒螨灵	25

续表

序号	农药	检出频次
7	嘧霉胺	24
8	戊唑醇	24
9	烯唑醇	23
10	新燕灵	21

8.1.2　农药残留风险评价模型

对南昌市水果蔬菜中农药残留分别开展暴露风险评估和预警风险评估。膳食暴露风险评估利用食品安全指数模型对水果蔬菜中的残留农药对人体可能产生的危害程度进行评价，该模型结合残留监测和膳食暴露评估评价化学污染物的危害；预警风险评价模型运用风险系数（risk index，R），风险系数综合考虑了危害物的超标率、施检频率及其本身敏感性的影响，能直观而全面地反映出危害物在一段时间内的风险程度。

8.1.2.1　食品安全指数模型

为了加强食品安全管理，《中华人民共和国食品安全法》第二章第十七条规定"国家建立食品安全风险评估制度，运用科学方法，根据食品安全风险监测信息、科学数据以及有关信息，对食品、食品添加剂、食品相关产品中生物性、化学性和物理性危害因素进行风险评估"[1]，膳食暴露评估是食品危险度评价的重要组成部分，也是膳食安全性的衡量标准[2]。国际上最早研究膳食暴露风险评估的机构主要是 JMPR（FAO、WHO 农药残留联合会议），该组织自 1995 年就已制定了急性毒性物质的风险评估急性毒性农药残留摄入量的预测。1960 年美国规定食品中不得加入致癌物质进而提出零阈值理论，渐渐零阈值理论发展成在一定概率条件下可接受风险的概念[3]，后衍变为食品中每日允许最大摄入量（ADI），而国际食品农药残留法典委员会（CCPR）认为 ADI 不是独立风险评估的唯一标准[4]，1995 年 JMPR 开始研究农药急性膳食暴露风险评估，并对食品国际短期摄入量的计算方法进行了修正，亦对膳食暴露评估准则及评估方法进行了修正[5]，2002 年，在对世界上现行的食品安全评价方法，尤其是国际公认的 CAC 的评价方法、全球环境监测系统/食品污染监测和评估规划（WHO GEMS/Food）及 FAO、WHO 食品添加剂联合专家委员会（JECFA）和 JMPR 对食品安全风险评估工作研究的基础之上，检验检疫食品安全管理的研究人员提出了结合残留监控和膳食暴露评估，以食品安全指数 IFS 计算食品中各种化学污染物对消费者的健康危害程度[6]。IFS 是表示食品安全状态的新方法，可有效地评价某种农药的安全性，进而评价食品中各种农药化学污染物对消费者健康的整体危害程度[7,8]。从理论上分析，IFS_c 可指出食品中的污染物 c 对消费者健康是否存在危害及危害的程度[9]。其优点在于操作简单且结果容易被接受和理解，不需要大量的数据来对结果进行验证，使用默认的标准假设或者模型即可[10,11]。

1）IFS$_c$ 的计算

IFS$_c$ 计算公式如下：

$$\mathrm{IFS_c} = \frac{\mathrm{EDI_c} \times f}{\mathrm{SI_c} \times \mathrm{bw}} \qquad (8\text{-}1)$$

式中，c 为所研究的农药；EDI$_c$ 为农药 c 的实际日摄入量估算值，等于 $\sum(R_i \times F_i \times E_i \times P_i)$（$i$ 为食品种类；R_i 为食品 i 中农药 c 的残留水平，mg/kg；F_i 为食品 i 的估计日消费量，g/（人·天）；E_i 为食品 i 的可食用部分因子；P_i 为食品 i 的加工处理因子）；SI$_c$ 为安全摄入量，可采用每日允许最大摄入量 ADI；bw 为人平均体重，kg；f 为校正因子，如果安全摄入量采用 ADI，则 f 取 1。

IFS$_c$ ≪1，农药 c 对食品安全没有影响；IFS$_c$ ≤1，农药 c 对食品安全的影响可以接受；IFS$_c$ >1，农药 c 对食品安全的影响不可接受。

本次评价中：

IFS$_c$ ≤0.1，农药 c 对水果蔬菜安全没有影响；

0.1<IFS$_c$ ≤1，农药 c 对水果蔬菜安全的影响可以接受；

IFS$_c$ >1，农药 c 对水果蔬菜安全的影响不可接受。

本次评价中残留水平 R_i 取值为中国检验检疫科学研究院庞国芳院士课题组利用以高分辨精确质量数（0.0001 m/z）为基准的 GC-Q-TOF/MS 侦测技术于 2015 年 7 月~2016 年 6 月对南昌市水果蔬菜农药残留的侦测结果，估计日消费量 F_i 取值 0.38 kg/（人·天），E_i=1，P_i=1，f=1，SI$_c$ 采用《食品安全国家标准　食品中农药最大残留限量》（GB 2763—2016）中 ADI 值（具体数值见表 8-4），人平均体重（bw）取值 60 kg。

表 8-4　南昌市水果蔬菜中检出农药的 ADI 值

序号	农药	ADI	序号	农药	ADI	序号	农药	ADI
1	七氯	0.0001	13	烯唑醇	0.005	25	联苯菊酯	0.01
2	氟虫腈	0.0002	14	环酯草醚	0.0056	26	炔螨特	0.01
3	甲拌磷	0.0007	15	硫丹	0.006	27	五氯硝基苯	0.01
4	克百威	0.001	16	唑虫酰胺	0.006	28	苊虫威	0.01
5	三唑磷	0.001	17	氟硅唑	0.007	29	异丙草胺	0.013
6	杀扑磷	0.001	18	甲萘威	0.008	30	辛酰溴苯腈	0.015
7	异丙威	0.002	19	萎锈灵	0.008	31	稻瘟灵	0.016
8	水胺硫磷	0.003	20	噻嗪酮	0.009	32	百菌清	0.02
9	涕灭威	0.003	21	哒螨灵	0.01	33	氯氰菊酯	0.02
10	乙霉威	0.004	22	毒死蜱	0.01	34	氰戊菊酯	0.02
11	己唑醇	0.005	23	噁霜灵	0.01	35	三氯杀螨砜	0.02
12	喹螨醚	0.005	24	氟吡菌酰胺	0.01	36	四氯硝基苯	0.02

续表

序号	农药	ADI	序号	农药	ADI	序号	农药	ADI
37	烯效唑	0.02	64	嘧菌酯	0.2	91	甲醚菊酯	—
38	乙草胺	0.02	65	嘧霉胺	0.2	92	间羟基联苯	—
39	莠去津	0.02	66	增效醚	0.2	93	解草腈	—
40	丙溴磷	0.03	67	仲丁灵	0.2	94	猛杀威	—
41	虫螨腈	0.03	68	马拉硫磷	0.3	95	棉铃威	—
42	二甲戊灵	0.03	69	邻苯基苯酚	0.4	96	萘乙酰胺	—
43	甲氰菊酯	0.03	70	醚菌酯	0.4	97	炔丙菊酯	—
44	腈菌唑	0.03	71	霜霉威	0.4	98	杀螺吗啉	—
45	醚菊酯	0.03	72	2,3,5,6-四氯苯胺	—	99	杀螨酯	—
46	嘧菌环胺	0.03	73	3,4,5-混杀威	—	100	双苯酰草胺	—
47	三唑醇	0.03	74	3,5-二氯苯胺	—	101	四氢吩胺	—
48	三唑酮	0.03	75	γ-氟氯氰菌酯	—	102	特丁通	—
49	生物苄呋菊酯	0.03	76	拌种胺	—	103	威杀灵	—
50	戊菌唑	0.03	77	苯醚氰菊酯	—	104	五氯苯	—
51	戊唑醇	0.03	78	吡喃灵	—	105	五氯苯胺	—
52	啶酰菌胺	0.04	79	避蚊胺	—	106	五氯苯甲腈	—
53	氟氯氰菊酯	0.04	80	除虫菊素 I	—	107	戊草丹	—
54	肟菌酯	0.04	81	除虫菊酯	—	108	烯虫炔酯	—
55	氯菊酯	0.05	82	敌草胺	—	109	烯虫酯	—
56	仲丁威	0.06	83	啶斑肟	—	110	缬霉威	—
57	二苯胺	0.08	84	二甲草胺	—	111	新燕灵	—
58	甲霜灵	0.08	85	芬螨酯	—	112	溴丁酰草胺	—
59	吡丙醚	0.1	86	呋线威	—	113	乙氧呋草黄	—
60	多效唑	0.1	87	氟丙菊酯	—	114	抑芽唑	—
61	腐霉利	0.1	88	氟噻草胺	—	115	仲草丹	—
62	噻菌灵	0.1	89	氟唑菌酰胺	—			
63	异丙甲草胺	0.1	90	咯喹酮	—			

注："—"表示为国家标准中无 ADI 值规定；ADI 值单位为 mg/kg bw

2）计算 IFS_c 的平均值 $\overline{IFS}$ ，评价农药对食品安全的影响程度

以 $\overline{IFS}$ 评价各种农药对人体健康危害的总程度，评价模型见公式（8-2）。

$$\overline{IFS} = \frac{\sum_{i=1}^{n} IFS_c}{n}$$

（8-2）

$\overline{\text{IFS}} \ll 1$，所研究消费者人群的食品安全状态很好；$\overline{\text{IFS}} \leqslant 1$，所研究消费者人群的食品安全状态可以接受；$\overline{\text{IFS}} > 1$，所研究消费者人群的食品安全状态不可接受。

本次评价中：

$\overline{\text{IFS}} \leqslant 0.1$，所研究消费者人群的水果蔬菜安全状态很好；

$0.1 < \overline{\text{IFS}} \leqslant 1$，所研究消费者人群的水果蔬菜安全状态可以接受；

$\overline{\text{IFS}} > 1$，所研究消费者人群的水果蔬菜安全状态不可接受。

8.1.2.2 预警风险评估模型

2003 年，我国检验检疫食品安全管理的研究人员根据 WTO 的有关原则和我国的具体规定，结合危害物本身的敏感性、风险程度及其相应的施检频率，首次提出了食品中危害物风险系数 R 的概念[12]。R 是衡量一个危害物的风险程度大小最直观的参数，即在一定时期内其超标率或阳性检出率的高低，但受其施检测率的高低及其本身的敏感性（受关注程度）影响。该模型综合考察了农药在蔬菜中的超标率、施检频率及其本身敏感性，能直观而全面地反映出农药在一段时间内的风险程度[13]。

1）R 计算方法

危害物的风险系数综合考虑了危害物的超标率或阳性检出率、施检频率和其本身的敏感性影响，并能直观而全面地反映出危害物在一段时间内的风险程度。风险系数 R 的计算公式如式（8-3）：

$$R = aP + \frac{b}{F} + S \qquad (8\text{-}3)$$

式中，P 为该种危害物的超标率；F 为危害物的施检频率；S 为危害物的敏感因子；a，b 分别为相应的权重系数。

本次评价中 F =1；S =1；a =100；b =0.1，对参数 P 进行计算，计算时首先判断是否为禁用农药，如果为非禁用农药，P=超标的样品数（侦测出的含量高于食品最大残留限量标准值，即 MRL）除以总样品数（包括超标、不超标、未检出）；如果为禁用农药，则检出即为超标，P=能检出的样品数除以总样品数。判断南昌市水果蔬菜农药残留是否超标的标准限值 MRL 分别以 MRL 中国国家标准[14]和 MRL 欧盟标准作为对照，具体值列于本报告附表一中。

2）评价风险程度

R≤1.5，受检农药处于低度风险；

1.5<R≤2.5，受检农药处于中度风险；

R>2.5，受检农药处于高度风险。

8.1.2.3 食品膳食暴露风险和预警风险评估应用程序的开发

1）应用程序开发的步骤

为成功开发膳食暴露风险和预警风险评估应用程序，与软件工程师多次沟通讨论，逐步提出并描述清楚计算需求，开发了初步应用程序。为明确出不同水果蔬菜、不同农药、不同地域和不同季节的风险水平，向软件工程师提出不同的计算需求，软件工程师对计算需求进行逐一地分析，经过反复的细节沟通，需求分析得到明确后，开始进行解决方案的设计，在保证需求的完整性、一致性的前提下，编写出程序代码，最后设计出满足需求的风险评估专用计算软件，并通过一系列的软件测试和改进，完成专用程序的开发。软件开发基本步骤见图 8-3。

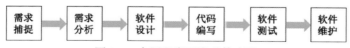

图 8-3　专用程序开发总体步骤

2）膳食暴露风险评估专业程序开发的基本要求

首先直接利用公式（8-1），分别计算 LC-Q-TOF/MS 和 GC-Q-TOF/MS 仪器检出的各水果蔬菜样品中每种农药 IFS_c，将结果列出。为考察超标农药和禁用农药的使用安全性，分别以我国《食品安全国家标准　食品中农药最大残留限量》（GB 2763—2016）和欧盟食品中农药最大残留限量（以下简称 MRL 中国国家标准和 MRL 欧盟标准）为标准，对侦测出的禁用农药和超标的非禁用农药 IFS_c 单独进行评价；按 IFS_c 大小列表，并找出 IFS_c 值排名前 20 的样本重点关注。

对不同水果蔬菜 i 中每一种检出的农药 c 的安全指数进行计算，多个样品时求平均值。若监测数据为该市多个月的数据，则逐月、逐季度分别列出每个月、每个季度内每一种水果蔬菜 i 对应的每一种农药 c 的 IFS_c。

按农药种类，计算整个监测时间段内每种农药的 IFS_c，不区分水果蔬菜。若检测数据为该市多个月的数据，则需分别计算每个月、每个季度内每种农药的 IFS_c。

3）预警风险评估专业程序开发的基本要求

分别以 MRL 中国国家标准和 MRL 欧盟标准，按公式（8-3）逐个计算不同水果蔬菜、不同农药的风险系数，禁用农药和非禁用农药分别列表。

为清楚了解各种农药的预警风险，不分时间，不分水果蔬菜，按禁用农药和非禁用农药分类，分别计算各种检出农药全部检测时段内风险系数。由于有 MRL 中国国家标准的农药种类太少，无法计算超标数，非禁用农药的风险系数只以 MRL 欧盟标准为标准，进行计算。若检测数据为多个月的，则按月计算每个月、每个季度内每种禁用农药残留的风险系数和以 MRL 欧盟标准为标准的非禁用农药残留的风险系数。

4）风险程度评价专业应用程序的开发方法

采用 Python 计算机程序设计语言，Python 是一个高层次地结合了解释性、编译性、互动性和面向对象的脚本语言。风险评价专用程序主要功能包括：分别读入每例样品 LC-Q-TOF/MS 和 GC-Q-TOF/MS 农药残留检测数据，根据风险评价工作要求，依次对不同农药、不同食品、不同时间、不同采样点的 IFS_c 值和 R 值分别进行数据计算，筛选出禁用农药、超标农药（分别与 MRL 中国国家标准、MRL 欧盟标准限值进行对比）单独重点分析，再分别对各农药、各水果蔬菜种类分类处理，设计出计算和排序程序，编写计算机代码，最后将生成的膳食暴露风险评估和超标风险评估定量计算结果列入设计好的各个表格中，并定性判断风险对目标的影响程度，直接用文字描述风险发生的高低，如"不可接受"、"可以接受"、"没有影响"、"高度风险"、"中度风险"、"低度风险"。

8.2　GC-Q-TOF/MS 侦测南昌市市售水果蔬菜农药残留膳食暴露风险评估

8.2.1　每例水果蔬菜样品中农药残留安全指数分析

基于农药残留侦测数据，发现在 329 例样品中检出农药 849 频次，计算样品中每种残留农药的安全指数 IFS_c，并分析农药对样品安全的影响程度，结果详见附表二，农药残留对水果蔬菜样品安全的影响程度频次分布情况如图 8-4 所示。

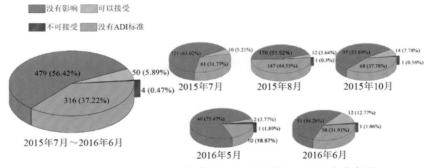

图 8-4　农药残留对水果蔬菜样品安全的影响程度频次分布图

由图 8-4 可以看出，农药残留对样品安全的影响不可接受的频次为 4，占 0.47%；农药残留对样品安全的影响可以接受的频次为 50，占 5.89%；农药残留对样品安全没有影响的频次为 479，占 56.42%。分析发现，在 5 个月份内 2015 年 8 月、2015 年 10 月、2016 年 5 月、2016 年 6 月分别有一种农药对样品安全影响不可接受，2015 年 7 月内农药对样品安全的影响均在可以接受和没有影响的范围内。表 8-5 为对水果蔬菜样品中安全指数不可接受的农药残留列表。

表 8-5　水果蔬菜样品中安全影响不可接受的农药残留列表

序号	样品编号	采样点	基质	农药	含量（mg/kg）	IFS_c
1	20160524-360100-JXCIQ-CE-01B	***市场	芹菜	甲拌磷	0.4957	4.4849
2	20150815-360100-JXCIQ-CE-06A	***超市（上海路店）	芹菜	甲拌磷	0.4816	4.3573
3	20151030-360100-JXCIQ-PP-02A	***超市（地中海店）	甜椒	甲拌磷	0.1412	1.2775
4	20160630-360100-JXCIQ-QC-02A	***超市（八一大道店）	青菜	烯唑醇	0.8509	1.0778

部分样品检出禁用农药 8 种 37 频次，为了明确残留的禁用农药对样品安全的影响，分析检出禁用农药残留的样品安全指数，禁用农药残留对水果蔬菜样品安全的影响程度频次分布情况如图 8-5 所示，农药残留对样品安全的影响不可接受的频次为 3，占 8.11%；农药残留对样品安全的影响可以接受的频次为 18，占 48.65%；农药残留对样品安全没有影响的频次为 16，占 43.24%。由图中可以看出，5 个月份的水果蔬菜样品中均侦测出禁用农药残留，分析发现，在该 5 个月份内只有 2015 年 8 月、2015 年 10 月、2016 年 5 月内分别有 1 种禁用农药对样品安全影响不可接受，其他月份内，禁用农药对样品安全的影响均在可以接受和没有影响的范围内。表 8-6 列出了水果蔬菜样品中侦测出的禁用农药残留不可接受的安全指数表。

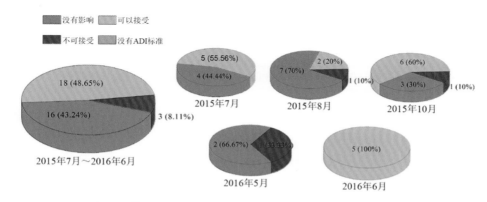

图 8-5　禁用农药对水果蔬菜样品安全影响程度的频次分布图

表 8-6　水果蔬菜样品中侦测出的禁用农药残留不可接受的安全指数表

序号	样品编号	采样点	基质	农药	含量（mg/kg）	IFS$_c$
1	20160524-360100-JXCIQ-CE-01B	***市场	芹菜	甲拌磷	0.4957	4.4849
2	20150815-360100-JXCIQ-CE-06A	***超市（上海路店）	芹菜	甲拌磷	0.4816	4.3573
3	20151030-360100-JXCIQ-PP-02A	***超市（地中海店）	甜椒	甲拌磷	0.1412	1.2775

此外，本次侦测发现部分样品中非禁用农药残留量超过了 MRL 欧盟标准，没有发现非禁用农药残留量超过中国国家标准的样品。为了明确超标的非禁用农药对样品安全的影响，分析了非禁用农药残留超标的样品安全指数。

残留量超过 MRL 欧盟标准的非禁用农药对水果蔬菜样品安全的影响程度频次分布情况如图 8-6 所示。可以看出超过 MRL 欧盟标准的非禁用农药共 272 频次，其中农药没有 ADI 标准的频次为 116，占 42.65%；农药残留对样品安全不可接受的频次为 1，占 0.37%；农药残留对样品安全的影响可以接受的频次为 26，占 9.56%；农药残留对样品安全没有影响的频次为 129，占 47.43%。表 8-7 为水果蔬菜样品中不可接受的残留超标非禁用农药安全指数列表。

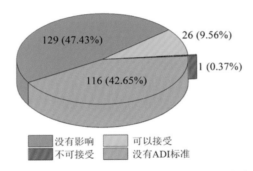

图 8-6　残留超标的非禁用农药对水果蔬菜样品安全的影响程度频次分布图（MRL 欧盟标准）

表 8-7　　对水果蔬菜样品中不可接受的残留超标非禁用农药安全指数列表（**MRL 欧盟标准**）

序号	样品编号	采样点	基质	农药	含量（mg/kg）	欧盟标准	IFS$_c$
1	20160630-360100-JXCIQ-QC-02A	***超市（八一大道店）	青菜	烯唑醇	0.8509	0.01	1.0778

　　在 329 例样品中，51 例样品未侦测出农药残留，278 例样品中侦测出农药残留，计算每例有农药检出样品的 $\overline{\text{IFS}}$ 值，进而分析样品的安全状态，结果如图 8-7 所示（未检出农药的样品安全状态视为很好）。可以看出，0.61% 的样品安全状态不可接受；4.86% 的样品安全状态可以接受；72.04% 的样品安全状态很好。此外，可以看出只有 2015 年 8 月和 2016 年 5 月分别有一例样品安全状态不可接受，其他月份内的样品安全状态均在很好和可以接受的范围内。表 8-8 列出了安全状态不可接受的水果蔬菜样品。

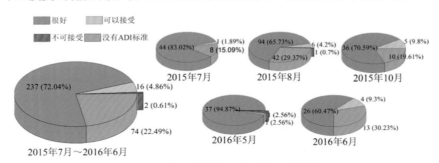

图 8-7　水果蔬菜样品安全状态分布图

表 8-8　水果蔬菜安全状态不可接受的样品列表

序号	样品编号	采样点	基质	$\overline{\text{IFS}}$
1	20150815-360100-JXCIQ-CE-06A	***超市（上海路店）	芹菜	2.180
2	20160524-360100-JXCIQ-CE-01B	***市场	芹菜	1.496

8.2.2　单种水果蔬菜中农药残留安全指数分析

　　本次 49 种水果蔬菜侦测 115 种农药，检出频次为 849 次，其中 44 种农药没有 ADI 标准，71 种农药存在 ADI 标准。4 种水果蔬菜未侦测出任何农药，紫甘蓝、花椰菜、蘑菇、莲藕等 5 种水果蔬菜侦测出农药残留全部没有 ADI 标准，对其他的 40 种水果蔬菜按不同种类分别计算检出的具有 ADI 标准的各种农药的 IFS_c 值，农药残留对水果蔬菜的安全指数分布图如图 8-8 所示。

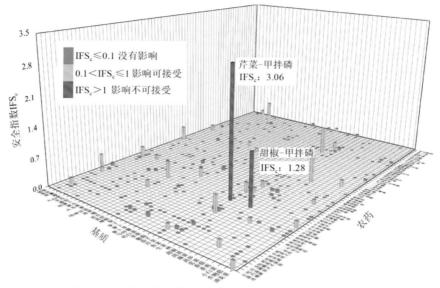

图 8-8　40 种水果蔬菜中 71 种残留农药的安全指数分布图

　　分析发现 2 种水果蔬菜（甜椒和芹菜）中的甲拌磷残留对食品安全影响不可接受，如表 8-9 所示。

表 8-9　单种水果蔬菜中安全影响不可接受的残留农药安全指数表

序号	基质	农药	检出频次	检出率（%）	IFS>1 的频次	IFS>1 的比例（%）	IFS_c
1	芹菜	甲拌磷	3	5.77	2	3.85	3.057
2	甜椒	甲拌磷	1	3.70	1	3.70	1.278

　　本次侦测中，45 种水果蔬菜和 115 种残留农药（包括没有 ADI 标准）共涉及 454 个分析样本，农药对单种水果蔬菜安全的影响程度分布情况如图 8-9 所示。可以看出，58.37%的样本中农药对水果蔬菜安全没有影响，6.39%的样本中农药对水果蔬菜安全的影响可以接受，0.44%的样本中农药对水果蔬菜安全的影响不可接受。

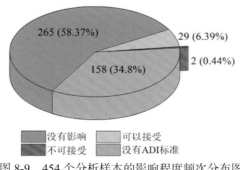

图 8-9　454 个分析样本的影响程度频次分布图

此外，分别计算 40 种水果蔬菜中所有检出农药 IFS_c 的平均值 $\overline{IFS}$，分析每种水果蔬菜的安全状态，结果如图 8-10 所示，分析发现，4 种水果蔬菜（10%）的安全状态可以接受，36 种（90%）水果蔬菜的安全状态很好。

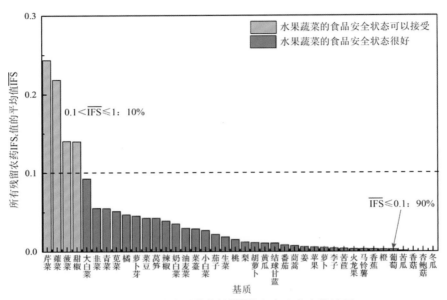

图 8-10　40 种水果蔬菜的 $\overline{IFS}$ 值和安全状态统计图

对每个月内每种水果蔬菜中农药的 IFS_c 进行分析，并计算每月内每种水果蔬菜的 $\overline{IFS}$ 值，以评价每种水果蔬菜的安全状态，结果如图 8-11 所示，可以看出，所有月份的

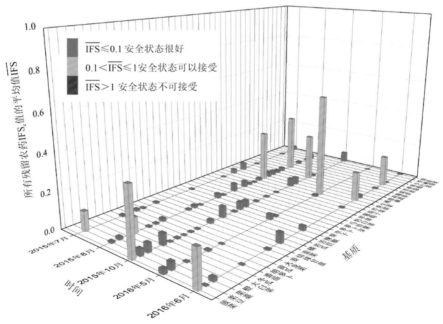

图 8-11　各月内每种水果蔬菜的 $\overline{IFS}$ 值与安全状态分布图

水果蔬菜的安全状态均处于很好和可以接受的范围内, 各月份内单种水果蔬菜安全状态统计情况如图 8-12 所示。

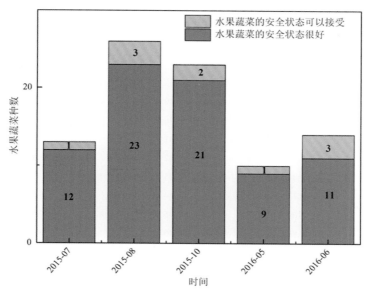

图 8-12　各月份内单种水果蔬菜安全状态统计图

8.2.3　所有水果蔬菜中农药残留安全指数分析

计算所有水果蔬菜中 71 种农药的 $\overline{\text{IFS}}_c$ 值, 结果如图 8-13 及表 8-10 所示。

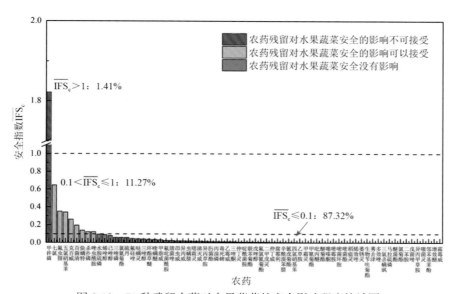

图 8-13　71 种残留农药对水果蔬菜的安全影响程度统计图

分析发现, 只有甲拌磷的 $\overline{\text{IFS}}_c$ 大于 1, 其他农药的 $\overline{\text{IFS}}_c$ 均小于 1, 说明甲拌磷对水果蔬菜安全的影响不可接受, 其他农药对水果蔬菜安全的影响均在没有影响和可以接受的范围内，其中 11.27%的农药对水果蔬菜安全的影响可以接受，87.32%的农药对水果蔬菜安全没有影响。

表 8-10　水果蔬菜中 71 种农药残留的安全指数表

序号	农药	检出频次	检出率（%）	$\overline{IFS_c}$	影响程度	序号	农药	检出频次	检出率（%）	$\overline{IFS_c}$	影响程度
1	甲拌磷	6	0.71	1.8219	不可接受	37	联苯菊酯	18	2.12	0.0092	没有影响
2	七氯	1	0.12	0.6460	可以接受	38	戊唑醇	24	2.83	0.0081	没有影响
3	氟虫腈	7	0.82	0.3501	可以接受	39	氟氯氰菊酯	7	0.82	0.0075	没有影响
4	五氯硝基苯	2	0.24	0.3406	可以接受	40	二甲戊灵	3	0.35	0.0069	没有影响
5	克百威	5	0.59	0.2625	可以接受	41	仲丁威	30	3.53	0.0067	没有影响
6	百菌清	1	0.12	0.1939	可以接受	42	腐霉利	27	3.18	0.0065	没有影响
7	炔螨特	4	0.47	0.1378	可以接受	43	辛酰溴苯腈	1	0.12	0.0058	没有影响
8	杀扑磷	1	0.12	0.1216	可以接受	44	氰戊菊酯	1	0.12	0.0052	没有影响
9	唑虫酰胺	14	1.65	0.1209	可以接受	45	四氯硝基苯	1	0.12	0.0048	没有影响
10	水胺硫磷	8	0.94	0.0952	没有影响	46	乙草胺	6	0.71	0.0035	没有影响
11	烯唑醇	23	2.71	0.0892	没有影响	47	甲霜灵	14	1.65	0.0025	没有影响
12	己唑醇	2	0.24	0.0780	没有影响	48	甲氰菊酯	5	0.59	0.0024	没有影响
13	三唑磷	3	0.35	0.0585	没有影响	49	吡丙醚	10	1.18	0.0023	没有影响
14	氯氰菊酯	11	1.30	0.0576	没有影响	50	醚菊酯	16	1.88	0.0023	没有影响
15	硫丹	8	0.94	0.0561	没有影响	51	噻嗪酮	1	0.12	0.0019	没有影响
16	氟硅唑	18	2.12	0.0466	没有影响	52	嘧霉胺	24	2.83	0.0019	没有影响
17	哒螨灵	25	2.94	0.0437	没有影响	53	嘧菌环胺	2	0.24	0.0018	没有影响
18	三唑醇	4	0.47	0.0409	没有影响	54	嘧菌酯	4	0.47	0.0017	没有影响
19	环酯草醚	1	0.12	0.0379	没有影响	55	稻瘟灵	4	0.47	0.0014	没有影响
20	喹螨醚	12	1.41	0.0360	没有影响	56	烯效唑	1	0.12	0.0012	没有影响
21	甲萘威	2	0.24	0.0328	没有影响	57	萎锈灵	3	0.35	0.0011	没有影响
22	氟吡菌酰胺	7	0.82	0.0245	没有影响	58	生物苄呋菊酯	4	0.47	0.0011	没有影响
23	腈菌唑	3	0.35	0.0243	没有影响	59	莠去津	5	0.59	0.0009	没有影响
24	茚虫威	1	0.12	0.0208	没有影响	60	多效唑	6	0.71	0.0009	没有影响
25	异丙威	3	0.35	0.0196	没有影响	61	三氯杀螨砜	1	0.12	0.0007	没有影响
26	虫螨腈	9	1.06	0.0181	没有影响	62	马拉硫磷	14	1.65	0.0006	没有影响
27	噁霜灵	1	0.12	0.0173	没有影响	63	醚菌酯	5	0.59	0.0005	没有影响
28	涕灭威	1	0.12	0.0171	没有影响	64	氯菊酯	1	0.12	0.0004	没有影响
29	异丙草胺	1	0.12	0.0158	没有影响	65	二苯胺	6	0.71	0.0003	没有影响
30	肟菌酯	3	0.35	0.0137	没有影响	66	戊菌唑	1	0.12	0.0003	没有影响
31	丙溴磷	4	0.47	0.0129	没有影响	67	异丙甲草胺	2	0.24	0.0003	没有影响
32	毒死蜱	74	8.72	0.0121	没有影响	68	噻菌灵	2	0.24	0.0003	没有影响
33	乙霉威	1	0.12	0.0120	没有影响	69	邻苯基苯酚	2	0.24	0.0003	没有影响
34	三唑酮	6	0.71	0.0112	没有影响	70	增效醚	4	0.47	0.0002	没有影响
35	仲丁灵	1	0.12	0.0095	没有影响	71	霜霉威	3	0.35	0.0002	没有影响
36	啶酰菌胺	2	0.24	0.0095	没有影响						

对每个月内所有水果蔬菜中残留农药的 $\overline{IFS_c}$ 进行分析，结果如图 8-14 所示。分析发现，2015 年 8 月、2015 年 10 月和 2016 年 5 月的甲拌磷对水果蔬菜安全的影响不可接受，其余 2 个月份所有农药对水果蔬菜安全的影响均处于没有影响和可以接受的范围内。每月内不同农药对水果蔬菜安全影响程度的统计如图 8-15 所示。

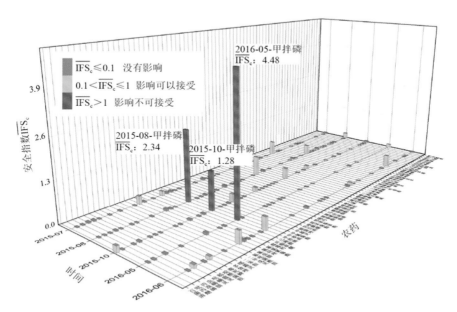

图 8-14　各月份内水果蔬菜中每种残留农药的安全指数分布图

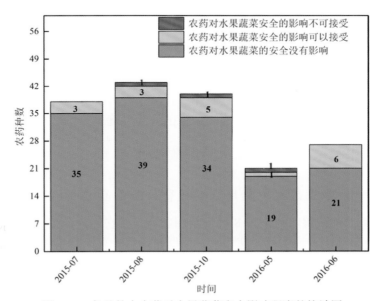

图 8-15　各月份内农药对水果蔬菜安全影响程度的统计图

计算每个月内水果蔬菜的 $\overline{IFS}$，以分析每月内水果蔬菜的安全状态，结果如图 8-16

所示，可以看出，各个月份的水果蔬菜安全状态均处于很好和可以接受的范围内。分析发现，在 20%的月份内，水果蔬菜安全状态可以接受，80%的月份内水果蔬菜的安全状态很好。

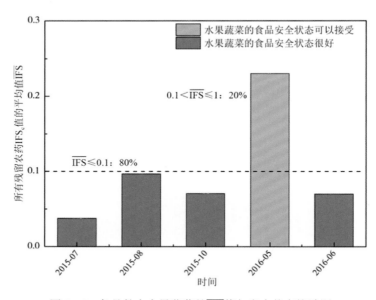

图 8-16　各月份内水果蔬菜的$\overline{\text{IFS}}$值与安全状态统计图

8.3　GC-Q-TOF/MS 侦测南昌市市售水果蔬菜农药残留预警风险评估

基于南昌市水果蔬菜样品中农药残留 GC-Q-TOF/MS 侦测数据，分析禁用农药的检出率，同时参照中华人民共和国国家标准 GB 2763—2016 和欧盟农药最大残留限量（MRL）标准分析非禁用农药残留的超标率，并计算农药残留风险系数。分析单种水果蔬菜中农药残留以及所有水果蔬菜中农药残留的风险程度。

8.3.1　单种水果蔬菜中农药残留风险系数分析

8.3.1.1　单种水果蔬菜中禁用农药残留风险系数分析

侦测出的 115 种残留农药中有 8 种为禁用农药，且它们分布在 15 种水果蔬菜中，计算 15 种水果蔬菜中禁用农药的超标率，根据超标率计算风险系数 R，进而分析水果蔬菜中禁用农药的风险程度，结果如图 8-17 与表 8-11 所示。分析发现 8 种禁用农药在 15 种水果蔬菜中的残留处均于高度风险。

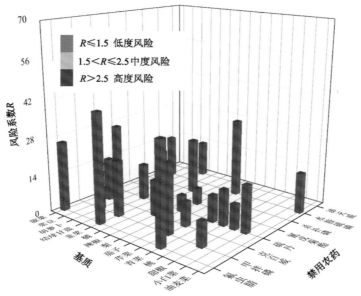

图 8-17　15 种水果蔬菜中 8 种禁用农药的风险系数分布图

表 8-11　15 种水果蔬菜中 8 种禁用农药的风险系数列表

序号	基质	农药	检出频次	检出率 P（%）	风险系数 R	风险程度
1	韭菜	氟虫腈	2	40.00	41.10	高度风险
2	青菜	氟虫腈	4	36.36	37.46	高度风险
3	茄子	水胺硫磷	4	28.57	29.67	高度风险
4	菠菜	氟虫腈	1	25.00	26.10	高度风险
5	菠菜	硫丹	1	25.00	26.10	高度风险
6	芹菜	甲拌磷	3	25.00	26.10	高度风险
7	韭菜	甲拌磷	1	20.00	21.10	高度风险
8	橘	杀扑磷	1	20.00	21.10	高度风险
9	橘	硫丹	1	20.00	21.10	高度风险
10	小白菜	硫丹	1	16.67	17.77	高度风险
11	菜豆	克百威	3	15.00	16.10	高度风险
12	菜豆	水胺硫磷	3	15.00	16.10	高度风险
13	油麦菜	水胺硫磷	1	14.29	15.39	高度风险
14	结球甘蓝	涕灭威	1	12.50	13.60	高度风险
15	结球甘蓝	硫丹	1	12.50	13.60	高度风险
16	辣椒	克百威	1	12.50	13.60	高度风险
17	桃	硫丹	1	12.50	13.60	高度风险
18	青菜	硫丹	1	9.09	10.19	高度风险
19	芹菜	克百威	1	8.33	9.43	高度风险
20	甜椒	甲拌磷	1	8.33	9.43	高度风险
21	甜椒	硫丹	1	8.33	9.43	高度风险
22	胡萝卜	甲拌磷	1	7.69	8.79	高度风险
23	梨	氰戊菊酯	1	5.26	6.36	高度风险
24	梨	硫丹	1	5.26	6.36	高度风险

8.3.1.2　基于 MRL 中国国家标准的单种水果蔬菜中非禁用农药残留风险系数分析

参照中华人民共和国国家标准 GB 2763—2016 中农药残留限量计算每种水果蔬菜中每种非禁用农药的超标率，进而计算其风险系数，根据风险系数大小判断残留农药的预警风险程度，水果蔬菜中非禁用农药残留风险程度分布情况如图 8-18 所示。

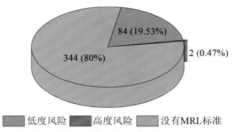

图 8-18　水果蔬菜中非禁用农药风险程度的频次分布图（MRL 中国国家标准）

本次分析中，发现在 45 种水果蔬菜检出 107 种残留非禁用农药，涉及样本 430 个，在 430 个样本中，0.47%处于高度风险，19.53%处于低度风险，此外发现有 344 个样本没有 MRL 中国国家标准值，无法判断其风险程度，有 MRL 中国国家标准值的 86 个样本涉及 26 种水果蔬菜中的 34 种非禁用农药，其风险系数 R 值如图 8-19 所示。表 8-12 为非禁用农药残留处于高度风险的水果蔬菜列表。

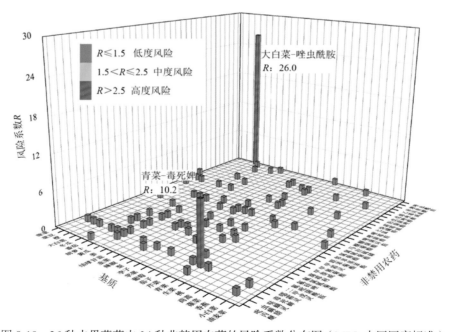

图 8-19　26 种水果蔬菜中 34 种非禁用农药的风险系数分布图（MRL 中国国家标准）

表 8-12　单种水果蔬菜中处于高度风险的非禁用农药风险系数表（MRL 中国国家标准）

序号	基质	农药	超标频次	超标率 P（%）	风险系数 R
1	大白菜	唑虫酰胺	1	25.00	26.10
2	青菜	毒死蜱	1	9.09	10.19

8.3.1.3　基于 MRL 欧盟标准的单种水果蔬菜中非禁用农药残留风险系数分析

参照 MRL 欧盟标准计算每种水果蔬菜中每种非禁用农药的超标率，进而计算其风险系数，根据风险系数大小判断农药残留的预警风险程度，水果蔬菜中非禁用农药残留风险程度分布情况如图 8-20 所示。

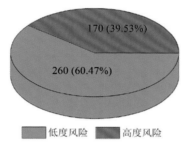

图 8-20　水果蔬菜中非禁用农药的风险程度的频次分布图（MRL 欧盟标准）

本次分析中，发现在 45 种水果蔬菜中共侦测出 107 种非禁用农药，涉及样本 430 个，其中，39.53%处于高度风险，涉及 40 种水果蔬菜和 66 种农药；60.47%处于低度风险，涉及 43 种水果蔬菜和 80 种农药。单种水果蔬菜中的非禁用农药风险系数分布图如图 8-21 所示。单种水果蔬菜中处于高度风险的非禁用农药风险系数如图 8-22 和表 8-13 所示。

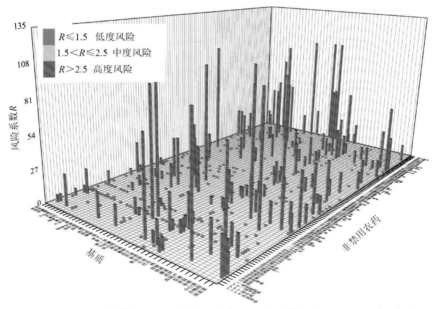

图 8-21　45 种水果蔬菜中 107 种非禁用农药的风险系数分布图（MRL 欧盟标准）

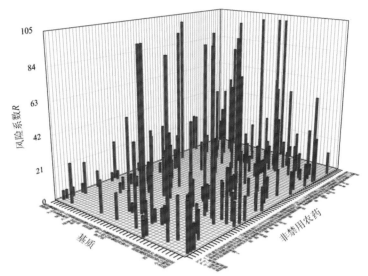

图 8-22 单种水果蔬菜中处于高度风险的非禁用农药的风险系数分布图（MRL 欧盟标准）

表 8-13 单种水果蔬菜中处于高度风险的非禁用农药的风险系数表（MRL 欧盟标准）

序号	基质	农药	超标频次	超标率 P（%）	风险系数 R
1	奶白菜	唑虫酰胺	1	100	101.1
2	奶白菜	醚菌酯	1	100	101.1
3	橙	杀螨酯	1	100	101.1
4	苦苣	仲丁灵	1	100	101.1
5	苦苣	烯虫酯	1	100	101.1
6	苦苣	间羟基联苯	1	100	101.1
7	茼蒿	喹螨醚	1	100	101.1
8	茼蒿	氟硅唑	1	100	101.1
9	莴笋	γ-氟氯氰菊酯	1	100	101.1
10	莴笋	氟硅唑	1	100	101.1
11	萝卜芽	哒螨灵	1	100	101.1
12	萝卜芽	唑虫酰胺	1	100	101.1
13	萝卜芽	除虫菊素 I	1	100	101.1
14	番茄	仲丁威	12	75	76.1
15	青菜	烯唑醇	7	63.64	64.74
16	橘	新燕灵	3	60.00	61.10
17	油麦菜	烯虫酯	4	57.14	58.24
18	青菜	氟硅唑	6	54.55	55.65
19	大白菜	唑虫酰胺	2	50.00	51.10

续表

序号	基质	农药	超标频次	超标率 P（%）	风险系数 R
20	姜	二甲草胺	1	50.00	51.10
21	姜	增效醚	1	50.00	51.10
22	姜	戊草丹	1	50.00	51.10
23	姜	溴丁酰草胺	1	50.00	51.10
24	茄子	仲丁威	7	50.00	51.10
25	葡萄	γ-氟氯氰菌酯	1	50.00	51.10
26	马铃薯	仲丁威	2	50.00	51.10
27	油麦菜	γ-氟氯氰菌酯	3	42.86	43.96
28	油麦菜	腐霉利	3	42.86	43.96
29	杏鲍菇	解草腈	2	40.00	41.10
30	橘	威杀灵	2	40.00	41.10
31	菜薹	唑虫酰胺	2	40.00	41.10
32	韭菜	腐霉利	2	40.00	41.10
33	生菜	烯唑醇	4	36.36	37.46
34	小白菜	氟硅唑	2	33.33	34.43
35	小白菜	烯唑醇	2	33.33	34.43
36	小白菜	醚菌酯	2	33.33	34.43
37	火龙果	四氢吩胺	3	33.33	34.43
38	苋菜	芬螨酯	2	33.33	34.43
39	金针菇	解草腈	1	33.33	34.43
40	油麦菜	3,5-二氯苯胺	2	28.57	29.67
41	油麦菜	烯唑醇	2	28.57	29.67
42	苦瓜	甲氰菊酯	2	28.57	29.67
43	茄子	丙溴磷	4	28.57	29.67
44	生菜	烯虫酯	3	27.27	28.37
45	青菜	三唑醇	3	27.27	28.37
46	青菜	哒螨灵	3	27.27	28.37
47	大白菜	3,5-二氯苯胺	1	25.00	26.10
48	大白菜	喹螨醚	1	25.00	26.10
49	大白菜	烯虫酯	1	25.00	26.10
50	结球甘蓝	解草腈	2	25.00	26.10

序号	基质	农药	超标频次	超标率 P（%）	风险系数 R
51	芹菜	威杀灵	3	25.00	26.10
52	菜豆	烯虫酯	5	25.00	26.10
53	菠菜	炔螨特	1	25.00	26.10
54	菠菜	烯虫酯	1	25.00	26.10
55	菠菜	腐霉利	1	25.00	26.10
56	西葫芦	吡嘧灵	1	25.00	26.10
57	辣椒	唑虫酰胺	2	25.00	26.10
58	辣椒	腐霉利	2	25.00	26.10
59	马铃薯	五氯苯胺	1	25.00	26.10
60	胡萝卜	萘乙酰胺	3	23.08	24.18
61	梨	四氢吩胺	4	21.05	22.15
62	苹果	甲醚菊酯	4	21.05	22.15
63	杏鲍菇	霜霉威	1	20.00	21.10
64	橘	仲草丹	1	20.00	21.10
65	菜薹	虫螨腈	1	20.00	21.10
66	韭菜	γ-氟氯氰菌酯	1	20.00	21.10
67	韭菜	三唑醇	1	20.00	21.10
68	韭菜	新燕灵	1	20.00	21.10
69	韭菜	氟氯氰菊酯	1	20.00	21.10
70	生菜	新燕灵	2	18.18	19.28
71	青菜	γ-氟氯氰菌酯	2	18.18	19.28
72	青菜	唑虫酰胺	2	18.18	19.28
73	小白菜	炔螨特	1	16.67	17.77
74	小白菜	腐霉利	1	16.67	17.77
75	小白菜	虫螨腈	1	16.67	17.77
76	甜椒	腐霉利	2	16.67	17.77
77	芹菜	嘧霉胺	2	16.67	17.77
78	芹菜	烯虫酯	2	16.67	17.77
79	芹菜	腐霉利	2	16.67	17.77
80	芹菜	解草腈	2	16.67	17.77
81	苋菜	哒螨灵	1	16.67	17.77

续表

序号	基质	农药	超标频次	超标率 P（%）	风险系数 R
82	苋菜	氟氯氰菊酯	1	16.67	17.77
83	苋菜	烯虫酯	1	16.67	17.77
84	梨	γ-氟氯氰氰菌酯	3	15.79	16.89
85	苹果	新燕灵	3	15.79	16.89
86	胡萝卜	醚菊酯	2	15.38	16.48
87	菜豆	仲丁威	3	15.00	16.10
88	李子	烯虫酯	1	14.29	15.39
89	李子	腐霉利	1	14.29	15.39
90	油麦菜	三唑酮	1	14.29	15.39
91	油麦菜	五氯苯胺	1	14.29	15.39
92	油麦菜	己唑醇	1	14.29	15.39
93	油麦菜	抑芽唑	1	14.29	15.39
94	油麦菜	氟硅唑	1	14.29	15.39
95	油麦菜	百菌清	1	14.29	15.39
96	油麦菜	腈菌唑	1	14.29	15.39
97	香蕉	棉铃威	2	13.33	14.43
98	香蕉	避蚊胺	2	13.33	14.43
99	冬瓜	烯虫酯	1	12.50	13.60
100	桃	马拉硫磷	1	12.50	13.60
101	结球甘蓝	喹螨醚	1	12.50	13.60
102	辣椒	三唑磷	1	12.50	13.60
103	辣椒	环酯草醚	1	12.50	13.60
104	辣椒	虫螨腈	1	12.50	13.60
105	黄瓜	烯虫酯	2	11.76	12.86
106	火龙果	甲醚菊酯	1	11.11	12.21
107	火龙果	缬霉威	1	11.11	12.21
108	火龙果	辛酰溴苯腈	1	11.11	12.21
109	蕹菜	七氯	1	11.11	12.21
110	蕹菜	嘧菌酯	1	11.11	12.21
111	蕹菜	新燕灵	1	11.11	12.21
112	蕹菜	烯虫酯	1	11.11	12.21

序号	基质	农药	超标频次	超标率 P（%）	风险系数 R
113	苹果	威杀灵	2	10.53	11.63
114	菜豆	唑虫酰胺	2	10.00	11.10
115	菜豆	多效唑	2	10.00	11.10
116	生菜	3,4,5-混杀威	1	9.09	10.19
117	生菜	3,5-二氯苯胺	1	9.09	10.19
118	生菜	乙草胺	1	9.09	10.19
119	生菜	腈菌唑	1	9.09	10.19
120	青菜	仲丁威	1	9.09	10.19
121	青菜	喹螨醚	1	9.09	10.19
122	青菜	嘧霉胺	1	9.09	10.19
123	青菜	氟丙菊酯	1	9.09	10.19
124	青菜	虫螨腈	1	9.09	10.19
125	青菜	醚菌酯	1	9.09	10.19
126	青菜	除虫菊素 I	1	9.09	10.19
127	芹菜	γ-氟氯氰菊酯	1	8.33	9.43
128	芹菜	五氯硝基苯	1	8.33	9.43
129	芹菜	五氯苯胺	1	8.33	9.43
130	芹菜	哒螨灵	1	8.33	9.43
131	芹菜	啶斑肟	1	8.33	9.43
132	芹菜	四氯硝基苯	1	8.33	9.43
133	芹菜	氟硅唑	1	8.33	9.43
134	芹菜	甲萘威	1	8.33	9.43
135	芹菜	甲霜灵	1	8.33	9.43
136	胡萝卜	棉铃威	1	7.69	8.79
137	胡萝卜	芬螨酯	1	7.69	8.79
138	茄子	唑虫酰胺	1	7.14	8.24
139	茄子	新燕灵	1	7.14	8.24
140	茄子	炔螨特	1	7.14	8.24
141	茄子	甲氰菊酯	1	7.14	8.24
142	茄子	腐霉利	1	7.14	8.24
143	茄子	虫螨腈	1	7.14	8.24
144	香蕉	新燕灵	1	6.67	7.77
145	香蕉	烯虫炔酯	1	6.67	7.77

续表

序号	基质	农药	超标频次	超标率 P（%）	风险系数 R
146	香蕉	马拉硫磷	1	6.67	7.77
147	番茄	新燕灵	1	6.25	7.35
148	番茄	腐霉利	1	6.25	7.35
149	番茄	马拉硫磷	1	6.25	7.35
150	黄瓜	噁霜灵	1	5.88	6.98
151	黄瓜	异丙威	1	5.88	6.98
152	黄瓜	烯虫炔酯	1	5.88	6.98
153	黄瓜	甲萘威	1	5.88	6.98
154	黄瓜	腐霉利	1	5.88	6.98
155	黄瓜	马拉硫磷	1	5.88	6.98
156	梨	新燕灵	1	5.26	6.36
157	梨	毒死蜱	1	5.26	6.36
158	梨	烯虫酯	1	5.26	6.36
159	梨	虫螨腈	1	5.26	6.36
160	苹果	氟硅唑	1	5.26	6.36
161	苹果	炔螨特	1	5.26	6.36
162	菜豆	3,5-二氯苯胺	1	5.00	6.10
163	菜豆	γ-氟氯氰菌酯	1	5.00	6.10
164	菜豆	吡喃灵	1	5.00	6.10
165	菜豆	新燕灵	1	5.00	6.10
166	菜豆	杀螺吗啉	1	5.00	6.10
167	菜豆	氟硅唑	1	5.00	6.10
168	菜豆	腐霉利	1	5.00	6.10
169	菜豆	虫螨腈	1	5.00	6.10
170	菜豆	解草腈	1	5.00	6.10

8.3.2　所有水果蔬菜中农药残留风险系数分析

8.3.2.1　所有水果蔬菜中禁用农药残留风险系数分析

在侦测出的 115 种农药中有 8 种为禁用农药，计算所有水果蔬菜中禁用农药的风险系数，结果如表 8-14 所示。禁用农药硫丹、水胺硫磷、氟虫腈、甲拌磷、克百威处于高度风险，剩余 3 种禁用农药处于低度风险。

表 8-14　水果蔬菜中 8 种禁用农药的风险系数表

序号	农药	检出频次	检出率 P（%）	风险系数 R	风险程度
1	硫丹	8	2.43	3.53	高度风险
2	水胺硫磷	8	2.43	3.53	高度风险
3	氟虫腈	7	2.13	3.23	高度风险
4	甲拌磷	6	1.82	2.92	高度风险
5	克百威	5	1.52	2.62	高度风险
6	氰戊菊酯	1	0.30	1.40	低度风险
7	杀扑磷	1	0.30	1.40	低度风险
8	涕灭威	1	0.30	1.40	低度风险

对每个月内的禁用农药的风险系数进行分析，结果如图 8-23 和表 8-15 所示。

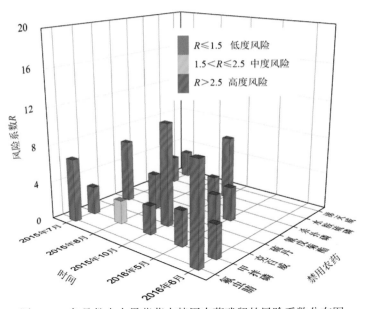

图 8-23　各月份内水果蔬菜中禁用农药残留的风险系数分布图

表 8-15　各月份内水果蔬菜中禁用农药的风险系数表

序号	年月	农药	检出频次	检出率 P（%）	风险系数 R	风险程度
1	2015 年 7 月	氟虫腈	3	5.66	6.76	高度风险
2	2015 年 7 月	硫丹	3	5.66	6.76	高度风险
3	2015 年 7 月	甲拌磷	1	1.89	2.99	高度风险
4	2015 年 7 月	水胺硫磷	1	1.89	2.99	高度风险
5	2015 年 7 月	涕灭威	1	1.89	2.99	高度风险

续表

序号	年月	农药	检出频次	检出率 P（%）	风险系数 R	风险程度
6	2015 年 8 月	硫丹	4	2.80	3.90	高度风险
7	2015 年 8 月	水胺硫磷	4	2.80	3.90	高度风险
8	2015 年 8 月	甲拌磷	2	1.40	2.50	中度风险
9	2015 年 10 月	克百威	5	9.80	10.90	高度风险
10	2015 年 10 月	水胺硫磷	3	5.88	6.98	高度风险
11	2015 年 10 月	甲拌磷	1	1.96	3.06	高度风险
12	2015 年 10 月	杀扑磷	1	1.96	3.06	高度风险
13	2016 年 5 月	甲拌磷	1	2.56	3.66	高度风险
14	2016 年 5 月	硫丹	1	2.56	3.66	高度风险
15	2016 年 5 月	氰戊菊酯	1	2.56	3.66	高度风险
16	2016 年 6 月	氟虫腈	4	9.30	10.40	高度风险
17	2016 年 6 月	甲拌磷	1	2.33	3.43	高度风险

8.3.2.2　所有水果蔬菜中非禁用农药残留风险系数分析

参照 MRL 欧盟标准计算所有水果蔬菜中每种非禁用农药残留的风险系数，如图 8-24 与表 8-16 所示。在侦测出的 107 种非禁用农药中，15 种农药（14.01%）残留处于高度风险，21 种农药（19.63%）残留处于中度风险，71 种农药（66.36%）残留处于低度风险。

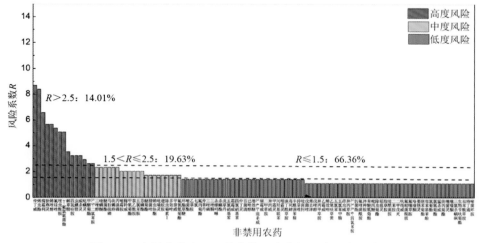

图 8-24　水果蔬菜中 107 种非禁用农药的风险程度统计图

表 8-16　水果蔬菜中 107 种非禁用农药的风险系数表

序号	农药	超标频次	超标率 P（%）	风险系数 R	风险程度
1	仲丁威	25	7.60	8.70	高度风险

续表

序号	农药	超标频次	超标率 P（%）	风险系数 R	风险程度
2	烯虫酯	24	7.29	8.39	高度风险
3	腐霉利	18	5.47	6.57	高度风险
4	新燕灵	15	4.56	5.66	高度风险
5	烯唑醇	15	4.56	5.66	高度风险
6	氟硅唑	14	4.26	5.36	高度风险
7	唑虫酰胺	13	3.95	5.05	高度风险
8	γ-氟氯氰菌酯	13	3.95	5.05	高度风险
9	解草腈	8	2.43	3.53	高度风险
10	四氢吩胺	7	2.13	3.23	高度风险
11	虫螨腈	7	2.13	3.23	高度风险
12	威杀灵	7	2.13	3.23	高度风险
13	哒螨灵	6	1.82	2.92	高度风险
14	甲醚菊酯	5	1.52	2.62	高度风险
15	3,5-二氯苯胺	5	1.52	2.62	高度风险
16	三唑醇	4	1.22	2.32	中度风险
17	喹螨醚	4	1.22	2.32	中度风险
18	醚菌酯	4	1.22	2.32	中度风险
19	马拉硫磷	4	1.22	2.32	中度风险
20	炔螨特	4	1.22	2.32	中度风险
21	丙溴磷	4	1.22	2.32	中度风险
22	嘧霉胺	3	0.91	2.01	中度风险
23	棉铃威	3	0.91	2.01	中度风险
24	甲氰菊酯	3	0.91	2.01	中度风险
25	萘乙酰胺	3	0.91	2.01	中度风险
26	五氯苯胺	3	0.91	2.01	中度风险
27	芬螨酯	3	0.91	2.01	中度风险
28	醚菊酯	2	0.61	1.71	中度风险
29	腈菌唑	2	0.61	1.71	中度风险
30	烯虫炔酯	2	0.61	1.71	中度风险
31	吡哺灵	2	0.61	1.71	中度风险
32	避蚊胺	2	0.61	1.71	中度风险
33	除虫菊素 I	2	0.61	1.71	中度风险
34	多效唑	2	0.61	1.71	中度风险
35	甲萘威	2	0.61	1.71	中度风险
36	氟氯氰菊酯	2	0.61	1.71	中度风险
37	环酯草醚	1	0.30	1.40	低度风险

续表

序号	农药	超标频次	超标率 P (%)	风险系数 R	风险程度
38	嘧菌酯	1	0.30	1.40	低度风险
39	乙草胺	1	0.30	1.40	低度风险
40	七氯	1	0.30	1.40	低度风险
41	氟丙菊酯	1	0.30	1.40	低度风险
42	仲草丹	1	0.30	1.40	低度风险
43	三唑磷	1	0.30	1.40	低度风险
44	三唑酮	1	0.30	1.40	低度风险
45	杀螺吗啉	1	0.30	1.40	低度风险
46	杀螨酯	1	0.30	1.40	低度风险
47	戊草丹	1	0.30	1.40	低度风险
48	五氯硝基苯	1	0.30	1.40	低度风险
49	霜霉威	1	0.30	1.40	低度风险
50	四氯硝基苯	1	0.30	1.40	低度风险
51	仲丁灵	1	0.30	1.40	低度风险
52	百菌清	1	0.30	1.40	低度风险
53	己唑醇	1	0.30	1.40	低度风险
54	增效醚	1	0.30	1.40	低度风险
55	3,4,5-混杀威	1	0.30	1.40	低度风险
56	缬霉威	1	0.30	1.40	低度风险
57	二甲草胺	1	0.30	1.40	低度风险
58	异丙威	1	0.30	1.40	低度风险
59	甲霜灵	1	0.30	1.40	低度风险
60	间羟基联苯	1	0.30	1.40	低度风险
61	噁霜灵	1	0.30	1.40	低度风险
62	溴丁酰草胺	1	0.30	1.40	低度风险
63	毒死蜱	1	0.30	1.40	低度风险
64	辛酰溴苯腈	1	0.30	1.40	低度风险
65	抑芽唑	1	0.30	1.40	低度风险
66	啶斑肟	1	0.30	1.40	低度风险
67	戊菌唑	0	0	1.10	低度风险
68	莠去津	0	0	1.10	低度风险
69	戊唑醇	0	0	1.10	低度风险
70	异丙甲草胺	0	0	1.10	低度风险
71	乙霉威	0	0	1.10	低度风险
72	烯效唑	0	0	1.10	低度风险
73	乙氧呋草黄	0	0	1.10	低度风险

续表

序号	农药	超标频次	超标率 P（%）	风险系数 R	风险程度
74	五氯苯	0	0	1.10	低度风险
75	五氯苯甲腈	0	0	1.10	低度风险
76	茚虫威	0	0	1.10	低度风险
77	异丙草胺	0	0	1.10	低度风险
78	2,3,5,6-四氯苯胺	0	0	1.10	低度风险
79	肟菌酯	0	0	1.10	低度风险
80	氟唑菌酰胺	0	0	1.10	低度风险
81	拌种胺	0	0	1.10	低度风险
82	苯醚氰菊酯	0	0	1.10	低度风险
83	吡丙醚	0	0	1.10	低度风险
84	除虫菊酯	0	0	1.10	低度风险
85	稻瘟灵	0	0	1.10	低度风险
86	敌草胺	0	0	1.10	低度风险
87	啶酰菌胺	0	0	1.10	低度风险
88	二苯胺	0	0	1.10	低度风险
89	二甲戊灵	0	0	1.10	低度风险
90	呋线威	0	0	1.10	低度风险
91	氟吡菌酰胺	0	0	1.10	低度风险
92	氟噻草胺	0	0	1.10	低度风险
93	咯喹酮	0	0	1.10	低度风险
94	萎锈灵	0	0	1.10	低度风险
95	联苯菊酯	0	0	1.10	低度风险
96	邻苯基苯酚	0	0	1.10	低度风险
97	氯菊酯	0	0	1.10	低度风险
98	氯氰菊酯	0	0	1.10	低度风险
99	猛杀威	0	0	1.10	低度风险
100	炔丙菊酯	0	0	1.10	低度风险
101	噻菌灵	0	0	1.10	低度风险
102	噻嗪酮	0	0	1.10	低度风险
103	三氯杀螨砜	0	0	1.10	低度风险
104	生物苄呋菊酯	0	0	1.10	低度风险
105	双苯酰草胺	0	0	1.10	低度风险
106	特丁通	0	0	1.10	低度风险
107	嘧菌环胺	0	0	1.10	低度风险

　　对每个月份内的非禁用农药的风险系数分析，每月内非禁用农药风险程度分布图如图 8-25 所示。5 个月份内处于高度风险的农药数排序为 2015 年 7 月（32）＞2015 年 10 月（29）＞2016 年 6 月（18）＞2016 年 5 月（11）＞2015 年 8 月（9）。

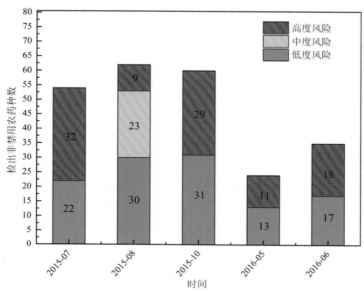

图 8-25　各月份水果蔬菜中非禁用农药残留的风险程度分布图

　　5 个月份内水果蔬菜中非禁用农药处于中度风险和高度风险的风险系数如图 8-26 和表 8-17 所示。

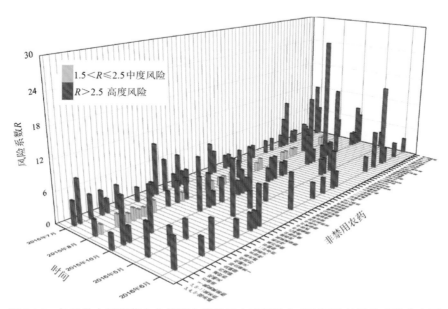

图 8-26　各月份水果蔬菜中非禁用农药处于中度风险和高度风险的风险系数分布图

表 8-17　各月份水果蔬菜中非禁用农药处于中度风险和高度风险的风险系数表

序号	年月	农药	超标频次	超标率 P（%）	风险系数 R	风险程度
1	2015 年 7 月	仲丁威	6	11.32	12.42	高度风险
2	2015 年 7 月	氟硅唑	5	9.43	10.53	高度风险
3	2015 年 7 月	烯唑醇	5	9.43	10.53	高度风险
4	2015 年 7 月	γ-氟氯氰菌酯	4	7.55	8.65	高度风险
5	2015 年 7 月	腐霉利	3	5.66	6.76	高度风险
6	2015 年 7 月	甲醚菊酯	3	5.66	6.76	高度风险
7	2015 年 7 月	马拉硫磷	3	5.66	6.76	高度风险
8	2015 年 7 月	烯虫酯	3	5.66	6.76	高度风险
9	2015 年 7 月	唑虫酰胺	3	5.66	6.76	高度风险
10	2015 年 7 月	3,5-二氯苯胺	2	3.77	4.87	高度风险
11	2015 年 7 月	吡喃灵	2	3.77	4.87	高度风险
12	2015 年 7 月	丙溴磷	2	3.77	4.87	高度风险
13	2015 年 7 月	哒螨灵	2	3.77	4.87	高度风险
14	2015 年 7 月	解草腈	2	3.77	4.87	高度风险
15	2015 年 7 月	醚菊酯	2	3.77	4.87	高度风险
16	2015 年 7 月	虫螨腈	1	1.89	2.99	高度风险
17	2015 年 7 月	噁霜灵	1	1.89	2.99	高度风险
18	2015 年 7 月	氟丙菊酯	1	1.89	2.99	高度风险
19	2015 年 7 月	己唑醇	1	1.89	2.99	高度风险
20	2015 年 7 月	甲萘威	1	1.89	2.99	高度风险
21	2015 年 7 月	甲氰菊酯	1	1.89	2.99	高度风险
22	2015 年 7 月	嘧霉胺	1	1.89	2.99	高度风险
23	2015 年 7 月	棉铃威	1	1.89	2.99	高度风险
24	2015 年 7 月	炔螨特	1	1.89	2.99	高度风险
25	2015 年 7 月	三唑酮	1	1.89	2.99	高度风险
26	2015 年 7 月	杀螺吗啉	1	1.89	2.99	高度风险
27	2015 年 7 月	四氢吩胺	1	1.89	2.99	高度风险
28	2015 年 7 月	五氯苯胺	1	1.89	2.99	高度风险
29	2015 年 7 月	烯虫炔酯	1	1.89	2.99	高度风险
30	2015 年 7 月	辛酰溴苯腈	1	1.89	2.99	高度风险
31	2015 年 7 月	新燕灵	1	1.89	2.99	高度风险
32	2015 年 7 月	抑芽唑	1	1.89	2.99	高度风险
33	2015 年 8 月	仲丁威	15	10.49	11.59	高度风险

续表

序号	年月	农药	超标频次	超标率 P（%）	风险系数 R	风险程度
34	2015 年 8 月	烯虫酯	8	5.59	6.69	高度风险
35	2015 年 8 月	烯唑醇	6	4.20	5.30	高度风险
36	2015 年 8 月	氟硅唑	5	3.50	4.60	高度风险
37	2015 年 8 月	腐霉利	5	3.50	4.60	高度风险
38	2015 年 8 月	唑虫酰胺	5	3.50	4.60	高度风险
39	2015 年 8 月	醚菌酯	4	2.80	3.90	高度风险
40	2015 年 8 月	3,5-二氯苯胺	3	2.10	3.20	高度风险
41	2015 年 8 月	芬螨酯	3	2.10	3.20	高度风险
42	2015 年 8 月	避蚊胺	2	1.40	2.50	中度风险
43	2015 年 8 月	除虫菊素 I	2	1.40	2.50	中度风险
44	2015 年 8 月	多效唑	2	1.40	2.50	中度风险
45	2015 年 8 月	甲氰菊酯	2	1.40	2.50	中度风险
46	2015 年 8 月	炔螨特	2	1.40	2.50	中度风险
47	2015 年 8 月	γ-氟氯氰菌酯	1	0.70	1.80	中度风险
48	2015 年 8 月	丙溴磷	1	0.70	1.80	中度风险
49	2015 年 8 月	虫螨腈	1	0.70	1.80	中度风险
50	2015 年 8 月	哒螨灵	1	0.70	1.80	中度风险
51	2015 年 8 月	啶斑肟	1	0.70	1.80	中度风险
52	2015 年 8 月	毒死蜱	1	0.70	1.80	中度风险
53	2015 年 8 月	氟氯氰菊酯	1	0.70	1.80	中度风险
54	2015 年 8 月	甲霜灵	1	0.70	1.80	中度风险
55	2015 年 8 月	解草腈	1	0.70	1.80	中度风险
56	2015 年 8 月	腈菌唑	1	0.70	1.80	中度风险
57	2015 年 8 月	马拉硫磷	1	0.70	1.80	中度风险
58	2015 年 8 月	七氯	1	0.70	1.80	中度风险
59	2015 年 8 月	四氯硝基苯	1	0.70	1.80	中度风险
60	2015 年 8 月	四氢吩胺	1	0.70	1.80	中度风险
61	2015 年 8 月	五氯苯胺	1	0.70	1.80	中度风险
62	2015 年 8 月	五氯硝基苯	1	0.70	1.80	中度风险
63	2015 年 8 月	乙草胺	1	0.70	1.80	中度风险
64	2015 年 8 月	异丙威	1	0.70	1.80	中度风险
65	2015 年 10 月	烯虫酯	13	25.49	26.59	高度风险
66	2015 年 10 月	威杀灵	7	13.73	14.83	高度风险

续表

序号	年月	农药	超标频次	超标率 P（%）	风险系数 R	风险程度
67	2015 年 10 月	新燕灵	7	13.73	14.83	高度风险
68	2015 年 10 月	γ-氟氯氰菌酯	4	7.84	8.94	高度风险
69	2015 年 10 月	虫螨腈	4	7.84	8.94	高度风险
70	2015 年 10 月	喹螨醚	4	7.84	8.94	高度风险
71	2015 年 10 月	仲丁威	4	7.84	8.94	高度风险
72	2015 年 10 月	氟硅唑	3	5.88	6.98	高度风险
73	2015 年 10 月	腐霉利	3	5.88	6.98	高度风险
74	2015 年 10 月	四氢吩胺	3	5.88	6.98	高度风险
75	2015 年 10 月	唑虫酰胺	3	5.88	6.98	高度风险
76	2015 年 10 月	甲醚菊酯	2	3.92	5.02	高度风险
77	2015 年 10 月	解草腈	2	3.92	5.02	高度风险
78	2015 年 10 月	棉铃威	2	3.92	5.02	高度风险
79	2015 年 10 月	萘乙酰胺	2	3.92	5.02	高度风险
80	2015 年 10 月	3,4,5-混杀威	1	1.96	3.06	高度风险
81	2015 年 10 月	百菌清	1	1.96	3.06	高度风险
82	2015 年 10 月	环酯草醚	1	1.96	3.06	高度风险
83	2015 年 10 月	间羟基联苯	1	1.96	3.06	高度风险
84	2015 年 10 月	腈菌唑	1	1.96	3.06	高度风险
85	2015 年 10 月	嘧霉胺	1	1.96	3.06	高度风险
86	2015 年 10 月	炔螨特	1	1.96	3.06	高度风险
87	2015 年 10 月	三唑醇	1	1.96	3.06	高度风险
88	2015 年 10 月	五氯苯胺	1	1.96	3.06	高度风险
89	2015 年 10 月	烯虫炔酯	1	1.96	3.06	高度风险
90	2015 年 10 月	烯唑醇	1	1.96	3.06	高度风险
91	2015 年 10 月	缬霉威	1	1.96	3.06	高度风险
92	2015 年 10 月	仲草丹	1	1.96	3.06	高度风险
93	2015 年 10 月	仲丁灵	1	1.96	3.06	高度风险
94	2016 年 5 月	腐霉利	4	10.26	11.36	高度风险
95	2016 年 5 月	γ-氟氯氰菌酯	2	5.13	6.23	高度风险
96	2016 年 5 月	四氢吩胺	2	5.13	6.23	高度风险
97	2016 年 5 月	丙溴磷	1	2.56	3.66	高度风险
98	2016 年 5 月	哒螨灵	1	2.56	3.66	高度风险
99	2016 年 5 月	甲萘威	1	2.56	3.66	高度风险

续表

序号	年月	农药	超标频次	超标率 P（%）	风险系数 R	风险程度
100	2016 年 5 月	解草腈	1	2.56	3.66	高度风险
101	2016 年 5 月	嘧霉胺	1	2.56	3.66	高度风险
102	2016 年 5 月	杀螨酯	1	2.56	3.66	高度风险
103	2016 年 5 月	霜霉威	1	2.56	3.66	高度风险
104	2016 年 5 月	唑虫酰胺	1	2.56	3.66	高度风险
105	2016 年 6 月	新燕灵	7	16.28	17.38	高度风险
106	2016 年 6 月	腐霉利	3	6.98	8.08	高度风险
107	2016 年 6 月	三唑醇	3	6.98	8.08	高度风险
108	2016 年 6 月	烯唑醇	3	6.98	8.08	高度风险
109	2016 年 6 月	γ-氟氯氰菌酯	2	4.65	5.75	高度风险
110	2016 年 6 月	哒螨灵	2	4.65	5.75	高度风险
111	2016 年 6 月	解草腈	2	4.65	5.75	高度风险
112	2016 年 6 月	虫螨腈	1	2.33	3.43	高度风险
113	2016 年 6 月	二甲草胺	1	2.33	3.43	高度风险
114	2016 年 6 月	氟硅唑	1	2.33	3.43	高度风险
115	2016 年 6 月	氟氯氰菊酯	1	2.33	3.43	高度风险
116	2016 年 6 月	嘧菌酯	1	2.33	3.43	高度风险
117	2016 年 6 月	萘乙酰胺	1	2.33	3.43	高度风险
118	2016 年 6 月	三唑磷	1	2.33	3.43	高度风险
119	2016 年 6 月	戊草丹	1	2.33	3.43	高度风险
120	2016 年 6 月	溴丁酰草胺	1	2.33	3.43	高度风险
121	2016 年 6 月	增效醚	1	2.33	3.43	高度风险
122	2016 年 6 月	唑虫酰胺	1	2.33	3.43	高度风险

8.4　GC-Q-TOF/MS 侦测南昌市市售水果蔬菜
农药残留风险评估结论与建议

　　农药残留是影响水果蔬菜安全和质量的主要因素，也是我国食品安全领域备受关注的敏感话题和亟待解决的重大问题之一[15,16]。各种水果蔬菜均存在不同程度的农药残留现象，本研究主要针对南昌市各类水果蔬菜存在的农药残留问题，基于 2015 年 7 月~2016 年 6 月对南昌市 329 例水果蔬菜样品中农药残留侦测得出的 849 个侦测结果，分别采用食品安全指数模型和风险系数模型，开展水果蔬菜中农药残留的膳食暴露风险和预警风险评估。水果蔬菜样品取自超市和农贸市场，符合大众的膳食来源，风险评价时更具有代表性和可信度。

本研究力求通用简单地反映食品安全中的主要问题，且为管理部门和大众容易接受，为政府及相关管理机构建立科学的食品安全信息发布和预警体系提供科学的规律与方法，加强对农药残留的预警和食品安全重大事件的预防，控制食品风险。

8.4.1 南昌市水果蔬菜中农药残留膳食暴露风险评价结论

1）水果蔬菜样品中农药残留安全状态评价结论

采用食品安全指数模型，对 2015 年 7 月~2016 年 6 月期间南昌市水果蔬菜食品农药残留膳食暴露风险进行评价，根据 IFS_c 的计算结果发现，水果蔬菜中农药的 $\overline{IFS}$ 为 0.0704，说明南昌市水果蔬菜总体处于很好的安全状态，但部分禁用农药、高残留农药在蔬菜、水果中仍有检出，导致膳食暴露风险的存在，成为不安全因素。

2）单种水果蔬菜中农药膳食暴露风险不可接受情况评价结论

单种水果蔬菜中农药残留安全指数分析结果显示，农药对单种水果蔬菜安全影响不可接受（$IFS_c > 1$）的样本数共 2 个，占总样本数的 0.44%，2 个样本分别为芹菜中的甲拌磷、甜椒中的甲拌磷，说明芹菜、甜椒中的甲拌磷会对消费者身体健康造成较大的膳食暴露风险。甲拌磷属于禁用的剧毒农药，且芹菜和甜椒均为较常见的水果蔬菜，百姓日常食用量较大，长期食用大量残留甲拌磷的芹菜和甜椒会对人体造成不可接受的影响，本次检测发现甲拌磷在芹菜和甜椒样品中多次并大量检出，是未严格实施农业良好管理规范（GAP），抑或是农药滥用，这应该引起相关管理部门的警惕，应加强对芹菜和甜椒中甲拌磷的严格管控。

3）禁用农药膳食暴露风险评价

本次检测发现部分水果蔬菜样品中有禁用农药检出，检出禁用农药 8 种，检出频次为 37，水果蔬菜样品中的禁用农药 IFS_c 计算结果表明，禁用农药残留膳食暴露风险不可接受的频次为 3，占 8.11%；可以接受的频次为 18，占 48.65%；没有影响的频次为 16，占 43.24%。对于水果蔬菜样品中所有农药而言，膳食暴露风险不可接受的频次为 4，仅占总体频次的 0.47%。可以看出，禁用农药的膳食暴露风险不可接受的比例远高于总体水平，这在一定程度上说明禁用农药更容易导致严重的膳食暴露风险。此外，膳食暴露风险不可接受的残留禁用农药均为甲拌磷，因此，应该加强对禁用农药甲拌磷的管控力度。为何在国家明令禁止禁用农药喷洒的情况下，还能在多种水果蔬菜中多次检出禁用农药残留并造成不可接受的膳食暴露风险，这应该引起相关部门的高度警惕，应该在禁止禁用农药喷洒的同时，严格管控禁用农药的生产和售卖，从根本上杜绝安全隐患。

8.4.2 南昌市水果蔬菜中农药残留预警风险评价结论

1）单种水果蔬菜中禁用农药残留的预警风险评价结论

本次检测过程中，在 15 种水果蔬菜中检测超出 8 种禁用农药，禁用农药为：氟虫腈、水胺硫磷、硫丹、甲拌磷、杀扑磷、克百威、涕灭威、氰戊菊酯，水果蔬菜为：韭菜、青菜、茄子、菠菜、芹菜、橘、小白菜、菜豆、油麦菜、结球甘蓝、辣椒、桃、甜椒、胡萝卜、梨，水果蔬菜中禁用农药的风险系数分析结果显示，8 种禁用农药在 15 种水果蔬菜中的残留均处于高度风险，说明在单种水果蔬菜中禁用农药的残留会导致较高的预警风险。

2）单种水果蔬菜中非禁用农药残留的预警风险评价结论

以 MRL 中国国家标准为标准，计算水果蔬菜中非禁用农药风险系数情况下，430 个样本中，2 个处于高度风险（0.47%），84 个处于低度风险（19.53%），344 个样本没有 MRL 中国国家标准（80%）。以 MRL 欧盟标准为标准，计算水果蔬菜中非禁用农药风险系数情况下，发现有 170 个处于高度风险（39.53%），260 个处于低度风险（60.47%）。基于两种 MRL 标准，评价的结果差异显著，可以看出 MRL 欧盟标准比中国国家标准更加严格和完善，过于宽松的 MRL 中国国家标准值能否有效保障人体的健康有待研究。

8.4.3　加强南昌市水果蔬菜食品安全建议

我国食品安全风险评价体系仍不够健全，相关制度不够完善，多年来，由于农药用药次数多、用药量大或用药间隔时间短，产品残留量大，农药残留所造成的食品安全问题日益严峻，给人体健康带来了直接或间接的危害。据估计，美国与农药有关的癌症患者数约占全国癌症患者总数的 50%，中国更高。同样，农药对其他生物也会形成直接杀伤和慢性危害，植物中的农药可经过食物链逐级传递并不断蓄积，对人和动物构成潜在威胁，并影响生态系统。

基于本次农药残留侦测数据的风险评价结果，提出以下几点建议：

1）加快食品安全标准制定步伐

我国食品标准中农药每日允许最大摄入量 ADI 的数据严重缺乏，在本次评价所涉及的 115 种农药中，仅有 60.7% 的农药具有 ADI 值，而 39.3% 的农药中国尚未规定相应的 ADI 值，亟待完善。

我国食品中农药最大残留限量值的规定严重缺乏，对评估涉及的不同水果蔬菜中不同农药 454 个 MRL 限值进行统计来看，我国仅制定出 103 个标准，我国标准完整率仅为 22.7%，欧盟的完整率达到 100%（表 8-18）。因此，中国更应加快 MRL 标准的制定步伐。

表 8-18　我国国家食品标准农药的 ADI、MRL 值与欧盟标准的数量差异

分类		中国 ADI（%）	MRL 中国国家标准（%）	MRL 欧盟标准
标准限值（个）	有	71	103	454
	无	44	351	0
总数（个）		115	454	454
无标准限值比例		39.3	77.3	0

此外，MRL 中国国家标准限值普遍高于欧盟标准限值，这些标准中共有 72 个高于欧盟。过高的 MRL 值难以保障人体健康，建议继续加强对限值基准和标准的科学研究，将农产品中的危险性减少到尽可能低的水平。

2）加强农药的源头控制和分类监管

在南昌市某些水果蔬菜中仍有禁用农药残留，利用 GC-Q-TOF/MS 技术侦测出 8 种禁用农药，检出频次为 37 次，残留禁用农药均存在较大的膳食暴露风险和预警风险。早已列入黑名单的禁用农药在我国并未真正退出，有些药物由于价格便宜、工艺简单，此类高毒农药一直生产和使用。建议在我国采取严格有效的控制措施，从源头控制禁用农药。

对于非禁用农药，在我国作为"田间地头"最典型单位的县级蔬果产地中，农药残留的检测几乎缺失。建议根据农药的毒性，对高毒、剧毒、中毒农药实现分类管理，减少使用高毒和剧毒高残留农药，进行分类监管。

3）加强残留农药的生物修复及降解新技术

市售果蔬中残留农药的品种多、频次高、禁用农药多次检出这一现状，说明了我国的田间土壤和水体因农药长期、频繁、不合理的使用而遭到严重污染。为此，建议中国相关部门出台相关政策，鼓励高校及科研院所积极开展分子生物学、酶学等研究，加强土壤、水体中残留农药的生物修复及降解新技术研究，切实加大农药监管力度，以控制农药的面源污染问题。

综上所述，在本工作基础上，根据蔬菜残留危害，可进一步针对其成因提出和采取严格管理、大力推广无公害蔬菜种植与生产、健全食品安全控制技术体系、加强蔬菜食品质量检测体系建设和积极推行蔬菜食品质量追溯制度等相应对策。建立和完善食品安全综合评价指数与风险监测预警系统，对食品安全进行实时、全面的监控与分析，为我国的食品安全科学监管与决策提供新的技术支持，可实现各类检验数据的信息化系统管理，降低食品安全事故的发生。

山东蔬菜产区

第9章 LC-Q-TOF/MS 侦测山东蔬菜产区 1480 例市售水果蔬菜样品农药残留报告

从山东蔬菜产区（泰安市、威海市、潍坊市、烟台市、枣庄市、淄博市、济宁市、临沂市、日照市）所属 35 个区县，随机采集了 1480 例水果蔬菜样品，使用液相色谱-四极杆飞行时间质谱（LC-Q-TOF/MS）对 565 种农药化学污染物进行示范侦测（7 种负离子模式 ESI 未涉及）。

9.1 样品种类、数量与来源

9.1.1 样品采集与检测

为了真实反映百姓餐桌上水果蔬菜中农药残留污染状况，本次所有检测样品均由检验人员于 2015 年 7 月至 2016 年 11 月期间，从山东蔬菜产区所属 61 个采样点，均为超市，以随机购买方式采集，总计 104 批 1480 例样品，从中检出农药 107 种，2246 频次。采样及监测概况见表 9-1 及图 9-1，样品及采样点明细见表 9-2 及表 9-3（侦测原始数据见附表 1）。

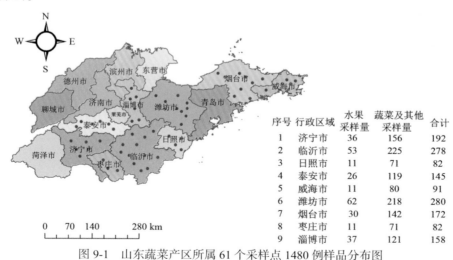

序号	行政区域	水果采样量	蔬菜及其他采样量	合计
1	济宁市	36	156	192
2	临沂市	53	225	278
3	日照市	11	71	82
4	泰安市	26	119	145
5	威海市	11	80	91
6	潍坊市	62	218	280
7	烟台市	30	142	172
8	枣庄市	11	71	82
9	淄博市	37	121	158

图 9-1 山东蔬菜产区所属 61 个采样点 1480 例样品分布图

表 9-1 农药残留监测总体概况

采样地区	山东蔬菜产区所属 35 个区县
采样点（超市）	61
样本总数	1480
检出农药品种/频次	107/2246
各采样点样本农药残留检出率范围	20.0%~100.0%

表 9-2　样品分类及数量

样品分类	样品名称（数量）	数量小计
1. 水果		277
1）仁果类水果	苹果（56），梨（49）	105
2）核果类水果	桃（41），李子（5），枣（1）	47
3）浆果和其他小型水果	猕猴桃（1），葡萄（31），草莓（12）	44
4）瓜果类水果	西瓜（12），哈密瓜（1），甜瓜（31）	44
5）热带和亚热带水果	香蕉（6），火龙果（23）	29
6）柑橘类水果	橘（4），橙（4）	8
2. 食用菌		54
1）蘑菇类	香菇（1），平菇（3），蘑菇（9），金针菇（27），杏鲍菇（14）	54
3. 蔬菜		1149
1）豆类蔬菜	扁豆（13），菜豆（28）	41
2）鳞茎类蔬菜	韭菜（73），洋葱（35），大蒜（3），葱（1）	112
3）水生类蔬菜	莲藕（1）	1
4）叶菜类蔬菜	芹菜（77），小茴香（10），苦苣（1），蕹菜（1），菠菜（61），小白菜（46），油麦菜（15），叶芥菜（1），生菜（40），小油菜（68），茼蒿（37），大白菜（2），娃娃菜（1）	360
5）芸薹属类蔬菜	结球甘蓝（35），花椰菜（25），紫甘蓝（49），青花菜（36）	145
6）瓜类蔬菜	黄瓜（99），西葫芦（65），南瓜（2），冬瓜（29），苦瓜（1），丝瓜（24）	220
7）茄果类蔬菜	番茄（97），甜椒（47），辣椒（22），樱桃番茄（4），茄子（81）	251
8）根茎类和薯芋类蔬菜	山药（1），胡萝卜（7），马铃薯（6），姜（4），萝卜（1）	19
合计	1. 水果 15 种 2. 食用菌 5 种 3. 蔬菜 40 种	1480

表 9-3　山东蔬菜产区采样点信息

采样点序号	行政区域	采样点
超市（61）		
1	临沂市 兰山区	***超市（齐鲁园店）
2	临沂市 兰山区	***超市（临沂店）
3	临沂市 兰陵县	***购物中心
4	临沂市 兰陵县	***超市（会宝路店）
5	临沂市 平邑县	***超市有限公司
6	临沂市 沂水县	***超市（沂水店）
7	临沂市 沂水县	***超市有限公司

续表

采样点序号	行政区域	采样点
超市（61）		
8	临沂市　河东区	***购物广场
9	临沂市　河东区	***超市（临沂店）
10	临沂市　河东区	***超市（河东店）
11	临沂市　河东区	***超市（赵庄店）
12	临沂市　郯城县	***超市（郯城店）
13	威海市　乳山市	***有限公司
14	威海市　乳山市	***超市
15	威海市　乳山市	***购物广场
16	威海市　文登区	***超市（文登购物广场店）
17	威海市　环翠区	***超市（世昌店）
18	日照市　东港区	***购物广场
19	日照市　东港区	***购物广场（泰安路店）
20	日照市　东港区	***超市（北京路店）
21	日照市　东港区	***超市（日照广场店）
22	枣庄市　市中区	***购物中心
23	枣庄市　市中区	***超市（华山店）
24	枣庄市　滕州市	***超市（解放路店）
25	泰安市　东平县	***超市
26	泰安市　东平县	***购物广场
27	泰安市　泰山区	***超市（泰安店）
28	泰安市　泰山区	***超市（泰山区店）
29	泰安市　肥城市	***超市
30	泰安市　肥城市	***超市（肥城店）
31	济宁市　任城区	***超市（运城河店）
32	济宁市　任城区	***超市（济宁店）
33	济宁市　曲阜市	***超市（曲阜店）
34	济宁市　汶上县	***广场
35	济宁市　汶上县	***超市（汶上店）
36	济宁市　金乡县	***购物广场
37	淄博市　张店区	***超市
38	淄博市　张店区	***超市（商场东路店）
39	淄博市　张店区	***超市（张北店）

续表

采样点序号	行政区域	采样点
超市（61）		
40	淄博市 张店区	***超市（淄博购物广场店）
41	淄博市 沂源县	***购物广场（沂源县店）
42	淄博市 淄川区	***超市（淄川店）
43	潍坊市 奎文区	***超市（北王店）
44	潍坊市 奎文区	***超市（新华店）
45	潍坊市 奎文区	***购物中心
46	潍坊市 奎文区	***超市（北王店）
47	潍坊市 奎文区	***超市（新华店）
48	潍坊市 安丘市	***超市（安丘店）
49	潍坊市 安丘市	***超市（安丘店）
50	潍坊市 寿光市	***超市
51	潍坊市 诸城市	***购物广场
52	潍坊市 高密市	***超市（凤凰大街店）
53	烟台市 栖霞市	***超市（栖霞店）
54	烟台市 海阳市	***超市（海阳四店）
55	烟台市 牟平区	***超市（平和店）
56	烟台市 福山区	***超市（福山购物广场店）
57	烟台市 芝罘区	***超市（烟台店）
58	烟台市 莱山区	***超市（金沟寨店）
59	烟台市 莱阳市	***超市（莱阳店）
60	烟台市 莱阳市	***超市（莱阳店）
61	烟台市 蓬莱市	***购物广场

9.1.2　检测结果

这次使用的检测方法是庞国芳院士团队最新研发的不需使用标准品对照，而以高分辨精确质量数（0.0001 m/z）为基准的 LC-Q-TOF/MS 检测技术，对于 1480 例样品，每个样品均侦测了 565 种农药化学污染物的残留现状。通过本次侦测，在 1480 例样品中共计检出农药化学污染物 107 种，检出 2246 频次。

9.1.2.1　各采样点样品检出情况

统计分析发现 61 个采样点中，被测样品的农药检出率范围为 20.0%~100.0%。其中，***超市的检出率最高，为 100.0%。***超市（北京路店）的检出率最低，为 20.0%，见图 9-2。

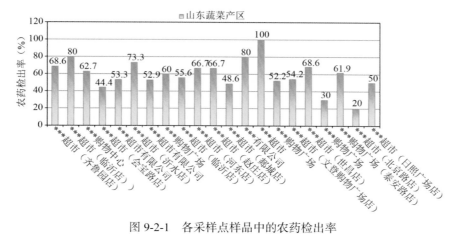

图 9-2-1　各采样点样品中的农药检出率

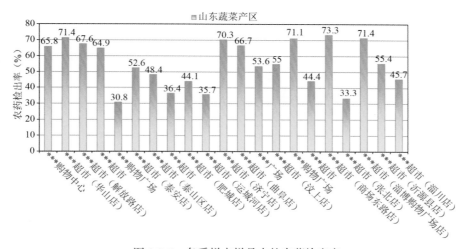

图 9-2-2　各采样点样品中的农药检出率

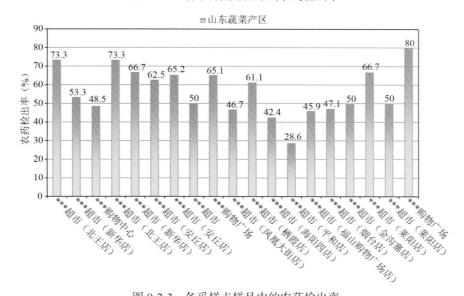

图 9-2-3　各采样点样品中的农药检出率

9.1.2.2　检出农药的品种总数与频次

统计分析发现，对于 1480 例样品中 565 种农药化学污染物的侦测，共检出农药 2246 频次，涉及农药 107 种，结果如图 9-3 所示。其中多菌灵检出频次最高，共检出 328 次。检出频次排名前 10 的农药如下：①多菌灵（328）；②啶虫脒（236）；③霜霉威（197）；④烯酰吗啉（193）；⑤噻虫嗪（126）；⑥吡虫啉（102）；⑦甲霜灵（99）；⑧嘧菌酯（90）；⑨烯啶虫胺（57）；⑩苯醚甲环唑（56）。

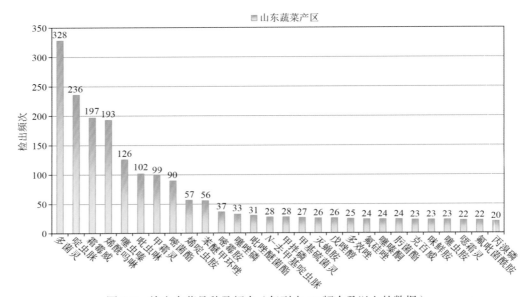

图 9-3　检出农药品种及频次（仅列出 20 频次及以上的数据）

由图 9-4 可见，葡萄、番茄、黄瓜、芹菜和茄子这 5 种果蔬样品中检出的农药品种数较高，均超过 30 种，其中，葡萄检出农药品种最多，为 43 种。由图 9-5 可见，黄瓜、番茄、茄子、芹菜、葡萄、甜椒、小油菜和梨这 8 种果蔬样品中的农药检出频次较高，均超过 100 次，其中，黄瓜检出农药频次最高，为 260 次。

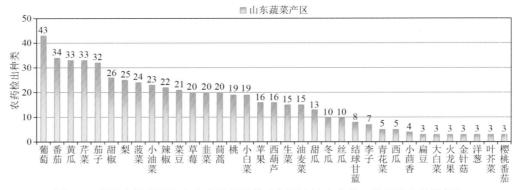

图 9-4　单种水果蔬菜检出农药的种类数（仅列出检出农药 3 种及以上的数据）

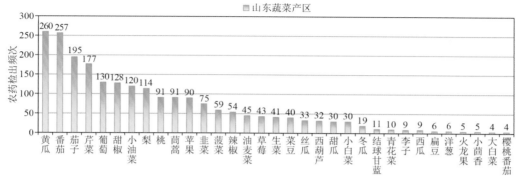

图 9-5　单种水果蔬菜检出农药频次（仅列出检出农药 4 频次及以上的数据）

9.1.2.3　单例样品农药检出种类与占比

对单例样品检出农药种类和频次进行统计发现，未检出农药的样品占总样品数的 42.6%，检出 1 种农药的样品占总样品数的 19.7%，检出 2~5 种农药的样品占总样品数的 32.9%，检出 6~10 种农药的样品占总样品数的 4.6%，检出大于 10 种农药的样品占总样品数的 0.3%。每例样品中平均检出农药为 1.5 种，数据见表 9-4 及图 9-6。

表 9-4　单例样品检出农药品种占比

检出农药品种数	样品数量/占比（%）
未检出	630/42.6
1 种	291/19.7
2~5 种	487/32.9
6~10 种	68/4.6
大于 10 种	4/0.3
单例样品平均检出农药品种	1.5 种

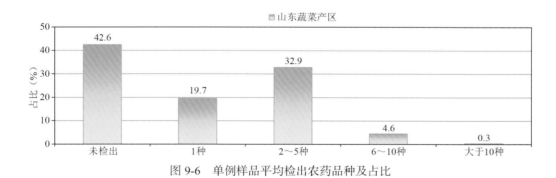

图 9-6　单例样品平均检出农药品种及占比

9.1.2.4　检出农药类别与占比

所有检出农药按功能分类，包括杀虫剂、杀菌剂、除草剂、植物生长调节剂、驱避剂、增塑剂、增效剂共 7 类。其中杀虫剂与杀菌剂为主要检出的农药类别，分别占总数的 41.1% 和 40.2%，见表 9-5 及图 9-7。

表 9-5　检出农药所属类别/占比

农药类别	数量/占比（%）
杀虫剂	44/41.1
杀菌剂	43/40.2
除草剂	12/11.2
植物生长调节剂	5/4.7
驱避剂	1/0.9
增塑剂	1/0.9
增效剂	1/0.9

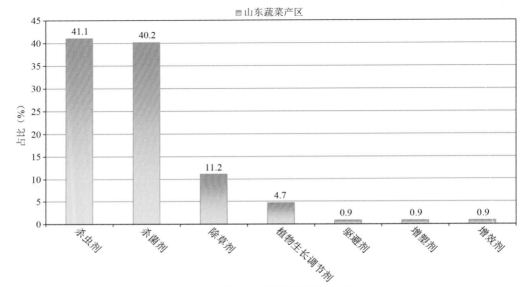

图 9-7　检出农药所属类别和占比

9.1.2.5　检出农药的残留水平

　　按检出农药残留水平进行统计，残留水平在 1~5μg/kg（含）的农药占总数的 24.8%，在 5~10μg/kg（含）的农药占总数的 14.3%，在 10~100μg/kg（含）的农药占总数的 44.7%，在 100~1000μg/kg（含）的农药占总数的 13.4%，>1000μg/kg 的农药占总数的 2.8%。

　　由此可见，这次检测的 104 批 1480 例水果蔬菜样品中农药多数处于中高残留水平。结果见表 9-6 及图 9-8，数据见附表 2。

表 9-6　农药残留水平/占比

残留水平（μg/kg）	检出频次数/占比（%）
1~5（含）	557/24.8
5~10（含）	321/14.3
10~100（含）	1005/44.7
100~1000（含）	301/13.4
>1000	62/2.8

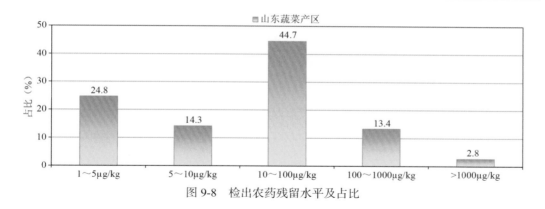

图 9-8　检出农药残留水平及占比

9.1.2.6　检出农药的毒性类别、检出频次和超标频次及占比

对这次检出的 107 种 2246 频次的农药，按剧毒、高毒、中毒、低毒和微毒这五个毒性类别进行分类，从中可以看出，山东蔬菜产区目前普遍使用的农药为中低微毒农药，品种占 90.7%，频次占 96.4%。结果见表 9-7 及图 9-9。

表 9-7　检出农药毒性类别/占比

毒性分类	农药品种/占比（%）	检出频次/占比（%）	超标频次/超标率（%）
剧毒农药	3/2.8	30/1.3	20/66.7
高毒农药	7/6.5	51/2.3	23/45.1
中毒农药	44/41.1	973/43.3	9/0.9
低毒农药	36/33.6	433/19.3	3/0.7
微毒农药	17/15.9	759/33.8	6/0.8

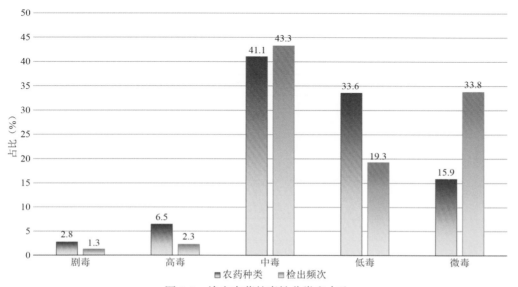

图 9-9　检出农药的毒性分类和占比

9.1.2.7 检出剧毒/高毒类农药的品种和频次

值得特别关注的是，在此次侦测的 1480 例样品中有 16 种蔬菜 5 种水果的 75 例样品检出了 10 种 81 频次的剧毒和高毒农药，占样品总量的 5.1%，详见图 9-10、表 9-8 及表 9-9。

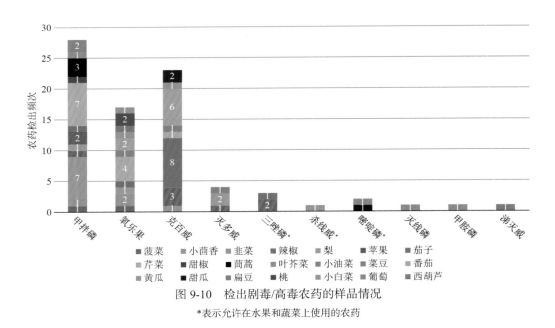

图 9-10　检出剧毒/高毒农药的样品情况

*表示允许在水果和蔬菜上使用的农药

表 9-8　剧毒农药检出情况

序号	农药名称	检出频次	超标频次	超标率
	从 3 种水果中检出 2 种剧毒农药，共计检出 4 次			
1	甲拌磷*	3	3	100.0%
2	灭线磷*	1	1	100.0%
	小计	4	4	超标率：100.0%
	从 11 种蔬菜中检出 2 种剧毒农药，共计检出 26 次			
1	甲拌磷*	25	15	60.0%
2	涕灭威*	1	1	100.0%
	小计	26	16	超标率：61.5%
	合计	30	20	超标率：66.7%

表 9-9　高毒农药检出情况

序号	农药名称	检出频次	超标频次	超标率
	从 4 种水果中检出 5 种高毒农药，共计检出 10 次			
1	氧乐果	3	2	66.7%
2	克百威	2	0	0.0%

续表

序号	农药名称	检出频次	超标频次	超标率
从 4 种水果中检出 5 种高毒农药，共计检出 10 次				
3	嘧啶磷	2	0	0.0%
4	灭多威	2	0	0.0%
5	甲胺磷	1	0	0.0%
	小计	10	2	超标率：20.0%
从 11 种蔬菜中检出 5 种高毒农药，共计检出 41 次				
1	克百威	21	13	61.9%
2	氧乐果	14	8	57.1%
3	三唑磷	3	0	0.0%
4	灭多威	2	0	0.0%
5	杀线威	1	0	0.0%
	小计	41	21	超标率：51.2%
	合计	51	23	超标率：45.1%

在检出的剧毒和高毒农药中，有 7 种是我国早已禁止在果树和蔬菜上使用的，分别是：克百威、甲拌磷、甲胺磷、氧乐果、灭多威、灭线磷和涕灭威。禁用农药的检出情况见表 9-10。

表 9-10 禁用农药检出情况

序号	农药名称	检出频次	超标频次	超标率
从 5 种水果中检出 6 种禁用农药，共计检出 12 次				
1	甲拌磷*	3	3	100.0%
2	氧乐果	3	2	66.7%
3	克百威	2	0	0.0%
4	灭多威	2	0	0.0%
5	甲胺磷	1	0	0.0%
6	灭线磷*	1	1	100.0%
	小计	12	6	超标率：50.0%
从 16 种蔬菜中检出 5 种禁用农药，共计检出 63 次				
1	甲拌磷*	25	15	60.0%
2	克百威	21	13	61.9%
3	氧乐果	14	8	57.1%
4	灭多威	2	0	0.0%
5	涕灭威*	1	1	100.0%
	小计	63	37	超标率：58.7%
	合计	75	43	超标率：57.3%

注：超标结果参考 MRL 中国国家标准计算

　　此次抽检的果蔬样品中，有 3 种水果 11 种蔬菜检出了剧毒农药，分别是：梨中检出甲拌磷 1 次；苹果中检出甲拌磷 2 次；葡萄中检出灭线磷 1 次；叶芥菜中检出甲拌磷 1 次；小油菜中检出甲拌磷 2 次；小茴香中检出甲拌磷 1 次；甜椒中检出甲拌磷 1 次；芹菜中检出甲拌磷 7 次；茄子中检出甲拌磷 1 次；茼蒿中检出甲拌磷 3 次；菠菜中检出甲拌磷 1 次；西葫芦中检出涕灭威 1 次；辣椒中检出甲拌磷 1 次；韭菜中检出甲拌磷 7 次。

　　样品中检出剧毒和高毒农药残留水平超过 MRL 中国国家标准的频次为 43 次，其中：桃检出氧乐果超标 1 次；梨检出氧乐果超标 1 次，检出甲拌磷超标 1 次；苹果检出甲拌磷超标 2 次；葡萄检出灭线磷超标 1 次；小油菜检出甲拌磷超标 1 次；小白菜检出氧乐果超标 1 次；番茄检出克百威超标 1 次；芹菜检出氧乐果超标 3 次，检出甲拌磷超标 3 次；茄子检出克百威超标 7 次，检出氧乐果超标 1 次；茼蒿检出甲拌磷超标 2 次；菜豆检出克百威超标 1 次；菠菜检出氧乐果超标 1 次，检出甲拌磷超标 1 次；西葫芦检出涕灭威超标 1 次；辣椒检出克百威超标 2 次，检出甲拌磷超标 1 次；韭菜检出氧乐果超标 2 次，检出克百威超标 1 次，检出甲拌磷超标 7 次；黄瓜检出克百威超标 1 次。本次检出结果表明，高毒、剧毒农药的使用现象依旧存在。详见表 9-11。

表 9-11　各样本中检出剧毒/高毒农药情况

样品名称	农药名称	检出频次	超标频次	检出浓度（μg/kg）
水果 5 种				
桃	氧乐果▲	2	1	2.8，389.9[a]
梨	灭多威▲	2	0	170.2，9.5
梨	氧乐果▲	1	1	38.3[a]
梨	甲拌磷*▲	1	1	26.4[a]
甜瓜	克百威▲	2	0	18.1，15.4
甜瓜	嘧啶磷	1	0	2.1
苹果	甲拌磷*▲	2	2	45.1[a]，44.4[a]
葡萄	嘧啶磷	1	0	59.6
葡萄	甲胺磷*▲	1	0	20.6
葡萄	灭线磷*▲	1	1	121.1[a]
小计		14	6	超标率：42.9%
蔬菜 16 种				
叶芥菜	甲拌磷*▲	1	0	6.7
小油菜	氧乐果▲	1	0	7.7
小油菜	灭多威▲	1	0	2.2
小油菜	甲拌磷*▲	2	0	17.2[a]，2.5
小白菜	氧乐果▲	1	1	252.4[a]
小茴香	甲拌磷*▲	1	0	2.0
扁豆	氧乐果▲	1	0	1.7
甜椒	甲拌磷*▲	1	0	1.0
番茄	克百威▲	6	1	5.6，10.5，11.9，9.9，38.9[a]，5.6
番茄	氧乐果▲	2	0	2.1，11.7

续表

样品名称	农药名称	检出频次	超标频次	检出浓度（μg/kg）
			蔬菜 16 种	
芹菜	氧乐果▲	4	3	52.9[a], 19.5, 310.3[a], 1753.0[a]
芹菜	克百威▲	1	0	7.5
芹菜	甲拌磷*▲	7	3	97.2[a], 4.7, 22.6[a], 3.3, 46.6[a], 5.6, 2.5
茄子	克百威▲	8	7	25.0[a], 39.1[a], 24.8[a], 50.0[a], 76.5[a], 47.0[a], 17.8, 29.4[a]
茄子	氧乐果▲	1	1	379.3[a]
茄子	三唑磷	1	0	2.1
茄子	甲拌磷*▲	1	0	1.3
茼蒿	甲拌磷*▲	3	2	132.8[a], 18.6[a], 7.7
菜豆	克百威▲	1	1	97.9[a]
菠菜	氧乐果▲	1	1	48.2[a]
菠菜	甲拌磷*▲	1	1	11.1[a]
西葫芦	涕灭威*▲	1	1	52.9[a]
辣椒	克百威▲	3	2	25.2[a], 6.1, 44.7[a]
辣椒	三唑磷	2	0	4.5, 12.9
辣椒	灭多威▲	1	0	4.7
辣椒	甲拌磷*▲	1	1	13.5[a]
韭菜	氧乐果▲	2	2	31.3[a], 21.3[a]
韭菜	克百威▲	1	1	49.4[a]
韭菜	甲拌磷*▲	7	7	12.3[a], 58.9[a], 37.0[a], 27.4[a], 66.4[a], 61.0[a], 145.4[a]
黄瓜	克百威▲	1	1	83.8[a]
黄瓜	杀线威	1	0	18.6
黄瓜	氧乐果▲	1	0	16.0
小计		67	37	超标率：55.2%
合计		81	43	超标率：53.1%

9.2　农药残留检出水平与最大残留限量标准对比分析

我国于 2014 年 3 月 20 日正式颁布并于 2014 年 8 月 1 日正式实施食品农药残留限量国家标准《食品中农药最大残留限量》（GB 2763—2014）。该标准包括 371 个农药条目，涉及最大残留限量（MRL）标准 3653 项。将 2246 频次检出农药的浓度水平与 3653项 MRL 中国国家标准进行核对，其中只有 943 频次的农药找到了对应的 MRL 标准，占42.0%，还有 1303 频次的侦测数据则无相关 MRL 标准供参考，占 58.0%。

将此次侦测结果与国际上现行 MRL 标准对比发现，在 2246 频次的检出结果中有

2246 频次的结果找到了对应的 MRL 欧盟标准，占 100.0%，其中，2098 频次的结果有明确对应的 MRL，占 93.4%，其余 148 频次按照欧盟一律标准判定，占 6.6%；有 2246 频次的结果找到了对应的 MRL 日本标准，占 100.0%，其中，1883 频次的结果有明确对应的 MRL，占 83.8%，其余 363 频次按照日本一律标准判定，占 16.2%；有 1432 频次的结果找到了对应的 MRL 中国香港标准，占 63.8%；有 1279 频次的结果找到了对应的 MRL 美国标准，占 56.9%；有 1184 频次的结果找到了对应的 MRL CAC 标准，占 52.7%（见图 9-11 和图 9-12，数据见附表 3 至附表 8）。

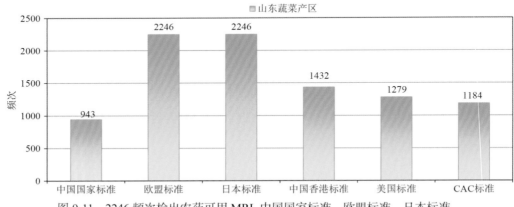

图 9-11　2246 频次检出农药可用 MRL 中国国家标准、欧盟标准、日本标准、
中国香港标准、美国标准、CAC 标准判定衡量的数量

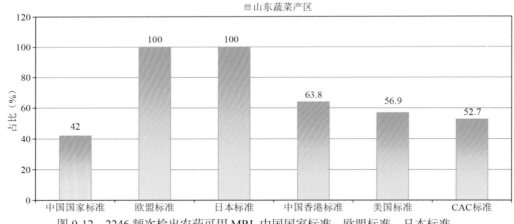

图 9-12　2246 频次检出农药可用 MRL 中国国家标准、欧盟标准、日本标准、
中国香港标准、美国标准、CAC 标准衡量的占比

9.2.1　超标农药样品分析

本次侦测的 1480 例样品中，630 例样品未检出任何残留农药，占样品总量的 42.6%，850 例样品检出不同水平、不同种类的残留农药，占样品总量的 57.4%。在此，我们将本次侦测的农残检出情况与 MRL 中国国家标准、欧盟标准、日本标准、中国香港标准、美国标准和 CAC 标准这 6 大国际主流标准进行对比分析，样品农残检出与超标情况见表 9-12、图 9-13 和图 9-14，详细数据见附表 9 至附表 14。

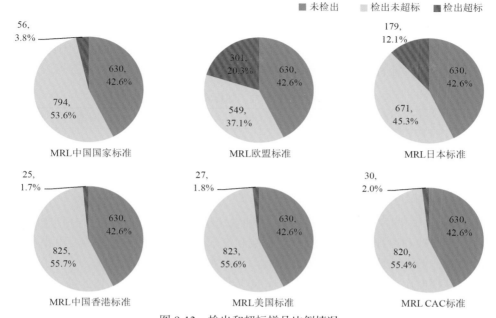

图 9-13　检出和超标样品比例情况

表 9-12　各 MRL 标准下样本农残检出与超标数量及占比

	中国国家标准	欧盟标准	日本标准	中国香港标准	美国标准	CAC 标准
	数量/占比（%）	数量/占比（%）	数量/占比（%）	数量/占比（%）	数量/占比（%）	数量/占比（%）
未检出	630/42.6	630/42.6	630/42.6	630/42.6	630/42.6	630/42.6
检出未超标	794/53.6	549/37.1	671/45.3	825/55.7	823/55.6	820/55.4
检出超标	56/3.8	301/20.3	179/12.1	25/1.7	27/1.8	30/2.0

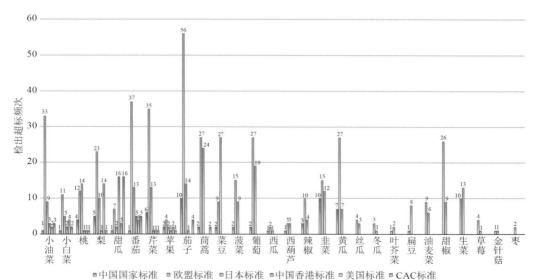

图 9-14　超过 MRL 中国国家标准、欧盟标准、日本标准、中国香港标准、
美国标准和 CAC 标准结果在水果蔬菜中的分布

9.2.2　超标农药种类分析

按照 MRL 中国国家标准、欧盟标准、日本标准、中国香港标准、美国标准和 CAC 标准这 6 大国际主流标准衡量，本次侦测检出的农药超标品种及频次情况见表 9-13。

表 9-13　各 MRL 标准下超标农药品种及频次

	中国国家标准	欧盟标准	日本标准	中国香港标准	美国标准	CAC 标准
超标农药品种	13	70	62	10	7	10
超标农药频次	61	412	234	31	31	36

9.2.2.1　按 MRL 中国国家标准衡量

按 MRL 中国国家标准衡量，共有 13 种农药超标，检出 61 频次，分别为剧毒农药涕灭威、灭线磷和甲拌磷，高毒农药克百威和氧乐果，中毒农药噻唑磷、甲霜灵、氟硅唑和吡虫啉，低毒农药灭蝇胺和烯酰吗啉，微毒农药多菌灵和霜霉威。

按超标程度比较，芹菜中氧乐果超标 86.7 倍，桃中氧乐果超标 18.5 倍，茄子中氧乐果超标 18.0 倍，韭菜中甲拌磷超标 13.5 倍，茼蒿中甲拌磷超标 12.3 倍。检测结果见图 9-15 和附表 15。

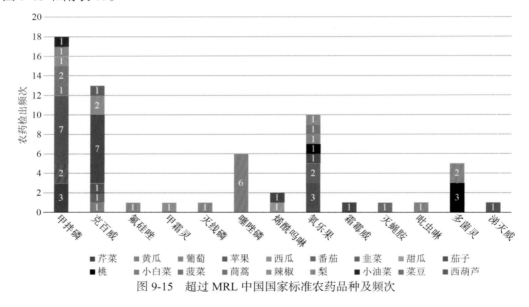

图 9-15　超过 MRL 中国国家标准农药品种及频次

9.2.2.2　按 MRL 欧盟标准衡量

按 MRL 欧盟标准衡量，共有 70 种农药超标，检出 412 频次，分别为剧毒农药涕灭威、灭线磷和甲拌磷，高毒农药灭多威、嘧啶磷、克百威、甲胺磷、杀线威、三唑磷和氧乐果，中毒农药乐果、噻唑磷、咪鲜胺、呋嘧醇、甲哌、多效唑、戊唑醇、噻虫胺、烯唑醇、甲霜灵、甲萘威、噻虫嗪、三唑醇、双苯酰草胺、甲氨基阿维菌素、麦穗宁、稻瘟灵、噁霜灵、丙环唑、唑虫酰胺、去甲基抗蚜威、啶虫脒、氟硅唑、哒螨灵、抑霉唑、吡虫啉、丙溴磷、异丙威、苯锈啶、螺环菌胺和 N-去甲基啶虫脒，低毒农药灭蝇胺、烯酰吗啉、呋虫胺、嘧霉胺、甲基嘧啶磷、虫酰肼、吡虫啉脲、乙草胺、苯噻菌胺、烯啶虫胺、戊草丹、新燕灵、异戊乙净、氟唑菌酰胺、西玛津、双苯基脲、马拉硫磷、异丙草胺和丁草胺，微毒农药多菌灵、吡唑醚菌酯、乙霉威、溴丁酰草胺、嘧菌酯、增效醚、啶氧菌酯、甲基硫菌灵、醚菌酯和霜霉威。

　　按超标程度比较，黄瓜中烯啶虫胺超标 534.6 倍，丝瓜中烯啶虫胺超标 524.0 倍，菜豆中烯酰吗啉超标 313.4 倍，芹菜中氧乐果超标 174.3 倍，韭菜中三唑醇超标 136.6 倍。检测结果见图 9-16 和附表 16。

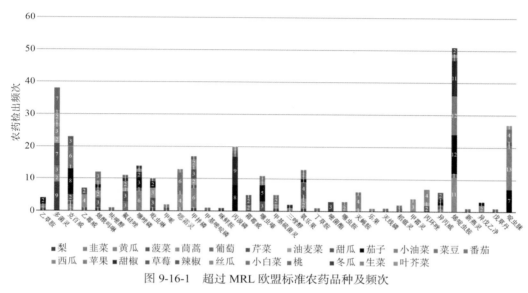

图 9-16-1　超过 MRL 欧盟标准农药品种及频次

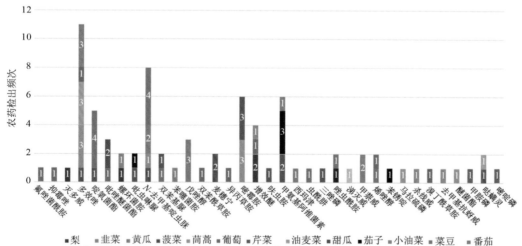

图 9-16-2　超过 MRL 欧盟标准农药品种及频次

9.2.2.3　按 MRL 日本标准衡量

　　按 MRL 日本标准衡量，共有 62 种农药超标，检出 234 频次，分别为剧毒农药涕灭威和灭线磷，高毒农药嘧啶磷、克百威、三唑磷和氧乐果，中毒农药粉唑醇、噻唑磷、咪鲜胺、甲哌、多效唑、戊唑醇、呋嘧醇、噻虫胺、甲霜灵、烯唑醇、噻虫嗪、三唑醇、双苯酰草胺、苯醚甲环唑、甲氨基阿维菌素、稻瘟灵、噁霜灵、丙环唑、麦穗宁、去甲基抗蚜威、啶虫脒、氟硅唑、哒螨灵、抑霉唑、吡虫啉、异丙威、丙溴磷、螺环菌胺、苯锈啶和 N-去甲基啶虫脒，低毒农药灭蝇胺、烯酰吗啉、嘧霉胺、氟吡菌酰胺、吡虫啉脲、乙草胺、戊草丹、烯啶虫胺、莠去津、异戊乙净、新燕灵、唑嘧菌胺、西玛津、双苯基脲、马拉硫磷、异丙草胺、乙嘧酚磺酸酯、噻嗪酮和丁草胺，微毒农药多菌灵、吡唑醚菌酯、乙嘧酚、溴丁酰草胺、啶氧菌酯、甲基硫菌灵和霜霉威。

按超标程度比较，茼蒿中烯酰吗啉超标 622.0 倍，梨中甲基硫菌灵超标 396.5 倍，菜豆中烯酰吗啉超标 313.4 倍，韭菜中甲基硫菌灵超标 226.3 倍，黄瓜中螺环菌胺超标 188.5 倍。检测结果见图 9-17 和附表 17。

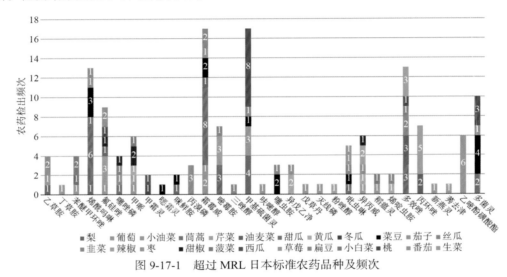

图 9-17-1　超过 MRL 日本标准农药品种及频次

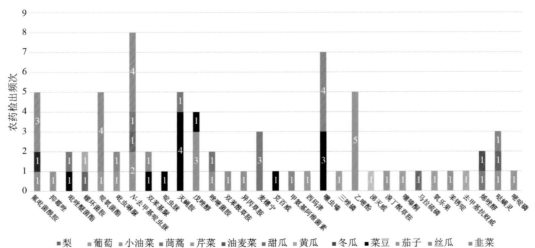

图 9-17-2　超过 MRL 日本标准农药品种及频次

9.2.2.4　按 MRL 中国香港标准衡量

按 MRL 中国香港标准衡量，共有 10 种农药超标，检出 31 频次，分别为中毒农药噻虫胺、甲霜灵、噻虫嗪、甲氨基阿维菌素、啶虫脒、氟硅唑和吡虫啉，低毒农药烯酰吗啉，微毒农药多菌灵和霜霉威。

按超标程度比较，菜豆中噻虫嗪超标 74.1 倍，茄子中甲氨基阿维菌素超标 17.1 倍，菜豆中噻虫胺超标 13.9 倍，茄子中吡虫啉超标 3.9 倍，甜瓜中烯酰吗啉超标 3.3 倍。检测结果见图 9-18 和附表 18。

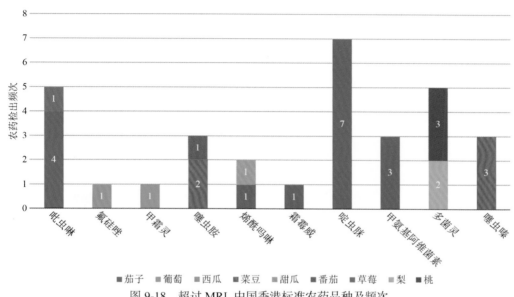

图 9-18　超过 MRL 中国香港标准农药品种及频次

9.2.2.5　按 MRL 美国标准衡量

按 MRL 美国标准衡量，共有 7 种农药超标，检出 31 频次，分别为中毒农药噻虫胺、噻虫嗪、甲氨基阿维菌素、啶虫脒和吡虫啉，低毒农药烯酰吗啉，微毒农药甲基硫菌灵。

按超标程度比较，菜豆中噻虫嗪超标 36.5 倍，茄子中甲氨基阿维菌素超标 17.1 倍，韭菜中噻虫胺超标 5.4 倍，甜瓜中烯酰吗啉超标 3.3 倍，茄子中烯酰吗啉超标 1.4 倍。检测结果见图 9-19 和附表 19。

9.2.2.6　按 MRL CAC 标准衡量

按 MRL CAC 标准衡量，共有 10 种农药超标，检出 36 频次，分别为中毒农药噻虫胺、甲霜灵、噻虫嗪、甲氨基阿维菌素、啶虫脒、氟硅唑和吡虫啉，低毒农药烯酰吗啉，微毒农药多菌灵和霜霉威。

按超标程度比较，菜豆中噻虫嗪超标 74.1 倍，茄子中甲氨基阿维菌素超标 17.1 倍，菜豆中噻虫胺超标 13.9 倍，茄子中吡虫啉超标 3.9 倍，甜瓜中烯酰吗啉超标 3.3 倍。检测结果见图 9-20 和附表 20。

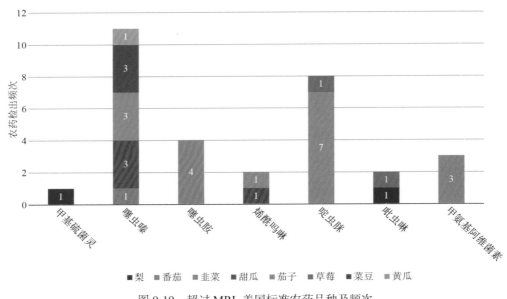

图 9-19 超过 MRL 美国标准农药品种及频次

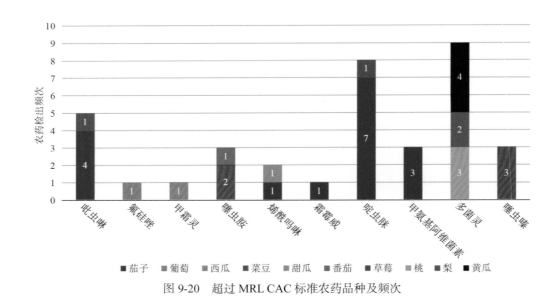

图 9-20 超过 MRL CAC 标准农药品种及频次

9.2.3 61 个采样点超标情况分析

9.2.3.1 按 MRL 中国国家标准衡量

按 MRL 中国国家标准衡量，有 30 个采样点的样品存在不同程度的超标农药检出，其中***超市（河东店）的超标率最高，为 33.3%，如图 9-21 和表 9-14 所示。

表 9-14　超过 MRL 中国国家标准水果蔬菜在不同采样点分布

序号	采样点	样品总数	超标数量	超标率（%）	行政区域
1	***购物中心	67	3	4.5	临沂市　兰陵县
2	***购物广场（沂源县店）	65	1	1.5	淄博市　沂源县
3	***购物广场	63	2	3.2	潍坊市　诸城市
4	***超市（齐鲁园店）	51	4	7.8	临沂市　兰山区
5	***超市（曲阜店）	48	2	4.2	济宁市　曲阜市
6	***超市（淄川店）	46	1	2.2	淄博市　淄川区
7	***购物广场	45	2	4.4	济宁市　金乡县
8	***超市（济宁店）	37	2	5.4	济宁市　任城区
9	***超市（郯城店）	37	3	8.1	临沂市　郯城县
10	***超市（解放路店）	37	3	8.1	枣庄市　滕州市
11	***超市（日照广场店）	36	1	2.8	日照市　东港区
12	***超市（世昌店）	35	2	5.7	威海市　环翠区
13	***超市（肥城店）	34	3	8.8	泰安市　肥城市
14	***超市（海阳四店）	33	1	3.0	烟台市　海阳市
15	***购物中心	33	1	3.0	潍坊市　奎文区
16	***超市（泰山区店）	31	4	12.9	泰安市　泰山区
17	***超市（文登购物广场店）	24	1	4.2	威海市　文登区
18	***超市（安丘店）	24	1	4.2	潍坊市　安丘市
19	***购物广场	23	1	4.3	威海市　乳山市
20	***超市（汶上店）	20	3	15.0	济宁市　汶上县
21	***购物广场	20	1	5.0	日照市　东港区
22	***超市（泰安店）	19	1	5.3	泰安市　泰山区
23	***超市（烟台店）	17	1	5.9	烟台市　芝罘区
24	***超市（北王店）	15	2	13.3	潍坊市　奎文区
25	***超市（商场东路店）	15	1	6.7	淄博市　张店区
26	***超市（新华店）	15	1	6.7	潍坊市　奎文区
27	***超市（北王店）	15	1	6.7	潍坊市　奎文区
28	***超市（临沂店）	15	3	20.0	临沂市　兰山区
29	***超市（平和店）	14	1	7.1	烟台市　牟平区
30	***超市（河东店）	9	3	33.3	临沂市　河东区

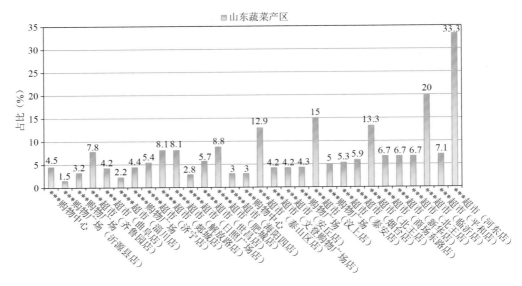

图 9-21　超过 MRL 中国国家标准水果蔬菜在不同采样点分布

9.2.3.2　按 MRL 欧盟标准衡量

按 MRL 欧盟标准衡量，有 58 个采样点的样品存在不同程度的超标农药检出，其中***超市（临沂店）的超标率最高，为 53.3%，如图 9-22 和表 9-15 所示。

表 9-15　超过 MRL 欧盟标准水果蔬菜在不同采样点分布

序号	采样点	样品总数	超标数量	超标率（%）	行政区域
1	***购物中心	67	15	22.4	临沂市 兰陵县
2	***购物广场（沂源县店）	65	8	12.3	淄博市 沂源县
3	***购物广场	63	17	27.0	潍坊市 诸城市
4	***超市	62	12	19.4	潍坊市 寿光市
5	***超市（齐鲁园店）	51	10	19.6	临沂市 兰山区
6	***超市（曲阜店）	48	14	29.2	济宁市 曲阜市
7	***超市（淄川店）	46	5	10.9	淄博市 淄川区
8	***购物广场	45	6	13.3	济宁市 金乡县
9	***购物中心	38	1	2.6	枣庄市 市中区
10	***超市（济宁店）	37	14	37.8	济宁市 任城区
11	***超市	37	4	10.8	泰安市 东平县
12	***超市（郯城店）	37	9	24.3	临沂市 郯城县
13	***超市（解放路店）	37	11	29.7	枣庄市 滕州市
14	***超市（福山购物广场店）	37	3	8.1	烟台市 福山区
15	***超市（日照广场店）	36	6	16.7	日照市 东港区
16	***超市（世昌店）	35	10	28.6	威海市 环翠区

续表

序号	采样点	样品总数	超标数量	超标率（％）	行政区域
17	***超市（肥城店）	34	6	17.6	泰安市　肥城市
18	***超市（海阳四店）	33	6	18.2	烟台市　海阳市
19	***购物中心	33	7	21.2	潍坊市　奎文区
20	***超市（泰山区店）	31	6	19.4	泰安市　泰山区
21	***广场	28	5	17.9	济宁市　汶上县
22	***超市（文登购物广场店）	24	6	25.0	威海市　文登区
23	***超市（安丘店）	24	6	25.0	潍坊市　安丘市
24	***超市（赵庄店）	24	8	33.3	临沂市　河东区
25	***购物广场	23	6	26.1	威海市　乳山市
26	***超市（安丘店）	23	6	26.1	潍坊市　安丘市
27	***购物广场（泰安路店）	21	6	28.6	日照市　东港区
28	***超市（汶上店）	20	5	25.0	济宁市　汶上县
29	***购物广场	20	2	10.0	日照市　东港区
30	***超市（泰安店）	19	2	10.5	泰安市　泰山区
31	***超市（栖霞店）	18	4	22.2	烟台市　栖霞市
32	***超市（莱阳店）	18	7	38.9	烟台市　莱阳市
33	***超市有限公司	17	3	17.6	临沂市　沂水县
34	***超市（烟台店）	17	2	11.8	烟台市　芝罘区
35	***超市（莱阳店）	16	1	6.2	烟台市　莱阳市
36	***超市（沂水店）	15	1	6.7	临沂市　沂水县
37	***超市有限公司	15	2	13.3	临沂市　平邑县
38	***超市（北王店）	15	5	33.3	潍坊市　奎文区
39	***超市（商场东路店）	15	5	33.3	淄博市　张店区
40	***超市（新华店）	15	4	26.7	潍坊市　奎文区
41	***超市（北王店）	15	7	46.7	潍坊市　奎文区
42	***超市（新华店）	15	3	20.0	潍坊市　奎文区
43	***超市（临沂店）	15	8	53.3	临沂市　兰山区
44	***超市（平和店）	14	2	14.3	烟台市　牟平区
45	***超市（运城河店）	14	1	7.1	济宁市　任城区
46	***超市（淄博购物广场店）	14	4	28.6	淄博市　张店区
47	***购物广场	13	2	15.4	泰安市　东平县
48	***超市	11	1	9.1	泰安市　肥城市
49	***购物广场	10	1	10.0	临沂市　河东区
50	***超市（河东店）	9	3	33.3	临沂市　河东区

续表

序号	采样点	样品总数	超标数量	超标率（%）	行政区域
51	***超市（张北店）	9	2	22.2	淄博市　张店区
52	***超市（会宝路店）	9	2	22.2	临沂市　兰陵县
53	***超市（临沂店）	9	1	11.1	临沂市　河东区
54	***超市	9	2	22.2	淄博市　张店区
55	***超市（华山店）	7	3	42.9	枣庄市　市中区
56	***有限公司	5	1	20.0	威海市　乳山市
57	***购物广场	5	1	20.0	烟台市　蓬莱市
58	***超市	4	1	25.0	威海市　乳山市

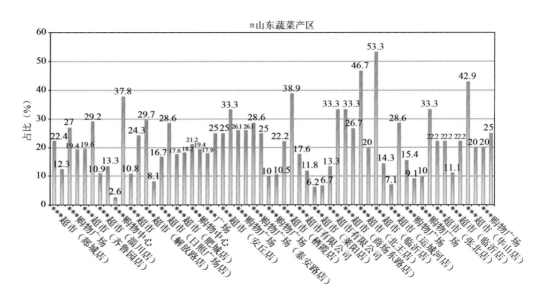

图 9-22　超过 MRL 欧盟标准水果蔬菜在不同采样点分布

9.2.3.3　按 MRL 日本标准衡量

按 MRL 日本标准衡量，有 52 个采样点的样品存在不同程度的超标农药检出，其中***超市的超标率最高，为 50.0%，如图 9-23 和表 9-16 所示。

表 9-16　超过 MRL 日本标准水果蔬菜在不同采样点分布

序号	采样点	样品总数	超标数量	超标率（%）	行政区域
1	***购物中心	67	7	10.4	临沂市　兰陵县
2	***购物广场（沂源县店）	65	6	9.2	淄博市　沂源县
3	***购物广场	63	15	23.8	潍坊市　诸城市
4	***超市	62	4	6.5	潍坊市　寿光市

续表

序号	采样点	样品总数	超标数量	超标率（%）	行政区域
5	***超市（齐鲁园店）	51	8	15.7	临沂市 兰山区
6	***超市（曲阜店）	48	8	16.7	济宁市 曲阜市
7	***超市（淄川店）	46	4	8.7	淄博市 淄川区
8	***购物广场	45	7	15.6	济宁市 金乡县
9	***购物中心	38	2	5.3	枣庄市 市中区
10	***超市（济宁店）	37	7	18.9	济宁市 任城区
11	***超市	37	2	5.4	泰安市 东平县
12	***超市（郯城店）	37	6	16.2	临沂市 郯城县
13	***超市（解放路店）	37	9	24.3	枣庄市 滕州市
14	***超市（福山购物广场店）	37	3	8.1	烟台市 福山区
15	***超市（日照广场店）	36	2	5.6	日照市 东港区
16	***超市（世昌店）	35	6	17.1	威海市 环翠区
17	***超市（肥城店）	34	1	2.9	泰安市 肥城市
18	***超市（海阳四店）	33	1	3.0	烟台市 海阳市
19	***购物中心	33	3	9.1	潍坊市 奎文区
20	***超市（泰山区店）	31	4	12.9	泰安市 泰山区
21	***广场	28	2	7.1	济宁市 汶上县
22	***超市（文登购物广场店）	24	5	20.8	威海市 文登区
23	***超市（安丘店）	24	3	12.5	潍坊市 安丘市
24	***超市（赵庄店）	24	7	29.2	临沂市 河东区
25	***购物广场	23	2	8.7	威海市 乳山市
26	***超市（安丘店）	23	4	17.4	潍坊市 安丘市
27	***购物广场（泰安路店）	21	3	14.3	日照市 东港区
28	***超市（汶上店）	20	4	20.0	济宁市 汶上县
29	***购物广场	20	1	5.0	日照市 东港区
30	***超市（泰安店）	19	2	10.5	泰安市 泰山区
31	***超市（栖霞店）	18	1	5.6	烟台市 栖霞市
32	***超市（莱阳店）	18	3	16.7	烟台市 莱阳市
33	***超市有限公司	17	3	17.6	临沂市 沂水县
34	***超市（烟台店）	17	1	5.9	烟台市 芝罘区
35	***超市（沂水店）	15	2	13.3	临沂市 沂水县
36	***超市有限公司	15	1	6.7	临沂市 平邑县
37	***超市（北王店）	15	2	13.3	潍坊市 奎文区

续表

序号	采样点	样品总数	超标数量	超标率（%）	行政区域
38	***超市（商场东路店）	15	2	13.3	淄博市　张店区
39	***超市（新华店）	15	2	13.3	潍坊市　奎文区
40	***超市（北王店）	15	3	20.0	潍坊市　奎文区
41	***超市（新华店）	15	2	13.3	潍坊市　奎文区
42	***超市（临沂店）	15	3	20.0	临沂市　兰山区
43	***超市（淄博购物广场店）	14	3	21.4	淄博市　张店区
44	***购物广场	13	1	7.7	泰安市　东平县
45	***超市	11	1	9.1	泰安市　肥城市
46	***购物广场	10	1	10.0	临沂市　河东区
47	***超市（张北店）	9	1	11.1	淄博市　张店区
48	***超市（会宝路店）	9	1	11.1	临沂市　兰陵县
49	***超市（临沂店）	9	1	11.1	临沂市　河东区
50	***超市	9	2	22.2	淄博市　张店区
51	***超市（华山店）	7	3	42.9	枣庄市　市中区
52	***超市	4	2	50.0	威海市　乳山市

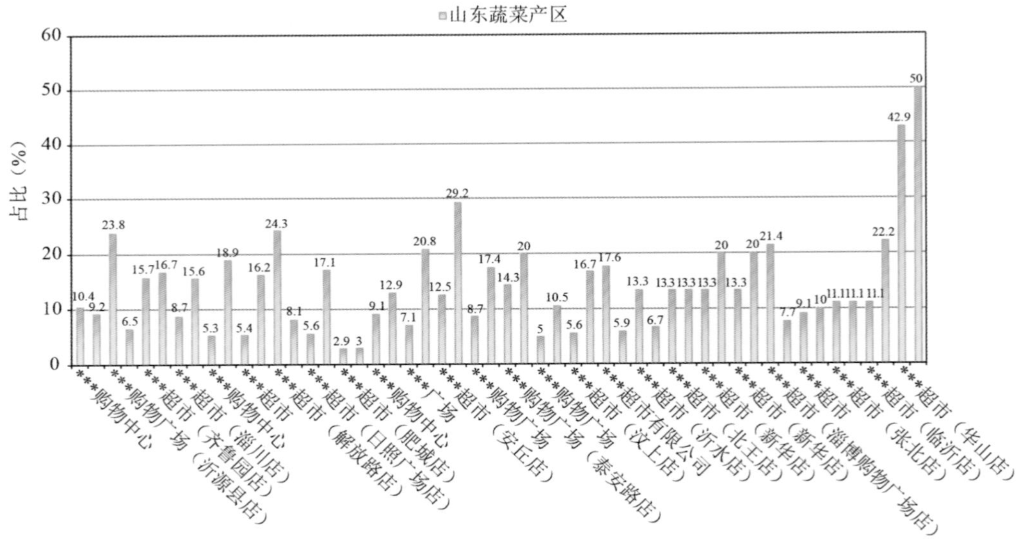

图 9-23　超过 MRL 日本标准水果蔬菜在不同采样点分布

9.2.3.4　按 MRL 中国香港标准衡量

按 MRL 中国香港标准衡量，有 17 个采样点的样品存在不同程度的超标农药检出，其中***超市（汶上店）的超标率最高，为 15.0%，如图 9-24 和表 9-17 所示。

表 9-17　超过 MRL 中国香港标准水果蔬菜在不同采样点分布

序号	采样点	样品总数	超标数量	超标率（%）	行政区域
1	***购物广场（沂源县店）	65	2	3.1	淄博市　沂源县
2	***购物广场	63	2	3.2	潍坊市　诸城市
3	***超市（曲阜店）	48	2	4.2	济宁市　曲阜市
4	***购物广场	45	1	2.2	济宁市　金乡县
5	***超市（济宁店）	37	2	5.4	济宁市　任城区
6	***超市（海阳四店）	33	1	3.0	烟台市　海阳市
7	***超市（泰山区店）	31	2	6.5	泰安市　泰山区
8	***广场	28	1	3.6	济宁市　汶上县
9	***超市（文登购物广场店）	24	1	4.2	威海市　文登区
10	***超市（安丘店）	24	2	8.3	潍坊市　安丘市
11	***超市（汶上店）	20	3	15.0	济宁市　汶上县
12	***超市（莱阳店）	18	1	5.6	烟台市　莱阳市
13	***超市（北王店）	15	1	6.7	潍坊市　奎文区
14	***超市（商场东路店）	15	1	6.7	淄博市　张店区
15	***超市（新华店）	15	1	6.7	潍坊市　奎文区
16	***超市（临沂店）	9	1	11.1	临沂市　河东区
17	***超市	9	1	11.1	淄博市　张店区

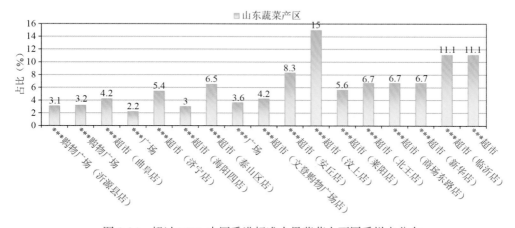

图 9-24　超过 MRL 中国香港标准水果蔬菜在不同采样点分布

9.2.3.5　按 MRL 美国标准衡量

按 MRL 美国标准衡量，有 19 个采样点的样品存在不同程度的超标农药检出，其中 ***超市（北王店）的超标率最高，为 13.3%，如图 9-25 和表 9-18 所示。

表 9-18　超过 MRL 美国标准水果蔬菜在不同采样点分布

序号	采样点	样品总数	超标数量	超标率（%）	行政区域
1	***购物中心	67	1	1.5	临沂市 兰陵县
2	***超市（曲阜店）	48	2	4.2	济宁市 曲阜市
3	***超市（淄川店）	46	1	2.2	淄博市 淄川区
4	***购物广场	45	2	4.4	济宁市 金乡县
5	***超市（济宁店）	37	3	8.1	济宁市 任城区
6	***超市（世昌店）	35	2	5.7	威海市 环翠区
7	***广场	28	1	3.6	济宁市 汶上县
8	***超市（文登购物广场店）	24	1	4.2	威海市 文登区
9	***超市（安丘店）	24	2	8.3	潍坊市 安丘市
10	***超市（汶上店）	20	2	10.0	济宁市 汶上县
11	***超市（泰安店）	19	1	5.3	泰安市 泰山区
12	***超市（莱阳店）	18	1	5.6	烟台市 莱阳市
13	***超市（北王店）	15	2	13.3	潍坊市 奎文区
14	***超市（新华店）	15	1	6.7	潍坊市 奎文区
15	***超市（北王店）	15	1	6.7	潍坊市 奎文区
16	***超市（平和店）	14	1	7.1	烟台市 牟平区
17	***购物广场	10	1	10.0	临沂市 河东区
18	***超市（临沂店）	9	1	11.1	临沂市 河东区
19	***超市	9	1	11.1	淄博市 张店区

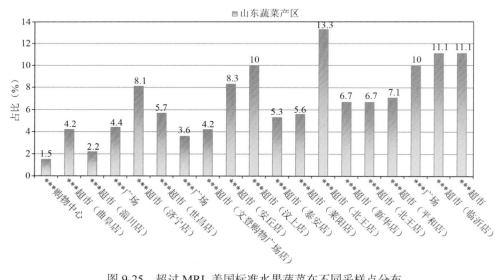

图 9-25　超过 MRL 美国标准水果蔬菜在不同采样点分布

9.2.3.6　按 MRL CAC 标准衡量

按 MRL CAC 标准衡量，有 21 个采样点的样品存在不同程度的超标农药检出，其中***超市（汶上店）的超标率最高，为 15.0%，如图 9-26 和表 9-19 所示。

表 9-19　超过 MRL CAC 标准水果蔬菜在不同采样点分布

序号	采样点	样品总数	超标数量	超标率（%）	行政区域
1	***购物广场（沂源县店）	65	2	3.1	淄博市　沂源县
2	***购物广场	63	2	3.2	潍坊市　诸城市
3	***超市（齐鲁园店）	51	1	2.0	临沂市　兰山区
4	***超市（曲阜店）	48	2	4.2	济宁市　曲阜市
5	***超市（淄川店）	46	1	2.2	淄博市　淄川区
6	***购物广场	45	1	2.2	济宁市　金乡县
7	***超市（济宁店）	37	2	5.4	济宁市　任城区
8	***超市（海阳四店）	33	1	3.0	烟台市　海阳市
9	***超市（泰山区店）	31	2	6.5	泰安市　泰山区
10	***广场	28	1	3.6	济宁市　汶上县
11	***超市（文登购物广场店）	24	1	4.2	威海市　文登区
12	***超市（安丘店）	24	2	8.3	潍坊市　安丘市
13	***超市（赵庄店）	24	2	8.3	临沂市　河东区
14	***超市（汶上店）	20	3	15.0	济宁市　汶上县
15	***超市（莱阳店）	18	1	5.6	烟台市　莱阳市
16	***超市（北王店）	15	1	6.7	潍坊市　奎文区
17	***超市（商场东路店）	15	1	6.7	淄博市　张店区
18	***超市（新华店）	15	1	6.7	潍坊市　奎文区
19	***购物广场	10	1	10.0	临沂市　河东区
20	***超市（临沂店）	9	1	11.1	临沂市　河东区
21	***超市	9	1	11.1	淄博市　张店区

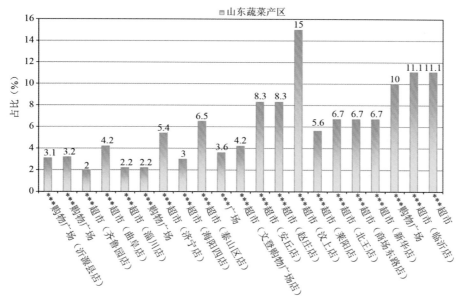

图 9-26　超过 MRL CAC 标准水果蔬菜在不同采样点分布

9.3 水果中农药残留分布

9.3.1 检出农药品种和频次排前 10 的水果

本次残留侦测的水果共 15 种，包括桃、西瓜、猕猴桃、香蕉、哈密瓜、苹果、葡萄、草莓、梨、李子、枣、橘、甜瓜、火龙果和橙。

根据检出农药品种及频次进行排名，将各项排名前 10 位的水果样品检出情况列表说明，详见表 9-20。

表 9-20 检出农药品种和频次排名前 10 的水果

检出农药品种排名前 10（品种）	①葡萄（43），②梨（25），③草莓（20），④桃（19），⑤苹果（16），⑥甜瓜（13），⑦李子（7），⑧西瓜（5），⑨火龙果（3），⑩橙（2）
检出农药频次排名前 10（频次）	①葡萄（130），②梨（114），③桃（91），④苹果（90），⑤草莓（43），⑥甜瓜（30），⑦李子（9），⑧西瓜（9），⑨火龙果（5），⑩橙（2）
检出禁用、高毒及剧毒农药品种排名前 10（品种）	①梨（3），②葡萄（3），③甜瓜（2），④苹果（1），⑤桃（1）
检出禁用、高毒及剧毒农药频次排名前 10（频次）	①梨（4），②葡萄（3），③甜瓜（3），④苹果（2），⑤桃（2）

9.3.2 超标农药品种和频次排前 10 的水果

鉴于 MRL 欧盟标准和日本标准制定比较全面且覆盖率较高，我们参照 MRL 中国国家标准、欧盟标准和日本标准衡量水果样品中农残检出情况，将超标农药品种及频次排名前 10 的水果列表说明，详见表 9-21。

表 9-21 超标农药品种和频次排名前 10 的水果

超标农药品种排名前 10（农药品种数）	MRL 中国国家标准	①梨（4），②葡萄（2），③桃（2），④苹果（1），⑤甜瓜（1），⑥西瓜（1）
	MRL 欧盟标准	①葡萄（21），②梨（12），③桃（6），④草莓（4），⑤甜瓜（4），⑥苹果（3），⑦西瓜（2）
	MRL 日本标准	①葡萄（16），②梨（6），③桃（5），④草莓（4），⑤甜瓜（2），⑥苹果（1），⑦西瓜（1），⑧枣（1）
超标农药频次排名前 10（农药频次数）	MRL 中国国家标准	①梨（5），②桃（4），③苹果（2），④葡萄（2），⑤甜瓜（1），⑥西瓜（1）
	MRL 欧盟标准	①葡萄（27），②梨（23），③桃（12），④甜瓜（7），⑤草莓（4），⑥苹果（4），⑦西瓜（2）
	MRL 日本标准	①葡萄（19），②桃（14），③草莓（13），④梨（10），⑤苹果（2），⑥甜瓜（2），⑦西瓜（1），⑧枣（1）

通过对各品种水果样本总数及检出率进行综合分析发现，葡萄、梨和桃的残留污染最为严重，在此，我们参照 MRL 中国国家标准、欧盟标准和日本标准对这 3 种水果的农残检出情况进行进一步分析。

9.3.3　农药残留检出率较高的水果样品分析

9.3.3.1　葡　萄

这次共检测 31 例葡萄样品，27 例样品中检出了农药残留，检出率为 87.1%，检出农药共计 43 种。其中多菌灵、烯酰吗啉、嘧菌酯、嘧霉胺和苯醚甲环唑检出频次较高，分别检出了 17、13、11、10 和 7 次。葡萄中农药检出品种和频次见图 9-27，超标农药见图 9-28 和表 9-22。

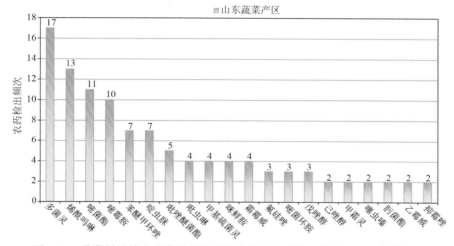

图 9-27　葡萄样品检出农药品种和频次分析（仅列出 2 频次及以上的数据）

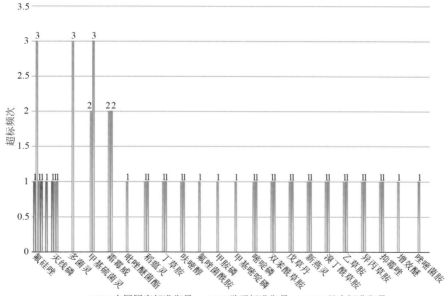

图 9-28　葡萄样品中超标农药分析

表 9-22　葡萄中农药残留超标情况明细表

样品总数		检出农药样品数	样品检出率（%）	检出农药品种总数
31		27	87.1	43
超标农药品种	超标农药频次	按照 MRL 中国国家标准、欧盟标准和日本标准衡量超标农药名称及频次		
中国国家标准	2	2	氟硅唑（1）、灭线磷（1）	
欧盟标准	21	27	多菌灵（3）、氟硅唑（3）、甲基硫菌灵（2）、霜霉威（2）、吡唑醚菌酯（1）、稻瘟灵（1）、丁草胺（1）、呋嘧醇（1）、氟唑菌酰胺（1）、甲胺磷（1）、甲基嘧啶磷（1）、嘧啶磷（1）、灭线磷（1）、双苯酰草胺（1）、戊草丹（1）、新燕灵（1）、溴丁酰草胺（1）、乙草胺（1）、异丙草胺（1）、抑霉唑（1）、增效醚（1）	
日本标准	16	19	甲基硫菌灵（3）、霜霉威（2）、稻瘟灵（1）、丁草胺（1）、呋嘧醇（1）、氟硅唑（1）、嘧啶磷（1）、灭线磷（1）、双苯酰草胺（1）、戊草丹（1）、新燕灵（1）、溴丁酰草胺（1）、乙草胺（1）、异丙草胺（1）、抑霉唑（1）、唑嘧菌胺（1）	

9.3.3.2　梨

这次共检测 49 例梨样品，42 例样品中检出了农药残留，检出率为 85.7%，检出农药共计 25 种。其中多菌灵、吡虫啉、嘧菌酯、噻嗪酮和啶虫脒检出频次较高，分别检出了 22、19、13、9 和 8 次。梨中农药检出品种和频次见图 9-29，超标农药见图 9-30 和表 9-23。

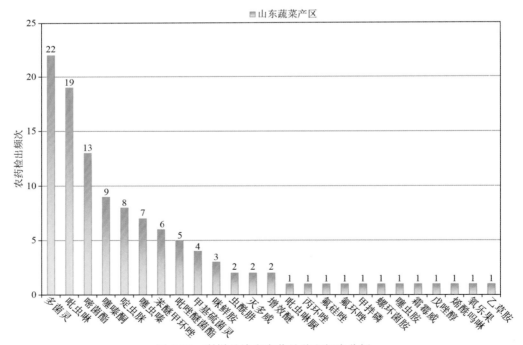

图 9-29　梨样品检出农药品种和频次分析

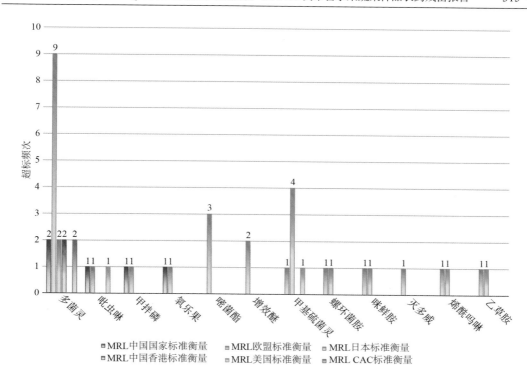

图 9-30 梨样品中超标农药分析

表 9-23 梨中农药残留超标情况明细表

样品总数		检出农药样品数	样品检出率（%）	检出农药品种总数
49		42	85.7	25
	超标农药品种	超标农药频次	按照 MRL 中国国家标准、欧盟标准和日本标准衡量超标农药名称及频次	
中国国家标准	4	5	多菌灵（2），吡虫啉（1），甲拌磷（1），氧乐果（1）	
欧盟标准	12	23	多菌灵（9），嘧菌酯（3），增效醚（2），吡虫啉（1），甲拌磷（1），甲基硫菌灵（1），螺环菌胺（1），咪鲜胺（1），灭多威（1），烯酰吗啉（1），氧乐果（1），乙草胺（1）	
日本标准	6	10	甲基硫菌灵（4），多菌灵（2），螺环菌胺（1），咪鲜胺（1），烯酰吗啉（1），乙草胺（1）	

9.3.3.3 桃

这次共检测 41 例桃样品，34 例样品中检出了农药残留，检出率为 82.9%，检出农药共计 19 种。其中多菌灵、多效唑、甲基硫菌灵、戊唑醇和苯醚甲环唑检出频次较高，分别检出了 32、10、9、9 和 5 次。桃中农药检出品种和频次见图 9-31，超标农药见图 9-32 和表 9-24。

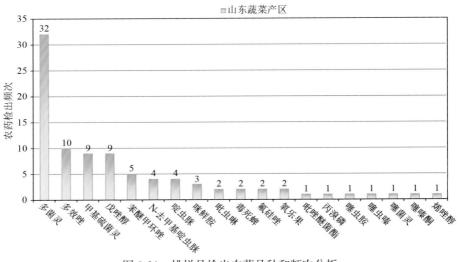

图 9-31　桃样品检出农药品种和频次分析

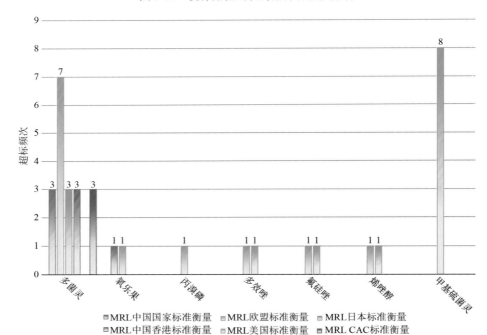

图 9-32　桃样品中超标农药分析

表 9-24　桃中农药残留超标情况明细表

样品总数		检出农药样品数	样品检出率（%）	检出农药品种总数
41		34	82.9	19
	超标农药品种	超标农药频次	按照 MRL 中国国家标准、欧盟标准和日本标准衡量超标农药名称及频次	
中国国家标准	2	4	多菌灵（3），氧乐果（1）	
欧盟标准	6	12	多菌灵（7），丙溴磷（1），多效唑（1），氟硅唑（1），烯唑醇（1），氧乐果（1）	
日本标准	5	14	甲基硫菌灵（8），多菌灵（3），多效唑（1），氟硅唑（1），烯唑醇（1）	

9.4　蔬菜中农药残留分布

9.4.1　检出农药品种和频次排前 10 的蔬菜

本次残留侦测的蔬菜共 40 种，包括黄瓜、结球甘蓝、韭菜、洋葱、芹菜、小茴香、莲藕、苦苣、大蒜、蕹菜、番茄、花椰菜、菠菜、山药、西葫芦、甜椒、扁豆、辣椒、樱桃番茄、葱、紫甘蓝、小白菜、青花菜、油麦菜、胡萝卜、南瓜、叶芥菜、茄子、马铃薯、姜、萝卜、生菜、小油菜、菜豆、茼蒿、冬瓜、大白菜、娃娃菜、苦瓜和丝瓜。

根据检出农药品种及频次进行排名，将各项排名前 10 位的蔬菜样品检出情况列表说明，详见表 9-25。

表 9-25　检出农药品种和频次排名前 10 的蔬菜

检出农药品种排名 10（品种）	①番茄（34），②黄瓜（33），③芹菜（33），④茄子（32），⑤甜椒（26），⑥菠菜（24），⑦小油菜（23），⑧辣椒（22），⑨菜豆（21），⑩韭菜（20）
检出农药频次排名前 10（频次）	①黄瓜（260），②番茄（257），③茄子（195），④芹菜（177），⑤甜椒（128），⑥小油菜（120），⑦茼蒿（91），⑧韭菜（75），⑨菠菜（59），⑩辣椒（54）
检出禁用、高毒及剧毒农药品种排名 10（品种）	①辣椒（4），②茄子（4），③黄瓜（3），④韭菜（3），⑤芹菜（3），⑥小油菜（3），⑦菠菜（2），⑧番茄（2），⑨扁豆（1），⑩菜豆（1）
检出禁用、高毒及剧毒农药频次排名前 10（频次）	①芹菜（12），②茄子（11），③韭菜（10），④番茄（8），⑤辣椒（7），⑥小油菜（4），⑦黄瓜（3），⑧茼蒿（3），⑨菠菜（2），⑩扁豆（1）

9.4.2　超标农药品种和频次排前 10 的蔬菜

鉴于 MRL 欧盟标准和日本标准制定比较全面且覆盖率较高，我们参照 MRL 中国国家标准、欧盟标准和日本标准衡量蔬菜样品中农残检出情况，将超标农药品种及频次排名前 10 的蔬菜列表说明，详见表 9-26。

表 9-26　超标农药品种和频次排名前 10 的蔬菜

超标农药品种排名前 10（农药品种数）	MRL 中国国家标准	①茄子（4），②韭菜（3），③菠菜（2），④菜豆（2），⑤黄瓜（2），⑥辣椒（2），⑦芹菜（2），⑧番茄（1），⑨茼蒿（1），⑩西葫芦（1）
	MRL 欧盟标准	①茄子（15），②芹菜（15），③小油菜（12），④黄瓜（11），⑤茼蒿（11），⑥菠菜（10），⑦番茄（9），⑧小白菜（8），⑨菜豆（7），⑩韭菜（7）
	MRL 日本标准	①菜豆（15），②茄子（11），③芹菜（9），④茼蒿（8），⑤菠菜（7），⑥韭菜（7），⑦黄瓜（6），⑧小油菜（6），⑨甜椒（5），⑩油麦菜（5）

续表

	MRL 中国国家标准	①韭菜（10），②茄子（10），③黄瓜（7），④芹菜（6），⑤辣椒（3），⑥菠菜（2），⑦菜豆（2），⑧茼蒿（2），⑨番茄（1），⑩西葫芦（1）
超标农药频次排名前 10（农药频次数）	MRL 欧盟标准	①茄子（56），②番茄（37），③芹菜（35），④小油菜（33），⑤黄瓜（27），⑥茼蒿（27），⑦甜椒（26），⑧菠菜（15），⑨韭菜（15），⑩小白菜（11）
	MRL 日本标准	①菜豆（27），②茼蒿（24），③茄子（14），④番茄（13），⑤芹菜（13），⑥韭菜（12），⑦菠菜（9），⑧生菜（9），⑨小油菜（9），⑩油麦菜（8）

　　通过对各品种蔬菜样本总数及检出率进行综合分析发现，番茄、黄瓜和芹菜的残留污染最为严重，在此，我们参照 MRL 中国国家标准、欧盟标准和日本标准对这 3 种蔬菜的农残检出情况进行进一步分析。

9.4.3　农药残留检出率较高的蔬菜样品分析

9.4.3.1　番茄

　　这次共检测 97 例番茄样品，75 例样品中检出了农药残留，检出率为 77.3%，检出农药共计 34 种。其中多菌灵、啶虫脒、霜霉威、烯酰吗啉和烯啶虫胺检出频次较高，分别检出了 37、25、25、22 和 14 次。番茄中农药检出品种和频次见图 9-33，超标农药见图 9-34 和表 9-27。

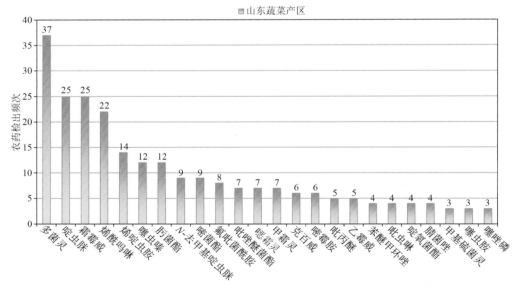

图 9-33　番茄样品检出农药品种和频次分析（仅列出 3 频次及以上的数据）

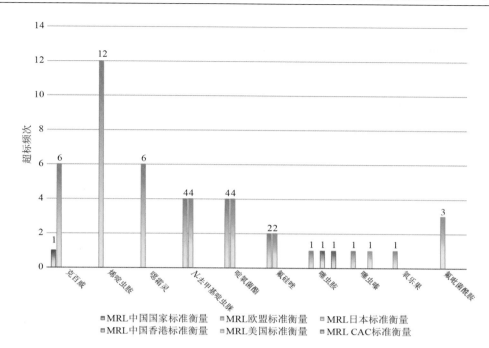

图 9-34　番茄样品中超标农药分析

表 9-27　番茄中农药残留超标情况明细表

样品总数		检出农药样品数	样品检出率（%）	检出农药品种总数
97		75	77.3	34
	超标农药品种	超标农药频次	按照 MRL 中国国家标准、欧盟标准和日本标准衡量超标农药名称及频次	
中国国家标准	1	1	克百威（1）	
欧盟标准	9	37	烯啶虫胺（12），噁霜灵（6），克百威（6），N-去甲基啶虫脒（4），啶氧菌酯（4），氟硅唑（2），噻虫胺（1），噻虫嗪（1），氧乐果（1）	
日本标准	4	13	N-去甲基啶虫脒（4），啶氧菌酯（4），氟吡菌酰胺（3），氟硅唑（2）	

9.4.3.2　黄瓜

这次共检测 99 例黄瓜样品，86 例样品中检出了农药残留，检出率为 86.9%，检出农药共计 33 种。其中霜霉威、甲霜灵、多菌灵、啶虫脒和噻虫嗪检出频次较高，分别检出了 49、38、32、21 和 19 次。黄瓜中农药检出品种和频次见图 9-35，超标农药见图 9-36 和表 9-28。

9.4.3.3　芹菜

这次共检测 77 例芹菜样品，57 例样品中检出了农药残留，检出率为 74.0%，检出农药共计 33 种。其中多菌灵、烯酰吗啉、苯醚甲环唑、霜霉威和啶虫脒检出频次较高，

分别检出了 20、17、14、13 和 12 次。芹菜中农药检出品种和频次见图 9-37，超标农药
见图 9-38 和表 9-29。

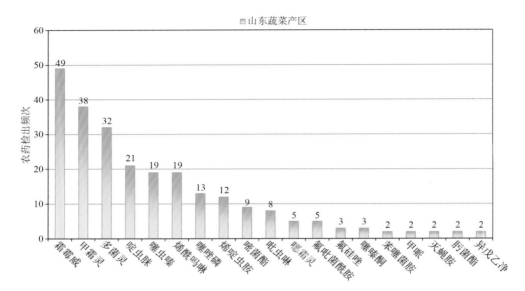

图 9-35　黄瓜样品检出农药品种和频次分析（仅列出 2 频次及以上的数据）

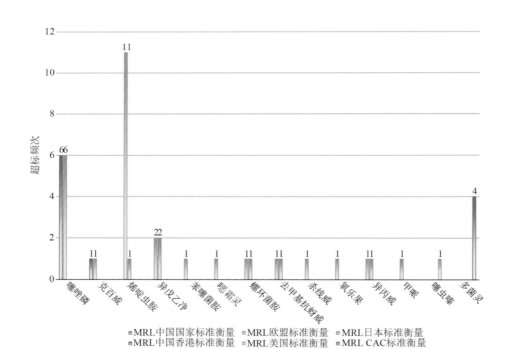

图 9-36　黄瓜样品中超标农药分析

表 9-28　黄瓜中农药残留超标情况明细表

样品总数		检出农药样品数	样品检出率（%）	检出农药品种总数
99		86	86.9	33
	超标农药品种	超标农药频次	按照 MRL 中国国家标准、欧盟标准和日本标准衡量超标农药名称及频次	
中国国家标准	2	7	噻唑磷（6），克百威（1）	
欧盟标准	11	27	烯啶虫胺（11），噻唑磷（6），异戊乙净（2），苯噻菌胺（1），噁霜灵（1），克百威（1），螺环菌胺（1），去甲基抗蚜威（1），杀线威（1），氧乐果（1），异丙威（1）	
日本标准	6	7	异戊乙净（2），甲哌（1），螺环菌胺（1），去甲基抗蚜威（1），烯啶虫胺（1），异丙威（1）	

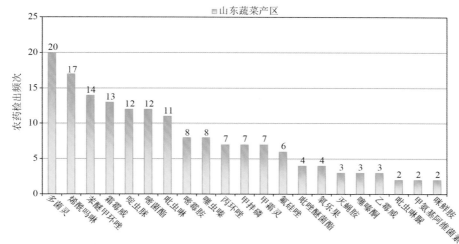

图 9-37　芹菜样品检出农药品种和频次分析（仅列出 2 频次及以上的数据）

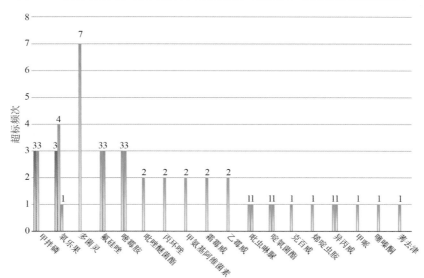

图 9-38　芹菜样品中超标农药分析

表 9-29　芹菜中农药残留超标情况明细表

样品总数		检出农药样品数	样品检出率（%）	检出农药品种总数
77		57	74	33
超标农药品种	超标农药频次	按照 MRL 中国国家标准、欧盟标准和日本标准衡量超标农药名称及频次		
中国国家标准	2	6	甲拌磷（3）、氧乐果（3）	
欧盟标准	15	35	多菌灵（7）、氧乐果（4）、氟硅唑（3）、甲拌磷（3）、嘧霉胺（3）、吡唑醚菌酯（2）、丙环唑（2）、甲氨基阿维菌素（2）、霜霉威（2）、乙霉威（2）、吡虫啉脲（1）、啶氧菌酯（1）、克百威（1）、烯啶虫胺（1）、异丙威（1）	
日本标准	9	13	氟硅唑（3）、嘧霉胺（3）、吡虫啉脲（1）、啶氧菌酯（1）、甲哌（1）、噻嗪酮（1）、氧乐果（1）、异丙威（1）、莠去津（1）	

9.5　初 步 结 论

9.5.1　山东蔬菜产区市售水果蔬菜按 MRL 中国国家标准和国际主要 MRL 标准衡量的合格率

本次侦测的 1480 例样品中，630 例样品未检出任何残留农药，占样品总量的 42.6%，850 例样品检出不同水平、不同种类的残留农药，占样品总量的 57.4%。在这 850 例检出农药残留的样品中：

按 MRL 中国国家标准衡量，有 794 例样品检出残留农药但含量没有超标，占样品总数的 53.6%，有 56 例样品检出了超标农药，占样品总数的 3.8%。

按 MRL 欧盟标准衡量，有 549 例样品检出残留农药但含量没有超标，占样品总数的 37.1%，有 301 例样品检出了超标农药，占样品总数的 20.3%。

按 MRL 日本标准衡量，有 671 例样品检出残留农药但含量没有超标，占样品总数的 45.3%，有 179 例样品检出了超标农药，占样品总数的 12.1%。

按 MRL 中国香港标准衡量，有 825 例样品检出残留农药但含量没有超标，占样品总数的 55.7%，有 25 例样品检出了超标农药，占样品总数的 1.7%。

按 MRL 美国标准衡量，有 823 例样品检出残留农药但含量没有超标，占样品总数的 55.6%，有 27 例样品检出了超标农药，占样品总数的 1.8%。

按 MRL CAC 标准衡量，有 820 例样品检出残留农药但含量没有超标，占样品总数的 55.4%，有 30 例样品检出了超标农药，占样品总数的 2.0%。

9.5.2　山东蔬菜产区市售水果蔬菜中检出农药以中低微毒农药为主，占市场主体的 90.7%

这次侦测的 1480 例样品包括食用菌 5 种 277 例，水果 15 种 54 例，蔬菜 40 种 1149 例，共检出了 107 种农药，检出农药的毒性以中低微毒为主，详见表 9-30。

表 9-30　市场主体农药毒性分布

毒性	检出品种	占比	检出频次	占比
剧毒农药	3	2.8%	30	1.3%
高毒农药	7	6.5%	51	2.3%
中毒农药	44	41.1%	973	43.3%
低毒农药	36	33.6%	433	19.3%
微毒农药	17	15.9%	759	33.8%

中低微毒农药，品种占比 90.7%，频次占比 96.4%

9.5.3　检出剧毒、高毒和禁用农药现象应该警醒

在此次侦测的 1480 例样品中有 16 种蔬菜和 5 种水果的 75 例样品检出了 10 种 81 频次的剧毒和高毒或禁用农药，占样品总量的 5.1%。其中剧毒农药甲拌磷、灭线磷和涕灭威以及高毒农药克百威、氧乐果和灭多威检出频次较高。

按 MRL 中国国家标准衡量，剧毒农药甲拌磷，检出 28 次，超标 18 次；灭线磷，检出 1 次，超标 1 次；涕灭威，检出 1 次，超标 1 次；高毒农药克百威，检出 23 次，超标 13 次；氧乐果，检出 17 次，超标 10 次；按超标程度比较，芹菜中氧乐果超标 86.7 倍，桃中氧乐果超标 18.5 倍，茄子中氧乐果超标 18.0 倍，韭菜中甲拌磷超标 13.5 倍，茼蒿中甲拌磷超标 12.3 倍。

剧毒、高毒或禁用农药的检出情况及按照 MRL 中国国家标准衡量的超标情况见表 9-31。

表 9-31　剧毒、高毒或禁用农药的检出及超标明细

序号	农药名称	样品名称	检出频次	超标频次	最大超标倍数	超标率
1.1	涕灭威*▲	西葫芦	1	1	0.763	100.0%
2.1	灭线磷*▲	葡萄	1	1	5.055	100.0%
3.1	甲拌磷*▲	韭菜	7	7	13.54	100.0%
3.2	甲拌磷*▲	芹菜	7	3	8.72	42.9%
3.3	甲拌磷*▲	茼蒿	3	2	12.28	66.7%
3.4	甲拌磷*▲	苹果	2	2	3.51	100.0%
3.5	甲拌磷*▲	小油菜	2	1	0.72	50.0%
3.6	甲拌磷*▲	梨	1	1	1.64	100.0%
3.7	甲拌磷*▲	辣椒	1	1	0.35	100.0%
3.8	甲拌磷*▲	菠菜	1	1	0.11	100.0%
3.9	甲拌磷*▲	叶芥菜	1	0	0	0.0%
3.10	甲拌磷*▲	小茴香	1	0	0	0.0%
3.11	甲拌磷*▲	甜椒	1	0	0	0.0%

续表

序号	农药名称	样品名称	检出频次	超标频次	最大超标倍数	超标率
3.12	甲拌磷*▲	茄子	1	0	0	0.0%
4.1	三唑磷◇	辣椒	2	0	0	0.0%
4.2	三唑磷◇	茄子	1	0	0	0.0%
5.1	克百威◇▲	茄子	8	7	2.825	87.5%
5.2	克百威◇▲	番茄	6	1	0.945	16.7%
5.3	克百威◇▲	辣椒	3	2	1.235	66.7%
5.4	克百威◇▲	甜瓜	2	0	0	0.0%
5.5	克百威◇▲	菜豆	1	1	3.895	100.0%
5.6	克百威◇▲	黄瓜	1	1	3.19	100.0%
5.7	克百威◇▲	韭菜	1	1	1.47	100.0%
5.8	克百威◇▲	芹菜	1	0	0	0.0%
6.1	嘧啶磷◇	甜瓜	1	0	0	0.0%
6.2	嘧啶磷◇	葡萄	1	0	0	0.0%
7.1	杀线威◇	黄瓜	1	0	0	0.0%
8.1	氧乐果◇▲	芹菜	4	3	86.65	75.0%
8.2	氧乐果◇▲	韭菜	2	2	0.565	100.0%
8.3	氧乐果◇▲	桃	2	1	18.495	50.0%
8.4	氧乐果◇▲	番茄	2	0	0	0.0%
8.5	氧乐果◇▲	茄子	1	1	17.965	100.0%
8.6	氧乐果◇▲	小白菜	1	1	11.62	100.0%
8.7	氧乐果◇▲	菠菜	1	1	1.41	100.0%
8.8	氧乐果◇▲	梨	1	1	0.915	100.0%
8.9	氧乐果◇▲	小油菜	1	0	0	0.0%
8.10	氧乐果◇▲	扁豆	1	0	0	0.0%
8.11	氧乐果◇▲	黄瓜	1	0	0	0.0%
9.1	灭多威▲	梨	2	0	0	0.0%
9.2	灭多威◇▲	小油菜	1	0	0	0.0%
9.3	灭多威◇▲	辣椒	1	0	0	0.0%
10.1	甲胺磷*▲	葡萄	1	0	0	0.0%
合计			81	43		53.1%

注：超标倍数参照 MRL 中国国家标准衡量

　　这些超标的剧毒和高毒农药都是中国政府早有规定禁止在水果蔬菜中使用的，为什么还屡次被检出，应该引起警惕。

9.5.4　残留限量标准与先进国家或地区标准差距较大

2246 频次的检出结果与我国公布的《食品中农药最大残留限量》（GB 2763—2014）对比，有 943 频次能找到对应的 MRL 中国国家标准，占 42.0%；还有 1303 频次的侦测数据无相关 MRL 标准供参考，占 58.0%。

与国际上现行 MRL 标准对比发现：

有 2246 频次能找到对应的 MRL 欧盟标准，占 100.0%；

有 2246 频次能找到对应的 MRL 日本标准，占 100.0%；

有 1432 频次能找到对应的 MRL 中国香港标准，占 63.8%；

有 1279 频次能找到对应的 MRL 美国标准，占 56.9%；

有 1184 频次能找到对应的 MRL CAC 标准，占 52.7%。

由上可见，MRL 中国国家标准与先进国家或地区标准还有很大差距，我们无标准，境外有标准，这就会导致我们在国际贸易中，处于受制于人的被动地位。

9.5.5　水果蔬菜单种样品检出 20~43 种农药残留，拷问农药使用的科学性

通过此次监测发现，葡萄、梨和草莓是检出农药品种最多的 3 种水果，番茄、黄瓜和芹菜是检出农药品种最多的 3 种蔬菜，从中检出农药品种及频次详见表 9-32。

表 9-32　单种样品检出农药品种及频次

样品名称	样品总数	检出农药样品数	检出率	检出农药品种数	检出农药（频次）
番茄	97	75	77.3%	34	多菌灵（37），啶虫脒（25），霜霉威（25），烯酰吗啉（22），烯啶虫胺（14），噻虫嗪（12），肟菌酯（12），N-去甲基啶虫脒（9），嘧菌酯（9），氟吡菌酰胺（8），吡唑醚菌酯（7），噁霜灵（7），甲霜灵（7），克百威（6），嘧霉胺（6），吡丙醚（5），乙霉威（5），苯醚甲环唑（4），吡虫啉（4），啶氧菌酯（4），腈菌唑（4），甲基硫菌灵（3），噻虫胺（3），噻唑磷（3），氟硅唑（2），嘧菌环胺（2），灭蝇胺（2），噻嗪酮（2），缬霉威（2），氧乐果（2），氟唑菌酰胺（1），甲哌（1），咪鲜胺（1），戊唑醇（1）
黄瓜	99	86	86.9%	33	霜霉威（49），甲霜灵（38），多菌灵（32），啶虫脒（21），噻虫嗪（19），烯酰吗啉（19），噻唑磷（13），烯啶虫胺（12），嘧菌酯（9），吡虫啉（8），噁霜灵（5），氟吡菌酰胺（5），氟硅唑（3），噻嗪酮（3），苯噻菌胺（2），甲哌（2），灭蝇胺（2），肟菌酯（2），异戊乙净（2），腈菌唑（1），抗蚜威（1），克百威（1），螺环菌胺（1），咪鲜胺（1），去甲基抗蚜威（1），噻虫胺（1），噻虫啉（1），三环唑（1），杀线威（1），缬霉威（1），氧乐果（1），乙嘧酚（1），异丙威（1）
芹菜	77	57	74.0%	33	多菌灵（20），烯酰吗啉（17），苯醚甲环唑（14），霜霉威（13），啶虫脒（12），嘧菌酯（12），吡虫啉（11），嘧霉胺（8），噻虫嗪（8），丙环唑（7），甲拌磷（7），甲霜灵（7），氟硅唑（6），吡唑醚菌酯（4），氧乐果（4），灭蝇胺（3），噻嗪酮（3），乙霉威（3），吡虫啉脲（2），甲氨基阿维菌素（2），咪鲜胺（2），吡丙醚（1），啶氧菌酯（1），氟吡菌酰胺（1），甲哌（1），克百威（1），噻虫胺（1），肟菌酯（1），戊唑醇（1），烯啶虫胺（1），异丙甲草胺（1），异丙威（1），莠去津（1）

样品名称	样品总数	检出农药样品数	检出率	检出农药品种数	检出农药（频次）
葡萄	31	27	87.1%	43	多菌灵（17），烯酰吗啉（13），嘧菌酯（11），嘧霉胺（10），苯醚甲环唑（7），啶虫脒（7），吡唑醚菌酯（5），吡虫啉（4），甲基硫菌灵（4），咪鲜胺（4），霜霉威（4），氟硅唑（3），嘧菌环胺（3），戊唑醇（3），己唑醇（2），甲霜灵（2），噻虫嗪（2），肟菌酯（2），乙霉威（2），抑霉唑（2），N-去甲基啶虫脒（1），吡丙醚（1），避蚊胺（1），稻瘟灵（1），丁草胺（1），呋霜醇（1），氟唑菌酰胺（1），甲胺磷（1），甲基嘧啶磷（1），嘧啶磷（1），灭线磷（1），双苯基脲（1），双苯酰草胺（1），四氟醚唑（1），戊草丹（1），戊菌唑（1），缬霉威（1），新燕灵（1），溴丁酰草胺（1），乙草胺（1），异丙草胺（1），增效醚（1），唑嘧菌胺（1）
梨	49	42	85.7%	25	多菌灵（22），吡虫啉（19），嘧菌酯（13），噻嗪酮（9），啶虫脒（8），噻虫嗪（7），苯醚甲环唑（6），吡唑醚菌酯（5），甲基硫菌灵（4），咪鲜胺（3），虫酰肼（2），灭多威（2），增效醚（2），吡虫啉脲（1），丙环唑（1），氟硅唑（1），氟环唑（1），甲拌磷（1），螺环菌胺（1），噻虫胺（1），霜霉威（1），戊唑醇（1），烯酰吗啉（1），氧乐果（1），乙草胺（1）
草莓	12	12	100.0%	20	乙嘧酚磺酸酯（6），醚菌酯（5），乙嘧酚（5），腈菌唑（4），啶虫脒（3），甲霜灵（3），吡虫啉（2），氟吡菌酰胺（2），联苯肼酯（2），6-苄氨基嘌呤（1），苯醚甲环唑（1），吡虫啉脲（1），二甲嘧酚（1），己唑醇（1），嘧霉胺（1），双苯基脲（1），霜霉威（1），肟菌酯（1），戊唑醇（1），乙螨唑（1）

　　上述 6 种水果蔬菜，检出农药 20~43 种，是多种农药综合防治，还是未严格实施农业良好管理规范（GAP），抑或根本就是乱施药，值得我们思考。

第10章 LC-Q-TOF/MS 侦测山东蔬菜产区市售水果蔬菜农药残留膳食暴露风险与预警风险评估

10.1 农药残留风险评估方法

10.1.1 山东蔬菜产区农药残留侦测数据分析与统计

庞国芳院士科研团队建立的农药残留高通量侦测技术以高分辨精确质量数（0.0001 *m/z* 为基准）为识别标准，采用 LC-Q-TOF/MS 技术对 565 种农药化学污染物进行侦测。

科研团队于 2015 年 7 月至 2016 年 11 月在山东蔬菜产区的 61 个采样点，随机采集了 1480 例水果蔬菜样品，采样点均分布在超市，具体位置如图 10-1 所示，各月内水果蔬菜样品采集数量如表 10-1 所示。

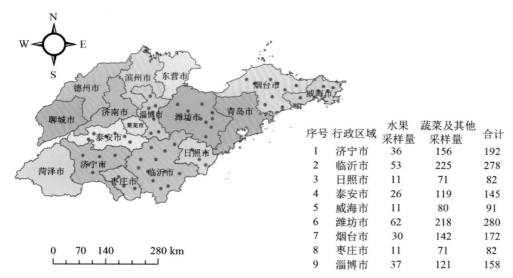

序号	行政区域	水果采样量	蔬菜及其他采样量	合计
1	济宁市	36	156	192
2	临沂市	53	225	278
3	日照市	11	71	82
4	泰安市	26	119	145
5	威海市	11	80	91
6	潍坊市	62	218	280
7	烟台市	30	142	172
8	枣庄市	11	71	82
9	淄博市	37	121	158

图 10-1 LC-Q-TOF/MS 侦测山东蔬菜产区 61 个采样点 1480 例样品分布示意图

表 10-1 山东蔬菜产区各月内采集水果蔬菜样品数列表

时间	样品数（例）
2015 年 7 月	284
2015 年 9 月	105
2016 年 3 月	207
2016 年 4 月	251

续表

时间	样品数（例）
2016 年 9 月	180
2016 年 10 月	125
2016 年 11 月	328

利用 LC-Q-TOF/MS 技术对 1480 例样品中的农药进行侦测，侦测出残留农药 107 种，2246 频次。侦测出农药残留水平如表 10-2 和图 10-2 所示。检出频次最高的前 10 种农药如表 10-3 所示。从检测结果中可以看出，在水果蔬菜中农药残留普遍存在，且有些水果蔬菜存在高浓度的农药残留，这些可能存在膳食暴露风险，对人体健康产生危害，因此，为了定量地评价水果蔬菜中农药残留的风险程度，有必要对其进行风险评价。

表 10-2　侦测出农药的不同残留水平及其所占比例列表

残留水平（μg/kg）	检出频次	占比（%）
1~5（含）	557	24.80
5~10（含）	321	14.29
10~100（含）	1005	44.75
100~1000（含）	301	13.40
>1000	62	2.76
合计	2246	100

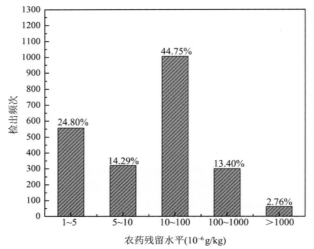

图 10-2　残留农药侦测出浓度频数分布图

表 10-3　检出频次最高的前 10 种农药列表

序号	农药	检出频次
1	多菌灵	328
2	啶虫脒	236
3	霜霉威	197
4	烯酰吗啉	193
5	噻虫嗪	126
6	吡虫啉	102
7	甲霜灵	99
8	嘧菌酯	90
9	烯啶虫胺	57
10	苯醚甲环唑	56

10.1.2　农药残留风险评价模型

对山东蔬菜产区水果蔬菜中农药残留分别开展暴露风险评估和预警风险评估。膳食暴露风险评估利用食品安全指数模型对水果蔬菜中的残留农药对人体可能产生的危害程度进行评价，该模型结合残留监测和膳食暴露评估评价化学污染物的危害；预警风险评价模型运用风险系数（risk index，R），风险系数综合考虑了危害物的超标率、施检频率及其本身敏感性的影响，能直观而全面地反映出危害物在一段时间内的风险程度。

10.1.2.1　食品安全指数模型

为了加强食品安全管理，《中华人民共和国食品安全法》第二章第十七条规定"国家建立食品安全风险评估制度，运用科学方法，根据食品安全风险监测信息、科学数据以及有关信息，对食品、食品添加剂、食品相关产品中生物性、化学性和物理性危害因素进行风险评估"[1]，膳食暴露评估是食品危险度评估的重要组成部分，也是膳食安全性的衡量标准[2]。国际上最早研究膳食暴露风险评估的机构主要是 JMPR（FAO、WHO 农药残留联合会议），该组织自 1995 年就已制定了急性毒性物质的风险评估急性毒性农药残留摄入量的预测。1960 年美国规定食品中不得加入致癌物质进而提出零阈值理论，渐渐零阈值理论发展成在一定概率条件下可接受风险的概念[3]，后衍变为食品中每日允许最大摄入量（ADI），而国际食品农药残留法典委员会（CCPR）认为 ADI 不是独立风险评估的唯一标准[4]，1995 年 JMPR 开始研究农药急性膳食暴露风险评估，并对食品国际短期摄入量的计算方法进行了修正，亦对膳食暴露评估准则及评估方法进行了修正[5]，2002 年，在对世界上现行的食品安全评价方法，尤其是国际公认的 CAC 评价方法、全球环境监测系统/食品污染监测和评估规划（WHO GEMS/Food）及 FAO、WHO 食品添加剂联合专家委员会（JECFA）和 JMPR 对食品安全风险评估工作研究的基础之上，检验检疫食品安全管理的研究人员提出了结合残留监控和膳食暴露评估，以食品安全指数

IFS 计算食品中各种化学污染物对消费者的健康危害程度[6]。IFS 是表示食品安全状态的新方法，可有效地评价某种农药的安全性，进而评价食品中各种农药化学污染物对消费者健康的整体危害程度[7, 8]。从理论上分析，IFS_c 可指出食品中的污染物 c 对消费者健康是否存在危害及危害的程度[9]。其优点在于操作简单且结果容易被接受和理解，不需要大量的数据来对结果进行验证，使用默认的标准假设或者模型即可[10, 11]。

1) IFS_c 的计算

IFS_c 计算公式如下：

$$IFS_c = \frac{EDI_c \times f}{SI_c \times bw} \tag{10-1}$$

式中，c 为所研究的农药；EDI_c 为农药 c 的实际日摄入量估算值，等于 $\sum(R_i \times F_i \times E_i \times P_i)$（i 为食品种类；$R_i$ 为食品 i 中农药 c 的残留水平，mg/kg；F_i 为食品 i 的估计日消费量，g/（人·天）；E_i 为食品 i 的可食用部分因子；P_i 为食品 i 的加工处理因子）；SI_c 为安全摄入量，可采用每日允许最大摄入量 ADI；bw 为人平均体重，kg；f 为校正因子，如果安全摄入量采用 ADI，则 f 取 1。

$IFS_c \ll 1$，农药 c 对食品安全没有影响；$IFS_c \leq 1$，农药 c 对食品安全的影响可以接受；$IFS_c > 1$，农药 c 对食品安全的影响不可接受。

本次评价中：

$IFS_c \leq 0.1$，农药 c 对水果蔬菜安全没有影响；

$0.1 < IFS_c \leq 1$，农药 c 对水果蔬菜安全的影响可以接受；

$IFS_c > 1$，农药 c 对水果蔬菜安全的影响不可接受。

本次评价中残留水平 R_i 取值为中国检验检疫科学研究院庞国芳院士课题组利用以高分辨精确质量数（0.0001 m/z）为基准的 LC-Q-TOF/MS 侦测技术于 2015 年 7 月至 2016 年 11 月对山东蔬菜产区水果蔬菜农药残留的侦测结果，估计日消费量 F_i 取值 0.38 kg/（人·天），E_i=1，P_i=1，f=1，SI_c 采用《食品安全国家标准　食品中农药最大残留限量》（GB 2763—2016）中 ADI 值（具体数值见表 10-4），人平均体重（bw）取值 60 kg。

表 10-4　山东蔬菜产区水果蔬菜中侦测出农药的 ADI 值

序号	农药	ADI	序号	农药	ADI	序号	农药	ADI
1	唑嘧菌胺	10	9	增效醚	0.2	17	啶氧菌酯	0.09
2	烯啶虫胺	0.53	10	呋虫胺	0.2	18	噻虫嗪	0.08
3	霜霉威	0.4	11	多效唑	0.1	19	甲霜灵	0.08
4	醚菌酯	0.4	12	噻虫胺	0.1	20	甲基硫菌灵	0.08
5	马拉硫磷	0.3	13	吡丙醚	0.1	21	啶虫脒	0.07
6	烯酰吗啉	0.2	14	噻菌灵	0.1	22	丙环唑	0.07
7	嘧菌酯	0.2	15	异丙甲草胺	0.1	23	吡虫啉	0.06
8	嘧霉胺	0.2	16	丁草胺	0.1	24	灭蝇胺	0.06

续表

序号	农药	ADI	序号	农药	ADI	序号	农药	ADI
25	乙螨唑	0.05	53	噁霜灵	0.01	81	灭线磷	0.0004
26	乙基多杀菌素	0.05	54	氟吡菌酰胺	0.01	82	氧乐果	0.0003
27	肟菌酯	0.04	55	哒螨灵	0.01	83	N-去甲基啶虫脒	—
28	三环唑	0.04	56	毒死蜱	0.01	84	甲哌	—
29	乙嘧酚	0.035	57	粉唑醇	0.01	85	双苯基脲	—
30	多菌灵	0.03	58	联苯肼酯	0.01	86	乙嘧酚磺酸酯	—
31	吡唑醚菌酯	0.03	59	茚虫威	0.01	87	吡虫啉脲	—
32	戊唑醇	0.03	60	炔螨特	0.01	88	氟唑菌酰胺	—
33	丙溴磷	0.03	61	噻虫啉	0.01	89	缬霉威	—
34	腈菌唑	0.03	62	噻嗪酮	0.009	90	麦穗宁	—
35	三唑酮	0.03	63	杀线威	0.009	91	异戊乙净	—
36	嘧菌环胺	0.03	64	甲萘威	0.008	92	苯噻菌胺	—
37	三唑醇	0.03	65	氟硅唑	0.007	93	螺环菌胺	—
38	抑霉唑	0.03	66	倍硫磷	0.007	94	嘧啶磷	—
39	甲基嘧啶磷	0.03	67	唑虫酰胺	0.006	95	6-苄氨基嘌呤	—
40	戊菌唑	0.03	68	己唑醇	0.005	96	避蚊胺	—
41	虫酰肼	0.02	69	烯唑醇	0.005	97	残杀威	—
42	乙草胺	0.02	70	喹螨醚	0.005	98	二甲嘧酚	—
43	灭多威	0.02	71	噻唑磷	0.004	99	呋嘧醇	—
44	莠去津	0.02	72	乙霉威	0.004	100	磷酸三苯酯	—
45	苯锈啶	0.02	73	甲胺磷	0.004	101	氯草敏	—
46	氟环唑	0.02	74	涕灭威	0.003	102	去甲基抗蚜威	—
47	抗蚜威	0.02	75	异丙威	0.002	103	双苯酰草胺	—
48	西玛津	0.018	76	乐果	0.002	104	四氟醚唑	—
49	稻瘟灵	0.016	77	克百威	0.001	105	戊草丹	—
50	异丙草胺	0.013	78	三唑磷	0.001	106	新燕灵	—
51	苯醚甲环唑	0.01	79	甲拌磷	0.0007	107	溴丁酰草胺	—
52	咪鲜胺	0.01	80	甲氨基阿维菌素	0.0005			

注："—"表示为国家标准中无 ADI 值规定；ADI 值单位为 mg/kg bw

2）计算 IFS_c 的平均值 $\overline{IFS}$，评价农药对食品安全的影响程度

以 $\overline{IFS}$ 评价各种农药对人体健康危害的总程度，评价模型见公式（10-2）。

$$\overline{\text{IFS}} = \frac{\sum_{i=1}^{n} \text{IFS}_c}{n} \qquad (10\text{-}2)$$

$\overline{\text{IFS}} \ll 1$，所研究消费者人群的食品安全状态很好；$\overline{\text{IFS}} \leqslant 1$，所研究消费者人群的食品安全状态可以接受；$\overline{\text{IFS}} > 1$，所研究消费者人群的食品安全状态不可接受。

本次评价中：

$\overline{\text{IFS}} \leqslant 0.1$，所研究消费者人群的水果蔬菜安全状态很好；

$0.1 < \overline{\text{IFS}} \leqslant 1$，所研究消费者人群的水果蔬菜安全状态可以接受；

$\overline{\text{IFS}} > 1$，所研究消费者人群的水果蔬菜安全状态不可接受。

10.1.2.2 预警风险评估模型

2003 年，我国检验检疫食品安全管理的研究人员根据 WTO 的有关原则和我国的具体规定，结合危害物本身的敏感性、风险程度及其相应的施检频率，首次提出了食品中危害物风险系数 R 的概念[12]。R 是衡量一个危害物的风险程度大小最直观的参数，即在一定时期内其超标率或阳性检出率的高低，但受其施检测率的高低及其本身的敏感性（受关注程度）影响。该模型综合考察了农药在蔬菜中的超标率、施检频率及其本身敏感性，能直观而全面地反映出农药在一段时间内的风险程度[13]。

1）R 计算方法

危害物的风险系数综合考虑了危害物的超标率或阳性检出率、施检频率和其本身的敏感性影响，并能直观而全面地反映出危害物在一段时间内的风险程度。风险系数 R 的计算公式如式（10-3）：

$$R = aP + \frac{b}{F} + S \qquad (10\text{-}3)$$

式中，P 为该种危害物的超标率；F 为危害物的施检频率；S 为危害物的敏感因子；a，b 分别为相应的权重系数。

本次评价中 $F=1$；$S=1$；$a=100$；$b=0.1$，对参数 P 进行计算，计算时首先判断是否为禁用农药，如果为非禁用农药，$P=$ 超标的样品数（侦测出的含量高于食品最大残留限量标准值，即 MRL）除以总样品数（包括超标、不超标、未检出）；如果为禁用农药，则检出即为超标，$P=$ 能检出的样品数除以总样品数。判断山东蔬菜产区水果蔬菜农药残留是否超标的标准限值 MRL 分别以 MRL 中国国家标准[14]和 MRL 欧盟标准作为对照，具体值列于本报告附表一中。

2）评价风险程度

$R \leqslant 1.5$，受检农药处于低度风险；

$1.5 < R \leqslant 2.5$，受检农药处于中度风险；

$R > 2.5$，受检农药处于高度风险。

10.1.2.3　食品膳食暴露风险和预警风险评估应用程序的开发

1）应用程序开发的步骤

为成功开发膳食暴露风险和预警风险评估应用程序，与软件工程师多次沟通讨论，逐步提出并描述清楚计算需求，开发了初步应用程序。为明确出不同水果蔬菜、不同农药、不同地域和不同季节的风险水平，向软件工程师提出不同的计算需求，软件工程师对计算需求进行逐一地分析，经过反复的细节沟通，需求分析得到明确后，开始进行解决方案的设计，在保证需求的完整性、一致性的前提下，编写出程序代码，最后设计出满足需求的风险评估专用计算软件，并通过一系列的软件测试和改进，完成专用程序的开发。软件开发基本步骤见图 10-3。

图 10-3　专用程序开发总体步骤

2）膳食暴露风险评估专业程序开发的基本要求

首先直接利用公式（10-1），分别计算 LC-Q-TOF/MS 和 GC-Q-TOF/MS 仪器侦测出的各水果蔬菜样品中每种农药 IFS_c，将结果列出。为考察超标农药和禁用农药的使用安全性，分别以我国《食品安全国家标准　食品中农药最大残留限量》（GB 2763—2016）和欧盟食品中农药最大残留限量（以下简称 MRL 中国国家标准和 MRL 欧盟标准）为标准，对侦测出的禁用农药和超标的非禁用农药 IFS_c 单独进行评价；按 IFS_c 大小列表，并找出 IFS_c 值排名前 20 的样本重点关注。

对不同水果蔬菜 i 中每一种侦测出的农药 c 的安全指数进行计算，多个样品时求平均值。若监测数据为该市多个月的数据，则逐月、逐季度分别列出每个月、每个季度内每一种水果蔬菜 i 对应的每一种农药 c 的 IFS_c。

按农药种类，计算整个监测时间段内每种农药的 IFS_c，不区分水果蔬菜。若检测数据为该市多个月的数据，则需分别计算每个月、每个季度内每种农药的 IFS_c。

3）预警风险评估专业程序开发的基本要求

分别以 MRL 中国国家标准和 MRL 欧盟标准，按公式（10-3）逐个计算不同水果蔬菜、不同农药的风险系数，禁用农药和非禁用农药分别列表。

为清楚了解各种农药的预警风险，不分时间，不分水果蔬菜，按禁用农药和非禁用农药分类，分别计算各种侦测出农药全部检测时段内风险系数。由于有 MRL 中国国家标准的农药种类太少，无法计算超标数，非禁用农药的风险系数只以 MRL 欧盟标准为标准，进行计算。若检测数据为多个月的，则按月计算每个月、每个季度内每种禁用农药残留的风险系数和以 MRL 欧盟标准为标准的非禁用农药残留的风险系数。

4）风险程度评价专业应用程序的开发方法

采用 Python 计算机程序设计语言，Python 是一个高层次地结合了解释性、编译性、互动性和面向对象的脚本语言。风险评价专用程序主要功能包括：分别读入每例样品

LC-Q-TOF/MS 和 GC-Q-TOF/MS 农药残留检测数据，根据风险评价工作要求，依次对不同农药、不同食品、不同时间、不同采样点的 IFS$_c$ 值和 R 值分别进行数据计算，筛选出禁用农药、超标农药（分别与 MRL 中国国家标准、MRL 欧盟标准限值进行对比）单独重点分析，再分别对各农药、各水果蔬菜种类分类处理，设计出计算和排序程序，编写计算机代码，最后将生成的膳食暴露风险评估和超标风险评估定量计算结果列入设计好的各个表格中，并定性判断风险对目标的影响程度，直接用文字描述风险发生的高低，如"不可接受"、"可以接受"、"没有影响"、"高度风险"、"中度风险"、"低度风险"。

10.2　LC-Q-TOF/MS 侦测山东蔬菜产区市售水果蔬菜农药残留膳食暴露风险评估

10.2.1　每例水果蔬菜样品中农药残留安全指数分析

基于农药残留侦测数据，发现在 1480 例样品中侦测出农药 2246 频次，计算样品中每种残留农药的安全指数 IFS$_c$，并分析农药对样品安全的影响程度，结果详见附表二，农药残留对水果蔬菜样品安全的影响程度频次分布情况如图 10-4 所示。

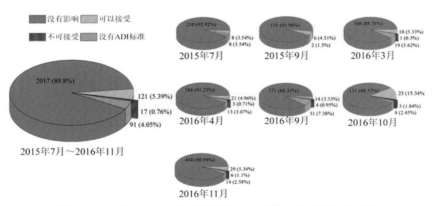

图 10-4　农药残留对水果蔬菜样品安全的影响程度频次分布图

由图 10-4 可以看出，农药残留对样品安全的影响不可接受的频次为 17，占 0.76%；农药残留对样品安全的影响可以接受的频次为 121，占 5.39%；农药残留对样品安全的没有影响的频次为 2017，占 89.8%。分析发现，在 7 个月份内有 5 个月份出现不可接受频次，排序为：2016 年 11 月（6）>2016 年 9 月（4）>2016 年 10 月（3）=2016 年 4 月（3）>2016 年 3 月（1），其他月份内，农药对样品安全的影响均在可以接受和没有影响的范围内。表 10-5 为对水果蔬菜样品中安全指数不可接受的农药残留列表。

表 10-5　水果蔬菜样品中安全影响不可接受的农药残留列表

序号	样品编号	采样点	基质	农药	含量（mg/kg）	IFS$_c$
1	20160911-371300-LYCIQ-CE-25A	***购物中心	芹菜	氧乐果	1.753	37.0078

续表

序号	样品编号	采样点	基质	农药	含量（mg/kg）	IFS$_c$
2	20161106-370900-LYCIQ-PH-50A	***超市（泰山区店）	桃	氧乐果	0.3899	8.2312
3	20161030-371000-LYCIQ-EP-36A	***超市（世昌店）	茄子	氧乐果	0.3793	8.0074
4	20161104-370700-LYCIQ-TH-39A	***超市（安丘店）	茼蒿	乙霉威	4.8843	7.7335
5	20160911-371100-LYCIQ-CE-25A	***超市（日照广场店）	芹菜	氧乐果	0.3103	6.5508
6	20161105-370800-LYCIQ-PB-47A	***超市（济宁店）	小白菜	氧乐果	0.2524	5.3284
7	20161104-370700-LYCIQ-EP-39A	***超市（安丘店）	茄子	甲氨基阿维菌素	0.362	4.5853
8	20160917-371300-LYCIQ-GP-30A	***超市（临沂店）	葡萄	灭线磷	0.1211	1.9174
9	20161105-370800-LYCIQ-PE-46A	***超市（曲阜店）	梨	多菌灵	7.8104	1.6489
10	20161029-370600-LYCIQ-XH-33A	***超市（海阳四店）	西葫芦	噻唑磷	1.0251	1.6231
11	20160416-371300-LYCIQ-TH-25A	***超市（齐鲁园店）	茼蒿	乙霉威	1.0118	1.6020
12	20161104-370700-LYCIQ-EP-40A	***超市（新华店）	茄子	噻唑磷	0.8626	1.3658
13	20160322-371300-LYCIQ-JC-20A	***超市（郯城店）	韭菜	甲拌磷	0.1454	1.3155
14	20160423-371000-LYCIQ-TG-33A	***超市（世昌店）	甜瓜	噻唑磷	0.8014	1.2689
15	20160416-371300-LYCIQ-TH-25A	***超市（齐鲁园店）	茼蒿	甲拌磷	0.1328	1.2015
16	20160909-370400-LYCIQ-CE-22A	***超市（解放路店）	芹菜	氧乐果	0.0529	1.1168
17	20161030-371000-LYCIQ-BO-35A	***超市（文登购物广场店）	菠菜	氧乐果	0.0482	1.0176

部分样品侦测出禁用农药 7 种 75 频次，为了明确残留的禁用农药对样品安全的影响，分析侦测出禁用农药残留的样品安全指数，禁用农药残留对水果蔬菜样品安全的影响程度频次分布情况如图 10-5 所示，农药残留对样品安全的影响不可接受的频次为 10，占 13.33%；农药残留对样品安全的影响可以接受的频次为 39，占 52%；农药残留对样品安全没有影响的频次为 26，占 34.67%。由图中可以看出，7 个月内有 4 个月出现不可接受的频次，且频次排序为：2016 年 9 月（4）>2016 年 11 月（2）=2016 年 10 月（2）>2016 年 4 月（1）=2016 年 3 月（1），其余 2 个月份中禁用农药对样品安全的影响均在可以接受和没有影响的范围内。表 12-6 列出了水果蔬菜样品中侦测出的禁用农药残留不可接受的安全指数表。

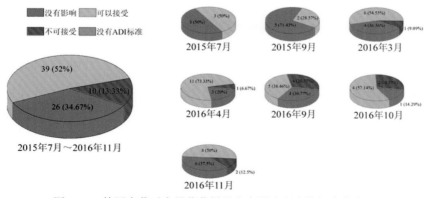

图 10-5　禁用农药对水果蔬菜样品安全影响程度的频次分布图

表 10-6　水果蔬菜样品中侦测出的禁用农药残留不可接受的安全指数表

序号	样品编号	采样点	基质	农药	含量（mg/kg）	IFS_c
1	20160911-371300-LYCIQ-CE-25A	***购物中心	蔬菜	氧乐果	1.753	37.0078
2	20161106-370900-LYCIQ-PH-50A	***超市（泰山区店）	水果	氧乐果	0.3899	8.2312
3	20161030-371000-LYCIQ-EP-36A	***超市（世昌店）	蔬菜	氧乐果	0.3793	8.0074
4	20160911-371100-LYCIQ-CE-25A	***超市（日照广场店）	蔬菜	氧乐果	0.3103	6.5508
5	20161105-370800-LYCIQ-PB-47A	***超市（济宁店）	蔬菜	氧乐果	0.2524	5.3284
6	20160917-371300-LYCIQ-GP-30A	***超市（临沂店）	水果	灭线磷	0.1211	1.9174
7	20160322-371300-LYCIQ-JC-20A	***超市（郯城店）	蔬菜	甲拌磷	0.1454	1.3155
8	20160416-371300-LYCIQ-TH-25A	***超市（齐鲁园店）	蔬菜	甲拌磷	0.1328	1.2015
9	20160909-370400-LYCIQ-CE-22A	***超市（解放路店）	蔬菜	氧乐果	0.0529	1.1168
10	20161030-371000-LYCIQ-BO-35A	***超市（文登购物广场店）	蔬菜	氧乐果	0.0482	1.0176

　　此外，本次侦测发现部分样品中非禁用农药残留量超过了 MRL 中国国家标准和欧盟标准，为了明确超标的非禁用农药对样品安全的影响，分析了非禁用农药残留超标的样品安全指数。

　　水果蔬菜残留量超过 MRL 中国国家标准的非禁用农药对水果蔬菜样品安全的影响程度频次分布情况如图 10-6 所示。可以看出侦测出超过 MRL 中国国家标准的非禁用农药共 13 频次，其中农药残留对样品安全的影响不可接受的频次为 1，占 7.69%；农药残留对样品安全的影响可以接受的频次为 7，占 53.85%；农药残留对样品安全没有影响的频次为 5，占 38.46%。表 10-7 为水果蔬菜样品中侦测出的非禁用农药残留安全指数表。

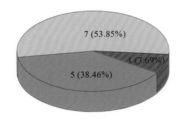

图 10-6　残留超标的非禁用农药对水果蔬菜样品安全的影响程度频次分布图（MRL 中国国家标准）

表 10-7　水果蔬菜样品中侦测出的非禁用农药残留安全指数表（MRL 中国国家标准）

序号	样品编号	采样点	基质	农药	含量（mg/kg）	中国国家标准	IFS_c	影响程度
1	20161105-370800-LYCIQ-PE-46A	***超市（曲阜店）	梨	多菌灵	7.8104	3	1.6489	不可接受
2	20161104-370700-LYCIQ-PH-38A	***购物广场	桃	多菌灵	4.0697	2	0.8592	可以接受
3	20150717-370700-LYCIQ-GP-01A	***购物广场	葡萄	氟硅唑	0.8486	0.5	0.7678	可以接受
4	20161106-370900-LYCIQ-PE-50A	***超市（泰山区店）	梨	多菌灵	3.0928	3	0.6529	可以接受

续表

序号	样品编号	采样点	基质	农药	含量（mg/kg）	中国国家标准	IFS$_c$	影响程度
5	20161106-370900-LYCIQ-PH-50A	***超市（泰山区店）	桃	多菌灵	2.7801	2	0.5869	可以接受
6	20161105-370300-LYCIQ-PH-43A	***超市（商场东路店）	桃	多菌灵	2.0809	2	0.4393	可以接受
7	20150925-371300-LYCIQ-PE-26A	***购物中心	梨	甲基硫菌灵	3.9753	3	0.3147	可以接受
8	20161104-370700-LYCIQ-EP-39A	***超市（安丘店）	茄子	烯酰吗啉	3.6488	1	0.1155	可以接受
9	20160429-370800-LYCIQ-TG-39A	***超市（汶上店）	甜瓜	烯酰吗啉	2.1554	0.5	0.0683	没有影响
10	20161105-370800-LYCIQ-PE-46A	***超市（曲阜店）	梨	吡虫啉	0.632	0.5	0.0667	没有影响
11	20150717-370900-LYCIQ-DJ-15A	***超市（泰山区店）	菜豆	灭蝇胺	0.5456	0.5	0.0576	没有影响
12	20161106-370300-LYCIQ-WM-45A	***购物广场（沂源县店）	西瓜	甲霜灵	0.2678	0.2	0.0212	没有影响
13	20161104-370700-LYCIQ-EP-41A	***超市（北王店）	茄子	霜霉威	0.7497	0.3	0.0119	没有影响

　　残留量超过 MRL 欧盟标准的非禁用农药对水果蔬菜样品安全的影响程度频次分布情况如图 10-7 所示。可以看出超过 MRL 欧盟标准的非禁用农药共 355 频次，其中农药没有 ADI 标准的频次为 30，占 8.45%；农药残留对样品安全不可接受的频次为 7，占 1.97%；农药残留对样品安全的影响可以接受的频次为 70，占 19.72%；农药残留对样品安全没有影响的频次为 248，占 69.86%。表 10-8 为水果蔬菜样品中不可接受的残留超标非禁用农药安全指数列表。

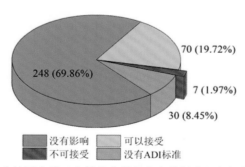

图 10-7　残留超标的非禁用农药对水果蔬菜样品安全的影响程度频次分布图（MRL 欧盟标准）

表 10-8　对水果蔬菜样品中不可接受的残留超标非禁用农药安全指数列表（MRL 欧盟标准）

序号	样品编号	采样点	基质	农药	含量（mg/kg）	欧盟标准	IFS$_c$
1	20161104-370700-LYCIQ-TH-39A	***超市（安丘店）	茼蒿	乙霉威	4.8843	0.05	7.7335
2	20161104-370700-LYCIQ-EP-39A	***超市（安丘店）	茄子	甲氨基阿维菌素	0.362	0.02	4.5853

续表

序号	样品编号	采样点	基质	农药	含量（mg/kg）	欧盟标准	IFS$_c$
3	20161105-370800-LYCIQ-PE-46A	***超市（曲阜店）	梨	多菌灵	7.8104	0.2	1.6489
4	20161029-370600-LYCIQ-XH-33A	***超市（海阳四店）	西葫芦	噻唑磷	1.0251	0.02	1.6231
5	20160416-371300-LYCIQ-TH-25A	***超市（齐鲁园店）	茼蒿	乙霉威	1.0118	0.05	1.6020
6	20161104-370700-LYCIQ-EP-40A	***超市（新华店）	茄子	噻唑磷	0.8626	0.02	1.3658
7	20160423-371000-LYCIQ-TG-33A	***超市（世昌店）	甜瓜	噻唑磷	0.8014	0.02	1.2689

　　在 1480 例样品中，630 例样品未侦测出农药残留，850 例样品中侦测出农药残留，计算每例有农药侦测出样品的 $\overline{IFS}$ 值，进而分析样品的安全状态，结果如图 10-8 所示（未侦测出农药的样品安全状态视为很好）。可以看出，0.41% 的样品安全状态不可接受；3.99% 的样品安全状态可以接受；95.2% 的样品安全状态很好。此外，可以看出 7 个月份中有 4 个月出现安全状态不可接受的样品，且频次排序为：2016 年 11 月（2）=2016 年 10 月（2）＞2016 年 9 月（1）=2016 年 3 月（1），其他月份内的样品安全状态均在很好和可以接受的范围内。表 10-9 列出了安全状态不可接受的水果蔬菜样品。

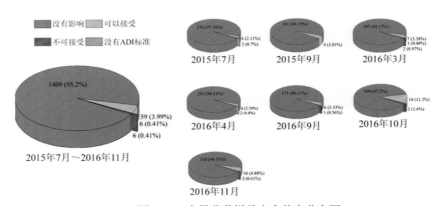

图 10-8　水果蔬菜样品安全状态分布图

表 10-9　水果蔬菜安全状态不可接受的样品列表

序号	样品编号	采样点	基质	$\overline{IFS}$
1	20160911-371300-LYCIQ-CE-25A	***购物中心	芹菜	5.5603
2	20161105-370800-LYCIQ-PB-47A	***超市（济宁店）	小白菜	5.3284
3	20161030-371000-LYCIQ-EP-36A	***超市（世昌店）	茄子	2.6721
4	20161106-370900-LYCIQ-PH-50A	***超市（泰山区店）	桃	1.7744
5	20161029-370600-LYCIQ-XH-33A	***超市（海阳四店）	西葫芦	1.6231
6	20160322-371300-LYCIQ-JC-20A	***超市（郯城店）	韭菜	1.3155

10.2.2   单种水果蔬菜中农药残留安全指数分析

本次 60 种水果蔬菜侦测 107 种农药，检出频次为 2246 次，其中 25 种农药没有 ADI 标准，82 种农药存在 ADI 标准。14 种水果蔬菜未侦测出任何农药，南瓜和马铃薯等 2 种水果蔬菜侦测出农药残留全部没有 ADI 标准，对其他的 44 种水果蔬菜按不同种类分别计算侦测出的具有 ADI 标准的各种农药的 IFS_c 值，农药残留对水果蔬菜的安全指数分布图如图 10-9 所示。

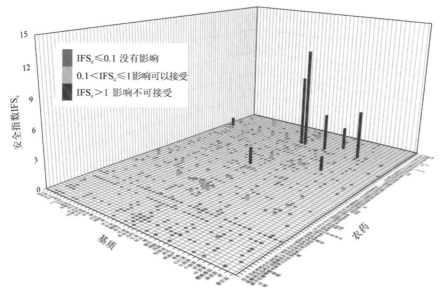

图 10-9   44 种水果蔬菜中 82 种残留农药的安全指数分布图

分析发现单种水果蔬菜中安全影响不可接受的样本共 8 个，涉及 8 种水果蔬菜（葡萄、菠菜、茄子、小白菜、西葫芦、桃、芹菜、茼蒿）和 4 种农药（灭线磷、氧乐果、噻唑磷、乙霉威），如表 10-10 所示。

表 10-10   单种水果蔬菜中安全影响不可接受的残留农药安全指数表

序号	基质	农药	检出频次	检出率（%）	IFS>1 的频次	IFS>1 的比例（%）	IFS_c
1	芹菜	氧乐果	4	2.26	3	1.69	11.2718
2	茄子	氧乐果	1	0.51	1	0.51	8.0074
3	小白菜	氧乐果	1	3.33	1	3.33	5.3284
4	桃	氧乐果	2	2.20	1	1.10	4.1452
5	茼蒿	乙霉威	4	4.40	2	2.20	2.4890
6	葡萄	灭线磷	1	0.77	1	0.77	1.9174
7	西葫芦	噻唑磷	1	3.13	1	3.13	1.6231
8	菠菜	氧乐果	1	1.69	1	1.69	1.0176

本次侦测中，46 种水果蔬菜和 107 种残留农药（包括没有 ADI 标准）共涉及 574 个分析样本，农药对单种水果蔬菜安全的影响程度分布情况如图 10-10 所示。可以看出，80.84% 的样本中农药对水果蔬菜安全没有影响，7.49% 的样本中农药对水果蔬菜安全的影响可以接受，1.39% 的样本中农药对水果蔬菜安全的影响不可接受。

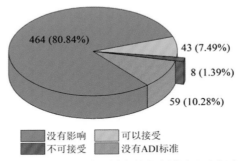

图 10-10　574 个分析样本的安全影响程度频次分布图

此外，分别计算 44 种水果蔬菜中所有侦测出农药 IFS_c 的平均值 $\overline{IFS}$，分析每种水果蔬菜的安全状态，结果如图 10-11 所示，分析发现，6 种水果蔬菜（13.64%）的安全状态可以接受，38 种（86.36%）水果蔬菜的安全状态很好。

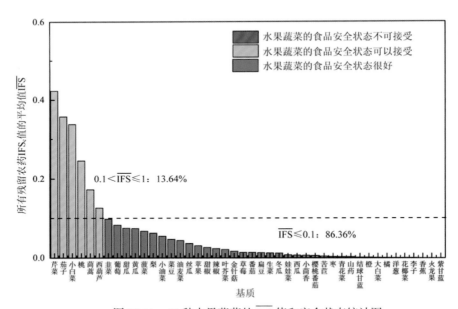

图 10-11　44 种水果蔬菜的 $\overline{IFS}$ 值和安全状态统计图

对每个月内每种水果蔬菜中农药的 IFS_c 进行分析，并计算每月内每种水果蔬菜的 $\overline{IFS}$ 值，以评价每种水果蔬菜的安全状态，结果如图 10-12 所示，可以看出，只有 2016 年 10 月的茄子和 2016 年 11 月的小白菜的安全状态不可接受，该月份其余水果蔬菜和其他月份的所有水果蔬菜的安全状态均处于很好和可以接受的范围内，各月份内单种水果蔬菜安全状态统计情况如图 10-13 所示。

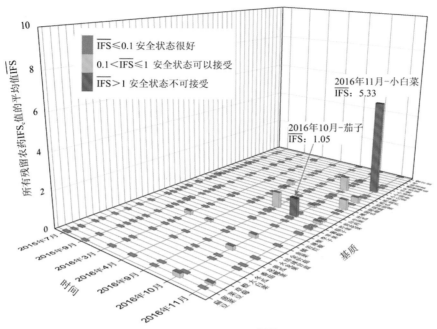

图 10-12　各月内每种水果蔬菜的 $\overline{IFS}$ 值与安全状态分布图

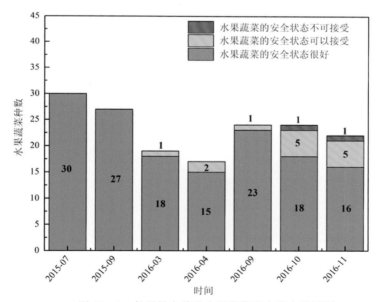

图 10-13　各月份内单种水果蔬菜安全状态统计图

10.2.3　所有水果蔬菜中农药残留安全指数分析

计算所有水果蔬菜中 82 种农药的 $\overline{IFS_c}$ 值，结果如图 10-14 及表 10-11 所示。

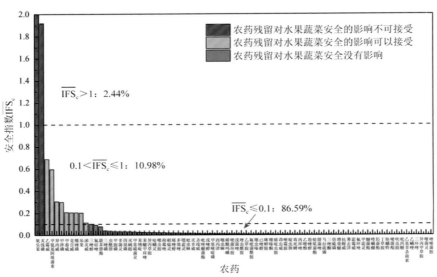

图 10-14　82 种残留农药对水果蔬菜的安全影响程度统计图

分析发现，只有氧乐果和灭线磷的 $\overline{\text{IFS}_c}$ 大于 1，其他农药的 $\overline{\text{IFS}_c}$ 均小于 1，说明氧乐果和灭线磷果对水果蔬菜安全的影响不可接受，其他农药对水果蔬菜安全的影响均在没有影响和可以接受的范围内，其中 10.98% 的农药对水果蔬菜安全的影响可以接受，86.59% 的农药对水果蔬菜安全没有影响。

表 10-11　水果蔬菜中 82 种农药残留的安全指数表

序号	农药	检出频次	检出率（%）	$\overline{\text{IFS}_c}$	影响程度	序号	农药	检出频次	检出率（%）	$\overline{\text{IFS}_c}$	影响程度
1	氧乐果	17	0.76	4.1457	不可接受	16	虫酰肼	7	0.31	0.0363	没有影响
2	灭线磷	1	0.04	1.9174	不可接受	17	甲胺磷	1	0.04	0.0326	没有影响
3	乙霉威	16	0.71	0.6868	可以接受	18	多菌灵	328	14.60	0.0320	没有影响
4	甲氨基阿维菌素	12	0.53	0.5944	可以接受	19	丙溴磷	20	0.89	0.0314	没有影响
5	异丙威	7	0.31	0.3050	可以接受	20	灭蝇胺	26	1.16	0.0303	没有影响
6	甲拌磷	28	1.25	0.2977	可以接受	21	甲基硫菌灵	27	1.20	0.0288	没有影响
7	甲萘威	2	0.09	0.2060	可以接受	22	苯锈啶	1	0.04	0.0262	没有影响
8	克百威	23	1.02	0.2038	可以接受	23	苯醚甲环唑	56	2.49	0.0241	没有影响
9	噻唑磷	33	1.47	0.2034	可以接受	24	异丙草胺	1	0.04	0.0231	没有影响
10	乐果	1	0.04	0.2011	可以接受	25	哒螨灵	19	0.85	0.0231	没有影响
11	涕灭威	1	0.04	0.1117	可以接受	26	噻虫胺	23	1.02	0.0212	没有影响
12	三唑醇	3	0.13	0.0991	没有影响	27	抑霉唑	2	0.09	0.0212	没有影响
13	氟硅唑	24	1.07	0.0897	没有影响	28	稻瘟灵	2	0.09	0.0201	没有影响
14	联苯肼酯	2	0.09	0.0766	没有影响	29	烯唑醇	3	0.13	0.0199	没有影响
15	三唑磷	3	0.13	0.0412	没有影响	30	多效唑	25	1.11	0.0185	没有影响

续表

序号	农药	检出频次	检出率（%）	$\overline{IFS_c}$	影响程度	序号	农药	检出频次	检出率（%）	$\overline{IFS_c}$	影响程度
31	噁霜灵	22	0.98	0.0177	没有影响	57	粉唑醇	2	0.09	0.0044	没有影响
32	吡虫啉	102	4.54	0.0166	没有影响	58	啶氧菌酯	5	0.22	0.0041	没有影响
33	灭多威	4	0.18	0.0148	没有影响	59	腈菌唑	12	0.53	0.0040	没有影响
34	杀线威	1	0.04	0.0131	没有影响	60	马拉硫磷	1	0.04	0.0035	没有影响
35	吡唑醚菌酯	31	1.38	0.0122	没有影响	61	三唑酮	7	0.31	0.0034	没有影响
36	戊唑醇	26	1.16	0.0117	没有影响	62	倍硫磷	1	0.04	0.0033	没有影响
37	甲基嘧啶磷	1	0.04	0.0114	没有影响	63	增效醚	4	0.18	0.0031	没有影响
38	西玛津	1	0.04	0.0107	没有影响	64	抗蚜威	1	0.04	0.0030	没有影响
39	噻虫啉	1	0.04	0.0101	没有影响	65	莠去津	3	0.13	0.0026	没有影响
40	烯酰吗啉	193	8.59	0.0097	没有影响	66	霜霉威	197	8.77	0.0026	没有影响
41	嘧菌环胺	5	0.22	0.0096	没有影响	67	氟环唑	1	0.04	0.0024	没有影响
42	戊菌唑	1	0.04	0.0090	没有影响	68	甲霜灵	99	4.41	0.0024	没有影响
43	唑虫酰胺	5	0.22	0.0086	没有影响	69	醚菌酯	6	0.27	0.0023	没有影响
44	乙草胺	7	0.31	0.0079	没有影响	70	喹螨醚	1	0.04	0.0020	没有影响
45	氟吡菌酰胺	22	0.98	0.0077	没有影响	71	肟菌酯	24	1.07	0.0020	没有影响
46	噻虫嗪	126	5.61	0.0076	没有影响	72	丁草胺	1	0.04	0.0011	没有影响
47	己唑醇	3	0.13	0.0073	没有影响	73	炔螨特	1	0.04	0.0011	没有影响
48	咪鲜胺	23	1.02	0.0070	没有影响	74	嘧菌酯	90	4.01	0.0008	没有影响
49	噻嗪酮	24	1.07	0.0067	没有影响	75	呋虫胺	1	0.04	0.0007	没有影响
50	烯啶虫胺	57	2.54	0.0061	没有影响	76	吡丙醚	14	0.62	0.0005	没有影响
51	茚虫威	2	0.09	0.0059	没有影响	77	乙基多杀菌素	1	0.04	0.0005	没有影响
52	嘧霉胺	37	1.65	0.0056	没有影响	78	乙螨唑	3	0.13	0.0004	没有影响
53	啶虫脒	236	10.51	0.0055	没有影响	79	三环唑	2	0.09	0.0003	没有影响
54	毒死蜱	2	0.09	0.0051	没有影响	80	异丙甲草胺	2	0.09	0.0002	没有影响
55	丙环唑	19	0.85	0.0051	没有影响	81	噻菌灵	3	0.13	0.0001	没有影响
56	乙嘧酚	6	0.27	0.0050	没有影响	82	唑嘧菌胺	2	0.09	0.00005	没有影响

对每个月内所有水果蔬菜中残留农药的 $\overline{IFS_c}$ 进行分析，结果如图 10-15 所示。分析发现，2016 年 9 月的氧乐果和灭线磷、2016 年 10 月的氧乐果、2016 年 11 月的甲氨基阿维菌素、氧乐果和乙霉威对水果蔬菜安全的影响不可接受，该 3 个月份的其他农药和其他月份的所有农药对水果蔬菜安全的影响均处于没有影响和可以接受的范围内。每月内不同农药对水果蔬菜安全影响程度的统计如图 10-16 所示。

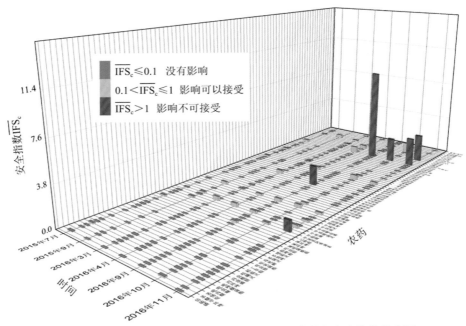

图 10-15　各月份内水果蔬菜中每种残留农药的安全指数分布图

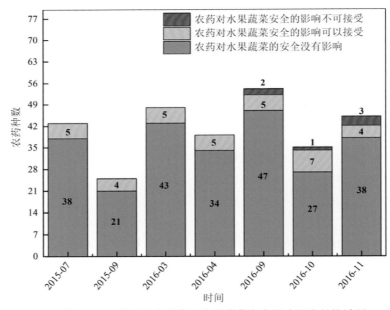

图 10-16　各月份内农药对水果蔬菜安全影响程度的统计图

　　计算每个月内水果蔬菜的 $\overline{IFS}$，以分析每月内水果蔬菜的安全状态，结果如图 10-17 所示，可以看出，各月份的水果蔬菜安全状态均处于很好和可以接受的范围内。分析发现，在 42.86% 的月份内，水果蔬菜安全状态可以接受，57.14% 的月份内水果蔬菜的安全状态很好。

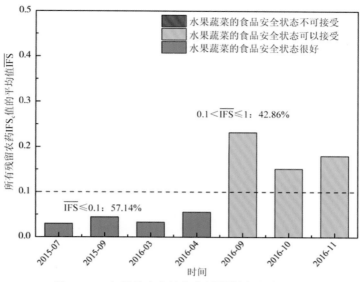

图 10-17　各月份内水果蔬菜的 $\overline{IFS}$ 值与安全状态统计图

10.3　LC-Q-TOF/MS 侦测山东蔬菜产区市售水果蔬菜农药残留预警风险评估

基于山东蔬菜产区水果蔬菜样品中农药残留 LC-Q-TOF/MS 侦测数据，分析禁用农药的检出率，同时参照中华人民共和国国家标准 GB 2763—2016 和欧盟农药最大残留限量（MRL）标准分析非禁用农药残留的超标率，并计算农药残留风险系数。分析单种水果蔬菜中农药残留以及所有水果蔬菜中农药残留的风险程度。

10.3.1　单种水果蔬菜中农药残留风险系数分析

10.3.1.1　单种水果蔬菜中禁用农药残留风险系数分析

侦测出的 107 种残留农药中有 7 种为禁用农药，且它们分布在 21 种水果蔬菜中，计算 21 种水果蔬菜中禁用农药的超标率，根据超标率计算风险系数 R，进而分析水果蔬菜中禁用农药的风险程度，结果如图 10-18 与表 10-12 所示。分析发现 7 种禁用农药在21 种水果蔬菜中的残留处均于高度风险。

表 10-12　21 种水果蔬菜中 7 种禁用农药的风险系数列表

序号	基质	农药	检出频次	检出率（%）	风险系数 R	风险程度
1	叶芥菜	甲拌磷	1	100	101.10	高度风险
2	辣椒	克百威	3	13.64	14.74	高度风险
3	小茴香	甲拌磷	1	10.00	11.10	高度风险
4	茄子	克百威	8	9.88	10.98	高度风险

续表

序号	基质	农药	检出频次	检出率（%）	风险系数 R	风险程度
5	韭菜	甲拌磷	7	9.59	10.69	高度风险
6	芹菜	甲拌磷	7	9.09	10.19	高度风险
7	茼蒿	甲拌磷	3	8.11	9.21	高度风险
8	扁豆	氧乐果	1	7.69	8.79	高度风险
9	甜瓜	克百威	2	6.45	7.55	高度风险
10	番茄	克百威	6	6.19	7.29	高度风险
11	芹菜	氧乐果	4	5.19	6.29	高度风险
12	桃	氧乐果	2	4.88	5.98	高度风险
13	辣椒	灭多威	1	4.55	5.65	高度风险
14	辣椒	甲拌磷	1	4.55	5.65	高度风险
15	梨	灭多威	2	4.08	5.18	高度风险
16	菜豆	克百威	1	3.57	4.67	高度风险
17	苹果	甲拌磷	2	3.57	4.67	高度风险
18	葡萄	灭线磷	1	3.23	4.33	高度风险
19	葡萄	甲胺磷	1	3.23	4.33	高度风险
20	小油菜	甲拌磷	2	2.94	4.04	高度风险
21	韭菜	氧乐果	2	2.74	3.84	高度风险
22	小白菜	氧乐果	1	2.17	3.27	高度风险
23	甜椒	甲拌磷	1	2.13	3.23	高度风险
24	番茄	氧乐果	2	2.06	3.16	高度风险
25	梨	氧乐果	1	2.04	3.14	高度风险
26	梨	甲拌磷	1	2.04	3.14	高度风险
27	菠菜	氧乐果	1	1.64	2.74	高度风险
28	菠菜	甲拌磷	1	1.64	2.74	高度风险
29	西葫芦	涕灭威	1	1.54	2.64	高度风险
30	小油菜	氧乐果	1	1.47	2.57	高度风险
31	小油菜	灭多威	1	1.47	2.57	高度风险
32	韭菜	克百威	1	1.37	2.47	中度风险
33	芹菜	克百威	1	1.30	2.40	中度风险
34	茄子	氧乐果	1	1.23	2.33	中度风险
35	茄子	甲拌磷	1	1.23	2.33	中度风险
36	黄瓜	克百威	1	1.01	2.11	中度风险
37	黄瓜	氧乐果	1	1.01	2.11	中度风险

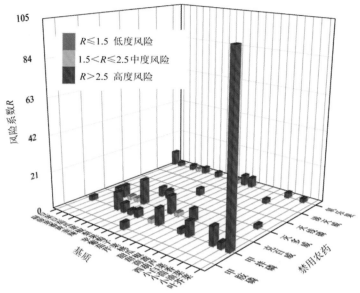

图 10-18　21 种水果蔬菜中 7 种禁用农药的风险系数分布图

10.3.1.2　基于 MRL 中国国家标准的单种水果蔬菜中非禁用农药残留

风险系数分析

参照中华人民共和国国家标准 GB 2763—2016 中农药残留限量计算每种水果蔬菜中每种非禁用农药的超标率，进而计算其风险系数，根据风险系数大小判断残留农药的预警风险程度，水果蔬菜中非禁用农药残留风险程度分布情况如图 10-19 所示。

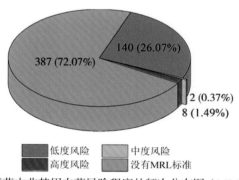

图 10-19　水果蔬菜中非禁用农药风险程度的频次分布图（MRL 中国国家标准）

本次分析中，发现在 46 种水果蔬菜侦测出 100 种残留非禁用农药，涉及样本 537 个，在 537 个样本中，1.49%处于高度风险，0.37%处于中度风险，26.07%处于低度风险，此外发现有 387 个样本没有 MRL 中国国家标准值，无法判断其风险程度，有 MRL 中国国家标准值的 150 个样本涉及 34 种水果蔬菜中的 49 种非禁用农药，其风险系数 R 值如图 10-20 所示。表 10-13 为非禁用农药残留处于高度风险的水果蔬菜列表。

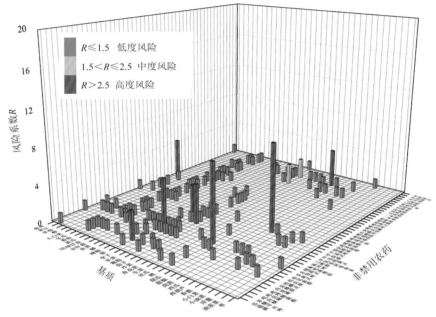

图 10-20　34 种水果蔬菜中 49 种非禁用农药的风险系数分布图（MRL 中国国家标准）

表 10-13　单种水果蔬菜中处于高度风险的非禁用农药风险系数表（**MRL 中国国家标准**）

序号	基质	农药	超标频次	超标率 P（%）	风险系数 R
1	菜豆	灭蝇胺	1	3.57	4.67
2	梨	吡虫啉	1	2.04	3.14
3	梨	多菌灵	2	4.08	5.18
4	梨	甲基硫菌灵	1	2.04	3.14
5	葡萄	氟硅唑	1	3.23	4.33
6	桃	多菌灵	3	7.32	8.42
7	甜瓜	烯酰吗啉	1	3.23	4.33
8	西瓜	甲霜灵	1	8.33	9.43

10.3.1.3　基于 MRL 欧盟标准的单种水果蔬菜中非禁用农药残留风险

系数分析

参照 MRL 欧盟标准计算每种水果蔬菜中每种非禁用农药的超标率，进而计算其风险系数，根据风险系数大小判断农药残留的预警风险程度，水果蔬菜中非禁用农药残留风险程度分布情况如图 10-21 所示。

本次分析中，发现在 46 种水果蔬菜中共侦测出 100 种非禁用农药，涉及样本 537 个，其中，27% 处于高度风险，涉及 27 种水果蔬菜和 58 种农药；3.54% 处于中度风险，涉及 5 种水果蔬菜和 16 种农药；69.46% 处于低度风险，涉及 46 种水果蔬菜和 71 种农药。单种水果蔬菜中的非禁用农药风险系数分布图如图 10-22 所示。单种水果蔬菜中处于高度风险的非禁用农药风险系数如图 10-23 和表 10-14 所示。

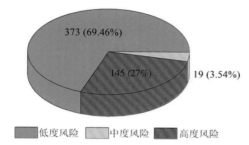

图 10-21　水果蔬菜中非禁用农药的风险程度的频次分布图（MRL 欧盟标准）

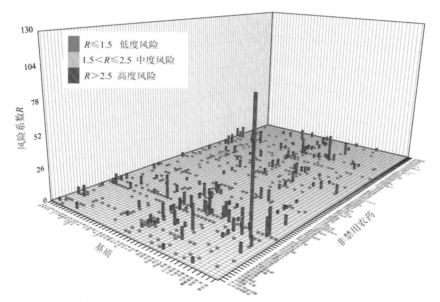

图 10-22　46 种水果蔬菜中 100 种非禁用农药的风险系数分布图（MRL 欧盟标准）

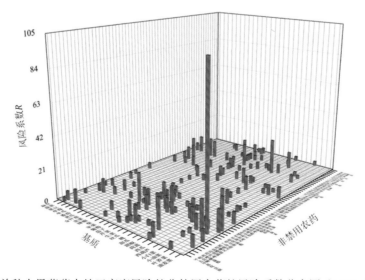

图 10-23　单种水果蔬菜中处于高度风险的非禁用农药的风险系数分布图（MRL 欧盟标准）

表 10-14　单种水果蔬菜中处于高度风险的非禁用农药的风险系数表（MRL 欧盟标准）

序号	基质	农药	超标频次	超标率 P（%）	风险系数 R
1	叶芥菜	啶虫脒	1	100.00	101.10
2	甜椒	烯啶虫胺	11	23.40	24.50
3	油麦菜	多效唑	3	20.00	21.10
4	甜椒	丙溴磷	9	19.15	20.25
5	小油菜	啶虫脒	13	19.12	20.22
6	梨	多菌灵	9	18.37	19.47
7	桃	多菌灵	7	17.07	18.17
8	茄子	烯啶虫胺	12	14.81	15.91
9	油麦菜	多菌灵	2	13.33	14.43
10	番茄	烯啶虫胺	12	12.37	13.47
11	黄瓜	烯啶虫胺	11	11.11	12.21
12	茼蒿	乙霉威	4	10.81	11.91
13	茼蒿	噁霜灵	4	10.81	11.91
14	菜豆	烯酰吗啉	3	10.71	11.81
15	生菜	丙环唑	4	10.00	11.10
16	茄子	丙溴磷	8	9.88	10.98
17	葡萄	多菌灵	3	9.68	10.78
18	葡萄	氟硅唑	3	9.68	10.78
19	甜瓜	噻虫嗪	3	9.68	10.78
20	辣椒	异丙威	2	9.09	10.19
21	芹菜	多菌灵	7	9.09	10.19
22	小白菜	啶虫脒	4	8.70	9.80
23	茄子	啶虫脒	7	8.64	9.74
24	草莓	双苯基脲	1	8.33	9.43
25	草莓	吡虫啉	1	8.33	9.43
26	草莓	啶虫脒	1	8.33	9.43
27	草莓	霜霉威	1	8.33	9.43
28	丝瓜	多菌灵	2	8.33	9.43
29	西瓜	多菌灵	1	8.33	9.43
30	西瓜	甲霜灵	1	8.33	9.43
31	茼蒿	吡虫啉	3	8.11	9.21
32	茼蒿	嘧霉胺	3	8.11	9.21
33	茼蒿	多效唑	3	8.11	9.21
34	茼蒿	甲霜灵	3	8.11	9.21
35	扁豆	烯酰吗啉	1	7.69	8.79
36	生菜	多效唑	3	7.50	8.60
37	冬瓜	烯啶虫胺	2	6.90	8.00
38	油麦菜	丙环唑	1	6.67	7.77

续表

序号	基质	农药	超标频次	超标率 P（%）	风险系数 R
39	油麦菜	哒螨灵	1	6.67	7.77
40	油麦菜	氟硅唑	1	6.67	7.77
41	油麦菜	灭蝇胺	1	6.67	7.77
42	葡萄	甲基硫菌灵	2	6.45	7.55
43	葡萄	霜霉威	2	6.45	7.55
44	番茄	噁霜灵	6	6.19	7.29
45	茄子	噻虫嗪	5	6.17	7.27
46	梨	嘧菌酯	3	6.12	7.22
47	黄瓜	噻唑磷	6	6.06	7.16
48	小油菜	灭蝇胺	4	5.88	6.98
49	茼蒿	烯酰吗啉	2	5.41	6.51
50	菠菜	吡虫啉	3	4.92	6.02
51	菠菜	烯酰吗啉	3	4.92	6.02
52	辣椒	三唑磷	1	4.55	5.65
53	辣椒	丙溴磷	1	4.55	5.65
54	辣椒	呋虫胺	1	4.55	5.65
55	辣椒	烯啶虫胺	1	4.55	5.65
56	小油菜	多菌灵	3	4.41	5.51
57	小油菜	戊唑醇	3	4.41	5.51
58	甜椒	噻唑磷	2	4.26	5.36
59	丝瓜	噻唑磷	1	4.17	5.27
60	丝瓜	烯啶虫胺	1	4.17	5.27
61	番茄	N-去甲基啶虫脒	4	4.12	5.22
62	番茄	啶氧菌酯	4	4.12	5.22
63	梨	增效醚	2	4.08	5.18
64	芹菜	嘧霉胺	3	3.90	5.00
65	芹菜	氟硅唑	3	3.90	5.00
66	金针菇	异丙威	1	3.70	4.80
67	茄子	噻唑磷	3	3.70	4.80
68	茄子	甲氨基阿维菌素	3	3.70	4.80
69	菜豆	双苯基脲	1	3.57	4.67
70	菜豆	啶虫脒	1	3.57	4.67
71	菜豆	噁霜灵	1	3.57	4.67
72	菜豆	噻虫嗪	1	3.57	4.67
73	菜豆	甲基硫菌灵	1	3.57	4.67
74	冬瓜	噻唑磷	1	3.45	4.55
75	菠菜	麦穗宁	2	3.28	4.38
76	葡萄	丁草胺	1	3.23	4.33

序号	基质	农药	超标频次	超标率 P（%）	风险系数 R
77	葡萄	乙草胺	1	3.23	4.33
78	葡萄	双苯酰草胺	1	3.23	4.33
79	葡萄	吡唑醚菌酯	1	3.23	4.33
80	葡萄	呋嘧醇	1	3.23	4.33
81	葡萄	嘧啶磷	1	3.23	4.33
82	葡萄	增效醚	1	3.23	4.33
83	葡萄	异丙草胺	1	3.23	4.33
84	葡萄	戊草丹	1	3.23	4.33
85	葡萄	抑霉唑	1	3.23	4.33
86	葡萄	新燕灵	1	3.23	4.33
87	葡萄	氟唑菌酰胺	1	3.23	4.33
88	葡萄	溴丁酰草胺	1	3.23	4.33
89	葡萄	甲基嘧啶磷	1	3.23	4.33
90	葡萄	稻瘟灵	1	3.23	4.33
91	甜瓜	噻唑磷	1	3.23	4.33
92	甜瓜	烯酰吗啉	1	3.23	4.33
93	小油菜	N-去甲基啶虫脒	2	2.94	4.04
94	小油菜	甲萘威	2	2.94	4.04
95	韭菜	噻虫胺	2	2.74	3.84
96	韭菜	多菌灵	2	2.74	3.84
97	茼蒿	N-去甲基啶虫脒	1	2.70	3.80
98	茼蒿	醚菌酯	1	2.70	3.80
99	茼蒿	马拉硫磷	1	2.70	3.80
100	芹菜	丙环唑	2	2.60	3.70
101	芹菜	乙霉威	2	2.60	3.70
102	芹菜	吡唑醚菌酯	2	2.60	3.70
103	芹菜	甲氨基阿维菌素	2	2.60	3.70
104	芹菜	霜霉威	2	2.60	3.70
105	生菜	丙溴磷	1	2.50	3.60
106	生菜	噁霜灵	1	2.50	3.60
107	生菜	西玛津	1	2.50	3.60
108	茄子	乙草胺	2	2.47	3.57
109	茄子	吡虫啉	2	2.47	3.57
110	桃	丙溴磷	1	2.44	3.54
111	桃	多效唑	1	2.44	3.54
112	桃	氟硅唑	1	2.44	3.54
113	桃	烯唑醇	1	2.44	3.54
114	小白菜	唑虫酰胺	1	2.17	3.27

续表

序号	基质	农药	超标频次	超标率 P（%）	风险系数 R
115	小白菜	多菌灵	1	2.17	3.27
116	小白菜	灭蝇胺	1	2.17	3.27
117	小白菜	烯唑醇	1	2.17	3.27
118	小白菜	稻瘟灵	1	2.17	3.27
119	小白菜	虫酰肼	1	2.17	3.27
120	甜椒	三唑醇	1	2.13	3.23
121	甜椒	唑虫酰胺	1	2.13	3.23
122	甜椒	异丙威	1	2.13	3.23
123	甜椒	氟硅唑	1	2.13	3.23
124	番茄	氟硅唑	2	2.06	3.16
125	梨	乙草胺	1	2.04	3.14
126	梨	吡虫啉	1	2.04	3.14
127	梨	咪鲜胺	1	2.04	3.14
128	梨	烯酰吗啉	1	2.04	3.14
129	梨	甲基硫菌灵	1	2.04	3.14
130	梨	螺环菌胺	1	2.04	3.14
131	黄瓜	异戊乙净	2	2.02	3.12
132	苹果	增效醚	1	1.79	2.89
133	苹果	多菌灵	1	1.79	2.89
134	菠菜	N-去甲基啶虫脒	1	1.64	2.74
135	菠菜	乙霉威	1	1.64	2.74
136	菠菜	哒螨灵	1	1.64	2.74
137	菠菜	多效唑	1	1.64	2.74
138	菠菜	甲哌	1	1.64	2.74
139	西葫芦	噁霜灵	1	1.54	2.64
140	西葫芦	噻唑磷	1	1.54	2.64
141	小油菜	乐果	1	1.47	2.57
142	小油菜	噻虫嗪	1	1.47	2.57
143	小油菜	烯酰吗啉	1	1.47	2.57
144	小油菜	甲哌	1	1.47	2.57
145	小油菜	甲氨基阿维菌素	1	1.47	2.57

10.3.2　所有水果蔬菜中农药残留风险系数分析

10.3.2.1　所有水果蔬菜中禁用农药残留风险系数分析

在侦测出的 107 种农药中有 7 种为禁用农药，计算所有水果蔬菜中禁用农药的风险系数，结果如表 10-15 所示。禁用农药甲拌磷、克百威处于高度风险，禁用农药氧乐果处于中度风险，剩余 4 种禁用农药处于低度风险。

表 10-15　水果蔬菜中 9 种禁用农药的风险系数表

序号	农药	检出频次	检出率 P（%）	风险系数 R	风险程度
1	甲拌磷	28	1.891892	2.99	高度风险
2	克百威	23	1.554054	2.65	高度风险
3	氧乐果	17	1.148649	2.25	中度风险
4	灭多威	4	0.27027	1.37	低度风险
5	甲胺磷	1	0.067568	1.17	低度风险
6	灭线磷	1	0.067568	1.17	低度风险
7	涕灭威	1	0.067568	1.17	低度风险

对每个月内的禁用农药的风险系数进行分析，结果如图 10-24 和表 10-16 所示。

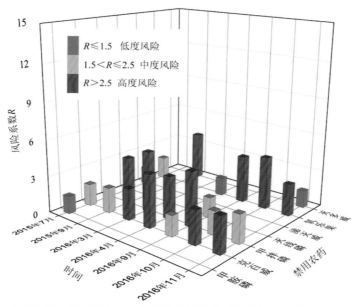

图 10-24　各月份内水果蔬菜中禁用农药残留的风险系数分布图

表 10-16　各月份内水果蔬菜中禁用农药的风险系数表

序号	年月	农药	检出频次	检出率（%）	风险系数 R	风险程度
1	2015 年 7 月	克百威	2	0.70	1.80	中度风险
2	2015 年 7 月	氧乐果	2	0.70	1.80	中度风险
3	2015 年 7 月	甲胺磷	1	0.35	1.45	低度风险
4	2015 年 7 月	涕灭威	1	0.35	1.45	低度风险
5	2015 年 9 月	甲拌磷	3	2.86	3.96	高度风险
6	2015 年 9 月	灭多威	3	2.86	3.96	高度风险

续表

序号	年月	农药	检出频次	检出率（%）	风险系数 R	风险程度
7	2015 年 9 月	克百威	1	0.95	2.05	中度风险
8	2016 年 3 月	甲拌磷	8	3.86	4.96	高度风险
9	2016 年 3 月	克百威	3	1.45	2.55	高度风险
10	2016 年 4 月	克百威	8	3.19	4.29	高度风险
11	2016 年 4 月	甲拌磷	6	2.39	3.49	高度风险
12	2016 年 4 月	氧乐果	1	0.40	1.50	低度风险
13	2016 年 9 月	甲拌磷	6	3.33	4.43	高度风险
14	2016 年 9 月	氧乐果	5	2.78	3.88	高度风险
15	2016 年 9 月	克百威	1	0.56	1.66	中度风险
16	2016 年 9 月	灭线磷	1	0.56	1.66	中度风险
17	2016 年 10 月	氧乐果	4	3.20	4.30	高度风险
18	2016 年 10 月	克百威	2	1.60	2.70	高度风险
19	2016 年 10 月	甲拌磷	1	0.80	1.90	中度风险
20	2016 年 11 月	克百威	6	1.83	2.93	高度风险
21	2016 年 11 月	氧乐果	5	1.52	2.62	高度风险
22	2016 年 11 月	甲拌磷	4	1.22	2.32	中度风险
23	2016 年 11 月	灭多威	1	0.30	1.40	低度风险

10.3.2.2　所有水果蔬菜中非禁用农药残留风险系数分析

参照 MRL 欧盟标准计算所有水果蔬菜中每种非禁用农药残留的风险系数，如图 10-25 与表 10-17 所示。在侦测出的 100 种非禁用农药中，3 种农药（3.0%）残留处于高度风险，15 种农药（15.0%）残留处于中度风险，82 种农药（82.0%）残留处于低度风险。

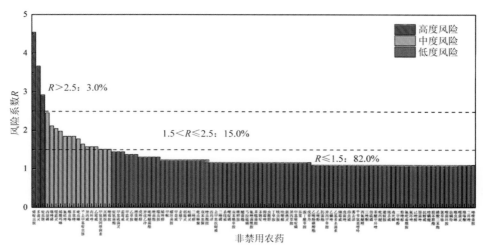

图 10-25　水果蔬菜中 100 种非禁用农药的风险程度统计图

表 10-17 水果蔬菜中 100 种非禁用农药的风险系数表

序号	农药	超标频次	超标率 P（%）	风险系数 R	风险程度
1	烯啶虫胺	51	3.45	4.55	高度风险
2	多菌灵	38	2.57	3.67	高度风险
3	啶虫脒	27	1.82	2.92	高度风险
4	丙溴磷	20	1.35	2.45	中度风险
5	噻唑磷	15	1.01	2.11	中度风险
6	噁霜灵	14	0.95	2.05	中度风险
7	烯酰吗啉	13	0.88	1.98	中度风险
8	氟硅唑	11	0.74	1.84	中度风险
9	噻虫嗪	11	0.74	1.84	中度风险
10	多效唑	11	0.74	1.84	中度风险
11	吡虫啉	10	0.68	1.78	中度风险
12	N-去甲基啶虫脒	8	0.54	1.64	中度风险
13	异丙威	7	0.47	1.57	中度风险
14	丙环唑	7	0.47	1.57	中度风险
15	乙霉威	7	0.47	1.57	中度风险
16	甲氨基阿维菌素	6	0.41	1.51	中度风险
17	灭蝇胺	6	0.41	1.51	中度风险
18	嘧霉胺	6	0.41	1.51	中度风险
19	啶氧菌酯	5	0.34	1.44	低度风险
20	甲基硫菌灵	5	0.34	1.44	低度风险
21	霜霉威	5	0.34	1.44	低度风险
22	甲霜灵	4	0.27	1.37	低度风险
23	乙草胺	4	0.27	1.37	低度风险
24	增效醚	4	0.27	1.37	低度风险
25	戊唑醇	3	0.20	1.30	低度风险
26	异戊乙净	3	0.20	1.30	低度风险
27	吡唑醚菌酯	3	0.20	1.30	低度风险
28	嘧菌酯	3	0.20	1.30	低度风险
29	噻虫胺	3	0.20	1.30	低度风险
30	烯唑醇	2	0.14	1.24	低度风险
31	甲哌	2	0.14	1.24	低度风险
32	螺环菌胺	2	0.14	1.24	低度风险
33	甲萘威	2	0.14	1.24	低度风险
34	麦穗宁	2	0.14	1.24	低度风险

续表

序号	农药	超标频次	超标率 P（%）	风险系数 R	风险程度
35	稻瘟灵	2	0.14	1.24	低度风险
36	哒螨灵	2	0.14	1.24	低度风险
37	三唑醇	2	0.14	1.24	低度风险
38	吡虫啉脲	2	0.14	1.24	低度风险
39	双苯基脲	2	0.14	1.24	低度风险
40	唑虫酰胺	2	0.14	1.24	低度风险
41	西玛津	1	0.07	1.17	低度风险
42	去甲基抗蚜威	1	0.07	1.17	低度风险
43	三唑磷	1	0.07	1.17	低度风险
44	杀线威	1	0.07	1.17	低度风险
45	嘧啶磷	1	0.07	1.17	低度风险
46	双苯酰草胺	1	0.07	1.17	低度风险
47	咪鲜胺	1	0.07	1.17	低度风险
48	醚菌酯	1	0.07	1.17	低度风险
49	马拉硫磷	1	0.07	1.17	低度风险
50	氟唑菌酰胺	1	0.07	1.17	低度风险
51	苯噻菌胺	1	0.07	1.17	低度风险
52	苯锈啶	1	0.07	1.17	低度风险
53	抑霉唑	1	0.07	1.17	低度风险
54	虫酰肼	1	0.07	1.17	低度风险
55	丁草胺	1	0.07	1.17	低度风险
56	呋虫胺	1	0.07	1.17	低度风险
57	呋嘧醇	1	0.07	1.17	低度风险
58	新燕灵	1	0.07	1.17	低度风险
59	异丙草胺	1	0.07	1.17	低度风险
60	甲基嘧啶磷	1	0.07	1.17	低度风险
61	乐果	1	0.07	1.17	低度风险
62	溴丁酰草胺	1	0.07	1.17	低度风险
63	戊草丹	1	0.07	1.17	低度风险
64	乙嘧酚磺酸酯	0	0	1.10	低度风险
65	乙嘧酚	0	0	1.10	低度风险
66	肟菌酯	0	0	1.10	低度风险
67	异丙甲草胺	0	0	1.10	低度风险
68	乙螨唑	0	0	1.10	低度风险

序号	农药	超标频次	超标率 P（%）	风险系数 R	风险程度
69	乙基多杀菌素	0	0	1.10	低度风险
70	缬霉威	0	0	1.10	低度风险
71	戊菌唑	0	0	1.10	低度风险
72	茚虫威	0	0	1.10	低度风险
73	莠去津	0	0	1.10	低度风险
74	6-苄氨基嘌呤	0	0	1.10	低度风险
75	四氟醚唑	0	0	1.10	低度风险
76	三唑酮	0	0	1.10	低度风险
77	倍硫磷	0	0	1.10	低度风险
78	苯醚甲环唑	0	0	1.10	低度风险
79	吡丙醚	0	0	1.10	低度风险
80	避蚊胺	0	0	1.10	低度风险
81	残杀威	0	0	1.10	低度风险
82	毒死蜱	0	0	1.10	低度风险
83	二甲嘧酚	0	0	1.10	低度风险
84	粉唑醇	0	0	1.10	低度风险
85	氟吡菌酰胺	0	0	1.10	低度风险
86	氟环唑	0	0	1.10	低度风险
87	己唑醇	0	0	1.10	低度风险
88	腈菌唑	0	0	1.10	低度风险
89	抗蚜威	0	0	1.10	低度风险
90	喹螨醚	0	0	1.10	低度风险
91	联苯肼酯	0	0	1.10	低度风险
92	磷酸三苯酯	0	0	1.10	低度风险
93	氯草敏	0	0	1.10	低度风险
94	嘧菌环胺	0	0	1.10	低度风险
95	炔螨特	0	0	1.10	低度风险
96	噻虫啉	0	0	1.10	低度风险
97	噻菌灵	0	0	1.10	低度风险
98	噻嗪酮	0	0	1.10	低度风险
99	三环唑	0	0	1.10	低度风险
100	唑嘧菌胺	0	0	1.10	低度风险

对每个月份内的非禁用农药的风险系数分析，每月内非禁用农药风险程度分布图如

图 10-26 所示。7 个月份内处于高度风险的农药数排序为 2016 年 10 月（7）＞2016 年 11 月（6）＝2016 年 3 月（6）＞2016 年 9 月（5）＝2016 年 4 月（5）＝2015 年 9 月（5）＞2015 年 7 月（0）。

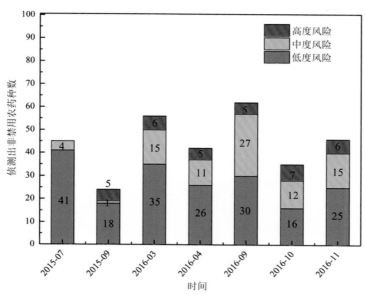

图 10-26　各月份水果蔬菜中非禁用农药残留的风险程度分布图

7 个月份内水果蔬菜中非禁用农药处于中度风险和高度风险的风险系数如图 10-27 和表 10-18 所示。

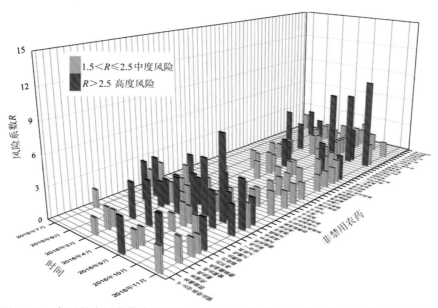

图 10-27　各月份水果蔬菜中非禁用农药处于中度风险和高度风险的风险系数分布图

表 10-18　各月份水果蔬菜中非禁用农药处于中度风险和高度风险的风险系数表

序号	年月	农药	超标频次	超标率 P（%）	风险系数 R	风险程度
1	2015 年 7 月	氟硅唑	3	1.06	2.16	中度风险
2	2015 年 7 月	丙环唑	2	0.70	1.80	中度风险
3	2015 年 7 月	噁霜灵	2	0.70	1.80	中度风险
4	2015 年 7 月	增效醚	2	0.70	1.80	中度风险
5	2015 年 9 月	啶虫脒	3	2.86	3.96	高度风险
6	2015 年 9 月	多菌灵	3	2.86	3.96	高度风险
7	2015 年 9 月	烯酰吗啉	3	2.86	3.96	高度风险
8	2015 年 9 月	甲基硫菌灵	2	1.90	3.00	高度风险
9	2015 年 9 月	异丙威	2	1.90	3.00	高度风险
10	2015 年 9 月	甲氨基阿维菌素	1	0.95	2.05	中度风险
11	2016 年 3 月	丙溴磷	5	2.42	3.52	高度风险
12	2016 年 3 月	烯啶虫胺	4	1.93	3.03	高度风险
13	2016 年 3 月	啶虫脒	3	1.45	2.55	高度风险
14	2016 年 3 月	啶氧菌酯	3	1.45	2.55	高度风险
15	2016 年 3 月	多效唑	3	1.45	2.55	高度风险
16	2016 年 3 月	乙霉威	3	1.45	2.55	高度风险
17	2016 年 3 月	吡虫啉	2	0.97	2.07	中度风险
18	2016 年 3 月	多菌灵	2	0.97	2.07	中度风险
19	2016 年 3 月	噁霜灵	2	0.97	2.07	中度风险
20	2016 年 3 月	嘧霉胺	2	0.97	2.07	中度风险
21	2016 年 3 月	噻唑磷	2	0.97	2.07	中度风险
22	2016 年 3 月	苯噻菌胺	1	0.48	1.58	中度风险
23	2016 年 3 月	吡虫啉脲	1	0.48	1.58	中度风险
24	2016 年 3 月	甲霜灵	1	0.48	1.58	中度风险
25	2016 年 3 月	灭蝇胺	1	0.48	1.58	中度风险
26	2016 年 3 月	三唑磷	1	0.48	1.58	中度风险
27	2016 年 3 月	双苯基脲	1	0.48	1.58	中度风险
28	2016 年 3 月	霜霉威	1	0.48	1.58	中度风险
29	2016 年 3 月	乙草胺	1	0.48	1.58	中度风险
30	2016 年 3 月	异丙威	1	0.48	1.58	中度风险
31	2016 年 3 月	异戊乙净	1	0.48	1.58	中度风险
32	2016 年 4 月	丙溴磷	8	3.19	4.29	高度风险
33	2016 年 4 月	啶虫脒	6	2.39	3.49	高度风险
34	2016 年 4 月	噻虫嗪	5	1.99	3.09	高度风险

续表

序号	年月	农药	超标频次	超标率 P（%）	风险系数 R	风险程度
35	2016 年 4 月	噁霜灵	4	1.59	2.69	高度风险
36	2016 年 4 月	噻唑磷	4	1.59	2.69	高度风险
37	2016 年 4 月	多菌灵	3	1.20	2.30	中度风险
38	2016 年 4 月	氟硅唑	3	1.20	2.30	中度风险
39	2016 年 4 月	嘧霉胺	3	1.20	2.30	中度风险
40	2016 年 4 月	戊唑醇	3	1.20	2.30	中度风险
41	2016 年 4 月	啶氧菌酯	2	0.80	1.90	中度风险
42	2016 年 4 月	麦穗宁	2	0.80	1.90	中度风险
43	2016 年 4 月	灭蝇胺	2	0.80	1.90	中度风险
44	2016 年 4 月	烯酰吗啉	2	0.80	1.90	中度风险
45	2016 年 4 月	乙草胺	2	0.80	1.90	中度风险
46	2016 年 4 月	乙霉威	2	0.80	1.90	中度风险
47	2016 年 4 月	异戊乙净	2	0.80	1.90	中度风险
48	2016 年 9 月	烯啶虫胺	11	6.11	7.21	高度风险
49	2016 年 9 月	多菌灵	8	4.44	5.54	高度风险
50	2016 年 9 月	啶虫脒	6	3.33	4.43	高度风险
51	2016 年 9 月	N-去甲基啶虫脒	4	2.22	3.32	高度风险
52	2016 年 9 月	氟硅唑	4	2.22	3.32	高度风险
53	2016 年 9 月	丙环唑	2	1.11	2.21	中度风险
54	2016 年 9 月	稻瘟灵	2	1.11	2.21	中度风险
55	2016 年 9 月	异丙威	2	1.11	2.21	中度风险
56	2016 年 9 月	增效醚	2	1.11	2.21	中度风险
57	2016 年 9 月	苯锈啶	1	0.56	1.66	中度风险
58	2016 年 9 月	吡虫啉	1	0.56	1.66	中度风险
59	2016 年 9 月	虫酰肼	1	0.56	1.66	中度风险
60	2016 年 9 月	丁草胺	1	0.56	1.66	中度风险
61	2016 年 9 月	多效唑	1	0.56	1.66	中度风险
62	2016 年 9 月	噁霜灵	1	0.56	1.66	中度风险
63	2016 年 9 月	呋嘧醇	1	0.56	1.66	中度风险
64	2016 年 9 月	氟唑菌酰胺	1	0.56	1.66	中度风险
65	2016 年 9 月	甲基嘧啶磷	1	0.56	1.66	中度风险
66	2016 年 9 月	嘧啶磷	1	0.56	1.66	中度风险
67	2016 年 9 月	灭蝇胺	1	0.56	1.66	中度风险
68	2016 年 9 月	去甲基抗蚜威	1	0.56	1.66	中度风险

续表

序号	年月	农药	超标频次	超标率 P（%）	风险系数 R	风险程度
69	2016 年 9 月	双苯酰草胺	1	0.56	1.66	中度风险
70	2016 年 9 月	霜霉威	1	0.56	1.66	中度风险
71	2016 年 9 月	戊草丹	1	0.56	1.66	中度风险
72	2016 年 9 月	烯酰吗啉	1	0.56	1.66	中度风险
73	2016 年 9 月	烯唑醇	1	0.56	1.66	中度风险
74	2016 年 9 月	新燕灵	1	0.56	1.66	中度风险
75	2016 年 9 月	溴丁酰草胺	1	0.56	1.66	中度风险
76	2016 年 9 月	乙草胺	1	0.56	1.66	中度风险
77	2016 年 9 月	异丙草胺	1	0.56	1.66	中度风险
78	2016 年 9 月	抑霉唑	1	0.56	1.66	中度风险
79	2016 年 9 月	唑虫酰胺	1	0.56	1.66	中度风险
80	2016 年 10 月	多菌灵	9	7.20	8.30	高度风险
81	2016 年 10 月	烯啶虫胺	8	6.40	7.50	高度风险
82	2016 年 10 月	吡虫啉	3	2.40	3.50	高度风险
83	2016 年 10 月	啶虫脒	3	2.40	3.50	高度风险
84	2016 年 10 月	噻唑磷	3	2.40	3.50	高度风险
85	2016 年 10 月	烯酰吗啉	3	2.40	3.50	高度风险
86	2016 年 10 月	多效唑	2	1.60	2.70	高度风险
87	2016 年 10 月	哒螨灵	1	0.80	1.90	中度风险
88	2016 年 10 月	氟硅唑	1	0.80	1.90	中度风险
89	2016 年 10 月	甲氨基阿维菌素	1	0.80	1.90	中度风险
90	2016 年 10 月	甲基硫菌灵	1	0.80	1.90	中度风险
91	2016 年 10 月	甲哌	1	0.80	1.90	中度风险
92	2016 年 10 月	乐果	1	0.80	1.90	中度风险
93	2016 年 10 月	马拉硫磷	1	0.80	1.90	中度风险
94	2016 年 10 月	嘧菌酯	1	0.80	1.90	中度风险
95	2016 年 10 月	噻虫嗪	1	0.80	1.90	中度风险
96	2016 年 10 月	三唑醇	1	0.80	1.90	中度风险
97	2016 年 10 月	双苯基脲	1	0.80	1.90	中度风险
98	2016 年 10 月	异丙威	1	0.80	1.90	中度风险
99	2016 年 11 月	烯啶虫胺	27	8.23	9.33	高度风险
100	2016 年 11 月	多菌灵	12	3.66	4.76	高度风险
101	2016 年 11 月	丙溴磷	6	1.83	2.93	高度风险
102	2016 年 11 月	啶虫脒	6	1.83	2.93	高度风险

续表

序号	年月	农药	超标频次	超标率 P（%）	风险系数 R	风险程度
103	2016 年 11 月	噁霜灵	5	1.52	2.62	高度风险
104	2016 年 11 月	噻唑磷	5	1.52	2.62	高度风险
105	2016 年 11 月	N-去甲基啶虫脒	4	1.22	2.32	中度风险
106	2016 年 11 月	吡虫啉	4	1.22	2.32	中度风险
107	2016 年 11 月	多效唑	4	1.22	2.32	中度风险
108	2016 年 11 月	甲氨基阿维菌素	4	1.22	2.32	中度风险
109	2016 年 11 月	噻虫嗪	4	1.22	2.32	中度风险
110	2016 年 11 月	烯酰吗啉	4	1.22	2.32	中度风险
111	2016 年 11 月	甲霜灵	3	0.91	2.01	中度风险
112	2016 年 11 月	吡唑醚菌酯	2	0.61	1.71	中度风险
113	2016 年 11 月	丙环唑	2	0.61	1.71	中度风险
114	2016 年 11 月	甲萘威	2	0.61	1.71	中度风险
115	2016 年 11 月	螺环菌胺	2	0.61	1.71	中度风险
116	2016 年 11 月	嘧菌酯	2	0.61	1.71	中度风险
117	2016 年 11 月	灭蝇胺	2	0.61	1.71	中度风险
118	2016 年 11 月	噻虫胺	2	0.61	1.71	中度风险
119	2016 年 11 月	乙霉威	2	0.61	1.71	中度风险

10.4　LC-Q-TOF/MS 侦测山东蔬菜产区市售水果蔬菜农药残留风险评估结论与建议

　　农药残留是影响水果蔬菜安全和质量的主要因素，也是我国食品安全领域备受关注的敏感话题和亟待解决的重大问题之一[15, 16]。各种水果蔬菜均存在不同程度的农药残留现象，本研究主要针对山东蔬菜产区各类水果蔬菜存在的农药残留问题，基于 2015 年 7 月~2016 年 11 月对山东蔬菜产区 1480 例水果蔬菜样品中农药残留侦测得出的 2246 个侦测结果，分别采用食品安全指数模型和风险系数模型，开展水果蔬菜中农药残留的膳食暴露风险和预警风险评估。水果蔬菜样品均取自超市，符合大众的膳食来源，风险评价时更具有代表性和可信度。

　　本研究力求通用简单地反映食品安全中的主要问题，且为管理部门和大众容易接受，为政府及相关管理机构建立科学的食品安全信息发布和预警体系提供科学的规律与方法，加强对农药残留的预警和食品安全重大事件的预防，控制食品风险。

10.4.1　山东蔬菜产区水果蔬菜中农药残留膳食暴露风险评价结论

1）水果蔬菜样品中农药残留安全状态评价结论

采用食品安全指数模型，对 2015 年 7 月~2016 年 11 月期间山东蔬菜产区水果蔬菜食品农药残留膳食暴露风险进行评价，根据 IFS_c 的计算结果发现，水果蔬菜中农药的 $\overline{IFS}$ 为 0.1202，说明山东蔬菜产区水果蔬菜总体处于可以接受的安全状态，但部分禁用农药、高残留农药在蔬菜、水果中仍有侦测出，导致膳食暴露风险的存在，成为不安全因素。

2）单种水果蔬菜中农药膳食暴露风险不可接受情况评价结论

单种水果蔬菜中农药残留安全指数分析结果显示，农药对单种水果蔬菜安全影响不可接受（$IFS_c>1$）的样本数共 8 个，占总样本数的 1.39%，8 个样本分别为芹菜、茄子、小白菜、桃和菠菜中的氧乐果、茼蒿中的乙霉威、葡萄中的灭线磷、西葫芦中的噻唑磷，说明芹菜、茄子、小白菜、桃和菠菜中的氧乐果、茼蒿中的乙霉威、葡萄中的灭线磷、西葫芦中的噻唑磷会对消费者身体健康造成较大的膳食暴露风险。氧乐果和灭线磷属于禁用的剧毒农药，且芹菜、茄子、小白菜、桃、葡萄和菠菜均为较常见的水果蔬菜，百姓日常食用量较大，长期食用大量残留氧乐果、灭线磷的芹菜、茄子、小白菜、桃、菠菜和葡萄会对人体造成不可接受的影响，本次检测发现氧乐果在芹菜、茄子、小白菜、桃和菠菜样品中、灭线磷在葡萄样品中多次并大量侦测出，是未严格实施农业良好管理规范（GAP），抑或是农药滥用，这应该引起相关管理部门的警惕，应加强对芹菜、茄子、小白菜、桃、菠菜中氧乐果和葡萄中灭线磷的严格管控。

3）禁用农药膳食暴露风险评价

本次检测发现部分水果蔬菜样品中有禁用农药侦测出，侦测出禁用农药 7 种，检出频次为 75，水果蔬菜样品中的禁用农药 IFS_c 计算结果表明，禁用农药残留膳食暴露风险不可接受的频次为 10，占 13.33%；可以接受的频次为 39，占 52%；没有影响的频次为 26，占 34.67%。对于水果蔬菜样品中所有农药而言，膳食暴露风险不可接受的频次为 17，仅占总体频次的 0.76%。可以看出，禁用农药的膳食暴露风险不可接受的比例远高于总体水平，这在一定程度上说明禁用农药更容易导致严重的膳食暴露风险。此外，膳食暴露风险不可接受的残留禁用农药均为氧乐果，因此，应该加强对禁用农药氧乐果的管控力度。为何在国家明令禁止禁用农药喷洒的情况下，还能在多种水果蔬菜中多次侦测出禁用农药残留并造成不可接受的膳食暴露风险，这应该引起相关部门的高度警惕，应该在禁止禁用农药喷洒的同时，严格管控禁用农药的生产和售卖，从根本上杜绝安全隐患。

10.4.2　山东蔬菜产区水果蔬菜中农药残留预警风险评价结论

1）单种水果蔬菜中禁用农药残留的预警风险评价结论

本次检测过程中，在 21 种水果蔬菜中检测超出 7 种禁用农药，禁用农药为：氧乐果、甲拌磷、克百威、灭多威、甲胺磷、灭线磷和涕灭威，水果蔬菜为：扁豆、菠菜、菜豆、番茄、黄瓜、韭菜、辣椒、梨、苹果、葡萄、茄子、芹菜、桃、甜瓜、甜椒、茼蒿、西葫芦、小白菜、小茴香、小油菜和叶芥菜，水果蔬菜中禁用农药的风险系数分析结果显示，7 种禁用农药在 21 种水果蔬菜中的残留均处于高度风险，说明在单种水果蔬菜中禁用农药的残留会导致较高的预警风险。

2）单种水果蔬菜中非禁用农药残留的预警风险评价结论

以 MRL 中国国家标准为标准，计算水果蔬菜中非禁用农药风险系数情况下，537个样本中，8 个处于高度风险（1.49%），2 个处于中度风险（0.37%），140 个处于低度风险（26.07%），387 个样本没有 MRL 中国国家标准（72.07%）。以 MRL 欧盟标准为标准，计算水果蔬菜中非禁用农药风险系数情况下，发现有 145 个处于高度风险（27%），19个处于中度风险（3.54%），373 个处于低度风险（69.46%）。基于两种 MRL 标准，评价的结果差异显著，可以看出 MRL 欧盟标准比中国国家标准更加严格和完善，过于宽松的 MRL 中国国家标准值能否有效保障人体的健康有待研究。

10.4.3　加强山东蔬菜产区水果蔬菜食品安全建议

我国食品安全风险评价体系仍不够健全，相关制度不够完善，多年来，由于农药用药次数多、用药量大或用药间隔时间短，产品残留量大，农药残留所造成的食品安全问题日益严峻，给人体健康带来了直接或间接的危害。据估计，美国与农药有关的癌症患者数约占全国癌症患者总数的 50%，中国更高。同样，农药对其他生物也会形成直接杀伤和慢性危害，植物中的农药可经过食物链逐级传递并不断蓄积，对人和动物构成潜在威胁，并影响生态系统。

基于本次农药残留侦测数据的风险评价结果，提出以下几点建议：

1）加快食品安全标准制定步伐

我国食品标准中对农药每日允许最大摄入量 ADI 的数据严重缺乏，在本次评价所涉及的 107 种农药中，仅有 76.6%的农药具有 ADI 值，而 23.4%的农药中国尚未规定相应的 ADI 值，亟待完善。

我国食品中农药最大残留限量值的规定严重缺乏，对评估涉及的不同水果蔬菜中不同农药 574 个 MRL 限值进行统计来看，我国仅制定出 187 个标准，我国标准完整率仅为32.6%，欧盟的完整率达到 100%（表 10-19）。因此，中国更应加快 MRL 标准的制定步伐。

表 10-19　我国国家食品标准农药的 ADI、MRL 值与欧盟标准的数量差异

分类		中国 ADI	MRL 中国国家标准	MRL 欧盟标准
标准限值（个）	有	82	187	485
	无	25	387	0
总数（个）		107	574	574
无标准限值比例		23.4%	67.4%	0

此外，MRL 中国国家标准限值普遍高于欧盟标准限值，这些标准中共有 108 个高于欧盟。过高的 MRL 值难以保障人体健康，建议继续加强对限值基准和标准的科学研究，

将农产品中的危险性减少到尽可能低的水平。

2）加强农药的源头控制和分类监管

在山东蔬菜产区某些水果蔬菜中仍有禁用农药残留，利用 LC-Q-TOF/MS 技术侦测出 7 种禁用农药，检出频次为 75 次，残留禁用农药均存在较大的膳食暴露风险和预警风险。早已列入黑名单的禁用农药在我国并未真正退出，有些药物由于价格便宜、工艺简单，此类高毒农药一直生产和使用。建议在我国采取严格有效的控制措施，从源头控制禁用农药。

对于非禁用农药，在我国作为"田间地头"最典型单位的县级蔬果产地中，农药残留的检测几乎缺失。建议根据农药的毒性，对高毒、剧毒、中毒农药实现分类管理，减少使用高毒和剧毒高残留农药，进行分类监管。

3）加强残留农药的生物修复及降解新技术

市售果蔬中残留农药的品种多、频次高、禁用农药多次检出这一现状，说明了我国的田间土壤和水体因农药长期、频繁、不合理的使用而遭到严重污染。为此，建议中国相关部门出台相关政策，鼓励高校及科研院所积极开展分子生物学、酶学等研究，加强土壤、水体中残留农药的生物修复及降解新技术研究，切实加大农药监管力度，以控制农药的面源污染问题。

综上所述，在本工作基础上，根据蔬菜残留危害，可进一步针对其成因提出和采取严格管理、大力推广无公害蔬菜种植与生产、健全食品安全控制技术体系、加强蔬菜食品质量检测体系建设和积极推行蔬菜食品质量追溯制度等相应对策。建立和完善食品安全综合评价指数与风险监测预警系统，对食品安全进行实时、全面的监控与分析，为我国的食品安全科学监管与决策提供新的技术支持，可实现各类检验数据的信息化系统管理，降低食品安全事故的发生。

第 11 章　GC-Q-TOF/MS 侦测山东蔬菜产区 1493 例市售水果蔬菜样品农药残留报告

从泰安市、威海市、潍坊市、烟台市、枣庄市、淄博市、济宁市、临沂市、日照市所属 35 个区县，随机采集了 1493 例水果蔬菜样品，使用气相色谱-四极杆飞行时间质谱（GC-Q-TOF/MS）对 507 种农药化学污染物进行示范侦测。

11.1　样品种类、数量与来源

11.1.1　样品采集与检测

为了真实反映百姓餐桌上水果蔬菜中农药残留污染状况，本次所有检测样品均由检验人员于 2015 年 7 月至 2016 年 11 月期间，从山东蔬菜产区（泰安市、威海市、潍坊市、烟台市、枣庄市、淄博市、济宁市、临沂市、日照市）所属 61 个采样点，均为超市，以随机购买方式采集，总计 104 批 1493 例样品，从中检出农药 146 种，2690 频次。采样及监测概况见表 11-1 及图 11-1，样品及采样点明细见表 11-2 及表 11-3（侦测原始数据见附表 1）。

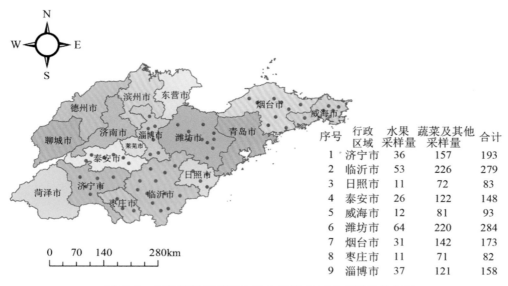

序号	行政区域	水果采样量	蔬菜及其他采样量	合计
1	济宁市	36	157	193
2	临沂市	53	226	279
3	日照市	11	72	83
4	泰安市	26	122	148
5	威海市	12	81	93
6	潍坊市	64	220	284
7	烟台市	31	142	173
8	枣庄市	11	71	82
9	淄博市	37	121	158

图 11-1　山东蔬菜产区所属 61 个采样点 1493 例样品分布图

表 11-1　农药残留监测总体概况

采样地区	山东蔬菜产区所属 35 个区县
采样点（超市）	61
样本总数	1493
检出农药品种/频次	146/2690
各采样点样本农药残留检出率范围	55.9%～100.0%

表 11-2　样品分类及数量

样品分类	样品名称（数量）	数量小计
1. 食用菌		54
1）蘑菇类	香菇（1），平菇（3），蘑菇（9），金针菇（27），杏鲍菇（14）	54
2. 水果		281
1）仁果类水果	苹果（57），梨（50）	107
2）核果类水果	桃（41），李子（5），枣（1）	47
3）浆果和其他小型水果	猕猴桃（1），葡萄（31），草莓（12）	44
4）瓜果类水果	西瓜（12），哈密瓜（1），甜瓜（32）	45
5）热带和亚热带水果	香蕉（6），火龙果（24）	30
6）柑橘类水果	橘（4），橙（4）	8
3. 蔬菜		1158
1）豆类蔬菜	扁豆（14），菜豆（29）	43
2）鳞茎类蔬菜	韭菜（73），洋葱（35），大蒜（3），葱（1）	112
3）水生类蔬菜	莲藕（1）	1
4）叶菜类蔬菜	芹菜（77），小茴香（10），苦苣（1），蕹菜（1），菠菜（62），小白菜（46），油麦菜（15），叶芥菜（1），生菜（40），小油菜（69），茼蒿（37），大白菜（2），娃娃菜（1）	362
5）芸薹属类蔬菜	结球甘蓝（36），花椰菜（25），紫甘蓝（50），青花菜（36）	147
6）瓜类蔬菜	黄瓜（99），西葫芦（65），南瓜（2），冬瓜（28），苦瓜（2），丝瓜（24）	220
7）茄果类蔬菜	番茄（98），甜椒（47），辣椒（22），樱桃番茄（4），茄子（82）	253
8）根茎类和薯芋类蔬菜	山药（1），胡萝卜（7），马铃薯（6），姜（5），萝卜（1）	20
合计	1. 食用菌 5 种 2. 水果 15 种 3. 蔬菜 40 种	1493

表 11-3　山东蔬菜产区采样点信息

采样点序号	行政区域	采样点
超市（61）		
1	临沂市 兰山区	***超市（齐鲁园店）

续表

采样点序号	行政区域	采样点
超市（61）		
2	临沂市　兰山区	***超市（临沂店）
3	临沂市　兰陵县	***购物中心
4	临沂市　兰陵县	***超市（会宝路店）
5	临沂市　平邑县	***超市有限公司
6	临沂市　沂水县	***超市（沂水店）
7	临沂市　沂水县	***超市有限公司
8	临沂市　河东区	***购物广场
9	临沂市　河东区	***超市（临沂店）
10	临沂市　河东区	***超市（河东店）
11	临沂市　河东区	***超市（赵庄店）
12	临沂市　郯城县	***超市（郯城店）
13	威海市　乳山市	***有限公司
14	威海市　乳山市	***超市
15	威海市　乳山市	***购物广场
16	威海市　文登区	***超市（文登购物广场店）
17	威海市　环翠区	***超市（世昌店）
18	日照市　东港区	***购物广场
19	日照市　东港区	***购物广场（泰安路店）
20	日照市　东港区	***超市（北京路店）
21	日照市　东港区	***超市（日照广场店）
22	枣庄市　市中区	***购物中心
23	枣庄市　市中区	***超市（华山店）
24	枣庄市　滕州市	***超市（解放路店）
25	泰安市　东平县	***超市
26	泰安市　东平县	***购物广场
27	泰安市　泰山区	***超市（泰安店）
28	泰安市　泰山区	***超市（泰山区店）
29	泰安市　肥城市	***超市
30	泰安市　肥城市	***超市（肥城店）
31	济宁市　任城区	***超市（运城河店）
32	济宁市　任城区	***超市（济宁店）
33	济宁市　曲阜市	***超市（曲阜店）
34	济宁市　汶上县	***广场

续表

采样点序号	行政区域	采样点
超市（61）		
35	济宁市 汶上县	***超市（汶上店）
36	济宁市 金乡县	***购物广场
37	淄博市 张店区	***超市
38	淄博市 张店区	***超市（商场东路店）
39	淄博市 张店区	***超市（张北店）
40	淄博市 张店区	***超市（淄博购物广场店）
41	淄博市 沂源县	***购物广场（沂源县店）
42	淄博市 淄川区	***超市（淄川店）
43	潍坊市 奎文区	***超市（北王店）
44	潍坊市 奎文区	***超市（新华店）
45	潍坊市 奎文区	***购物中心
46	潍坊市 奎文区	***超市（北王店）
47	潍坊市 奎文区	***超市（新华店）
48	潍坊市 安丘市	***超市（安丘店）
49	潍坊市 安丘市	***超市（安丘店）
50	潍坊市 寿光市	***超市
51	潍坊市 诸城市	***购物广场
52	潍坊市 高密市	***超市（凤凰大街店）
53	烟台市 栖霞市	***超市（栖霞店）
54	烟台市 海阳市	***超市（海阳四店）
55	烟台市 牟平区	***超市（平和店）
56	烟台市 福山区	***超市（福山购物广场店）
57	烟台市 芝罘区	***超市（烟台店）
58	烟台市 莱山区	***超市（金沟寨店）
59	烟台市 莱阳市	***超市（莱阳店）
60	烟台市 莱阳市	***超市（莱阳店）
61	烟台市 蓬莱市	***购物广场

11.1.2　检测结果

这次使用的检测方法是庞国芳院士团队最新研发的不需使用标准品对照，而以高分辨精确质量数（0.0001 m/z）为基准的 GC-Q-TOF/MS 检测技术，对于 1493 例样品，每个样品均侦测了 507 种农药化学污染物的残留现状。通过本次侦测，在 1493 例样品中共计检出农药化学污染物 146 种，检出 2690 频次。

11.1.2.1　各采样点样品检出情况

统计分析发现 61 个采样点中，被测样品的农药检出率范围为 55.9%~100.0%。其中，有 3 个采样点样品的检出率最高，达到了 100.0%，分别是：***有限公司、***超市和***超市。***超市（肥城店）的检出率最低，为 55.9%，见图 11-2。

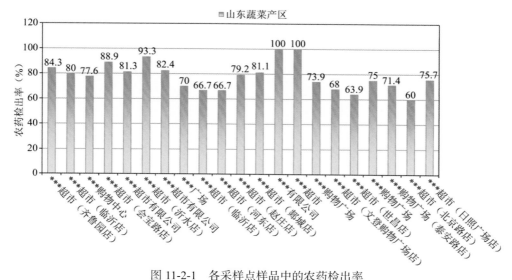

图 11-2-1　各采样点样品中的农药检出率

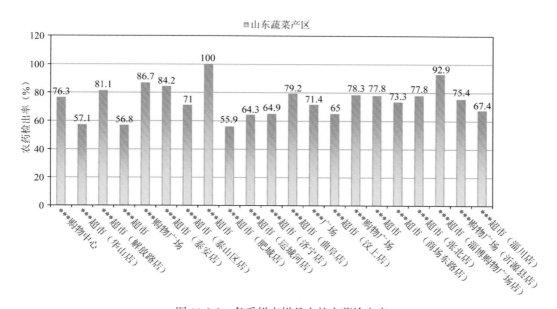

图 11-2-2　各采样点样品中的农药检出率

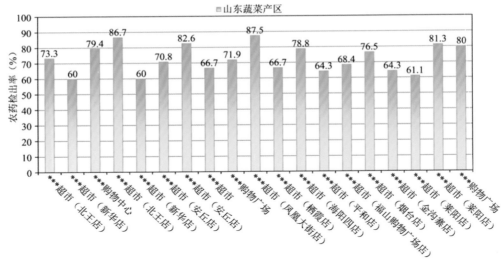

图 11-2-3　各采样点样品中的农药检出率

11.1.2.2　检出农药的品种总数与频次

统计分析发现,对于 1493 例样品中 507 种农药化学污染物的侦测,共检出农药 2690 频次,涉及农药 146 种,结果如图 11-3 所示。其中除虫菊酯检出频次最高,共检出 219 次。检出频次排名前 10 的农药如下:①除虫菊酯(219);②毒死蜱(192);③腐霉利(156);④威杀灵(150);⑤联苯菊酯(108);⑥烯虫酯(89);⑦仲丁威(85);⑧嘧霉胺(80);⑨啶酰菌胺(65);⑩丙溴磷(61)。

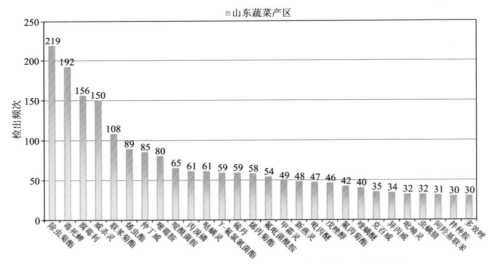

图 11-3　检出农药品种及频次（仅列出 30 频次及以上的数据）

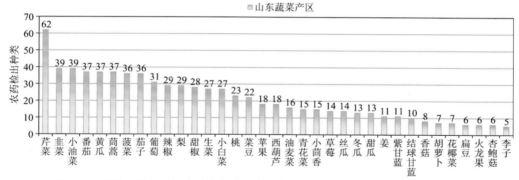

图 11-4　单种水果蔬菜检出农药的种类数（仅列出检出农药 5 种及以上的数据）

由图 11-4 可见，芹菜、韭菜、小油菜、番茄、黄瓜、茼蒿、菠菜、茄子和葡萄这 9 种果蔬样品中检出的农药品种数较高，均超过 30 种，其中，芹菜检出农药品种最多，为 62 种。由图 11-5 可见，番茄、芹菜、黄瓜、茄子、韭菜、甜椒、茼蒿、菠菜和小油菜这 9 种果蔬样品中的农药检出频次较高，均超过 100 次，其中，番茄检出农药频次最高，为 257 次。

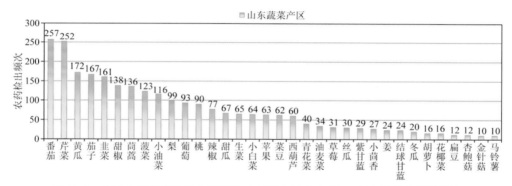

图 11-5　单种水果蔬菜检出农药频次（仅列出检出农药 10 频次及以上的数据）

11.1.2.3　单例样品农药检出种类与占比

对单例样品检出农药种类和频次进行统计发现，未检出农药的样品占总样品数的 26.0%，检出 1 种农药的样品占总样品数的 28.5%，检出 2~5 种农药的样品占总样品数的 40.5%，检出 6~10 种农药的样品占总样品数的 4.8%，检出大于 10 种农药的样品占总样品数的 0.1%。每例样品中平均检出农药为 1.8 种，数据见表 11-4 及图 11-6。

表 11-4　单例样品检出农药品种占比

检出农药品种数	样品数量/占比（%）
未检出	388/26.0
1 种	426/28.5
2~5 种	605/40.5
6~10 种	72/4.8
大于 10 种	2/0.1
单例样品平均检出农药品种	1.8 种

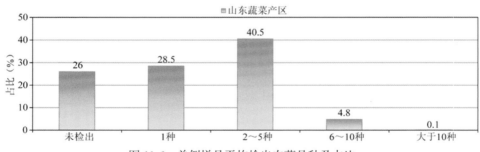

图 11-6　单例样品平均检出农药品种及占比

11.1.2.4　检出农药类别与占比

所有检出农药按功能分类，包括杀虫剂、杀菌剂、除草剂、植物生长调节剂、增效剂和其他共 6 类 。其中杀虫剂与杀菌剂为主要检出的农药类别，分别占总数的 40.4% 和 32.2%，见表 11-5 及图 11-7。

表 11-5　检出农药所属类别/占比

农药类别	数量/占比（%）
杀虫剂	59/40.4
杀菌剂	47/32.2
除草剂	33/22.6
植物生长调节剂	4/2.7
增效剂	1/0.7
其他	2/1.4

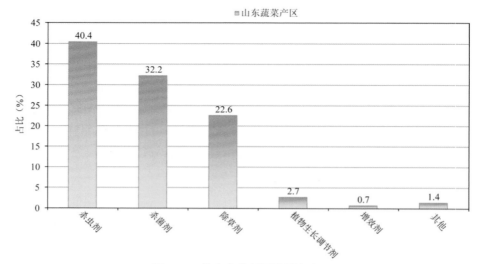

图 11-7　检出农药所属类别和占比

11.1.2.5 检出农药的残留水平

按检出农药残留水平进行统计，残留水平在 1~5 μg/kg（含）的农药占总数的 19.5%，在 5~10 μg/kg（含）的农药占总数的 14.3%，在 10~100 μg/kg（含）的农药占总数的 49.7%，在 100~1000 μg/kg（含）的农药占总数的 15.1%，＞1000 μg/kg 的农药占总数的 1.3%。

由此可见，这次检测的 104 批 1493 例水果蔬菜样品中农药多数处于中高残留水平。结果见表 11-6 及图 11-8，数据见附表 2。

表 11-6 农药残留水平/占比

残留水平（μg/kg）	检出频次数/占比（%）
1~5（含）	525/19.5
5~10（含）	385/14.3
10~100（含）	1338/49.7
100~1000（含）	406/15.1
＞1000	36/1.3

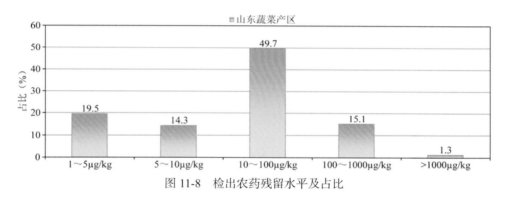

图 11-8 检出农药残留水平及占比

11.1.2.6 检出农药的毒性类别、检出频次和超标频次及占比

对这次检出的 146 种 2690 频次的农药，按剧毒、高毒、中毒、低毒和微毒这五个毒性类别进行分类，从中可以看出，山东蔬菜产区目前普遍使用的农药为中低微毒农药，品种占 91.8%，频次占 95.9%。结果见表 11-7 及图 11-9。

表 11-7 检出农药毒性类别/占比

毒性分类	农药品种/占比（%）	检出频次/占比（%）	超标频次/超标率（%）
剧毒农药	3/2.1	20/0.7	16/80.0
高毒农药	9/6.2	90/3.3	19/21.1
中毒农药	52/35.6	1318/49.0	8/0.6
低毒农药	51/34.9	681/25.3	0/0.0
微毒农药	31/21.2	581/21.6	5/0.9

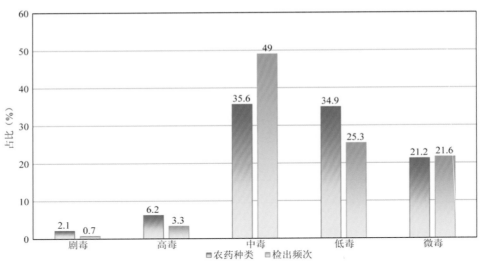

图 11-9　检出农药的毒性分类和占比

11.1.2.7　检出剧毒/高毒类农药的品种和频次

值得特别关注的是，在此次侦测的 1493 例样品中有 21 种蔬菜 5 种水果 1 种食用菌的 107 例样品检出了 12 种 110 频次的剧毒和高毒农药，占样品总量的 7.2%，详见图 11-10、表 11-8 及表 11-9。

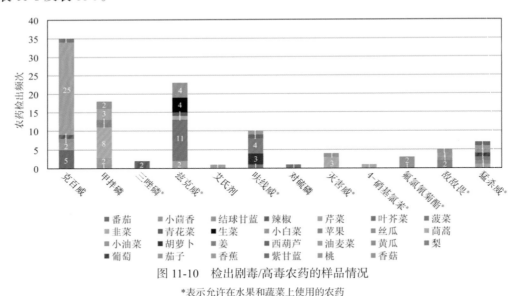

图 11-10　检出剧毒/高毒农药的样品情况

*表示允许在水果和蔬菜上使用的农药

表 11-8　剧毒农药检出情况

序号	农药名称	检出频次	超标频次	超标率
		从 1 种水果中检出 1 种剧毒农药，共计检出 1 次		
1	甲拌磷*	1	1	100.0%
	小计	1	1	超标率：100.0%

续表

序号	农药名称	检出频次	超标频次	超标率
从 7 种蔬菜中检出 3 种剧毒农药，共计检出 19 次				
1	甲拌磷*	17	15	88.2%
2	艾氏剂*	1	0	0.0%
3	对硫磷*	1	0	0.0%
	小计	19	15	超标率：78.9%
	合计	20	16	超标率：80.0%

表 11-9　高毒农药检出情况

序号	农药名称	检出频次	超标频次	超标率
从 5 种水果中检出 2 种高毒农药，共计检出 6 次				
1	敌敌畏	3	0	0.0%
2	猛杀威	3	0	0.0%
	小计	6	0	超标率：0.0%
从 20 种蔬菜中检出 9 种高毒农药，共计检出 83 次				
1	克百威	35	19	54.3%
2	兹克威	23	0	0.0%
3	呋线威	10	0	0.0%
4	猛杀威	4	0	0.0%
5	灭害威	4	0	0.0%
6	氟氯氰菊酯	3	0	0.0%
7	三唑磷	2	0	0.0%
8	4-硝基氯苯	1	0	0.0%
9	敌敌畏	1	0	0.0%
	小计	83	19	超标率：22.9%
	合计	89	19	超标率：21.3%

在检出的剧毒和高毒农药中，有 4 种是我国早已禁止在果树和蔬菜上使用的，分别是：克百威、艾氏剂、甲拌磷和对硫磷。禁用农药的检出情况见表 11-10。

表 11-10　禁用农药检出情况

序号	农药名称	检出频次	超标频次	超标率
从 5 种水果中检出 4 种禁用农药，共计检出 22 次				
1	硫丹	19	0	0.0%
2	甲拌磷*	1	1	100.0%
3	六六六	1	0	0.0%

续表

序号	农药名称	检出频次	超标频次	超标率
4	氰戊菊酯	1	0	0.0%
	小计	22	1	超标率：4.5%

从 20 种蔬菜中检出 8 种禁用农药，共计检出 99 次

1	硫丹	40	0	0.0%
2	克百威	35	19	54.3%
3	甲拌磷*	17	15	88.2%
4	氟虫腈	2	0	0.0%
5	氰戊菊酯	2	0	0.0%
6	艾氏剂*	1	0	0.0%
7	除草醚	1	0	0.0%
8	对硫磷*	1	0	0.0%
	小计	99	34	超标率：34.3%
	合计	121	35	超标率：28.9%

注：超标结果参考 MRL 中国国家标准计算

此次抽检的果蔬样品中，有 1 种水果 7 种蔬菜检出了剧毒农药，分别是：苹果中检出甲拌磷 1 次丝瓜中检出甲拌磷 1 次；小油菜中检出甲拌磷 2 次；小茴香中检出甲拌磷 1 次；芹菜中检出艾氏剂 1 次，检出甲拌磷 2 次；茼蒿中检出甲拌磷 3 次；菠菜中检出对硫磷 1 次；韭菜中检出甲拌磷 8 次。

样品中检出剧毒和高毒农药残留水平超过 MRL 中国国家标准的频次为 35 次，其中：苹果检出甲拌磷超标 1 次；小油菜检出甲拌磷超标 2 次；小茴香检出甲拌磷超标 1 次；番茄检出克百威超标 5 次；芹菜检出克百威超标 14 次，检出甲拌磷超标 1 次；茼蒿检出甲拌磷超标 3 次；韭菜检出甲拌磷超标 8 次。本次检出结果表明，高毒、剧毒农药的使用现象依旧存在。详见表 11-11。

表 11-11　各样本中检出剧毒/高毒农药情况

样品名称	农药名称	检出频次	超标频次	检出浓度（μg/kg）
水果 5 种				
桃	敌敌畏	1	0	2.6
梨	猛杀威	1	0	32.5
苹果	敌敌畏	2	0	21.8，95.7
苹果	甲拌磷*▲	1	1	189.2[a]
葡萄	猛杀威	1	0	18.7
香蕉	猛杀威	1	0	24.6
	小计	7	1	超标率：14.3%

续表

样品名称	农药名称	检出频次	超标频次	检出浓度（μg/kg）
蔬菜 21 种				
丝瓜	甲拌磷*▲	1	0	5.5
叶芥菜	克百威▲	1	0	14.0
姜	呋线威	4	0	107.4，120.7，60.7，4.4
小油菜	氟氯氰菊酯	2	0	395.7，148.7
小油菜	灭害威	1	0	27.5
小油菜	甲拌磷*▲	2	2	82.6^a，61.4^a
小白菜	兹克威	4	0	81.8，33.1，41.0，7.7
小白菜	氟氯氰菊酯	1	0	303.1
小茴香	克百威▲	2	0	14.4，7.5
小茴香	甲拌磷*▲	1	1	15.3^a
油麦菜	呋线威	1	0	223.5
生菜	兹克威	4	0	17.6，32.9，15.9，46.6
番茄	克百威▲	5	5	53.4^a，38.2^a，100.6^a，30.7^a，41.7^a
紫甘蓝	猛杀威	1	0	6.3
结球甘蓝	克百威▲	1	0	2.8
胡萝卜	呋线威	3	0	19.4，34.2，22.2
芹菜	克百威▲	25	14	235.3^a，20.6^a，30.3^a，6.8，118.1^a，88.9^a，15.7，13.3，12.6，22.0^a，28.9^a，150.2^a，195.6^a，131.4^a，5.9，123.8^a，5.5，20.7^a，2.5，2.0，16.4，24.3^a，6.2，8.5，172.3^a
芹菜	兹克威	2	0	138.7，81.9
芹菜	甲拌磷*▲	2	1	94.0^a，1.6
芹菜	艾氏剂*▲	1	0	10.1
茄子	敌敌畏	1	0	18.6
茄子	猛杀威	1	0	75.9
茼蒿	猛杀威	1	0	3.7
茼蒿	甲拌磷*▲	3	3	17.4^a，17.5^a，11.4^a
菠菜	兹克威	11	0	14.7，4.3，20.2，46.2，97.0，66.8，66.6，5.7，41.4，78.5，17.1
菠菜	呋线威	1	0	51.6
菠菜	对硫磷*▲	1	0	6.2
西葫芦	呋线威	1	0	54.4
辣椒	三唑磷	2	0	1081.1，8.5
辣椒	克百威▲	1	0	19.8
青花菜	兹克威	1	0	17.6

续表

样品名称	农药名称	检出频次	超标频次	检出浓度（μg/kg）
			蔬菜 21 种	
韭菜	灭害威	3	0	8.5，4.5，11.0
韭菜	4-硝基氯苯	1	0	15.9
韭菜	兹克威	1	0	41.8
韭菜	甲拌磷*▲	8	8	213.9ᵃ，114.6ᵃ，104.2ᵃ，330.4ᵃ，296.4ᵃ，191.5ᵃ，221.5ᵃ，656.1ᵃ
黄瓜	猛杀威	1	0	1.6
	小计	102	34	超标率：33.3%
	合计	109	35	超标率：32.1%

11.2　农药残留检出水平与最大残留限量标准对比分析

　　我国于 2014 年 3 月 20 日正式颁布并于 2014 年 8 月 1 日正式实施食品农药残留限量国家标准《食品中农药最大残留限量》（GB 2763—2014）。该标准包括 371 个农药条目，涉及最大残留限量（MRL）标准 3653 项。将 2690 频次检出农药的浓度水平与 3653 项 MRL 中国国家标准进行核对，其中只有 609 频次的农药找到了对应的 MRL，占 22.6%，还有 2081 频次的侦测数据则无相关 MRL 标准供参考，占 77.4%。

　　将此次侦测结果与国际上现行 MRL 对比发现，在 2690 频次的检出结果中有 2690 频次的结果找到了对应的 MRL 欧盟标准，占 100.0%，其中，1928 频次的结果有明确对应的 MRL，占 71.7%，其余 762 频次按照欧盟一律标准判定，占 28.3%；有 2690 频次的结果找到了对应的 MRL 日本标准，占 100.0%，其中，1582 频次的结果有明确对应的 MRL，占 58.8%，其余 1108 频次按照日本一律标准判定，占 41.2%；有 1085 频次的结果找到了对应的 MRL 中国香港标准，占 40.3%；有 800 频次的结果找到了对应的 MRL 美国标准，占 29.7%；有 522 频次的结果找到了对应的 MRL CAC 标准，占 19.4%（见图 11-11 和图 11-12，数据见附表 3 至附表 8）。

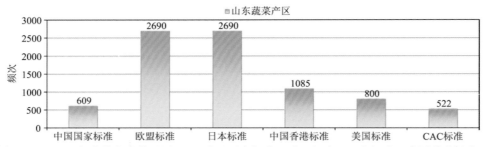

图 11-11　2690 频次检出农药可用 MRL 中国国家标准、欧盟标准、日本标准、中国香港标准、美国标准、CAC 标准判定衡量的数量

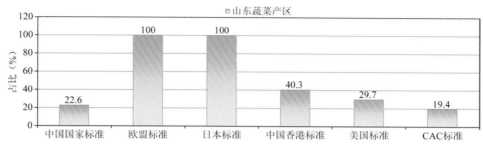

图 11-12　2690 频次检出农药可用 MRL 中国国家标准、欧盟标准、日本标准、中国香港标准、
美国标准、CAC 标准衡量的占比

11.2.1　超标农药样品分析

　　本次侦测的 1493 例样品中，388 例样品未检出任何残留农药，占样品总量的 26.0%，1105 例样品检出不同水平、不同种类的残留农药，占样品总量的 74.0%。在此，我们将本次侦测的农残检出情况与 MRL 中国国家标准、欧盟标准、日本标准、中国香港标准、美国标准和 CAC 标准这 6 大国际主流标准进行对比分析，样品农残检出与超标情况见表 11-12、图 11-13 和图 11-14，详细数据见附表 9~附表 14。

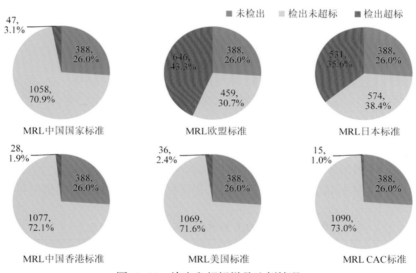

图 11-13　检出和超标样品比例情况

表 11-12　各 MRL 标准下样本农残检出与超标数量及占比

	中国国家标准 数量/占比（%）	欧盟标准 数量/占比（%）	日本标准 数量/占比（%）	中国香港标准 数量/占比（%）	美国标准 数量/占比（%）	CAC 标准 数量/占比（%）
未检出	388/26.0	388/26.0	388/26.0	388/26.0	388/26.0	388/26.0
检出未超标	1058/70.9	459/30.7	574/38.4	1077/72.1	1069/71.6	1090/73.0
检出超标	47/3.1	646/43.3	531/35.6	28/1.9	36/2.4	15/1.0

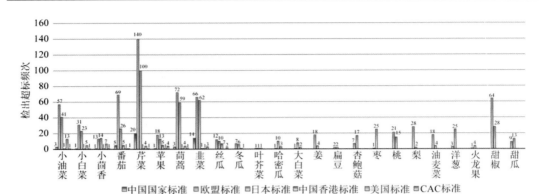

图 11-14-1　超过 MRL 中国国家标准、欧盟标准、日本标准、中国香港标准、美国标准和
CAC 标准结果在水果蔬菜中的分布

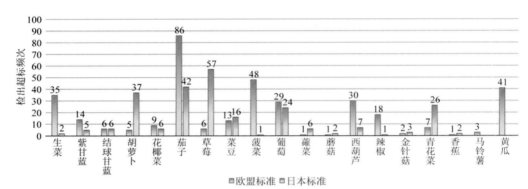

图 11-14-2　超过 MRL 中国国家标准、欧盟标准、日本标准、中国香港标准、美国标准和
CAC 标准结果在水果蔬菜中的分布

11.2.2　超标农药种类分析

按照 MRL 中国国家标准、欧盟标准、日本标准、中国香港标准、美国标准和 CAC 标准这 6 大国际主流标准衡量，本次侦测检出的农药超标品种及频次情况见表 11-13。

表 11-13　各 MRL 标准下超标农药品种及频次

	中国国家标准	欧盟标准	日本标准	中国香港标准	美国标准	CAC 标准
超标农药品种	4	101	94	8	8	4
超标农药频次	48	1015	755	30	36	15

11.2.2.1　按 MRL 中国国家标准衡量

按 MRL 中国国家标准衡量，共有 4 种农药超标，检出 48 频次，分别为剧毒农药甲拌磷，高毒农药克百威，中毒农药毒死蜱，微毒农药腐霉利。

按超标程度比较，芹菜中毒死蜱超标 85.0 倍，韭菜中甲拌磷超标 64.6 倍，苹果中甲拌磷超标 17.9 倍，韭菜中腐霉利超标 14.3 倍，芹菜中克百威超标 10.8 倍。检测结果见图 11-15 和附表 15。

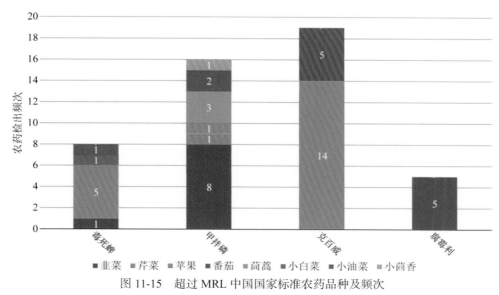

图 11-15　超过 MRL 中国国家标准农药品种及频次

11.2.2.2　按 MRL 欧盟标准衡量

按 MRL 欧盟标准衡量，共有 101 种农药超标，检出 1015 频次，分别为剧毒农药艾氏剂和甲拌磷、高毒农药猛杀威、4-硝基氯苯、克百威、三唑磷、兹克威、氟氯氰菊酯、敌敌畏、呋线威和灭害威、中毒农药联苯菊酯、乐果、氯菊酯、除虫菊素I、氟虫腈、多效唑、戊唑醇、仲丁威、辛酰溴苯腈、毒死蜱、烯唑醇、硫丹、甲霜灵、甲萘威、二甲草胺、喹螨醚、甲氰菊酯、除草醚、三唑酮、炔丙菊酯、三唑醇、γ-氟氯氰菌酯、2,6-二氯苯甲酰胺、3,4,5-混杀威、虫螨腈、稻瘟灵、噁霜灵、唑虫酰胺、双甲脒、仲丁灵、氟硅唑、腈菌唑、哒螨灵、氯氰菊酯、丙溴磷、异丙威、棉铃威、氰戊菊酯、安硫磷和烯丙菊酯、低毒农药嘧霉胺、二苯胺、螺螨酯、吡螨灵、乙草胺、己唑醇、西玛通、五氯苯、五氯苯甲腈、莠去津、胺菊酯、四氢吩胺、新燕灵、邻苯二甲酰亚胺、甲醚菊酯、威杀灵、八氯苯乙烯、去乙基阿特拉津、呋草黄、马拉硫磷、异丙草胺、丁噻隆、萘乙酸、乙嘧酚磺酸酯、炔螨特、拌种胺、3,5-二氯苯胺、间羟基联苯和五氯苯胺、微毒农药乙霉威、敌草胺、氟丙菊酯、腐霉利、溴丁酰草胺、灭锈胺、五氯硝基苯、增效醚、解草腈、拌种咯、啶氧菌酯、苯草醚、百菌清、氟乐灵、吡丙醚、四氯硝基苯、生物苄呋菊酯、醚菌酯、烯虫酯、霜霉威和仲草丹。

按超标程度比较，茼蒿中间羟基联苯超标 1486.9 倍，芹菜中嘧霉胺超标 588.3 倍，小白菜中 γ-氟氯氰菌酯超标 430.3 倍，茼蒿中腐霉利超标 395.9 倍，甜椒中丙溴磷超标 353.8 倍。检测结果见图 11-16 和附表 16。

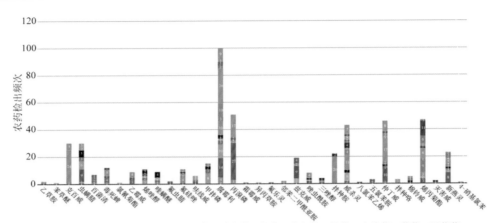

图 11-16-1　超过 MRL 欧盟标准农药品种及频次

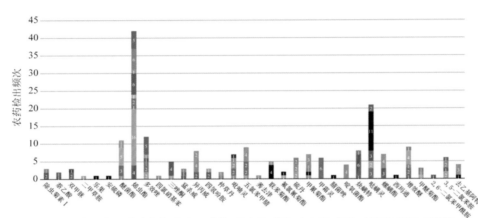

图 11-16-2　超过 MRL 欧盟标准农药品种及频次

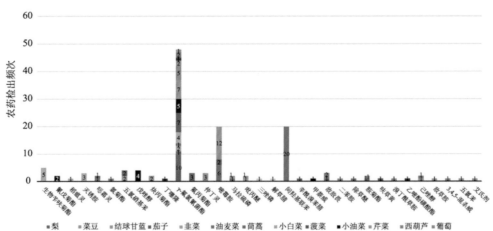

图 11-16-3　超过 MRL 欧盟标准农药品种及频次

11.2.2.3　按 MRL 日本标准衡量

按 MRL 日本标准衡量，共有 94 种农药超标，检出 755 频次，分别为剧毒农药艾氏剂和甲拌磷，高毒农药猛杀威、4-硝基氯苯、三唑磷、兹克威和灭害威，中毒农药联苯菊酯、除虫菊素I、仲丁威、氟虫腈、多效唑、戊唑醇、辛酰溴苯腈、毒死蜱、硫丹、甲霜灵、烯唑醇、甲氰菊酯、三唑酮、三唑醇、炔丙菊酯、γ-氟氯氰菌酯、2,6-二氯苯甲酰胺、3,4,5-混杀威、除草醚、喹螨醚、二甲草胺、虫螨腈、稻瘟灵、除虫菊酯、唑虫酰胺、麦穗宁、双甲脒、氟硅唑、二甲戊灵、哒螨灵、仲丁灵、棉铃威、异丙威、丙溴磷、烯丙菊酯和安硫磷，低毒农药嘧霉胺、二苯胺、氟吡菌酰胺、螺螨酯、吡喃灵、乙草胺、西玛通、五氯苯、五氯苯甲腈、莠去津、胺菊酯、四氢吩胺、新燕灵、呋草黄、毒草胺、邻苯二甲酰亚胺、甲醚菊酯、威杀灵、八氯苯乙烯、去乙基阿特拉津、马拉硫磷、丁噻隆、异丙草胺、乙嘧酚磺酸酯、噻嗪酮、萘乙酸、炔螨特、拌种胺、3,5-二氯苯胺、间羟基联苯和五氯苯胺，微毒农药萘乙酰胺、敌草胺、溴丁酰草胺、异噁唑草酮、腐霉利、灭锈胺、解草腈、噁草酮、增效醚、五氯硝基苯、拌种咯、啶氧菌酯、百菌清、苯草醚、吡丙醚、肟菌酯、醚菌酯、烯虫酯、霜霉威和仲草丹。

按超标程度比较，茼蒿中间羟基联苯超标 1486.9 倍，芹菜中嘧霉胺超标 588.3 倍，小白菜中 γ-氟氯氰菌酯超标 430.3 倍，芹菜中 γ-氟氯氰菌酯超标 263.1 倍，芹菜中氟硅唑超标 177.3 倍。检测结果见图 11-17 和附表 17。

11.2.2.4　按 MRL 中国香港标准衡量

按 MRL 中国香港标准衡量，共有 8 种农药超标，检出 30 频次，分别为高毒农药克百威和三唑磷，中毒农药毒死蜱、除虫菊酯和丙溴磷，低毒农药螺螨酯，微毒农药敌草胺和腐霉利。

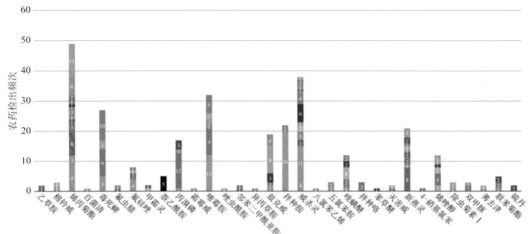

图 11-17-1　超过 MRL 日本标准农药品种及频次

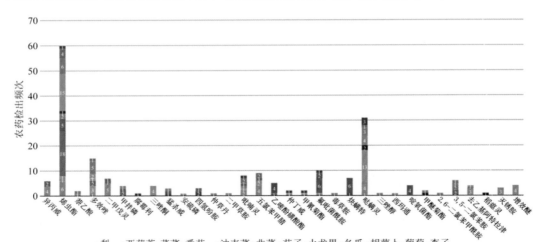

图 11-17-2　超过 MRL 日本标准农药品种及频次

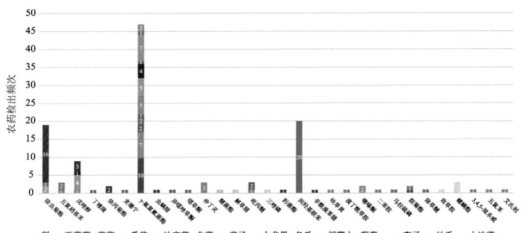

图 11-17-3　超过 MRL 日本标准农药品种及频次

按超标程度比较，芹菜中毒死蜱超标 85.0 倍，辣椒中三唑磷超标 53.1 倍，韭菜中腐霉利超标 14.3 倍，甜椒中丙溴磷超标 6.1 倍，小油菜中毒死蜱超标 3.3 倍。检测结果见图 11-18 和附表 18。

11.2.2.5　按 MRL 美国标准衡量

按 MRL 美国标准衡量，共有 8 种农药超标，检出 36 频次，分别为中毒农药氯菊酯、联苯菊酯、戊唑醇、毒死蜱、γ-氟氯氰菌酯、除虫菊酯和腈菌唑，微毒农药敌草胺。

按超标程度比较，桃中毒死蜱超标 59.6 倍，苹果中毒死蜱超标 35.9 倍，葡萄中毒死蜱超标 19.9 倍，茄子中联苯菊酯超标 4.7 倍，梨中毒死蜱超标 4.5 倍。检测结果见图 11-19 和附表 19。

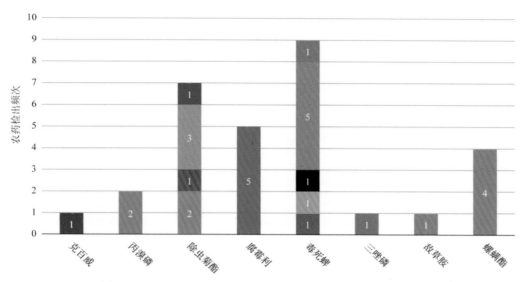

图 11-18　超过 MRL 中国香港标准农药品种及频次

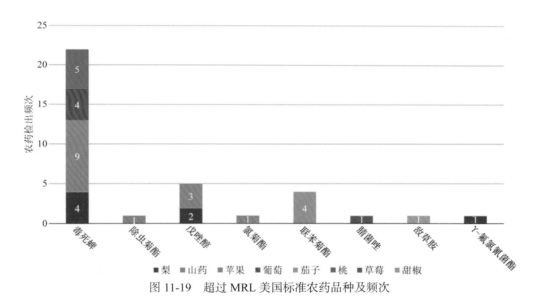

图 11-19　超过 MRL 美国标准农药品种及频次

11.2.2.6　按 MRL CAC 标准衡量

按 MRL CAC 标准衡量，共有 4 种农药超标，检出 15 频次，分别为中毒农药毒死蜱、除虫菊酯和氯氰菊酯，低毒农药螺螨酯。

按超标程度比较，桃中毒死蜱超标 5.1 倍，甜椒中螺螨酯超标 1.6 倍，苦瓜中除虫菊酯超标 1.1 倍，橙中除虫菊酯超标 0.6 倍，小白菜中氯氰菊酯超标 0.6 倍。检测结果见图 11-20 和附表 20。

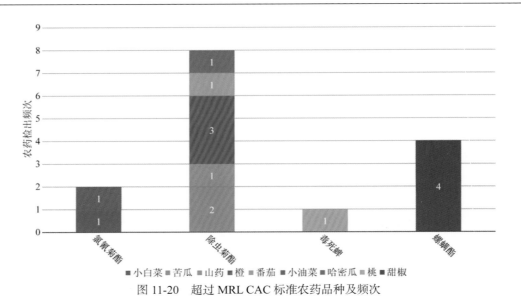

■ 小白菜 ■ 苦瓜 ■ 山药 ■ 橙 ■ 番茄 ■ 小油菜 ■ 哈密瓜 ■ 桃 ■ 甜椒

图 11-20　超过 MRL CAC 标准农药品种及频次

11.2.3　61 个采样点超标情况分析

11.2.3.1　按 MRL 中国国家标准衡量

按 MRL 中国国家标准衡量，有 29 个采样点的样品存在不同程度的超标农药检出，其中***超市（金沟寨店）的超标率最高，为 14.3%，如图 11-21 和表 11-14 所示。

表 11-14　超过 MRL 中国国家标准水果蔬菜在不同采样点分布

序号	采样点	样品总数	超标数量	超标率（%）	行政区域
1	***购物中心	67	5	7.5	临沂市 兰陵县
2	***购物广场（沂源县店）	65	3	4.6	淄博市 沂源县
3	***购物广场	64	1	1.6	潍坊市 诸城市
4	***超市（齐鲁园店）	51	4	7.8	临沂市 兰山区
5	***购物广场	46	2	4.3	济宁市 金乡县
6	***超市（福山购物广场店）	38	1	2.6	烟台市 福山区
7	***购物中心	38	1	2.6	枣庄市 市中区
8	***超市（日照广场店）	37	2	5.4	日照市 东港区
9	***超市（郯城店）	37	2	5.4	临沂市 郯城县
10	***超市（济宁店）	37	3	8.1	济宁市 任城区
11	***超市（解放路店）	37	1	2.7	枣庄市 滕州市
12	***超市（肥城店）	34	1	2.9	泰安市 肥城市
13	***超市（文登购物广场店）	25	1	4.0	威海市 文登区
14	***超市（安丘店）	24	2	8.3	潍坊市 安丘市

续表

序号	采样点	样品总数	超标数量	超标率（%）	行政区域
15	***超市（赵庄店）	24	1	4.2	临沂市　河东区
16	***超市（安丘店）	23	1	4.3	潍坊市　安丘市
17	***购物广场（泰安路店）	21	1	4.8	日照市　东港区
18	***超市（栖霞店）	18	1	5.6	烟台市　栖霞市
19	***超市（莱阳店）	18	1	5.6	烟台市　莱阳市
20	***超市（烟台店）	17	1	5.9	烟台市　芝罘区
21	***超市（北王店）	15	1	6.7	潍坊市　奎文区
22	***超市（商场东路店）	15	2	13.3	淄博市　张店区
23	***超市（新华店）	15	2	13.3	潍坊市　奎文区
24	***超市（北王店）	15	1	6.7	潍坊市　奎文区
25	***超市（新华店）	15	1	6.7	潍坊市　奎文区
26	***超市（金沟寨店）	14	2	14.3	烟台市　莱山区
27	***超市	12	1	8.3	泰安市　肥城市
28	***超市（临沂店）	9	1	11.1	临沂市　河东区
29	***超市（河东店）	9	1	11.1	临沂市　河东区

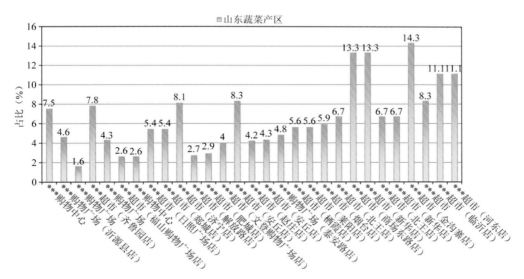

图 11-21　超过 MRL 中国国家标准水果蔬菜在不同采样点分布

11.2.3.2　按 MRL 欧盟标准衡量

按 MRL 欧盟标准衡量，所有采样点的样品均存在不同程度的超标农药检出，其中 ***超市（淄博购物广场店）的超标率最高，为 85.7%，如图 11-22 和表 11-15 所示。

表 11-15 超过 MRL 欧盟标准水果蔬菜在不同采样点分布

序号	采样点	样品总数	超标数量	超标率（%）	行政区域	
1	***购物中心	67	27	40.3	临沂市	兰陵县
2	***购物广场（沂源县店）	65	27	41.5	淄博市	沂源县
3	***购物广场	64	27	42.2	潍坊市	诸城市
4	***超市	63	30	47.6	潍坊市	寿光市
5	***超市（齐鲁园店）	51	24	47.1	临沂市	兰山区
6	***超市（曲阜店）	48	22	45.8	济宁市	曲阜市
7	***超市（淄川店）	46	14	30.4	淄博市	淄川区
8	***购物广场	46	20	43.5	济宁市	金乡县
9	***超市（福山购物广场店）	38	13	34.2	烟台市	福山区
10	***购物中心	38	14	36.8	枣庄市	市中区
11	***超市（日照广场店）	37	15	40.5	日照市	东港区
12	***超市（郯城店）	37	17	45.9	临沂市	郯城县
13	***超市	37	12	32.4	泰安市	东平县
14	***超市（济宁店）	37	17	45.9	济宁市	任城区
15	***超市（解放路店）	37	19	51.4	枣庄市	滕州市
16	***超市（世昌店）	36	13	36.1	威海市	环翠区
17	***超市（肥城店）	34	15	44.1	泰安市	肥城市
18	***购物中心	34	9	26.5	潍坊市	奎文区
19	***超市（海阳四店）	33	15	45.5	烟台市	海阳市
20	***超市（泰山区店）	31	11	35.5	泰安市	泰山区
21	***广场	28	11	39.3	济宁市	汶上县
22	***超市（文登购物广场店）	25	13	52.0	威海市	文登区
23	***超市（安丘店）	24	13	54.2	潍坊市	安丘市
24	***超市（赵庄店）	24	12	50.0	临沂市	河东区
25	***购物广场	23	11	47.8	威海市	乳山市
26	***超市（安丘店）	23	11	47.8	潍坊市	安丘市
27	***购物广场（泰安路店）	21	11	52.4	日照市	东港区
28	***超市（汶上店）	20	8	40.0	济宁市	汶上县
29	***购物广场	20	4	20.0	日照市	东港区
30	***超市（泰安店）	19	13	68.4	泰安市	泰山区
31	***超市（栖霞店）	18	11	61.1	烟台市	栖霞市
32	***超市（莱阳店）	18	8	44.4	烟台市	莱阳市
33	***超市有限公司	17	7	41.2	临沂市	沂水县
34	***超市（烟台店）	17	7	41.2	烟台市	芝罘区
35	***超市（凤凰大街店）	16	4	25.0	潍坊市	高密市
36	***超市（莱阳店）	16	4	25.0	烟台市	莱阳市
37	***超市有限公司	16	5	31.2	临沂市	平邑县
38	***购物广场	15	4	26.7	泰安市	东平县
39	***超市（沂水店）	15	6	40.0	临沂市	沂水县

续表

序号	采样点	样品总数	超标数量	超标率（%）	行政区域
40	***超市（北王店）	15	8	53.3	潍坊市 奎文区
41	***超市（商场东路店）	15	8	53.3	淄博市 张店区
42	***超市（新华店）	15	7	46.7	潍坊市 奎文区
43	***超市（北王店）	15	10	66.7	潍坊市 奎文区
44	***超市（新华店）	15	9	60.0	潍坊市 奎文区
45	***超市（临沂店）	15	9	60.0	临沂市 兰山区
46	***超市（平和店）	14	6	42.9	烟台市 牟平区
47	***超市（金沟寨店）	14	9	64.3	烟台市 莱山区
48	***超市（运城河店）	14	4	28.6	济宁市 任城区
49	***超市（淄博购物广场店）	14	12	85.7	淄博市 张店区
50	***超市	12	4	33.3	泰安市 肥城市
51	***购物广场	10	3	30.0	临沂市 河东区
52	***超市（会宝路店）	9	3	33.3	临沂市 兰陵县
53	***超市（张北店）	9	6	66.7	淄博市 张店区
54	***超市	9	5	55.6	淄博市 张店区
55	***超市（临沂店）	9	2	22.2	临沂市 河东区
56	***超市（河东店）	9	5	55.6	临沂市 河东区
57	***超市（华山店）	7	2	28.6	枣庄市 市中区
58	***购物广场	5	3	60.0	烟台市 蓬莱市
59	***有限公司	5	2	40.0	威海市 乳山市
60	***超市（北京路店）	5	2	40.0	日照市 东港区
61	***超市	4	3	75.0	威海市 乳山市

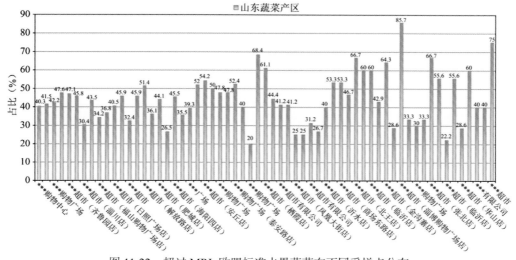

图 11-22　超过 MRL 欧盟标准水果蔬菜在不同采样点分布

11.2.3.3　按 MRL 日本标准衡量

按 MRL 日本标准衡量，所有采样点的样品均存在不同程度的超标农药检出，其中 ***超市（淄博购物广场店）的超标率最高，为 78.6%，如图 11-23 和表 11-16 所示。

表 11-16　超过 MRL 日本标准水果蔬菜在不同采样点分布

序号	采样点	样品总数	超标数量	超标率（%）	行政区域
1	***购物中心	67	24	35.8	临沂市　兰陵县
2	***购物广场（沂源县店）	65	17	26.2	淄博市　沂源县
3	***购物广场	64	22	34.4	潍坊市　诸城市
4	***超市	63	25	39.7	潍坊市　寿光市
5	***超市（齐鲁园店）	51	21	41.2	临沂市　兰山区
6	***超市（曲阜店）	48	20	41.7	济宁市　曲阜市
7	***超市（淄川店）	46	10	21.7	淄博市　淄川区
8	***购物广场	46	19	41.3	济宁市　金乡县
9	***超市（福山购物广场店）	38	13	34.2	烟台市　福山区
10	***购物中心	38	13	34.2	枣庄市　市中区
11	***超市（日照广场店）	37	16	43.2	日照市　东港区
12	***超市（郯城店）	37	9	24.3	临沂市　郯城县
13	***超市	37	10	27.0	泰安市　东平县
14	***超市（济宁店）	37	16	43.2	济宁市　任城区
15	***超市（解放路店）	37	20	54.1	枣庄市　滕州市
16	***超市（世昌店）	36	10	27.8	威海市　环翠区
17	***超市（肥城店）	34	12	35.3	泰安市　肥城市
18	***购物中心	34	11	32.4	潍坊市　奎文区
19	***超市（海阳四店）	33	13	39.4	烟台市　海阳市
20	***超市（泰山区店）	31	8	25.8	泰安市　泰山区
21	***广场	28	6	21.4	济宁市　汶上县
22	***超市（文登购物广场店）	25	8	32.0	威海市　文登区
23	***超市（安丘店）	24	7	29.2	潍坊市　安丘市
24	***超市（赵庄店）	24	9	37.5	临沂市　河东区
25	***购物广场	23	5	21.7	威海市　乳山市
26	***超市（安丘店）	23	8	34.8	潍坊市　安丘市
27	***购物广场（泰安路店）	21	9	42.9	日照市　东港区
28	***超市（汶上店）	20	8	40.0	济宁市　汶上县
29	***购物广场	20	6	30.0	日照市　东港区

续表

序号	采样点	样品总数	超标数量	超标率（%）	行政区域
30	***超市（泰安店）	19	9	47.4	泰安市　泰山区
31	***超市（栖霞店）	18	7	38.9	烟台市　栖霞市
32	***超市（莱阳店）	18	7	38.9	烟台市　莱阳市
33	***超市有限公司	17	9	52.9	临沂市　沂水县
34	***超市（烟台店）	17	8	47.1	烟台市　芝罘区
35	***超市（凤凰大街店）	16	3	18.8	潍坊市　高密市
36	***超市（莱阳店）	16	3	18.8	烟台市　莱阳市
37	***超市有限公司	16	1	6.2	临沂市　平邑县
38	***购物广场	15	5	33.3	泰安市　东平县
39	***超市（沂水店）	15	6	40.0	临沂市　沂水县
40	***超市（北王店）	15	6	40.0	潍坊市　奎文区
41	***超市（商场东路店）	15	5	33.3	淄博市　张店区
42	***超市（新华店）	15	7	46.7	潍坊市　奎文区
43	***超市（北王店）	15	10	66.7	潍坊市　奎文区
44	***超市（新华店）	15	8	53.3	潍坊市　奎文区
45	***超市（临沂店）	15	7	46.7	临沂市　兰山区
46	***超市（平和店）	14	4	28.6	烟台市　牟平区
47	***超市（金沟寨店）	14	4	28.6	烟台市　莱山区
48	***超市（运城河店）	14	3	21.4	济宁市　任城区
49	***超市（淄博购物广场店）	14	11	78.6	淄博市　张店区
50	***超市	12	4	33.3	泰安市　肥城市
51	***购物广场	10	3	30.0	临沂市　河东区
52	***超市（会宝路店）	9	3	33.3	临沂市　兰陵县
53	***超市（张北店）	9	4	44.4	淄博市　张店区
54	***超市	9	3	33.3	淄博市　张店区
55	***超市（临沂店）	9	3	33.3	临沂市　河东区
56	***超市（河东店）	9	3	33.3	临沂市　河东区
57	***超市（华山店）	7	2	28.6	枣庄市　市中区
58	***购物广场	5	3	60.0	烟台市　蓬莱市
59	***有限公司	5	1	20.0	威海市　乳山市
60	***超市（北京路店）	5	3	60.0	日照市　东港区
61	***超市	4	1	25.0	威海市　乳山市

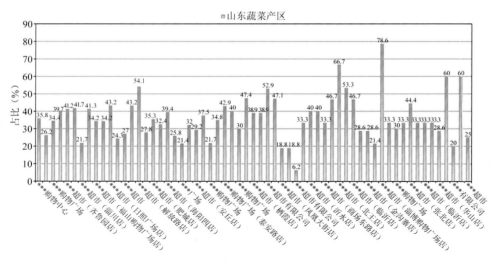

图 11-23　超过 MRL 日本标准水果蔬菜在不同采样点分布

11.2.3.4　按 MRL 中国香港标准衡量

按 MRL 中国香港标准衡量，有 19 个采样点的样品存在不同程度的超标农药检出，其中***超市的超标率最高，为 16.7%，如图 11-24 和表 11-17 所示。

表 11-17　超过 MRL 中国香港标准水果蔬菜在不同采样点分布

序号	采样点	样品总数	超标数量	超标率（%）	行政区域
1	***购物中心	67	3	4.5	临沂市　兰陵县
2	***购物广场（沂源县店）	65	3	4.6	淄博市　沂源县
3	***诸城购物广场	64	2	3.1	潍坊市　诸城市
4	***超市（齐鲁园店）	51	1	2.0	临沂市　兰山区
5	***超市（淄川店）	46	1	2.2	淄博市　淄川区
6	***购物中心	38	1	2.6	枣庄市　市中区
7	***超市（日照广场店）	37	1	2.7	日照市　东港区
8	***超市（济宁店）	37	2	5.4	济宁市　任城区
9	***超市（世昌店）	36	2	5.6	威海市　环翠区
10	***购物中心	34	1	2.9	潍坊市　奎文区
11	***超市（泰山区店）	31	1	3.2	泰安市　泰山区
12	***超市（文登购物广场店）	25	1	4.0	威海市　文登区
13	***超市（安丘店）	24	1	4.2	潍坊市　安丘市
14	***超市（赵庄店）	24	2	8.3	临沂市　河东区
15	***购物广场（泰安路店）	21	1	4.8	日照市　东港区
16	***超市（栖霞店）	18	1	5.6	烟台市　栖霞市
17	***超市（烟台店）	17	1	5.9	烟台市　芝罘区
18	***超市（凤凰大街店）	16	1	6.2	潍坊市　高密市
19	***超市	12	2	16.7	泰安市　肥城市

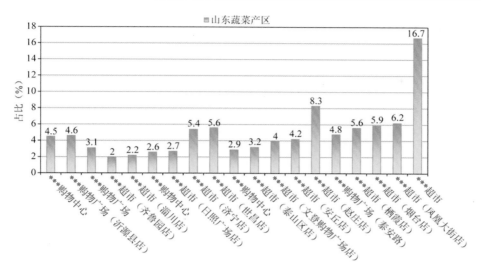

图 11-24　超过 MRL 中国香港标准水果蔬菜在不同采样点分布

11.2.3.5　按 MRL 美国标准衡量

按 MRL 美国标准衡量，有 24 个采样点的样品存在不同程度的超标农药检出，其中 ***超市（商场东路店）的超标率最高，为 13.3%，如图 11-25 和表 11-18 所示。

表 11-18　超过 MRL 美国标准水果蔬菜在不同采样点分布

序号	采样点	样品总数	超标数量	超标率（%）	行政区域	
1	***购物中心	67	5	7.5	临沂市	兰陵县
2	***购物广场（沂源县店）	65	3	4.6	淄博市	沂源县
3	***购物广场	64	2	3.1	潍坊市	诸城市
4	***超市（齐鲁园店）	51	2	3.9	临沂市	兰山区
5	***超市（曲阜店）	48	2	4.2	济宁市	曲阜市
6	***超市（淄川店）	46	1	2.2	淄博市	淄川区
7	***购物广场	46	1	2.2	济宁市	金乡县
8	***购物中心	38	1	2.6	枣庄市	市中区
9	***超市（济宁店）	37	1	2.7	济宁市	任城区
10	***超市（泰山区店）	31	2	6.5	泰安市	泰山区
11	***广场	28	1	3.6	济宁市	汶上县
12	***超市（赵庄店）	24	2	8.3	临沂市	河东区
13	***购物广场	23	1	4.3	威海市	乳山市
14	***购物广场（泰安路店）	21	1	4.8	日照市	东港区
15	***购物广场	20	1	5.0	日照市	东港区
16	***超市（栖霞店）	18	1	5.6	烟台市	栖霞市
17	***超市有限公司	17	1	5.9	临沂市	沂水县

续表

序号	采样点	样品总数	超标数量	超标率（%）	行政区域
18	***购物广场	15	1	6.7	泰安市 东平县
19	***超市（北王店）	15	1	6.7	潍坊市 奎文区
20	***超市（商场东路店）	15	2	13.3	淄博市 张店区
21	***超市（新华店）	15	1	6.7	潍坊市 奎文区
22	***超市（北王店）	15	1	6.7	潍坊市 奎文区
23	***超市（淄博购物广场店）	14	1	7.1	淄博市 张店区
24	***超市	9	1	11.1	淄博市 张店区

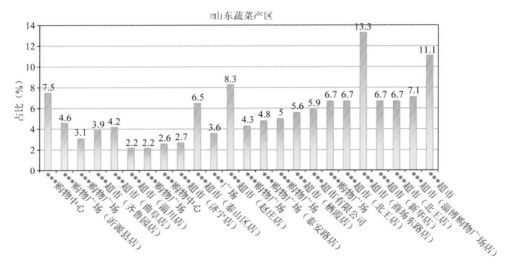

图 11-25　超过 MRL 美国标准水果蔬菜在不同采样点分布

11.2.3.6　按 MRL CAC 标准衡量

按 MRL CAC 标准衡量，有 13 个采样点的样品存在不同程度的超标农药检出，其中***超市的超标率最高，为 8.3%，如图 11-26 和表 11-19 所示。

表 11-19　超过 MRL CAC 标准水果蔬菜在不同采样点分布

序号	采样点	样品总数	超标数量	超标率（%）	行政区域
1	***购物广场（沂源县店）	65	1	1.5	淄博市 沂源县
2	***购物广场	64	2	3.1	潍坊市 诸城市
3	***超市（淄川店）	46	1	2.2	淄博市 淄川区
4	***购物广场	46	1	2.2	济宁市 金乡县
5	***超市（济宁店）	37	1	2.7	济宁市 任城区
6	***超市（解放路店）	37	1	2.7	枣庄市 滕州市

序号	采样点	样品总数	超标数量	超标率（%）	行政区域
7	***超市（世昌店）	36	2	5.6	威海市　环翠区
8	***购物中心	34	1	2.9	潍坊市　奎文区
9	***超市（泰山区店）	31	1	3.2	泰安市　泰山区
10	***超市（赵庄店）	24	1	4.2	临沂市　河东区
11	***超市（凤凰大街店）	16	1	6.2	潍坊市　高密市
12	***购物广场	15	1	6.7	泰安市　东平县
13	***超市	12	1	8.3	泰安市　肥城市

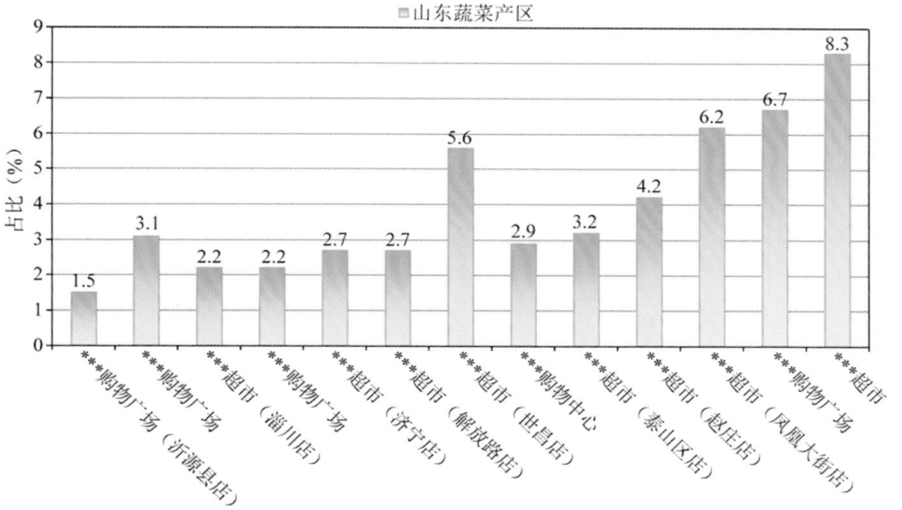

图 11-26　超过 MRL CAC 标准水果蔬菜在不同采样点分布

11.3　水果中农药残留分布

11.3.1　检出农药品种和频次排前 10 的水果

本次残留侦测的水果共 15 种，包括桃、西瓜、猕猴桃、香蕉、哈密瓜、苹果、葡萄、草莓、梨、李子、枣、橘、甜瓜、火龙果和橙。

根据检出农药品种及频次进行排名，将各项排名前 10 位的水果样品检出情况列表说明，详见表 11-20。

表 11-20　检出农药品种和频次排名前 10 的水果

检出农药品种排名前 10（品种）	①葡萄（31），②梨（29），③桃（23），④苹果（18），⑤草莓（14），⑥甜瓜（13），⑦火龙果（6），⑧李子（5），⑨哈密瓜（3），⑩西瓜（3）

续表

检出农药频次排名前 10（频次）	①梨（99），②葡萄（93），③桃（90），④甜瓜（67），⑤苹果（63），⑥草莓（31），⑦火龙果（9），⑧香蕉（8），⑨李子（6），⑩西瓜（4）
检出禁用、高毒及剧毒农药品种排名前 10（品种）	①桃（3），②苹果（2），③葡萄（2），④草莓（1），⑤梨（1），⑥甜瓜（1），⑦香蕉（1）
检出禁用、高毒及剧毒农药频次排名前 10（频次）	①甜瓜（16），②苹果（3），③桃（3），④草莓（2），⑤葡萄（2），⑥梨（1），⑦香蕉（1）

11.3.2 超标农药品种和频次排前 10 的水果

鉴于 MRL 欧盟标准和日本标准制定比较全面且覆盖率较高，我们参照 MRL 中国国家标准、欧盟标准和日本标准衡量水果样品中农残检出情况，将超标农药品种及频次排名前 10 的水果列表说明，详见表 11-21。

表 11-21 超标农药品种和频次排名前 10 的水果

	MRL 中国国家标准	①苹果（1）
超标农药品种排名前 10（农药品种数）	MRL 欧盟标准	①葡萄（15），②梨（11），③苹果（9），④桃（8），⑤草莓（5），⑥甜瓜（2），⑦哈密瓜（1），⑧火龙果（1），⑨香蕉（1），⑩枣（1）
	MRL 日本标准	①葡萄（11），②梨（8），③桃（8），④苹果（5），⑤草莓（3），⑥火龙果（3），⑦李子（2），⑧枣（2），⑨哈密瓜（1），⑩甜瓜（1）
	MRL 中国国家标准	①苹果（1）
超标农药频次排名前 10（农药频次数）	MRL 欧盟标准	①葡萄（29），②梨（28），③桃（21），④苹果（18），⑤甜瓜（9），⑥草莓（6），⑦哈密瓜（1），⑧火龙果（1），⑨香蕉（1），⑩枣（1）
	MRL 日本标准	①梨（25），②桃（17），③葡萄（16），④苹果（13），⑤草莓（6），⑥火龙果（4），⑦甜瓜（4），⑧李子（2），⑨枣（2），⑩哈密瓜（1）

通过对各品种水果样本总数及检出率进行综合分析发现，葡萄、梨和桃的残留污染最为严重，在此，我们参照 MRL 中国国家标准、欧盟标准和日本标准对这 3 种水果的农残检出情况进行进一步分析。

11.3.3 农药残留检出率较高的水果样品分析

11.3.3.1 葡萄

这次共检测 31 例葡萄样品，28 例样品中检出了农药残留，检出率为 90.3%，检出农药共计 31 种。其中腐霉利、嘧霉胺、毒死蜱、除虫菊酯和新燕灵检出频次较高，分别检出了 12、12、8、7 和 7 次。葡萄中农药检出品种和频次见图 11-27，超标农药见图 11-28 和表 11-22。

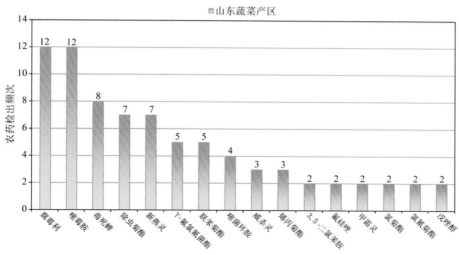

图 11-27　葡萄样品检出农药品种和频次分析（仅列出 2 频次及以上的数据）

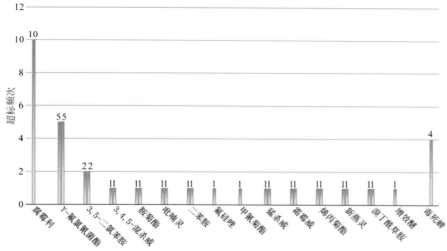

图 11-28　葡萄样品中超标农药分析

表 11-22　葡萄中农药残留超标情况明细表

样品总数			检出农药样品数	样品检出率（%）	检出农药品种总数
31			28	90.3	31
	超标农药品种	超标农药频次	按照 MRL 中国国家标准、欧盟标准和日本标准衡量超标农药名称及频次		
中国国家标准	0	0			
欧盟标准	15	29	腐霉利（10），γ-氟氯氰菌酯（5），3,5-二氯苯胺（2），3,4,5-混杀威（1），胺菊酯（1），吡喃灵（1），二苯胺（1），氟硅唑（1），甲氰菊酯（1），猛杀威（1），霜霉威（1），烯丙菊酯（1），新燕灵（1），溴丁酰草胺（1），增效醚（1）		
日本标准	11	16	γ-氟氯氰菌酯（5），3,5-二氯苯胺（2），3,4,5-混杀威（1），胺菊酯（1），吡喃灵（1），二苯胺（1），猛杀威（1），霜霉威（1），烯丙菊酯（1），新燕灵（1），溴丁酰草胺（1）		

11.3.3.2　梨

这次共检测 50 例梨样品，42 例样品中检出了农药残留，检出率为 84.0%，检出农药共计 29 种。其中毒死蜱、γ-氟氯氰菌酯、新燕灵、戊唑醇和氟丙菊酯检出频次较高，分别检出了 32、10、8、6 和 5 次。梨中农药检出品种和频次见图 11-29，超标农药见图 11-30 和表 11-23。

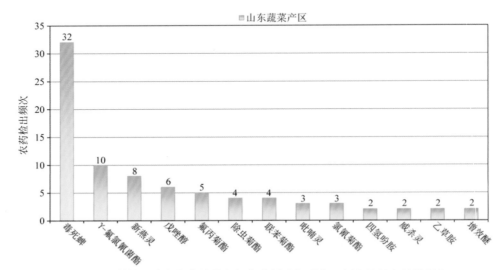

图 11-29　梨样品检出农药品种和频次分析（仅列出 2 频次及以上的数据）

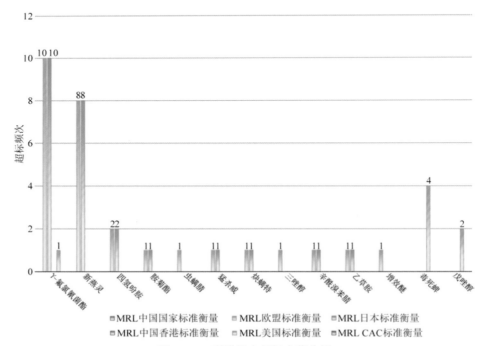

图 11-30　梨样品中超标农药分析

表 11-23　梨中农药残留超标情况明细表

样品总数			检出农药样品数	样品检出率（%）	检出农药品种总数
50			42	84	29
	超标农药品种	超标农药频次	按照 MRL 中国国家标准、欧盟标准和日本标准衡量超标农药名称及频次		
中国国家标准	0	0			
欧盟标准	11	28	γ-氟氯氰菌酯（10），新燕灵（8），四氢吩胺（2），胺菊酯（1），虫螨腈（1），猛杀威（1），炔螨特（1），三唑醇（1），辛酰溴苯腈（1），乙草胺（1），增效醚（1）		
日本标准	8	25	γ-氟氯氰菌酯（10），新燕灵（8），四氢吩胺（2），胺菊酯（1），猛杀威（1），炔螨特（1），辛酰溴苯腈（1），乙草胺（1）		

11.3.3.3　桃

　　这次共检测 41 例桃样品，37 例样品中检出了农药残留，检出率为 90.2%，检出农药共计 23 种。其中毒死蜱、除虫菊酯、多效唑、戊唑醇和 γ-氟氯氰菌酯检出频次较高，分别检出了 24、15、10、9 和 7 次。桃中农药检出品种和频次见图 11-31，超标农药见图 11-32 和表 11-24。

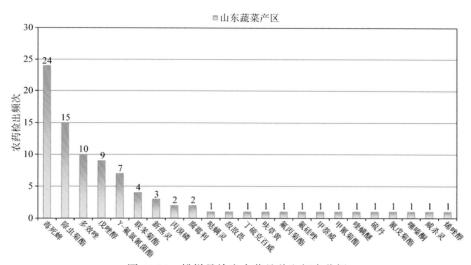

图 11-31　桃样品检出农药品种和频次分析

表 11-24　桃中农药残留超标情况明细表

样品总数		检出农药样品数	样品检出率（%）	检出农药品种总数
41		37	90.2	23
	超标农药品种	超标农药频次	按照 MRL 中国国家标准、欧盟标准和日本标准衡量超标农药名称及频次	
中国国家标准	0	0		
欧盟标准	8	21	γ-氟氯氰菌酯（7），毒死蜱（4），新燕灵（3），丙溴磷（2），腐霉利（2），氟硅唑（1），甲氰菊酯（1），烯唑醇（1）	
日本标准	8	17	γ-氟氯氰菌酯（7），新燕灵（3），丙溴磷（2），毒死蜱（1），多效唑（1），氟硅唑（1），喹螨醚（1），烯唑醇（1）	

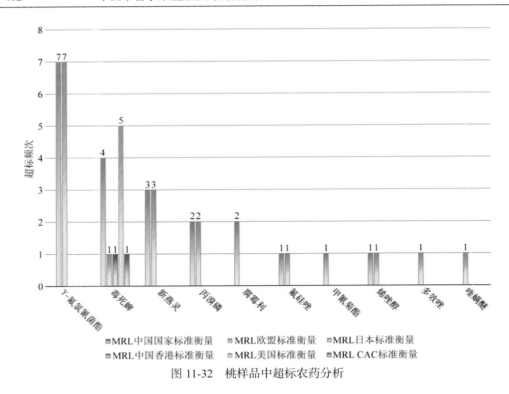

图 11-32　桃样品中超标农药分析

11.4　蔬菜中农药残留分布

11.4.1　检出农药品种和频次排前 10 的蔬菜

本次残留侦测的蔬菜共 40 种，包括黄瓜、结球甘蓝、韭菜、洋葱、芹菜、小茴香、莲藕、苦苣、大蒜、蕹菜、花椰菜、番茄、菠菜、山药、西葫芦、甜椒、扁豆、辣椒、樱桃番茄、葱、紫甘蓝、小白菜、青花菜、油麦菜、胡萝卜、南瓜、叶芥菜、茄子、马铃薯、姜、萝卜、生菜、小油菜、菜豆、茼蒿、冬瓜、大白菜、娃娃菜、苦瓜和丝瓜。

根据检出农药品种及频次进行排名，将各项排名前 10 位的蔬菜样品检出情况列表说明，详见表 11-25。

表 11-25　检出农药品种和频次排名前 10 的蔬菜

检出农药品种排名前 10（品种）	①芹菜（62），②韭菜（39），③小油菜（39），④番茄（37），⑤黄瓜（37），⑥茼蒿（37），⑦菠菜（36），⑧茄子（36），⑨辣椒（29），⑩甜椒（28）
检出农药频次排名前 10（频次）	①番茄（257），②芹菜（252），③黄瓜（172），④茄子（167），⑤韭菜（161），⑥甜椒（138），⑦茼蒿（136），⑧菠菜（123），⑨小油菜（116），⑩辣椒（77）
检出禁用、高毒及剧毒农药品种排名前 10（品种）	①韭菜（5），②芹菜（5），③茄子（4），④小油菜（4），⑤菠菜（3），⑥辣椒（3），⑦茼蒿（3），⑧番茄（2），⑨黄瓜（2），⑩姜（2）

检出禁用、高毒及剧毒农药频次排名前 10（频次）	①芹菜（32），②黄瓜（16），③韭菜（15），④菠菜（13），⑤番茄（9），⑥小油菜（7），⑦姜（6），⑧生菜（5），⑨茼蒿（5），⑩西葫芦（5）

11.4.2　超标农药品种和频次排前 10 的蔬菜

鉴于 MRL 欧盟标准和日本标准制定比较全面且覆盖率较高，我们参照 MRL 中国国家标准、欧盟标准和日本标准衡量蔬菜样品中农残检出情况，将超标农药品种及频次排名前 10 的蔬菜列表说明，详见表 11-26。

表 11-26　超标农药品种和频次排名前 10 的蔬菜

超标农药品种排名前 10（农药品种数）	MRL 中国国家标准	①韭菜（3），②芹菜（3），③小油菜（2），④番茄（1），⑤茼蒿（1），⑥小白菜（1），⑦小茴香（1）
	MRL 欧盟标准	①芹菜（34），②小油菜（25），③茼蒿（23），④韭菜（22），⑤菠菜（20），⑥生菜（16），⑦茄子（15），⑧甜椒（15），⑨小白菜（15），⑩黄瓜（12）
	MRL 日本标准	①芹菜（28），②韭菜（19），③茼蒿（18），④菠菜（17），⑤菜豆（17），⑥小油菜（17），⑦生菜（12），⑧甜椒（12），⑨茄子（11），⑩小白菜（11）
超标农药频次排名前 10（农药频次数）	MRL 中国国家标准	①芹菜（20），②韭菜（14），③番茄（5），④茼蒿（3），⑤小油菜（3），⑥小白菜（1），⑦小茴香（1）
	MRL 欧盟标准	①芹菜（140），②茄子（86），③茼蒿（72），④番茄（69），⑤韭菜（66），⑥甜椒（64），⑦小油菜（57），⑧菠菜（48），⑨黄瓜（41），⑩生菜（35）
	MRL 日本标准	①芹菜（100），②韭菜（62），③茼蒿（59），④菠菜（57），⑤菜豆（42），⑥小油菜（41），⑦茄子（37），⑧生菜（28），⑨番茄（26），⑩黄瓜（26）

通过对各品种蔬菜样本总数及检出率进行综合分析发现，芹菜、韭菜和小油菜的残留污染最为严重，在此，我们参照 MRL 中国国家标准、欧盟标准和日本标准对这 3 种蔬菜的农残检出情况进行进一步分析。

11.4.3　农药残留检出率较高的蔬菜样品分析

11.4.3.1　芹菜

这次共检测 77 例芹菜样品，75 例样品中检出了农药残留，检出率为 97.4%，检出农药共计 62 种。其中克百威、拌种胺、毒死蜱、威杀灵和嘧霉胺检出频次较高，分别检出了 25、24、20、17 和 13 次。芹菜中农药检出品种和频次见图 11-33，超标农药见图 11-34 和表 11-27。

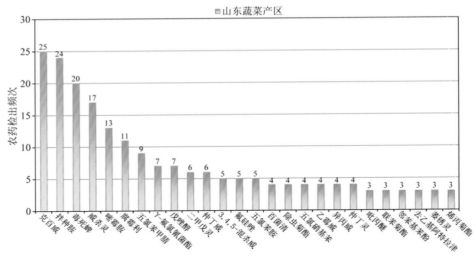

图 11-33　芹菜样品检出农药品种和频次分析（仅列出 3 频次及以上的数据）

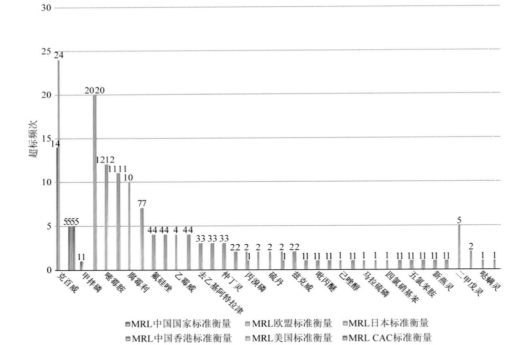

图 11-34　芹菜样品中超标农药分析

表 11-27　芹菜中农药残留超标情况明细表

样品总数	检出农药样品数	样品检出率（%）	检出农药品种总数
77	75	97.4	62

超标农药品种	超标农药频次	按照 MRL 中国国家标准、欧盟标准和日本标准衡量超标农药名称及频次

续表

样品总数		检出农药样品数	样品检出率（%）	检出农药品种总数
77		75	97.4	62
中国国家标准	3	20	克百威（14）、毒死蜱（5）、甲拌磷（1）	
欧盟标准	34	140	克百威（24）、拌种胺（20）、嘧霉胺（12）、威杀灵（11）、腐霉利（10）、γ-氟氯氰菌酯（7）、毒死蜱（5）、氟硅唑（4）、五氯苯甲腈（4）、乙霉威（4）、异丙威（4）、去乙基阿特拉津（3）、烯丙菊酯（3）、仲丁灵（3）、吡喃灵（2）、丙溴磷（2）、虫螨腈（2）、硫丹（2）、五氯硝基苯（2）、兹克威（2）、艾氏剂（1）、吡丙醚（1）、多效唑（1）、己唑醇（1）、甲拌磷（1）、联苯菊酯（1）、马拉硫磷（1）、醚菌酯（1）、四氯硝基苯（1）、五氯苯（1）、五氯苯胺（1）、烯虫酯（1）、新燕灵（1）、莠去津（1）	
日本标准	28	100	拌种胺（20）、嘧霉胺（12）、威杀灵（11）、γ-氟氯氰菌酯（7）、毒死蜱（5）、二甲戊灵（5）、氟硅唑（4）、五氯苯甲腈（4）、异丙威（4）、去乙基阿特拉津（3）、烯丙菊酯（3）、仲丁灵（3）、吡喃灵（2）、噻嗪酮（2）、兹克威（2）、艾氏剂（1）、吡丙醚（1）、丙溴磷（1）、哒螨灵（1）、多效唑（1）、联苯菊酯（1）、五氯苯（1）、五氯苯胺（1）、五氯硝基苯（1）、戊唑醇（1）、烯虫酯（1）、新燕灵（1）、莠去津（1）	

11.4.3.2　韭菜

这次共检测 73 例韭菜样品，64 例样品中检出了农药残留，检出率为 87.7%，检出农药共计 39 种。其中烯虫酯、毒死蜱、腐霉利、除虫菊酯和嘧霉胺检出频次较高，分别检出了 21、16、15、9 和 9 次。韭菜中农药检出品种和频次见图 11-35，超标农药见图 11-36 和表 11-28。

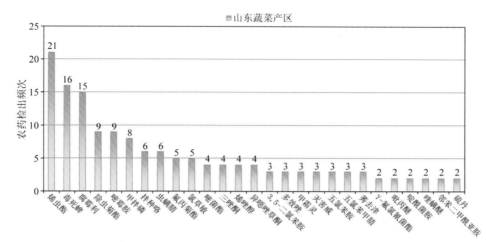

图 11-35　韭菜样品检出农药品种和频次分析（仅列出 2 频次及以上的数据）

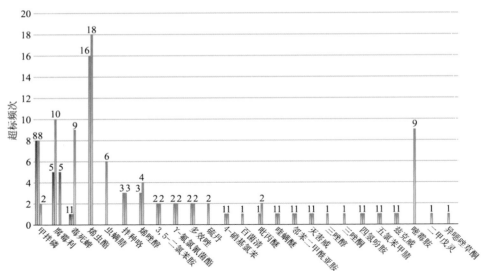

图 11-36　韭菜样品中超标农药分析

表 11-28　韭菜中农药残留超标情况明细表

样品总数	检出农药样品数	样品检出率（%）	检出农药品种总数
73	64	87.7	39

	超标农药品种	超标农药频次	按照 MRL 中国国家标准、欧盟标准和日本标准衡量超标农药名称及频次
中国国家标准	3	14	甲拌磷（8），腐霉利（5），毒死蜱（1）
欧盟标准	22	66	烯虫酯（16），腐霉利（10），甲拌磷（8），虫螨腈（6），拌种咯（3），烯唑醇（3），3,5-二氯苯胺（2），γ-氟氯氰菌酯（2），多效唑（2），硫丹（2），4-硝基氯苯（1），百菌清（1），吡丙醚（1），毒死蜱（1），喹螨醚（1），邻苯二甲酰亚胺（1），灭害威（1），三唑醇（1），三唑酮（1），四氢吩胺（1），五氯苯甲腈（1），兹克威（1）
日本标准	19	62	烯虫酯（18），毒死蜱（9），嘧霉胺（9），烯唑醇（4），拌种咯（3），3,5-二氯苯胺（2），γ-氟氯氰菌酯（2），吡丙醚（2），多效唑（2），甲拌磷（2），4-硝基氯苯（1），二甲戊灵（1），喹螨醚（1），邻苯二甲酰亚胺（1），灭害威（1），四氢吩胺（1），五氯苯甲腈（1），异噁唑草酮（1），兹克威（1）

11.4.3.3　小油菜

这次共检测 69 例小油菜样品，51 例样品中检出了农药残留，检出率为 73.9%，检出农药共计 39 种。其中哒螨灵、威杀灵、除虫菊酯、联苯菊酯和 γ-氟氯氰菌酯检出频次较高，分别检出了 13、11、9、7 和 6 次。小油菜中农药检出品种和频次见图 11-37，超标农药见图 11-38 和表 11-29。

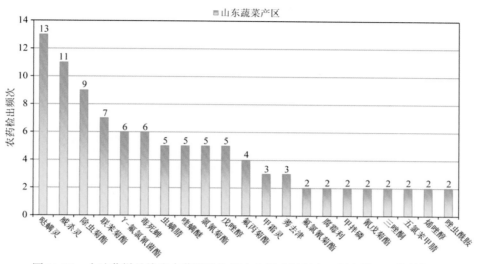

图 11-37　小油菜样品检出农药品种和频次分析（仅列出 2 频次及以上的数据）

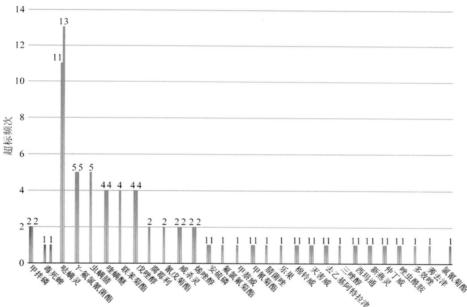

图 11-38　小油菜样品中超标农药分析

表 11-29　小油菜中农药残留超标情况明细表

样品总数			检出农药样品数	样品检出率（%）	检出农药品种总数
69			51	73.9	39
	超标农药品种	超标农药频次	按照 MRL 中国国家标准、欧盟标准和日本标准衡量超标农药名称及频次		
中国国家标准	2	3	甲拌磷（2），毒死蜱（1）		

续表

样品总数			检出农药样品数	样品检出率（%）	检出农药品种总数
69			51	73.9	39

	超标农药品种	超标农药频次	按照 MRL 中国国家标准、欧盟标准和日本标准衡量超标农药名称及频次
欧盟标准	25	57	哒螨灵（11）、γ-氟氯氰菌酯（5）、虫螨腈（5）、喹螨醚（4）、联苯菊酯（4）、戊唑醇（4）、腐霉利（2）、甲拌磷（2）、氰戊菊酯（2）、威杀灵（2）、烯唑醇（2）、安硫磷（1）、氟氯氰菊酯（1）、甲萘威（1）、甲氰菊酯（1）、腈菌唑（1）、乐果（1）、棉铃威（1）、灭害威（1）、去乙基阿特拉津（1）、三唑醇（1）、西玛通（1）、新燕灵（1）、仲丁威（1）、唑虫酰胺（1）
日本标准	17	41	哒螨灵（13）、γ-氟氯氰菌酯（5）、喹螨醚（4）、戊唑醇（4）、威杀灵（2）、烯唑醇（2）、安硫磷（1）、多效唑（1）、甲氰菊酯（1）、棉铃威（1）、灭害威（1）、去乙基阿特拉津（1）、西玛通（1）、新燕灵（1）、莠去津（1）、仲丁威（1）、唑虫酰胺（1）

11.5　初 步 结 论

11.5.1　山东蔬菜产区市售水果蔬菜按 MRL 中国国家标准和国际主要 MRL 标准衡量的合格率

本次侦测的 1493 例样品中，388 例样品未检出任何残留农药，占样品总量的 26.0%，1105 例样品检出不同水平、不同种类的残留农药，占样品总量的 74.0%。在这 1105 例检出农药残留的样品中：

按 MRL 中国国家标准衡量，有 1058 例样品检出残留农药但含量没有超标，占样品总数的 70.9%，有 47 例样品检出了超标农药，占样品总数的 3.1%。

按 MRL 欧盟标准衡量，有 459 例样品检出残留农药但含量没有超标，占样品总数的 30.7%，有 646 例样品检出了超标农药，占样品总数的 43.3%。

按 MRL 日本标准衡量，有 574 例样品检出残留农药但含量没有超标，占样品总数的 38.4%，有 531 例样品检出了超标农药，占样品总数的 35.6%。

按 MRL 中国香港标准衡量，有 1077 例样品检出残留农药但含量没有超标，占样品总数的 72.1%，有 28 例样品检出了超标农药，占样品总数的 1.9%。

按 MRL 美国标准衡量，有 1069 例样品检出残留农药但含量没有超标，占样品总数的 71.6%，有 36 例样品检出了超标农药，占样品总数的 2.4%。

按 MRL CAC 标准衡量，有 1090 例样品检出残留农药但含量没有超标，占样品总数的 73.0%，有 15 例样品检出了超标农药，占样品总数的 1.0%。

11.5.2　山东蔬菜产区市售水果蔬菜中检出农药以中低微毒农药为主，占市场主体的 91.8%

这次侦测的 1493 例样品包括食用菌 5 种 54 例，水果 15 种 281 例，蔬菜 40 种 1158 例，共检出了 146 种农药，检出农药的毒性以中低微毒为主，详见表 11-30。

表 11-30　市场主体农药毒性分布

毒性	检出品种	占比	检出频次	占比
剧毒农药	3	2.1%	20	0.7%
高毒农药	9	6.2%	90	3.3%
中毒农药	52	35.6%	1318	49.0%
低毒农药	51	34.9%	681	25.3%
微毒农药	31	21.2%	581	21.6%

中低微毒农药，品种占比 91.8%，频次占比 95.9%

11.5.3　检出剧毒、高毒和禁用农药现象应该警醒

在此次侦测的 1493 例样品中有 25 种蔬菜和 7 种水果的 171 例样品检出了 17 种 176 频次的剧毒和高毒或禁用农药，占样品总量的 11.5%。其中剧毒农药甲拌磷、艾氏剂和对硫磷以及高毒农药克百威、兹克威和呋线威检出频次较高。

按 MRL 中国国家标准衡量，剧毒农药甲拌磷，检出 18 次，超标 16 次；高毒农药克百威，检出 35 次，超标 19 次；按超标程度比较，韭菜中甲拌磷超标 64.6 倍，苹果中甲拌磷超标 17.9 倍，芹菜中克百威超标 10.8 倍，芹菜中甲拌磷超标 8.4 倍，小油菜中甲拌磷超标 7.3 倍。

剧毒、高毒或禁用农药的检出情况及按照 MRL 中国国家标准衡量的超标情况见表 11-31。

表 11-31　剧毒、高毒或禁用农药的检出及超标明细

序号	农药名称	样品名称	检出频次	超标频次	最大超标倍数	超标率
1.1	对硫磷*▲	菠菜	1	0	0	0.0%
2.1	甲拌磷*▲	韭菜	8	8	64.61	100.0%
2.2	甲拌磷*▲	茼蒿	3	3	0.75	100.0%
2.3	甲拌磷*▲	小油菜	2	2	7.26	100.0%
2.4	甲拌磷*▲	芹菜	2	1	8.4	50.0%
2.5	甲拌磷*▲	苹果	1	1	17.92	100.0%
2.6	甲拌磷*▲	小茴香	1	1	0.53	100.0%
2.7	甲拌磷*▲	丝瓜	1	0	0	0.0%
3.1	艾氏剂*▲	芹菜	1	0	0	0.0%
4.1	4-硝基氯苯◊	韭菜	1	0	0	0.0%
5.1	三唑磷◊	辣椒	2	0	0	0.0%
6.1	克百威◊▲	芹菜	25	14	10.77	56.0%
6.2	克百威◊▲	番茄	5	5	4.03	100.0%
6.3	克百威◊▲	小茴香	2	0	0	0.0%

序号	农药名称	样品名称	检出频次	超标频次	最大超标倍数	超标率
6.4	克百威◇▲	叶芥菜	1	0	0	0.0%
6.5	克百威◇▲	结球甘蓝	1	0	0	0.0%
6.6	克百威◇▲	辣椒	1	0	0	0.0%
7.1	兹克威◇	菠菜	11	0	0	0.0%
7.2	兹克威◇	小白菜	4	0	0	0.0%
7.3	兹克威◇	生菜	4	0	0	0.0%
7.4	兹克威◇	芹菜	2	0	0	0.0%
7.5	兹克威◇	青花菜	1	0	0	0.0%
7.6	兹克威◇	韭菜	1	0	0	0.0%
8.1	呋线威◇	姜	4	0	0	0.0%
8.2	呋线威◇	胡萝卜	3	0	0	0.0%
8.3	呋线威◇	油麦菜	1	0	0	0.0%
8.4	呋线威◇	菠菜	1	0	0	0.0%
8.5	呋线威◇	西葫芦	1	0	0	0.0%
9.1	敌敌畏◇	苹果	2	0	0	0.0%
9.2	敌敌畏◇	桃	1	0	0	0.0%
9.3	敌敌畏◇	茄子	1	0	0	0.0%
9.4	敌敌畏◇	香菇	1	0	0	0.0%
10.1	氟氯氰菊酯◇	小油菜	2	0	0	0.0%
10.2	氟氯氰菊酯◇	小白菜	1	0	0	0.0%
11.1	灭害威◇	韭菜	3	0	0	0.0%
11.2	灭害威◇	小油菜	1	0	0	0.0%
12.1	猛杀威◇	梨	1	0	0	0.0%
12.2	猛杀威◇	紫甘蓝	1	0	0	0.0%
12.3	猛杀威◇	茄子	1	0	0	0.0%
12.4	猛杀威◇	茼蒿	1	0	0	0.0%
12.5	猛杀威◇	葡萄	1	0	0	0.0%
12.6	猛杀威◇	香蕉	1	0	0	0.0%
12.7	猛杀威◇	黄瓜	1	0	0	0.0%
13.1	六六六▲	葡萄	1	0	0	0.0%
14.1	氟虫腈▲	生菜	1	0	0	0.0%
14.2	氟虫腈▲	茄子	1	0	0	0.0%
15.1	氰戊菊酯▲	小油菜	2	0	0	0.0%
15.2	氰戊菊酯▲	桃	1	0	0	0.0%

续表

序号	农药名称	样品名称	检出频次	超标频次	最大超标倍数	超标率
16.1	硫丹▲	甜瓜	16	0	0	0.0%
16.2	硫丹▲	黄瓜	15	0	0	0.0%
16.3	硫丹▲	番茄	4	0	0	0.0%
16.4	硫丹▲	西葫芦	4	0	0	0.0%
16.5	硫丹▲	甜椒	3	0	0	0.0%
16.6	硫丹▲	冬瓜	2	0	0	0.0%
16.7	硫丹▲	姜	2	0	0	0.0%
16.8	硫丹▲	芹菜	2	0	0	0.0%
16.9	硫丹▲	草莓	2	0	0	0.0%
16.10	硫丹▲	菜豆	2	0	0	0.0%
16.11	硫丹▲	韭菜	2	0	0	0.0%
16.12	硫丹▲	丝瓜	1	0	0	0.0%
16.13	硫丹▲	桃	1	0	0	0.0%
16.14	硫丹▲	樱桃番茄	1	0	0	0.0%
16.15	硫丹▲	茄子	1	0	0	0.0%
16.16	硫丹▲	辣椒	1	0	0	0.0%
17.1	除草醚▲	茼蒿	1	0	0	0.0%
合计			176	35		19.9%

注：超标倍数参照 MRL 中国国家标准衡量

这些超标的剧毒和高毒农药都是中国政府早有规定禁止在水果蔬菜中使用的，为什么还屡次被检出，应该引起警惕。

11.5.4 残留限量标准与先进国家或地区标准差距较大

2690 频次的检出结果与我国公布的《食品中农药最大残留限量》（GB 2763—2014）对比，有 609 频次能找到对应的 MRL 中国国家标准，占 22.6%；还有 2081 频次的侦测数据无相关 MRL 标准供参考，占 77.4%。

与国际上现行 MRL 标准对比发现：

有 2690 频次能找到对应的 MRL 欧盟标准，占 100.0%；

有 2690 频次能找到对应的 MRL 日本标准，占 100.0%；

有 1085 频次能找到对应的 MRL 中国香港标准，占 40.3%；

有 800 频次能找到对应的 MRL 美国标准，占 29.7%；

有 522 频次能找到对应的 MRL CAC 标准，占 19.4%。

由上可见，MRL 中国国家标准与先进国家或地区标准还有很大差距，我们无标准，境外有标准，这就会导致我们在国际贸易中，处于受制于人的被动地位。

11.5.5　水果蔬菜单种样品检出 23~62 种农药残留，拷问农药使用的科学性

通过此次监测发现，葡萄、梨和桃是检出农药品种最多的 3 种水果，芹菜、韭菜和小油菜是检出农药品种最多的 3 种蔬菜，从中检出农药品种及频次详见表 11-32。

表 11-32　单种样品检出农药品种及频次

样品名称	样品总数	检出农药样品数	检出率	检出农药品种数	检出农药（频次）
芹菜	77	75	97.4%	62	克百威（25），拌种胺（24），毒死蜱（20），威杀灵（17），嘧霉胺（13），腐霉利（11），五氯苯甲腈（9），γ-氟氯氰菊酯（7），戊唑醇（7），二甲戊灵（6），仲丁威（6），3,4,5-混杀威（5），氟硅唑（5），五氯苯胺（5），百菌清（4），除虫菊酯（4），五氯硝基苯（4），乙霉威（4），异丙威（4），仲丁灵（4），吡丙醚（3），联苯菊酯（3），邻苯基苯酚（3），去乙基阿特拉津（3），萎锈灵（3），烯丙菊酯（3），3,5-二氯苯胺（2），吡喃灵（2），丙溴磷（2），虫螨腈（2），多效唑（2），甲拌磷（2），甲基立枯磷（2），硫丹（2），嘧菌酯（2），噻嗪酮（2），肟菌酯（2），五氯苯（2），莠去津（2），兹克威（2），艾氏剂（1），哒螨灵（1），敌稗（1），二苯胺（1），芬螨酯（1），氟丙菊酯（1），去异丙基莠去津（1），环酯草醚（1），己唑醇（1），甲霜灵（1），喹螨醚（1），马拉硫磷（1），醚菌酯（1），扑草净（1），扑灭津（1），霜霉威（1），四氯硝基苯（1），西玛津（1），烯虫酯（1），烯唑醇（1），新燕灵（1），异丙草胺（1）
韭菜	73	64	87.7%	39	烯虫酯（21），毒死蜱（16），腐霉利（15），除虫菊酯（9），嘧霉胺（9），甲拌磷（8），拌种咯（6），虫螨腈（6），氟丙菊酯（5），氯草敏（5），嘧菌酯（4），三唑酮（4），烯唑醇（4），异噁唑草酮（4），3,5-二氯苯胺（3），多效唑（3），甲霜灵（3），灭害威（3），五氯苯胺（3），五氯苯甲腈（3），莠去津（3），γ-氟氯氰菊酯（2），吡丙醚（2），啶酰菌胺（2），喹螨醚（2），邻苯二甲酰亚胺（2），硫丹（2），4-硝基氯苯（1），百菌清（1），二甲戊灵（1），氟硅唑（1），甲萘威（1），邻苯基苯酚（1），去乙基阿特拉津（1），三唑醇（1），四氢吩胺（1），戊唑醇（1），仲丁威（1），兹克威（1）
小油菜	69	51	73.9%	39	哒螨灵（13），威杀灵（11），除虫菊酯（9），联苯菊酯（7），γ-氟氯氰菊酯（6），毒死蜱（6），虫螨腈（5），喹螨醚（5），氯氰菊酯（5），戊唑醇（5），氟丙菊酯（4），甲霜灵（3），莠去津（3），氟氯氰菊酯（2），腐霉利（2），甲拌磷（2），氰戊菊酯（2），三唑酮（2），五氯苯甲腈（2），烯唑醇（2），唑虫酰胺（2），安硫磷（1），多效唑（1），己唑醇（1），甲萘威（1），甲氰菊酯（1），腈菌唑（1），乐果（1），棉铃威（1），灭害威（1），去乙基阿特拉津（1），三唑醇（1），霜霉威（1），西玛津（1），西玛通（1），新燕灵（1），乙烯菌核利（1），莠去通（1），仲丁威（1）
葡萄	31	28	90.3%	31	腐霉利（12），嘧霉胺（12），毒死蜱（8），除虫菊酯（7），新燕灵（7），γ-氟氯氰菊酯（5），联苯菊酯（5），嘧菌环胺（4），威杀灵（3），烯丙菊酯（3），3,5-二氯苯胺（2），氟硅唑（2），甲霜灵（2），氯菊酯（2），氯氰菊酯（2），戊唑醇（2），3,4,5-混杀威（1），胺菊酯（1），吡喃灵（1），二苯胺（1），甲氰菊酯（1），六六六（1），猛杀威（1），嘧菌酯（1），霜霉威（1），四氟醚唑（1），特草灵（1），肟菌酯（1），溴丁酰草胺（1），增效醚（1），仲草丹（1）

续表

样品名称	样品总数	检出农药样品数	检出率	检出农药品种数	检出农药（频次）
梨	50	42	84.0%	29	毒死蜱（32），γ-氟氯氰菌酯（10），新燕灵（8），戊唑醇（6），氟丙菊酯（5），除虫菊酯（4），联苯菊酯（4），吡喃灵（3），氯氰菊酯（3），四氢吩胺（2），威杀灵（2），乙草胺（2），增效醚（2），胺菊酯（1），拌种胺（1），丙溴磷（1），虫螨腈（1），稻瘟灵（1），丁羟茴香醚（1），氟硅唑（1），氟唑菌酰胺（1），螺螨酯（1），氯菊酯（1），猛杀威（1），醚菌酯（1），炔螨特（1），噻嗪酮（1），三唑醇（1），辛酰溴苯腈（1）
桃	41	37	90.2%	23	毒死蜱（24），除虫菊酯（15），多效唑（10），戊唑醇（9），γ-氟氯氰菌酯（7），联苯菊酯（4），新燕灵（3），丙溴磷（2），腐霉利（2），哒螨灵（1），敌敌畏（1），丁硫克百威（1），呋草黄（1），氟丙菊酯（1），氟硅唑（1），甲萘威（1），甲氰菊酯（1），喹螨醚（1），硫丹（1），氰戊菊酯（1），噻嗪酮（1），威杀灵（1），烯唑醇（1）

上述 6 种水果蔬菜，检出农药 23~62 种，是多种农药综合防治，还是未严格实施农业良好管理规范（GAP），抑或根本就是乱施药，值得我们思考。

第 12 章　GC-Q-TOF/MS 侦测山东蔬菜产区市售水果蔬菜农药残留膳食暴露风险与预警风险评估

12.1　农药残留风险评估方法

12.1.1　山东蔬菜产区农药残留侦测数据分析与统计

庞国芳院士科研团队建立的农药残留高通量侦测技术以高分辨精确质量数（0.0001 *m/z* 为基准）为识别标准，采用 GC-Q-TOF/MS 技术对 507 种农药化学污染物进行侦测。

科研团队于 2015 年 7 月至 2016 年 11 月期间在山东蔬菜产区的 61 个采样点，随机采集了 1493 例水果蔬菜样品，采样点均在超市，具体位置如图 12-1 所示，各月内水果蔬菜样品采集数量如表 12-1 所示。

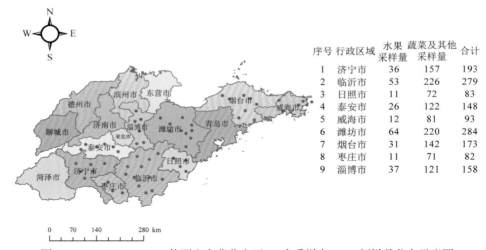

序号	行政区域	水果采样量	蔬菜及其他采样量	合计
1	济宁市	36	157	193
2	临沂市	53	226	279
3	日照市	11	72	83
4	泰安市	26	122	148
5	威海市	12	81	93
6	潍坊市	64	220	284
7	烟台市	31	142	173
8	枣庄市	11	71	82
9	淄博市	37	121	158

图 12-1　GC-Q-TOF/MS 侦测山东蔬菜产区 61 个采样点 1493 例样品分布示意图

表 12-1　山东蔬菜产区各月内采集水果蔬菜样品数列表

时间	样品数（例）
2015 年 7 月	296
2015 年 9 月	106
2016 年 3 月	207
2016 年 4 月	251
2016 年 9 月	180
2016 年 10 月	125
2016 年 11 月	328

　　利用 GC-Q-TOF/MS 技术对 1493 例样品中的农药进行侦测，侦测出残留农药 146 种，2688 频次。侦测出农药残留水平如表 12-2 和图 12-2 所示。检出频次最高的前 10 种农药如表 12-3 所示。从检测结果中可以看出，在水果蔬菜中农药残留普遍存在，且有些水果蔬菜存在高浓度的农药残留，这些可能存在膳食暴露风险，对人体健康产生危害，因此，为了定量地评价水果蔬菜中农药残留的风险程度，有必要对其进行风险评价。

表 12-2　侦测出农药的不同残留水平及其所占比例列表

残留水平（μg/kg）	检出频次	占比（%）
1~5（含）	518	19.3
5~10（含）	384	14.3
10~100（含）	1344	50
100~1000（含）	406	15.1
>1000	36	1.3
合计	2688	100

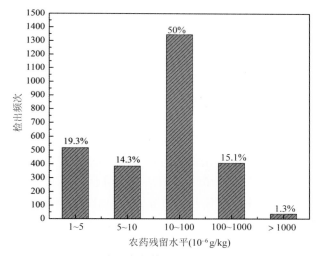

图 12-2　残留农药侦测出浓度频数分布图

表 12-3　检出频次最高的前 10 种农药列表

序号	农药	检出频次
1	除虫菊酯	219
2	毒死蜱	192
3	腐霉利	156
4	威杀灵	150
5	联苯菊酯	108
6	烯虫酯	89
7	仲丁威	85

续表

序号	农药	检出频次
8	嘧霉胺	80
9	啶酰菌胺	65
10	丙溴磷	61

12.1.2　农药残留风险评价模型

对山东蔬菜产区水果蔬菜中农药残留分别开展暴露风险评估和预警风险评估。膳食暴露风险评估利用食品安全指数模型对水果蔬菜中的残留农药对人体可能产生的危害程度进行评价，该模型结合残留监测和膳食暴露评估评价化学污染物的危害；预警风险评价模型运用风险系数（risk index，R），风险系数综合考虑了危害物的超标率、施检频率及其本身敏感性的影响，能直观而全面地反映出危害物在一段时间内的风险程度。

12.1.2.1　食品安全指数模型

为了加强食品安全管理，《中华人民共和国食品安全法》第二章第十七条规定"国家建立食品安全风险评估制度，运用科学方法，根据食品安全风险监测信息、科学数据以及有关信息，对食品、食品添加剂、食品相关产品中生物性、化学性和物理性危害因素进行风险评估"[1]，膳食暴露评估是食品危险度评估的重要组成部分，也是膳食安全性的衡量标准[2]。国际上最早研究膳食暴露风险评估的机构主要是 JMPR（FAO、WHO农药残留联合会议），该组织自 1995 年就已制定了急性毒性物质的风险评估急性毒性农药残留摄入量的预测。1960 年美国规定食品中不得加入致癌物质进而提出零阈值理论，渐渐零阈值理论发展成在一定概率条件下可接受风险的概念[3]，后衍变为食品中每日允许最大摄入量（ADI），而国际食品农药残留法典委员会（CCPR）认为 ADI 不是独立风险评估的唯一标准[4]，1995 年 JMPR 开始研究农药急性膳食暴露风险评估，并对食品国际短期摄入量的计算方法进行了修正，亦对膳食暴露评估准则及评估方法进行了修正[5]，2002 年，在对世界上现行的食品安全评价方法，尤其是国际公认的 CAC 评价方法、全球环境监测系统/食品污染监测和评估规划（WHO GEMS/Food）及 FAO、WHO 食品添加剂联合专家委员会（JECFA）和 JMPR 对食品安全风险评估工作研究的基础之上，检验检疫食品安全管理的研究人员提出了结合残留监控和膳食暴露评估，以食品安全指数 IFS 计算食品中各种化学污染物对消费者的健康危害程度[6]。IFS 是表示食品安全状态的新方法，可有效地评价某种农药的安全性，进而评价食品中各种农药化学污染物对消费者健康的整体危害程度[7,8]。从理论上分析，IFS_c 可指出食品中的污染物 c 对消费者健康是否存在危害及危害的程度[9]。其优点在于操作简单且结果容易被接受和理解，不需要大量的数据来对结果进行验证，使用默认的标准假设或者模型即可[10,11]。

1）IFS_c 的计算

IFS_c 计算公式如下：

$$IFS_c = \frac{EDI_c \times f}{SI_c \times bw}$$ （12-1）

式中，c 为所研究的农药；EDI_c 为农药 c 的实际日摄入量估算值，等于 $\sum (R_i \times F_i \times E_i \times P_i)$（i 为食品种类；$R_i$ 为食品 i 中农药 c 的残留水平，mg/kg；F_i 为食品 i 的估计日消费量，g/（人·天）；E_i 为食品 i 的可食用部分因子；P_i 为食品 i 的加工处理因子）；SI_c 为安全摄入量，可采用每日允许最大摄入量 ADI；bw 为人平均体重，kg；f 为校正因子，如果安全摄入量采用 ADI，则 f 取 1。

$IFS_c \ll 1$，农药 c 对食品安全没有影响；$IFS_c \leqslant 1$，农药 c 对食品安全的影响可以接受；$IFS_c > 1$，农药 c 对食品安全的影响不可接受。

本次评价中：

$IFS_c \leqslant 0.1$，农药 c 对水果蔬菜安全没有影响；

$0.1 < IFS_c \leqslant 1$，农药 c 对水果蔬菜安全的影响可以接受；

$IFS_c > 1$，农药 c 对水果蔬菜安全的影响不可接受。

本次评价中残留水平 R_i 取值为中国检验检疫科学研究院庞国芳院士课题组利用以高分辨精确质量数（0.0001 m/z）为基准的 GC-Q-TOF/MS 侦测技术于 2015 年 7 月~2016 年 11 月对山东蔬菜产区水果蔬菜农药残留的侦测结果，估计日消费量 F_i 取值 0.38 kg/（人·天），$E_i=1$，$P_i=1$，f=1，SI_c 采用《食品安全国家标准 食品中农药最大残留限量》（GB 2763—2016）中 ADI 值（具体数值见表 12-4），人平均体重（bw）取值 60 kg。

表 12-4 山东蔬菜产区水果蔬菜中侦测出农药的 ADI 值

序号	农药	ADI	序号	农药	ADI	序号	农药	ADI
1	艾氏剂	0.0001	17	环酯草醚	0.0056	33	螺螨酯	0.01
2	氟虫腈	0.0002	18	硫丹	0.006	34	炔螨特	0.01
3	甲拌磷	0.0007	19	唑虫酰胺	0.006	35	双甲脒	0.01
4	克百威	0.001	20	氟硅唑	0.007	36	五氯硝基苯	0.01
5	三唑磷	0.001	21	甲萘威	0.008	37	乙烯菌核利	0.01
6	乐果	0.002	22	萎锈灵	0.008	38	异丙草胺	0.013
7	三氯杀螨醇	0.002	23	噻嗪酮	0.009	39	辛酰溴苯腈	0.015
8	异丙威	0.002	24	哒螨灵	0.01	40	稻瘟灵	0.016
9	噁草酮	0.0036	25	丁硫克百威	0.01	41	西玛津	0.018
10	敌敌畏	0.004	26	毒死蜱	0.01	42	百菌清	0.02
11	对硫磷	0.004	27	噁霜灵	0.01	43	抗蚜威	0.02
12	乙霉威	0.004	28	粉唑醇	0.01	44	氯氰菊酯	0.02
13	己唑醇	0.005	29	氟吡菌酰胺	0.01	45	氰戊菊酯	0.02
14	喹螨醚	0.005	30	联苯肼酯	0.01	46	四氯硝基苯	0.02
15	六六六	0.005	31	联苯菊酯	0.01	47	乙草胺	0.02
16	烯唑醇	0.005	32	联苯三唑醇	0.01	48	莠去津	0.02

续表

序号	农药	ADI	序号	农药	ADI	序号	农药	ADI
49	氟乐灵	0.025	82	马拉硫磷	0.3	115	甲氧滴滴涕	—
50	吡唑醚菌酯	0.03	83	邻苯基苯酚	0.4	116	间羟基联苯	—
51	丙溴磷	0.03	84	醚菌酯	0.4	117	解草腈	—
52	虫螨腈	0.03	85	霜霉威	0.4	118	邻苯二甲酰亚胺	—
53	二甲戊灵	0.03	86	毒草胺	0.54	119	氯草敏	—
54	甲氰菊酯	0.03	87	2,3,5,6-四氯苯胺	—	120	麦穗宁	—
55	腈菌唑	0.03	88	2,6-二氯苯甲酰胺	—	121	猛杀威	—
56	嘧菌环胺	0.03	89	3,4,5-混杀威	—	122	棉铃威	—
57	三唑醇	0.03	90	3,5-二氯苯胺	—	123	灭害威	—
58	三唑酮	0.03	91	4-硝基氯苯	—	124	萘乙酰胺	—
59	生物苄呋菊酯	0.03	92	γ-氟氯氰菌酯	—	125	扑灭津	—
60	戊唑醇	0.03	93	安硫磷	—	126	去乙基阿特拉津	—
61	啶酰菌胺	0.04	94	胺菊酯	—	127	炔丙菊酯	—
62	氟氯氰菊酯	0.04	95	八氯苯乙烯	—	128	四氟醚唑	—
63	扑草净	0.04	96	拌种胺	—	129	四氢吩胺	—
64	肟菌酯	0.04	97	拌种咯	—	130	特草灵	—
65	氯菊酯	0.05	98	苯草醚	—	131	特丁通	—
66	灭锈胺	0.05	99	吡喃灵	—	132	威杀灵	—
67	仲丁威	0.06	100	除草醚	—	133	五氯苯	—
68	甲基立枯磷	0.07	101	除虫菊素 I	—	134	五氯苯胺	—
69	二苯胺	0.08	102	除虫菊酯	—	135	五氯苯甲腈	—
70	甲霜灵	0.08	103	敌草胺	—	136	西玛通	—
71	啶氧菌酯	0.09	104	丁羟茴香醚	—	137	烯丙菊酯	—
72	吡丙醚	0.1	105	丁噻隆	—	138	烯虫酯	—
73	多效唑	0.1	106	二甲草胺	—	139	新燕灵	—
74	腐霉利	0.1	107	芬螨酯	—	140	溴丁酰草胺	—
75	异丙甲草胺	0.1	108	呋草黄	—	141	乙嘧酚磺酸酯	—
76	萘乙酸	0.15	109	呋线威	—	142	异噁唑草酮	—
77	敌稗	0.2	110	氟丙菊酯	—	143	莠去通	—
78	嘧菌酯	0.2	111	去异丙基莠去津	—	144	仲草丹	—
79	嘧霉胺	0.2	112	氟噻草胺	—	145	仲丁通	—
80	增效醚	0.2	113	氟唑菌酰胺	—	146	兹克威	—
81	仲丁灵	0.2	114	甲醚菊酯	—			

注："—"表示为国家标准中无 ADI 值规定；ADI 值单位为 mg/kg bw

2）计算 IFS_c 的平均值 $\overline{IFS}$，评价农药对食品安全的影响程度

以 $\overline{IFS}$ 评价各种农药对人体健康危害的总程度，评价模型见公式（12-2）。

$$\overline{IFS} = \frac{\sum_{i=1}^{n} IFS_c}{n} \qquad （12-2）$$

$\overline{IFS} \ll 1$，所研究消费者人群的食品安全状态很好；$\overline{IFS} \leqslant 1$，所研究消费者人群的食品安全状态可以接受；$\overline{IFS} > 1$，所研究消费者人群的食品安全状态不可接受。

本次评价中：

$\overline{IFS} \leqslant 0.1$，所研究消费者人群的水果蔬菜安全状态很好；

$0.1 < \overline{IFS} \leqslant 1$，所研究消费者人群的水果蔬菜安全状态可以接受；

$\overline{IFS} > 1$，所研究消费者人群的水果蔬菜安全状态不可接受。

12.1.2.2　预警风险评估模型

2003 年，我国检验检疫食品安全管理的研究人员根据 WTO 的有关原则和我国的具体规定，结合危害物本身的敏感性、风险程度及其相应的施检频率，首次提出了食品中危害物风险系数 R 的概念[12]。R 是衡量一个危害物的风险程度大小最直观的参数，即在一定时期内其超标率或阳性检出率的高低，但受其施检频率的高低及其本身的敏感性（受关注程度）影响。该模型综合考察了农药在蔬菜中的超标率、施检频率及其本身敏感性，能直观而全面地反映出农药在一段时间内的风险程度[13]。

1）R 计算方法

危害物的风险系数综合考虑了危害物的超标率或阳性检出率、施检频率和其本身的敏感性影响，并能直观而全面地反映出危害物在一段时间内的风险程度。风险系数 R 的计算公式如式（12-3）所示：

$$R = aP + \frac{b}{F} + S \qquad （12-3）$$

式中，P 为该种危害物的超标率；F 为危害物的施检频率；S 为危害物的敏感因子；a，b 分别为相应的权重系数。

本次评价中 $F=1$；$S=1$；$a=100$；$b=0.1$，对参数 P 进行计算，计算时首先判断是否为禁用农药，如果为非禁用农药，$P=$ 超标的样品数（侦测出的含量高于食品最大残留限量标准值，即 MRL）除以总样品数（包括超标、不超标、未侦测出）；如果为禁用农药，则侦测出即为超标，$P=$ 能侦测出的样品数除以总样品数。判断山东蔬菜产区水果蔬菜农药残留是否超标的标准限值 MRL 分别以 MRL 中国国家标准[14] 和 MRL 欧盟标准作为对照，具体值列于本报告附表一中。

2）评价风险程度

$R \leqslant 1.5$，受检农药处于低度风险；

$1.5 < R \leqslant 2.5$，受检农药处于中度风险；

$R > 2.5$，受检农药处于高度风险。

12.1.2.3 食品膳食暴露风险和预警风险评估应用程序的开发

1）应用程序开发的步骤

为成功开发膳食暴露风险和预警风险评估应用程序，与软件工程师多次沟通讨论，逐步提出并描述清楚计算需求，开发了初步应用程序。为明确出不同水果蔬菜、不同农药、不同地域和不同季节的风险水平，向软件工程师提出不同的计算需求，软件工程师对计算需求进行逐一分析，经过反复的细节沟通，需求分析得到明确后，开始进行解决方案的设计，在保证需求的完整性、一致性的前提下，编写出程序代码，最后设计出满足需求的风险评估专用计算软件，并通过一系列的软件测试和改进，完成专用程序的开发。软件开发基本步骤见图 12-3。

图 12-3　专用程序开发总体步骤

2）膳食暴露风险评估专业程序开发的基本要求

首先直接利用公式（12-1），分别计算 LC-Q-TOF/MS 和 GC-Q-TOF/MS 仪器侦测出的各水果蔬菜样品中每种农药 IFS$_c$，将结果列出。为考察超标农药和禁用农药的使用安全性，分别以我国《食品安全国家标准　食品中农药最大残留限量》（GB 2763—2016）和欧盟食品中农药最大残留限量（以下简称 MRL 中国国家标准和 MRL 欧盟标准）为标准，对侦测出的禁用农药和超标的非禁用农药 IFS$_c$ 单独进行评价；按 IFS$_c$ 大小列表，并找出 IFS$_c$ 值排名前 20 的样本重点关注。

对不同水果蔬菜 i 中每一种侦测出的农药 c 的安全指数进行计算，多个样品时求平均值。若监测数据为该市多个月的数据，则逐月、逐季度分别列出每个月、每个季度内每一种水果蔬菜 i 对应的每一种农药 c 的 IFS$_c$。

按农药种类，计算整个监测时间段内每种农药的 IFS$_c$，不区分水果蔬菜。若检测数据为该市多个月的数据，则需分别计算每个月、每个季度内每种农药的 IFS$_c$。

3）预警风险评估专业程序开发的基本要求

分别以 MRL 中国国家标准和 MRL 欧盟标准，按公式（12-3）逐个计算不同水果蔬菜、不同农药的风险系数，禁用农药和非禁用农药分别列表。

为清楚了解各种农药的预警风险，不分时间，不分水果蔬菜，按禁用农药和非禁用农药分类，分别计算各种侦测出农药全部检测时段内风险系数。由于有 MRL 中国国家标准的农药种类太少，无法计算超标数，非禁用农药的风险系数只以 MRL 欧盟标准为标准，进行计算。若检测数据为多个月的，则按月计算每个月、每个季度内每种禁用农药残留的风险系数和以 MRL 欧盟标准为标准的非禁用农药残留的风险系数。

4）风险程度评价专业应用程序的开发方法

采用 Python 计算机程序设计语言，Python 是一个高层次地结合了解释性、编译性、互动性和面向对象的脚本语言。风险评价专用程序主要功能包括：分别读入每例样品 LC-Q-TOF/MS 和 GC-Q-TOF/MS 农药残留检测数据，根据风险评价工作要求，依次对不同农药、不同食品、不同时间、不同采样点的 IFS$_c$ 值和 R 值分别进行数据计算，筛选出禁用农药、超标农药（分别与 MRL 中国国家标准、MRL 欧盟标准限值进行对比）单独重点分析，再分别对各农药、各水果蔬菜种类分类处理，设计出计算和排序程序，编写计算机代码，最后将生成的膳食暴露风险评估和超标风险评估定量计算结果列入设计好的各个表格中，并定性判断风险对目标的影响程度，直接用文字描述风险发生的高低，如"不可接受"、"可以接受"、"没有影响"、"高度风险"、"中度风险"、"低度风险"。

12.2　GC-Q-TOF/MS 侦测山东蔬菜产区市售水果蔬菜农药残留膳食暴露风险评估

12.2.1　每例水果蔬菜样品中农药残留安全指数分析

基于农药残留侦测数据，发现在 1493 例样品中侦测出农药 2688 频次，计算样品中每种残留农药的安全指数 IFS$_c$，并分析农药对样品安全的影响程度，结果详见附表二，农药残留对水果蔬菜样品安全的影响程度频次分布情况如图 12-4 所示。

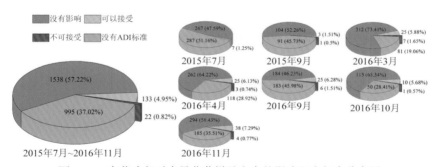

图 12-4　农药残留对水果蔬菜样品安全的影响程度频次分布图

由图 12-4 可以看出，农药残留对样品安全的影响不可接受的频次为 22，占 0.82%；农药残留对样品安全的影响可以接受的频次为 133，占 4.95%；农药残留对样品安全的没有影响的频次为 1538，占 57.22%。分析发现，在 7 个月份内有 6 个月份出现不可接受频次，排序为：2016 年 3 月（7）>2016 年 9 月（6）>2016 年 11 月（4）>2016 年 4 月（3）>2015 年 9 月（1）=2016 年 10 月（1），只有在 2015 年 7 月，农药对样品安全的影响均在可以接受和没有影响的范围内。表 12-5 为对水果蔬菜样品中安全指数不可接受的农药残留列表。

表 12-5　水果蔬菜样品中安全影响不可接受的农药残留列表

序号	样品编号	采样点	基质	农药	含量（mg/kg）	IFS$_c$
1	20150925-371300-LYCIQ-LJ-26A	***购物中心	辣椒	三唑磷	1.0811	6.8470
2	20160322-371300-LYCIQ-JC-20A	***超市（郯城店）	韭菜	甲拌磷	0.6561	5.9361
3	20160328-371300-LYCIQ-JC-22A	***超市（河东店）	韭菜	甲拌磷	0.3304	2.9893
4	20160910-371100-LYCIQ-CE-26A	***购物广场（泰安路店）	芹菜	毒死蜱	4.2997	2.7231
5	20160330-371300-LYCIQ-JC-24A	***购物中心	韭菜	甲拌磷	0.2964	2.6817
6	20160322-371300-LYCIQ-CE-20A	***超市（郯城店）	芹菜	乙霉威	1.4412	2.2819
7	20160910-371100-LYCIQ-CE-26A	***购物广场（泰安路店）	芹菜	五氯硝基苯	3.1961	2.0242
8	20160322-371300-LYCIQ-JC-15A	***超市（郯城店）	韭菜	甲拌磷	0.2215	2.0040
9	20160417-370800-LYCIQ-JC-27A	***购物广场	韭菜	甲拌磷	0.2139	1.9353
10	20160914-371300-LYCIQ-PH-29A	***超市（赵庄店）	桃	毒死蜱	3.0299	1.9189
11	20160330-371300-LYCIQ-JC-29A	***超市（齐鲁园店）	韭菜	甲拌磷	0.1915	1.7326
12	20161104-370700-LYCIQ-AP-40A	***超市（新华店）	苹果	甲拌磷	0.1892	1.7118
13	20160909-370400-LYCIQ-PB-22A	***超市（解放路店）	小白菜	唑虫酰胺	1.5767	1.6643
14	20160911-371100-LYCIQ-CE-25A	***超市（日照广场店）	芹菜	氟硅唑	1.7835	1.6136
15	20161105-370300-LYCIQ-CE-43A	***超市（商场东路店）	芹菜	克百威	0.2353	1.4902
16	20161030-371000-LYCIQ-CU-35A	***超市（文登购物广场店）	黄瓜	异丙威	0.3989	1.2632
17	20161104-370700-LYCIQ-CE-41A	***超市（北王店）	芹菜	克百威	0.1956	1.2388
18	20160910-370400-LYCIQ-CL-23A	***购物中心	小油菜	烯唑醇	0.8952	1.1339
19	20161105-370800-LYCIQ-CE-47A	***超市（济宁店）	芹菜	克百威	0.1723	1.0912
20	20160428-370800-LYCIQ-CU-20A	***超市（曲阜店）	黄瓜	异丙威	0.3279	1.0384
21	20160417-370800-LYCIQ-JC-12A	***购物广场	韭菜	甲拌磷	0.1146	1.0369
22	20160324-370700-LYCIQ-BO-18A	***购物中心	菠菜	乙霉威	0.6352	1.0057

　　部分样品侦测出禁用农药 9 种 121 频次，为了明确残留的禁用农药对样品安全的影响，分析侦测出禁用农药残留的样品安全指数，禁用农药残留对水果蔬菜样品安全的影响程度频次分布情况如图 12-5 所示，农药残留对样品安全的影响不可接受的频次为 11，占 9.09%；农药残留对样品安全的影响可以接受的频次为 30，占 24.79%；农药残留对样品安全没有影响的频次为 79，占 65.29%。由图中可以看出所有月份的水果蔬菜样品中均侦测出禁用农药残留，不可接受频次排序为：2016 年 3 月（5）＞2016 年 11 月（4）＞2016 年 4 月（2），其他月份内，禁用农药对样品安全的影响均在可以接受和没有影响的范围内。表 12-6 列出了水果蔬菜样品中侦测出的禁用农药残留不可接受的安全指数表。

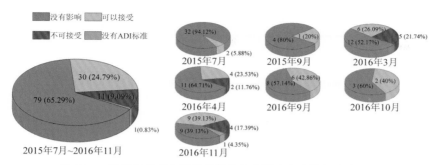

图 12-5 禁用农药对水果蔬菜样品安全影响程度的频次分布图

表 12-6 水果蔬菜样品中侦测出的禁用农药残留不可接受的安全指数表

序号	样品编号	采样点	基质	农药	含量（mg/kg）	IFS$_c$
1	20160322-371300-LYCIQ-JC-20A	***超市（郯城店）	韭菜	甲拌磷	0.6561	5.9361
2	20160328-371300-LYCIQ-JC-22A	***超市（河东店）	韭菜	甲拌磷	0.3304	2.9893
3	20160330-371300-LYCIQ-JC-24A	***购物中心	韭菜	甲拌磷	0.2964	2.6817
4	20160322-371300-LYCIQ-JC-15A	***超市（郯城店）	韭菜	甲拌磷	0.2215	2.0040
5	20160417-370800-LYCIQ-JC-27A	***购物广场	韭菜	甲拌磷	0.2139	1.9353
6	20160330-371300-LYCIQ-JC-29A	***超市（齐鲁园店）	韭菜	甲拌磷	0.1915	1.7326
7	20161104-370700-LYCIQ-AP-40A	***超市（新华店）	苹果	甲拌磷	0.1892	1.7118
8	20161105-370300-LYCIQ-CE-43A	***超市（商场东路店）	芹菜	克百威	0.2353	1.4902
9	20161104-370700-LYCIQ-CE-41A	***超市（北王店）	芹菜	克百威	0.1956	1.2388
10	20161105-370800-LYCIQ-CE-47A	***超市（济宁店）	芹菜	克百威	0.1723	1.0912
11	20160417-370800-LYCIQ-JC-12A	***购物广场	韭菜	甲拌磷	0.1146	1.0369

此外，本次侦测发现部分样品中非禁用农药残留量超过了 MRL 中国国家标准和欧盟标准，为了明确超标的非禁用农药对样品安全的影响，分析了非禁用农药残留超标的样品安全指数。

水果蔬菜残留量超过 MRL 中国国家标准的非禁用农药对水果蔬菜样品安全的影响程度频次分布情况如图 12-6 所示。可以看出侦测出超过 MRL 中国国家标准的非禁用农药共 14 频次，其中农药残留对样品安全的影响不可接受的频次为 1，占 7.14%；农药残留对样品安全的影响可以接受的频次为 5，占 35.71%；农药残留对样品安全没有影响的频次为 8，占 57.14%。表 12-7 为水果蔬菜样品中侦测出的非禁用农药残留安全指数表。

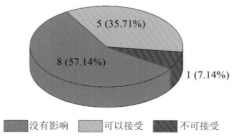

图 12-6 残留超标的非禁用农药对水果蔬菜样品安全的影响程度频次分布图（MRL 中国国家标准）

表 12-7　水果蔬菜样品中侦测出的非禁用农药残留安全指数表（MRL 中国国家标准）

序号	样品编号	采样点	基质	农药	含量（mg/kg）	中国国家标准	IFS$_c$	影响程度
1	20160910-371100-LYCIQ-CE-26A	***购物广场（泰安路店）	芹菜	毒死蜱	4.2997	0.05	2.7231	不可接受
2	20150925-371300-LYCIQ-CL-26A	***商城购物中心	小油菜	毒死蜱	0.4334	0.1	0.2745	可以接受
3	20161106-370300-LYCIQ-JC-45A	***购物广场（沂源县店）	韭菜	腐霉利	3.0677	0.2	0.1943	可以接受
4	20160323-370700-LYCIQ-JC-22A	***超市（安丘店）	韭菜	毒死蜱	0.2904	0.1	0.1839	可以接受
5	20160910-370400-LYCIQ-CE-23A	***银座购物中心	芹菜	毒死蜱	0.1958	0.05	0.1240	可以接受
6	20160912-371300-LYCIQ-PB-28A	***超市（齐鲁园店）	小白菜	毒死蜱	0.1685	0.1	0.1067	可以接受
7	20160909-370800-LYCIQ-CU-21A	***购物广场	黄瓜	哒螨灵	0.1312	0.1	0.0831	没有影响
8	20150720-371100-LYCIQ-CE-13A	***超市（日照广场店）	芹菜	毒死蜱	0.0731	0.05	0.0463	没有影响
9	20160423-370600-LYCIQ-CE-15A	***超市（烟台店）	芹菜	毒死蜱	0.0624	0.05	0.0395	没有影响
10	20161031-370600-LYCIQ-CE-37A	***超市（栖霞店）	芹菜	毒死蜱	0.0616	0.05	0.0390	没有影响
11	20161106-370300-LYCIQ-JC-25A	***购物广场（沂源县店）	韭菜	腐霉利	0.5794	0.2	0.0367	没有影响
12	20161030-371000-LYCIQ-JC-35A	***超市（文登购物广场店）	韭菜	腐霉利	0.4014	0.2	0.0254	没有影响
13	20161105-370800-LYCIQ-JC-47A	***超市（济宁店）	韭菜	腐霉利	0.3118	0.2	0.0197	没有影响
14	20150718-370900-LYCIQ-JC-16A	***购物中心超市	韭菜	腐霉利	0.2514	0.2	0.0159	没有影响

　　残留量超过 MRL 欧盟标准的非禁用农药对水果蔬菜样品安全的影响程度频次分布情况如图 12-7 所示。可以看出超过 MRL 欧盟标准的非禁用农药共 953 频次，其中农药没有 ADI 标准的频次为 393，占 41.24%；农药残留对样品安全不可接受的频次为 11，占 1.15%；农药残留对样品安全的影响可以接受的频次为 90，占 9.44%；农药残留对样品安全没有影响的频次为 459，占 48.16%。表 12-8 为水果蔬菜样品中不可接受的残留超标非禁用农药安全指数列表。

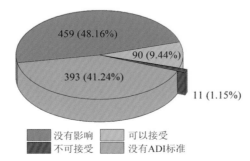

图 12-7　残留超标的非禁用农药对水果蔬菜样品安全的影响程度频次分布图（MRL 欧盟标准）

表 12-8　对水果蔬菜样品中不可接受的残留超标非禁用农药安全指数列表（MRL 欧盟标准）

序号	样品编号	采样点	基质	农药	含量（mg/kg）	欧盟标准	IFS$_c$
1	20150925-371300-LYCIQ-LJ-26A	***购物中心	辣椒	三唑磷	1.0811	0.01	6.8470
2	20160910-371100-LYCIQ-CE-26A	***购物广场（泰安路店）	芹菜	毒死蜱	4.2997	0.05	2.7231
3	20160322-371300-LYCIQ-CE-20A	***超市（郯城店）	芹菜	乙霉威	1.4412	0.05	2.2819
4	20160910-371100-LYCIQ-CE-26A	***购物广场（泰安路店）	芹菜	五氯硝基苯	3.1961	0.02	2.0242
5	20160914-371300-LYCIQ-PH-29A	***超市（赵庄店）	桃	毒死蜱	3.0299	0.2	1.9189
6	20160909-370400-LYCIQ-PB-22A	***超市（解放路店）	小白菜	唑虫酰胺	1.5767	0.01	1.6643
7	20160911-371100-LYCIQ-CE-25A	***超市（日照广场店）	芹菜	氟硅唑	1.7835	0.01	1.6136
8	20161030-371000-LYCIQ-CU-35A	***超市（文登购物广场店）	黄瓜	异丙威	0.3989	0.01	1.2632
9	20160910-370400-LYCIQ-CL-23A	***购物中心	小油菜	烯唑醇	0.8952	0.01	1.1339
10	20160428-370800-LYCIQ-CU-20A	***超市（曲阜店）	黄瓜	异丙威	0.3279	0.01	1.0384
11	20160324-370700-LYCIQ-BO-18A	***购物中心	菠菜	乙霉威	0.6352	0.05	1.0057

在 1493 例样品中，388 例样品未侦测出农药残留，1105 例样品中侦测出农药残留，计算每例有农药侦测出样品的 $\overline{IFS}$ 值，进而分析样品的安全状态，结果如图 12-8 所示（未侦测出农药的样品安全状态视为很好）。可以看出，0.74% 的样品安全状态不可接受；5.16% 的样品安全状态可以接受；74.48% 的样品安全状态很好。此外，可以看出只有 2015 年 9 月、2016 年 3 月、2016 年 9 月、2016 年 10 月和 2016 年 11 月分别有 1 例、5 例、1 例、1 例和 3 例样品安全状态不可接受，其他月份内的样品安全状态均在很好和可以接受的范围内。表 12-9 列出了安全状态不可接受的水果蔬菜样品。

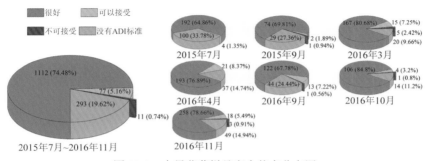

图 12-8　水果蔬菜样品安全状态分布图

表 12-9　水果蔬菜安全状态不可接受的样品列表

序号	样品编号	采样点	基质	$\overline{IFS}$
1	20150925-371300-LYCIQ-LJ-26A	***购物中心	辣椒	3.4353
2	20160328-371300-LYCIQ-JC-22A	***超市（河东店）	韭菜	2.9893
3	20160330-371300-LYCIQ-JC-24A	***购物中心	韭菜	2.6817
4	20160322-371300-LYCIQ-JC-20A	***超市（郯城店）	韭菜	1.9862
5	20160330-371300-LYCIQ-JC-29A	***超市（齐鲁园店）	韭菜	1.7326
6	20161104-370700-LYCIQ-AP-40A	***超市（新华店）	苹果	1.7118
7	20161105-370300-LYCIQ-CE-43A	***超市（商场东路店）	芹菜	1.4902
8	20161030-371000-LYCIQ-CU-35A	***超市（文登购物广场店）	黄瓜	1.2632
9	20161104-370700-LYCIQ-CE-41A	***超市（北王店）	芹菜	1.2388
10	20160910-371100-LYCIQ-CE-26A	***购物广场（泰安路店）	芹菜	1.0793
11	20160322-371300-LYCIQ-JC-15A	***超市（郯城店）	韭菜	1.0034

12.2.2　单种水果蔬菜中农药残留安全指数分析

本次 60 种水果蔬菜侦测 146 种农药，检出频次为 2688 次，其中 60 种农药没有 ADI 标准，86 种农药存在 ADI 标准。2 种水果蔬菜未侦测出任何农药，猕猴桃等 10 种水果蔬菜侦测出农药残留全部没有 ADI 标准，对其他的 48 种水果蔬菜按不同种类分别计算侦测出的具有 ADI 标准的各种农药的 IFS_c 值，农药残留对水果蔬菜的安全指数分布图如图 12-9 所示。

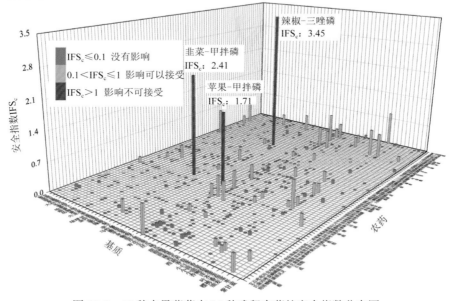

图 12-9　48 种水果蔬菜中 86 种残留农药的安全指数分布图

分析发现 3 种水果蔬菜（韭菜、苹果和辣椒）中的甲拌磷和三唑磷残留对食品安全影响不可接受，如表 12-10 所示。

表 12-10　单种水果蔬菜中安全影响不可接受的残留农药安全指数表

序号	基质	农药	检出频次	检出率（%）	IFS>1 的频次	IFS>1 的比例（%）	IFS$_c$
1	辣椒	三唑磷	2	2.60	1	1.30	3.4504
2	韭菜	甲拌磷	8	4.97	7	4.35	2.4073
3	苹果	甲拌磷	1	1.61	1	1.61	1.7118

本次侦测中，58 种水果蔬菜和 146 种残留农药（包括没有 ADI 标准）共涉及 803 个分析样本，农药对单种水果蔬菜安全的影响程度分布情况如图 12-10 所示。可以看出，55.54%的样本中农药对水果蔬菜安全没有影响，6.1%的样本中农药对水果蔬菜安全的影响可以接受，0.37%的样本中农药对水果蔬菜安全的影响不可接受。

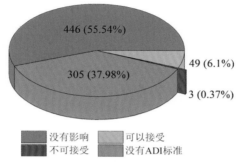

图 12-10　803 个分析样本的影响程度频次分布图

此外，分别计算 48 种水果蔬菜中所有侦测出农药 IFS$_c$ 的平均值 $\overline{\text{IFS}}$，分析每种水果蔬菜的安全状态，结果如图 12-11 所示，分析发现，5 种水果蔬菜（10.42%）的安全状态可以接受，43 种（89.58%）水果蔬菜的安全状态很好。

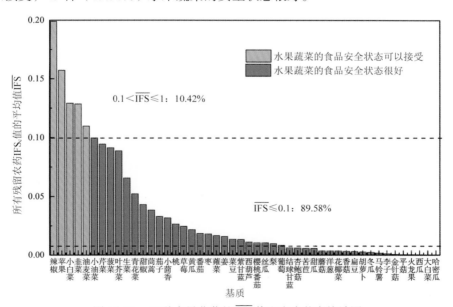

图 12-11　48 种水果蔬菜的 $\overline{\text{IFS}}$ 值和安全状态统计图

对每个月内每种水果蔬菜中农药的 IFS$_c$ 进行分析，并计算每月内每种水果蔬菜的 $\overline{\mathrm{IFS}}$ 值，以评价每种水果蔬菜的安全状态，结果如图 12-12 所示，可以看出，所有月份的所有水果蔬菜的安全状态均处于很好和可以接受的范围内，各月份内单种水果蔬菜安全状态统计情况如图 12-13 所示。

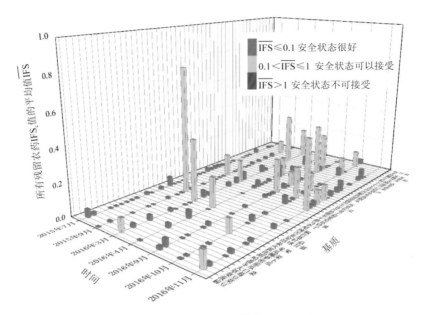

图 12-12　各月内每种水果蔬菜的 $\overline{\mathrm{IFS}}$ 值与安全状态分布图

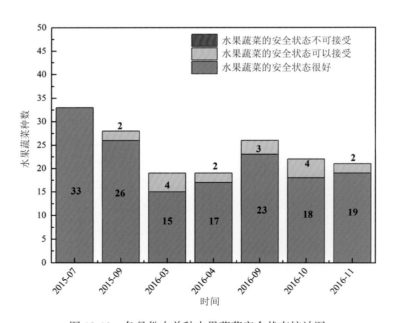

图 12-13　各月份内单种水果蔬菜安全状态统计图

12.2.3　所有水果蔬菜中农药残留安全指数分析

计算所有水果蔬菜中 86 种农药的 $\overline{\text{IFS}_c}$ 值，结果如图 12-14 及表 12-11 所示。

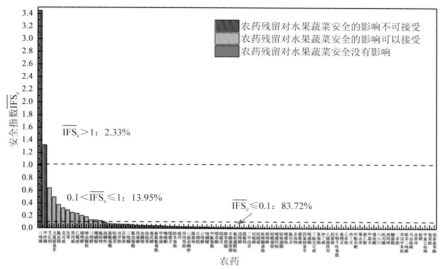

图 12-14　86 种残留农药对水果蔬菜的安全影响程度统计图

分析发现，只有三唑磷和甲拌磷的 $\overline{\text{IFS}_c}$ 大于 1，其他农药的 $\overline{\text{IFS}_c}$ 均小于 1，说明三唑磷和甲拌磷对水果蔬菜安全的影响不可接受，其他农药对水果蔬菜安全的影响均在没有影响和可以接受的范围内，其中 13.95%的农药对水果蔬菜安全的影响可以接受，83.72%的农药对水果蔬菜安全没有影响。

表 12-11　水果蔬菜中 86 种农药残留的安全指数表

序号	农药	检出频次	检出率（%）	$\overline{\text{IFS}_c}$	影响程度	序号	农药	检出频次	检出率（%）	$\overline{\text{IFS}_c}$	影响程度
1	三唑磷	2	0.07	3.4504	不可接受	12	三唑醇	6	0.22	0.1343	可以接受
2	甲拌磷	18	0.67	1.3192	不可接受	13	螺螨酯	11	0.41	0.1329	可以接受
3	艾氏剂	1	0.04	0.6397	可以接受	14	氟硅唑	25	0.93	0.1221	可以接受
4	五氯硝基苯	6	0.22	0.4952	可以接受	15	炔螨特	8	0.30	0.0973	没有影响
5	氟虫腈	2	0.07	0.3768	可以接受	16	氯氰菊酯	16	0.60	0.0737	没有影响
6	克百威	35	1.30	0.3223	可以接受	17	哒螨灵	61	2.27	0.0689	没有影响
7	乐果	1	0.04	0.2910	可以接受	18	双甲脒	3	0.11	0.0682	没有影响
8	异丙威	34	1.26	0.2526	可以接受	19	百菌清	19	0.71	0.0648	没有影响
9	乙霉威	22	0.82	0.2370	可以接受	20	三唑酮	13	0.48	0.0642	没有影响
10	烯唑醇	15	0.56	0.2058	可以接受	21	氰戊菊酯	3	0.11	0.0585	没有影响
11	唑虫酰胺	12	0.45	0.1810	可以接受	22	丙溴磷	61	2.27	0.0495	没有影响

序号	农药	检出频次	检出率（%）	$\overline{\text{IFS}_c}$	影响程度	序号	农药	检出频次	检出率（%）	$\overline{\text{IFS}_c}$	影响程度
23	虫螨腈	32	1.19	0.0487	没有影响	55	氟乐灵	1	0.04	0.0059	没有影响
24	敌敌畏	5	0.19	0.0465	没有影响	56	多效唑	30	1.12	0.0058	没有影响
25	毒死蜱	192	7.14	0.0450	没有影响	57	霜霉威	11	0.41	0.0048	没有影响
26	氟氯氰菊酯	3	0.11	0.0447	没有影响	58	四氯硝基苯	2	0.07	0.0045	没有影响
27	甲萘威	5	0.19	0.0432	没有影响	59	嘧菌酯	9	0.33	0.0042	没有影响
28	噻嗪酮	8	0.30	0.0355	没有影响	60	丁硫克百威	1	0.04	0.0041	没有影响
29	恶霉灵	3	0.11	0.0323	没有影响	61	氯菊酯	3	0.11	0.0040	没有影响
30	联苯菊酯	108	4.02	0.0322	没有影响	62	仲丁威	85	3.16	0.0038	没有影响
31	硫丹	59	2.19	0.0274	没有影响	63	乙烯菌核利	1	0.04	0.0037	没有影响
32	异丙草胺	2	0.07	0.0247	没有影响	64	肟菌酯	24	0.89	0.0036	没有影响
33	三氯杀螨醇	1	0.04	0.0234	没有影响	65	生物苄呋菊酯	9	0.33	0.0036	没有影响
34	腈菌唑	12	0.45	0.0217	没有影响	66	萎锈灵	3	0.11	0.0030	没有影响
35	灭锈胺	3	0.11	0.0208	没有影响	67	乙草胺	8	0.30	0.0029	没有影响
36	己唑醇	4	0.15	0.0200	没有影响	68	仲丁灵	4	0.15	0.0026	没有影响
37	喹螨醚	40	1.49	0.0194	没有影响	69	环酯草醚	3	0.11	0.0025	没有影响
38	甲氰菊酯	12	0.45	0.0191	没有影响	70	莠去津	22	0.82	0.0025	没有影响
39	恶草酮	4	0.15	0.0167	没有影响	71	萘乙酸	2	0.07	0.0025	没有影响
40	稻瘟灵	2	0.07	0.0166	没有影响	72	甲霜灵	49	1.82	0.0023	没有影响
41	联苯肼酯	1	0.04	0.0163	没有影响	73	增效醚	15	0.56	0.0022	没有影响
42	辛酰溴苯腈	1	0.04	0.0156	没有影响	74	六六六	1	0.04	0.0020	没有影响
43	氟吡菌酰胺	54	2.01	0.0124	没有影响	75	吡丙醚	47	1.75	0.0018	没有影响
44	戊唑醇	46	1.71	0.0122	没有影响	76	西玛津	2	0.07	0.0015	没有影响
45	腐霉利	156	5.80	0.0121	没有影响	77	醚菌酯	21	0.78	0.0014	没有影响
46	二甲戊灵	8	0.30	0.0107	没有影响	78	二苯胺	9	0.33	0.0013	没有影响
47	对硫磷	1	0.04	0.0098	没有影响	79	异丙甲草胺	2	0.07	0.0012	没有影响
48	抗蚜威	1	0.04	0.0079	没有影响	80	联苯三唑醇	1	0.04	0.0008	没有影响
49	吡唑醚菌酯	1	0.04	0.0076	没有影响	81	马拉硫磷	2	0.07	0.0008	没有影响
50	粉唑醇	2	0.07	0.0075	没有影响	82	扑草净	1	0.04	0.0007	没有影响
51	啶酰菌胺	65	2.42	0.0075	没有影响	83	敌稗	1	0.04	0.0003	没有影响
52	嘧菌环胺	13	0.48	0.0074	没有影响	84	甲基立枯磷	2	0.07	0.0002	没有影响
53	啶氧菌酯	4	0.15	0.0060	没有影响	85	毒草胺	3	0.11	0.0001	没有影响
54	嘧霉胺	80	2.98	0.0060	没有影响	86	邻苯基苯酚	17	0.63	0.0001	没有影响

对每个月内所有水果蔬菜中残留农药的 $\overline{\text{IFS}}_c$ 进行分析,结果如图 12-15 所示。分析发现,2015 年 9 月的三唑磷和 2016 年 3 月的甲拌磷对水果蔬菜安全的影响不可接受,该两个月份的其他农药和其他月份的所有农药对水果蔬菜安全的影响均处于没有影响和可以接受的范围内。每月内不同农药对水果蔬菜安全影响程度的统计如图 12-16 所示。

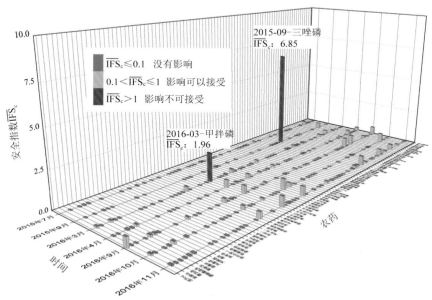

图 12-15　各月份内水果蔬菜中每种残留农药的安全指数分布图

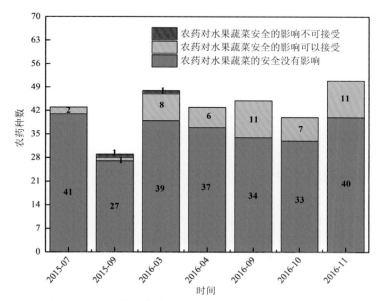

图 12-16　各月份内农药对水果蔬菜安全影响程度的统计图

计算每个月内水果蔬菜的 $\overline{\text{IFS}}$,以分析每月内水果蔬菜的安全状态,结果如图 12-17

所示，可以看出，所有月份的水果蔬菜安全状态均处于很好和可以接受的范围内。分析发现，在28.57%的月份内，水果蔬菜安全状态可以接受，71.43%的月份内水果蔬菜的安全状态很好。

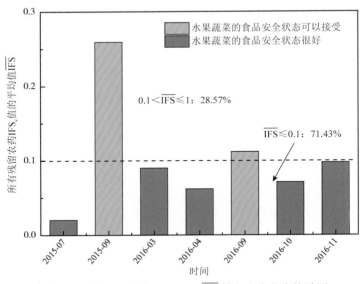

图 12-17　各月份内水果蔬菜的 $\overline{IFS}$ 值与安全状态统计图

12.3　GC-Q-TOF/MS 侦测山东蔬菜产区市售水果蔬菜农药残留预警风险评估

基于山东蔬菜产区水果蔬菜样品中农药残留 GC-Q-TOF/MS 侦测数据，分析禁用农药的检出率，同时参照中华人民共和国国家标准 GB 2763—2016 和欧盟农药最大残留限量（MRL）标准分析非禁用农药残留的超标率，并计算农药残留风险系数。分析单种水果蔬菜中农药残留以及所有水果蔬菜中农药残留的风险程度。

12.3.1　单种水果蔬菜中农药残留风险系数分析

12.3.1.1　单种水果蔬菜中禁用农药残留风险系数分析

侦测出的 146 种残留农药中有 9 种为禁用农药，且它们分布在 25 种水果蔬菜中，计算 25 种水果蔬菜中禁用农药的超标率，根据超标率计算风险系数 R，进而分析水果蔬菜中禁用农药的风险程度，结果如图 12-18 与表 12-12 所示。分析发现除茄子中的氟虫腈和硫丹以及芹菜中的艾氏剂外其余农药残留均于高度风险。

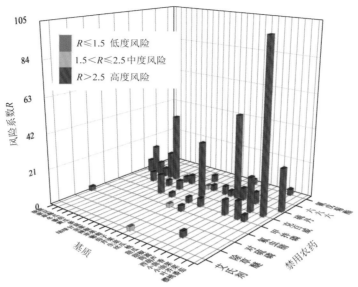

图 12-18　25 种水果蔬菜中 9 种禁用农药的风险系数分布图

表 12-12　25 种水果蔬菜中 9 种禁用农药的风险系数列表

序号	基质	农药	检出频次	检出率（%）	风险系数 R	风险程度
1	叶芥菜	克百威	1	100.00	101.10	高度风险
2	甜瓜	硫丹	16	50.00	51.10	高度风险
3	姜	硫丹	2	40.00	41.10	高度风险
4	芹菜	克百威	25	32.47	33.57	高度风险
5	樱桃番茄	硫丹	1	25.00	26.10	高度风险
6	小茴香	克百威	2	20.00	21.10	高度风险
7	草莓	硫丹	2	16.67	17.77	高度风险
8	黄瓜	硫丹	15	15.15	16.25	高度风险
9	韭菜	甲拌磷	8	10.96	12.06	高度风险
10	小茴香	甲拌磷	1	10.00	11.10	高度风险
11	茼蒿	甲拌磷	3	8.11	9.21	高度风险
12	冬瓜	硫丹	2	7.14	8.24	高度风险
13	菜豆	硫丹	2	6.90	8.00	高度风险
14	甜椒	硫丹	3	6.38	7.48	高度风险
15	西葫芦	硫丹	4	6.15	7.25	高度风险
16	番茄	克百威	5	5.10	6.20	高度风险
17	辣椒	克百威	1	4.55	5.65	高度风险
18	辣椒	硫丹	1	4.55	5.65	高度风险
19	丝瓜	甲拌磷	1	4.17	5.27	高度风险
20	丝瓜	硫丹	1	4.17	5.27	高度风险

续表

序号	基质	农药	检出频次	检出率（%）	风险系数 R	风险程度
21	番茄	硫丹	4	4.08	5.18	高度风险
22	葡萄	六六六	1	3.23	4.33	高度风险
23	小油菜	氰戊菊酯	2	2.90	4.00	高度风险
24	小油菜	甲拌磷	2	2.90	4.00	高度风险
25	结球甘蓝	克百威	1	2.78	3.88	高度风险
26	韭菜	硫丹	2	2.74	3.84	高度风险
27	茼蒿	除草醚	1	2.70	3.80	高度风险
28	芹菜	甲拌磷	2	2.60	3.70	高度风险
29	芹菜	硫丹	2	2.60	3.70	高度风险
30	生菜	氟虫腈	1	2.50	3.60	高度风险
31	桃	氰戊菊酯	1	2.44	3.54	高度风险
32	桃	硫丹	1	2.44	3.54	高度风险
33	苹果	甲拌磷	1	1.75	2.85	高度风险
34	菠菜	对硫磷	1	1.61	2.71	高度风险
35	芹菜	艾氏剂	1	1.30	2.40	中度风险
36	茄子	氟虫腈	1	1.22	2.32	中度风险
37	茄子	硫丹	1	1.22	2.32	中度风险

12.3.1.2　基于 MRL 中国国家标准的单种水果蔬菜中非禁用农药残留

风险系数分析

参照中华人民共和国国家标准 GB 2763—2016 中农药残留限量计算每种水果蔬菜中每种非禁用农药的超标率，进而计算其风险系数，根据风险系数大小判断残留农药的预警风险程度，水果蔬菜中非禁用农药残留风险程度分布情况如图 12-19 所示。

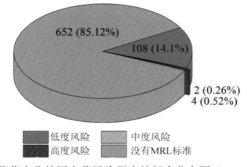

图 12-19　水果蔬菜中非禁用农药风险程度的频次分布图（MRL 中国国家标准）

本次分析中，发现在 58 种水果蔬菜侦测出 137 种残留非禁用农药，涉及样本 766 个，在 766 个样本中，0.52% 处于高度风险，14.1% 处于低度风险，0.26% 处于中度风险，此外发现有 652 个样本没有 MRL 中国国家标准值，无法判断其风险程度，有 MRL 中国国家标准值的 114 个样本涉及 26 种水果蔬菜中的 39 种非禁用农药，其风险系数 R 值如图 12-20 所示。表 12-13 为非禁用农药残留处于高度风险的水果蔬菜列表。

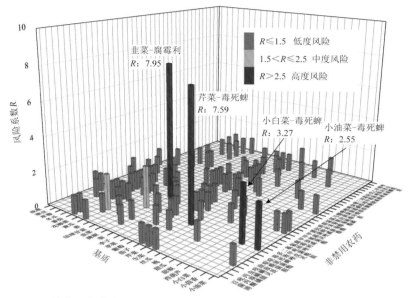

图 12-20　26 种水果蔬菜中 39 种非禁用农药的风险系数分布图（MRL 中国国家标准）

表 12-13　单种水果蔬菜中处于高度风险的非禁用农药风险系数表（**MRL** 中国国家标准）

序号	基质	农药	超标频次	超标率 P（%）	风险系数 R
1	韭菜	腐霉利	5	6.85	7.95
2	芹菜	毒死蜱	5	6.49	7.59
3	小白菜	毒死蜱	1	2.17	3.27
4	小油菜	毒死蜱	1	1.45	2.55

12.3.1.3　基于 MRL 欧盟标准的单种水果蔬菜中非禁用农药残留风险系数分析

参照 MRL 欧盟标准计算每种水果蔬菜中每种非禁用农药的超标率，进而计算其风险系数，根据风险系数大小判断农药残留的预警风险程度，水果蔬菜中非禁用农药残留风险程度分布情况如图 12-21 所示。

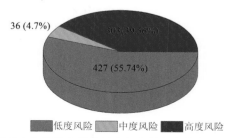

图 12-21　水果蔬菜中非禁用农药的风险程度的频次分布图（MRL 欧盟标准）

本次分析中，发现在 58 种水果蔬菜中共侦测出 137 种非禁用农药，涉及样本 766 个，其中，39.56%处于高度风险，涉及 42 种水果蔬菜和 88 种农药；55.74%处于低度风险，涉及 58 种水果蔬菜和 101 种农药；4.7%处于中度风险，涉及 5 种水果蔬菜和 32 种农药。单种水果蔬菜中的非禁用农药风险系数分布图如图 12-22 所示。单种水果蔬菜中处于高度风险的非禁用农药风险系数如图 12-23 和表 12-14 所示。

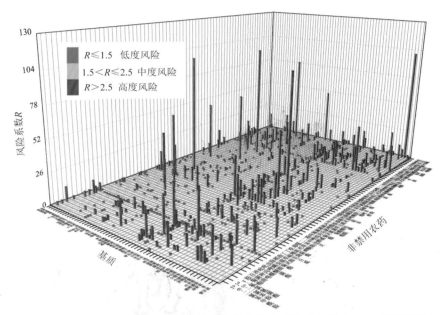

图 12-22　58 种水果蔬菜中 137 种非禁用农药的风险系数分布图（MRL 欧盟标准）

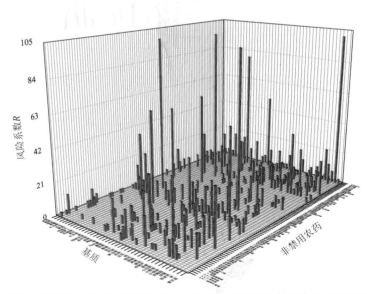

图 12-23　单种水果蔬菜中处于高度风险的非禁用农药的风险系数分布图（MRL 欧盟标准）

表 12-14　单种水果蔬菜中处于高度风险的非禁用农药的风险系数表（MRL 欧盟标准）

序号	基质	农药	超标频次	超标率 P（%）	风险系数 R
1	哈密瓜	解草腈	1	100.00	101.10
2	姜	生物苄呋菊酯	5	100.00	101.10
3	蕹菜	喹螨醚	1	100.00	101.10
4	枣	仲丁威	1	100.00	101.10
5	姜	增效醚	4	80.00	81.10
6	姜	呋线威	3	60.00	61.10
7	姜	灭锈胺	3	60.00	61.10
8	茼蒿	间羟基联苯	20	54.05	55.15
9	大白菜	醚菌酯	1	50.00	51.10
10	马铃薯	仲丁威	3	50.00	51.10
11	胡萝卜	呋线威	3	42.86	43.96
12	小茴香	威杀灵	4	40.00	41.10
13	甜椒	丙溴磷	17	36.17	37.27
14	茄子	丙溴磷	27	32.93	34.03
15	葡萄	腐霉利	10	32.26	33.36
16	胡萝卜	生物苄呋菊酯	2	28.57	29.67
17	番茄	腐霉利	26	26.53	27.63
18	芹菜	拌种胺	20	25.97	27.07
19	紫甘蓝	烯丙菊酯	11	22.00	23.10
20	韭菜	烯虫酯	16	21.92	23.02
21	甜瓜	腐霉利	7	21.88	22.98
22	杏鲍菇	仲丁威	3	21.43	22.53
23	姜	二甲草胺	1	20.00	21.10
24	姜	威杀灵	1	20.00	21.10
25	姜	异丙草胺	1	20.00	21.10
26	梨	γ-氟氯氰菌酯	10	20.00	21.10
27	小茴香	拌种胺	2	20.00	21.10
28	油麦菜	哒螨灵	3	20.00	21.10
29	甜椒	腐霉利	9	19.15	20.25
30	辣椒	异丙威	4	18.18	19.28
31	番茄	仲丁威	17	17.35	18.45
32	茄子	腐霉利	14	17.07	18.17
33	桃	γ-氟氯氰菌酯	7	17.07	18.17

序号	基质	农药	超标频次	超标率 P（％）	风险系数 R
34	甜椒	仲丁威	8	17.02	18.12
35	草莓	腐霉利	2	16.67	17.77
36	丝瓜	腐霉利	4	16.67	17.77
37	香蕉	猛杀威	1	16.67	17.77
38	茼蒿	嘧霉胺	6	16.22	17.32
39	茼蒿	甲霜灵	6	16.22	17.32
40	葡萄	γ-氟氯氰菌酯	5	16.13	17.23
41	梨	新燕灵	8	16.00	17.10
42	小油菜	哒螨灵	11	15.94	17.04
43	芹菜	嘧霉胺	12	15.58	16.68
44	黄瓜	异丙威	15	15.15	16.25
45	甜椒	威杀灵	7	14.89	15.99
46	菠菜	兹克威	9	14.52	15.62
47	扁豆	三唑醇	2	14.29	15.39
48	芹菜	威杀灵	11	14.29	15.39
49	西葫芦	烯丙菊酯	9	13.85	14.95
50	韭菜	腐霉利	10	13.70	14.80
51	油麦菜	五氯苯甲腈	2	13.33	14.43
52	油麦菜	增效醚	2	13.33	14.43
53	油麦菜	多效唑	2	13.33	14.43
54	油麦菜	烯唑醇	2	13.33	14.43
55	油麦菜	百菌清	2	13.33	14.43
56	小白菜	威杀灵	6	13.04	14.14
57	芹菜	腐霉利	10	12.99	14.09
58	生菜	多效唑	5	12.50	13.60
59	生菜	烯虫酯	5	12.50	13.60
60	丝瓜	威杀灵	3	12.50	13.60
61	丝瓜	烯丙菊酯	3	12.50	13.60
62	茄子	仲丁威	10	12.20	13.30
63	花椰菜	仲丁威	3	12.00	13.10
64	花椰菜	新燕灵	3	12.00	13.10
65	花椰菜	烯虫酯	3	12.00	13.10
66	菠菜	γ-氟氯氰菌酯	7	11.29	12.39
67	结球甘蓝	腐霉利	4	11.11	12.21

续表

序号	基质	农药	超标频次	超标率 P（%）	风险系数 R
68	蘑菇	仲丁威	1	11.11	12.21
69	青花菜	喹螨醚	4	11.11	12.21
70	茄子	虫螨腈	9	10.98	12.08
71	小白菜	醚菌酯	5	10.87	11.97
72	茼蒿	毒死蜱	4	10.81	11.91
73	苹果	烯丙菊酯	6	10.53	11.63
74	菜豆	丙溴磷	3	10.34	11.44
75	黄瓜	腐霉利	10	10.10	11.20
76	生菜	兹克威	4	10.00	11.10
77	小茴香	γ-氟氯氰菌酯	1	10.00	11.10
78	小茴香	丁噻隆	1	10.00	11.10
79	小茴香	乙嘧酚磺酸酯	1	10.00	11.10
80	小茴香	吡喃灵	1	10.00	11.10
81	小茴香	毒死蜱	1	10.00	11.10
82	小茴香	氟硅唑	1	10.00	11.10
83	小茴香	烯丙菊酯	1	10.00	11.10
84	桃	毒死蜱	4	9.76	10.86
85	菠菜	烯虫酯	6	9.68	10.78
86	西葫芦	烯虫酯	6	9.23	10.33
87	辣椒	丙溴磷	2	9.09	10.19
88	辣椒	氟硅唑	2	9.09	10.19
89	辣椒	甲氰菊酯	2	9.09	10.19
90	辣椒	腐霉利	2	9.09	10.19
91	芹菜	γ-氟氯氰菌酯	7	9.09	10.19
92	小白菜	γ-氟氯氰菌酯	4	8.70	9.80
93	甜椒	唑虫酰胺	4	8.51	9.61
94	甜椒	螺螨酯	4	8.51	9.61
95	草莓	威杀灵	1	8.33	9.43
96	草莓	己唑醇	1	8.33	9.43
97	草莓	棉铃威	1	8.33	9.43
98	草莓	烯丙菊酯	1	8.33	9.43
99	丝瓜	烯虫酯	2	8.33	9.43
100	韭菜	虫螨腈	6	8.22	9.32
101	番茄	烯丙菊酯	8	8.16	9.26

续表

序号	基质	农药	超标频次	超标率 P（%）	风险系数 R
102	茼蒿	乙霉威	3	8.11	9.21
103	茼蒿	百菌清	3	8.11	9.21
104	茼蒿	腐霉利	3	8.11	9.21
105	茼蒿	虫螨腈	3	8.11	9.21
106	茼蒿	醚菌酯	3	8.11	9.21
107	生菜	氟丙菊酯	3	7.50	8.60
108	生菜	腐霉利	3	7.50	8.60
109	金针菇	威杀灵	2	7.41	8.51
110	茄子	炔螨特	6	7.32	8.42
111	桃	新燕灵	3	7.32	8.42
112	小油菜	γ-氟氯氰菌酯	5	7.25	8.35
113	小油菜	虫螨腈	5	7.25	8.35
114	冬瓜	威杀灵	2	7.14	8.24
115	冬瓜	新燕灵	2	7.14	8.24
116	杏鲍菇	威杀灵	1	7.14	8.24
117	杏鲍菇	新燕灵	1	7.14	8.24
118	杏鲍菇	棉铃威	1	7.14	8.24
119	杏鲍菇	甲醚菊酯	1	7.14	8.24
120	菜豆	新燕灵	2	6.90	8.00
121	菜豆	炔丙菊酯	2	6.90	8.00
122	油麦菜	仲丁威	1	6.67	7.77
123	油麦菜	呋线威	1	6.67	7.77
124	油麦菜	棉铃威	1	6.67	7.77
125	油麦菜	氟硅唑	1	6.67	7.77
126	油麦菜	烯虫酯	1	6.67	7.77
127	小白菜	兹克威	3	6.52	7.62
128	芹菜	毒死蜱	5	6.49	7.59
129	菠菜	三唑酮	4	6.45	7.55
130	葡萄	3,5-二氯苯胺	2	6.45	7.55
131	甜椒	甲氰菊酯	3	6.38	7.48
132	甜椒	虫螨腈	3	6.38	7.48
133	西葫芦	威杀灵	4	6.15	7.25
134	小油菜	喹螨醚	4	5.80	6.90
135	小油菜	戊唑醇	4	5.80	6.90

续表

序号	基质	农药	超标频次	超标率 P（%）	风险系数 R
136	小油菜	联苯菊酯	4	5.80	6.90
137	茼蒿	五氯苯甲腈	2	5.41	6.51
138	茼蒿	吡喃灵	2	5.41	6.51
139	茼蒿	喹螨醚	2	5.41	6.51
140	茼蒿	威杀灵	2	5.41	6.51
141	茼蒿	烯虫酯	2	5.41	6.51
142	苹果	新燕灵	3	5.26	6.36
143	芹菜	乙霉威	4	5.19	6.29
144	芹菜	五氯苯甲腈	4	5.19	6.29
145	芹菜	异丙威	4	5.19	6.29
146	芹菜	氟硅唑	4	5.19	6.29
147	生菜	丙溴磷	2	5.00	6.10
148	生菜	五氯硝基苯	2	5.00	6.10
149	生菜	五氯苯胺	2	5.00	6.10
150	生菜	哒螨灵	2	5.00	6.10
151	茄子	烯虫酯	4	4.88	5.98
152	桃	丙溴磷	2	4.88	5.98
153	桃	腐霉利	2	4.88	5.98
154	菠菜	哒螨灵	3	4.84	5.94
155	西葫芦	腐霉利	3	4.62	5.72
156	辣椒	三唑磷	1	4.55	5.65
157	辣椒	仲丁威	1	4.55	5.65
158	辣椒	唑虫酰胺	1	4.55	5.65
159	辣椒	虫螨腈	1	4.55	5.65
160	辣椒	螺螨酯	1	4.55	5.65
161	小白菜	哒螨灵	2	4.35	5.45
162	小白菜	喹螨醚	2	4.35	5.45
163	甜椒	异丙威	2	4.26	5.36
164	甜椒	氟硅唑	2	4.26	5.36
165	火龙果	吡喃灵	1	4.17	5.27
166	韭菜	拌种咯	3	4.11	5.21
167	韭菜	烯唑醇	3	4.11	5.21
168	番茄	啶氧菌酯	4	4.08	5.18
169	梨	四氢吩胺	2	4.00	5.10

续表

序号	基质	农药	超标频次	超标率 P（%）	风险系数 R
170	芹菜	仲丁灵	3	3.90	5.00
171	芹菜	去乙基阿特拉津	3	3.90	5.00
172	芹菜	烯丙菊酯	3	3.90	5.00
173	茄子	烯丙菊酯	3	3.66	4.76
174	茄子	螺螨酯	3	3.66	4.76
175	冬瓜	仲丁威	1	3.57	4.67
176	冬瓜	烯丙菊酯	1	3.57	4.67
177	冬瓜	腐霉利	1	3.57	4.67
178	苹果	γ-氟氯氰菌酯	2	3.51	4.61
179	苹果	敌敌畏	2	3.51	4.61
180	菜豆	仲丁威	1	3.45	4.55
181	菜豆	吡喃灵	1	3.45	4.55
182	菜豆	甲氰菊酯	1	3.45	4.55
183	菜豆	腐霉利	1	3.45	4.55
184	菜豆	苯草醚	1	3.45	4.55
185	菜豆	虫螨腈	1	3.45	4.55
186	菠菜	乙霉威	2	3.23	4.33
187	菠菜	嘧霉胺	2	3.23	4.33
188	菠菜	烯唑醇	2	3.23	4.33
189	菠菜	除虫菊素 I	2	3.23	4.33
190	葡萄	3,4,5-混杀威	1	3.23	4.33
191	葡萄	二苯胺	1	3.23	4.33
192	葡萄	吡喃灵	1	3.23	4.33
193	葡萄	增效醚	1	3.23	4.33
194	葡萄	新燕灵	1	3.23	4.33
195	葡萄	氟硅唑	1	3.23	4.33
196	葡萄	溴丁酰草胺	1	3.23	4.33
197	葡萄	烯丙菊酯	1	3.23	4.33
198	葡萄	猛杀威	1	3.23	4.33
199	葡萄	甲氰菊酯	1	3.23	4.33
200	葡萄	胺菊酯	1	3.23	4.33
201	葡萄	霜霉威	1	3.23	4.33
202	西葫芦	仲丁威	2	3.08	4.18
203	黄瓜	γ-氟氯氰菌酯	3	3.03	4.13

续表

序号	基质	农药	超标频次	超标率 P（%）	风险系数 R
204	黄瓜	吡螨灵	3	3.03	4.13
205	黄瓜	威杀灵	3	3.03	4.13
206	小油菜	威杀灵	2	2.90	4.00
207	小油菜	烯唑醇	2	2.90	4.00
208	小油菜	腐霉利	2	2.90	4.00
209	洋葱	仲丁威	1	2.86	3.96
210	洋葱	威杀灵	1	2.86	3.96
211	洋葱	烯丙菊酯	1	2.86	3.96
212	结球甘蓝	醚菌酯	1	2.78	3.88
213	青花菜	兹克威	1	2.78	3.88
214	青花菜	异丙威	1	2.78	3.88
215	青花菜	腐霉利	1	2.78	3.88
216	韭菜	3,5-二氯苯胺	2	2.74	3.84
217	韭菜	γ-氟氯氰菊酯	2	2.74	3.84
218	韭菜	多效唑	2	2.74	3.84
219	茼蒿	γ-氟氯氰菊酯	1	2.70	3.80
220	茼蒿	噁霜灵	1	2.70	3.80
221	茼蒿	多效唑	1	2.70	3.80
222	茼蒿	新燕灵	1	2.70	3.80
223	茼蒿	氟乐灵	1	2.70	3.80
224	茼蒿	烯丙菊酯	1	2.70	3.80
225	茼蒿	马拉硫磷	1	2.70	3.80
226	芹菜	丙溴磷	2	2.60	3.70
227	芹菜	五氯硝基苯	2	2.60	3.70
228	芹菜	兹克威	2	2.60	3.70
229	芹菜	吡螨灵	2	2.60	3.70
230	芹菜	虫螨腈	2	2.60	3.70
231	生菜	3,5-二氯苯胺	1	2.50	3.60
232	生菜	噁霜灵	1	2.50	3.60
233	生菜	威杀灵	1	2.50	3.60
234	生菜	烯唑醇	1	2.50	3.60
235	生菜	百菌清	1	2.50	3.60
236	生菜	萘乙酸	1	2.50	3.60
237	茄子	双甲脒	2	2.44	3.54

续表

序号	基质	农药	超标频次	超标率 P（%）	风险系数 R
238	茄子	唑虫酰胺	2	2.44	3.54
239	茄子	异丙威	2	2.44	3.54
240	桃	氟硅唑	1	2.44	3.54
241	桃	烯唑醇	1	2.44	3.54
242	桃	甲氰菊酯	1	2.44	3.54
243	小白菜	唑虫酰胺	1	2.17	3.27
244	小白菜	氟氯氰菊酯	1	2.17	3.27
245	小白菜	氯氰菊酯	1	2.17	3.27
246	小白菜	烯丙菊酯	1	2.17	3.27
247	小白菜	烯唑醇	1	2.17	3.27
248	小白菜	烯虫酯	1	2.17	3.27
249	小白菜	甲醚菊酯	1	2.17	3.27
250	小白菜	稻瘟灵	1	2.17	3.27
251	小白菜	腐霉利	1	2.17	3.27
252	甜椒	γ-氟氯氰菌酯	1	2.13	3.23
253	甜椒	仲草丹	1	2.13	3.23
254	甜椒	敌草胺	1	2.13	3.23
255	甜椒	新燕灵	1	2.13	3.23
256	甜椒	烯丙菊酯	1	2.13	3.23
257	番茄	γ-氟氯氰菌酯	2	2.04	3.14
258	番茄	新燕灵	2	2.04	3.14
259	番茄	氟硅唑	2	2.04	3.14
260	梨	三唑醇	1	2.00	3.10
261	梨	乙草胺	1	2.00	3.10
262	梨	增效醚	1	2.00	3.10
263	梨	炔螨特	1	2.00	3.10
264	梨	猛杀威	1	2.00	3.10
265	梨	胺菊酯	1	2.00	3.10
266	梨	虫螨腈	1	2.00	3.10
267	梨	辛酰溴苯腈	1	2.00	3.10
268	紫甘蓝	仲丁威	1	2.00	3.10
269	紫甘蓝	双甲脒	1	2.00	3.10
270	紫甘蓝	威杀灵	1	2.00	3.10
271	苹果	增效醚	1	1.75	2.85

续表

序号	基质	农药	超标频次	超标率 P（%）	风险系数 R
272	苹果	氯菊酯	1	1.75	2.85
273	苹果	炔螨特	1	1.75	2.85
274	苹果	甲醚菊酯	1	1.75	2.85
275	菠菜	2,6-二氯苯甲酰胺	1	1.61	2.71
276	菠菜	3,5-二氯苯胺	1	1.61	2.71
277	菠菜	三唑醇	1	1.61	2.71
278	菠菜	仲丁威	1	1.61	2.71
279	菠菜	八氯苯乙烯	1	1.61	2.71
280	菠菜	呋线威	1	1.61	2.71
281	菠菜	呋草黄	1	1.61	2.71
282	菠菜	多效唑	1	1.61	2.71
283	菠菜	毒死蜱	1	1.61	2.71
284	菠菜	腐霉利	1	1.61	2.71
285	菠菜	萘乙酸	1	1.61	2.71
286	西葫芦	仲草丹	1	1.54	2.64
287	西葫芦	呋线威	1	1.54	2.64
288	西葫芦	棉铃威	1	1.54	2.64
289	西葫芦	除虫菊素 I	1	1.54	2.64
290	小油菜	三唑醇	1	1.45	2.55
291	小油菜	乐果	1	1.45	2.55
292	小油菜	仲丁威	1	1.45	2.55
293	小油菜	去乙基阿特拉津	1	1.45	2.55
294	小油菜	唑虫酰胺	1	1.45	2.55
295	小油菜	安硫磷	1	1.45	2.55
296	小油菜	新燕灵	1	1.45	2.55
297	小油菜	棉铃威	1	1.45	2.55
298	小油菜	氟氯氰菊酯	1	1.45	2.55
299	小油菜	灭害威	1	1.45	2.55
300	小油菜	甲氰菊酯	1	1.45	2.55
301	小油菜	甲萘威	1	1.45	2.55
302	小油菜	腈菌唑	1	1.45	2.55
303	小油菜	西玛通	1	1.45	2.55

12.3.2 所有水果蔬菜中农药残留风险系数分析

12.3.2.1 所有水果蔬菜中禁用农药残留风险系数分析

在侦测出的 146 种农药中有 9 种为禁用农药，计算所有水果蔬菜中禁用农药的风险系数，结果如表 12-15 所示。禁用农药硫丹和克百威处于高度风险，禁用农药甲拌磷处于中度风险，剩余 6 种禁用农药处于低度风险。

表 12-15 水果蔬菜中 9 种禁用农药的风险系数表

序号	农药	检出频次	检出率（%）	风险系数 R	风险程度
1	硫丹	59	3.95	5.05	高度风险
2	克百威	35	2.34	3.44	高度风险
3	甲拌磷	18	1.21	2.31	中度风险
4	氰戊菊酯	3	0.20	1.30	低度风险
5	氟虫腈	2	0.13	1.23	低度风险
6	艾氏剂	1	0.07	1.17	低度风险
7	除草醚	1	0.07	1.17	低度风险
8	对硫磷	1	0.07	1.17	低度风险
9	六六六	1	0.07	1.17	低度风险

对每个月内的禁用农药的风险系数进行分析，结果如图 12-24 和表 12-16 所示。

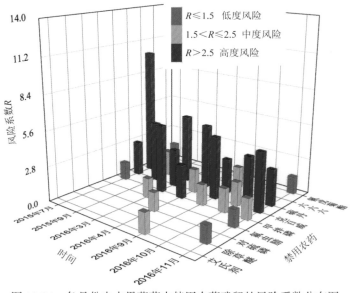

图 12-24 各月份内水果蔬菜中禁用农药残留的风险系数分布图

表 12-16　各月份内水果蔬菜中禁用农药的风险系数表

序号	年月	农药	检出频次	检出率（%）	风险系数 R	风险程度
1	2015 年 7 月	硫丹	27	9.12	10.22	高度风险
2	2015 年 7 月	克百威	5	1.69	2.79	高度风险
3	2015 年 7 月	甲拌磷	1	0.34	1.44	低度风险
4	2015 年 7 月	氰戊菊酯	1	0.34	1.44	低度风险
5	2015 年 9 月	克百威	4	3.77	4.87	高度风险
6	2015 年 9 月	硫丹	1	0.94	2.04	中度风险
7	2016 年 3 月	甲拌磷	9	4.35	5.45	高度风险
8	2016 年 3 月	硫丹	9	4.35	5.45	高度风险
9	2016 年 3 月	克百威	4	1.93	3.03	高度风险
10	2016 年 3 月	氟虫腈	1	0.48	1.58	中度风险
11	2016 年 4 月	硫丹	10	3.98	5.08	高度风险
12	2016 年 4 月	甲拌磷	4	1.59	2.69	高度风险
13	2016 年 4 月	克百威	2	0.80	1.90	中度风险
14	2016 年 4 月	对硫磷	1	0.40	1.50	低度风险
15	2016 年 9 月	克百威	7	3.89	4.99	高度风险
16	2016 年 9 月	硫丹	3	1.67	2.77	高度风险
17	2016 年 9 月	艾氏剂	1	0.56	1.66	中度风险
18	2016 年 9 月	甲拌磷	1	0.56	1.66	中度风险
19	2016 年 9 月	六六六	1	0.56	1.66	中度风险
20	2016 年 9 月	氰戊菊酯	1	0.56	1.66	中度风险
21	2016 年 10 月	硫丹	3	2.40	3.50	高度风险
22	2016 年 10 月	甲拌磷	1	0.80	1.90	中度风险
23	2016 年 10 月	克百威	1	0.80	1.90	中度风险
24	2016 年 11 月	克百威	12	3.66	4.76	高度风险
25	2016 年 11 月	硫丹	6	1.83	2.93	高度风险
26	2016 年 11 月	甲拌磷	2	0.61	1.71	中度风险
27	2016 年 11 月	除草醚	1	0.30	1.40	低度风险
28	2016 年 11 月	氟虫腈	1	0.30	1.40	低度风险
29	2016 年 11 月	氰戊菊酯	1	0.30	1.40	低度风险

12.3.2.2　所有水果蔬菜中非禁用农药残留风险系数分析

参照 MRL 欧盟标准计算所有水果蔬菜中每种非禁用农药残留的风险系数，如图 12-25 与表 12-17 所示。在侦测出的 137 种非禁用农药中，12 种农药（8.76%）残留处于高度风险，25 种农药（18.25%）残留处于中度风险，100 种农药（72.99%）残留处于低度风险。

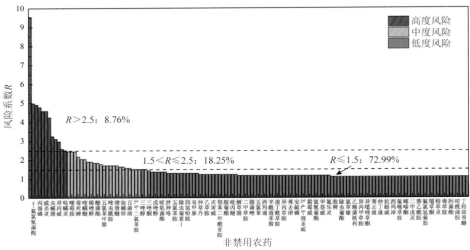

图 12-25　水果蔬菜中 137 种非禁用农药的风险程度统计图

表 12-17　水果蔬菜中 137 种非禁用农药的风险系数表

序号	农药	超标频次	超标率 P（%）	风险系数 R	风险程度
1	腐霉利	126	8.44	9.54	高度风险
2	γ-氟氯氰菌酯	58	3.88	4.98	高度风险
3	仲丁威	57	3.82	4.92	高度风险
4	丙溴磷	55	3.68	4.78	高度风险
5	烯丙菊酯	52	3.48	4.58	高度风险
6	威杀灵	52	3.48	4.58	高度风险
7	烯虫酯	47	3.15	4.25	高度风险
8	虫螨腈	32	2.14	3.24	高度风险
9	新燕灵	30	2.01	3.11	高度风险
10	异丙威	28	1.88	2.98	高度风险
11	拌种胺	22	1.47	2.57	高度风险
12	哒螨灵	21	1.41	2.51	高度风险
13	间羟基联苯	20	1.34	2.44	中度风险
14	嘧霉胺	20	1.34	2.44	中度风险
15	兹克威	20	1.34	2.44	中度风险
16	毒死蜱	16	1.07	2.17	中度风险
17	氟硅唑	14	0.94	2.04	中度风险
18	唑螨醚	14	0.94	2.04	中度风险
19	多效唑	12	0.80	1.90	中度风险

续表

序号	农药	超标频次	超标率 P（%）	风险系数 R	风险程度
20	烯唑醇	12	0.80	1.90	中度风险
21	吡喃灵	11	0.74	1.84	中度风险
22	醚菌酯	11	0.74	1.84	中度风险
23	甲氰菊酯	10	0.67	1.77	中度风险
24	五氯苯甲腈	9	0.60	1.70	中度风险
25	呋线威	9	0.60	1.70	中度风险
26	唑虫酰胺	9	0.60	1.70	中度风险
27	乙霉威	9	0.60	1.70	中度风险
28	增效醚	9	0.60	1.70	中度风险
29	螺螨酯	8	0.54	1.64	中度风险
30	炔螨特	8	0.54	1.64	中度风险
31	生物苄呋菊酯	7	0.47	1.57	中度风险
32	百菌清	7	0.47	1.57	中度风险
33	甲霜灵	6	0.40	1.50	中度风险
34	3,5-二氯苯胺	6	0.40	1.50	中度风险
35	联苯菊酯	6	0.40	1.50	中度风险
36	三唑醇	6	0.40	1.50	中度风险
37	棉铃威	6	0.40	1.50	中度风险
38	三唑酮	5	0.33	1.43	低度风险
39	五氯硝基苯	4	0.27	1.37	低度风险
40	戊唑醇	4	0.27	1.37	低度风险
41	猛杀威	4	0.27	1.37	低度风险
42	啶氧菌酯	4	0.27	1.37	低度风险
43	去乙基阿特拉津	4	0.27	1.37	低度风险
44	拌种咯	3	0.20	1.30	低度风险
45	氟丙菊酯	3	0.20	1.30	低度风险
46	五氯苯胺	3	0.20	1.30	低度风险
47	敌敌畏	3	0.20	1.30	低度风险
48	除虫菊素 I	3	0.20	1.30	低度风险
49	甲醚菊酯	3	0.20	1.30	低度风险
50	四氢吩胺	3	0.20	1.30	低度风险
51	仲丁灵	3	0.20	1.30	低度风险
52	双甲脒	3	0.20	1.30	低度风险
53	灭锈胺	3	0.20	1.30	低度风险
54	仲草丹	2	0.13	1.23	低度风险

续表

序号	农药	超标频次	超标率 P（%）	风险系数 R	风险程度
55	马拉硫磷	2	0.13	1.23	低度风险
56	乙草胺	2	0.13	1.23	低度风险
57	炔丙菊酯	2	0.13	1.23	低度风险
58	灭害威	2	0.13	1.23	低度风险
59	萘乙酸	2	0.13	1.23	低度风险
60	邻苯二甲酰亚胺	2	0.13	1.23	低度风险
61	噁霜灵	2	0.13	1.23	低度风险
62	胺菊酯	2	0.13	1.23	低度风险
63	氟氯氰菊酯	2	0.13	1.23	低度风险
64	吡丙醚	2	0.13	1.23	低度风险
65	己唑醇	2	0.13	1.23	低度风险
66	解草腈	1	0.07	1.17	低度风险
67	稻瘟灵	1	0.07	1.17	低度风险
68	二甲草胺	1	0.07	1.17	低度风险
69	二苯胺	1	0.07	1.17	低度风险
70	腈菌唑	1	0.07	1.17	低度风险
71	四氯硝基苯	1	0.07	1.17	低度风险
72	五氯苯	1	0.07	1.17	低度风险
73	丁噻隆	1	0.07	1.17	低度风险
74	西玛通	1	0.07	1.17	低度风险
75	敌草胺	1	0.07	1.17	低度风险
76	辛酰溴苯腈	1	0.07	1.17	低度风险
77	呋草黄	1	0.07	1.17	低度风险
78	溴丁酰草胺	1	0.07	1.17	低度风险
79	乙嘧酚磺酸酯	1	0.07	1.17	低度风险
80	异丙草胺	1	0.07	1.17	低度风险
81	苯草醚	1	0.07	1.17	低度风险
82	莠去津	1	0.07	1.17	低度风险
83	八氯苯乙烯	1	0.07	1.17	低度风险
84	安硫磷	1	0.07	1.17	低度风险
85	4-硝基氯苯	1	0.07	1.17	低度风险
86	3,4,5-混杀威	1	0.07	1.17	低度风险
87	三唑磷	1	0.07	1.17	低度风险
88	霜霉威	1	0.07	1.17	低度风险
89	2,6-二氯苯甲酰胺	1	0.07	1.17	低度风险

续表

序号	农药	超标频次	超标率 P（%）	风险系数 R	风险程度
90	氯氰菊酯	1	0.07	1.17	低度风险
91	乐果	1	0.07	1.17	低度风险
92	甲萘威	1	0.07	1.17	低度风险
93	氯菊酯	1	0.07	1.17	低度风险
94	氟乐灵	1	0.07	1.17	低度风险
95	邻苯基苯酚	0	0	1.10	低度风险
96	敌稗	0	0	1.10	低度风险
97	麦穗宁	0	0	1.10	低度风险
98	除虫菊酯	0	0	1.10	低度风险
99	吡唑醚菌酯	0	0	1.10	低度风险
100	氯草敏	0	0	1.10	低度风险
101	甲基立枯磷	0	0	1.10	低度风险
102	乙烯菌核利	0	0	1.10	低度风险
103	扑灭津	0	0	1.10	低度风险
104	异丙甲草胺	0	0	1.10	低度风险
105	氟唑菌酰胺	0	0	1.10	低度风险
106	异噁唑草酮	0	0	1.10	低度风险
107	联苯三唑醇	0	0	1.10	低度风险
108	莠去通	0	0	1.10	低度风险
109	联苯肼酯	0	0	1.10	低度风险
110	仲丁通	0	0	1.10	低度风险
111	甲氧滴滴涕	0	0	1.10	低度风险
112	抗蚜威	0	0	1.10	低度风险
113	环酯草醚	0	0	1.10	低度风险
114	西玛津	0	0	1.10	低度风险
115	粉唑醇	0	0	1.10	低度风险
116	氟噻草胺	0	0	1.10	低度风险
117	芬螨酯	0	0	1.10	低度风险
118	噻嗪酮	0	0	1.10	低度风险
119	三氯杀螨醇	0	0	1.10	低度风险
120	二甲戊灵	0	0	1.10	低度风险
121	扑草净	0	0	1.10	低度风险
122	萘乙酰胺	0	0	1.10	低度风险
123	氟吡菌酰胺	0	0	1.10	低度风险
124	去异丙基莠去津	0	0	1.10	低度风险

序号	农药	超标频次	超标率 P（%）	风险系数 R	风险程度
125	四氟醚唑	0	0	1.10	低度风险
126	噁草酮	0	0	1.10	低度风险
127	丁硫克百威	0	0	1.10	低度风险
128	特草灵	0	0	1.10	低度风险
129	特丁通	0	0	1.10	低度风险
130	毒草胺	0	0	1.10	低度风险
131	萎锈灵	0	0	1.10	低度风险
132	肟菌酯	0	0	1.10	低度风险
133	嘧菌酯	0	0	1.10	低度风险
134	啶酰菌胺	0	0	1.10	低度风险
135	嘧菌环胺	0	0	1.10	低度风险
136	丁羟茴香醚	0	0	1.10	低度风险
137	2,3,5,6-四氯苯胺	0	0	1.10	低度风险

　　对每个月份内的非禁用农药的风险系数分析，每月内非禁用农药风险程度分布图如图 12-26 所示。7 个月份内处于高度风险的农药数排序为 2016 年 10 月（18）＞2016 年 4 月（15）＞2016 年 3 月（14）=2016 年 9 月（14）＞2016 年 11 月（13）＞2015 年 7 月（9）＞2015 年 9 月（7）。

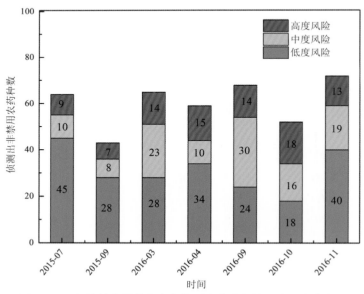

图 12-26　各月份水果蔬菜中非禁用农药残留的风险程度分布图

　　7 个月份内水果蔬菜中非禁用农药处于中度风险和高度风险的风险系数如图 12-27 和表 12-18 所示。

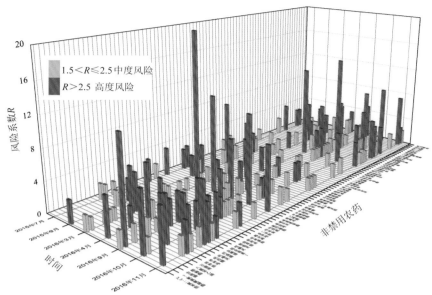

图 12-27　各月份水果蔬菜中非禁用农药处于中度风险和高度风险的风险系数分布图

表 12-18　各月份水果蔬菜中非禁用农药处于中度风险和高度风险的风险系数表

序号	年月	农药	超标频次	超标率 P（%）	风险系数 R	风险程度
1	2015 年 7 月	新燕灵	9	3.04	4.14	高度风险
2	2015 年 7 月	仲丁威	9	3.04	4.14	高度风险
3	2015 年 7 月	腐霉利	8	2.70	3.80	高度风险
4	2015 年 7 月	生物苄呋菊酯	7	2.36	3.46	高度风险
5	2015 年 7 月	呋线威	6	2.03	3.13	高度风险
6	2015 年 7 月	喹螨醚	6	2.03	3.13	高度风险
7	2015 年 7 月	间羟基联苯	5	1.69	2.79	高度风险
8	2015 年 7 月	异丙威	5	1.69	2.79	高度风险
9	2015 年 7 月	增效醚	5	1.69	2.79	高度风险
10	2015 年 7 月	去乙基阿特拉津	4	1.35	2.45	中度风险
11	2015 年 7 月	烯虫酯	4	1.35	2.45	中度风险
12	2015 年 7 月	丙溴磷	3	1.01	2.11	中度风险
13	2015 年 7 月	氟硅唑	3	1.01	2.11	中度风险
14	2015 年 7 月	灭锈胺	3	1.01	2.11	中度风险
15	2015 年 7 月	虫螨腈	2	0.68	1.78	中度风险
16	2015 年 7 月	哒螨灵	2	0.68	1.78	中度风险
17	2015 年 7 月	炔丙菊酯	2	0.68	1.78	中度风险
18	2015 年 7 月	威杀灵	2	0.68	1.78	中度风险

序号	年月	农药	超标频次	超标率 P（%）	风险系数 R	风险程度
19	2015 年 7 月	兹克威	2	0.68	1.78	中度风险
20	2015 年 9 月	醚菌酯	8	7.55	8.65	高度风险
21	2015 年 9 月	喹螨醚	3	2.83	3.93	高度风险
22	2015 年 9 月	3,5-二氯苯胺	2	1.89	2.99	高度风险
23	2015 年 9 月	哒螨灵	2	1.89	2.99	高度风险
24	2015 年 9 月	甲氰菊酯	2	1.89	2.99	高度风险
25	2015 年 9 月	三唑醇	2	1.89	2.99	高度风险
26	2015 年 9 月	仲丁威	2	1.89	2.99	高度风险
27	2015 年 9 月	丙溴磷	1	0.94	2.04	中度风险
28	2015 年 9 月	间羟基联苯	1	0.94	2.04	中度风险
29	2015 年 9 月	猛杀威	1	0.94	2.04	中度风险
30	2015 年 9 月	灭害威	1	0.94	2.04	中度风险
31	2015 年 9 月	炔螨特	1	0.94	2.04	中度风险
32	2015 年 9 月	三唑磷	1	0.94	2.04	中度风险
33	2015 年 9 月	四氢吩胺	1	0.94	2.04	中度风险
34	2015 年 9 月	异丙威	1	0.94	2.04	中度风险
35	2016 年 3 月	腐霉利	40	19.32	20.42	高度风险
36	2016 年 3 月	丙溴磷	10	4.83	5.93	高度风险
37	2016 年 3 月	烯虫酯	10	4.83	5.93	高度风险
38	2016 年 3 月	虫螨腈	8	3.86	4.96	高度风险
39	2016 年 3 月	嘧霉胺	6	2.90	4.00	高度风险
40	2016 年 3 月	啶氧菌酯	4	1.93	3.03	高度风险
41	2016 年 3 月	烯唑醇	4	1.93	3.03	高度风险
42	2016 年 3 月	乙霉威	4	1.93	3.03	高度风险
43	2016 年 3 月	异丙威	4	1.93	3.03	高度风险
44	2016 年 3 月	喹螨醚	3	1.45	2.55	高度风险
45	2016 年 3 月	螺螨酯	3	1.45	2.55	高度风险
46	2016 年 3 月	棉铃威	3	1.45	2.55	高度风险
47	2016 年 3 月	威杀灵	3	1.45	2.55	高度风险
48	2016 年 3 月	唑虫酰胺	3	1.45	2.55	高度风险
49	2016 年 3 月	3,5-二氯苯胺	2	0.97	2.07	中度风险
50	2016 年 3 月	毒死蜱	2	0.97	2.07	中度风险
51	2016 年 3 月	甲氰菊酯	2	0.97	2.07	中度风险

续表

序号	年月	农药	超标频次	超标率 P（%）	风险系数 R	风险程度
52	2016 年 3 月	间羟基联苯	2	0.97	2.07	中度风险
53	2016 年 3 月	双甲脒	2	0.97	2.07	中度风险
54	2016 年 3 月	五氯苯甲腈	2	0.97	2.07	中度风险
55	2016 年 3 月	新燕灵	2	0.97	2.07	中度风险
56	2016 年 3 月	仲丁威	2	0.97	2.07	中度风险
57	2016 年 3 月	γ-氟氯氰菌酯	1	0.48	1.58	中度风险
58	2016 年 3 月	八氯苯乙烯	1	0.48	1.58	中度风险
59	2016 年 3 月	百菌清	1	0.48	1.58	中度风险
60	2016 年 3 月	拌种胺	1	0.48	1.58	中度风险
61	2016 年 3 月	多效唑	1	0.48	1.58	中度风险
62	2016 年 3 月	呋线威	1	0.48	1.58	中度风险
63	2016 年 3 月	氟硅唑	1	0.48	1.58	中度风险
64	2016 年 3 月	己唑醇	1	0.48	1.58	中度风险
65	2016 年 3 月	邻苯二甲酰亚胺	1	0.48	1.58	中度风险
66	2016 年 3 月	灭害威	1	0.48	1.58	中度风险
67	2016 年 3 月	炔螨特	1	0.48	1.58	中度风险
68	2016 年 3 月	三唑醇	1	0.48	1.58	中度风险
69	2016 年 3 月	三唑酮	1	0.48	1.58	中度风险
70	2016 年 3 月	烯丙菊酯	1	0.48	1.58	中度风险
71	2016 年 3 月	乙草胺	1	0.48	1.58	中度风险
72	2016 年 4 月	腐霉利	29	11.55	12.65	高度风险
73	2016 年 4 月	威杀灵	29	11.55	12.65	高度风险
74	2016 年 4 月	丙溴磷	15	5.98	7.08	高度风险
75	2016 年 4 月	烯丙菊酯	13	5.18	6.28	高度风险
76	2016 年 4 月	γ-氟氯氰菌酯	10	3.98	5.08	高度风险
77	2016 年 4 月	异丙威	10	3.98	5.08	高度风险
78	2016 年 4 月	嘧霉胺	6	2.39	3.49	高度风险
79	2016 年 4 月	烯虫酯	6	2.39	3.49	高度风险
80	2016 年 4 月	兹克威	6	2.39	3.49	高度风险
81	2016 年 4 月	拌种胺	4	1.59	2.69	高度风险
82	2016 年 4 月	哒螨灵	4	1.59	2.69	高度风险
83	2016 年 4 月	联苯菊酯	4	1.59	2.69	高度风险
84	2016 年 4 月	螺螨酯	4	1.59	2.69	高度风险

续表

序号	年月	农药	超标频次	超标率 P（%）	风险系数 R	风险程度
85	2016 年 4 月	戊唑醇	4	1.59	2.69	高度风险
86	2016 年 4 月	乙霉威	4	1.59	2.69	高度风险
87	2016 年 4 月	虫螨腈	3	1.20	2.30	中度风险
88	2016 年 4 月	氟硅唑	3	1.20	2.30	中度风险
89	2016 年 4 月	间羟基联苯	3	1.20	2.30	中度风险
90	2016 年 4 月	五氯苯甲腈	3	1.20	2.30	中度风险
91	2016 年 4 月	仲丁灵	3	1.20	2.30	中度风险
92	2016 年 4 月	仲丁威	3	1.20	2.30	中度风险
93	2016 年 4 月	多效唑	2	0.80	1.90	中度风险
94	2016 年 4 月	甲氰菊酯	2	0.80	1.90	中度风险
95	2016 年 4 月	炔螨特	2	0.80	1.90	中度风险
96	2016 年 4 月	新燕灵	2	0.80	1.90	中度风险
97	2016 年 9 月	烯丙菊酯	23	12.78	13.88	高度风险
98	2016 年 9 月	γ-氟氯氰菌酯	21	11.67	12.77	高度风险
99	2016 年 9 月	腐霉利	12	6.67	7.77	高度风险
100	2016 年 9 月	烯虫酯	11	6.11	7.21	高度风险
101	2016 年 9 月	仲丁威	11	6.11	7.21	高度风险
102	2016 年 9 月	间羟基联苯	7	3.89	4.99	高度风险
103	2016 年 9 月	兹克威	7	3.89	4.99	高度风险
104	2016 年 9 月	吡喃灵	6	3.33	4.43	高度风险
105	2016 年 9 月	毒死蜱	6	3.33	4.43	高度风险
106	2016 年 9 月	氟硅唑	6	3.33	4.43	高度风险
107	2016 年 9 月	威杀灵	6	3.33	4.43	高度风险
108	2016 年 9 月	哒螨灵	5	2.78	3.88	高度风险
109	2016 年 9 月	虫螨腈	4	2.22	3.32	高度风险
110	2016 年 9 月	嘧霉胺	3	1.67	2.77	高度风险
111	2016 年 9 月	3,5-二氯苯胺	2	1.11	2.21	中度风险
112	2016 年 9 月	胺菊酯	2	1.11	2.21	中度风险
113	2016 年 9 月	拌种胺	2	1.11	2.21	中度风险
114	2016 年 9 月	氟氯氰菊酯	2	1.11	2.21	中度风险
115	2016 年 9 月	甲醚菊酯	2	1.11	2.21	中度风险
116	2016 年 9 月	五氯硝基苯	2	1.11	2.21	中度风险
117	2016 年 9 月	烯唑醇	2	1.11	2.21	中度风险

序号	年月	农药	超标频次	超标率 P（%）	风险系数 R	风险程度
118	2016 年 9 月	异丙威	2	1.11	2.21	中度风险
119	2016 年 9 月	增效醚	2	1.11	2.21	中度风险
120	2016 年 9 月	仲草丹	2	1.11	2.21	中度风险
121	2016 年 9 月	唑虫酰胺	2	1.11	2.21	中度风险
122	2016 年 9 月	吡丙醚	1	0.56	1.66	中度风险
123	2016 年 9 月	稻瘟灵	1	0.56	1.66	中度风险
124	2016 年 9 月	敌草胺	1	0.56	1.66	中度风险
125	2016 年 9 月	多效唑	1	0.56	1.66	中度风险
126	2016 年 9 月	氟乐灵	1	0.56	1.66	中度风险
127	2016 年 9 月	甲氰菊酯	1	0.56	1.66	中度风险
128	2016 年 9 月	联苯菊酯	1	0.56	1.66	中度风险
129	2016 年 9 月	氯氰菊酯	1	0.56	1.66	中度风险
130	2016 年 9 月	醚菌酯	1	0.56	1.66	中度风险
131	2016 年 9 月	炔螨特	1	0.56	1.66	中度风险
132	2016 年 9 月	三唑醇	1	0.56	1.66	中度风险
133	2016 年 9 月	霜霉威	1	0.56	1.66	中度风险
134	2016 年 9 月	四氯硝基苯	1	0.56	1.66	中度风险
135	2016 年 9 月	四氢吩胺	1	0.56	1.66	中度风险
136	2016 年 9 月	五氯苯	1	0.56	1.66	中度风险
137	2016 年 9 月	五氯苯胺	1	0.56	1.66	中度风险
138	2016 年 9 月	五氯苯甲腈	1	0.56	1.66	中度风险
139	2016 年 9 月	西玛通	1	0.56	1.66	中度风险
140	2016 年 9 月	新燕灵	1	0.56	1.66	中度风险
141	2016 年 10 月	腐霉利	13	10.40	11.50	高度风险
142	2016 年 10 月	仲丁威	9	7.20	8.30	高度风险
143	2016 年 10 月	γ-氟氯氰菌酯	8	6.40	7.50	高度风险
144	2016 年 10 月	拌种胺	6	4.80	5.90	高度风险
145	2016 年 10 月	新燕灵	6	4.80	5.90	高度风险
146	2016 年 10 月	丙溴磷	5	4.00	5.10	高度风险
147	2016 年 10 月	威杀灵	4	3.20	4.30	高度风险
148	2016 年 10 月	烯虫酯	4	3.20	4.30	高度风险
149	2016 年 10 月	虫螨腈	3	2.40	3.50	高度风险
150	2016 年 10 月	哒螨灵	3	2.40	3.50	高度风险

序号	年月	农药	超标频次	超标率 P（%）	风险系数 R	风险程度
151	2016 年 10 月	敌敌畏	3	2.40	3.50	高度风险
152	2016 年 10 月	毒死蜱	3	2.40	3.50	高度风险
153	2016 年 10 月	多效唑	2	1.60	2.70	高度风险
154	2016 年 10 月	甲霜灵	2	1.60	2.70	高度风险
155	2016 年 10 月	间羟基联苯	2	1.60	2.70	高度风险
156	2016 年 10 月	嘧霉胺	2	1.60	2.70	高度风险
157	2016 年 10 月	棉铃威	2	1.60	2.70	高度风险
158	2016 年 10 月	异丙威	2	1.60	2.70	高度风险
159	2016 年 10 月	安硫磷	1	0.80	1.90	中度风险
160	2016 年 10 月	百菌清	1	0.80	1.90	中度风险
161	2016 年 10 月	二苯胺	1	0.80	1.90	中度风险
162	2016 年 10 月	呋草黄	1	0.80	1.90	中度风险
163	2016 年 10 月	呋线威	1	0.80	1.90	中度风险
164	2016 年 10 月	氟硅唑	1	0.80	1.90	中度风险
165	2016 年 10 月	甲氰菊酯	1	0.80	1.90	中度风险
166	2016 年 10 月	乐果	1	0.80	1.90	中度风险
167	2016 年 10 月	马拉硫磷	1	0.80	1.90	中度风险
168	2016 年 10 月	萘乙酸	1	0.80	1.90	中度风险
169	2016 年 10 月	双甲脒	1	0.80	1.90	中度风险
170	2016 年 10 月	烯唑醇	1	0.80	1.90	中度风险
171	2016 年 10 月	辛酰溴苯腈	1	0.80	1.90	中度风险
172	2016 年 10 月	溴丁酰草胺	1	0.80	1.90	中度风险
173	2016 年 10 月	乙嘧酚磺酸酯	1	0.80	1.90	中度风险
174	2016 年 10 月	增效醚	1	0.80	1.90	中度风险
175	2016 年 11 月	腐霉利	24	7.32	8.42	高度风险
176	2016 年 11 月	丙溴磷	21	6.40	7.50	高度风险
177	2016 年 11 月	仲丁威	21	6.40	7.50	高度风险
178	2016 年 11 月	γ-氟氯氰菌酯	18	5.49	6.59	高度风险
179	2016 年 11 月	烯丙菊酯	15	4.57	5.67	高度风险
180	2016 年 11 月	虫螨腈	12	3.66	4.76	高度风险
181	2016 年 11 月	烯虫酯	12	3.66	4.76	高度风险
182	2016 年 11 月	新燕灵	10	3.05	4.15	高度风险
183	2016 年 11 月	拌种胺	9	2.74	3.84	高度风险

序号	年月	农药	超标频次	超标率 P（%）	风险系数 R	风险程度
184	2016 年 11 月	威杀灵	8	2.44	3.54	高度风险
185	2016 年 11 月	多效唑	6	1.83	2.93	高度风险
186	2016 年 11 月	哒螨灵	5	1.52	2.62	高度风险
187	2016 年 11 月	兹克威	5	1.52	2.62	高度风险
188	2016 年 11 月	百菌清	4	1.22	2.32	中度风险
189	2016 年 11 月	吡嘧灵	4	1.22	2.32	中度风险
190	2016 年 11 月	甲霜灵	4	1.22	2.32	中度风险
191	2016 年 11 月	三唑酮	4	1.22	2.32	中度风险
192	2016 年 11 月	烯唑醇	4	1.22	2.32	中度风险
193	2016 年 11 月	异丙威	4	1.22	2.32	中度风险
194	2016 年 11 月	拌种咯	3	0.91	2.01	中度风险
195	2016 年 11 月	除虫菊素 I	3	0.91	2.01	中度风险
196	2016 年 11 月	毒死蜱	3	0.91	2.01	中度风险
197	2016 年 11 月	氟丙菊酯	3	0.91	2.01	中度风险
198	2016 年 11 月	炔螨特	3	0.91	2.01	中度风险
199	2016 年 11 月	五氯苯甲腈	3	0.91	2.01	中度风险
200	2016 年 11 月	唑虫酰胺	3	0.91	2.01	中度风险
201	2016 年 11 月	喹螨醚	2	0.61	1.71	中度风险
202	2016 年 11 月	猛杀威	2	0.61	1.71	中度风险
203	2016 年 11 月	醚菌酯	2	0.61	1.71	中度风险
204	2016 年 11 月	嘧霉胺	2	0.61	1.71	中度风险
205	2016 年 11 月	五氯苯胺	2	0.61	1.71	中度风险
206	2016 年 11 月	五氯硝基苯	2	0.61	1.71	中度风险

12.4　GC-Q-TOF/MS 侦测山东蔬菜产区市售水果蔬菜农药残留风险评估结论与建议

　　农药残留是影响水果蔬菜安全和质量的主要因素，也是我国食品安全领域备受关注的敏感话题和亟待解决的重大问题之一[15,16]。各种水果蔬菜均存在不同程度的农药残留现象，本研究主要针对山东蔬菜产区各类水果蔬菜存在的农药残留问题，基于 2015 年 7 月~2016 年 11 月对山东蔬菜产区 1493 例水果蔬菜样品中农药残留侦测得出的 2688 个侦测结果，分别采用食品安全指数模型和风险系数模型，开展水果蔬菜中农药残留的膳食暴露风险和预警风险评估。水果蔬菜样品均取自超市，符合大众的膳食来源，风险评价时更具有代表性和可信度。

本研究力求通用简单地反映食品安全中的主要问题，且为管理部门和大众容易接受，为政府及相关管理机构建立科学的食品安全信息发布和预警体系提供科学的规律与方法，加强对农药残留的预警和食品安全重大事件的预防，控制食品风险。

12.4.1　山东蔬菜产区水果蔬菜中农药残留膳食暴露风险评价结论

1）水果蔬菜样品中农药残留安全状态评价结论

采用食品安全指数模型，对 2015 年 7 月~2016 年 11 月期间山东蔬菜产区水果蔬菜食品农药残留膳食暴露风险进行评价，根据 IFS$_c$的计算结果发现，水果蔬菜中农药的 $\overline{\text{IFS}}$ 为 0.1100，说明山东蔬菜产区水果蔬菜总体处于可以接受的安全状态，但部分禁用农药、高残留农药在蔬菜、水果中仍有侦测出，导致膳食暴露风险的存在，成为不安全因素。

2）单种水果蔬菜中农药膳食暴露风险不可接受情况评价结论

单种水果蔬菜中农药残留安全指数分析结果显示，农药对单种水果蔬菜安全影响不可接受（IFS$_c$＞1）的样本数共 3 个，占总样本数的 0.37%，3 个样本分别为辣椒中的三唑磷、韭菜和苹果中的甲拌磷，说明辣椒中的三唑磷、韭菜和苹果中的甲拌磷会对消费者身体健康造成较大的膳食暴露风险。甲拌磷属于禁用的剧毒农药，且韭菜和苹果均为较常见的水果蔬菜，百姓日常食用量较大，长期食用大量残留甲拌磷的韭菜和苹果会对人体造成不可接受的影响，本次检测发现甲拌磷在韭菜和苹果样品中多次并大量侦测出，是未严格实施农业良好管理规范（GAP），抑或是农药滥用，这应该引起相关管理部门的警惕，应加强对韭菜和苹果中甲拌磷的严格管控。

3）禁用农药膳食暴露风险评价

本次检测发现部分水果蔬菜样品中有禁用农药侦测出，侦测出禁用农药 9 种，检出频次为 121，水果蔬菜样品中的禁用农药 IFS$_c$计算结果表明，禁用农药残留膳食暴露风险不可接受的频次为 11，占 9.09%；可以接受的频次为 30，占 24.79%；没有影响的频次为 79，占 65.29%。对于水果蔬菜样品中所有农药而言，膳食暴露风险不可接受的频次为 22，仅占总体频次的 0.82%。可以看出，禁用农药的膳食暴露风险不可接受的比例远高于总体水平，这在一定程度上说明禁用农药更容易导致严重的膳食暴露风险。此外，膳食暴露风险不可接受的残留禁用农药均为甲拌磷，因此，应该加强对禁用农药甲拌磷的管控力度。为何在国家明令禁止禁用农药喷洒的情况下，还能在多种水果蔬菜中多次侦测出禁用农药残留并造成不可接受的膳食暴露风险，这应该引起相关部门的高度警惕，应该在禁止禁用农药喷洒的同时，严格管控禁用农药的生产和售卖，从根本上杜绝安全隐患。

12.4.2　山东蔬菜产区水果蔬菜中农药残留预警风险评价结论

1）单种水果蔬菜中禁用农药残留的预警风险评价结论

本次检测过程中，在 25 种水果蔬菜中检测出 9 种禁用农药，禁用农药为：硫丹、六六六、克百威、甲拌磷、氰戊菊酯、除草醚、氟虫腈、对硫磷和艾氏剂，水果蔬菜为：

叶芥菜、甜瓜、姜、芹菜、黄瓜、草莓、樱桃番茄、小茴香、茼蒿、韭菜、甜椒、苹果、辣椒、冬瓜、菜豆、葡萄、西葫芦、番茄、丝瓜、结球甘蓝、小油菜、生菜、桃、菠菜、茄子，水果蔬菜中禁用农药的风险系数分析结果显示，9 种禁用农药在 25 种水果蔬菜中的残留大多数处于高度风险，说明在单种水果蔬菜中禁用农药的残留会导致较高的预警风险。

2）单种水果蔬菜中非禁用农药残留的预警风险评价结论

以 MRL 中国国家标准为标准，计算水果蔬菜中非禁用农药风险系数情况下，766 个样本中，4 个处于高度风险（0.52%），108 个处于低度风险（14.1%），2 个处于低度风险（0.26%），652 个样本没有 MRL 中国国家标准（85.12%）。以 MRL 欧盟标准为标准，计算水果蔬菜中非禁用农药风险系数情况下，发现有 303 个处于高度风险（39.56%），427 个处于低度风险（55.74%），36 个处于低度风险（4.7%）。基于两种 MRL 标准，评价的结果差异显著，可以看出 MRL 欧盟标准比中国国家标准更加严格和完善，过于宽松的 MRL 中国国家标准值能否有效保障人体的健康有待研究。

12.4.3　加强山东蔬菜产区水果蔬菜食品安全建议

我国食品安全风险评价体系仍不够健全，相关制度不够完善，多年来，由于农药用药次数多、用药量大或用药间隔时间短，产品残留量大，农药残留所造成的食品安全问题日益严峻，给人体健康带来了直接或间接的危害。据估计，美国与农药有关的癌症患者数约占全国癌症患者总数的 50%，中国更高。同样，农药对其他生物也会形成直接杀伤和慢性危害，植物中的农药可经过食物链逐级传递并不断蓄积，对人和动物构成潜在威胁，并影响生态系统。

基于本次农药残留侦测数据的风险评价结果，提出以下几点建议：

1）加快食品安全标准制定步伐

我国食品标准中对农药每日允许最大摄入量 ADI 的数据严重缺乏，在本次评价所涉及的 146 种农药中，仅有 58.9% 的农药具有 ADI 值，而 41.1% 的农药中国尚未规定相应的 ADI 值，亟待完善。

我国食品中农药最大残留限量值的规定严重缺乏，对评估涉及到的不同水果蔬菜中不同农药 803 个 MRL 限值进行统计来看，我国仅制定出 136 个标准，我国标准完整率仅为 16.9%，欧盟的完整率达到 100%（表 12-19）。因此，中国更应加快 MRL 的制定步伐。

表 12-19　我国国家食品标准农药的 ADI、MRL 值与欧盟标准的数量差异

分类		中国 ADI	MRL 中国国家标准	MRL 欧盟标准
标准限值（个）	有	86	136	803
	无	60	667	0
总数（个）		146	803	803
无标准限值比例（%）		41.1	83.1	0

此外，MRL 中国国家标准限值普遍高于欧盟标准限值，这些标准中共有 85 个高于欧盟。过高的 MRL 值难以保障人体健康，建议继续加强对限值基准和标准的科学研究，将农产品中的危险性减少到尽可能低的水平。

2）加强农药的源头控制和分类监管

在山东蔬菜产区某些水果蔬菜中仍有禁用农药残留，利用 GC-Q-TOF/MS 技术侦测出 9 种禁用农药，检出频次为 121 次，残留禁用农药均存在较大的膳食暴露风险和预警风险。早已列入黑名单的禁用农药在我国并未真正退出，有些药物由于价格便宜、工艺简单，此类高毒农药一直生产和使用。建议在我国采取严格有效的控制措施，从源头控制禁用农药。

对于非禁用农药，在我国作为"田间地头"最典型单位的县级蔬果产地中，农药残留的检测几乎缺失。建议根据农药的毒性，对高毒、剧毒、中毒农药实现分类管理，减少使用高毒和剧毒高残留农药，进行分类监管。

3）加强残留农药的生物修复及降解新技术

市售果蔬中残留农药的品种多、频次高、禁用农药多次检出这一现状，说明了我国的田间土壤和水体因农药长期、频繁、不合理的使用而遭到严重污染。为此，建议中国相关部门出台相关政策，鼓励高校及科研院所积极开展分子生物学、酶学等研究，加强土壤、水体中残留农药的生物修复及降解新技术研究，切实加大农药监管力度，以控制农药的面源污染问题。

综上所述，在本工作基础上，根据蔬菜残留危害，可进一步针对其成因提出和采取严格管理、大力推广无公害蔬菜种植与生产、健全食品安全控制技术体系、加强蔬菜食品质量检测体系建设和积极推行蔬菜食品质量追溯制度等相应对策。建立和完善食品安全综合评价指数与风险监测预警系统，对食品安全进行实时、全面的监控与分析，为我国的食品安全科学监管与决策提供新的技术支持，可实现各类检验数据的信息化系统管理，降低食品安全事故的发生。

济 南 市

第13章 LC-Q-TOF/MS 侦测济南市 397 例市售水果蔬菜样品农药残留报告

从济南市所属 5 个区，随机采集了 397 例水果蔬菜样品，使用 LC-Q-TOF/MS 对 565 种农药化学污染物进行示范侦测（7 种负离子模式 ESI⁻未涉及）。

13.1 样品种类、数量与来源

13.1.1 样品采集与检测

为了真实反映百姓餐桌上水果蔬菜中农药残留污染状况，本次所有检测样品均由检验人员于 2016 年 6 月至 2017 年 9 月期间，从济南市所属 21 个采样点，包括 5 个农贸市场和 16 个超市，以随机购买方式采集，总计 28 批 397 例样品，从中检出农药 86 种，556 频次。采样及监测概况见图 13-1 及表 13-1，样品及采样点明细见表 13-2 及表 13-3（侦测原始数据见附表 1）。

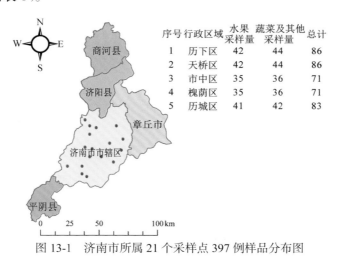

序号	行政区域	水果采样量	蔬菜及其他采样量	总计
1	历下区	42	44	86
2	天桥区	42	44	86
3	市中区	35	36	71
4	槐荫区	35	36	71
5	历城区	41	42	83

图 13-1 济南市所属 21 个采样点 397 例样品分布图

表 13-1 农药残留监测总体概况

采样地区	济南市所属 5 个区
采样点（超市+农贸市场）	21
样本总数	397
检出农药品种/频次	86/556
各采样点样本农药残留检出率范围	20.0%~92.9%

表 13-2　样品分类及数量

样品分类	样品名称（数量）	数量小计
1. 水果		195
1）仁果类水果	苹果（28），梨（28）	56
2）核果类水果	桃（10），李子（8），枣（8），樱桃（10）	36
3）浆果和其他小型水果	猕猴桃（8），葡萄（10），草莓（10）	28
4）瓜果类水果	西瓜（10），甜瓜（9）	19
5）热带和亚热带水果	石榴（8），香蕉（18），芒果（10），火龙果（10）	46
6）柑橘类水果	橘（10）	10
2. 蔬菜		202
1）鳞茎类蔬菜	韭菜（18）	18
2）叶菜类蔬菜	芹菜（7），菠菜（19），大白菜（20），娃娃菜（3）	49
3）芸薹属类蔬菜	花椰菜（9）	9
4）茄果类蔬菜	番茄（18），甜椒（18），辣椒（10）	46
5）瓜类蔬菜	黄瓜（8），南瓜（8），冬瓜（10），丝瓜（8）	34
6）根茎类和薯芋类蔬菜	甘薯（8），胡萝卜（10），萝卜（18），马铃薯（10）	46
合计	1. 水果 16 种 2. 蔬菜 17 种	397

表 13-3　济南市采样点信息

采样点序号	行政区域	采样点
农贸市场（5）		
1	历下区	***市场
2	天桥区	***市场
3	天桥区	***市场
4	天桥区	***市场
5	槐荫区	***便民店
超市（16）		
1	历下区	***超市（泉城路分店）
2	历下区	***超市（泉城店）
3	历下区	***超市（统一银座商城店）
4	历城区	***超市（北国店）
5	历城区	***超市（洪楼店）
6	历城区	***超市（华信店）
7	历城区	***超市（洪楼店）
8	天桥区	***超市（天桥区）

续表

采样点序号	行政区域	采样点
9	天桥区	***超市（北园店）
10	市中区	***超市（万达店）
11	市中区	***超市（经八路店）
12	市中区	***超市（馆驿街店）
13	市中区	***超市（市中店）
14	槐荫区	***超市（嘉华店）
15	槐荫区	***超市（经七路店）
16	槐荫区	***超市（和谐广场店）

13.1.2　检测结果

这次使用的检测方法是庞国芳院士团队最新研发的不需使用标准品对照，而以高分辨精确质量数（0.0001 m/z）为基准的 LC-Q-TOF/MS 检测技术，对于 397 例样品，每个样品均侦测了 565 种农药化学污染物的残留现状。通过本次侦测，在 397 例样品中共计检出农药化学污染物 86 种，检出 556 频次。

13.1.2.1　各采样点样品检出情况

统计分析发现 21 个采样点中，被测样品的农药检出率范围为 20.0%~92.9%。其中，***市场的检出率最高，为 92.9%。***超市（万达店）的检出率最低，为 20.0%，见图 13-2。

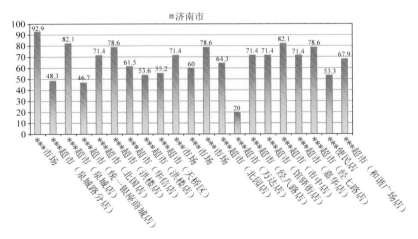

图 13-2　各采样点样品中的农药检出率

13.1.2.2　检出农药的品种总数与频次

统计分析发现，对于 397 例样品中 565 种农药化学污染物的侦测，共检出农药 556 频次，涉及农药 86 种，结果如图 13-3 所示。其中多菌灵检出频次最高，共检出 47 次。检出频次排名前 10 的农药如下：①多菌灵（47）；②嘧菌酯（41）；③烯酰吗啉（35）；

④啶虫脒（23）；⑤吡唑醚菌酯（19）；⑥苯醚甲环唑（18）；⑦甲霜灵（18）；⑧戊唑醇（18）；⑨甲哌（16）；⑩马拉硫磷（16）。

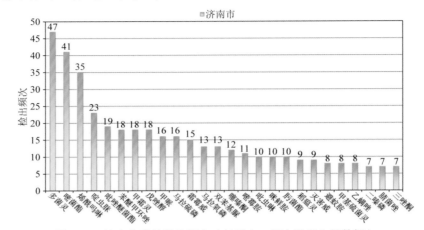

图 13-3　检出农药品种及频次（仅列出 7 频次及以上的数据）

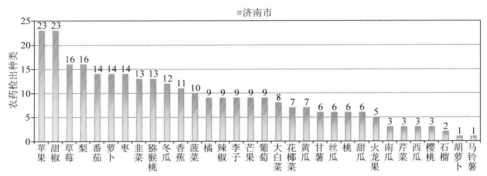

图 13-4　单种水果蔬菜检出农药的种类数

由图 13-4 可见，苹果、甜椒、草莓和梨这 4 种果蔬样品中检出的农药品种数较高，均超过 15 种，其中，苹果和甜椒检出农药品种最多，均为 23 种。由图 13-5 可见，苹果、梨、草莓和枣这 4 种果蔬样品中的农药检出频次较高，均超过 40 次，其中，苹果检出农药频次最高，为 59 次。

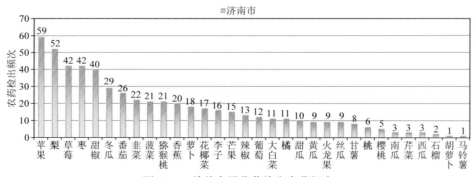

图 13-5　单种水果蔬菜检出农药频次

13.1.2.3　单例样品农药检出种类与占比

对单例样品检出农药种类和频次进行统计发现，未检出农药的样品占总样品数的 34.3%，检出 1 种农药的样品占总样品数的 29.5%，检出 2~5 种农药的样品占总样品数的 33.5%，检出 6~10 种农药的样品占总样品数的 2.8%。每例样品中平均检出农药为 1.4 种，数据见表 13-4 及图 13-6。

表 13-4　单例样品检出农药品种占比

检出农药品种数	样品数量/占比（%）
未检出	136/34.3
1 种	117/29.5
2~5 种	133/33.5
6~10 种	11/2.8
单例样品平均检出农药品种	1.4 种

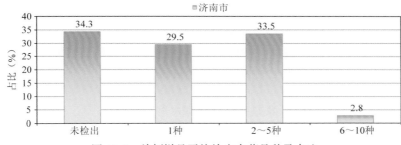

图 13-6　单例样品平均检出农药品种及占比

13.1.2.4　检出农药类别与占比

所有检出农药按功能分类，包括杀虫剂、杀菌剂、除草剂、植物生长调节剂、驱避剂、增塑剂、增效剂共 7 类。其中杀虫剂与杀菌剂为主要检出的农药类别，分别占总数的 40.7% 和 36.0%，见表 13-5 及图 13-7。

表 13-5　检出农药所属类别/占比

农药类别	数量/占比（%）
杀虫剂	35/40.7
杀菌剂	31/36.0
除草剂	11/12.8
植物生长调节剂	6/7.0
驱避剂	1/1.2
增塑剂	1/1.2
增效剂	1/1.2

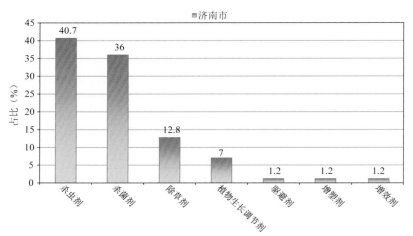

图 13-7　检出农药所属类别和占比

13.1.2.5　检出农药的残留水平

按检出农药残留水平进行统计，残留水平在 1~5 μg/kg（含）的农药占总数的 52.3%，在 5~10 μg/kg（含）的农药占总数的 13.3%，在 10~100 μg/kg（含）的农药占总数的 29.3%，在 100~1000 μg/kg（含）的农药占总数的 5.0%。

由此可见，这次检测的 28 批 397 例水果蔬菜样品中农药多数处于较低残留水平。结果见表 13-6 及图 13-8，数据见附表 2。

表 13-6　农药残留水平/占比

残留水平（μg/kg）	检出频次数/占比（%）
1~5（含）	291/52.3
5~10（含）	74/13.3
10~100（含）	163/29.3
100~1000（含）	28/5.0

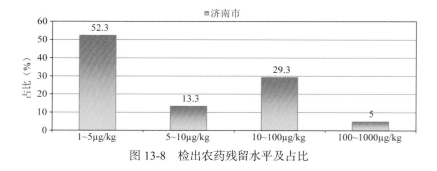

图 13-8　检出农药残留水平及占比

13.1.2.6　检出农药的毒性类别、检出频次和超标频次及占比

对这次检出的 86 种 556 频次的农药，按剧毒、高毒、中毒、低毒和微毒这五个毒

性类别进行分类，从中可以看出，济南市目前普遍使用的农药为中低微毒农药，品种占91.9%，频次占96.0%。结果见表 13-7 及图 13-9。

表 13-7　检出农药毒性类别/占比

毒性分类	农药品种/占比（%）	检出频次/占比（%）	超标频次/超标率（%）
剧毒农药	2/2.3	5/0.9	1/20.0
高毒农药	5/5.8	17/3.1	3/17.6
中毒农药	34/39.5	218/39.2	0/0.0
低毒农药	26/30.2	139/25.0	0/0.0
微毒农药	19/22.1	177/31.8	0/0.0

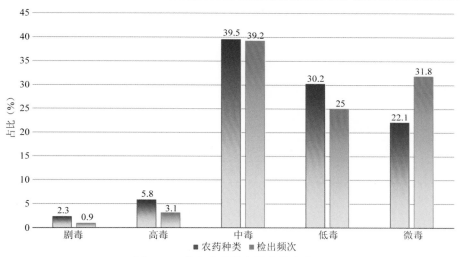

图 13-9　检出农药的毒性分类和占比

13.1.2.7　检出剧毒/高毒类农药的品种和频次

值得特别关注的是，在此次侦测的 397 例样品中有 4 种蔬菜 6 种水果的 22 例样品检出了 7 种 22 频次的剧毒和高毒农药，占样品总量的 5.5%，详见图 13-10、表 13-8 及表 13-9。

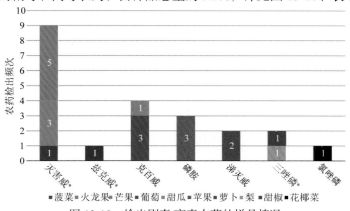

图 13-10　检出剧毒/高毒农药的样品情况

*表示允许在水果和蔬菜上使用的农药

表 13-8　剧毒农药检出情况

序号	农药名称	检出频次	超标频次	超标率
从 1 种水果中检出 1 种剧毒农药，共计检出 3 次				
1	磷胺*	3	0	0.0%
	小计	3	0	超标率: 0.0%
从 1 种蔬菜中检出 1 种剧毒农药，共计检出 2 次				
1	涕灭威*	2	1	50.0%
	小计	2	1	超标率: 50.0%
	合计	5	1	超标率: 20.0%

表 13-9　高毒农药检出情况

序号	农药名称	检出频次	超标频次	超标率
从 5 种水果中检出 3 种高毒农药，共计检出 13 次				
1	灭害威	8	0	0.0%
2	克百威	4	3	75.0%
3	三唑磷	1	0	0.0%
	小计	13	3	超标率: 23.1%
从 3 种蔬菜中检出 4 种高毒农药，共计检出 4 次				
1	氯唑磷	1	0	0.0%
2	灭害威	1	0	0.0%
3	三唑磷	1	0	0.0%
4	兹克威	1	0	0.0%
	小计	4	0	超标率: 0.0%
	合计	17	3	超标率: 17.6%

在检出的剧毒和高毒农药中，有 4 种是我国早已禁止在果树和蔬菜上使用的，分别是：克百威、磷胺、氯唑磷和涕灭威。禁用农药的检出情况见表 13-10。

表 13-10　禁用农药检出情况

序号	农药名称	检出频次	超标频次	超标率
从 5 种水果中检出 4 种禁用农药，共计检出 9 次				
1	克百威	4	3	75.0%
2	磷胺*	3	0	0.0%
3	丁酰肼	1	0	0.0%
4	杀虫脒	1	0	0.0%
	小计	9	3	超标率: 33.3%
从 2 种蔬菜中检出 2 种禁用农药，共计检出 3 次				

续表

序号	农药名称	检出频次	超标频次	超标率
1	涕灭威*	2	1	50.0%
2	氯唑磷	1	0	0.0%
	小计	3	1	超标率：33.3%
	合计	12	4	超标率：33.3%

注：超标结果参考 MRL 中国国家标准计算

此次抽检的果蔬样品中，有 1 种水果 1 种蔬菜检出了剧毒农药，分别是：苹果中检出磷胺 3 次；萝卜中检出涕灭威 2 次。

样品中检出剧毒和高毒农药残留水平超过 MRL 中国国家标准的频次为 4 次，其中：甜瓜检出克百威超标 1 次；葡萄检出克百威超标 2 次；萝卜检出涕灭威超标 1 次。本次检出结果表明，高毒、剧毒农药的使用现象依旧存在。详见表 13-11。

表 13-11　各样本中检出剧毒/高毒农药情况

样品名称	农药名称	检出频次	超标频次	检出浓度（μg/kg）
水果 6 种				
梨	三唑磷	1	0	1.3
火龙果	灭害威	3	0	20.9，3.9，20.8
甜瓜	克百威▲	1	1	36.5ᵃ
芒果	灭害威	5	0	18.6，27.0，26.0，6.5，19.5
苹果	磷胺*▲	3	0	21.8，23.9，25.0
葡萄	克百威▲	3	2	34.7ᵃ，74.8ᵃ，19.4
	小计	16	3	超标率：18.8%
蔬菜 4 种				
甜椒	三唑磷	1	0	1.6
花椰菜	氯唑磷▲	1	0	1.2
菠菜	兹克威	1	0	4.7
菠菜	灭害威	1	0	22.1
萝卜	涕灭威*▲	2	1	32.5ᵃ，26.3
	小计	6	1	超标率：16.7%
	合计	22	4	超标率：18.2%

13.2　农药残留检出水平与最大残留限量标准对比分析

我国于 2014 年 3 月 20 日正式颁布并于 2014 年 8 月 1 日正式实施食品农药残留限量国家标准《食品中农药最大残留限量》（GB 2763—2014）。该标准包括 371 个农药条目，涉及最大残留限量（MRL）标准 3653 项。将 556 频次检出农药的浓度水平与 3653 项 MRL 中国国家标准进行核对，其中只有 172 频次的农药找到了对应的 MRL，占 30.9%，还有 384 频次的侦测数据则无相关 MRL 标准供参考，占 69.1%。

将此次侦测结果与国际上现行 MRL 标准对比发现，在 556 频次的检出结果中有 556 频次的结果找到了对应的 MRL 欧盟标准，占 100.0%，其中，475 频次的结果有明确对应的 MRL，占 85.4%，其余 81 频次按照欧盟一律标准判定，占 14.6%；有 556 频次的结果找到了对应的 MRL 日本标准，占 100.0%，其中，329 频次的结果有明确对应的 MRL，占 59.2%，其余 226 频次按照日本一律标准判定，占 40.8%；有 293 频次的结果找到了对应的 MRL 中国香港标准，占 52.7%；有 254 频次的结果找到了对应的 MRL 美国标准，占 45.7%；有 200 频次的结果找到了对应的 MRL CAC 标准，占 36.0%（见图 13-11 和图 13-12，数据见附表 3 至附表 8）。

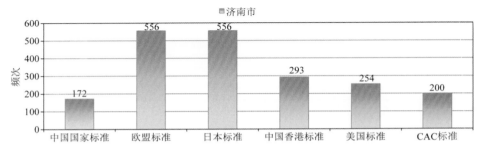

图 13-11　556 频次检出农药可用 MRL 中国国家标准、欧盟标准、日本标准、中国香港标准、美国标准和 CAC 标准判定衡量的数量

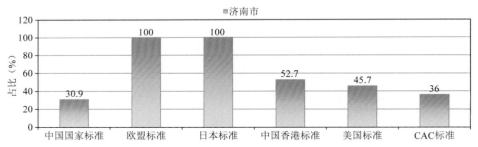

图 13-12　556 频次检出农药可用 MRL 中国国家标准、欧盟标准、日本标准、中国香港标准、美国标准和 CAC 标准衡量的占比

13.2.1　超标农药样品分析

本次侦测的 397 例样品中，136 例样品未检出任何残留农药，占样品总量的 34.3%，261 例样品检出不同水平、不同种类的残留农药，占样品总量的 65.7%。在此，我们将本次侦测的农残检出情况与 MRL 中国国家标准、欧盟标准、日本标准、中国香港标准、美国标准和 CAC 标准这 6 大国际主流标准进行对比分析，样品农残检出与超标情况见表 13-12、图 13-13 和图 13-14，详细数据见附表 9 至附表 14。

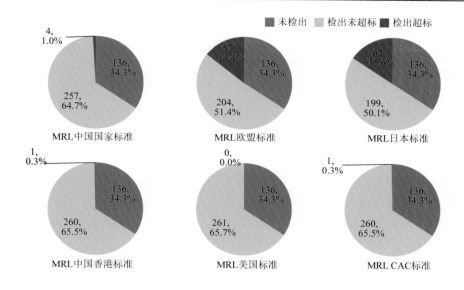

图 13-13　检出和超标样品比例情况

表 13-12　各 MRL 标准下样本农残检出与超标数量及占比

| | 中国国家标准 | 欧盟标准 | 日本标准 | 中国香港标准 | 美国标准 | CAC 标准 |
	数量/占比（%）	数量/占比（%）	数量/占比（%）	数量/占比（%）	数量/占比（%）	数量/占比（%）
未检出	136/34.3	136/34.3	136/34.3	136/34.3	136/34.3	136/34.3
检出未超标	257/64.7	204/51.4	199/50.1	260/65.5	261/65.7	260/65.5
检出超标	4/1.0	57/14.4	62/15.6	1/0.3	0/0.0	1/0.3

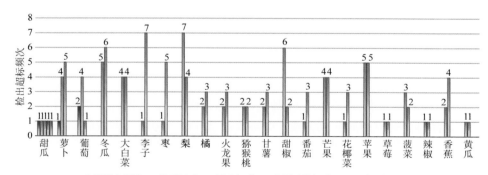

图 13-14　超过中国国家标准、欧盟标准、日本标准、中国香港标准、美国标准和 CAC 标准结果在水果蔬菜中的分布

13.2.2　超标农药种类分析

　　按照 MRL 中国国家标准、欧盟标准、日本标准、中国香港标准、美国标准和 CAC标准这 6 大国际主流标准衡量，本次侦测检出的农药超标品种及频次情况见表 13-13。

表 13-13　各 MRL 标准下超标农药品种及频次

	中国国家标准	欧盟标准	日本标准	中国香港标准	美国标准	CAC 标准
超标农药品种	2	23	28	1	0	1
超标农药频次	4	60	70	1	0	1

13.2.2.1　按 MRL 中国国家标准衡量

按 MRL 中国国家标准衡量，共有 2 种农药超标，检出 4 频次，分别为剧毒农药涕灭威，高毒农药克百威。

按超标程度比较，葡萄中克百威超标 2.7 倍，甜瓜中克百威超标 0.8 倍，萝卜中涕灭威超标 0.1 倍。检测结果见图 13-15 和附表 15。

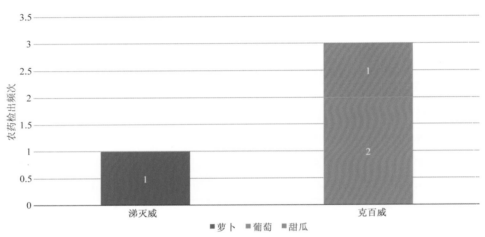

图 13-15　超过 MRL 中国国家标准农药品种及频次

13.2.2.2　按 MRL 欧盟标准衡量

按 MRL 欧盟标准衡量，共有 23 种农药超标，检出 60 频次，分别为剧毒农药涕灭威和磷胺，高毒农药克百威和灭害威，中毒农药噻唑磷、甲哌、多效唑、戊唑醇、噻虫嗪、炔丙菊酯、丙溴磷和异丙威，低毒农药灭蝇胺、烯酰吗啉、异丙乐灵、磷酸三苯酯、己唑醇和磺草灵，微毒农药多菌灵、丁酰肼、异噁唑草酮、嘧菌酯和啶氧菌酯。

按超标程度比较，葡萄中克百威超标 36.4 倍，大白菜中炔丙菊酯超标 35.5 倍，橘中炔丙菊酯超标 18.8 倍，甜椒中丙溴磷超标 15.1 倍，梨中异噁唑草酮超标 10.1 倍。检测结果见图 13-16 和附表 16。

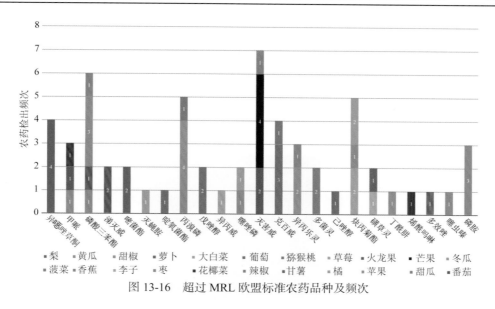

图 13-16　超过 MRL 欧盟标准农药品种及频次

13.2.2.3　按 MRL 日本标准衡量

按 MRL 日本标准衡量，共有 28 种农药超标，检出 70 频次，分别为剧毒农药涕灭威，高毒农药灭害威，中毒农药粉唑醇、噻唑磷、甲哌、多效唑、戊唑醇、甲霜灵、炔丙菊酯、吡虫啉和异丙威，低毒农药灭蝇胺、嘧霉胺、异丙乐灵、磷酸三苯酯、三甲苯草酮、福美双、磺草灵和乙嘧酚磺酸酯，微毒农药多菌灵、萘乙酰胺、吡唑醚菌酯、丁酰肼、异噁唑草酮、嘧菌酯、啶氧菌酯、甲基硫菌灵和霜霉威。

按超标程度比较，大白菜中炔丙菊酯超标 35.5 倍，番茄中甲哌超标 31.0 倍，韭菜中吡虫啉超标 23.8 倍，梨中异噁唑草酮超标 21.1 倍，橘中炔丙菊酯超标 18.8 倍。检测结果见图 13-17 和附表 17。

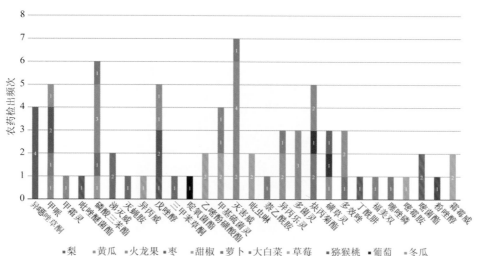

图 13-17　超过 MRL 日本标准农药品种及频次

13.2.2.4　按 MRL 中国香港标准衡量

按 MRL 中国香港标准衡量，有 1 种农药超标，检出 1 频次，为中毒农药噻虫嗪。按超标程度比较，香蕉中噻虫嗪超标 2.4 倍。检测结果见图 13-18 和附表 18。

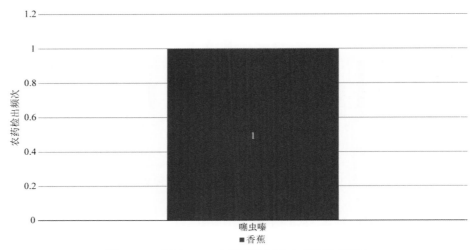

图 13-18　超过 MRL 中国香港标准农药品种及频次

13.2.2.5　按 MRL 美国标准衡量

按 MRL 美国标准衡量，无样品检出超标农药残留。

13.2.2.6　按 MRL CAC 标准衡量

按 MRL CAC 标准衡量，有 1 种农药超标，检出 1 频次，为中毒农药噻虫嗪。按超标程度比较，香蕉中噻虫嗪超标 2.4 倍。检测结果见图 13-19 和附表 20。

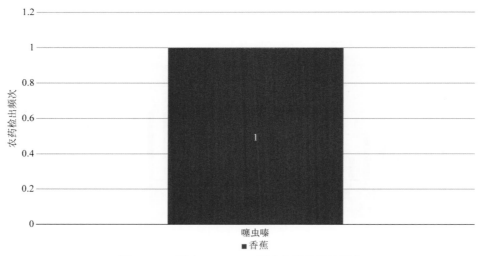

图 13-19　超过 MRL CAC 标准农药品种及频次

13.2.3　21 个采样点超标情况分析

13.2.3.1　按 MRL 中国国家标准衡量

按 MRL 中国国家标准衡量，有 4 个采样点的样品存在不同程度的超标农药检出，其中***市场和***超市（万达店）的超标率最高，为 6.7%，如图 13-20 和表 13-14 所示。

表 13-14　超过 MRL 中国国家标准水果蔬菜在不同采样点分布

序号	采样点	样品总数	超标数量	超标率（%）	行政区域
1	***超市（泉城店）	28	1	3.6	历下区
2	***超市（洪楼店）	28	1	3.6	历城区
3	***市场	15	1	6.7	天桥区
4	***超市（万达店）	15	1	6.7	市中区

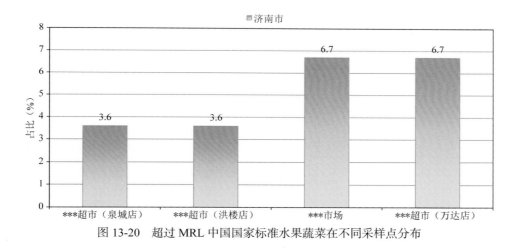

图 13-20　超过 MRL 中国国家标准水果蔬菜在不同采样点分布

13.2.3.2　按 MRL 欧盟标准衡量

按 MRL 欧盟标准衡量，有 18 个采样点的样品存在不同程度的超标农药检出，其中***市场的超标率最高，为 42.9%，如图 13-21 和表 13-15 所示。

表 13-15　超过 MRL 欧盟标准水果蔬菜在不同采样点分布

序号	采样点	样品总数	超标数量	超标率（%）	行政区域
1	***超市（泉城路分店）	29	1	3.4	历下区
2	***超市（天桥区）	29	5	17.2	天桥区
3	***超市（和谐广场店）	28	5	17.9	槐荫区
4	***超市（泉城店）	28	4	14.3	历下区
5	***超市（市中店）	28	4	14.3	市中区

续表

序号	采样点	样品总数	超标数量	超标率（%）	行政区域
6	***超市（洪楼店）	28	6	21.4	历城区
7	***超市（洪楼店）	28	4	14.3	历城区
8	***市场	15	2	13.3	天桥区
9	***超市（万达店）	15	2	13.3	市中区
10	***超市（统一银座商城店）	15	1	6.7	历下区
11	***超市（北园店）	14	2	14.3	天桥区
12	***市场	14	6	42.9	天桥区
13	***超市（馆驿街店）	14	1	7.1	市中区
14	***市场	14	2	14.3	历下区
15	***超市（嘉华店）	14	2	14.3	槐荫区
16	***市场	14	5	35.7	天桥区
17	***超市（经七路店）	14	3	21.4	槐荫区
18	***超市（华信店）	13	2	15.4	历城区

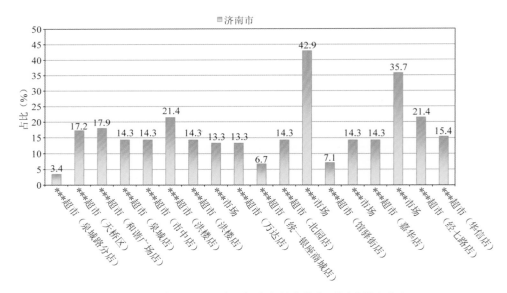

图 13-21　超过 MRL 欧盟标准水果蔬菜在不同采样点分布

13.2.3.3　按 MRL 日本标准衡量

按 MRL 日本标准衡量，有 19 个采样点的样品存在不同程度的超标农药检出，其中
***市场的超标率最高，为 42.9%，如图 13-22 和表 13-16 所示。

表 13-16　超过 MRL 日本标准水果蔬菜在不同采样点分布

	采样点	样品总数	超标数量	超标率（%）	行政区域
1	***超市（泉城路分店）	29	2	6.9	历下区
2	***超市（天桥区）	29	2	6.9	天桥区
3	***超市（和谐广场店）	28	6	21.4	槐荫区
4	***超市（泉城店）	28	2	7.1	历下区
5	***超市（市中店）	28	7	25.0	市中区
6	***超市（洪楼店）	28	4	14.3	历城区
7	***超市（洪楼店）	28	7	25.0	历城区
8	***便民店	15	1	6.7	槐荫区
9	***超市（万达店）	15	2	13.3	市中区
10	***超市（统一银座商城店）	15	1	6.7	历下区
11	***超市（北园店）	14	3	21.4	天桥区
12	***市场	14	6	42.9	天桥区
13	***超市（馆驿街店）	14	1	7.1	市中区
14	***超市（北国店）	14	1	7.1	历城区
15	***市场	14	4	28.6	历下区
16	***超市（嘉华店）	14	3	21.4	槐荫区
17	***市场	14	4	28.6	天桥区
18	***超市（经七路店）	14	3	21.4	槐荫区
19	***超市（华信店）	13	3	23.1	历城区

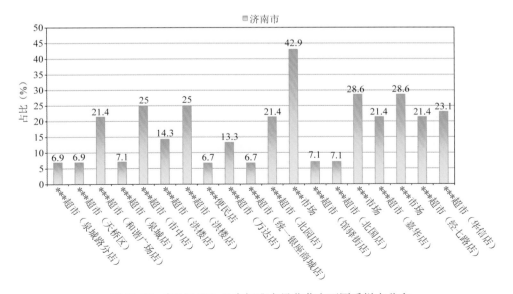

图 13-22　超过 MRL 日本标准水果蔬菜在不同采样点分布

13.2.3.4 按 MRL 中国香港标准衡量

按 MRL 中国香港标准衡量,有 1 个采样点的样品存在超标农药检出,超标率为 7.1%, 如图 13-23 和表 13-17 所示。

表 13-17　超过 MRL 中国香港标准水果蔬菜在不同采样点分布

序号	采样点	样品总数	超标数量	超标率（%）	行政区域
1	***市场	14	1	7.1	天桥区

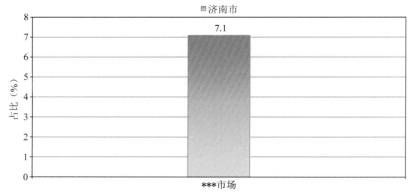

图 13-23　超过 MRL 中国香港标准水果蔬菜在不同采样点分布

13.2.3.5 按 MRL 美国标准衡量

按 MRL 美国标准衡量,所有采样点的样品均未检出超标农药残留。

13.2.3.6 按 MRL CAC 标准衡量

按 MRL CAC 标准衡量,有 1 个采样点的样品存在超标农药检出,超标率为 7.1%, 如图 13-24 和表 13-18 所示。

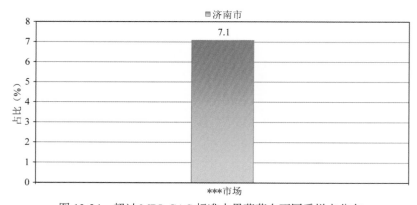

图 13-24　超过 MRL CAC 标准水果蔬菜在不同采样点分布

表 13-18　超过 MRL CAC 标准水果蔬菜在不同采样点分布

序号	采样点	样品总数	超标数量	超标率（%）	行政区域
1	***市场	14	1	7.1	天桥区

13.3　水果中农药残留分布

13.3.1　检出农药品种和频次排前 10 的水果

本次残留侦测的水果共 16 种，包括桃、猕猴桃、石榴、西瓜、香蕉、苹果、葡萄、草莓、梨、李子、枣、芒果、橘、樱桃、甜瓜和火龙果。

根据检出农药品种及频次进行排名，将各项排名前 10 位的水果样品检出情况列表说明，详见表 13-19。

表 13-19　检出农药品种和频次排名前 10 的水果

检出农药品种排名前 10（品种）	①苹果（23），②草莓（16），③梨（16），④枣（14），⑤猕猴桃（13），⑥香蕉（11），⑦橘（9），⑧李子（9），⑨芒果（9），⑩葡萄（9）
检出农药频次排名前 10（频次）	①苹果（59），②梨（52），③草莓（42），④枣（42），⑤猕猴桃（21），⑥香蕉（20），⑦李子（16），⑧芒果（15），⑨葡萄（12），⑩橘（11）
检出禁用、高毒及剧毒农药品种排名前 10（品种）	①火龙果（1），②橘（1），③梨（1），④芒果（1），⑤苹果（1），⑥葡萄（1），⑦甜瓜（1），⑧枣（1）
检出禁用、高毒及剧毒农药频次排名前 10（频次）	①芒果（5），②火龙果（3），③苹果（3），④葡萄（3），⑤橘（1），⑥梨（1），⑦甜瓜（1），⑧枣（1）

13.3.2　超标农药品种和频次排前 10 的水果

鉴于 MRL 欧盟标准和日本标准制定比较全面且覆盖率较高，我们参照 MRL 中国国家标准、欧盟标准和日本标准衡量水果样品中农残检出情况，将超标农药品种及频次排名前 10 的水果列表说明，详见表 13-20。

表 13-20　超标农药品种和频次排名前 10 的水果

超标农药品种排名前 10（农药品种数）	MRL 中国国家标准	①葡萄（1），②甜瓜（1）
	MRL 欧盟标准	①梨（3），②苹果（3），③葡萄（2），④香蕉（2），⑤草莓（1），⑥火龙果（1），⑦橘（1），⑧李子（1），⑨芒果（1），⑩猕猴桃（1）
	MRL 日本标准	①李子（4），②枣（4），③草莓（3），④苹果（3），⑤火龙果（2），⑥橘（2），⑦香蕉（2），⑧梨（1），⑨芒果（1），⑩猕猴桃（1）
超标农药频次排名前 10（农药频次数）	MRL 中国国家标准	①葡萄（2），②甜瓜（1）
	MRL 欧盟标准	①梨（7），②苹果（5），③芒果（4），④葡萄（4），⑤火龙果（2），⑥橘（2），⑦猕猴桃（2），⑧香蕉（2），⑨草莓（1），⑩李子（1）
	MRL 日本标准	①李子（7），②草莓（5），③枣（5），④梨（4），⑤芒果（4），⑥火龙果（3），⑦橘（3），⑧苹果（3），⑨猕猴桃（2），⑩香蕉（2）

通过对各品种水果样本总数及检出率进行综合分析发现，苹果、梨和香蕉的残留污

染最为严重，在此，我们参照 MRL 中国国家标准、欧盟标准和日本标准对这 3 种水果的农残检出情况进行进一步分析。

13.3.3　农药残留检出率较高的水果样品分析

13.3.3.1　苹果

这次共检测 28 例苹果样品，24 例样品中检出了农药残留，检出率为 85.7%，检出农药共计 23 种。其中多菌灵、啶虫脒、马拉硫磷、二嗪磷和磷胺检出频次较高，分别检出了 13、10、5、4 和 3 次。苹果中农药检出品种和频次见图 13-25，超标农药见图 13-26 和表 13-21。

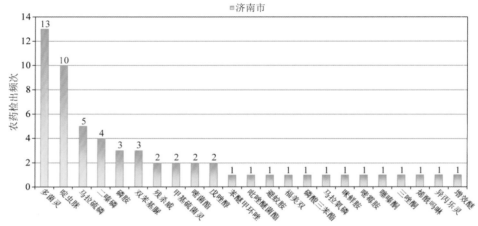

图 13-25　苹果样品检出农药品种和频次分析

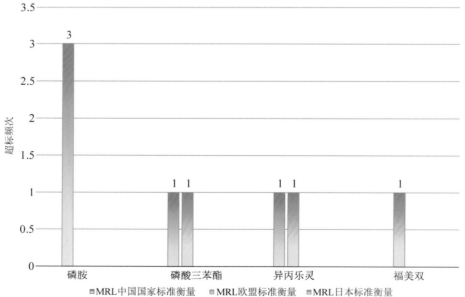

图 13-26　苹果样品中超标农药分析

表 13-21　苹果中农药残留超标情况明细表

样品总数			检出农药样品数	样品检出率（%）	检出农药品种总数
28			24	85.7	23
	超标农药品种	超标农药频次	按照 MRL 中国国家标准、欧盟标准和日本标准衡量超标农药名称及频次		
中国国家标准	0	0			
欧盟标准	3	5	磷胺（3），磷酸三苯酯（1），异丙乐灵（1）		
日本标准	3	3	福美双（1），磷酸三苯酯（1），异丙乐灵（1）		

13.3.3.2　梨

这次共检测 28 例梨样品，25 例样品中检出了农药残留，检出率为 89.3%，检出农药共计 16 种。其中嘧菌酯、多菌灵、马拉氧磷、噻嗪酮和异噁唑草酮检出频次较高，分别检出了 11、7、5、4 和 4 次。梨中农药检出品种和频次见图 13-27，超标农药见图 13-28 和表 13-22。

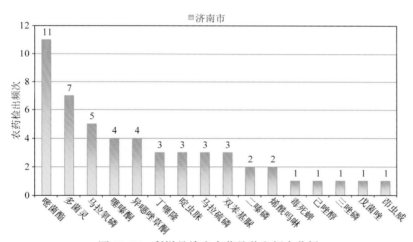

图 13-27　梨样品检出农药品种和频次分析

表 13-22　梨中农药残留超标情况明细表

样品总数			检出农药样品数	样品检出率（%）	检出农药品种总数
28			25	89.3	16
	超标农药品种	超标农药频次	按照 MRL 中国国家标准、欧盟标准和日本标准衡量超标农药名称及频次		
中国国家标准	0	0			
欧盟标准	3	7	异噁唑草酮（4），嘧菌酯（2），己唑醇（1）		
日本标准	1	4	异噁唑草酮（4）		

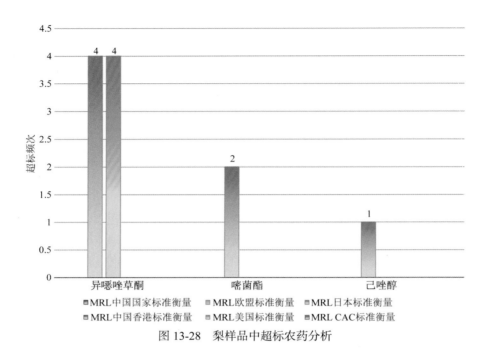

MRL中国国家标准衡量　　MRL欧盟标准衡量　　MRL日本标准衡量

MRL中国香港标准衡量　　MRL美国标准衡量　　MRL CAC标准衡量

图 13-28　梨样品中超标农药分析

13.3.3.3　香蕉

这次共检测 18 例香蕉样品，10 例样品中检出了农药残留，检出率为 55.6%，检出农药共计 11 种。其中吡唑醚菌酯、多菌灵、苯醚甲环唑、腈苯唑和咪鲜胺检出频次较高，分别检出了 4、3、2、2 和 2 次。香蕉中农药检出品种和频次见图 13-29，超标农药见图 13-30 和表 13-23。

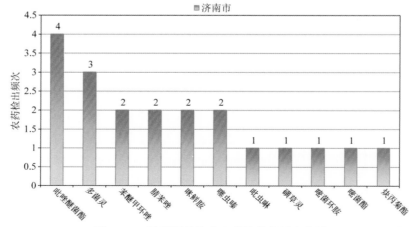

图 13-29　香蕉样品检出农药品种和频次分析

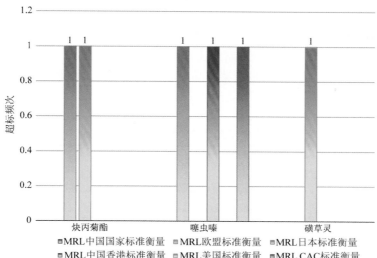

图 13-30　香蕉样品中超标农药分析

表 13-23　香蕉中农药残留超标情况明细表

样品总数		检出农药样品数	样品检出率（%）	检出农药品种总数
18		10	55.6	11
	超标农药品种	超标农药频次	按照 MRL 中国国家标准、欧盟标准和日本标准衡量超标农药名称及频次	
中国国家标准	0	0		
欧盟标准	2	2	炔丙菊酯（1），噻虫嗪（1）	
日本标准	2	2	磺草灵（1），炔丙菊酯（1）	

13.4　蔬菜中农药残留分布

13.4.1　检出农药品种和频次排前 10 的蔬菜

本次残留侦测的蔬菜共 17 种，包括韭菜、芹菜、黄瓜、甘薯、菠菜、番茄、花椰菜、甜椒、辣椒、南瓜、胡萝卜、萝卜、马铃薯、冬瓜、大白菜、娃娃菜和丝瓜。

根据检出农药品种及频次进行排名，将各项排名前 10 位的蔬菜样品检出情况列表说明，详见表 13-24。

表 13-24　检出农药品种和频次排名前 10 的蔬菜

检出农药品种排名前 10（品种）	①甜椒（23），②番茄（14），③萝卜（14），④韭菜（13），⑤冬瓜（12），⑥菠菜（10），⑦辣椒（9），⑧大白菜（8），⑨花椰菜（7），⑩黄瓜（7）
检出农药频次排名前 10（频次）	①甜椒（40），②冬瓜（29），③番茄（26），④韭菜（22），⑤菠菜（21），⑥萝卜（18），⑦花椰菜（17），⑧甜椒（13），⑨大白菜（11），⑩黄瓜（9）
检出禁用、高毒及剧毒农药品种排名前 10（品种）	①菠菜（2），②花椰菜（1），③萝卜（1），④甜椒（1）
检出禁用、高毒及剧毒农药频次排名前 10（频次）	①菠菜（2），②萝卜（2），③花椰菜（1），④甜椒（1）

13.4.2　超标农药品种和频次排前 10 的蔬菜

鉴于 MRL 欧盟标准和日本标准制定比较全面且覆盖率较高，我们参照 MRL 中国国家标准、欧盟标准和日本标准衡量蔬菜样品中农残检出情况，将超标农药品种及频次排名前 10 的蔬菜列表说明，详见表 13-25。

表 13-25　超标农药品种和频次排名前 10 的蔬菜

超标农药品种排名前 10（农药品种数）	MRL 中国国家标准	①萝卜（1）
	MRL 欧盟标准	①大白菜（3）、②萝卜（3）、③甜椒（3）、④菠菜（2）、⑤冬瓜（2）、⑥甘薯（2）、⑦番茄（1）、⑧花椰菜（1）、⑨黄瓜（1）、⑩辣椒（1）
	MRL 日本标准	①萝卜（4）、②大白菜（3）、③冬瓜（3）、④番茄（3）、⑤甘薯（2）、⑥韭菜（2）、⑦甜椒（2）、⑧菠菜（1）、⑨黄瓜（1）、⑩马铃薯（1）
超标农药频次排名前 10（农药频次数）	MRL 中国国家标准	①萝卜（1）
	MRL 欧盟标准	①甜椒（6）、②冬瓜（5）、③大白菜（4）、④萝卜（4）、⑤菠菜（3）、⑥甘薯（2）、⑦番茄（1）、⑧花椰菜（1）、⑨黄瓜（1）、⑩辣椒（1）
	MRL 日本标准	①冬瓜（6）、②萝卜（5）、③大白菜（4）、④韭菜（4）、⑤番茄（3）、⑥甘薯（3）、⑦甜椒（2）、⑧菠菜（1）、⑨黄瓜（1）、⑩马铃薯（1）

通过对各品种蔬菜样本总数及检出率进行综合分析发现，甜椒、番茄和萝卜的残留污染最为严重，在此，我们参照 MRL 中国国家标准、欧盟标准和日本标准对这 3 种蔬菜的农残检出情况进行进一步分析。

13.4.3　农药残留检出率较高的蔬菜样品分析

13.4.3.1　甜椒

这次共检测 18 例甜椒样品，13 例样品中检出了农药残留，检出率为 72.2%，检出农药共计 23 种。其中丙溴磷、烯酰吗啉、嘧霉胺、苯醚甲环唑和甲哌检出频次较高，分别检出了 5、5、4、2 和 2 次。甜椒中农药检出品种和频次见图 13-31，超标农药见图 13-32 和表 13-26。

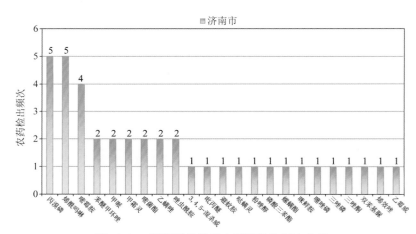

图 13-31　甜椒样品检出农药品种和频次分析

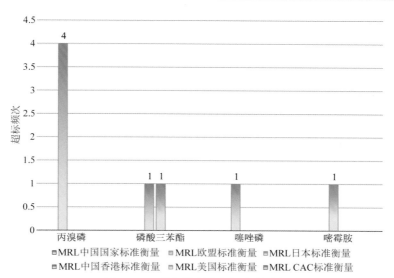

图 13-32　甜椒样品中超标农药分析

表 13-26　甜椒中农药残留超标情况明细表

样品总数		检出农药样品数	样品检出率（%）	检出农药品种总数
18		13	72.2	23
	超标农药品种	超标农药频次	按照 MRL 中国国家标准、欧盟标准和日本标准衡量超标农药名称及频次	
中国国家标准	0	0		
欧盟标准	3	6	丙溴磷（4），磷酸三苯酯（1），噻唑磷（1）	
日本标准	2	2	磷酸三苯酯（1），嘧霉胺（1）	

13.4.3.2　番茄

这次共检测 18 例番茄样品，12 例样品中检出了农药残留，检出率为 66.7%，检出农药共计 14 种。其中烯酰吗啉、肟菌酯、戊唑醇、嘧菌酯和苯醚甲环唑检出频次较高，分别检出了 6、5、3、2 和 1 次。番茄中农药检出品种和频次见图 13-33，超标农药见图 13-34 和表 13-27。

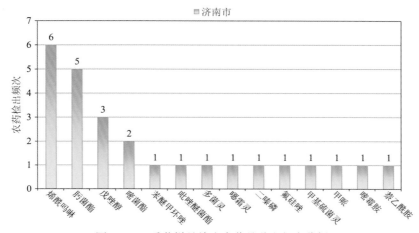

图 13-33　番茄样品检出农药品种和频次分析

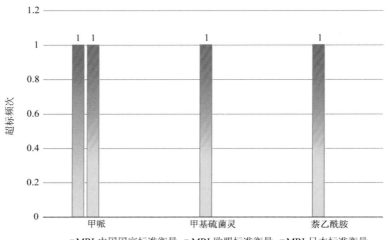

图 13-34　番茄样品中超标农药分析

表 13-27　番茄中农药残留超标情况明细表

样品总数		检出农药样品数	样品检出率（%）	检出农药品种总数
18		12	66.7	14
	超标农药品种	超标农药频次	按照 MRL 中国国家标准、欧盟标准和日本标准衡量超标农药名称及频次	
中国国家标准	0	0		
欧盟标准	1	1	甲哌（1）	
日本标准	3	3	甲基硫菌灵（1），甲哌（1），萘乙酰胺（1）	

13.4.3.3　萝卜

这次共检测 18 例萝卜样品，11 例样品中检出了农药残留，检出率为 61.1%，检出农药共计 14 种。其中避蚊胺、嘧菌胺、涕灭威、多菌灵和多效唑检出频次较高，分别检出了 3、2、2、1 和 1 次。萝卜中农药检出品种和频次见图 13-35，超标农药见表 13-28 和图 13-36。

表 13-28　萝卜中农药残留超标情况明细表

样品总数		检出农药样品数	样品检出率（%）	检出农药品种总数
18		11	61.1	14
	超标农药品种	超标农药频次	按照 MRL 中国国家标准、欧盟标准和日本标准衡量超标农药名称及频次	
中国国家标准	1	1	涕灭威（1）	
欧盟标准	3	4	涕灭威（2），多效唑（1），磷酸三苯酯（1）	
日本标准	4	5	涕灭威（2），多效唑（1），磷酸三苯酯（1），三甲苯草酮（1）	

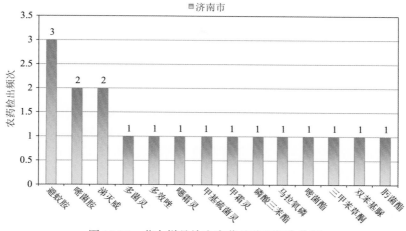

图 13-35　萝卜样品检出农药品种和频次分析

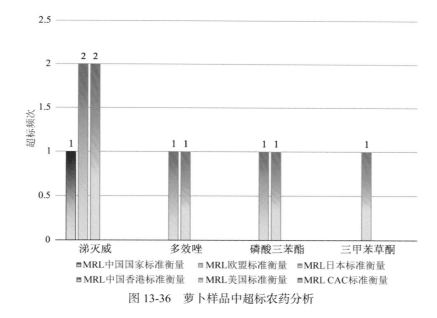

图 13-36　萝卜样品中超标农药分析

13.5　初　步　结　论

13.5.1　济南市市售水果蔬菜按 MRL 中国国家标准和国际主要 MRL 标准衡量的合格率

本次侦测的 397 例样品中，136 例样品未检出任何残留农药，占样品总量的 34.3%，261 例样品检出不同水平、不同种类的残留农药，占样品总量的 65.7%。在这 261 例检出农药残留的样品中：

按 MRL 中国国家标准衡量，有 257 例样品检出残留农药但含量没有超标，占样品总数的 64.7%，有 4 例样品检出了超标农药，占样品总数的 1.0%。

按 MRL 欧盟标准衡量，有 204 例样品检出残留农药但含量没有超标，占样品总数的 51.4%，有 57 例样品检出了超标农药，占样品总数的 14.4%。

按 MRL 日本标准衡量，有 199 例样品检出残留农药但含量没有超标，占样品总数的 50.1%，有 62 例样品检出了超标农药，占样品总数的 15.6%。

按 MRL 中国香港标准衡量，有 260 例样品检出残留农药但含量没有超标，占样品总数的 65.5%，有 1 例样品检出了超标农药，占样品总数的 0.3%。

按 MRL 美国标准衡量，有 261 例样品检出残留农药但含量没有超标，占样品总数的 65.7%，未检出超标农药。

按 MRL CAC 标准衡量，有 260 例样品检出残留农药但含量没有超标，占样品总数的 65.5%，有 1 例样品检出了超标农药，占样品总数的 0.3%。

13.5.2 济南市市售水果蔬菜中检出农药以中低微毒农药为主，占市场主体的 91.9%

这次侦测的 397 例样品包括水果 16 种 195 例，蔬菜 17 种 202 例，共检出了 86 种农药，检出农药的毒性以中低微毒为主，详见表 13-29。

表 13-29　市场主体农药毒性分布

毒性	检出品种	占比	检出频次	占比
剧毒农药	2	2.3%	5	0.9%
高毒农药	5	5.8%	17	3.1%
中毒农药	34	39.5%	218	39.2%
低毒农药	26	30.2%	139	25.0%
微毒农药	19	22.1%	177	31.8%
中低微毒农药，品种占比 91.9%，频次占比 96.0%				

13.5.3 检出剧毒、高毒和禁用农药现象应该警醒

在此次侦测的 397 例样品中有 4 种蔬菜和 8 种水果的 24 例样品检出了 9 种 24 频次的剧毒和高毒或禁用农药，占样品总量的 6.0%。其中剧毒农药磷胺和涕灭威以及高毒农药灭害威、克百威和三唑磷检出频次较高。

按 MRL 中国国家标准衡量，剧毒农药涕灭威，检出 2 次，超标 1 次；高毒农药克百威，检出 4 次，超标 3 次；按超标程度比较，葡萄中克百威超标 2.7 倍，甜瓜中克百威超标 0.8 倍，萝卜中涕灭威超标 0.1 倍。

剧毒、高毒或禁用农药的检出情况及按照 MRL 中国国家标准衡量的超标情况见表 13-30。

表 13-30　剧毒、高毒或禁用农药的检出及超标明细

序号	农药名称	样品名称	检出频次	超标频次	最大超标倍数	超标率
1.1	涕灭威*▲	萝卜	2	1	0.083	50.0%
2.1	磷胺*▲	苹果	3	0	0	0.0%
3.1	三唑磷◇	梨	1	0	0	0.0%
3.2	三唑磷◇	甜椒	1	0	0	0.0%
4.1	克百威◇▲	葡萄	3	2	2.74	66.7%
4.2	克百威◇▲	甜瓜	1	1	0.83	100.0%
5.1	兹克威◇	菠菜	1	0	0	0.0%
6.1	氯唑磷◇▲	花椰菜	1	0	0	0.0%
7.1	灭害威◇	芒果	5	0	0	0.0%
7.2	灭害威◇	火龙果	3	0	0	0.0%
7.3	灭害威◇	菠菜	1	0	0	0.0%
8.1	杀虫脒▲	橘	1	0	0	0.0%
9.1	丁酰肼▲	枣	1	0	0	0.0%
合计			24	4		16.7%

注：超标倍数参照 MRL 中国国家标准衡量

这些超标的剧毒和高毒农药都是中国政府早有规定禁止在水果蔬菜中使用的，为什么还屡次被检出，应该引起警惕。

13.5.4　残留限量标准与先进国家或地区标准差距较大

556 频次的检出结果与我国公布的《食品中农药最大残留限量》（GB 2763—2014）对比，有 172 频次能找到对应的 MRL 中国国家标准，占 30.9%；还有 384 频次的侦测数据无相关 MRL 标准供参考，占 69.1%。

与国际上现行 MRL 标准对比发现：

有 556 频次能找到对应的 MRL 欧盟标准，占 100.0%；

有 556 频次能找到对应的 MRL 日本标准，占 100.0%；

有 293 频次能找到对应的 MRL 中国香港标准，占 52.7%；

有 254 频次能找到对应的 MRL 美国标准，占 45.7%；

有 200 频次能找到对应的 MRL CAC 标准，占 36.0%。

由上可见，MRL 中国国家标准与先进国家或地区标准还有很大差距，我们无标准，境外有标准，这就会导致我们在国际贸易中，处于受制于人的被动地位。

13.5.5　水果蔬菜单种样品检出 14~23 种农药残留，拷问农药使用的科学性

通过此次监测发现，苹果、草莓和梨是检出农药品种最多的 3 种水果，甜椒、番茄和萝卜是检出农药品种最多的 3 种蔬菜，从中检出农药品种及频次详见表 13-31。

表 13-31 单种样品检出农药品种及频次

样品名称	样品总数	检出农药样品数	检出率	检出农药品种数	检出农药（频次）
甜椒	18	13	72.2%	23	丙溴磷（5），烯酰吗啉（5），嘧霉胺（4），苯醚甲环唑（2），甲哌（2），甲霜灵（2），嘧菌酯（2），乙螨唑（2），唑虫酰胺（2），3,4,5-混杀威（1），吡丙醚（1），避蚊胺（1），哒螨灵（1），粉唑醇（1），磷酸三苯酯（1），螺螨酯（1），咪鲜胺（1），噻唑磷（1），三唑磷（1），三唑酮（1），双苯基脲（1），烯效唑（1），乙霉威（1）
番茄	18	12	66.7%	14	烯酰吗啉（6），肟菌酯（5），戊唑醇（3），嘧菌酯（2），苯醚甲环唑（1），吡唑醚菌酯（1），多菌灵（1），噁霜灵（1），二嗪磷（1），氟硅唑（1），甲基硫菌灵（1），甲哌（1），嘧霉胺（1），萘乙酰胺（1）
萝卜	18	11	61.1%	14	避蚊胺（3），嘧菌胺（2），涕灭威（2），多菌灵（1），多效唑（1），噁霜灵（1），甲基硫菌灵（1），甲霜灵（1），磷酸三苯酯（1），马拉氧磷（1），嘧菌酯（1），三甲苯草酮（1），双苯基脲（1），肟菌酯（1）
苹果	28	24	85.7%	23	多菌灵（13），啶虫脒（10），马拉硫磷（5），二嗪磷（4），磷胺（3），双苯基脲（3），残杀威（2），甲基硫菌灵（2），嘧菌酯（2），戊唑醇（2），苯醚甲环唑（1），吡唑醚菌酯（1），避蚊胺（1），福美双（1），磷酸三苯酯（1），马拉氧磷（1），咪鲜胺（1），嘧霉胺（1），噻嗪酮（1），三唑酮（1），烯酰吗啉（1），异丙乐灵（1），增效醚（1）
草莓	10	10	100.0%	16	联苯肼酯（5），乙螨唑（5），腈菌唑（4），甲基硫菌灵（3），嘧菌酯（3），嘧霉胺（3），肟菌酯（3），乙霉威（3），乙嘧酚磺酸酯（3），多菌灵（2），甲哌（2），嘧菌环胺（2），吡唑醚菌酯（1），哒螨灵（1），甲霜灵（1），异丙威（1）
梨	28	25	89.3%	16	嘧菌酯（11），多菌灵（7），马拉氧磷（5），噻嗪酮（4），异噁唑草酮（4），丁噻隆（3），啶虫脒（3），马拉硫磷（3），双苯基脲（3），二嗪磷（2），烯酰吗啉（2），毒死蜱（1），己唑醇（1），三唑磷（1），戊菌唑（1），茚虫威（1）

上述 6 种水果蔬菜，检出农药 14~23 种，是多种农药综合防治，还是未严格实施农业良好管理规范（GAP），抑或根本就是乱施药，值得我们思考。

第14章 LC-Q-TOF/MS 侦测济南市市售水果蔬菜农药残留膳食暴露风险与预警风险评估

14.1 农药残留风险评估方法

14.1.1 济南市农药残留侦测数据分析与统计

庞国芳院士科研团队建立的农药残留高通量侦测技术以高分辨精确质量数（0.0001 *m/z* 为基准）为识别标准，采用 LC-Q-TOF/MS 技术对 565 种农药化学污染物进行侦测。

科研团队于 2016 年 6 月~2017 年 9 月在济南市所属 5 个区的 21 个采样点，随机采集了 397 例水果蔬菜样品，采样点分布在超市和农贸市场，具体位置如图 14-1 所示，各月内水果蔬菜样品采集数量如表 14-1 所示。

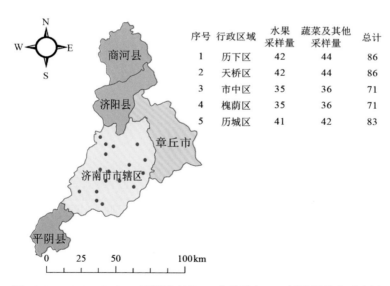

序号	行政区域	水果采样量	蔬菜及其他采样量	总计
1	历下区	42	44	86
2	天桥区	42	44	86
3	市中区	35	36	71
4	槐荫区	35	36	71
5	历城区	41	42	83

图 14-1 LC-Q-TOF/MS 侦测济南市 21 个采样点 397 例样品分布示意图

表 14-1 济南市各月内采集水果蔬菜样品数列表

时间	样品数（例）
2016 年 6 月	147
2017 年 3 月	138
2017 年 9 月	112

　　利用 LC-Q-TOF/MS 技术对 397 例样品中的农药进行侦测，侦测出残留农药 86 种，556 频次。侦测出农药残留水平如表 14-2 和图 14-2 所示。检出频次最高的前 10 种农药如表 14-3 所示。从侦测结果中可以看出，在水果蔬菜中农药残留普遍存在，且有些水果蔬菜存在高浓度的农药残留，这些可能存在膳食暴露风险，对人体健康产生危害，因此，为了定量地评价水果蔬菜中农药残留的风险程度，有必要对其进行风险评价。

表 14-2　侦测出农药的不同残留水平及其所占比例列表

残留水平（μg/kg）	检出频次	占比（%）
1~5（含）	291	52.3
5~10（含）	74	13.3
10~100（含）	163	29.3
100~1000（含）	5	0.9
>1000	23	4.2
合计	556	100

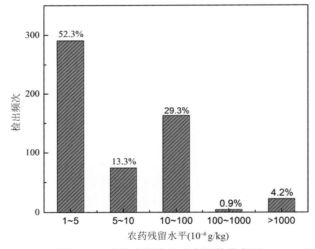

图 14-2　残留农药检出浓度频数分布图

表 14-3　检出频次最高的前 10 种农药列表

序号	农药	检出频次
1	多菌灵	47
2	嘧菌酯	41
3	烯酰吗啉	35
4	啶虫脒	23
5	吡唑醚菌酯	19
6	苯醚甲环唑	18

续表

序号	农药	检出频次
7	甲霜灵	18
8	戊唑醇	18
9	甲哌	16
10	马拉硫磷	16

14.1.2　农药残留风险评价模型

对济南市水果蔬菜中农药残留分别开展暴露风险评估和预警风险评估。膳食暴露风险评估利用食品安全指数模型对水果蔬菜中的残留农药对人体可能产生的危害程度进行评价，该模型结合残留监测和膳食暴露评估评价化学污染物的危害；预警风险评价模型运用风险系数（risk index，R），风险系数综合考虑了危害物的超标率、施检频率及其本身敏感性的影响，能直观而全面地反映出危害物在一段时间内的风险程度。

14.1.2.1　食品安全指数模型

为了加强食品安全管理，《中华人民共和国食品安全法》第二章第十七条规定"国家建立食品安全风险评估制度，运用科学方法，根据食品安全风险监测信息、科学数据以及有关信息，对食品、食品添加剂、食品相关产品中生物性、化学性和物理性危害因素进行风险评估"[1]，膳食暴露评估是食品危险度评估的重要组成部分，也是膳食安全性的衡量标准[2]。国际上最早研究膳食暴露风险评估的机构主要是 JMPR（FAO、WHO农药残留联合会议），该组织自 1995 年就已制定了急性毒性物质的风险评估急性毒性农药残留摄入量的预测。1960 年美国规定食品中不得加入致癌物质进而提出零阈值理论，渐渐零阈值理论发展成在一定概率条件下可接受风险的概念[3]，后衍变为食品中每日允许最大摄入量（ADI），而国际食品农药残留法典委员会（CCPR）认为 ADI 不是独立风险评估的唯一标准[4]，1995 年 JMPR 开始研究农药急性膳食暴露风险评估，并对食品国际短期摄入量的计算方法进行了修正，亦对膳食暴露评估准则及评估方法进行了修正[5]，2002 年，在对世界上现行的食品安全评价方法，尤其是国际公认的 CAC 评价方法、全球环境监测系统/食品污染监测和评估规划（WHO GEMS/Food）及 FAO、WHO 食品添加剂联合专家委员会（JECFA）和 JMPR 对食品安全风险评估工作研究的基础之上，检验检疫食品安全管理的研究人员提出了结合残留监控和膳食暴露评估，以食品安全指数 IFS 计算食品中各种化学污染物对消费者的健康危害程度[6]。IFS 是表示食品安全状态的新方法，可有效地评价某种农药的安全性，进而评价食品中各种农药化学污染物对消费者健康的整体危害程度[7, 8]。从理论上分析，IFS_c 可指出食品中的污染物 c 对消费者健康是否存在危害及危害的程度[9]。其优点在于操作简单且结果容易被接受和理解，不需要大量的数据来对结果进行验证，使用默认的标准假设或者模型即可[10, 11]。

1）IFS$_c$ 的计算

IFS$_c$ 计算公式如下：

$$IFS_c = \frac{EDI_c \times f}{SI_c \times bw} \tag{14-1}$$

式中，c 为所研究的农药；EDI$_c$ 为农药 c 的实际日摄入量估算值，等于 $\sum (R_i \times F_i \times E_i \times P_i)$（i 为食品种类；$R_i$ 为食品 i 中农药 c 的残留水平，mg/kg；F_i 为食品 i 的估计日消费量，g/（人·天）；E_i 为食品 i 的可食用部分因子；P_i 为食品 i 的加工处理因子）；SI$_c$ 为安全摄入量，可采用每日允许最大摄入量 ADI；bw 为人平均体重，kg；f 为校正因子，如果安全摄入量采用 ADI，则 f 取 1。

IFS$_c$≪1，农药 c 对食品安全没有影响；IFS$_c$≤1，农药 c 对食品安全的影响可以接受；IFS$_c$>1，农药 c 对食品安全的影响不可接受。

本次评价中：

IFS$_c$≤0.1，农药 c 对水果蔬菜安全没有影响；

0.1<IFS$_c$≤1，农药 c 对水果蔬菜安全的影响可以接受；

IFS$_c$>1，农药 c 对水果蔬菜安全的影响不可接受。

本次评价中残留水平 R_i 取值为中国检验检疫科学研究院庞国芳院士课题组利用以高分辨精确质量数（0.0001 m/z）为基准的 LC-Q-TOF/MS 侦测技术于 2016 年 6 月~2017 年 9 月对济南市水果蔬菜农药残留的侦测结果，估计日消费量 F_i 取值 0.38 kg/（人·天），E_i=1，P_i=1，f=1，SI$_c$ 采用《食品安全国家标准 食品中农药最大残留限量》（GB 2763—2016）中 ADI 值（具体数值见表 14-4），人平均体重（bw）取值 60 kg。

表 14-4 济南市水果蔬菜中侦测出农药的 ADI 值

序号	农药	ADI	序号	农药	ADI	序号	农药	ADI
1	咪唑乙烟酸	2.5	13	甲氧虫酰肼	0.1	25	肟菌酯	0.04
2	烯啶虫胺	0.53	14	噻虫胺	0.1	26	乙嘧酚	0.035
3	丁酰肼	0.5	15	啶氧菌酯	0.09	27	吡唑醚菌酯	0.03
4	霜霉威	0.4	16	甲基硫菌灵	0.08	28	丙溴磷	0.03
5	马拉硫磷	0.3	17	甲霜灵	0.08	29	多菌灵	0.03
6	嘧菌酯	0.2	18	噻虫嗪	0.08	30	腈苯唑	0.03
7	嘧霉胺	0.2	19	丙环唑	0.07	31	腈菌唑	0.03
8	烯酰吗啉	0.2	20	啶虫脒	0.07	32	嘧菌环胺	0.03
9	增效醚	0.2	21	吡虫啉	0.06	33	三唑酮	0.03
10	烯禾啶	0.14	22	灭蝇胺	0.06	34	戊菌唑	0.03
11	吡丙醚	0.1	23	乙螨唑	0.05	35	戊唑醇	0.03
12	多效唑	0.1	24	三环唑	0.04	36	虫酰肼	0.02

续表

序号	农药	ADI	序号	农药	ADI	序号	农药	ADI
37	抗蚜威	0.02	54	唑虫酰胺	0.006	71	磺草灵	—
38	烯效唑	0.02	55	二嗪磷	0.005	72	甲哌	—
39	莠去津	0.02	56	己唑醇	0.005	73	甲氧丙净	—
40	稻瘟灵	0.016	57	噻唑磷	0.004	74	磷酸三苯酯	—
41	苯醚甲环唑	0.01	58	乙霉威	0.004	75	马拉氧磷	—
42	哒螨灵	0.01	59	涕灭威	0.003	76	嘧菌胺	—
43	毒死蜱	0.01	60	异丙威	0.002	77	灭害威	—
44	噁霜灵	0.01	61	克百威	0.001	78	萘乙酰胺	—
45	粉唑醇	0.01	62	三唑磷	0.001	79	炔丙菊酯	—
46	福美双	0.01	63	杀虫脒	0.001	80	三甲苯草酮	—
47	联苯肼酯	0.01	64	磷胺	0.0005	81	双苯基脲	—
48	螺螨酯	0.01	65	氯唑磷	0.00005	82	四氟醚唑	—
49	咪鲜胺	0.01	66	3,4,5-混杀威	—	83	乙嘧酚磺酸酯	—
50	茚虫威	0.01	67	避蚊胺	—	84	异丙乐灵	—
51	噻嗪酮	0.009	68	残杀威	—	85	异噁唑草酮	—
52	吡氟禾草灵	0.0074	69	丁噻隆	—	86	兹克威	—
53	氟硅唑	0.007	70	非草隆	—			

注："—"表示为国家标准中无 ADI 值规定；ADI 值单位为 mg/kg bw

2）计算 IFS_c 的平均值 $\overline{IFS}$，评价农药对食品安全的影响程度

以 $\overline{IFS}$ 评价各种农药对人体健康危害的总程度，评价模型见公式（14-2）。

$$\overline{IFS} = \frac{\sum_{i=1}^{n} IFS_c}{n} \qquad (14\text{-}2)$$

$\overline{IFS} \ll 1$，所研究消费者人群的食品安全状态很好；$\overline{IFS} \leqslant 1$，所研究消费者人群的食品安全状态可以接受；$\overline{IFS} > 1$，所研究消费者人群的食品安全状态不可接受。

本次评价中：

$\overline{IFS} \leqslant 0.1$，所研究消费者人群的水果蔬菜安全状态很好；

$0.1 < \overline{IFS} \leqslant 1$，所研究消费者人群的水果蔬菜安全状态可以接受；

$\overline{IFS} > 1$，所研究消费者人群的水果蔬菜安全状态不可接受。

14.1.2.2　预警风险评估模型

2003 年，我国检验检疫食品安全管理的研究人员根据 WTO 的有关原则和我国的具体规定，结合危害物本身的敏感性、风险程度及其相应的施检频率，首次提出了食品中

危害物风险系数 R 的概念[12]。R 是衡量一个危害物的风险程度大小最直观的参数，即在一定时期内其超标率或阳性检出率的高低，但受其施检测率的高低及其本身的敏感性（受关注程度）影响。该模型综合考察了农药在蔬菜中的超标率、施检频率及其本身敏感性，能直观而全面地反映出农药在一段时间内的风险程度[13]。

1）R 计算方法

危害物的风险系数综合考虑了危害物的超标率或阳性检出率、施检频率和其本身的敏感性影响，并能直观而全面地反映出危害物在一段时间内的风险程度。风险系数 R 的计算公式如式（14-3）：

$$R = aP + \frac{b}{F} + S \qquad （14-3）$$

式中，P 为该种危害物的超标率；F 为危害物的施检频率；S 为危害物的敏感因子；a，b 分别为相应的权重系数。

本次评价中 $F=1$；$S=1$；$a=100$；$b=0.1$，对参数 P 进行计算，计算时首先判断是否为禁用农药，如果为非禁用农药，$P=$ 超标的样品数（侦测出的含量高于食品最大残留限量标准值，即 MRL）除以总样品数（包括超标、不超标、未侦测出）；如果为禁用农药，则侦测出即为超标，$P=$ 能侦测出的样品数除以总样品数。判断济南市水果蔬菜农药残留是否超标的标准限值 MRL 分别以 MRL 中国国家标准[14]和 MRL 欧盟标准作为对照，具体值列于本报告附表一中。

2）评价风险程度

$R \leq 1.5$，受检农药处于低度风险；

$1.5 < R \leq 2.5$，受检农药处于中度风险；

$R > 2.5$，受检农药处于高度风险。

14.1.2.3　食品膳食暴露风险和预警风险评估应用程序的开发

1）应用程序开发的步骤

为成功开发膳食暴露风险和预警风险评估应用程序，与软件工程师多次沟通讨论，逐步提出并描述清楚计算需求，开发了初步应用程序。为明确出不同水果蔬菜、不同农药、不同地域和不同季节的风险水平，向软件工程师提出不同的计算需求，软件工程师对计算需求进行逐一地分析，经过反复的细节沟通，需求分析得到明确后，开始进行解决方案的设计，在保证需求的完整性、一致性的前提下，编写出程序代码，最后设计出满足需求的风险评估专用计算软件，并通过一系列的软件测试和改进，完成专用程序的开发。软件开发基本步骤见图 14-3。

图 14-3　专用程序开发总体步骤

2）膳食暴露风险评估专业程序开发的基本要求

首先直接利用公式（14-3），分别计算 LC-Q-TOF/MS 和 GC-Q-TOF/MS 仪器侦测出的各水果蔬菜样品中每种农药 IFS_c，将结果列出。为考察超标农药和禁用农药的使用安全性，分别以我国《食品安全国家标准　食品中农药最大残留限量》（GB 2763—2016）和欧盟食品中农药最大残留限量（以下简称 MRL 中国国家标准和 MRL 欧盟标准）为标准，对侦测出的禁用农药和超标的非禁用农药 IFS_c 单独进行评价；按 IFS_c 大小列表，并找出 IFS_c 值排名前 20 的样本重点关注。

对不同水果蔬菜 i 中每一种侦测出的农药 c 的安全指数进行计算，多个样品时求平均值。若监测数据为该市多个月的数据，则逐月、逐季度分别列出每个月、每个季度内每一种水果蔬菜 i 对应的每一种农药 c 的 IFS_c。

按农药种类，计算整个监测时间段内每种农药的 IFS_c，不区分水果蔬菜。若检测数据为该市多个月的数据，则需分别计算每个月、每个季度内每种农药的 IFS_c。

3）预警风险评估专业程序开发的基本要求

分别以 MRL 中国国家标准和 MRL 欧盟标准，按公式（14-3）逐个计算不同水果蔬菜、不同农药的风险系数，禁用农药和非禁用农药分别列表。

为清楚了解各种农药的预警风险，不分时间，不分水果蔬菜，按禁用农药和非禁用农药分类，分别计算各种侦测出农药全部检测时段内风险系数。由于有 MRL 中国国家标准的农药种类太少，无法计算超标数，非禁用农药的风险系数只以 MRL 欧盟标准为标准，进行计算。若检测数据为多个月的，则按月计算每个月、每个季度内每种禁用农药残留的风险系数和以 MRL 欧盟标准为标准的非禁用农药残留的风险系数。

4）风险程度评价专业应用程序的开发方法

采用 Python 计算机程序设计语言，Python 是一个高层次地结合了解释性、编译性、互动性和面向对象的脚本语言。风险评价专用程序主要功能包括：分别读入每例样品 LC-Q-TOF/MS 和 GC-Q-TOF/MS 农药残留检测数据，根据风险评价工作要求，依次对不同农药、不同食品、不同时间、不同采样点的 IFS_c 值和 R 值分别进行数据计算，筛选出禁用农药、超标农药（分别与 MRL 中国国家标准、MRL 欧盟标准限值进行对比）单独重点分析，再分别对各农药、各水果蔬菜种类分类处理，设计出计算和排序程序，编写计算机代码，最后将生成的膳食暴露风险评估和超标风险评估定量计算结果列入设计好的各个表格中，并定性判断风险对目标的影响程度，直接用文字描述风险发生的高低，如"不可接受"、"可以接受"、"没有影响"、"高度风险"、"中度风险"、"低度风险"。

14.2　LC-Q-TOF/MS 侦测济南市市售水果蔬菜农药残留膳食暴露风险评估

14.2.1　每例水果蔬菜样品中农药残留安全指数分析

基于农药残留侦测数据，发现在 397 例样品中侦测出农药 556 频次，计算样品中每种残留农药的安全指数 IFS$_c$，并分析农药对样品安全的影响程度，结果详见附表二，农药残留对水果蔬菜样品安全的影响程度频次分布情况如图 14-4 所示。

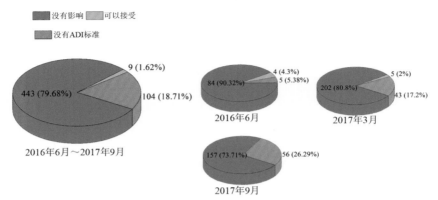

图 14-4　农药残留对水果蔬菜样品安全的影响程度频次分布图

由图 14-4 可以看出，农药残留对样品安全的影响可以接受的频次为 9，占 1.62%；农药残留对样品安全没有影响的频次为 443，占 79.68%。分析发现，各个月份内，农药对样品安全的影响均在可以接受和没有影响的范围内。表 14-5 为对水果蔬菜样品中安全指数排名前 10 的残留农药列表。

表 14-5　水果蔬菜样品中安全指数排名前 10 的残留农药列表

序号	样品编号	采样点	基质	农药	含量（mg/kg）	IFS$_c$	影响程度
1	20160616-370100-AHCIQ-GP-09A	***超市（洪楼店）	葡萄	克百威	0.0748	0.4737	可以接受
2	20170316-370100-AHCIQ-AP-07A	***超市（天桥区）	苹果	磷胺	0.025	0.3167	可以接受
3	20170316-370100-AHCIQ-AP-06A	***超市（市中店）	苹果	磷胺	0.0239	0.3027	可以接受
4	20170315-370100-AHCIQ-AP-01A	***超市（泉城店）	苹果	磷胺	0.0218	0.2761	可以接受
5	20160616-370100-AHCIQ-TG-06A	***市场	甜瓜	克百威	0.0365	0.2312	可以接受
6	20160615-370100-AHCIQ-GP-05A	***超市（万达店）	葡萄	克百威	0.0347	0.2198	可以接受
7	20170316-370100-AHCIQ-ST-08A	***市场	草莓	异丙威	0.0587	0.1859	可以接受
8	20170316-370100-AHCIQ-HC-06A	***超市（市中店）	花椰菜	氯唑磷	0.0012	0.1520	可以接受
9	20160616-370100-AHCIQ-GP-08A	***超市（和谐广场店）	葡萄	克百威	0.0194	0.1229	可以接受
10	20170316-370100-AHCIQ-ST-10A	***超市（和谐广场店）	草莓	乙霉威	0.0561	0.0888	没有影响

部分样品侦测出禁用农药 6 种 12 频次，为了明确残留的禁用农药对样品安全的影

响，分析侦测出禁用农药残留的样品安全指数，禁用农药残留对水果蔬菜样品安全的影响程度频次分布情况如图 14-5 所示，农药残留对样品安全的影响可以接受的频次为 8，占 66.67%；农药残留对样品安全没有影响的频次为 4，占 33.33%。3 个月份的水果蔬菜样品中均侦测出禁用农药残留，分析发现，各个月份内，禁用农药对样品安全的影响均在可以接受和没有影响的范围内。表 14-6 列出水果蔬菜样品中侦测出的残留禁用农药的安全指数表。

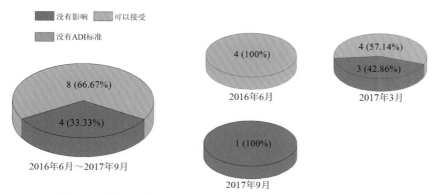

图 14-5　禁用农药对水果蔬菜样品安全影响程度的频次分布图

表 14-6　水果蔬菜样品中侦测出的残留禁用农药的安全指数表

序号	样品编号	采样点	基质	农药	含量（mg/kg）	IFS_c	影响程度
1	20160616-370100-AHCIQ-GP-09A	***超市（洪楼店）	葡萄	克百威	0.0748	0.4737	可以接受
2	20170316-370100-AHCIQ-AP-07A	***超市（天桥区）	苹果	磷胺	0.025	0.3167	可以接受
3	20170316-370100-AHCIQ-AP-06A	***超市（市中店）	苹果	磷胺	0.0239	0.3027	可以接受
4	20170315-370100-AHCIQ-AP-01A	***超市（泉城店）	苹果	磷胺	0.0218	0.2761	可以接受
5	20160616-370100-AHCIQ-TG-06A	***市场	甜瓜	克百威	0.0365	0.2312	可以接受
6	20160615-370100-AHCIQ-GP-05A	***超市（万达店）	葡萄	克百威	0.0347	0.2198	可以接受
7	20170316-370100-AHCIQ-HC-06A	***超市（市中店）	花椰菜	氯唑磷	0.0012	0.1520	可以接受
8	20160616-370100-AHCIQ-GP-08A	***超市（和谐广场店）	葡萄	克百威	0.0194	0.1229	可以接受
9	20170315-370100-AHCIQ-LB-01A	***超市（泉城店）	萝卜	涕灭威	0.0325	0.0686	没有影响
10	20170315-370100-AHCIQ-OR-02A	***市场	橘	杀虫脒	0.0089	0.0564	没有影响
11	20170316-370100-AHCIQ-LB-06A	***超市（市中店）	萝卜	涕灭威	0.0263	0.0555	没有影响
12	20170909-370100-AHCIQ-JU-08A	***市场	枣	丁酰肼	0.0398	0.0005	没有影响

　　此外，本次侦测发现部分样品中非禁用农药残留量超过了 MRL 欧盟标准，没有发现非禁用农药残留量超过 MRL 中国国家标准的样品，为了明确超标的非禁用农药对样品安全的影响，分析了非禁用农药残留超标的样品安全指数。

　　残留量超过 MRL 欧盟标准的非禁用农药对水果蔬菜样品安全的影响程度频次分布情况如图 14-6 所示。可以看出超过 MRL 欧盟标准的非禁用农药共 50 频次，其中农药没有 ADI 标准的频次为 30，占 60%；农药残留对样品安全的影响可以接受的频次为 1，占 2%；农药残留对样品安全没有影响的频次为 19，占 38%。表 14-7 为水果蔬菜样品中安全指数排名前 10 的残留超标非禁用农药列表（MRL 欧盟标准）。

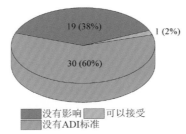

图 14-6　残留超标的非禁用农药对水果蔬菜样品安全的影响程度频次分布图（MRL 欧盟标准）

表 14-7　水果蔬菜样品中安全指数排名前 10 的残留超标非禁用农药列表（MRL 欧盟标准）

序号	样品编号	采样点	基质	农药	含量（mg/kg）	欧盟标准	IFS$_c$	影响程度
1	20170316-370100-AHCIQ-ST-08A	***市场	草莓	异丙威	0.0587	0.01	0.1859	可以接受
2	20160616-370100-AHCIQ-BO-09A	***超市（洪楼店）	菠菜	多菌灵	0.3698	0.1	0.0781	没有影响
3	20160615-370100-AHCIQ-BO-03A	***超市（天桥区）	菠菜	多菌灵	0.3379	0.1	0.0713	没有影响
4	20160615-370100-AHCIQ-BC-01A	***超市（统一银座商城店）	大白菜	噻唑磷	0.0257	0.02	0.0407	没有影响
5	20170315-370100-AHCIQ-PP-01A	***超市（泉城店）	甜椒	噻唑磷	0.0236	0.02	0.0374	没有影响
6	20170315-370100-AHCIQ-PP-03A	***超市（华信店）	甜椒	丙溴磷	0.1606	0.01	0.0339	没有影响
7	20170316-370100-AHCIQ-PP-07A	***超市（天桥区）	甜椒	丙溴磷	0.1288	0.01	0.0272	没有影响
8	20170908-370100-AHCIQ-MH-02A	***超市（泉城店）	猕猴桃	戊唑醇	0.1285	0.02	0.0271	没有影响
9	20170908-370100-AHCIQ-MH-04A	***超市（洪楼店）	猕猴桃	戊唑醇	0.1034	0.02	0.0218	没有影响
10	20170316-370100-AHCIQ-PE-05A	***超市（嘉华店）	梨	己唑醇	0.0127	0.01	0.0161	没有影响

在 397 例样品中，136 例样品未侦测出农药残留，261 例样品中侦测出农药残留，计算每例有农药侦测出样品的 $\overline{IFS}$ 值，进而分析样品的安全状态，结果如图 14-7 所示（未侦测出农药的样品安全状态视为很好）。可以看出，1.26% 的样品安全状态可以接受；89.17% 的样品安全状态很好。此外，可以看出每个月份内的样品安全状态均在很好和可以接受的范围内。表 14-8 列出水果蔬菜安全指数排名前 10 的样品列表。

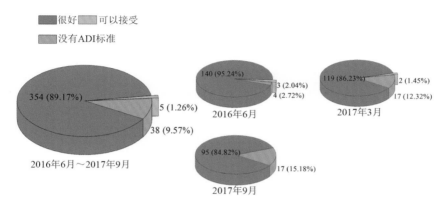

图 14-7　水果蔬菜样品安全状态分布图

表 14-8　水果蔬菜安全指数排名前 10 的样品列表

序号	样品编号	采样点	基质	$\overline{IFS}$	安全状态
1	20160616-370100-AHCIQ-GP-09A	***超市（洪楼店）	葡萄	0.4737	可以接受
2	20160616-370100-AHCIQ-TG-06A	***菜市场	甜瓜	0.2312	可以接受
3	20170316-370100-AHCIQ-AP-07A	***超市（天桥区）	苹果	0.1596	可以接受
4	20160616-370100-AHCIQ-GP-08A	***超市（和谐广场店）	葡萄	0.1229	可以接受
5	20170316-370100-AHCIQ-AP-06A	***超市（市中店）	苹果	0.1012	可以接受
6	20170315-370100-AHCIQ-AP-01A	***超市（泉城店）	苹果	0.0940	很好
7	20160616-370100-AHCIQ-BO-09A	***超市（洪楼店）	菠菜	0.0781	很好
8	20170316-370100-AHCIQ-HC-06A	***超市（市中店）	花椰菜	0.0762	很好
9	20160615-370100-AHCIQ-BO-03A	***超市（天桥区）	菠菜	0.0713	很好
10	20160615-370100-AHCIQ-GP-05A	***超市（万达店）	葡萄	0.0559	很好

14.2.2　单种水果蔬菜中农药残留安全指数分析

本次 33 种水果蔬菜中侦测出 86 种农药，检出频次为 556 次，其中 21 种农药没有 ADI 标准，65 种农药存在 ADI 标准。娃娃菜未侦测出任何农药，马铃薯和南瓜 2 种水果蔬菜侦测出农药残留全部没有 ADI 标准，对其他的 30 种水果蔬菜按不同种类分别计算侦测出的具有 ADI 标准的各种农药的 IFS_c 值，农药残留对水果蔬菜的安全指数分布图如图 14-8 所示。

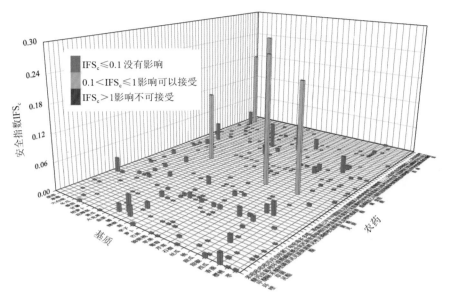

图 14-8　30 种水果蔬菜中 65 种残留农药的安全指数分布图

分析发现所有的残留农药对食品安全影响都为可接受和没有影响，表 14-9 为单种水果蔬菜中安全指数表排名前 10 的残留农药列表

表 14-9　单种水果蔬菜中安全指数表排名前 10 的残留农药列表

序号	基质	农药	检出频次	检出率（%）	IFS>1 的频次	IFS>1 的比例	IFS$_c$	影响程度
1	苹果	磷胺	3	5.08	0	0	0.2985	可以接受
2	葡萄	克百威	3	25.00	0	0	0.2721	可以接受
3	甜瓜	克百威	1	10.00	0	0	0.2312	可以接受
4	草莓	异丙威	1	2.38	0	0	0.1859	可以接受
5	花椰菜	氯唑磷	1	5.88	0	0	0.1520	可以接受
6	萝卜	涕灭威	2	11.11	0	0	0.0621	没有影响
7	橘	杀虫脒	1	9.09	0	0	0.0564	没有影响
8	大白菜	噻唑磷	1	9.09	0	0	0.0407	没有影响
9	甜椒	噻唑磷	1	2.50	0	0	0.0374	没有影响
10	橘	吡氟禾草灵	1	9.09	0	0	0.0347	没有影响

本次侦测中，32 种水果蔬菜和 86 种残留农药（包括没有 ADI 标准）共涉及 291 个分析样本，农药对单种水果蔬菜安全的影响程度分布情况如图 14-9 所示。可以看出，

76.98%的样本中农药对水果蔬菜安全没有影响，1.72%的样本中农药对水果蔬菜安全的影响可以接受。

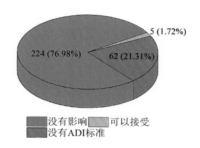

图 14-9　291 个分析样本的影响程度频次分布图

此外，分别计算 30 种水果蔬菜中所有侦测出农药 IFS$_c$ 的平均值$\overline{IFS}$，分析每种水果蔬菜的安全状态，结果如图 14-10 所示，分析发现，所有水果蔬菜的安全状态均为很好。

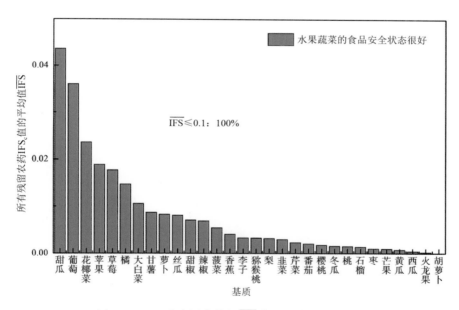

图 14-10　30 种水果蔬菜的$\overline{IFS}$值和安全状态统计图

对每个月内每种水果蔬菜中农药的 IFS$_c$ 进行分析，并计算每月内每种水果蔬菜的$\overline{IFS}$值，以评价每种水果蔬菜的安全状态，结果如图 14-11 所示，可以看出，所有月份水果蔬菜的安全状态均处于很好的范围内，各月份内单种水果蔬菜安全状态统计情况如图 14-12 所示。

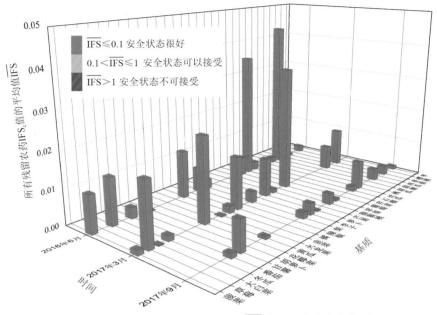

图 14-11　各月内每种水果蔬菜的 $\overline{\text{IFS}}$ 值与安全状态分布图

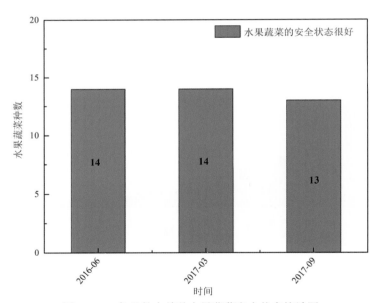

图 14-12　各月份内单种水果蔬菜安全状态统计图

14.2.3　所有水果蔬菜中农药残留安全指数分析

计算所有水果蔬菜中 65 种农药的 $\overline{\text{IFS}}_c$ 值，结果如图 14-13 及表 14-10 所示。

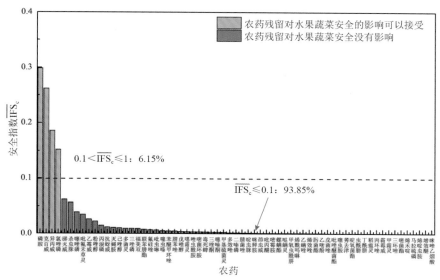

图 14-13　65 种残留农药对水果蔬菜的安全影响程度统计图

分析发现，每种农药的 $\overline{\text{IFS}}_c$ 均小于 1，说明每种农药对水果蔬菜安全的影响均在没有影响和可以接受的范围内，其中 6.15% 的农药对水果蔬菜安全的影响可以接受，93.85%的农药对水果蔬菜安全没有影响。

表 14-10　水果蔬菜中 65 种农药残留的安全指数表

序号	农药	检出频次	检出率（%）	$\overline{\text{IFS}}_c$	影响程度	序号	农药	检出频次	检出率（%）	$\overline{\text{IFS}}_c$	影响程度
1	磷胺	3	0.54	0.2985	可以接受	18	联苯肼酯	6	1.08	0.0077	没有影响
2	克百威	4	0.72	0.2619	可以接受	19	氟硅唑	2	0.36	0.0069	没有影响
3	异丙威	1	0.18	0.1859	可以接受	20	吡虫啉	10	1.80	0.0065	没有影响
4	氯唑磷	1	0.18	0.1520	可以接受	21	噻虫嗪	5	0.90	0.0052	没有影响
5	涕灭威	2	0.36	0.0621	没有影响	22	苯醚甲环唑	18	3.24	0.0049	没有影响
6	杀虫脒	1	0.18	0.0564	没有影响	23	腈苯唑	2	0.36	0.0049	没有影响
7	噻唑磷	2	0.36	0.0390	没有影响	24	戊唑醇	18	3.24	0.0040	没有影响
8	吡氟禾草灵	1	0.18	0.0347	没有影响	25	噁霜灵	5	0.90	0.0034	没有影响
9	乙霉威	4	0.72	0.0262	没有影响	26	唑虫酰胺	2	0.36	0.0033	没有影响
10	粉唑醇	2	0.36	0.0223	没有影响	27	嘧菌环胺	3	0.54	0.0032	没有影响
11	丙溴磷	6	1.08	0.0147	没有影响	28	毒死蜱	1	0.18	0.0030	没有影响
12	抗蚜威	1	0.18	0.0118	没有影响	29	三唑酮	7	1.26	0.0028	没有影响
13	灭蝇胺	5	0.90	0.0108	没有影响	30	噻嗪酮	12	2.16	0.0028	没有影响
14	己唑醇	2	0.36	0.0103	没有影响	31	甲基硫菌灵	8	1.44	0.0026	没有影响
15	多菌灵	47	8.45	0.0094	没有影响	32	多效唑	6	1.08	0.0017	没有影响
16	三唑磷	2	0.36	0.0092	没有影响	33	二嗪磷	7	1.26	0.0017	没有影响
17	福美双	1	0.18	0.0091	没有影响	34	腈菌唑	7	1.26	0.0015	没有影响

续表

序号	农药	检出频次	检出率（%）	$\overline{IFS_c}$	影响程度	序号	农药	检出频次	检出率（%）	$\overline{IFS_c}$	影响程度
35	啶虫脒	23	4.14	0.0015	没有影响	51	莠去津	1	0.18	0.0005	没有影响
36	咪鲜胺	10	1.80	0.0013	没有影响	52	啶氧菌酯	2	0.36	0.0005	没有影响
37	茚虫威	3	0.54	0.0010	没有影响	53	虫酰肼	1	0.18	0.0005	没有影响
38	吡丙醚	1	0.18	0.0010	没有影响	54	丁酰肼	1	0.18	0.0005	没有影响
39	嘧霉胺	11	1.98	0.0010	没有影响	55	稻瘟灵	9	1.62	0.0005	没有影响
40	螺螨酯	1	0.18	0.0010	没有影响	56	丙环唑	4	0.72	0.0004	没有影响
41	哒螨灵	4	0.72	0.0010	没有影响	57	霜霉威	15	2.70	0.0004	没有影响
42	甲氧虫酰肼	1	0.18	0.0010	没有影响	58	甲霜灵	18	3.24	0.0003	没有影响
43	烯酰吗啉	35	6.29	0.0009	没有影响	59	三环唑	1	0.18	0.0003	没有影响
44	乙螨唑	8	1.44	0.0009	没有影响	60	嘧菌酯	41	7.37	0.0001	没有影响
45	烯效唑	1	0.18	0.0008	没有影响	61	烯禾啶	1	0.18	0.0001	没有影响
46	肟菌酯	10	1.80	0.0008	没有影响	62	马拉硫磷	16	2.88	0.0001	没有影响
47	乙嘧酚	1	0.18	0.0007	没有影响	63	烯啶虫胺	2	0.36	0.0000	没有影响
48	戊菌唑	1	0.18	0.0006	没有影响	64	增效醚	2	0.36	0.0000	没有影响
49	吡唑醚菌酯	19	3.42	0.0006	没有影响	65	咪唑乙烟酸	2	0.36	0.0000	没有影响
50	噻虫胺	3	0.54	0.0006	没有影响						

对每个月内所有水果蔬菜中残留农药的 $\overline{IFS_c}$ 进行分析，结果如图 14-14 所示。分析发现，各月份的所有农药对水果蔬菜安全的影响均处于可以接受和没有影响的范围内。每月内不同农药对水果蔬菜安全影响程度的统计如图 14-15 所示。

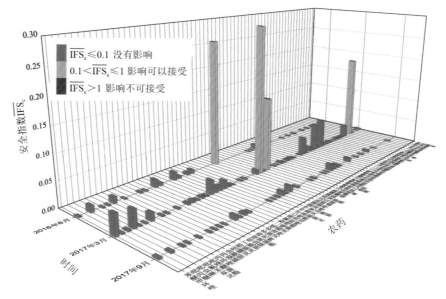

图 14-14 各月份内水果蔬菜中每种残留农药的安全指数分布图

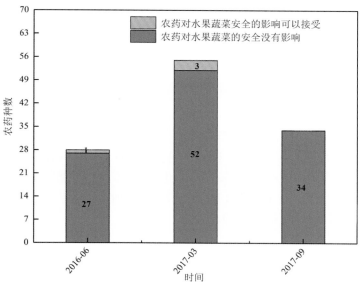

图 14-15　各月份内农药对水果蔬菜安全影响程度的统计图

计算每个月内水果蔬菜的 $\overline{\text{IFS}}$，以分析每月内水果蔬菜的安全状态，结果如图 14-16 所示，可以看出，各个月份的水果蔬菜安全状态均处于很好的范围内。

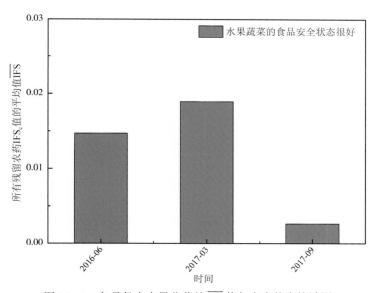

图 14-16　各月份内水果蔬菜的 $\overline{\text{IFS}}$ 值与安全状态统计图

14.3　LC-Q-TOF/MS 侦测济南市市售水果蔬菜农药残留预警风险评估

基于济南市水果蔬菜样品中农药残留 LC-Q-TOF/MS 侦测数据，分析禁用农药的检出率，同时参照中华人民共和国国家标准 GB 2763—2016 和欧盟农药最大残留限量（MRL）标准分析非禁用农药残留的超标率，并计算农药残留风险系数。分析单种水果蔬菜中农药残留以及所有水果蔬菜中农药残留的风险程度。

14.3.1　单种水果蔬菜中农药残留风险系数分析

14.3.1.1　单种水果蔬菜中禁用农药残留风险系数分析

侦测出的 86 种残留农药中有 6 种为禁用农药，且它们分布在 7 种水果蔬菜中，计算 7 种水果蔬菜中禁用农药的超标率，根据超标率计算风险系数 R，进而分析水果蔬菜中禁用农药的风险程度，结果如图 14-17 与表 14-11 所示。分析发现 6 种禁用农药在 7 种水果蔬菜中的残留处均于高度风险。

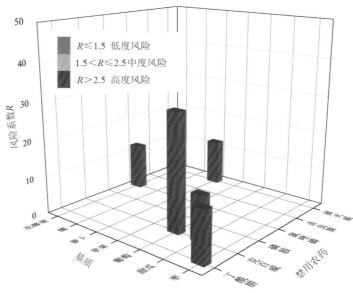

图 14-17　7 种水果蔬菜中 6 种禁用农药的风险系数分布图

表 14-11　7 种水果蔬菜中 6 种禁用农药的风险系数列表

序号	基质	农药	检出频次	检出率（%）	风险系数 R	风险程度
1	葡萄	克百威	3	30.00	31.10	高度风险
2	枣	丁酰肼	1	12.50	13.60	高度风险
3	花椰菜	氯唑磷	1	11.11	12.21	高度风险
4	萝卜	涕灭威	2	11.11	12.21	高度风险
5	甜瓜	克百威	1	11.11	12.21	高度风险
6	苹果	磷胺	3	10.71	11.81	高度风险
7	橘	杀虫脒	1	10.00	11.10	高度风险

14.3.1.2　基于 MRL 中国国家标准的单种水果蔬菜中非禁用农药残留风险系数分析

参照中华人民共和国国家标准 GB 2763—2016 中农药残留限量计算每种水果蔬菜中每种非禁用农药的超标率，进而计算其风险系数，根据风险系数大小判断残留农药的预警风险程度，水果蔬菜中非禁用农药残留风险程度分布情况如图 14-18 所示。

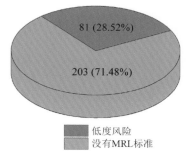

图 14-18　水果蔬菜中非禁用农药风险程度的频次分布图（MRL 中国国家标准）

本次分析中，发现在 32 种水果蔬菜侦测出 80 种残留非禁用农药，涉及样本 284 个，在 284 个样本中，28.52% 处于低度风险，此外发现有 203 个样本没有 MRL 中国国家标准值，无法判断其风险程度，有 MRL 中国国家标准值的 81 个样本涉及 24 种水果蔬菜中的 31 种非禁用农药，其风险系数 R 值如图 14-19 所示。

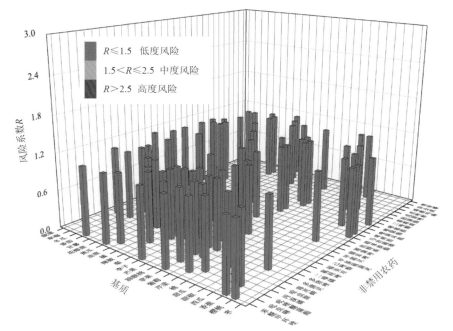

图 14-19　24 种水果蔬菜中 31 种非禁用农药的风险系数分布图（MRL 中国国家标准）

14.3.1.3　基于 MRL 欧盟标准的单种水果蔬菜中非禁用农药残留风险系数分析

参照 MRL 欧盟标准计算每种水果蔬菜中每种非禁用农药的超标率，进而计算其风险系数，根据风险系数大小判断农药残留的预警风险程度，水果蔬菜中非禁用农药残留风险程度分布情况如图 14-20 所示。

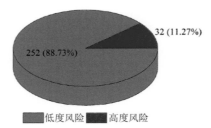

图 14-20　水果蔬菜中非禁用农药的风险程度的频次分布图（MRL 欧盟标准）

本次分析中，发现在 32 种水果蔬菜中共侦测出 80 种非禁用农药，涉及样本 284 个，其中，11.27% 处于高度风险，涉及 20 种水果蔬菜和 19 种农药；88.73% 处于低度风险，涉及 20 种水果蔬菜和 19 种农药。单种水果蔬菜中的非禁用农药风险系数分布图如图 14-21 所示。单种水果蔬菜中处于高度风险的非禁用农药风险系数如图 14-22 和表 14-12 所示。

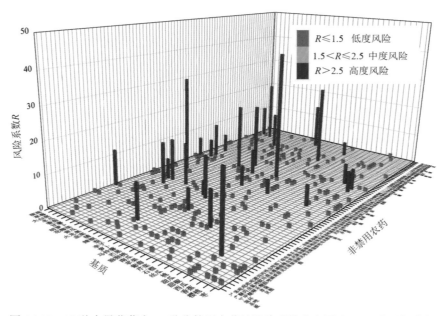

图 14-21　32 种水果蔬菜中 80 种非禁用农药的风险系数分布图（MRL 欧盟标准）

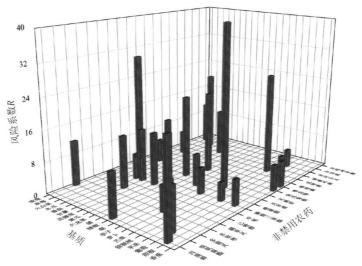

图 14-22　单种水果蔬菜中处于高度风险的非禁用农药的风险系数分布图（MRL 欧盟标准）

表 14-12　单种水果蔬菜中处于高度风险的非禁用农药的风险系数表（MRL 欧盟标准）

序号	基质	农药	超标频次	超标率 P（%）	风险系数 R
1	芒果	灭害威	4	40.00	41.10
2	冬瓜	磷酸三苯酯	3	30.00	31.10
3	猕猴桃	戊唑醇	2	25.00	26.10
4	甜椒	丙溴磷	4	22.22	23.32
5	冬瓜	异丙乐灵	2	20.00	21.10
6	火龙果	灭害威	2	20.00	21.10
7	橘	炔丙菊酯	2	20.00	21.10
8	梨	异噁唑草酮	4	14.29	15.39
9	甘薯	甲哌	1	12.50	13.60
10	甘薯	磺草灵	1	12.50	13.60
11	黄瓜	甲哌	1	12.50	13.60
12	李子	磺草灵	1	12.50	13.60
13	花椰菜	烯酰吗啉	1	11.11	12.21
14	菠菜	多菌灵	2	10.53	11.63
15	草莓	异丙威	1	10.00	11.10
16	大白菜	炔丙菊酯	2	10.00	11.10
17	辣椒	丙溴磷	1	10.00	11.10
18	葡萄	啶氧菌酯	1	10.00	11.10

序号	基质	农药	超标频次	超标率 P（%）	风险系数 R
19	梨	嘧菌酯	2	7.14	8.24
20	番茄	甲哌	1	5.56	6.66
21	萝卜	多效唑	1	5.56	6.66
22	萝卜	磷酸三苯酯	1	5.56	6.66
23	甜椒	噻唑磷	1	5.56	6.66
24	甜椒	磷酸三苯酯	1	5.56	6.66
25	香蕉	噻虫嗪	1	5.56	6.66
26	香蕉	炔丙菊酯	1	5.56	6.66
27	菠菜	灭害威	1	5.26	6.36
28	大白菜	噻唑磷	1	5.00	6.10
29	大白菜	灭蝇胺	1	5.00	6.10
30	梨	己唑醇	1	3.57	4.67
31	苹果	异丙乐灵	1	3.57	4.67
32	苹果	磷酸三苯酯	1	3.57	4.67

14.3.2　所有水果蔬菜中农药残留风险系数分析

14.3.2.1　所有水果蔬菜中禁用农药残留风险系数分析

在侦测出的 86 种农药中有 6 种为禁用农药，计算所有水果蔬菜中禁用农药的风险系数，结果如表 14-13 所示。禁用农药克百威、磷胺和涕灭威 3 种禁用农药处于中度风险，剩余 3 种禁用农药处于低度风险。

表 14-13　水果蔬菜中 6 种禁用农药的风险系数表

序号	农药	检出频次	检出率（%）	风险系数 R	风险程度
1	克百威	4	1.01	2.11	中度风险
2	磷胺	3	0.76	1.86	中度风险
3	涕灭威	2	0.50	1.60	中度风险
4	丁酰肼	1	0.25	1.35	低度风险
5	氯唑磷	1	0.25	1.35	低度风险
6	杀虫脒	1	0.25	1.35	低度风险

对每个月内的禁用农药的风险系数进行分析，结果如图 14-23 和表 14-14 所示。

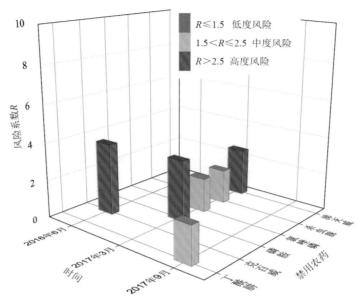

图 14-23　各月份内水果蔬菜中禁用农药残留的风险系数分布图

表 14-14　各月份内水果蔬菜中禁用农药的风险系数表

序号	年月	农药	检出频次	检出率（%）	风险系数 R	风险程度
1	2016 年 6 月	克百威	4	2.72	3.82	高度风险
2	2017 年 3 月	磷胺	3	2.17	3.27	高度风险
3	2017 年 3 月	涕灭威	2	1.45	2.55	高度风险
4	2017 年 3 月	氯唑磷	1	0.72	1.82	中度风险
5	2017 年 3 月	杀虫脒	1	0.72	1.82	中度风险
6	2017 年 9 月	丁酰肼	1	0.89	1.99	中度风险

14.3.2.2　所有水果蔬菜中非禁用农药残留风险系数分析

参照 MRL 欧盟标准计算所有水果蔬菜中每种非禁用农药残留的风险系数，如图 14-24 与表 14-15 所示。在侦测出的 80 种非禁用农药中，2 种农药（2.5%）残留处于高度风险，10 种农药（12.5%）残留处于中度风险，68 种农药（85.0%）残留处于低度风险。

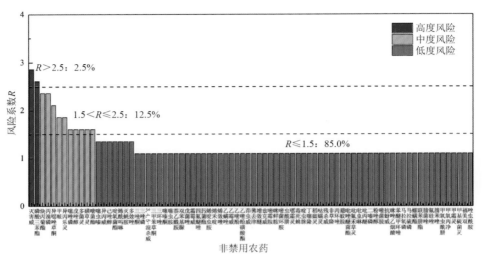

图 14-24　水果蔬菜中 80 种非禁用农药的风险程度统计图

表 14-15　水果蔬菜中 80 种非禁用农药的风险系数表

序号	农药	超标频次	超标率 P（%）	风险系数 R	风险程度
1	灭害威	7	1.76	2.86	高度风险
2	磷酸三苯酯	6	1.51	2.61	高度风险
3	炔丙菊酯	5	1.26	2.36	中度风险
4	丙溴磷	5	1.26	2.36	中度风险
5	异噁唑草酮	4	1.01	2.11	中度风险
6	甲哌	3	0.76	1.86	中度风险
7	异丙乐灵	3	0.76	1.86	中度风险
8	噻唑磷	2	0.50	1.60	中度风险
9	戊唑醇	2	0.50	1.60	中度风险
10	多菌灵	2	0.50	1.60	中度风险
11	磺草灵	2	0.50	1.60	中度风险
12	嘧菌酯	2	0.50	1.60	中度风险
13	噻虫嗪	1	0.25	1.35	低度风险
14	异丙威	1	0.25	1.35	低度风险
15	己唑醇	1	0.25	1.35	低度风险
16	啶氧菌酯	1	0.25	1.35	低度风险
17	烯酰吗啉	1	0.25	1.35	低度风险
18	灭蝇胺	1	0.25	1.35	低度风险
19	多效唑	1	0.25	1.35	低度风险

续表

序号	农药	超标频次	超标率 P（%）	风险系数 R	风险程度
20	三唑酮	0	0	1.10	低度风险
21	三唑磷	0	0	1.10	低度风险
22	3,4,5-混杀威	0	0	1.10	低度风险
23	三甲苯草酮	0	0	1.10	低度风险
24	三环唑	0	0	1.10	低度风险
25	噻嗪酮	0	0	1.10	低度风险
26	噻虫胺	0	0	1.10	低度风险
27	萘乙酰胺	0	0	1.10	低度风险
28	双苯基脲	0	0	1.10	低度风险
29	戊菌唑	0	0	1.10	低度风险
30	霜霉威	0	0	1.10	低度风险
31	四氟醚唑	0	0	1.10	低度风险
32	肟菌酯	0	0	1.10	低度风险
33	烯啶虫胺	0	0	1.10	低度风险
34	烯禾啶	0	0	1.10	低度风险
35	烯效唑	0	0	1.10	低度风险
36	乙螨唑	0	0	1.10	低度风险
37	乙霉威	0	0	1.10	低度风险
38	乙嘧酚	0	0	1.10	低度风险
39	乙嘧酚磺酸酯	0	0	1.10	低度风险
40	茚虫威	0	0	1.10	低度风险
41	莠去津	0	0	1.10	低度风险
42	增效醚	0	0	1.10	低度风险
43	兹克威	0	0	1.10	低度风险
44	嘧霉胺	0	0	1.10	低度风险
45	咪鲜胺	0	0	1.10	低度风险
46	嘧菌环胺	0	0	1.10	低度风险
47	虫酰肼	0	0	1.10	低度风险
48	噁霜灵	0	0	1.10	低度风险
49	毒死蜱	0	0	1.10	低度风险
50	啶虫脒	0	0	1.10	低度风险

序号	农药	超标频次	超标率 P（%）	风险系数 R	风险程度
51	丁噻隆	0	0	1.10	低度风险
52	稻瘟灵	0	0	1.10	低度风险
53	哒螨灵	0	0	1.10	低度风险
54	残杀威	0	0	1.10	低度风险
55	非草隆	0	0	1.10	低度风险
56	丙环唑	0	0	1.10	低度风险
57	避蚊胺	0	0	1.10	低度风险
58	吡唑醚菌酯	0	0	1.10	低度风险
59	吡氟禾草灵	0	0	1.10	低度风险
60	吡虫啉	0	0	1.10	低度风险
61	吡丙醚	0	0	1.10	低度风险
62	二嗪磷	0	0	1.10	低度风险
63	粉唑醇	0	0	1.10	低度风险
64	嘧菌胺	0	0	1.10	低度风险
65	抗蚜威	0	0	1.10	低度风险
66	咪唑乙烟酸	0	0	1.10	低度风险
67	苯醚甲环唑	0	0	1.10	低度风险
68	马拉氧磷	0	0	1.10	低度风险
69	马拉硫磷	0	0	1.10	低度风险
70	螺螨酯	0	0	1.10	低度风险
71	联苯肼酯	0	0	1.10	低度风险
72	腈菌唑	0	0	1.10	低度风险
73	氟硅唑	0	0	1.10	低度风险
74	腈苯唑	0	0	1.10	低度风险
75	甲氧虫酰肼	0	0	1.10	低度风险
76	甲氧丙净	0	0	1.10	低度风险
77	甲霜灵	0	0	1.10	低度风险
78	甲基硫菌灵	0	0	1.10	低度风险
79	福美双	0	0	1.10	低度风险
80	唑虫酰胺	0	0	1.10	低度风险

　　对每个月份内的非禁用农药的风险系数分析，每月内非禁用农药风险程度分布图如图 14-25 所示。3 个月份内处于高度风险的农药数排序为 2017 年 3 月（5）＞2017 年 9 月（4）。

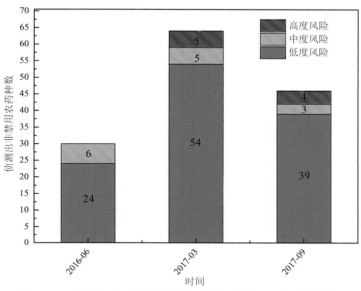

图 14-25　各月份水果蔬菜中非禁用农药残留的风险程度分布图

　　3 个月份内水果蔬菜中非禁用农药处于中度风险和高度风险的风险系数如图 14-26 和表 14-16 所示。

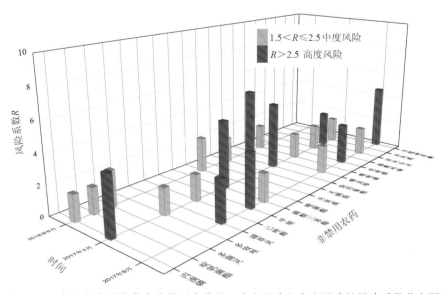

图 14-26　各月份水果蔬菜中非禁用农药处于中度风险和高度风险的风险系数分布图

表 14-16　各月份水果蔬菜中非禁用农药处于中度风险和高度风险的风险系数表

序号	年月	农药	超标频次	超标率 P（%）	风险系数 R	风险程度
1	2016 年 6 月	多菌灵	2	1.36	2.46	中度风险
2	2016 年 6 月	嘧菌酯	2	1.36	2.46	中度风险
3	2016 年 6 月	丙溴磷	1	0.68	1.78	中度风险
4	2016 年 6 月	啶氧菌酯	1	0.68	1.78	中度风险
5	2016 年 6 月	灭蝇胺	1	0.68	1.78	中度风险
6	2016 年 6 月	噻唑磷	1	0.68	1.78	中度风险
7	2017 年 3 月	灭害威	7	5.07	6.17	高度风险
8	2017 年 3 月	磷酸三苯酯	5	3.62	4.72	高度风险
9	2017 年 3 月	炔丙菊酯	5	3.62	4.72	高度风险
10	2017 年 3 月	丙溴磷	4	2.90	4.00	高度风险
11	2017 年 3 月	异丙乐灵	2	1.45	2.55	高度风险
12	2017 年 3 月	多效唑	1	0.72	1.82	中度风险
13	2017 年 3 月	己唑醇	1	0.72	1.82	中度风险
14	2017 年 3 月	噻唑磷	1	0.72	1.82	中度风险
15	2017 年 3 月	烯酰吗啉	1	0.72	1.82	中度风险
16	2017 年 3 月	异丙威	1	0.72	1.82	中度风险
17	2017 年 9 月	异噁唑草酮	4	3.57	4.67	高度风险
18	2017 年 9 月	甲哌	3	2.68	3.78	高度风险
19	2017 年 9 月	磺草灵	2	1.79	2.89	高度风险
20	2017 年 9 月	戊唑醇	2	1.79	2.89	高度风险
21	2017 年 9 月	磷酸三苯酯	1	0.89	1.99	中度风险
22	2017 年 9 月	噻虫嗪	1	0.89	1.99	中度风险
23	2017 年 9 月	异丙乐灵	1	0.89	1.99	中度风险

14.4　LC-Q-TOF/MS 侦测济南市市售水果
蔬菜农药残留风险评估结论与建议

　　农药残留是影响水果蔬菜安全和质量的主要因素，也是我国食品安全领域备受关注的敏感话题和亟待解决的重大问题之一[15, 16]。各种水果蔬菜均存在不同程度的农药残留现象，本研究主要针对济南市各类水果蔬菜存在的农药残留问题，基于 2016 年 6 月~2017年 9 月对济南市 397 例水果蔬菜样品中农药残留侦测得出的 556 个侦测结果，分别采用食品安全指数模型和风险系数模型，开展水果蔬菜中农药残留的膳食暴露风险和预警风险评估。水果蔬菜样品取自超市和农贸市场，符合大众的膳食来源，风险评价时更具有代表性和可信度。

本研究力求通用简单地反映食品安全中的主要问题，且为管理部门和大众容易接受，为政府及相关管理机构建立科学的食品安全信息发布和预警体系提供科学的规律与方法，加强对农药残留的预警和食品安全重大事件的预防，控制食品风险。

14.4.1　济南市水果蔬菜中农药残留膳食暴露风险评价结论

１）水果蔬菜样品中农药残留安全状态评价结论

采用食品安全指数模型，对 2016 年 6 月~2017 年 9 月期间济南市水果蔬菜食品农药残留膳食暴露风险进行评价，根据 IFS_c 的计算结果发现，水果蔬菜中农药的 $\overline{IFS}$ 为 0.0200，说明济南市水果蔬菜总体处于很好的安全状态，但部分禁用农药、高残留农药在蔬菜、水果中仍有侦测出，导致膳食暴露风险的存在，成为不安全因素。

２）单种水果蔬菜中农药膳食暴露风险不可接受情况评价结论

单种水果蔬菜中农药残留安全指数分析结果显示，在单种水果蔬菜中未发现膳食暴露风险不可接受的残留农药，检测出的残留农药对单种水果蔬菜安全的影响均在可以接受和没有影响的范围内，说明济南市的水果蔬菜中虽侦测出农药残留，但残留农药不会造成膳食暴露风险或造成的膳食暴露风险可以接受

３）禁用农药膳食暴露风险评价

本次检测发现部分水果蔬菜样品中有禁用农药侦测出，侦测出禁用农药 6 种，检出频次为 12，水果蔬菜样品中的禁用农药 IFS_c 计算结果表明，禁用农药残留的膳食暴露风险均在可以接受和没有风险的范围内，可以接受的频次为 8，占 66.67%；没有影响的频次为 4，占 33.33%。虽然残留禁用农药没有造成不可接受的膳食暴露风险，但为何在国家明令禁止禁用农药喷洒的情况下，还能在多种水果蔬菜中多次侦测出禁用农药残留，这应该引起相关部门的高度警惕，应该在禁止禁用农药喷洒的同时，严格管控禁用农药的生产和售卖，从根本上杜绝安全隐患。

14.4.2　济南市水果蔬菜中农药残留预警风险评价结论

１）单种水果蔬菜中禁用农药残留的预警风险评价结论

本次检测过程中，在 7 种水果蔬菜中检测超出 6 种禁用农药，禁用农药为：氯唑磷、涕灭威、克百威、杀虫脒、磷胺和丁酰肼，水果蔬菜为：花椰菜、橘、萝卜、苹果、葡萄、甜瓜、枣，水果蔬菜中禁用农药的风险系数分析结果显示，6 种禁用农药在 7 种水果蔬菜中的残留均处于高度风险，说明在单种水果蔬菜中禁用农药的残留会导致较高的预警风险。

２）单种水果蔬菜中非禁用农药残留的预警风险评价结论

以 MRL 中国国家标准为标准，计算水果蔬菜中非禁用农药风险系数情况下，284 个样本中，81 个处于低度风险（28.52%），203 个样本没有 MRL 中国国家标准（71.48%）。以 MRL 欧盟标准为标准，计算水果蔬菜中非禁用农药风险系数情况下，发现有 32 个处

于高度风险（11.27%），252 个处于低度风险（88.73%）。基于两种 MRL 标准，评价的结果差异显著，可以看出 MRL 欧盟标准比中国国家标准更加严格和完善，过于宽松的 MRL 中国国家标准值能否有效保障人体的健康有待研究。

14.4.3　加强济南市水果蔬菜食品安全建议

我国食品安全风险评价体系仍不够健全，相关制度不够完善，多年来，由于农药用药次数多、用药量大或用药间隔时间短，产品残留量大，农药残留所造成的食品安全问题日益严峻，给人体健康带来了直接或间接的危害。据估计，美国与农药有关的癌症患者数约占全国癌症患者总数的 50%，中国更高。同样，农药对其他生物也会形成直接杀伤和慢性危害，植物中的农药可经过食物链逐级传递并不断蓄积，对人和动物构成潜在威胁，并影响生态系统。

基于本次农药残留侦测数据的风险评价结果，提出以下几点建议：

1）加快食品安全标准制定步伐

我国食品标准中对农药每日允许最大摄入量 ADI 的数据严重缺乏，在本次评价所涉及的 86 种农药中，仅有 75.6%的农药具有 ADI 值，而 24.4%的农药中国尚未规定相应的 ADI 值，亟待完善。

我国食品中农药最大残留限量值的规定严重缺乏，对评估涉及到的不同水果蔬菜中不同农药 291 个 MRL 限值进行统计来看，我国仅制定出 88 个标准，我国标准完整率仅为 30.2%，欧盟的完整率达到 100%（表 14-17）。因此，中国更应加快 MRL 的制定步伐。

表 14-17　我国国家食品标准农药的 ADI、MRL 值与欧盟标准的数量差异

分类		中国 ADI	MRL 中国国家标准	MRL 欧盟标准
标准限值（个）	有	65	88	291
	无	21	203	0
总数（个）		86	291	291
无标准限值比例（%）		24.4	69.8	0

此外，MRL 中国国家标准限值普遍高于欧盟标准限值，这些标准中共有 43 个高于欧盟。过高的 MRL 值难以保障人体健康，建议继续加强对限值基准和标准的科学研究，将农产品中的危险性减少到尽可能低的水平。

2）加强农药的源头控制和分类监管

在济南市某些水果蔬菜中仍有禁用农药残留，利用 LC-Q-TOF/MS 技术侦测出 6 种禁用农药，检出频次为 12 次，残留禁用农药均存在较大的膳食暴露风险和预警风险。早已列入黑名单的禁用农药在我国并未真正退出，有些药物由于价格便宜、工艺简单，此类高毒农药一直生产和使用。建议在我国采取严格有效的控制措施，从源头控制禁用农药。

对于非禁用农药，在我国作为"田间地头"最典型单位的县级蔬果产地中，农药残留的检测几乎缺失。建议根据农药的毒性，对高毒、剧毒、中毒农药实现分类管理，减少使用高毒和剧毒高残留农药，进行分类监管。

3）加强残留农药的生物修复及降解新技术

市售果蔬中残留农药的品种多、频次高、禁用农药多次侦测出这一现状，说明了我国的田间土壤和水体因农药长期、频繁、不合理的使用而遭到严重污染。为此，建议中国相关部门出台相关政策，鼓励高校及科研院所积极开展分子生物学、酶学等研究，加强土壤、水体中残留农药的生物修复及降解新技术研究，切实加大农药监管力度，以控制农药的面源污染问题。

综上所述，在本工作基础上，根据蔬菜残留危害，可进一步针对其成因提出和采取严格管理、大力推广无公害蔬菜种植与生产、健全食品安全控制技术体系、加强蔬菜食品质量检测体系建设和积极推行蔬菜食品质量追溯制度等相应对策。建立和完善食品安全综合评价指数与风险监测预警系统，对食品安全进行实时、全面的监控与分析，为我国的食品安全科学监管与决策提供新的技术支持，可实现各类检验数据的信息化系统管理，降低食品安全事故的发生。

第15章 GC-Q-TOF/MS 侦测济南市 397 例市售水果蔬菜样品农药残留报告

从济南市所属 5 个区，随机采集了 397 例水果蔬菜样品，使用气相色谱-四极杆飞行时间质谱（GC-Q-TOF/MS）对 507 种农药化学污染物进行示范侦测。

15.1　样品种类、数量与来源

15.1.1　样品采集与检测

为了真实反映百姓餐桌上水果蔬菜中农药残留污染状况，本次所有检测样品均由检验人员于 2016 年 6 月至 2017 年 9 月期间，从济南市所属 21 个采样点，包括 5 个农贸市场 16 个超市，以随机购买方式采集，总计 28 批 397 例样品，从中检出农药 94 种，1213 频次。采样及监测概况见表 15-1 及图 15-1，样品及采样点明细见表 15-2 及表 15-3（侦测原始数据见附表 1）。

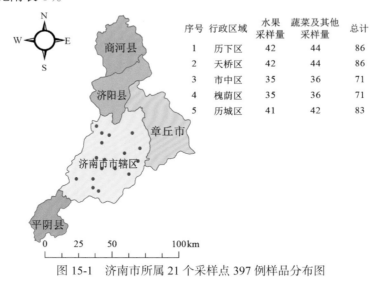

序号	行政区域	水果采样量	蔬菜及其他采样量	总计
1	历下区	42	44	86
2	天桥区	42	44	86
3	市中区	35	36	71
4	槐荫区	35	36	71
5	历城区	41	42	83

图 15-1　济南市所属 21 个采样点 397 例样品分布图

表 15-1　农药残留监测总体概况

采样地区	济南市所属 5 个区
采样点（超市+农贸市场）	21
样本总数	397
检出农药品种/频次	94/1213
各采样点样本农药残留检出率范围	71.4%~100.0%

表 15-2　样品分类及数量

样品分类	样品名称（数量）	数量小计
1. 水果		195
1）仁果类水果	苹果（28），梨（28）	56
2）核果类水果	桃（10），李子（8），枣（8），樱桃（10）	36
3）浆果和其他小型水果	猕猴桃（8），葡萄（10），草莓（10）	28
4）瓜果类水果	西瓜（10），甜瓜（9）	19
5）热带和亚热带水果	石榴（8），香蕉（18），芒果（10），火龙果（10）	46
6）柑橘类水果	橘（10）	10
2. 蔬菜		202
1）鳞茎类蔬菜	韭菜（18）	18
2）叶菜类蔬菜	芹菜（7），菠菜（19），大白菜（20），娃娃菜（3）	49
3）芸薹属类蔬菜	花椰菜（9）	9
4）茄果类蔬菜	番茄（18），甜椒（18），辣椒（10）	46
5）瓜类蔬菜	黄瓜（8），南瓜（8），冬瓜（10），丝瓜（8）	34
6）根茎类和薯芋类蔬菜	甘薯（8），胡萝卜（10），萝卜（18），马铃薯（10）	46
合计	1. 水果 16 种 2. 蔬菜 17 种	397

表 15-3　济南市采样点信息

采样点序号	行政区域	采样点
农贸市场（5）		
1	历下区	***市场
2	天桥区	***市场
3	天桥区	***市场
4	天桥区	***市场
5	槐荫区	***便民店
超市（16）		
1	历下区	***超市（泉城路分店）
2	历下区	***超市（泉城店）
3	历下区	***超市（统一银座商城店）
4	历城区	***超市（北国店）
5	历城区	***超市（洪楼店）
6	历城区	***超市（华信店）
7	历城区	***超市（洪楼店）
8	天桥区	***超市（天桥区）
9	天桥区	***超市（北园店）

续表

采样点序号	行政区域	采样点
超市（16）		
10	市中区	***超市（万达店）
11	市中区	***超市（经八路店）
12	市中区	***超市（馆驿街店）
13	市中区	***超市（市中店）
14	槐荫区	***超市（嘉华店）
15	槐荫区	***超市（经七路店）
16	槐荫区	***超市（和谐广场店）

15.1.2　检测结果

这次使用的检测方法是庞国芳院士团队最新研发的不需使用标准品对照，而以高分辨精确质量数（0.0001 m/z）为基准的 GC-Q-TOF/MS 检测技术，对于 397 例样品，每个样品均侦测了 507 种农药化学污染物的残留现状。通过本次侦测，在 397 例样品中共计检出农药化学污染物 94 种，检出 1213 频次。

15.1.2.1　各采样点样品检出情况

统计分析发现 21 个采样点中，被测样品的农药检出率范围为 71.4%~100.0%。其中，有 4 个采样点样品的检出率最高，达到了 100.0%，分别是：***市场、***市场、***超市（嘉华店）和***超市（经七路店）。***超市（馆驿街店）的检出率最低，为 71.4%，见图 15-2。

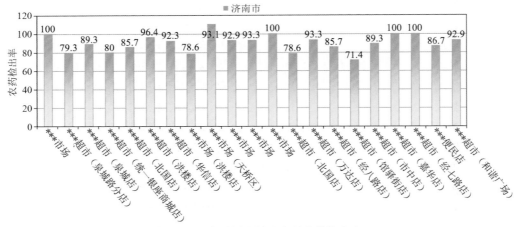

图 15-2　各采样点样品中的农药检出率

15.1.2.2　检出农药的品种总数与频次

统计分析发现，对于 397 例样品中 507 种农药化学污染物的侦测，共检出农药 1213

频次，涉及农药 94 种，结果如图 15-3 所示。其中西玛通检出频次最高，共检出 99 次。检出频次排名前 10 的农药如下：①西玛通（99）；②扑灭通（96）；③棉铃威（92）；④莠去通（85）；⑤三唑酮（78）；⑥醚菊酯（51）；⑦毒死蜱（49）；⑧腐霉利（48）；⑨吡螨灵（40）；⑩新燕灵（36）。

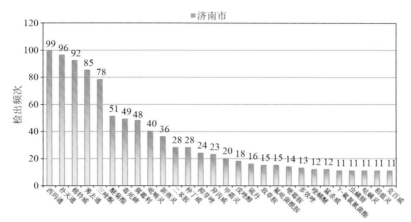

图 15-3　检出农药品种及频次（仅列出 11 频次及以上的数据）

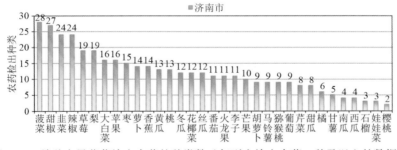

图 15-4　单种水果蔬菜检出农药的种类数（仅列出检出农药 2 种及以上的数据）

由图 15-4 可见，菠菜、甜椒、韭菜和辣椒这 4 种果蔬样品中检出的农药品种数较高，均超过 20 种，其中，菠菜检出农药品种最多，为 28 种。由图 15-5 可见，甜椒、菠菜、香蕉和草莓这 4 种果蔬样品中的农药检出频次较高，均超过 70 次，其中，甜椒检出农药频次最高，为 92 次。

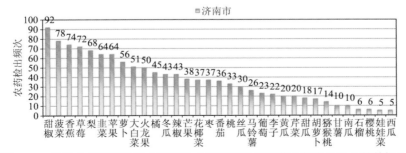

图 15-5　单种水果蔬菜检出农药频次（仅列出检出农药 5 频次及以上的数据）

15.1.2.3 单例样品农药检出种类与占比

对单例样品检出农药种类和频次进行统计发现，未检出农药的样品占总样品数的10.8%，检出1种农药的样品占总样品数的16.6%，检出2～5种农药的样品占总样品数的60.7%，检出6~10种农药的样品占总样品数的11.6%，检出大于10种农药的样品占总样品数的0.3%。每例样品中平均检出农药为3.1种，数据见表15-4及图15-6。

表 15-4　单例样品检出农药品种占比

检出农药品种数	样品数量/占比（%）
未检出	43/10.8
1 种	66/16.6
2~5 种	241/60.7
6~10 种	46/11.6
大于 10 种	1/0.3
单例样品平均检出农药品种	3.1 种

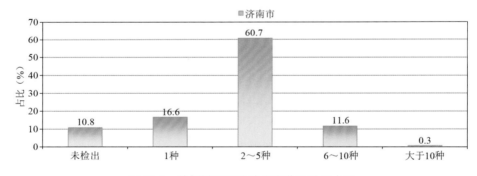

图 15-6　单例样品平均检出农药品种及占比

15.1.2.4 检出农药类别与占比

所有检出农药按功能分类，包括杀虫剂、杀菌剂、除草剂、植物生长调节剂、驱避剂、增塑剂、增效剂共7类。其中杀虫剂与杀菌剂为主要检出的农药类别，分别占总数的45.7%和36.2%，见表15-5及图15-7。

表 15-5　检出农药所属类别/占比

农药类别	数量/占比（%）
杀虫剂	43/45.7
杀菌剂	34/36.2
除草剂	12/12.8

续表

农药类别	数量/占比（%）
植物生长调节剂	2/2.1
驱避剂	1/1.1
增塑剂	1/1.1
增效剂	1/1.1

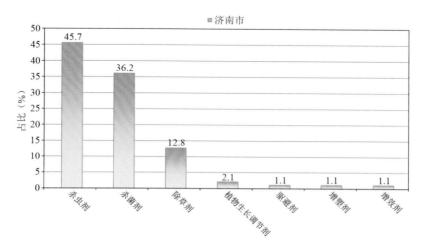

图 15-7　检出农药所属类别和占比

15.1.2.5　检出农药的残留水平

按检出农药残留水平进行统计，残留水平在 1~5 μg/kg（含）的农药占总数的 39.7%，在 5~10 μg/kg（含）的农药占总数的 19.2%，在 10~100 μg/kg（含）的农药占总数的 38.0%，在 100~1000 μg/kg（含）的农药占总数的 3.1%。

由此可见，这次检测的 28 批 397 例水果蔬菜样品中农药多数处于较低 残留水平。结果见表 15-6 及图 15-8，数据见附表 2。

表 15-6　农药残留水平/占比

残留水平（μg/kg）	检出频次数/占比（%）
1~5（含）	482/39.7
5~10（含）	233/19.2
10~100（含）	461/38.0
100~1000（含）	37/3.1

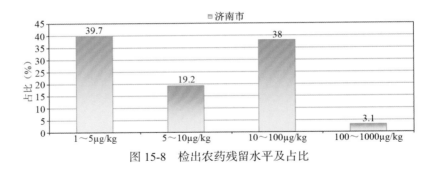

图 15-8　检出农药残留水平及占比

15.1.2.6　检出农药的毒性类别、检出频次和超标频次及占比

对这次检出的 94 种 1213 频次的农药，按剧毒、高毒、中毒、低毒和微毒这五个毒性类别进行分类，从中可以看出，济南市目前普遍使用的农药为中低微毒农药，品种占 91.5%，频次占 95.1%，结果见表 15-7 及图 15-9。

表 15-7　检出农药毒性类别/占比

毒性分类	农药品种/占比（%）	检出频次/占比（%）	超标频次/超标率（%）
剧毒农药	2/2.1	8/0.7	2/25.0
高毒农药	6/6.4	51/4.2	3/5.9
中毒农药	31/33.0	450/37.1	0/0.0
低毒农药	35/37.2	519/42.8	0/0.0
微毒农药	20/21.3	185/15.3	1/0.5

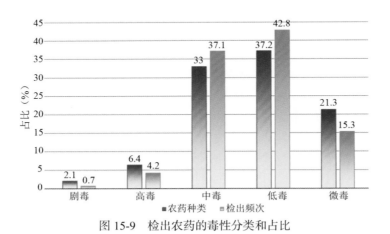

图 15-9　检出农药的毒性分类和占比

15.1.2.7　检出剧毒/高毒类农药的品种和频次

值得特别关注的是，在此次侦测的 397 例样品中有 8 种蔬菜 7 种水果的 55 例样品检出了 8 种 59 频次的剧毒和高毒农药，占样品总量的 13.9%，详见图 15-10、表 15-8 及表 15-9。

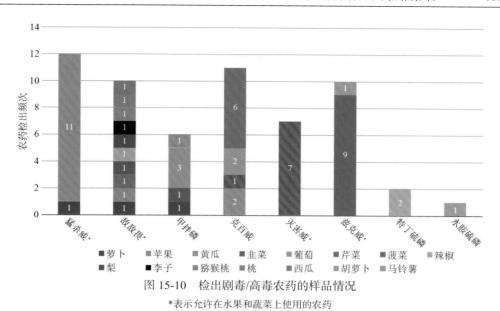

图 15-10　检出剧毒/高毒农药的样品情况

*表示允许在水果和蔬菜上使用的农药

表 15-8　剧毒农药检出情况

序号	农药名称	检出频次	超标频次	超标率
		水果中未检出剧毒农药		
	小计	0	0	超标率：0.0%
		从 5 种蔬菜中检出 2 种剧毒农药，共计检出 8 次		
1	甲拌磷*	6	0	0.0%
2	特丁硫磷*	2	2	100.0%
	小计	8	2	超标率：25.0%
	合计	8	2	超标率：25.0%

表 15-9　高毒农药检出情况

序号	农药名称	检出频次	超标频次	超标率
		从 7 种水果中检出 3 种高毒农药，共计检出 19 次		
1	猛杀威	11	0	0.0%
2	敌敌畏	6	0	0.0%
3	克百威	2	2	100.0%
	小计	19	2	超标率：10.5%
		从 7 种蔬菜中检出 6 种高毒农药，共计检出 32 次		
1	兹克威	10	0	0.0%
2	克百威	9	1	11.1%

续表

序号	农药名称	检出频次	超标频次	超标率
	从 7 种蔬菜中检出 6 种高毒农药，共计检出 32 次			
3	灭害威	7	0	0.0%
4	敌敌畏	4	0	0.0%
5	猛杀威	1	0	0.0%
6	水胺硫磷	1	0	0.0%
	小计	32	1	超标率：3.1%
	合计	51	3	**超标率：5.9%**

在检出的剧毒和高毒农药中，有 4 种是我国早已禁止在果树和蔬菜上使用的，分别是：克百威、甲拌磷、特丁硫磷和水胺硫磷。禁用农药的检出情况见表 15-10。

表 15-10　禁用农药检出情况

序号	农药名称	检出频次	超标频次	超标率
	从 7 种水果中检 3 种禁用农药，共计检出 17 次			
1	硫丹	13	0	0.0%
2	氟虫腈	2	0	0.0%
3	克百威	2	2	100.0%
	小计	17	2	超标率：11.8%
	从 10 种蔬菜中检 5 种禁用农药，共计检出 21 次			
1	克百威	9	1	11.1%
2	甲拌磷*	6	0	0.0%
3	硫丹	3	0	0.0%
4	特丁硫磷*	2	2	100.0%
5	水胺硫磷	1	0	0.0%
	小计	21	3	超标率：14.3%
	合计	38	5	超标率：13.2%

注：超标结果参考 MRL 中国国家标准计算

此次抽检的果蔬样品中，有 5 种蔬菜检出了剧毒农药，分别是：胡萝卜中检出甲拌磷 3 次；菠菜中检出甲拌磷 1 次；萝卜中检出甲拌磷 1 次；辣椒中检出特丁硫磷 2 次；马铃薯中检出甲拌磷 1 次。

样品中检出剧毒和高毒农药残留水平超过 MRL 中国国家标准的频次为 5 次，其中：葡萄检出克百威超标 2 次；辣椒检出特丁硫磷超标 2 次；黄瓜检出克百威超标 1 次。本次检出结果表明，高毒、剧毒农药的使用现象依旧存在。详见表 15-11。

表 15-11　各样本中检出剧毒/高毒农药情况

样品名称	农药名称	检出频次	超标频次	检出浓度（μg/kg）
			水果 7 种	
李子	敌敌畏	1	0	2.5
桃	敌敌畏	1	0	25.5
梨	敌敌畏	1	0	29.2
猕猴桃	敌敌畏	1	0	2.9
苹果	猛杀威	11	0	33.9, 34.5, 46.9, 14.5, 22.0, 84.6, 25.2, 28.7, 23.5, 35.2, 61.7
苹果	敌敌畏	1	0	45.9
葡萄	克百威▲	2	2	20.7[a], 25.2[a]
西瓜	敌敌畏	1	0	8.3
	小计	19	2	超标率：10.5%
			蔬菜 8 种	
胡萝卜	兹克威	1	0	8.7
胡萝卜	水胺硫磷▲	1	0	15.6
胡萝卜	甲拌磷[*]▲	3	0	4.7, 7.7, 3.5
芹菜	克百威▲	6	0	9.0, 5.6, 5.8, 5.1, 6.0, 5.2
芹菜	敌敌畏	1	0	2.3
菠菜	兹克威	9	0	114.4, 97.1, 40.6, 94.6, 119.5, 168.0, 266.9, 25.2, 172.6
菠菜	敌敌畏	1	0	5.7
菠菜	甲拌磷[*]▲	1	0	2.3
萝卜	敌敌畏	1	0	15.8
萝卜	猛杀威	1	0	9.5
萝卜	甲拌磷[*]▲	1	0	1.1
辣椒	敌敌畏	1	0	100.6
辣椒	特丁硫磷[*]▲	2	2	20.4[a], 31.4[a]
韭菜	灭害威	7	0	1.8, 6.3, 10.8, 14.2, 2.1, 3.6, 16.6
韭菜	克百威▲	1	0	3.6
马铃薯	甲拌磷[*]▲	1	0	2.5
黄瓜	克百威▲	2	1	15.4, 57.5[a]
	小计	40	3	超标率：7.5%
	合计	59	5	超标率：8.5%

15.2　农药残留检出水平与最大残留限量标准对比分析

我国于 2014 年 3 月 20 日正式颁布并于 2014 年 8 月 1 日正式实施食品农药残留限

量国家标准《食品中农药最大残留限量》（GB 2763—2014）。该标准包括 371 个农药条目，涉及最大残留限量（MRL）标准 3653 项。将 1213 频次检出农药的浓度水平与 3653 项 MRL 中国国家标准进行核对，其中只有 205 频次的农药找到了对应的 MRL 标准，占 16.9%，还有 1008 频次的侦测数据则无相关 MRL 标准供参考，占 83.1%。

将此次侦测结果与国际上现行 MRL 标准对比发现，在 1213 频次的检出结果中有 1213 频次的结果找到了对应的 MRL 欧盟标准，占 100.0%，其中，561 频次的结果有明确对应的 MRL，占 46.2%，其余 652 频次按照欧盟一律标准判定，占 53.8%；有 1213 频次的结果找到了对应的 MRL 日本标准，占 100.0%，其中，526 频次的结果有明确对应的 MRL，占 43.4%，其余 687 频次按照日本一律标准判定，占 56.6%；有 274 频次的结果找到了对应的 MRL 中国香港标准，占 22.6%；有 223 频次的结果找到了对应的 MRL 美国标准，占 18.4%；有 139 频次的结果找到了对应的 MRL CAC 标准，占 11.5%（见图 15-11 和图 15-12，数据见附表 3 至附表 8）。

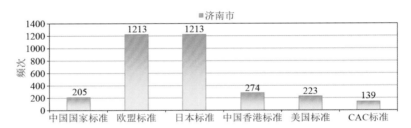

图 15-11　1213 频次检出农药可用 MRL 中国国家标准、欧盟标准、日本标准、中国香港标准、美国标准和 CAC 标准判定衡量的数量

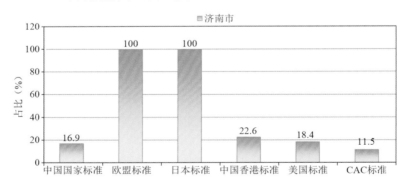

图 15-12　1213 频次检出农药可用 MRL 中国国家标准、欧盟标准、日本标准、中国香港标准、美国标准和 CAC 标准衡量的占比

15.2.1　超标农药样品分析

本次侦测的 397 例样品中，43 例样品未检出任何残留农药，占样品总量的 10.8%，354 例样品检出不同水平、不同种类的残留农药，占样品总量的 89.2%。在此，我们将本次侦测的农残检出情况与 MRL 中国国家标准、欧盟标准、日本标准、中国香港标准、美国标准和 CAC 标准这 6 大国际主流标准进行对比分析，样品农残检出与超标情况见表 15-12、图 15-13 和图 15-14，详细数据见附表 9 至附表 14。

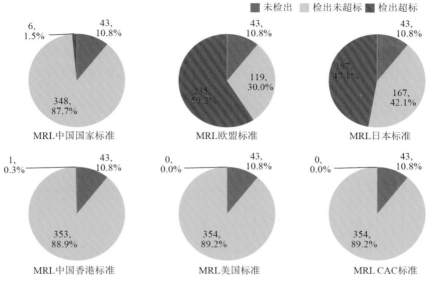

图 15-13　检出和超标样品比例情况

表 15-12　各 MRL 标准下样本农残检出与超标数量及占比

	中国国家标准	欧盟标准	日本标准	中国香港标准	美国标准	CAC 标准
	数量/占比（%）	数量/占比（%）	数量/占比（%）	数量/占比（%）	数量/占比（%）	数量/占比（%）
未检出	43/10.8	43/10.8	43/10.8	43/10.8	43/10.8	43/10.8
检出未超标	348/87.7	119/30.0	167/42.1	353/88.9	354/89.2	354/89.2
检出超标	6/1.5	235/59.2	187/47.1	1/0.3	0/0.0	0/0.0

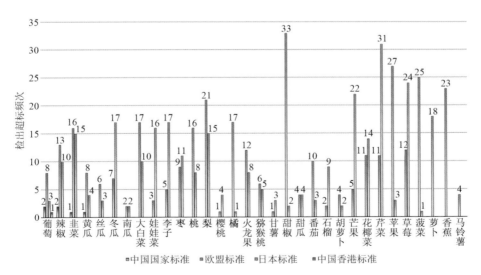

图 15-14　超过 MRL 中国国家标准、欧盟标准、日本标准、中国香港标准、
美国标准和 CAC 标准结果在水果蔬菜中的分布

15.2.2 超标农药种类分析

按照 MRL 中国国家标准、欧盟标准、日本标准、中国香港标准、美国标准和 CAC 标准这 6 大国际主流标准衡量，本次侦测检出的农药超标品种及频次情况见表 15-13。

表 15-13　各 MRL 标准下超标农药品种及频次

	中国国家标准	欧盟标准	日本标准	中国香港标准	美国标准	CAC 标准
超标农药品种	3	52	50	1	0	0
超标农药频次	6	357	267	1	0	0

15.2.2.1　按 MRL 中国国家标准衡量

按 MRL 中国国家标准衡量，共有 3 种农药超标，检出 6 频次，分别为剧毒农药特丁硫磷，高毒农药克百威，微毒农药腐霉利。

按超标程度比较，辣椒中特丁硫磷超标 2.1 倍，黄瓜中克百威超标 1.9 倍，韭菜中腐霉利超标 0.6 倍，葡萄中克百威超标 0.3 倍。检测结果见图 15-15 和附表 15。

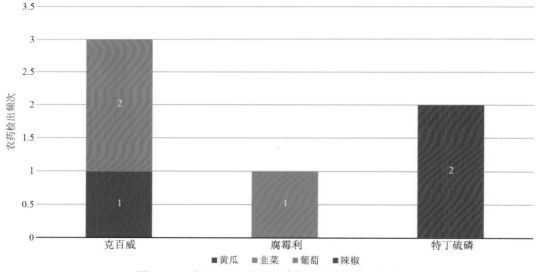

图 15-15　超过 MRL 中国国家标准农药品种及频次

15.2.2.2　按 MRL 欧盟标准衡量

按 MRL 欧盟标准衡量，共有 52 种农药超标，检出 357 频次，分别为剧毒农药特丁硫磷、高毒农药猛杀威、克百威、水胺硫磷、兹克威、敌敌畏和灭害威，中毒农药氟虫腈、多效唑、戊唑醇、仲丁威、毒死蜱、烯唑醇、硫丹、喹螨醚、三唑酮、三唑醇、γ-氟氯氰菌酯、3,4,5-混杀威、虫螨腈、速灭威、唑虫酰胺、丁硫克百威、氟硅唑、腈菌唑、哒螨灵、丙溴磷、异丙威和棉铃威，低毒农药菲、茚草酮、磷酸三苯酯、呋菌胺、吡喃灵、杀螨特、己唑醇、西玛通、庚酰草胺、烯虫炔酯、扑灭通、胺菊酯、莠去通、新燕灵、抑芽唑和 3,5-二氯苯胺，微毒农药醚菊酯、腐霉利、嘧菌酯、解草腈、啶氧菌酯、百菌清和生物苄呋菊酯。

按超标程度比较，芹菜中腐霉利超标 65.0 倍，黄瓜中克百威超标 27.8 倍，菠菜中兹克威超标 25.7 倍，桃中 γ-氟氯氰菌酯超标 23.9 倍，丝瓜中腐霉利超标 23.8 倍。检测结果见图 15-16 和附表 16。

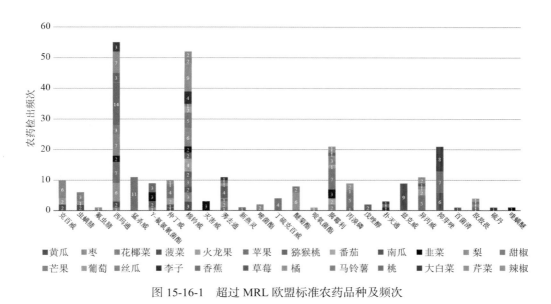

图 15-16-1　超过 MRL 欧盟标准农药品种及频次

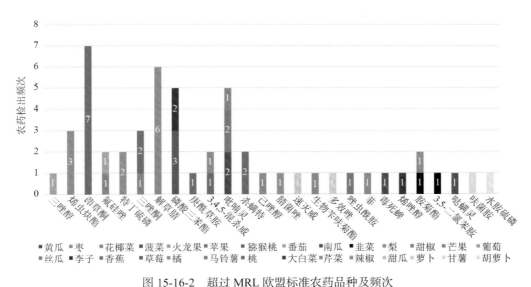

图 15-16-2　超过 MRL 欧盟标准农药品种及频次

15.2.2.3　按 MRL 日本标准衡量

按 MRL 日本标准衡量，共有 50 种农药超标，检出 267 频次，分别为剧毒农药特丁硫磷，高毒农药猛杀威、水胺硫磷、兹克威、敌敌畏和灭害威，中毒农药联苯菊酯、粉唑醇、仲丁威、氟虫腈、多效唑、戊唑醇、毒死蜱、甲霜灵、烯唑醇、三唑酮、γ-氟氯氰菊酯、3, 4, 5-混杀威、喹螨醚、虫螨腈、速灭威、氟硅唑、哒螨灵、棉铃威和异丙威，低毒农药茚草酮、嘧霉胺、菲、磷酸三苯酯、氟吡菌酰胺、螺螨酯、呋菌胺、吡喃灵、西玛通、庚酰草胺、杀螨特、烯虫炔酯、扑灭通、胺菊酯、莠去通、新燕灵、抑芽唑、乙嘧酚磺酸酯和 3, 5-二氯苯胺，微毒农药醚菊酯、嘧菌酯、解草腈、啶氧菌酯、生物苄呋菊酯和吡丙醚。

按超标程度比较，菠菜中兹克威超标 25.7 倍，桃中 γ-氟氯氰菊酯超标 23.9 倍，葡萄中异丙威超标 20.9 倍，辣椒中异丙威超标 20.5 倍，枣中解草腈超标 14.0 倍。检测结果见图 15-17 和附表 17。

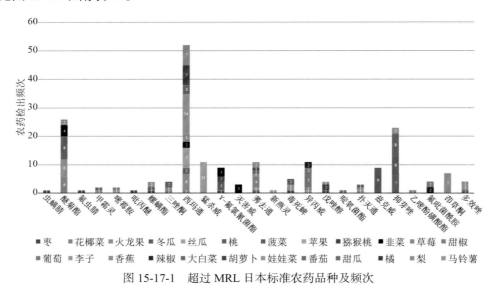

图 15-17-1　超过 MRL 日本标准农药品种及频次

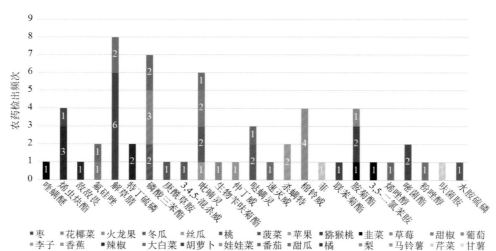

图 15-17-2　超过 MRL 日本标准农药品种及频次

15.2.2.4　按 MRL 中国香港标准衡量

按 MRL 中国香港标准衡量，有 1 种农药超标，检出 1 频次，为微毒农药腐霉利。按超标程度比较，韭菜中腐霉利超标 0.6 倍。检测结果见图 15-18 和附表 18。

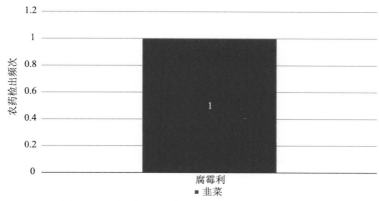

图 15-18　超过 MRL 中国香港标准农药品种及频次

15.2.2.5　按 MRL 美国标准衡量

按 MRL 美国标准衡量，无样品检出超标农药残留。

15.2.2.6　按 MRL CAC 标准衡量

按 MRL CAC 标准衡量，无样品检出超标农药残留。

15.2.3　21 个采样点超标情况分析

15.2.3.1　按 MRL 中国国家标准衡量

按 MRL 中国国家标准衡量，有 6 个采样点的样品存在不同程度的超标农药检出，其中***超市（馆驿街店）和***超市（经七路店）的超标率最高，为 7.1%，如图 15-19 和表 15-14 所示。

表 15-14　超过 MRL 中国国家标准水果蔬菜在不同采样点分布

序号	采样点	样品总数	超标数量	超标率（%）	行政区域
1	***超市（和谐广场店）	28	1	3.6	槐荫区
2	***超市（洪楼店）	28	1	3.6	历城区
3	***超市（万达店）	15	1	6.7	市中区
4	***超市（统一银座商城店）	15	1	6.7	历下区
5	***超市（馆驿街店）	14	1	7.1	市中区
6	***超市（经七路店）	14	1	7.1	槐荫区

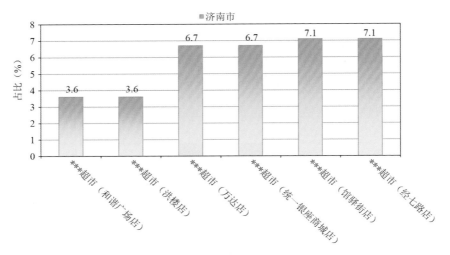

图 15-19　超过 MRL 中国国家标准水果蔬菜在不同采样点分布

15.2.3.2　按 MRL 欧盟标准衡量

按 MRL 欧盟标准衡量，所有采样点的样品均存在不同程度的超标农药检出，其中 ***市场和***市场的超标率最高，为 85.7%，如图 15-20 和表 15-15 所示。

表 15-15　超过 MRL 欧盟标准水果蔬菜在不同采样点分布

序号	采样点	样品总数	超标数量	超标率（%）	行政区域
1	***超市（泉城路分店）	29	15	51.7	历下区
2	***超市（天桥区）	29	16	55.2	天桥区
3	***超市（和谐广场店）	28	18	64.3	槐荫区
4	***超市（泉城店）	28	16	57.1	历下区
5	***超市（市中店）	28	16	57.1	市中区
6	***超市（洪楼店）	28	13	46.4	历城区
7	***超市（洪楼店）	28	21	75.0	历城区
8	***便民店	15	7	46.7	槐荫区
9	***市场	15	11	73.3	天桥区
10	***超市（万达店）	15	9	60.0	市中区
11	***超市（统一银座商城店）	15	6	40.0	历下区
12	***超市（北园店）	14	7	50.0	天桥区
13	***市场	14	6	42.9	天桥区
14	***超市（馆驿街店）	14	8	57.1	市中区
15	***超市（北国店）	14	5	35.7	历城区
16	***市场	14	12	85.7	历下区
17	***超市（嘉华店）	14	9	64.3	槐荫区

续表

序号	采样点	样品总数	超标数量	超标率（%）	行政区域
18	***市场	14	12	85.7	天桥区
19	***超市（经七路店）	14	11	78.6	槐荫区
20	***超市（经八路店）	14	8	57.1	市中区
21	***超市（华信店）	13	9	69.2	历城区

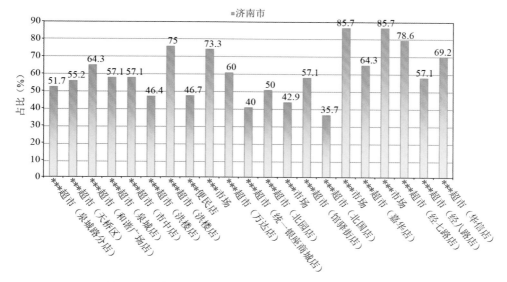

图 15-20　超过 MRL 欧盟标准水果蔬菜在不同采样点分布

15.2.3.3　按 MRL 日本标准衡量

按 MRL 日本标准衡量，所有采样点的样品均存在不同程度的超标农药检出，其中***市场的超标率最高，为 71.4%，如图 15-21 和表 15-16 所示。

表 15-16　超过 MRL 日本标准水果蔬菜在不同采样点分布

序号	采样点	样品总数	超标数量	超标率（%）	行政区域
1	***超市（泉城路分店）	29	13	44.8	历下区
2	***超市（天桥区）	29	17	58.6	天桥区
3	***超市（和谐广场店）	28	14	50.0	槐荫区
4	***超市（泉城店）	28	12	42.9	历下区
5	***超市（市中店）	28	16	57.1	市中区
6	***超市（洪楼店）	28	9	32.1	历城区
7	***超市（洪楼店）	28	17	60.7	历城区
8	***便民店	15	8	53.3	槐荫区

续表

序号	采样点	样品总数	超标数量	超标率（%）	行政区域
9	***市场	15	6	40.0	天桥区
10	***超市（万达店）	15	5	33.3	市中区
11	***超市（统一银座商城店）	15	5	33.3	历下区
12	***超市（北园店）	14	4	28.6	天桥区
13	***市场	14	4	28.6	天桥区
14	***超市（馆驿街店）	14	7	50.0	市中区
15	***超市（北国店）	14	4	28.6	历城区
16	***市场	14	8	57.1	历下区
17	***超市（嘉华店）	14	8	57.1	槐荫区
18	***市场	14	10	71.4	天桥区
19	***超市（经七路店）	14	7	50.0	槐荫区
20	***超市（经八路店）	14	5	35.7	市中区
21	***超市（华信店）	13	8	61.5	历城区

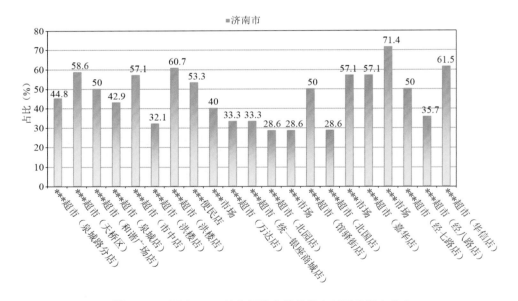

图 15-21　超过 MRL 日本标准水果蔬菜在不同采样点分布

15.2.3.4　按 MRL 中国香港标准衡量

按 MRL 中国香港标准衡量，有 1 个采样点的样品存在超标农药检出，超标率为 7.1%，如图 15-22 和表 15-17 所示。

表 15-17　超过 MRL 中国香港标准水果蔬菜在不同采样点分布

序号	采样点	样品总数	超标数量	超标率（%）	行政区域
1	***超市（经七路店）	14	1	7.1	槐荫区

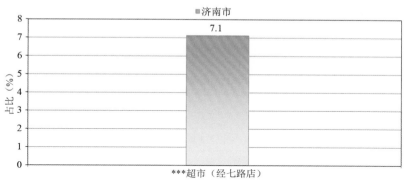

图 15-22　超过 MRL 中国香港标准水果蔬菜在不同采样点分布

15.2.3.5　按 MRL 美国标准衡量

按 MRL 美国标准衡量，所有采样点的样品均未检出超标农药残留。

15.2.3.6　按 MRL CAC 标准衡量

按 MRL CAC 标准衡量，所有采样点的样品均未检出超标农药残留。

15.3　水果中农药残留分布

15.3.1　检出农药品种和频次排前 10 的水果

本次残留侦测的水果共 16 种，包括桃、猕猴桃、石榴、西瓜、香蕉、苹果、葡萄、草莓、梨、李子、枣、芒果、橘、樱桃、甜瓜和火龙果。

根据检出农药品种及频次进行排名，将各项排名前 10 位的水果样品检出情况列表说明，详见表 15-18。

表 15-18　检出农药品种和频次排名前 10 的水果

检出农药品种排名前 10（品种）	①草莓（19），②梨（19），③苹果（16），④枣（15），⑤香蕉（14），⑥桃（13），⑦火龙果（11），⑧李子（11），⑨芒果（10），⑩猕猴桃（9）
检出农药频次排名前 10（频次）	①香蕉（74），②草莓（72），③梨（68），④苹果（64），⑤火龙果（50），⑥橘（45），⑦芒果（38），⑧枣（37），⑨桃（33），⑩葡萄（23）
检出禁用、高毒及剧毒农药品种排名前 10（品种）	①梨（2），②苹果（2），③桃（2），④草莓（1），⑤李子（1），⑥猕猴桃（1），⑦葡萄（1），⑧甜瓜（1），⑨西瓜（1），⑩香蕉（1）
检出禁用、高毒及剧毒农药频次排名前 10（频次）	①苹果（12），②桃（6），③甜瓜（6），④梨（2），⑤葡萄（2），⑥草莓（1），⑦李子（1），⑧猕猴桃（1），⑨西瓜（1），⑩香蕉（1）

15.3.2　超标农药品种和频次排前 10 的水果

鉴于 MRL 欧盟标准和日本标准制定比较全面且覆盖率较高，我们参照 MRL 中国国家标准、欧盟标准和日本标准衡量水果样品中农残检出情况，将超标农药品种及频次排名前 10 的水果列表说明，详见表 15-19。

表 15-19　超标农药品种和频次排名前 10 的水果

超标农药品种排名前 10（农药品种数）	MRL 中国国家标准	①葡萄（1）
	MRL 欧盟标准	①梨（8），②苹果（8），③桃（7），④草莓（5），⑤葡萄（5），⑥香蕉（4），⑦枣（4），⑧橘（3），⑨猕猴桃（3），⑩甜瓜（3）
	MRL 日本标准	①枣（10），②桃（8），③草莓（6），④火龙果（5），⑤李子（5），⑥苹果（5），⑦香蕉（5），⑧梨（4），⑨甜瓜（4），⑩橘（2）
超标农药频次排名前 10（农药频次数）	MRL 中国国家标准	①葡萄（2）
	MRL 欧盟标准	①苹果（27），②香蕉（23），③梨（21），④橘（17），⑤桃（16），⑥草莓（12），⑦火龙果（12），⑧枣（9），⑨葡萄（8），⑩猕猴桃（6）
	MRL 日本标准	①香蕉（24），②苹果（22），③桃（17），④枣（16），⑤火龙果（15），⑥草莓（14），⑦梨（11），⑧李子（10），⑨橘（8），⑩甜瓜（5）

通过对各品种水果样本总数及检出率进行综合分析发现，梨、苹果和香蕉的残留污染最为严重，在此，我们参照 MRL 中国国家标准、欧盟标准和日本标准对这 3 种水果的农残检出情况进行进一步分析。

15.3.3　农药残留检出率较高的水果样品分析

15.3.3.1　梨

这次共检测 28 例梨样品，23 例样品中检出了农药残留，检出率为 82.1%，检出农药共计 19 种。其中毒死蜱、醚菊酯、扑灭通、西玛通和莠去通检出频次较高，分别检出了 10、8、8、7 和 7 次。梨中农药检出品种和频次见图 15-23，超标农药见图 15-24 和表 15-20。

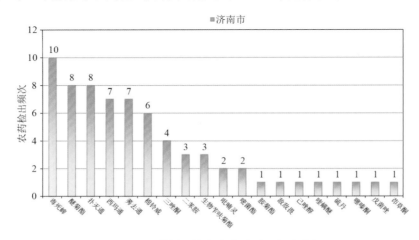

图 15-23　梨样品检出农药品种和频次分析

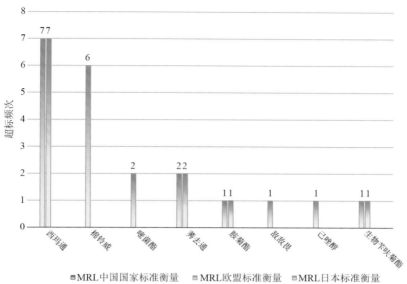

图 15-24　梨样品中超标农药分析

表 15-20　梨中农药残留超标情况明细表

样品总数		检出农药样品数	样品检出率（%）	检出农药品种总数
28		23	82.1	19
	超标农药品种	超标农药频次	按照 MRL 中国国家标准、欧盟标准和日本标准衡量超标农药名称及频次	
中国国家标准	0	0		
欧盟标准	8	21	西玛通（7），棉铃威（6），嘧菌酯（2），莠去通（2），胺菊酯（1），敌敌畏（1），己唑醇（1），生物苄呋菊酯（1）	
日本标准	4	11	西玛通（7），莠去通（2），胺菊酯（1），生物苄呋菊酯（1）	

15.3.3.2　苹果

这次共检测 28 例苹果样品，22 例样品中检出了农药残留，检出率为 78.6%，检出农药共计 16 种。其中猛杀威、毒死蜱、扑灭通、西玛通和莠去通检出频次较高，分别检出了 11、7、7、7 和 7 次。苹果中农药检出品种和频次见图 15-25，超标农药见图 15-26 和表 15-21。

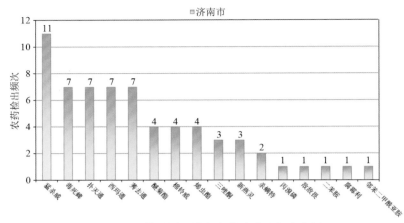

图 15-25　苹果样品检出农药品种和频次分析

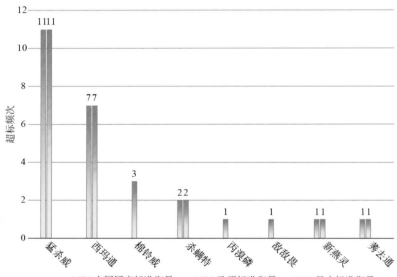

图 15-26　苹果样品中超标农药分析

表 15-21　苹果中农药残留超标情况明细表

样品总数		检出农药样品数	样品检出率（%）	检出农药品种总数
28		22	78.6	16
	超标农药品种	超标农药频次	按照 MRL 中国国家标准、欧盟标准和日本标准衡量超标农药名称及频次	
中国国家标准	0	0		
欧盟标准	8	27	猛杀威（11），西玛通（7），棉铃威（3），杀螨特（2），丙溴磷（1），敌敌畏（1），新燕灵（1），莠去通（1）	
日本标准	5	22	猛杀威（11），西玛通（7），杀螨特（2），新燕灵（1），莠去通（1）	

15.3.3.3　香蕉

这次共检测 18 例香蕉样品，17 例样品中检出了农药残留，检出率为 94.4%，检出农药共计 14 种。其中西玛通、莠去通、扑灭通、茚草酮和二苯胺检出频次较高，分别检出了 16、16、15、9 和 5 次。香蕉中农药检出品种和频次见图 15-27，超标农药见图 15-28 和表 15-22。

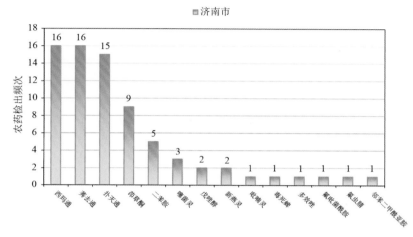

图 15-27　香蕉样品检出农药品种和频次分析

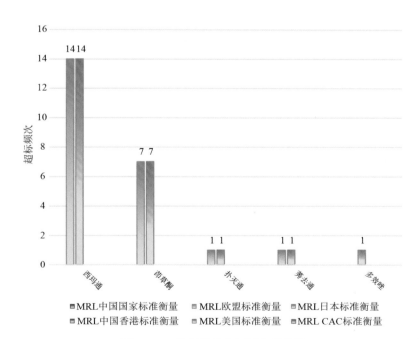

图 15-28　香蕉样品中超标农药分析

表 15-22　香蕉中农药残留超标情况明细表

样品总数	检出农药样品数	样品检出率（%）	检出农药品种总数
18	17	94.4	14

	超标农药品种	超标农药频次	按照 MRL 中国国家标准、欧盟标准和日本标准衡量超标农药名称及频次
中国国家标准	0	0	
欧盟标准	4	23	西玛通（14），莠草酮（7），扑灭通（1），莠去通（1）
日本标准	5	24	西玛通（14），莠草酮（7），多效唑（1），扑灭通（1），莠去通（1）

15.4　蔬菜中农药残留分布

15.4.1　检出农药品种和频次排前 10 的蔬菜

本次残留侦测的蔬菜共 17 种，包括韭菜、芹菜、黄瓜、甘薯、菠菜、番茄、花椰菜、甜椒、辣椒、南瓜、胡萝卜、萝卜、马铃薯、冬瓜、大白菜、娃娃菜和丝瓜。

根据检出农药品种及频次进行排名，将各项排名前 10 位的蔬菜样品检出情况列表说明，详见表 15-23。

表 15-23　检出农药品种和频次排名前 10 的蔬菜

检出农药品种排名前 10（品种）	①菠菜（28），②甜椒（27），③韭菜（24），④辣椒（24），⑤大白菜（16），⑥萝卜（14），⑦黄瓜（13），⑧冬瓜（12），⑨花椰菜（12），⑩丝瓜（12）
检出农药频次排名前 10（频次）	①甜椒（92），②菠菜（78），③韭菜（64），④萝卜（56），⑤大白菜（51），⑥冬瓜（43），⑦辣椒（43），⑧花椰菜（37），⑨番茄（36），⑩丝瓜（30）
检出禁用、高毒及剧毒农药品种排名前 10（品种）	①菠菜（3），②胡萝卜（3），③萝卜（3），④韭菜（2），⑤辣椒（2），⑥芹菜（2），⑦大白菜（1），⑧冬瓜（1），⑨黄瓜（1），⑩马铃薯（1）
检出禁用、高毒及剧毒农药频次排名前 10（频次）	①菠菜（11），②韭菜（8），③芹菜（7），④胡萝卜（5），⑤辣椒（3），⑥萝卜（3），⑦冬瓜（2），⑧黄瓜（2），⑨大白菜（1），⑩马铃薯（1）

15.4.2　超标农药品种和频次排前 10 的蔬菜

鉴于 MRL 欧盟标准和日本标准制定比较全面且覆盖率较高，我们参照 MRL 中国国家标准、欧盟标准和日本标准衡量蔬菜样品中农残检出情况，将超标农药品种及频次排名前 10 的蔬菜列表说明，详见表 15-24。

表 15-24　超标农药品种和频次排名前 10 的蔬菜

	MRL 中国国家标准	①黄瓜（1），②韭菜（1），③辣椒（1）
超标农药品种排名前 10 （农药品种数）	MRL 欧盟标准	①菠菜（9），②韭菜（8），③辣椒（8），④甜椒（8），⑤大白菜（7），⑥花椰菜（6），⑦番茄（5），⑧萝卜（5），⑨芹菜（5），⑩黄瓜（4）
	MRL 日本标准	①菠菜（7），②大白菜（7），③韭菜（7），④辣椒（5），⑤花椰菜（4），⑥丝瓜（4），⑦胡萝卜（3），⑧甜椒（3），⑨冬瓜（2），⑩番茄（2）
	MRL 中国国家标准	①辣椒（2），②黄瓜（1），③韭菜（1）
超标农药频次排名前 10 （农药频次数）	MRL 欧盟标准	①甜椒（33），②菠菜（25），③萝卜（18），④大白菜（17），⑤韭菜（16），⑥辣椒（13），⑦花椰菜（11），⑧芹菜（11），⑨番茄（10），⑩黄瓜（8）
	MRL 日本标准	①菠菜（31），②大白菜（17），③韭菜（15），④辣椒（10），⑤花椰菜（9），⑥甜椒（8），⑦胡萝卜（4），⑧丝瓜（4），⑨冬瓜（3），⑩番茄（3）

　　通过对各品种蔬菜样本总数及检出率进行综合分析发现，菠菜、甜椒和韭菜的残留污染最为严重，在此，我们参照 MRL 中国国家标准、欧盟标准和日本标准对这 3 种蔬菜的农残检出情况进行进一步分析。

15.4.3　农药残留检出率较高的蔬菜样品分析

15.4.3.1　菠菜

　　这次共检测 19 例菠菜样品，全部检出了农药残留，检出率为 100.0%，检出农药共计 28 种。其中吡喃灵、醚菊酯、兹克威、二苯胺和抑芽唑检出频次较高，分别检出了 10、9、9、6 和 6 次。菠菜中农药检出品种和频次见图 15-29，超标农药见图 15-30 和表 15-25。

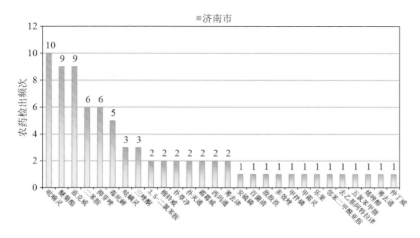

图 15-29　菠菜样品检出农药品种和频次分析

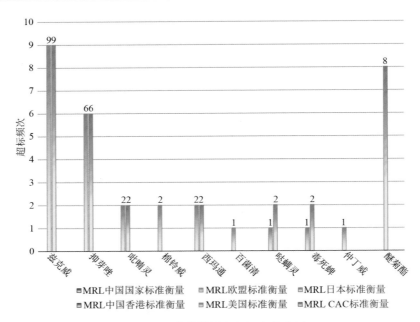

图 15-30　菠菜样品中超标农药分析

表 15-25　菠菜中农药残留超标情况明细表

样品总数			检出农药样品数	样品检出率（%）	检出农药品种总数
19			19	100	28

	超标农药品种	超标农药频次	按照 MRL 中国国家标准、欧盟标准和日本标准衡量超标农药名称及频次
中国国家标准	0	0	
欧盟标准	9	25	兹克威（9），抑芽唑（6），吡唑灵（2），棉铃威（2），西玛通（2），百菌清（1），哒螨灵（1），毒死蜱（1），仲丁威（1）
日本标准	7	31	兹克威（9），醚菊酯（8），抑芽唑（6），吡唑灵（2），哒螨灵（2），毒死蜱（2），西玛通（2）

15.4.3.2　甜椒

这次共检测 18 例甜椒样品，全部检出了农药残留，检出率为 100.0%，检出农药共计 27 种。其中敌草胺、吡唑灵、腐霉利、三唑酮和异丙威检出频次较高，分别检出了 15、8、8、7 和 6 次。甜椒中农药检出品种和频次见图 15-31，超标农药见图 15-32 和表 15-26。

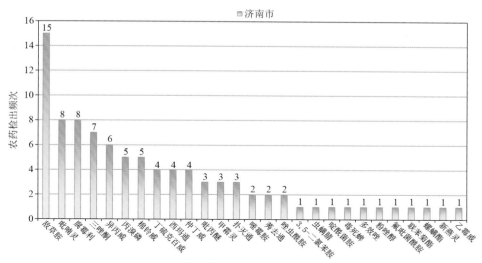

图 15-31　甜椒样品检出农药品种和频次分析

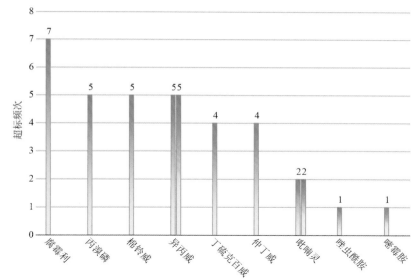

图 15-32　甜椒样品中超标农药分析

表 15-26　甜椒中农药残留超标情况明细表

样品总数		检出农药样品数	样品检出率（%）	检出农药品种总数
18		18	100	27
	超标农药品种	超标农药频次	按照 MRL 中国国家标准、欧盟标准和日本标准衡量超标农药名称及频次	
中国国家标准	0	0		
欧盟标准	8	33	腐霉利（7），丙溴磷（5），棉铃威（5），异丙威（5），丁硫克百威（4），仲丁威（4），吡喃灵（2），唑虫酰胺（1）	
日本标准	3	8	异丙威（5），吡喃灵（2），嘧霉胺（1）	

15.4.3.3　韭菜

这次共检测 18 例韭菜样品，17 例样品中检出了农药残留，检出率为 94.4%，检出农药共计 24 种。其中灭害威、扑灭通、西玛通、醚菊酯和莠去通检出频次较高，分别检出了 7、6、6、5 和 5 次。韭菜中农药检出品种和频次见图 15-33，超标农药见图 15-34 和表 15-27。

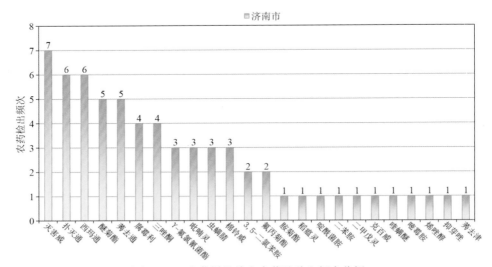

图 15-33　韭菜样品检出农药品种和频次分析

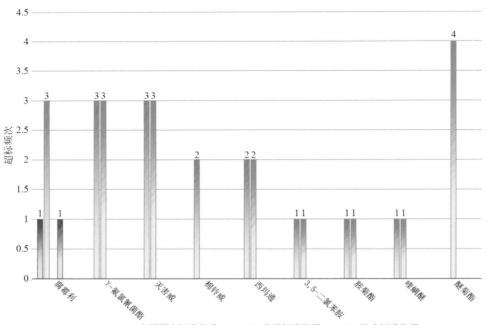

图 15-34　韭菜样品中超标农药分析

表 15-27　韭菜中农药残留超标情况明细表

样品总数		检出农药样品数	样品检出率（%）	检出农药品种总数
18		17	94.4	24
	超标农药品种	超标农药频次	按照 MRL 中国国家标准、欧盟标准和日本标准衡量超标农药名称及频次	
中国国家标准	1	1	腐霉利（1）	
欧盟标准	8	16	γ-氟氯氰菌酯（3），腐霉利（3），灭害威（3），棉铃威（2），西玛通（2），3,5-二氯苯胺（1），胺菊酯（1），喹螨醚（1）	
日本标准	7	15	醚菊酯（4），γ-氟氯氰菌酯（3），灭害威（3），西玛通（2），3,5-二氯苯胺（1），胺菊酯（1），喹螨醚（1）	

15.5　初 步 结 论

15.5.1　济南市市售水果蔬菜按 MRL 中国国家标准和国际主要 MRL 标准衡量的合格率

本次侦测的 397 例样品中，43 例样品未检出任何残留农药，占样品总量的 10.8%，354 例样品检出不同水平、不同种类的残留农药，占样品总量的 89.2%。在这 354 例检出农药残留的样品中：

按 MRL 中国国家标准衡量，有 348 例样品检出残留农药但含量没有超标，占样品总数的 87.7%，有 6 例样品检出了超标农药，占样品总数的 1.5%。

按 MRL 欧盟标准衡量，有 119 例样品检出残留农药但含量没有超标，占样品总数的 30.0%，有 235 例样品检出了超标农药，占样品总数的 59.2%。

按 MRL 日本标准衡量，有 167 例样品检出残留农药但含量没有超标，占样品总数的 42.1%，有 187 例样品检出了超标农药，占样品总数的 47.1%。

按 MRL 中国香港标准衡量，有 353 例样品检出残留农药但含量没有超标，占样品总数的 88.9%，有 1 例样品检出了超标农药，占样品总数的 0.3%。

按 MRL 美国标准衡量，有 354 例样品检出残留农药但含量没有超标，占样品总数的 89.2%，未检出超标样品。

按 MRL CAC 标准衡量，有 354 例样品检出残留农药但含量没有超标，占样品总数的 89.2%，未检出超标样品。

15.5.2　济南市市售水果蔬菜中检出农药以中低微毒农药为主，占市场主体的 91.5%

这次侦测的 397 例样品包括水果 16 种 195 例，蔬菜 17 种 202 例，共检出了 94 种农药，检出农药的毒性以中低微毒为主，详见表 15-28。

表 15-28　市场主体农药毒性分布

毒性	检出品种	占比	检出频次	占比
剧毒农药	2	2.1%	8	0.7%
高毒农药	6	6.4%	51	4.2%
中毒农药	31	33.0%	450	37.1%
低毒农药	35	37.2%	519	42.8%
微毒农药	20	21.3%	185	15.3%
中低微毒农药，品种占比 91.5%，频次占比 95.1%				

15.5.3　检出剧毒、高毒和禁用农药现象应该警醒

在此次侦测的 397 例样品中有 10 种蔬菜和 11 种水果的 73 例样品检出了 10 种 77 频次的剧毒和高毒或禁用农药，占样品总量的 18.4%。其中剧毒农药甲拌磷和特丁硫磷以及高毒农药猛杀威、克百威和敌敌畏检出频次较高。

按 MRL 中国国家标准衡量，剧毒农药特丁硫磷，检出 2 次，超标 2 次；高毒农药克百威，检出 11 次，超标 3 次；按超标程度比较，辣椒中特丁硫磷超标 2.1 倍，黄瓜中克百威超标 1.9 倍，葡萄中克百威超标 0.3 倍。

剧毒、高毒或禁用农药的检出情况及按照 MRL 中国国家标准衡量的超标情况见表 15-29。

表 15-29　剧毒、高毒或禁用农药的检出及超标明细

序号	农药名称	样品名称	检出频次	超标频次	最大超标倍数	超标率
1.1	特丁硫磷*▲	辣椒	2	2	2.14	100.0%
2.1	甲拌磷*▲	胡萝卜	3	0	0	0.0%
2.2	甲拌磷*▲	菠菜	1	0	0	0.0%
2.3	甲拌磷*▲	萝卜	1	0	0	0.0%
2.4	甲拌磷*▲	马铃薯	1	0	0	0.0%
3.1	克百威◊▲	芹菜	6	0	0	0.0%
3.2	克百威◊▲	葡萄	2	2	0.26	100.0%
3.3	克百威◊▲	黄瓜	2	1	1.875	50.0%
3.4	克百威◊▲	韭菜	1	0	0	0.0%
4.1	兹克威◊	菠菜	9	0	0	0.0%
4.2	兹克威◊	胡萝卜	1	0	0	0.0%
5.1	敌敌畏◊	李子	1	0	0	0.0%
5.2	敌敌畏◊	桃	1	0	0	0.0%
5.3	敌敌畏◊	梨	1	0	0	0.0%
5.4	敌敌畏◊	猕猴桃	1	0	0	0.0%

续表

序号	农药名称	样品名称	检出频次	超标频次	最大超标倍数	超标率
5.5	敌敌畏◊	芹菜	1	0	0	0.0%
5.6	敌敌畏◊	苹果	1	0	0	0.0%
5.7	敌敌畏◊	菠菜	1	0	0	0.0%
5.8	敌敌畏◊	萝卜	1	0	0	0.0%
5.9	敌敌畏◊	西瓜	1	0	0	0.0%
5.10	敌敌畏◊	辣椒	1	0	0	0.0%
6.1	水胺硫磷◊▲	胡萝卜	1	0	0	0.0%
7.1	灭害威◊	韭菜	7	0	0	0.0%
8.1	猛杀威◊	苹果	11	0	0	0.0%
8.2	猛杀威◊	萝卜	1	0	0	0.0%
9.1	氟虫腈▲	枣	1	0	0	0.0%
9.2	氟虫腈▲	香蕉	1	0	0	0.0%
10.1	硫丹▲	甜瓜	6	0	0	0.0%
10.2	硫丹▲	桃	5	0	0	0.0%
10.3	硫丹▲	冬瓜	2	0	0	0.0%
10.4	硫丹▲	大白菜	1	0	0	0.0%
10.5	硫丹▲	梨	1	0	0	0.0%
10.6	硫丹▲	草莓	1	0	0	0.0%
合计			77	5		6.5%

注：超标倍数参照 MRL 中国国家标准衡量

这些超标的剧毒和高毒农药都是中国政府早有规定禁止在水果蔬菜中使用的，为什么还屡次被检出，应该引起警惕。

15.5.4　残留限量标准与先进国家或地区标准差距较大

1213 频次的检出结果与我国公布的《食品中农药最大残留限量》（GB 2763—2014）对比，有 205 频次能找到对应的 MRL 中国国家标准，占 16.9%；还有 1008 频次的侦测数据无相关 MRL 标准供参考，占 83.1%。

与国际上现行 MRL 标准对比发现：

有 1213 频次能找到对应的 MRL 欧盟标准，占 100.0%；

有 1213 频次能找到对应的 MRL 日本标准，占 100.0%；

有 274 频次能找到对应的 MRL 中国香港标准，占 22.6%；

有 223 频次能找到对应的 MRL 美国标准，占 18.4%；

有 139 频次能找到对应的 MRL CAC 标准，占 11.5%。

由上可见，MRL 中国国家标准与先进国家或地区标准还有很大差距，我们无标准，境外有标准，这就会导致我们在国际贸易中，处于受制于人的被动地位。

15.5.5　水果蔬菜单种样品检出 16~28 种农药残留，拷问农药使用的科学性

通过此次监测发现，草莓、梨和苹果是检出农药品种最多的 3 种水果，菠菜、甜椒和韭菜是检出农药品种最多的 3 种蔬菜，从中检出农药品种及频次详见表 15-30。

表 15-30　单种样品检出农药品种及频次

样品名称	样品总数	检出农药样品数	检出率	检出农药品种数	检出农药（频次）
菠菜	19	19	100.0%	28	吡喃灵（10），醚菊酯（9），兹克威（9），二苯胺（6），抑芽唑（6），毒死蜱（5），哒螨灵（3），三唑酮（3），3, 5-二氯苯胺（2），棉铃威（2），扑草净（2），扑灭通（2），霜霉威（2），西玛通（2），莠去津（2），安硫磷（1），百菌清（1），敌敌畏（1），多效唑（1），甲拌磷（1），甲霜灵（1），乐果（1），邻苯二甲酰亚胺（1），去乙基阿特拉津（1），五氯苯甲腈（1），烯唑醇（1），莠去通（1），仲丁威（1）
甜椒	18	18	100.0%	27	敌草胺（15），吡喃灵（8），腐霉利（8），三唑酮（7），异丙威（6），丙溴磷（5），棉铃威（5），丁硫克百威（4），西玛通（4），仲丁威（4），吡丙醚（3），甲霜灵（3），扑灭通（3），嘧霉胺（2），莠去通（2），唑虫酰胺（2），3, 5-二氯苯胺（1），虫螨腈（1），啶酰菌胺（1），毒死蜱（1），多效唑（1），粉唑醇（1），氟吡菌酰胺（1），联苯菊酯（1），螺螨酯（1），新燕灵（1），乙霉威（1）
韭菜	18	17	94.4%	24	灭害威（7），扑灭通（6），西玛通（6），醚菊酯（5），莠去通（5），腐霉利（4），三唑酮（4），γ-氟氯氰菌酯（3），吡喃灵（3），虫螨腈（3），棉铃威（3），3, 5-二氯苯胺（2），氟丙菊酯（2），胺菊酯（1），稻瘟灵（1），啶酰菌胺（1），二苯胺（1），二甲戊灵（1），克百威（1），喹螨醚（1），嘧霉胺（1），烯唑醇（1），抑芽唑（1），莠去津（1）
草莓	10	10	100.0%	19	西玛通（8），莠去通（8），扑灭通（7），增效醚（6），腈菌唑（5），联苯肼酯（5），异丙威（5），氟吡菌酰胺（4），腐霉利（3），磷酸三苯酯（3），嘧霉胺（3），乙霉威（3），乙嘧酚磺酸酯（3），甲霜灵（2），醚菊酯（2），嘧菌环胺（2），硫丹（1），醚菌酯（1），肟菌酯（1）
梨	28	23	82.1%	19	毒死蜱（10），醚菊酯（8），扑灭通（8），西玛通（7），莠去通（7），棉铃威（6），三唑酮（4），二苯胺（3），生物苄呋菊酯（3），吡喃灵（2），嘧菌酯（2），胺菊酯（1），敌敌畏（1），己唑醇（1），喹螨醚（1），硫丹（1），噻嗪酮（1），戊菌唑（1），莔草酮（1）
苹果	28	22	78.6%	16	猛杀威（11），毒死蜱（7），扑灭通（7），西玛通（7），莠去通（7），醚菊酯（4），棉铃威（4），烯虫酯（4），三唑酮（3），新燕灵（3），杀螨特（2），丙溴磷（1），敌敌畏（1），二苯胺（1），腐霉利（1），邻苯二甲酰亚胺（1）

上述 6 种水果蔬菜，检出农药 16~28 种，是多种农药综合防治，还是未严格实施农业良好管理规范（GAP），抑或根本就是乱施药，值得我们思考。

第16章 GC-Q-TOF/MS 侦测济南市市售水果蔬菜农药残留膳食暴露风险与预警风险评估

16.1 农药残留风险评估方法

16.1.1 济南市农药残留侦测数据分析与统计

庞国芳院士科研团队建立的农药残留高通量侦测技术以高分辨精确质量数（0.0001 *m/z* 为基准）为识别标准，采用 GC-Q-TOF/MS 技术对 507 种农药化学污染物进行侦测。

科研团队于 2016 年 6 月~2017 年 9 月在济南市所属 5 个区的 21 个采样点，随机采集了 397 例水果蔬菜样品，采样点分布在超市和农贸市场，具体位置如图 16-1 所示，各月内水果蔬菜样品采集数量如表 16-1 所示。

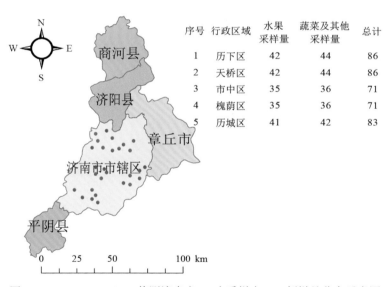

序号	行政区域	水果采样量	蔬菜及其他采样量	总计
1	历下区	42	44	86
2	天桥区	42	44	86
3	市中区	35	36	71
4	槐荫区	35	36	71
5	历城区	41	42	83

图 16-1 GC-Q-TOF/MS 侦测济南市 21 个采样点 397 例样品分布示意图

表 16-1 济南市各月内采集水果蔬菜样品数列表

时间	样品数（例）
2016 年 6 月	147
2017 年 3 月	138
2017 年 9 月	112

　　利用 GC-Q-TOF/MS 技术对 397 例样品中的农药进行侦测，侦测出残留农药 94 种，1213 频次。侦测出农药残留水平如表 16-2 和图 16-2 所示。检出频次最高的前 10 种农药如表 16-3 所示。从检测结果中可以看出，在水果蔬菜中农药残留普遍存在，且有些水果蔬菜存在高浓度的农药残留，这些可能存在膳食暴露风险，对人体健康产生危害，因此，为了定量地评价水果蔬菜中农药残留的风险程度，有必要对其进行风险评价。

表 16-2　侦测出农药的不同残留水平及其所占比例列表

残留水平（μg/kg）	检出频次	占比（%）
1~5（含）	482	39.7
5~10（含）	233	19.2
10~100（含）	461	38.0
100~1000（含）	37	3.1
合计	1213	100

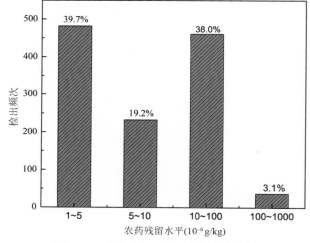

图 16-2　残留农药检出浓度频数分布图

表 16-3　检出频次最高的前 10 种农药列表

序号	农药	检出频次
1	西玛通	99
2	扑灭通	96
3	棉铃威	92
4	莠去通	85
5	三唑酮	78
6	醚菊酯	51
7	毒死蜱	49

续表

序号	农药	检出频次
8	腐霉利	48
9	吡喃灵	40
10	新燕灵	36

16.1.2　农药残留风险评价模型

对济南市水果蔬菜中农药残留分别开展暴露风险评估和预警风险评估。膳食暴露风险评估利用食品安全指数模型对水果蔬菜中的残留农药对人体可能产生的危害程度进行评价，该模型结合残留监测和膳食暴露评估评价化学污染物的危害；预警风险评价模型运用风险系数（risk index，R），风险系数综合考虑了危害物的超标率、施检频率及其本身敏感性的影响，能直观而全面地反映出危害物在一段时间内的风险程度。

16.1.2.1　食品安全指数模型

为了加强食品安全管理，《中华人民共和国食品安全法》第二章第十七条规定"国家建立食品安全风险评估制度，运用科学方法，根据食品安全风险监测信息、科学数据以及有关信息，对食品、食品添加剂、食品相关产品中生物性、化学性和物理性危害因素进行风险评估"[1]，膳食暴露评估是食品危险度评估的重要组成部分，也是膳食安全性的衡量标准[2]。国际上最早研究膳食暴露风险评估的机构主要是 JMPR（FAO、WHO 农药残留联合会议），该组织自 1995 年就已制定了急性毒性物质的风险评估急性毒性农药残留摄入量的预测。1960 年美国规定食品中不得加入致癌物质进而提出零阈值理论，渐渐零阈值理论发展成在一定概率条件下可接受风险的概念[3]，后衍变为食品中每日允许最大摄入量（ADI），而国际食品农药残留法典委员会（CCPR）认为 ADI 不是独立风险评估的唯一标准[4]，1995 年 JMPR 开始研究农药急性膳食暴露风险评估，并对食品国际短期摄入量的计算方法进行了修正，亦对膳食暴露评估准则及评估方法进行了修正[5]，2002 年，在对世界上现行的食品安全评价方法，尤其是国际公认的 CAC 评价方法、全球环境监测系统/食品污染监测和评估规划（WHO GEMS/Food）及 FAO、WHO 食品添加剂联合专家委员会（JECFA）和 JMPR 对食品安全风险评估工作研究的基础之上，检验检疫食品安全管理的研究人员提出了结合残留监控和膳食暴露评估，以食品安全指数 IFS 计算食品中各种化学污染物对消费者的健康危害程度[6]。IFS 是表示食品安全状态的新方法，可有效地评价某种农药的安全性，进而评价食品中各种农药化学污染物对消费者健康的整体危害程度[7, 8]。从理论上分析，IFS_c 可指出食品中的污染物 c 对消费者健康是否存在危害及危害的程度[9]。其优点在于操作简单且结果容易被接受和理解，不需要大量的数据来对结果进行验证，使用默认的标准假设或者模型即可[10, 11]。

1）IFS_c 的计算

IFS_c 计算公式如下：

$$IFS_c = \frac{EDI_c \times f}{SI_c \times bw}$$ （16-1）

式中，c 为所研究的农药；EDI_c 为农药 c 的实际日摄入量估算值，等于 $\sum(R_i \times F_i \times E_i \times P_i)$（i 为食品种类；$R_i$ 为食品 i 中农药 c 的残留水平，mg/kg；F_i 为食品 i 的估计日消费量，g/（人·天）；E_i 为食品 i 的可食用部分因子；P_i 为食品 i 的加工处理因子）；SI_c 为安全摄入量，可采用每日允许最大摄入量 ADI；bw 为人平均体重，kg；f 为校正因子，如果安全摄入量采用 ADI，则 f 取 1。

$IFS_c \ll 1$，农药 c 对食品安全没有影响；$IFS_c \leqslant 1$，农药 c 对食品安全的影响可以接受；$IFS_c > 1$，农药 c 对食品安全的影响不可接受。

本次评价中：

$IFS_c \leqslant 0.1$，农药 c 对水果蔬菜安全没有影响；

$0.1 < IFS_c \leqslant 1$，农药 c 对水果蔬菜安全的影响可以接受；

$IFS_c > 1$，农药 c 对水果蔬菜安全的影响不可接受。

本次评价中残留水平 R_i 取值为中国检验检疫科学研究院庞国芳院士课题组利用以高分辨精确质量数（0.0001 m/z）为基准的 GC-Q-TOF/MS 侦测技术于 2016 年 6 月~2017 年 9 月对济南市水果蔬菜农药残留的侦测结果，估计日消费量 F_i 取值 0.38 kg/（人·天），E_i=1，P_i=1，f=1，SI_c 采用《食品安全国家标准　食品中农药最大残留限量》（GB 2763—2016）中 ADI 值（具体数值见表 16-4），人平均体重（bw）取值 60 kg。

表 16-4　济南市水果蔬菜中侦测出农药的 ADI 值

序号	农药	ADI	序号	农药	ADI	序号	农药	ADI
1	氟虫腈	0.0002	16	噻嗪酮	0.009	31	生物苄呋菊酯	0.03
2	特丁硫磷	0.0006	17	螺螨酯	0.01	32	三唑酮	0.03
3	甲拌磷	0.0007	18	联苯菊酯	0.01	33	三唑醇	0.03
4	克百威	0.001	19	联苯肼酯	0.01	34	嘧菌环胺	0.03
5	异丙威	0.002	20	氟吡菌酰胺	0.01	35	醚菊酯	0.03
6	乐果	0.002	21	粉唑醇	0.01	36	腈菌唑	0.03
7	水胺硫磷	0.003	22	噁霜灵	0.01	37	二甲戊灵	0.03
8	乙霉威	0.004	23	毒死蜱	0.01	38	虫螨腈	0.03
9	敌敌畏	0.004	24	丁硫克百威	0.01	39	丙溴磷	0.03
10	烯唑醇	0.005	25	哒螨灵	0.01	40	肟菌酯	0.04
11	喹螨醚	0.005	26	稻瘟灵	0.016	41	扑草净	0.04
12	己唑醇	0.005	27	莠去津	0.02	42	啶酰菌胺	0.04
13	唑虫酰胺	0.006	28	百菌清	0.02	43	仲丁威	0.06
14	硫丹	0.006	29	戊唑醇	0.03	44	甲霜灵	0.08
15	氟硅唑	0.007	30	戊菌唑	0.03	45	二苯胺	0.08

续表

序号	农药	ADI	序号	农药	ADI	序号	农药	ADI
46	啶氧菌酯	0.09	63	烯虫酯	—	80	解草腈	—
47	噻菌灵	0.1	64	烯虫炔酯	—	81	氟丙菊酯	—
48	腐霉利	0.1	65	西玛通	—	82	呋菌胺	—
49	多效唑	0.1	66	五氯苯甲腈	—	83	芬螨酯	—
50	吡丙醚	0.1	67	五氯苯胺	—	84	菲	—
51	增效醚	0.2	68	五氯苯	—	85	敌草胺	—
52	嘧霉胺	0.2	69	威杀灵	—	86	避蚊酯	—
53	嘧菌酯	0.2	70	速灭威	—	87	避蚊胺	—
54	霜霉威	0.4	71	四氟醚唑	—	88	吡喃灵	—
55	醚菌酯	0.4	72	杀螨特	—	89	胺菊酯	—
56	兹克威	—	73	去乙基阿特拉津	—	90	安硫磷	—
57	莠去通	—	74	扑灭通	—	91	γ-氟氯氰菌酯	—
58	茚草酮	—	75	灭害威	—	92	3,5-二氯苯胺	—
59	抑芽唑	—	76	棉铃威	—	93	3,4,5-混杀威	—
60	乙嘧酚磺酸酯	—	77	猛杀威	—	94	庚酰草胺	—
61	溴丁酰草胺	—	78	磷酸三苯酯	—			
62	新燕灵	—	79	邻苯二甲酰亚胺	—			

注："—"表示为国家标准中无 ADI 值规定；ADI 值单位为 mg/kg bw

2）计算 IFS_c 的平均值 $\overline{IFS}$，评价农药对食品安全的影响程度

以 $\overline{IFS}$ 评价各种农药对人体健康危害的总程度，评价模型见公式（16-2）。

$$\overline{IFS} = \frac{\sum_{i=1}^{n} IFS_c}{n} \qquad (16\text{-}2)$$

$\overline{IFS} \ll 1$，所研究消费者人群的食品安全状态很好；$\overline{IFS} \leqslant 1$，所研究消费者人群的食品安全状态可以接受；$\overline{IFS} > 1$，所研究消费者人群的食品安全状态不可接受。

本次评价中：

$\overline{IFS} \leqslant 0.1$，所研究消费者人群的水果蔬菜安全状态很好；

$0.1 < \overline{IFS} \leqslant 1$，所研究消费者人群的水果蔬菜安全状态可以接受；

$\overline{IFS} > 1$，所研究消费者人群的水果蔬菜安全状态不可接受。

16.1.2.2　预警风险评估模型

2003 年，我国检验检疫食品安全管理的研究人员根据 WTO 的有关原则和我国的具体规定，结合危害物本身的敏感性、风险程度及其相应的施检频率，首次提出了食品中

危害物风险系数 R 的概念[12]。R 是衡量一个危害物的风险程度大小最直观的参数，即在一定时期内其超标率或阳性检出率的高低，但受其施检测率的高低及其本身的敏感性（受关注程度）影响。该模型综合考察了农药在蔬菜中的超标率、施检频率及其本身敏感性，能直观而全面地反映出农药在一段时间内的风险程度[13]。

1）R 计算方法

危害物的风险系数综合考虑了危害物的超标率或阳性检出率、施检频率和其本身的敏感性影响，并能直观而全面地反映出危害物在一段时间内的风险程度。风险系数 R 的计算公式如式（16-3）：

$$R = aP + \frac{b}{F} + S \qquad\qquad （16\text{-}3）$$

式中，P 为该种危害物的超标率；F 为危害物的施检频率；S 为危害物的敏感因子；a，b 分别为相应的权重系数。

本次评价中 F =1；S =1；a =100；b =0.1，对参数 P 进行计算，计算时首先判断是否为禁用农药，如果为非禁用农药，P=超标的样品数（侦测出的含量高于食品最大残留限量标准值，即 MRL）除以总样品数（包括超标、不超标、未检出）；如果为禁用农药，则侦测出即为超标，P=能侦测出的样品数除以总样品数。判断济南市水果蔬菜农药残留是否超标的标准限值 MRL 分别以 MRL 中国国家标准[14]和 MRL 欧盟标准作为对照，具体值列于本报告附表一中。

2）评价风险程度

R ≤1.5，受检农药处于低度风险；

1.5＜R ≤2.5，受检农药处于中度风险；

R ＞2.5，受检农药处于高度风险。

16.1.2.3　食品膳食暴露风险和预警风险评估应用程序的开发

1）应用程序开发的步骤

为成功开发膳食暴露风险和预警风险评估应用程序，与软件工程师多次沟通讨论，逐步提出并描述清楚计算需求，开发了初步应用程序。为明确出不同水果蔬菜、不同农药、不同地域和不同季节的风险水平，向软件工程师提出不同的计算需求，软件工程师对计算需求进行逐一分析，经过反复的细节沟通，需求分析得到明确后，开始进行解决方案的设计，在保证需求的完整性、一致性的前提下，编写出程序代码，最后设计出满足需求的风险评估专用计算软件，并通过一系列的软件测试和改进，完成专用程序的开发。软件开发基本步骤见图 16-3。

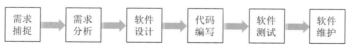

图 16-3　专用程序开发总体步骤

2）膳食暴露风险评估专业程序开发的基本要求

首先直接利用公式（16-1），分别计算 LC-Q-TOF/MS 和 GC-Q-TOF/MS 仪器侦测出的各水果蔬菜样品中每种农药 IFS_c，将结果列出。为考察超标农药和禁用农药的使用安全性，分别以我国《食品安全国家标准　食品中农药最大残留限量》（GB 2763—2016）和欧盟食品中农药最大残留限量（以下简称 MRL 中国国家标准和 MRL 欧盟标准）为标准，对侦测出的禁用农药和超标的非禁用农药 IFS_c 单独进行评价；按 IFS_c 大小列表，并找出 IFS_c 值排名前 20 的样本重点关注。

对不同水果蔬菜 i 中每一种侦测出的农药 c 的安全指数进行计算，多个样品时求平均值。若监测数据为该市多个月的数据，则逐月、逐季度分别列出每个月、每个季度内每一种水果蔬菜 i 对应的每一种农药 c 的 IFS_c。

按农药种类，计算整个监测时间段内每种农药的 IFS_c，不区分水果蔬菜。若检测数据为该市多个月的数据，则需分别计算每个月、每个季度内每种农药的 IFS_c。

3）预警风险评估专业程序开发的基本要求

分别以 MRL 中国国家标准和 MRL 欧盟标准，按公式（16-3）逐个计算不同水果蔬菜、不同农药的风险系数，禁用农药和非禁用农药分别列表。

为清楚了解各种农药的预警风险，不分时间，不分水果蔬菜，按禁用农药和非禁用农药分类，分别计算各种侦测出农药全部检测时段内风险系数。由于有 MRL 中国国家标准的农药种类太少，无法计算超标数，非禁用农药的风险系数只以 MRL 欧盟标准为标准，进行计算。若检测数据为多个月的，则按月计算每个月、每个季度内每种禁用农药残留的风险系数和以 MRL 欧盟标准为标准的非禁用农药残留的风险系数。

4）风险程度评价专业应用程序的开发方法

采用 Python 计算机程序设计语言，Python 是一个高层次地结合了解释性、编译性、互动性和面向对象的脚本语言。风险评价专用程序主要功能包括：分别读入每例样品 LC-Q-TOF/MS 和 GC-Q-TOF/MS 农药残留检测数据，根据风险评价工作要求，依次对不同农药、不同食品、不同时间、不同采样点的 IFS_c 值和 R 值分别进行数据计算，筛选出禁用农药、超标农药（分别与 MRL 中国国家标准、MRL 欧盟标准限值进行对比）单独重点分析，再分别对各农药、各水果蔬菜种类分类处理，设计出计算和排序程序，编写计算机代码，最后将生成的膳食暴露风险评估和超标风险评估定量计算结果列入设计好的各个表格中，并定性判断风险对目标的影响程度，直接用文字描述风险发生的高低，如"不可接受"、"可以接受"、"没有影响"、"高度风险"、"中度风险"、"低度风险"。

16.2　GC-Q-TOF/MS 侦测济南市市售水果蔬菜农药残留膳食暴露风险评估

16.2.1　每例水果蔬菜样品中农药残留安全指数分析

基于农药残留侦测数据，发现在 397 例样品中侦测出农药 1213 频次，计算样品中每种残留农药的安全指数 IFS$_c$，并分析农药对样品安全的影响程度，结果详见附表二，农药残留对水果蔬菜样品安全的影响程度频次分布情况如图 16-4 所示。

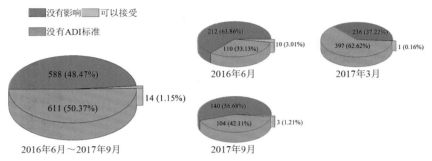

图 16-4　农药残留对水果蔬菜样品安全的影响程度频次分布图

由图 16-4 可以看出，农药残留对样品安全的影响可以接受的频次为 14，占 1.15%；农药残留对样品安全的没有影响的频次为 588，占 48.47%。分析发现，3 个月份内，农药对样品安全的影响均在可以接受和没有影响的范围内。表 16-5 为对水果蔬菜样品中安全指数排名前 10 的农药残留列表。

表 16-5　水果蔬菜样品中安全指数排名前 10 的农药残留列表

序号	样品编号	采样点	基质	农药	含量（mg/kg）	IFS$_c$	影响程度
1	20160616-370100-AHCIQ-GP-07A	***便民店	葡萄	异丙威	0.2191	0.6938	可以接受
2	20160616-370100-AHCIQ-LJ-10A	***超市（北国店）	辣椒	异丙威	0.215	0.6808	可以接受
3	20160615-370100-AHCIQ-LJ-05A	***超市（万达店）	辣椒	异丙威	0.1771	0.5608	可以接受
4	20170316-370100-AHCIQ-ST-08A	***市场	草莓	异丙威	0.1157	0.3664	可以接受
5	20170908-370100-AHCIQ-CU-03A	***超市（洪楼店）	黄瓜	克百威	0.0575	0.3642	可以接受
6	20170908-370100-AHCIQ-JU-04A	***超市（洪楼店）	枣	氟虫腈	0.0115	0.3642	可以接受
7	20160615-370100-AHCIQ-BC-05A	***超市（万达店）	大白菜	硫丹	0.338	0.3568	可以接受
8	20160615-370100-AHCIQ-LJ-04A	***超市（馆驿街店）	辣椒	特丁硫磷	0.0314	0.3314	可以接受
9	20170908-370100-AHCIQ-SG-02A	***超市（泉城店）	丝瓜	异丙威	0.0845	0.2676	可以接受
10	20160615-370100-AHCIQ-LJ-01A	***超市（统一银座商城店）	辣椒	特丁硫磷	0.0204	0.2153	可以接受

部分样品侦测出禁用农药 6 种 38 频次，为了明确残留的禁用农药对样品安全的影响，分析侦测出禁用农药残留的样品安全指数，禁用农药残留对水果蔬菜样品安全的影响程度频次分布情况如图 16-5 所示，农药残留对样品安全的影响可以接受的频次为 7，占 18.42%；农药残留对样品安全没有影响的频次为 31，占 81.58%。由图中可以看出，3 个月份的水果蔬菜样品中均侦测出禁用农药残留，且禁用农药对样品安全的影响均在可以接受和没有影响的范围内。表 16-6 列出了水果蔬菜样品中侦测出的残留禁用农药的安全指数表。

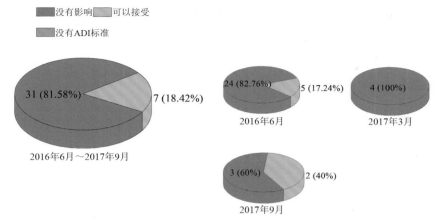

图 16-5　禁用农药对水果蔬菜样品安全影响程度的频次分布图

表 16-6　水果蔬菜样品中侦测出的残留禁用农药的安全指数表

序号	样品编号	采样点	基质	农药	含量（mg/kg）	IFS$_c$	影响程度
1	20170908-370100-AHCIQ-CU-03A	***超市（洪楼店）	黄瓜	克百威	0.0575	0.3642	可以接受
2	20170908-370100-AHCIQ-JU-04A	***超市（洪楼店）	枣	氟虫腈	0.0115	0.3642	可以接受
3	20160615-370100-AHCIQ-BC-05A	***超市（万达店）	大白菜	硫丹	0.338	0.3568	可以接受
4	20160615-370100-AHCIQ-LJ-04A	***超市（馆驿街店）	辣椒	特丁硫磷	0.0314	0.3314	可以接受
5	20160615-370100-AHCIQ-LJ-01A	***超市（统一银座商城店）	辣椒	特丁硫磷	0.0204	0.2153	可以接受
6	20160616-370100-AHCIQ-GP-08A	***超市（和谐广场店）	葡萄	克百威	0.0252	0.1596	可以接受
7	20160615-370100-AHCIQ-GP-05A	***超市（万达店）	葡萄	克百威	0.0207	0.1311	可以接受
8	20170908-370100-AHCIQ-CU-05A	***超市（经八路店）	黄瓜	克百威	0.0154	0.0975	没有影响
9	20170909-370100-AHCIQ-XJ-08A	***市场	香蕉	氟虫腈	0.0028	0.0887	没有影响
10	20160615-370100-AHCIQ-HU-05A	***超市（万达店）	胡萝卜	甲拌磷	0.0077	0.0697	没有影响
11	20160616-370100-AHCIQ-CE-06A	***市场	芹菜	克百威	0.009	0.0570	没有影响
12	20160615-370100-AHCIQ-HU-02A	***超市（泉城路分店）	胡萝卜	甲拌磷	0.0047	0.0425	没有影响
13	20160616-370100-AHCIQ-CE-07A	***便民店	芹菜	克百威	0.006	0.0380	没有影响
14	20160615-370100-AHCIQ-CE-02A	***超市（泉城路分店）	芹菜	克百威	0.0058	0.0367	没有影响
15	20160615-370100-AHCIQ-CE-05A	***超市（万达店）	芹菜	克百威	0.0056	0.0355	没有影响
16	20160616-370100-AHCIQ-TG-07A	***便民店	甜瓜	硫丹	0.0324	0.0342	没有影响

续表

序号	样品编号	采样点	基质	农药	含量（mg/kg）	IFS$_c$	影响程度
17	20160615-370100-AHCIQ-PH-01A	***超市（统一银座商城店）	桃	硫丹	0.0314	0.0331	没有影响
18	20160616-370100-AHCIQ-HU-08A	***超市（和谐广场店）	胡萝卜	水胺硫磷	0.0156	0.0329	没有影响
19	20160616-370100-AHCIQ-CE-08A	***超市（和谐广场店）	芹菜	克百威	0.0052	0.0329	没有影响
20	20160615-370100-AHCIQ-CE-01A	***超市（统一银座商城店）	芹菜	克百威	0.0051	0.0323	没有影响
21	20160615-370100-AHCIQ-HU-04A	***超市（馆驿街店）	胡萝卜	甲拌磷	0.0035	0.0317	没有影响
22	20160615-370100-AHCIQ-TG-05A	***超市（万达店）	甜瓜	硫丹	0.0218	0.0230	没有影响
23	20160616-370100-AHCIQ-JC-09A	***超市（洪楼店）	韭菜	克百威	0.0036	0.0228	没有影响
24	20160616-370100-AHCIQ-PO-07A	***便民店	马铃薯	甲拌磷	0.0025	0.0226	没有影响
25	20160615-370100-AHCIQ-BO-02A	***超市（泉城路分店）	菠菜	甲拌磷	0.0023	0.0208	没有影响
26	20160616-370100-AHCIQ-PH-10A	***超市（北国店）	桃	硫丹	0.019	0.0201	没有影响
27	20160615-370100-AHCIQ-PH-03A	***超市（天桥区）	桃	硫丹	0.0143	0.0151	没有影响
28	20160616-370100-AHCIQ-TG-06A	***市场	甜瓜	硫丹	0.0138	0.0146	没有影响
29	20160616-370100-AHCIQ-PH-09A	***超市（洪楼店）	桃	硫丹	0.012	0.0127	没有影响
30	20170316-370100-AHCIQ-ST-10A	***超市（和谐广场店）	草莓	硫丹	0.0105	0.0111	没有影响
31	20170316-370100-AHCIQ-LB-08A	***市场	萝卜	甲拌磷	0.0011	0.0100	没有影响
32	20160615-370100-AHCIQ-TG-01A	***超市（统一银座商城店）	甜瓜	硫丹	0.0066	0.0070	没有影响
33	20160616-370100-AHCIQ-TG-10A	***超市（北国店）	甜瓜	硫丹	0.0051	0.0054	没有影响
34	20160616-370100-AHCIQ-TG-08A	***超市（和谐广场店）	甜瓜	硫丹	0.0046	0.0049	没有影响
35	20170315-370100-AHCIQ-DG-02A	***市场	冬瓜	硫丹	0.0035	0.0037	没有影响
36	20170315-370100-AHCIQ-DG-03A	***超市（华信店）	冬瓜	硫丹	0.0034	0.0036	没有影响
37	20170908-370100-AHCIQ-PE-05A	***超市（经八路店）	梨	硫丹	0.0026	0.0027	没有影响
38	20160615-370100-AHCIQ-PH-02A	***超市（泉城路分店）	桃	硫丹	0.0026	0.0027	没有影响

　　此外，本次侦测发现部分样品中非禁用农药残留量超过了 MRL 中国国家标准和欧盟标准，为了明确超标的非禁用农药对样品安全的影响，分析了非禁用农药残留超标的

样品安全指数。

水果蔬菜残留量超过 MRL 中国国家标准的非禁用农药对水果蔬菜样品安全指数表如表 16-7 所示。可以看出侦测出超过 MRL 中国国家标准的非禁用农药共 1 频次，影响程度为没有影响。

表 16-7　水果蔬菜样品中侦测出的非禁用农药残留安全指数表（MRL 中国国家标准）

序号	样品编号	采样点	基质	农药	含量（mg/kg）	中国国家标准	IFS$_c$	影响程度
1	20170316-370100-AHCIQ-JC-09A	***超市（经七路店）	韭菜	腐霉利	0.3299	0.2	0.0209	没有影响

残留量超过 MRL 欧盟标准的非禁用农药对水果蔬菜样品安全的影响程度频次分布情况如图 16-6 所示。可以看出超过 MRL 欧盟标准的非禁用农药共 342 频次，其中农药没有 ADI 标准的频次为 236，占 69.01%；农药残留对样品安全的影响可以接受的频次为 7，占 2.05%；农药残留对样品安全没有影响的频次为 99，占 28.95%。表 16-8 为水果蔬菜样品中安全指数排名前 10 的残留超标非禁用农药列表。

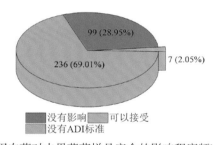

图 16-6　残留超标的非禁用农药对水果蔬菜样品安全的影响程度频次分布图（MRL 欧盟标准）

表 16-8　水果蔬菜样品中安全指数排名前 10 的残留超标非禁用农药列表（MRL 欧盟标准）

序号	样品编号	采样点	基质	农药	含量（mg/kg）	欧盟标准	IFS$_c$	影响程度
1	20160616-370100-AHCIQ-GP-07A	***便民店	葡萄	异丙威	0.2191	0.01	0.6938	可以接受
2	20160616-370100-AHCIQ-LJ-10A	***超市（北国店）	辣椒	异丙威	0.215	0.01	0.6808	可以接受
3	20160615-370100-AHCIQ-LJ-05A	***超市（万达店）	辣椒	异丙威	0.1771	0.01	0.5608	可以接受
4	20170316-370100-AHCIQ-ST-08A	***市场	草莓	异丙威	0.1157	0.01	0.3664	可以接受
5	20170908-370100-AHCIQ-SG-02A	***超市（泉城店）	丝瓜	异丙威	0.0845	0.01	0.2676	可以接受
6	20160616-370100-AHCIQ-LJ-06A	***市场	辣椒	敌敌畏	0.1006	0.01	0.1593	可以接受
7	20160615-370100-AHCIQ-LJ-02A	***超市（泉城路分店）	辣椒	腈菌唑	0.5663	0.5	0.1196	可以接受

续表

序号	样品编号	采样点	基质	农药	含量 （mg/kg）	欧盟 标准	IFS$_c$	影响程度
8	20170908-370100- AHCIQ-PP-07A	***超市（北园店）	甜椒	异丙威	0.0307	0.01	0.0972	没有影响
9	20170908-370100- AHCIQ-PP-04A	***超市（洪楼店）	甜椒	异丙威	0.0282	0.01	0.0893	没有影响
10	20160616-370100- AHCIQ-AP-06A	***市场	苹果	敌敌畏	0.0459	0.01	0.0727	没有影响

在 397 例样品中，43 例样品未侦测出农药残留，354 例样品中侦测出农药残留，计算每例有农药侦测出样品的 $\overline{IFS}$ 值，进而分析样品的安全状态，结果如图 16-7 所示（未侦测出农药的样品安全状态视为很好）。可以看出，1.51% 的样品安全状态可以接受；83.38% 的样品安全状态很好。所有月份内的样品安全状态均在很好和可以接受的范围内。表 16-9 列出了水果蔬菜安全指数排名前 10 的样品列表。

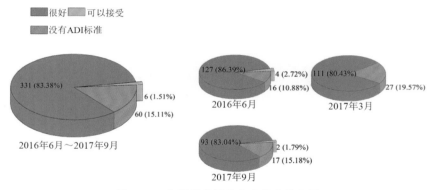

图 16-7　水果蔬菜样品安全状态分布图

表 16-9　水果蔬菜安全指数排名前 10 的样品列表

序号	样品编号	采样点	基质	$\overline{IFS}$	安全状态
1	20160616-370100-AHCIQ-GP-07A	***便民店	葡萄	0.3490	可以接受
2	20160615-370100-AHCIQ-LJ-05A	***超市（万达店）	辣椒	0.1875	可以接受
3	20160616-370100-AHCIQ-LJ-10A	***超市（北国店）	辣椒	0.1408	可以接受
4	20170908-370100-AHCIQ-JU-04A	***超市（洪楼店）	枣	0.1271	可以接受
5	20170908-370100-AHCIQ-CU-03A	***超市（洪楼店）	黄瓜	0.1235	可以接受
6	20160615-370100-AHCIQ-BC-05A	***超市（万达店）	大白菜	0.1008	可以接受
7	20170908-370100-AHCIQ-SG-02A	***超市（泉城店）	丝瓜	0.0949	很好
8	20170909-370100-AHCIQ-XJ-08A	***市场	香蕉	0.0887	很好
9	20160615-370100-AHCIQ-LJ-04A	***超市（馆驿街店）	辣椒	0.0854	很好
10	20160616-370100-AHCIQ-LJ-06A	***市场	辣椒	0.0802	很好

16.2.2　单种水果蔬菜中农药残留安全指数分析

本次 33 种水果蔬菜中侦测出 94 种农药，检出频次为 1213 次，其中 39 种农药没有 ADI 标准，55 种农药存在 ADI 标准。按水果蔬菜种类分别计算具有 ADI 标准的侦测出农药的 IFS_c 值，农药残留对水果蔬菜的安全指数分布图如图 16-8 所示。

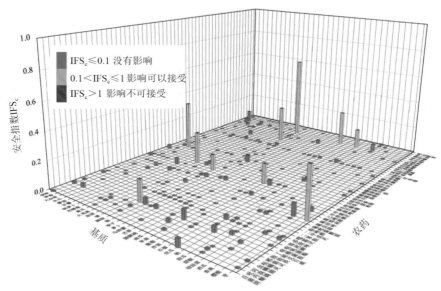

图 16-8　33 种水果蔬菜中 55 种残留农药的安全指数分布图

分析发现，单种水果蔬菜中的农药残留安全影响都处于可以接受和没有影响的范围内，表 16-10 列出单种水果蔬菜中安全指数表排名前 10 的残留农药列表。

表 16-10　单种水果蔬菜安全指数排名前 10 的残留农药列表

序号	基质	农药	检出频次	检出率（%）	IFS>1 的频次	IFS>1 的比例	IFS_c	影响程度
1	辣椒	异丙威	2	4.65	0	0	0.6208	可以接受
2	枣	氟虫腈	1	2.70	0	0	0.3642	可以接受
3	大白菜	硫丹	1	1.96	0	0	0.3568	可以接受
4	辣椒	特丁硫磷	2	4.65	0	0	0.2734	可以接受
5	葡萄	异丙威	3	1.30	0	0	0.2567	可以接受
6	黄瓜	克百威	2	10.0	0	0	0.2309	可以接受
7	辣椒	敌敌畏	1	2.33	0	0	0.1593	可以接受
8	葡萄	克百威	2	8.70	0	0	0.1454	可以接受
9	丝瓜	异丙威	2	6.67	0	0	0.1436	可以接受
10	辣椒	腈菌唑	1	2.33	0	0	0.1196	可以接受

本次侦测中，33 种水果蔬菜和 94 种残留农药（包括没有 ADI 标准）共涉及 400 个分析样本，农药对单种水果蔬菜安全的影响程度分布情况如图 16-9 所示。可以看出，59.75%的样本中农药对水果蔬菜安全没有影响，2.5%的样本中农药对水果蔬菜安全的影响可以接受。

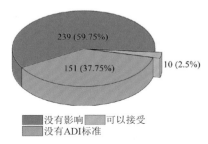

图 16-9　400 个分析样本的影响程度频次分布图

此外，分别计算 33 种水果蔬菜中所有侦测出农药 IFS_c 的平均值 $\overline{IFS}$，分析每种水果蔬菜的安全状态，结果如图 16-10 所示，分析发现，所有水果蔬菜的安全状态均为很好。

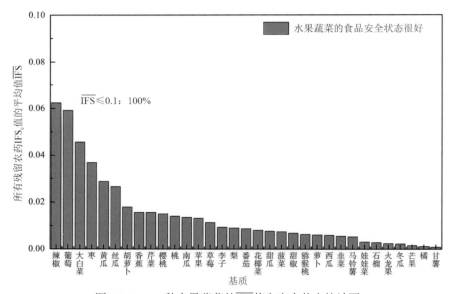

图 16-10　33 种水果蔬菜的 $\overline{IFS}$ 值和安全状态统计图

对每个月内每种水果蔬菜中农药的 IFS_c 进行分析，并计算每月内每种水果蔬菜的 $\overline{IFS}$ 值，以评价每种水果蔬菜的安全状态，结果如图 16-11 所示，可以看出，所有月份的水果蔬菜的安全状态均处于很好的范围内，各月份内单种水果蔬菜安全状态统计情况如图 16-12 所示。

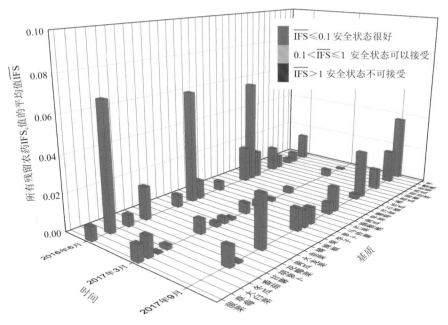

图 16-11　各月内每种水果蔬菜的 $\overline{\text{IFS}}$ 值与安全状态分布图

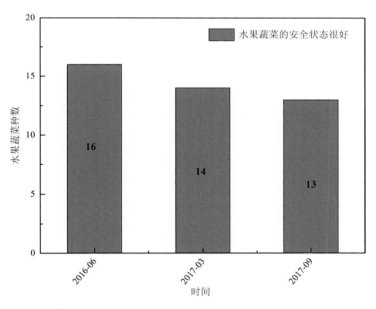

图 16-12　各月份内单种水果蔬菜安全状态统计图

16.2.3　所有水果蔬菜中农药残留安全指数分析

计算所有水果蔬菜中 55 种农药的 $\overline{\text{IFS}}_c$ 值，结果如图 16-13 及表 16-11 所示。

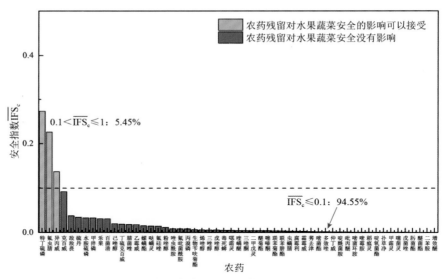

图 16-13　55 种残留农药对水果蔬菜的安全影响程度统计图

　　分析发现，所有农药的$\overline{\text{IFS}_c}$均小于 1，说明所有农药对水果蔬菜安全的影响均在没有影响和可以接受的范围内，其中 5.45%的农药对水果蔬菜安全的影响可以接受，94.55%的农药对水果蔬菜安全没有影响。

表 16-11　水果蔬菜中 55 种农药残留的安全指数表

序号	农药	检出频次	检出率（%）	$\overline{\text{IFS}_c}$	影响程度	序号	农药	检出频次	检出率（%）	$\overline{\text{IFS}_c}$	影响程度
1	特丁硫磷	2	0.16	0.2734	可以接受	16	哒螨灵	11	0.91	0.0148	没有影响
2	氟虫腈	2	0.16	0.2264	可以接受	17	氟硅唑	3	0.25	0.0144	没有影响
3	异丙威	23	1.90	0.1369	可以接受	18	粉唑醇	2	0.16	0.0115	没有影响
4	克百威	11	0.91	0.0916	没有影响	19	唑虫酰胺	2	0.16	0.0085	没有影响
5	敌敌畏	10	0.82	0.0378	没有影响	20	氟吡菌酰胺	15	1.24	0.0083	没有影响
6	硫丹	16	1.32	0.0344	没有影响	21	丙溴磷	9	0.74	0.0083	没有影响
7	水胺硫磷	1	0.08	0.0329	没有影响	22	生物苄呋菊酯	8	0.66	0.0067	没有影响
8	甲拌磷	6	0.49	0.0329	没有影响	23	烯唑醇	4	0.33	0.0061	没有影响
9	乐果	1	0.08	0.0310	没有影响	24	三唑醇	1	0.08	0.0058	没有影响
10	百菌清	2	0.16	0.0309	没有影响	25	戊唑醇	18	1.48	0.0058	没有影响
11	己唑醇	3	0.25	0.0199	没有影响	26	毒死蜱	49	4.04	0.0053	没有影响
12	丁硫克百威	4	0.33	0.0189	没有影响	27	噁霜灵	2	0.16	0.0052	没有影响
13	腈菌唑	7	0.58	0.0180	没有影响	28	喹螨醚	12	0.99	0.0043	没有影响
14	乙霉威	8	0.66	0.0177	没有影响	29	三唑酮	78	6.43	0.0043	没有影响
15	螺螨酯	9	0.74	0.0153	没有影响	30	二甲戊灵	1	0.08	0.0040	没有影响

续表

序号	农药	检出频次	检出率（%）	$\overline{IFS_c}$	影响程度	序号	农药	检出频次	检出率（%）	$\overline{IFS_c}$	影响程度
31	醚菊酯	51	4.20	0.0040	没有影响	44	嘧菌环胺	3	0.25	0.0011	没有影响
32	噻嗪酮	2	0.16	0.0039	没有影响	45	嘧霉胺	14	1.15	0.0010	没有影响
33	联苯菊酯	9	0.74	0.0038	没有影响	46	稻瘟灵	11	0.91	0.0008	没有影响
34	联苯肼酯	5	0.41	0.0034	没有影响	47	啶氧菌酯	2	0.16	0.0007	没有影响
35	虫螨腈	11	0.91	0.0032	没有影响	48	扑草净	2	0.16	0.0007	没有影响
36	腐霉利	48	3.96	0.0028	没有影响	49	甲霜灵	20	1.65	0.0007	没有影响
37	霜霉威	2	0.16	0.0025	没有影响	50	噻菌灵	3	0.25	0.0006	没有影响
38	莠去津	4	0.33	0.0022	没有影响	51	戊菌唑	2	0.16	0.0005	没有影响
39	嘧菌酯	4	0.33	0.0018	没有影响	52	肟菌酯	1	0.08	0.0003	没有影响
40	多效唑	13	1.07	0.0017	没有影响	53	醚菌酯	3	0.25	0.0003	没有影响
41	仲丁威	28	2.31	0.0013	没有影响	54	二苯胺	28	2.31	0.0002	没有影响
42	啶酰菌胺	5	0.41	0.0013	没有影响	55	增效醚	6	0.49	0.0001	没有影响
43	吡丙醚	5	0.41	0.0012	没有影响						

　　对每个月内所有水果蔬菜中残留农药的$\overline{IFS_c}$进行分析，结果如图 16-14 所示。分析发现，该三个月份的所有农药对水果蔬菜安全的影响均处于没有影响和可以接受的范围内。每月内不同农药对水果蔬菜安全影响程度的统计如图 16-15 所示。

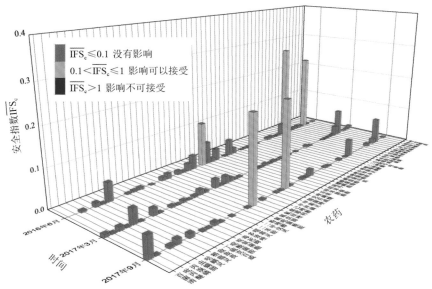

图 16-14　各月份内水果蔬菜中每种残留农药的安全指数分布图

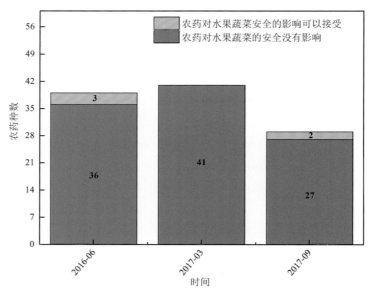

图 16-15　各月份内农药对水果蔬菜安全影响程度的统计图

　　计算每个月内水果蔬菜的 $\overline{IFS}$ ，以分析每月内水果蔬菜的安全状态，结果如图 16-16 所示，可以看出，所有月份的水果蔬菜安全状态均处于很好的范围内。

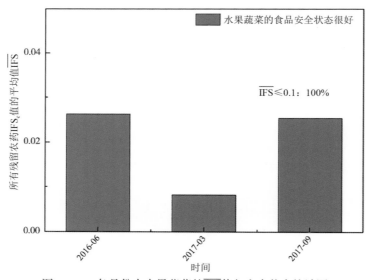

图 16-16　各月份内水果蔬菜的 $\overline{IFS}$ 值与安全状态统计图

16.3　GC-Q-TOF/MS 侦测济南市市售水果蔬菜农药残留预警风险评估

　　基于济南市水果蔬菜样品中农药残留 GC-Q-TOF/MS 侦测数据，分析禁用农药的检出率，同时参照中华人民共和国国家标准 GB 2763—2016 和欧盟农药最大残留限量（MRL）标准分析非禁用农药残留的超标率，并计算农药残留风险系数。分析单种水果蔬菜中农药残留以及所有水果蔬菜中农药残留的风险程度。

16.3.1　单种水果蔬菜中农药残留风险系数分析

16.3.1.1　单种水果蔬菜中禁用农药残留风险系数分析

侦测出的 94 种残留农药中有 6 种为禁用农药，且它们分布在 17 种水果蔬菜中，计算 17 种水果蔬菜中禁用农药的超标率，根据超标率计算风险系数 R，进而分析水果蔬菜中禁用农药的风险程度，结果如图 16-17 与表 16-12 所示。分析发现 6 种禁用农药在 17 种水果蔬菜中的残留处均于高度风险。

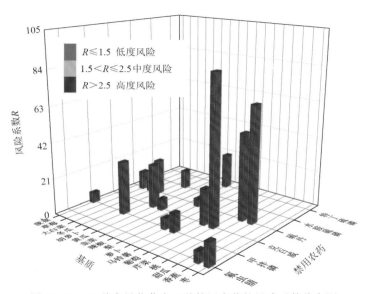

图 16-17　17 种水果蔬菜中 6 种禁用农药的风险系数分布图

表 16-12　17 种水果蔬菜中 6 种禁用农药的风险系数列表

序号	基质	农药	检出频次	检出率（%）	风险系数 R	风险程度
1	芹菜	克百威	6	85.71	86.81	高度风险
2	甜瓜	硫丹	6	66.67	67.77	高度风险
3	桃	硫丹	5	50.00	51.10	高度风险
4	胡萝卜	甲拌磷	3	30.00	31.10	高度风险
5	黄瓜	克百威	2	25.00	26.10	高度风险
6	冬瓜	硫丹	2	20.00	21.10	高度风险
7	辣椒	特丁硫磷	2	20.00	21.10	高度风险

续表

序号	基质	农药	检出频次	检出率（%）	风险系数 R	风险程度
8	葡萄	克百威	2	20.00	21.10	高度风险
9	枣	氟虫腈	1	12.50	13.60	高度风险
10	草莓	硫丹	1	10.00	11.10	高度风险
11	胡萝卜	水胺硫磷	1	10.00	11.10	高度风险
12	马铃薯	甲拌磷	1	10.00	11.10	高度风险
13	韭菜	克百威	1	5.56	6.66	高度风险
14	萝卜	甲拌磷	1	5.56	6.66	高度风险
15	香蕉	氟虫腈	1	5.56	6.66	高度风险
16	菠菜	甲拌磷	1	5.26	6.36	高度风险
17	大白菜	硫丹	1	5.00	6.10	高度风险
18	梨	硫丹	1	3.57	4.67	高度风险

16.3.1.2　基于 MRL 中国国家标准的单种水果蔬菜中非禁用农药残留风险系数分析

参照中华人民共和国国家标准 GB 2763—2016 中农药残留限量计算每种水果蔬菜中每种非禁用农药的超标率，进而计算其风险系数，根据风险系数大小判断残留农药的预警风险程度，水果蔬菜中非禁用农药残留风险程度分布情况如图 16-18 所示。

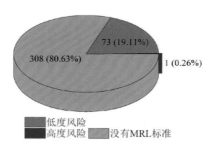

图 16-18　水果蔬菜中非禁用农药风险程度的频次分布图（MRL 中国国家标准）

本次分析中，发现在 33 种水果蔬菜侦测出 88 种残留非禁用农药，涉及样本 382 个，在 382 个样本中，0.26% 处于高度风险，19.11% 处于低度风险，此外发现有 308 个样本没有 MRL 中国国家标准值，无法判断其风险程度，有 MRL 中国国家标准值的 74 个样本涉及 25 种水果蔬菜中的 30 种非禁用农药，其风险系数 R 值如图 16-19 所示。表 16-13 为非禁用农药残留处于高度风险的水果蔬菜列表。

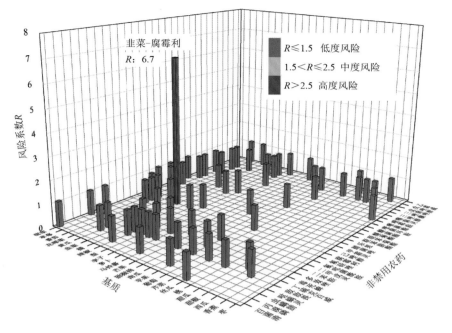

图16-19　25种水果蔬菜中30种非禁用农药的风险系数分布图（MRL 中国国家标准）

表 16-13　单种水果蔬菜中处于高度风险的非禁用农药风险系数表（MRL 中国国家标准）

序号	基质	农药	超标频次	超标率 P（%）	风险系数 R
1	韭菜	腐霉利	1	5.56	6.66

16.3.1.3　基于 MRL 欧盟标准的单种水果蔬菜中非禁用农药残留风险系数

分析

参照 MRL 欧盟标准计算每种水果蔬菜中每种非禁用农药的超标率，进而计算其风险系数，根据风险系数大小判断农药残留的预警风险程度，水果蔬菜中非禁用农药残留风险程度分布情况如图 16-20 所示。

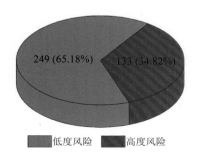

图16-20　水果蔬菜中非禁用农药的风险程度的频次分布图（MRL 欧盟标准）

本次分析中，发现在 33 种水果蔬菜中共侦测出 88 种非禁用农药，涉及样本 382 个，其中，34.82%处于高度风险，涉及 32 种水果蔬菜和 47 种农药；65.18%处于低度风险，涉及 33 种水果蔬菜和 72 种农药。单种水果蔬菜中的非禁用农药风险系数分布图如图 16-21 所示。单种水果蔬菜中处于高度风险的非禁用农药风险系数如图 16-22 和表 16-14 所示。

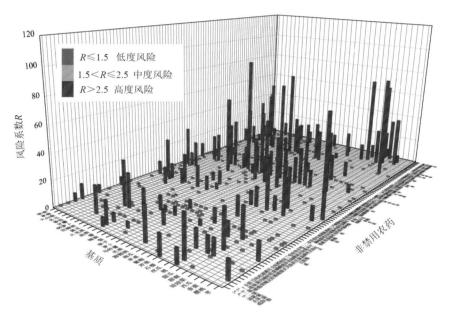

图 16-21　33 种水果蔬菜中 88 种非禁用农药的风险系数分布图（MRL 欧盟标准）

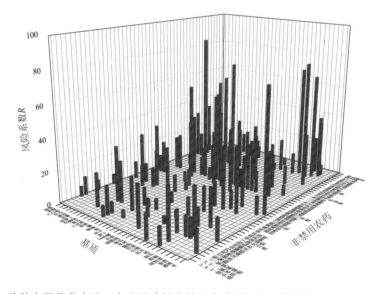

图 16-22　单种水果蔬菜中处于高度风险的非禁用农药的风险系数分布图（MRL 欧盟标准）

表 16-14　单种水果蔬菜中处于高度风险的非禁用农药的风险系数表（MRL 欧盟标准）

序号	基质	农药	超标频次	超标率 P（%）	风险系数 R
1	橘	棉铃威	9	90.00	91.10
2	香蕉	西玛通	14	77.78	78.88
3	枣	解草腈	6	75.00	76.10
4	橘	西玛通	7	70.00	71.10
5	桃	抑芽唑	7	70.00	71.10
6	娃娃菜	抑芽唑	2	66.67	67.77
7	火龙果	西玛通	6	60.00	61.10
8	火龙果	醚菊酯	6	60.00	61.10
9	李子	棉铃威	4	50.00	51.10
10	菠菜	兹克威	9	47.37	48.47
11	萝卜	棉铃威	8	44.44	45.54
12	草莓	莠去通	4	40.00	41.10
13	大白菜	抑芽唑	8	40.00	41.10
14	苹果	猛杀威	11	0.3929	40.39
15	甜椒	腐霉利	7	38.89	39.99
16	香蕉	茚草酮	7	38.89	39.99
17	黄瓜	棉铃威	3	37.50	38.60
18	丝瓜	腐霉利	3	37.50	38.60
19	花椰菜	棉铃威	3	0.3333	34.43
20	花椰菜	虫螨腈	3	33.33	34.43
21	萝卜	醚菊酯	6	33.33	34.43
22	娃娃菜	仲丁威	1	33.33	34.43
23	菠菜	抑芽唑	6	31.58	32.68
24	草莓	磷酸三苯酯	3	30.00	31.10
25	草莓	西玛通	3	30.00	31.10
26	冬瓜	腐霉利	3	30.00	31.10
27	辣椒	烯虫炔酯	3	30.00	31.10
28	芒果	西玛通	3	30.00	31.10
29	桃	γ-氟氯氰菌酯	3	30.00	31.10
30	芹菜	棉铃威	2	28.57	29.67
31	甜椒	丙溴磷	5	27.78	28.88
32	甜椒	异丙威	5	27.78	28.88
33	甜椒	棉铃威	5	27.78	28.88

序号	基质	农药	超标频次	超标率 P（%）	风险系数 R
34	黄瓜	虫螨腈	2	25.00	26.10
35	梨	西玛通	7	25.00	26.10
36	猕猴桃	γ-氟氯氰菌酯	2	25.00	26.10
37	猕猴桃	戊唑醇	2	25.00	26.10
38	猕猴桃	棉铃威	2	25.00	26.10
39	南瓜	棉铃威	2	25.00	26.10
40	苹果	西玛通	7	25.00	26.10
41	石榴	棉铃威	2	25.00	26.10
42	番茄	棉铃威	4	22.22	23.32
43	花椰菜	腐霉利	2	22.22	23.32
44	甜瓜	解草腈	2	2222	23.32
45	甜椒	丁硫克百威	4	22.22	23.32
46	甜椒	仲丁威	4	22.22	23.32
47	梨	棉铃威	6	21.43	22.53
48	冬瓜	棉铃威	2	20.00	21.10
49	冬瓜	磷酸三苯酯	2	20.00	21.10
50	胡萝卜	胺菊酯	2	20.00	21.10
51	辣椒	丙溴磷	2	20.00	21.10
52	辣椒	异丙威	2	20.00	21.10
53	马铃薯	棉铃威	2	20.00	21.10
54	芒果	醚菊酯	2	20.00	21.10
55	葡萄	异丙威	2	20.00	21.10
56	葡萄	棉铃威	2	20.00	21.10
57	桃	三唑酮	2	20.00	21.10
58	韭菜	γ-氟氯氰菌酯	3	16.67	17.77
59	韭菜	灭害威	3	16.67	17.77
60	韭菜	腐霉利	3	16.67	17.77
61	大白菜	西玛通	3	15.00	16.10
62	芹菜	3,4,5-混杀威	1	14.29	15.39
63	芹菜	腐霉利	1	14.29	15.39
64	芹菜	菲	1	14.29	15.39
65	甘薯	呋菌胺	1	12.50	13.60
66	黄瓜	仲丁威	1	12.50	13.60

续表

序号	基质	农药	超标频次	超标率 P（%）	风险系数 R
67	李子	扑灭通	1	12.50	13.60
68	丝瓜	吡喃灵	1	12.50	13.60
69	丝瓜	异丙威	1	12.50	13.60
70	丝瓜	棉铃威	1	12.50	13.60
71	枣	γ-氟氯氰菌酯	1	12.50	13.60
72	枣	虫螨腈	1	1250	13.60
73	番茄	仲丁威	2	11.11	12.21
74	番茄	腐霉利	2	11.11	12.21
75	花椰菜	三唑酮	1	11.11	12.21
76	花椰菜	氟硅唑	1	11.11	12.21
77	花椰菜	西玛通	1	11.11	12.21
78	韭菜	棉铃威	2	11.11	12.21
79	韭菜	西玛通	2	11.11	12.21
80	萝卜	西玛通	2	11.11	12.21
81	甜瓜	吡喃灵	1	11.11	12.21
82	甜瓜	速灭威	1	11.11	12.21
83	甜椒	吡喃灵	2	11.11	12.21
84	苹果	棉铃威	3	10.71	11.81
85	菠菜	吡喃灵	2	10.53	11.63
86	菠菜	棉铃威	2	10.53	11.63
87	菠菜	西玛通	2	10.53	11.63
88	草莓	异丙威	1	10.00	11.10
89	草莓	腐霉利	1	10.00	11.10
90	大白菜	磷酸三苯酯	2	10.00	11.10
91	胡萝卜	烯虫炔酯	1	10.00	11.10
92	橘	莠去通	1	10.00	11.10
93	辣椒	仲丁威	1	10.00	11.10
94	辣椒	敌敌畏	1	10.00	11.10
95	辣椒	腈菌唑	1	10.00	11.10
96	辣椒	腐霉利	1	10.00	11.10
97	马铃薯	丙溴磷	1	10.00	11.10
98	马铃薯	仲丁威	1	10.00	11.10
99	葡萄	啶氧菌酯	1	10.00	11.10

续表

序号	基质	农药	超标频次	超标率 P（%）	风险系数 R
100	葡萄	腐霉利	1	10.00	11.10
101	桃	3, 4, 5-混杀威	1	10.00	11.10
102	桃	庚酰草胺	1	10.00	11.10
103	桃	敌敌畏	1	10.00	11.10
104	桃	莠去通	1	10.00	11.10
105	樱桃	己唑醇	1	10.00	11.10
106	梨	嘧菌酯	2	7.14	8.24
107	梨	莠去通	2	7.14	8.24
108	苹果	杀螨特	2	7.14	8.24
109	番茄	三唑醇	1	5.56	6.66
110	番茄	氟硅唑	1	5.56	6.66
111	韭菜	3, 5-二氯苯胺	1	5.56	6.66
112	韭菜	喹螨醚	1	5.56	6.66
113	韭菜	胺菊酯	1	5.56	6.66
114	萝卜	多效唑	1	5.56	6.66
115	萝卜	敌敌畏	1	5.56	6.66
116	甜椒	唑虫酰胺	1	5.56	6.66
117	香蕉	扑灭通	1	5.56	6.66
118	香蕉	莠去通	1	5.56	6.66
119	菠菜	仲丁威	1	5.26	6.36
120	菠菜	哒螨灵	1	5.26	6.36
121	菠菜	毒死蜱	1	5.26	6.36
122	菠菜	百菌清	1	5.26	6.36
123	大白菜	扑灭通	1	5.00	6.10
124	大白菜	烯唑醇	1	5.00	6.10
125	大白菜	莠去通	1	5.00	6.10
126	梨	己唑醇	1	3.57	4.67
127	梨	敌敌畏	1	3.57	4.67
128	梨	生物苄呋菊酯	1	3.57	4.67
129	梨	胺菊酯	1	3.57	4.67
130	苹果	丙溴磷	1	3.57	4.67
131	苹果	敌敌畏	1	3.57	4.67
132	苹果	新燕灵	1	3.57	4.67
133	苹果	莠去通	1	3.57	4.67

16.3.2　所有水果蔬菜中农药残留风险系数分析

16.3.2.1　所有水果蔬菜中禁用农药残留风险系数分析

在侦测出的 94 种农药中有 6 种为禁用农药，计算所有水果蔬菜中禁用农药的风险系数，结果如表 16-15 所示。禁用农药硫丹、克百威和甲拌磷处于高度风险，氟虫腈、特丁硫磷处于中度风险，剩余 1 种禁用农药处于低度风险

表 16-15　水果蔬菜中 6 种禁用农药的风险系数表

序号	农药	检出频次	检出率（%）	风险系数 R	风险程度
1	硫丹	16	4.03	5.13	高度风险
2	克百威	11	2.77	3.87	高度风险
3	甲拌磷	6	1.51	2.61	高度风险
4	氟虫腈	2	0.50	1.60	中度风险
5	特丁硫磷	2	0.50	1.60	中度风险
6	水胺硫磷	1	0.25	1.35	低度风险

对每个月内的禁用农药的风险系数进行分析，结果如图 16-23 和表 16-16 所示。

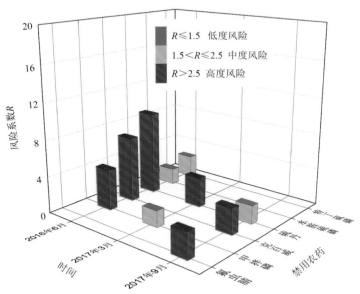

图 16-23　各月份内水果蔬菜中禁用农药残留的风险系数分布图

表 16-16　各月份内水果蔬菜中禁用农药的风险系数表

序号	年月	农药	检出频次	检出率（%）	风险系数 R	风险程度
1	2016 年 6 月	硫丹	12	8.16	9.26	高度风险
2	2016 年 6 月	克百威	9	6.12	7.22	高度风险

续表

序号	年月	农药	检出频次	检出率（%）	风险系数 R	风险程度
3	2016 年 6 月	甲拌磷	5	3.40	4.50	高度风险
4	2016 年 6 月	特丁硫磷	2	1.36	2.46	中度风险
5	2016 年 6 月	水胺硫磷	1	0.68	1.78	中度风险
6	2017 年 3 月	硫丹	3	2.17	3.27	高度风险
7	2017 年 3 月	甲拌磷	1	0.72	1.82	中度风险
8	2017 年 9 月	氟虫腈	2	1.79	2.89	高度风险
9	2017 年 9 月	克百威	2	1.79	2.89	高度风险
10	2017 年 9 月	硫丹	1	0.89	1.99	中度风险

16.3.2.2 所有水果蔬菜中非禁用农药残留风险系数分析

参照 MRL 欧盟标准计算所有水果蔬菜中每种非禁用农药残留的风险系数，如图 16-24 与表 16-17 所示。在侦测出的 88 种非禁用农药中，17 种农药（19.3%）残留处于高度风险，13 种农药（14.8%）残留处于中度风险，58 种农药（65.9%）残留处于低度风险。

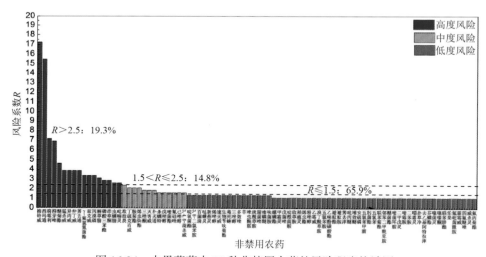

图 16-24 水果蔬菜中 88 种非禁用农药的风险程度统计图

表 16-17 水果蔬菜中 88 种非禁用农药的风险系数表

序号	农药	超标频次	超标率 P（%）	风险系数 R	风险程度
1	棉铃威	64	16.12	17.22	高度风险
2	西玛通	57	14.36	15.46	高度风险
3	腐霉利	24	6.05	7.15	高度风险
4	抑芽唑	23	5.79	6.89	高度风险

续表

序号	农药	超标频次	超标率 P（%）	风险系数 R	风险程度
5	醚菊酯	14	3.53	4.63	高度风险
6	猛杀威	11	2.77	3.87	高度风险
7	异丙威	11	2.77	3.87	高度风险
8	仲丁威	11	2.77	3.87	高度风险
9	莠去通	11	2.77	3.87	高度风险
10	γ-氟氯氰菌酯	9	2.27	3.37	高度风险
11	兹克威	9	2.27	3.37	高度风险
12	丙溴磷	9	2.27	3.37	高度风险
13	解草腈	8	2.02	3.12	高度风险
14	磷酸三苯酯	7	1.76	2.86	高度风险
15	茚草酮	7	1.76	2.86	高度风险
16	虫螨腈	6	1.51	2.61	高度风险
17	吡喃灵	6	1.51	2.61	高度风险
18	敌敌畏	5	1.26	2.36	中度风险
19	丁硫克百威	4	1.01	2.11	中度风险
20	胺菊酯	4	1.01	2.11	中度风险
21	烯虫炔酯	4	1.01	2.11	中度风险
22	三唑酮	3	0.76	1.86	中度风险
23	灭害威	3	0.76	1.86	中度风险
24	扑灭通	3	0.76	1.86	中度风险
25	杀螨特	2	0.50	1.60	中度风险
26	戊唑醇	2	0.50	1.60	中度风险
27	嘧菌酯	2	0.50	1.60	中度风险
28	氟硅唑	2	0.50	1.60	中度风险
29	己唑醇	2	0.50	1.60	中度风险
30	3,4,5-混杀威	2	0.50	1.60	中度风险
31	啶氧菌酯	1	0.25	1.35	低度风险
32	3,5-二氯苯胺	1	0.25	1.35	低度风险
33	百菌清	1	0.25	1.35	低度风险
34	哒螨灵	1	0.25	1.35	低度风险
35	新燕灵	1	0.25	1.35	低度风险
36	烯唑醇	1	0.25	1.35	低度风险
37	速灭威	1	0.25	1.35	低度风险

续表

序号	农药	超标频次	超标率 P（%）	风险系数 R	风险程度
38	生物苄呋菊酯	1	0.25	1.35	低度风险
39	毒死蜱	1	0.25	1.35	低度风险
40	三唑醇	1	0.25	1.35	低度风险
41	多效唑	1	0.25	1.35	低度风险
42	菲	1	0.25	1.35	低度风险
43	唑虫酰胺	1	0.25	1.35	低度风险
44	庚酰草胺	1	0.25	1.35	低度风险
45	腈菌唑	1	0.25	1.35	低度风险
46	喹螨醚	1	0.25	1.35	低度风险
47	呋菌胺	1	0.25	1.35	低度风险
48	螺螨酯	0	0.72	1.10	低度风险
49	甲霜灵	0	0.72	1.10	低度风险
50	戊菌唑	0	0.72	1.10	低度风险
51	啶酰菌胺	0	0.72	1.10	低度风险
52	敌草胺	0	0.72	1.10	低度风险
53	稻瘟灵	0	0.72	1.10	低度风险
54	烯虫酯	0	0.72	1.10	低度风险
55	粉唑醇	0	0.72	1.10	低度风险
56	乙霉威	0	0.72	1.10	低度风险
57	溴丁酰草胺	0	0.72	1.10	低度风险
58	五氯苯胺	0	0.72	1.10	低度风险
59	乙嘧酚磺酸酯	0	0.68	1.10	低度风险
60	避蚊酯	0	0.68	1.10	低度风险
61	避蚊胺	0	0.68	1.10	低度风险
62	莠去津	0	0.68	1.10	低度风险
63	吡丙醚	0	0.68	1.10	低度风险
64	增效醚	0	0.68	1.10	低度风险
65	安硫磷	0	0.68	1.10	低度风险
66	五氯苯甲腈	0	0.68	1.10	低度风险
67	肟菌酯	0	0.68	1.10	低度风险
68	五氯苯	0	0.68	1.10	低度风险
69	联苯菊酯	0	0.68	1.10	低度风险
70	邻苯二甲酰亚胺	0	0.68	1.10	低度风险
71	醚菌酯	0	0.68	1.10	低度风险
72	嘧菌环胺	0	0	1.10	低度风险

续表

序号	农药	超标频次	超标率 P（%）	风险系数 R	风险程度
73	二甲戊灵	0	0	1.10	低度风险
74	嘧霉胺	0	0	1.10	低度风险
75	二苯胺	0	0	1.10	低度风险
76	噁霜灵	0	0	1.10	低度风险
77	扑草净	0	0	1.10	低度风险
78	去乙基阿特拉津	0	0	1.10	低度风险
79	芬螨酯	0	0	1.10	低度风险
80	噻菌灵	0	0	1.10	低度风险
81	噻嗪酮	0	0	1.10	低度风险
82	联苯肼酯	0	0	1.10	低度风险
83	乐果	0	0	1.10	低度风险
84	氟吡菌酰胺	0	0	1.10	低度风险
85	霜霉威	0	0	1.10	低度风险
86	四氟醚唑	0	0	1.10	低度风险
87	威杀灵	0	0	1.10	低度风险
88	氟丙菊酯	0	0	1.10	低度风险

对每个月份内的非禁用农药的风险系数分析，每月内非禁用农药风险程度分布图如图 16-25 所示。3 个月份内处于高度风险的农药数排序为 2017 年 3 月（13）＞2016 年 6 月（12）＞2017 年 9 月（11）。

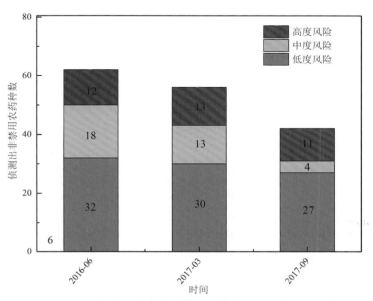

图 16-25　各月份水果蔬菜中非禁用农药残留的风险程度分布图

　　3 个月份内水果蔬菜中非禁用农药处于中度风险和高度风险的风险系数如图 16-26 和表 16-18 所示。

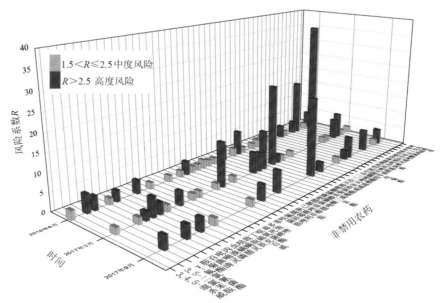

图 16-26　各月份水果蔬菜中非禁用农药处于中度风险和高度风险的风险系数分布图

表 16-18　各月份水果蔬菜中非禁用农药处于中度风险和高度风险的风险系数表

序号	年月	农药	超标频次	超标率 P（%）	风险系数 R	风险程度
1	2016 年 6 月	抑芽唑	23	15.65	16.75	高度风险
2	2016 年 6 月	棉铃威	9	6.12	7.22	高度风险
3	2016 年 6 月	兹克威	9	6.12	7.22	高度风险
4	2016 年 6 月	γ-氟氯氰菌酯	6	4.08	5.18	高度风险
5	2016 年 6 月	仲丁威	6	4.08	5.18	高度风险
6	2016 年 6 月	猛杀威	5	3.40	4.50	高度风险
7	2016 年 6 月	胺菊酯	4	2.72	3.82	高度风险
8	2016 年 6 月	敌敌畏	4	2.72	3.82	高度风险
9	2016 年 6 月	腐霉利	4	2.72	3.82	高度风险
10	2016 年 6 月	烯虫炔酯	4	2.72	3.82	高度风险
11	2016 年 6 月	异丙威	4	2.72	3.82	高度风险
12	2016 年 6 月	丙溴磷	3	2.04	3.14	高度风险
13	2016 年 6 月	3,4,5-混杀威	2	1.36	2.46	中度风险
14	2016 年 6 月	解草腈	2	1.36	2.46	中度风险
15	2016 年 6 月	嘧菌酯	2	1.36	2.46	中度风险
16	2016 年 6 月	三唑酮	2	1.36	2.46	中度风险

续表

序号	年月	农药	超标频次	超标率 P（%）	风险系数 R	风险程度
17	2016 年 6 月	杀螨特	2	1.36	2.46	中度风险
18	2016 年 6 月	吡螨灵	1	0.68	1.78	中度风险
19	2016 年 6 月	啶氧菌酯	1	0.68	1.78	中度风险
20	2016 年 6 月	菲	1	0.68	1.78	中度风险
21	2016 年 6 月	氟硅唑	1	0.68	1.78	中度风险
22	2016 年 6 月	庚酰草胺	1	0.68	1.78	中度风险
23	2016 年 6 月	己唑醇	1	0.68	1.78	中度风险
24	2016 年 6 月	腈菌唑	1	0.68	1.78	中度风险
25	2016 年 6 月	喹螨醚	1	0.68	1.78	中度风险
26	2016 年 6 月	灭害威	1	0.68	1.78	中度风险
27	2016 年 6 月	三唑醇	1	0.68	1.78	中度风险
28	2016 年 6 月	速灭威	1	0.68	1.78	中度风险
29	2016 年 6 月	烯唑醇	1	0.68	1.78	中度风险
30	2016 年 6 月	莠去通	1	0.68	1.78	中度风险
31	2017 年 3 月	西玛通	51	36.96	38.06	高度风险
32	2017 年 3 月	棉铃威	31	22.46	23.56	高度风险
33	2017 年 3 月	腐霉利	16	11.59	12.69	高度风险
34	2017 年 3 月	醚菊酯	14	10.14	11.24	高度风险
35	2017 年 3 月	莠去通	9	6.52	7.62	高度风险
36	2017 年 3 月	磷酸三苯酯	7	5.07	6.17	高度风险
37	2017 年 3 月	茚草酮	7	5.07	6.17	高度风险
38	2017 年 3 月	丙溴磷	6	4.35	5.45	高度风险
39	2017 年 3 月	猛杀威	6	4.35	5.45	高度风险
40	2017 年 3 月	丁硫克百威	4	2.90	4.00	高度风险
41	2017 年 3 月	虫螨腈	3	2.17	3.27	高度风险
42	2017 年 3 月	吡螨灵	2	1.45	2.55	高度风险
43	2017 年 3 月	灭害威	2	1.45	2.55	高度风险
44	2017 年 3 月	3, 5-二氯苯胺	1	0.72	1.82	中度风险
45	2017 年 3 月	百菌清	1	0.72	1.82	中度风险
46	2017 年 3 月	哒螨灵	1	0.72	1.82	中度风险
47	2017 年 3 月	毒死蜱	1	0.72	1.82	中度风险
48	2017 年 3 月	多效唑	1	0.72	1.82	中度风险
49	2017 年 3 月	氟硅唑	1	0.72	1.82	中度风险

序号	年月	农药	超标频次	超标率 P（%）	风险系数 R	风险程度
50	2017 年 3 月	己唑醇	1	0.72	1.82	中度风险
51	2017 年 3 月	扑灭通	1	0.72	1.82	中度风险
52	2017 年 3 月	三唑酮	1	0.72	1.82	中度风险
53	2017 年 3 月	新燕灵	1	0.72	1.82	中度风险
54	2017 年 3 月	异丙威	1	0.72	1.82	中度风险
55	2017 年 3 月	仲丁威	1	0.72	1.82	中度风险
56	2017 年 3 月	唑虫酰胺	1	0.72	1.82	中度风险
57	2017 年 9 月	棉铃威	24	21.43	22.53	高度风险
58	2017 年 9 月	解草腈	6	5.36	6.46	高度风险
59	2017 年 9 月	西玛通	6	5.36	6.46	高度风险
60	2017 年 9 月	异丙威	6	5.36	6.46	高度风险
61	2017 年 9 月	腐霉利	4	3.57	4.67	高度风险
62	2017 年 9 月	仲丁威	4	3.57	4.67	高度风险
63	2017 年 9 月	γ-氟氯氰菌酯	3	2.68	3.78	高度风险
64	2017 年 9 月	吡喃灵	3	2.68	3.78	高度风险
65	2017 年 9 月	虫螨腈	3	2.68	3.78	高度风险
66	2017 年 9 月	扑灭通	2	1.79	2.89	高度风险
67	2017 年 9 月	戊唑醇	2	1.79	2.89	高度风险
68	2017 年 9 月	敌敌畏	1	0.89	1.99	中度风险
69	2017 年 9 月	呋菌胺	1	0.89	1.99	中度风险
70	2017 年 9 月	生物苄呋菊酯	1	0.89	1.99	中度风险
71	2017 年 9 月	莠去通	1	0.89	1.99	中度风险

16.4　GC-Q-TOF/MS 侦测济南市市售水果蔬菜农药残留风险评估结论与建议

　　农药残留是影响水果蔬菜安全和质量的主要因素，也是我国食品安全领域备受关注的敏感话题和亟待解决的重大问题之一[15, 16]。各种水果蔬菜均存在不同程度的农药残留现象,本研究主要针对济南市各类水果蔬菜存在的农药残留问题,基于 2016 年 6 月~2017 年 9 月对济南市 397 例水果蔬菜样品中农药残留侦测得出的 1213 个侦测结果,分别采用食品安全指数模型和风险系数模型,开展水果蔬菜中农药残留的膳食暴露风险和预警风险评估。水果蔬菜样品取自超市和农贸市场,符合大众的膳食来源,风险评价时更具有代表性和可信度。

本研究力求通用简单地反映食品安全中的主要问题，且为管理部门和大众容易接受，为政府及相关管理机构建立科学的食品安全信息发布和预警体系提供科学的规律与方法，加强对农药残留的预警和食品安全重大事件的预防，控制食品风险。

16.4.1 济南市水果蔬菜中农药残留膳食暴露风险评价结论

1）水果蔬菜样品中农药残留安全状态评价结论

采用食品安全指数模型，对 2016 年 6 月~2017 年 9 月期间济南市水果蔬菜食品农药残留膳食暴露风险进行评价，根据 IFS_c 的计算结果发现，水果蔬菜中农药的 $\overline{IFS}$ 为 0.0212，说明济南市水果蔬菜总体处于很好的安全状态，但部分禁用农药、高残留农药在蔬菜、水果中仍有侦测出，导致膳食暴露风险的存在，成为不安全因素。

2）单种水果蔬菜中农药膳食暴露风险不可接受情况评价结论

单种水果蔬菜中农药残留安全指数分析结果显示，在单种水果蔬菜中未发现膳食暴露风险不可接受的残留农药，检测出的残留农药对单种水果蔬菜安全的影响均在可以接受和没有影响的范围内，说明济南市的水果蔬菜中虽侦测出农药残留，但残留农药不会造成膳食暴露风险或造成的膳食暴露风险可以接受。

3）禁用农药膳食暴露风险评价

本次检测发现部分水果蔬菜样品中有禁用农药侦测出，侦测出禁用农药 6 种，检出频次为 38，水果蔬菜样品中的禁用农药 IFS_c 计算结果表明，禁用农药残留的膳食暴露风险均在可以接受和没有风险的范围内，可以接受的频次为 7，占 18.42%；没有风险的频次为 31，占 81.58%。虽然残留禁用农药没有造成不可接受的膳食暴露风险，但为何在国家明令禁止禁用农药喷洒的情况下，还能在多种水果蔬菜中多次侦测出禁用农药残留，这应该引起相关部门的高度警惕，应该在禁止禁用农药喷洒的同时，严格管控禁用农药的生产和售卖，从根本上杜绝安全隐患。

16.4.2 济南市水果蔬菜中农药残留预警风险评价结论

1）单种水果蔬菜中禁用农药残留的预警风险评价结论

本次检测过程中，在 17 种水果蔬菜中检测超出 6 种禁用农药，禁用农药为：甲拌磷、硫丹、水胺硫磷、克百威、特丁硫磷、氟虫腈，水果蔬菜为：菠菜、草莓、大白菜、冬瓜、胡萝卜、黄瓜、韭菜、辣椒、梨、萝卜、马铃薯、葡萄、芹菜、桃、甜瓜、香蕉、枣，水果蔬菜中禁用农药的风险系数分析结果显示，6 种禁用农药在 17 种水果蔬菜中的残留均处于高度风险，说明在单种水果蔬菜中禁用农药的残留会导致较高的预警风险。

2）单种水果蔬菜中非禁用农药残留的预警风险评价结论

以 MRL 中国国家标准为标准，计算水果蔬菜中非禁用农药风险系数情况下，382 个样本中，1 个处于高度风险（0.26%），73 个处于低度风险（19.11%），308 个样本没有 MRL 中国国家标准（80.63%）。以 MRL 欧盟标准为标准，计算水果蔬菜中非禁用农药风险系数情况下，发现有 133 个处于高度风险（34.82%），249 个处于低度风险（65.18%）。

基于两种 MRL 标准，评价的结果差异显著，可以看出 MRL 欧盟标准比中国国家标准更加严格和完善，过于宽松的 MRL 中国国家标准值能否有效保障人体的健康有待研究。

16.4.3　加强济南市水果蔬菜食品安全建议

我国食品安全风险评价体系仍不够健全，相关制度不够完善，多年来，由于农药用药次数多、用药量大或用药间隔时间短，产品残留量大，农药残留所造成的食品安全问题日益严峻，给人体健康带来了直接或间接的危害。据估计，美国与农药有关的癌症患者数约占全国癌症患者总数的 50%，中国更高。同样，农药对其他生物也会形成直接杀伤和慢性危害，植物中的农药可经过食物链逐级传递并不断蓄积，对人和动物构成潜在威胁，并影响生态系统。

基于本次农药残留侦测数据的风险评价结果，提出以下几点建议：

1）加快食品安全标准制定步伐

我国食品标准中对农药每日允许摄入量 ADI 的数据严重缺乏，在本次评价所涉及的 94 种农药中，仅有 58.5% 的农药具有 ADI 值，而 41.5% 的农药中国尚未规定相应的 ADI 值，亟待完善。

我国食品中农药最大残留限量值的规定严重缺乏，对评估涉及到的不同水果蔬菜中不同农药 400 个 MRL 限值进行统计来看，我国仅制定出 88 个标准，我国标准完整率仅为 22.0%，欧盟的完整率达到 100%（表 16-19）。因此，中国更应加快 MRL 的制定步伐。

表 16-19　我国国家食品标准农药的 ADI、MRL 值与欧盟标准的数量差异

分类		中国 ADI	MRL 中国国家标准	MRL 欧盟标准
标准限值（个）	有	55	88	400
	无	39	312	0
总数（个）		94	400	400
无标准限值比例（%）		41.5	78.0	0

此外，MRL 中国国家标准限值普遍高于欧盟标准限值，这些标准中共有 49 个高于欧盟。过高的 MRL 值难以保障人体健康，建议继续加强对限值基准和标准的科学研究，将农产品中的危险性减少到尽可能低的水平。

2）加强农药的源头控制和分类监管

在济南市某些水果蔬菜中仍有禁用农药残留，利用 GC-Q-TOF/MS 技术侦测出 6 种禁用农药，检出频次为 38 次，残留禁用农药均存在较大的膳食暴露风险和预警风险。早已列入黑名单的禁用农药在我国并未真正退出，有些药物由于价格便宜、工艺简单，此类高毒农药一直生产和使用。建议在我国采取严格有效的控制措施，从源头控制禁用农药。

对于非禁用农药，在我国作为"田间地头"最典型单位的县级蔬果产地中，农药残留的检测几乎缺失。建议根据农药的毒性，对高毒、剧毒、中毒农药实现分类管理，减少使用高毒和剧毒高残留农药，进行分类监管。

3）加强残留农药的生物修复及降解新技术

从市售水果蔬菜中残留农药的品种多、频次高、禁用农药多次侦测出这一现状，说明了我国的田间土壤和水体因农药长期、频繁、不合理的使用而遭到严重污染。为此，建议中国相关部门出台相关政策，鼓励高校及科研院所积极开展分子生物学、酶学等研究，加强土壤、水体中残留农药的生物修复及降解新技术研究，切实加大农药监管力度，以控制农药的面源污染问题。

综上所述，在本工作基础上，根据蔬菜残留危害，可进一步针对其成因提出和采取严格管理、大力推广无公害蔬菜种植与生产、健全食品安全控制技术体系、加强蔬菜食品质量检测体系建设和积极推行蔬菜食品质量追溯制度等相应对策。建立和完善食品安全综合评价指数与风险监测预警系统，对食品安全进行实时、全面的监控与分析，为我国的食品安全科学监管与决策提供新的技术支持，可实现各类检验数据的信息化系统管理，降低食品安全事故的发生。

参 考 文 献

[1] 全国人民代表大会常务委员会. 中华人民共和国食品安全法[Z]. 2015-04-24.

[2] 钱永忠, 李耘. 农产品质量安全风险评估: 原理、方法和应用[M]. 北京: 中国标准出版社, 2007.

[3] 高仁君, 陈隆智, 郑明奇, 等. 农药对人体健康影响的风险评估[J]. 农药学学报, 2004, 6(3): 8-14.

[4] 高仁君, 王蔚, 陈隆智, 等. JMPR 农药残留急性膳食摄入量计算方法[J]. 中国农学通报, 2006, 22(4): 101-104.

[5] FAO/WHO. Recommendation for the revision of the guidelines for predicting dietary intake of pesticide residues, Report of a FAO/WHO Consultaion, 2-6 May 1995, York, United Kingdom.

[6] 李聪, 张艺兵, 李朝伟, 等. 暴露评估在食品安全状态评价中的应用[J]. 检验检疫学刊, 2002, 12(1): 11-12.

[7] Liu Y, Li S, Ni Z, et al. Pesticides in persimmons, jujubes and soil from China: Residue levels, risk assessment and relationship between fruits and soils[J]. Science of the Total Environment, 2016, 542(Pt A): 620-628.

[8] Claeys W L, Schmit J F O, Bragard C, et al. Exposure of several Belgian consumer groups to pesticide residues through fresh fruit and vegetable consumption[J]. Food Control, 2011, 22(3): 508-516.

[9] Quijano L, Yusà V, Font G, et al. Chronic cumulative risk assessment of the exposure to organophosphorus, carbamate and pyrethroid and pyrethrin pesticides through fruit and vegetables consumption in the region of Valencia (Spain)[J]. Food & Chemical Toxicology, 2016, 89: 39-46.

[10] Fang L, Zhang S, Chen Z, et al. Risk assessment of pesticide residues in dietary intake of celery in China.[J]. Regulatory Toxicology & Pharmacology, 2015, 73(2): 578-586.

[11] Nuapia Y, Chimuka L, Cukrowska E. Assessment of organochlorine pesticide residues in raw food samples from open markets in two African cities[J]. Chemosphere, 2016, 164: 480-487.

[12] 秦燕, 李辉, 李聪. 危害物的风险系数及其在食品检测中的应用[J]. 检验检疫学刊, 2003, 13(5): 13-14.

[13] 金征宇. 食品安全导论[M]. 北京: 化学工业出版社, 2005.

[14] 中华人民共和国国家卫生和计划生育委员会, 中华人民共和国农业部, 中华人民共和国国家食品药品监督管理总局. GB 2763—2016 食品安全国家标准 食品中农药最大残留限量[S]. 2016.

[15] Chen C, Qian Y Z, Chen Q, et al. Evaluation of pesticide residues in fruits and vegetables from Xiamen, China[J]. Food Control, 2011, 22: 1114-1120.

[16] Lehmann E, Turrero N, Kolia M, et al. Dietary risk assessment of pesticides from vegetables and drinking water in gardening areas in Burkina Faso[J]. Science of the Total Environment, 2017 , 601-602 :1208-1216.